C 语言入门经典

(第 6 版)

[智] 杰曼·冈萨雷斯·莫里斯(German Gonzalez-Morris)
[英] 艾弗·霍顿(Ivor Horton)　　　　　　　　　著

童　晶　　李天群　　　　　　　　　　　　　　译

U0378533

清华大学出版社

北　京

北京市版权局著作权合同登记号　图字：01-2021-5385

Beginning C: From Beginner to Pro, Sixth Edition

by German Gonzalez-Morris, Ivor Horton

Copyright © German Gonzalez-Morris and Ivor Horton，2020

This edition has been translated and published under licence from Apress Media, LLC, part of Springer Nature.

图书在版编目(CIP)数据

C语言入门经典：第6版 / (智)杰曼·冈萨雷斯·莫里斯，(英)艾弗·霍顿著；童晶，李天群译. —北京：清华大学出版社，2022.1

书名原文：Beginning C: From Beginner to Pro, Sixth Edition

ISBN 978-7-302-59026-2

Ⅰ. ①C… Ⅱ. ①杰… ②艾… ③童… ④李… Ⅲ. ①C 语言—程序设计 Ⅳ. ①TP312

中国版本图书馆 CIP 数据核字(2021)第 177127 号

责任编辑：王　军
装帧设计：孔祥峰
责任校对：成凤进
责任印制：丛怀宇

出版发行：清华大学出版社
　　　　　网　　　址：http://www.tup.com.cn，http://www.wqbook.com
　　　　　地　　　址：北京清华大学学研大厦 A 座　　　邮　　编：100084
　　　　　社 总 机：010-62770175　　　　　邮　　购：010-62786544
　　　　　投稿与读者服务：010-62776969，c-service@tup.tsinghua.edu.cn
　　　　　质 量 反 馈：010-62772015，zhiliang@tup.tsinghua.edu.cn
印 装 者：天津安泰印刷有限公司
经　　销：全国新华书店
开　　本：170mm×240mm　　　印　　张：37.5　　　字　　数：1033 千字
版　　次：2022 年 1 月第 1 版　　　印　　次：2022 年 1 月第 1 次印刷
定　　价：139.00 元

产品编号：090584-01

译　者　序

随着人工智能时代的到来，学习编程已经成为国内的一种学习热潮。而 C 语言凭借其自身简洁、灵活和功能强大的特点，近年来一直占据着流行编程语言的前茅。C 语言是许多高级计算机语言的基础，学好 C 语言能更好地学习其他高级语言。C 语言的应用范围非常广泛，具备很强的数据处理能力，不仅仅是在软件开发上，而且各类科研都需要用到 C 语言，适于编写系统软件、三维与二维图形和动画，具体应用如单片机以及嵌入式系统开发。

目前市面上关于 C 语言学习的图书很多，本书以深入浅出的方法介绍 C 语言中抽象的语法和算法，非常适合初学者编程入门学习。同时，本书知识结构清晰，内容详细，也可作为有经验的程序员的枕边书，随时可以查阅解惑。在 IT 领域，我想大多数程序员精英都读过 Ivor Horton 的图书，本书作者 Ivor Horton 是世界著名的计算机图书作家，帮助无数程序员步入编程的殿堂。时间推移、日月更替，作为 C 语言入门的经典图书，《C 语言入门经典》已历经多次版本迭代，译者翻译的是《C 语言入门经典》的第 6 版。

科技的进步使人们的生活变得更加丰富多彩，但是编程的学习却是比较枯燥，因此也有很多编程初学者"无疾而终"。此处译者想给编程初学者几个小小的建议，希望对读者的编程学习生涯有所帮助。

1. 兴趣是最好的老师，但大部分学习者对编程的学习可能一开始并没有很大的兴趣。那就需要体会编程带来的成就感，例如成功地执行了一个程序，成功地找到了一个 bug，都会让人感觉很有成就，需要享受这种编程带来的成就感。

2. 遇到问题时不要轻言放弃，可以先尝试自己找出问题进行分析。如果不行，就网页搜索看看有没有解决方案，还是不行，可以询问认识的朋友。一般经历这几个过程，绝大部分的问题都可以得到解决。

3. 学会调试，遇到程序出错时，可以利用一些简单的功能让程序输出你想看到的内容，也可以利用编辑器的调试功能进行调试。

4. 在学习的过程中，可以将学习的心得及过程用博客的方式记录下来，一方面可以回溯自己的学习过程，一方面可以帮助后来的初学者参考。

5. "纸上学来终觉浅"，编程的学习最重要的就是要动手去写代码，而不是看代码。希望读者在学习的过程中，对本书中的每一个案例都能动手实现一遍。对于课后练习，也要认真编程完成，方能将理论与实践相结合，真正地掌握编程的知识。

学习没有捷径，唯有脚踏实地、认真钻研，方能成为真正的编程精英，领略编程之美、计算机之美。

在这里，我需要感谢参与本书翻译工作的李天群，感谢清华大学出版社的编辑以及所有参与本书校对的人员。为保证本书的质量，你们帮助我解决了很多问题。

机缘巧合之下，我接到翻译本书的任务，怀着对大师的敬仰之情，基于第5版的翻译基础，译者在翻译过程中力求"信、达、雅"，历时半年，终于完成对本书的翻译工作。但由于译者水平有限，在翻译过程中难免有一些疏漏之处，请读者不吝指正。

童　晶

作 者 简 介

    German Gonzalez-Morris 是一名 C/C++、Java 和开发不同应用程序容器的软件设计师/工程师,特别专注在 WebLogic 服务器方面的工作。他还从事开发不同的应用程序,包括 JEE/Spring/Python。他的工作领域还包括 OOP、Java/JEE、Python、设计模式、算法、Spring Core/MVC/Security 和微服务。German 曾在消息传递性能、RESTful API 和事务系统方面工作过。

    Ivor Horton 是一家从事咨询业的自营职业者,撰写编程方面的教程。他在 IBM 工作多年。Ivor 在 IBM 的工作包括在各种机器上用大多数语言(如汇编语言和高级语言)编程、实时编程以及设计和实现实时闭环工业控制系统。他在培训工程师和其他专家学习编程(Fortran、PL/1、APL 等)方面有着丰富的经验。Ivor 是机械、工艺和电子 CAD 系统、机械 CAM 系统和 DNC/CNC 系统方面的专家。

技术审稿人简介

Michael Thomas 作为独立贡献者、团队负责人、项目经理和工程副总裁在软件开发领域工作了 20 多年。Michael 有超过 10 年的移动设备工作经验。他目前的工作重点是医疗领域，利用移动设备加快患者和医疗保健提供者之间的信息传输。

致　　谢

我要感谢我的家人——我的父母 Germán 和 Felicia Morris 给了我受教育的机会和支持；我的爱人 Patricia Cruces 给了我无限的耐心和爱；我的儿子 Raimundo 和 Gregorio 给了我幸福和灵感。

我很珍惜整个 Apress 团队、Steve Anglin 和 Mark Powers 给予我的机会和支持，并感谢他们的指导和建议。我还要感谢技术评审员 Michael Thomas 提供了重要的反馈、建议和一些错误更正。

感谢我的同事 Ariel Aguayo、Carlos Hasan 和 Daniel Lagos 对书中内容给出看法和建议。

前　　言

欢迎使用本书，研读本书，你可以成为一位称职的C语言程序员。从许多方面来说，C语言都是学习程序设计的理想起步语言。C语言很简洁，因此不必学习大量的语法便能够开始编写真正的应用程序。除了简明易学以外，它还是一门功能非常强大的语言，并被专业人士广泛应用在各种领域。C语言的强大之处主要体现在，它能够应用于各类层次的开发中；从设备驱动程序和操作系统组件到大规模应用程序，它都能胜任。此外，C语言还适用于较新的手机应用程序开发。

几乎所有计算机都包含C语言编译器，因此，当你学会了C语言，就可以在任何环境下进行编程。最后一点，掌握C语言可以为理解面向对象的C++语言奠定良好的基础。

在作者眼中，有抱负的程序员必将面对三重障碍，即掌握遍布程序设计语言中的各类术语、理解如何使用语言元素(而不仅仅只是知道它们的概念)，以及领会如何在实际场景中应用该语言。本书的目的就是将这些障碍降到最低限度。

术语是专业人士及优秀业余爱好者之间的交流必不可少的，因此有必要掌握它们。本书将确保你理解这些术语，并自如地在各种环境下使用它们。这样才能更有效地使用大多数软件产品附带的文档，且能轻松地阅读和学习大部分程序设计语言相关的著作。

理解语言元素的语法和作用固然是学习C语言过程中的一个重要部分，但认识语言特性如何工作及应用同等重要。本书不仅采用了代码片段，还在每个章节中使用一些实际应用示例展示语言特性如何应用于特定的问题。这些示例提供了实践的基础，读者可以通过改动代码观察修改后的结果。

理解特定背景下的程序设计不只是应用个别语言元素。为了帮助读者理解它们，本书大部分章节之后都给出了一个较复杂的应用程序，以应用本章之前学到的知识。这些程序可以帮助你获得开发应用程序的能力与信心，了解如何组合以及更大范围地应用语言元素。最重要的是，它们能让你了解设计实际应用程序与管理实际代码会碰到的问题。

不管学习什么程序设计语言，有几件事情都要意识到。首先，虽然要学的东西很多，但是掌握它们之后，你就会有极大的成就感；其次，学习的过程很有趣，你会深深地体会到这点；第三，只有通过动手实践才能学会编程，这也是本书贯彻的思想。最后，在学习的过程中，肯定会时不时犯许多错误和感到沮丧。当觉得自己完全停滞时，你要做的就是坚持。最终你一定会体验到成功的喜悦，并且回顾时，你会觉得它也并没有你当初想象的那么难。

如何使用本书

作者认为动手实践是学习编程最好的方法，很快你就会编写第一个程序了。每一章都会有几个将理论应用于实践的程序，它们也是本书的核心所在。建议读者手工输入并运行书中的示例，因为手工输入可以极大地帮助记忆语言元素。此外，你还应当尝试解决每章末尾的所有练习题。当你第一次将一个程序运行成功，尤其是在解决自己的问题后，你会有很大的成就感并感觉到惊人的进步，那时你一定会觉得一切都值得。

刚开始，学习的进展不会太快。不过随着逐渐深入，你的学习进度会越来越快。每一章都会涉及许多基础知识，因此在学习新的内容之前，需要花些时间确保理解前面学习过的所有知识。实践各部分的代码，并尝试实现自己的想法，这是学习程序设计语言的一个重要部分。尝试修改书中的程序，看看还能让它们做些什么，那才是有趣之处。不要害怕尝试，如果某些地方不太明白，尝试输入一些变体，看看会出现什么情况。出错并没什么大不了，你会从出错中学到很多知识。一个不错的方法是通读每一章，了解各章的范围，然后回过头来过一遍所有的示例。

你可能会觉得某些章末尾的练习题非常难。如果第一次没有完全搞明白，不必担心。之所以第一次觉得困难是因为它们通常都是将你所学的知识应用到了相对复杂的问题中。如果你实在觉得困难，那么可以略过它们继续学习下一章，然后再回过头来研究这些程序。你甚至可以阅读完整本书再考虑它们。尽管如此，如果你能完成练习，就说明你取得了真正的进步。

本书读者对象

本书的目的是教会读者如何尽可能简单快速地编写有用的程序。在阅读完全书后，读者会完全了解 C 语言编程。这本教程面向的是那些之前编过一些程序，了解背后的概念，并且希望通过学习 C 语言进一步扩展知识的读者。尽管如此，本书并未假设读者拥有先前的编程知识，因此如果你刚刚接触编程，本书依然是你的不错选择。

使用本书的条件

要使用本书，你需要一台安装 C 编译器和库的计算机以执行书中的示例，以及一个程序文本编译器用于创建源代码文件。你使用的编译器应支持目前 C 语言国际标准 C17(ISO/IEC 9899:2011，是 C11 的错误修复版本)。你还需要一个用于创建和修改代码的编辑器，可以采用纯文本编辑器(如记事本或 vi)创建源文件。不过，采用专为编辑 C 语言代码设计的编辑器会更有帮助。

以下是作者推荐的两款 C 语言编译器，均为免费软件。

- GNU C 编译器(GCC)，可从 www.gnu.org 下载，它支持多种不同的操作系统环境。
- 面向 Microsoft Windows 的 Pelles C 编译器，可从 www.smorgasbordet.com/pellesc/下载，它提供了一个非常棒的集成开发环境(IDE)。

本书采用的约定

本书的文本和布局采用了许多不同的样式，以便区分各种不同的信息。大多数样式表达的含义都很明显。程序代码样式如下：

```
int main(void)
{ printf("Beginning C\n");
  return 0;
}
```

如果代码片段是从前面的实例修改而来，那么修改过的代码行就用粗体显示，如下所示。

```
i int main(void)
{
  printf("Beginning C by Ivor Horton\n");
  return 0;
}
```

当代码出现在文本中时，它的样式会有所不同，如 double。

程序代码中还使用了各种“括号”。本书中称()为圆括号，{}为花括号，[]为方括号。

目　　录

第1章

■■■

C 语言编程

C 语言是一种功能强大、简洁的计算机语言，通过它可以编写程序，指挥计算机完成指定的任务。我们可以利用 C 语言创建程序(即一组指令)，并让计算机依指令行事。

用 C 语言编程并不难，本书将用浅显易懂的方法介绍 C 语言的基础知识。读完本章，读者就可以编写第一个 C 语言程序了。其实，C 语言很简单。

本章的主要内容：

- C 语言标准
- 标准库的概念
- 如何创建 C 程序
- 如何组织 C 程序
- 如何编写在屏幕上显示文本的程序

1.1 C 语言

C 语言是相当灵活的，用于执行计算机程序能完成的几乎所有任务，包括会计应用程序、字处理程序、游戏、操作系统等。它不仅是更高级语言(如 C++)的基础，目前还以 Objective C 的形式开发手机应用程序。Objective C 是标准的 C 加上一小部分面向对象编程功能，并增加很多的新设备/微控制器，如树莓派和 Arduino。C 语言很容易学习，因为它很简洁。因此，如果你立志成为一名程序员，最好从 C 语言开始学起，能快速而方便地获得编写实际应用程序的足够知识。

C 语言由一个国际标准定义，目前其最新版本由 C17(ISO/IEC 9899:2018)定义，它是 C11 的错误修复版本，而不是新特性(例如，它不支持 ATOMIC_VAR_INIT)。现行标准通常被称为 C17 或 C18——本版本的非正式名称。这是因为它在 2017 年完成，但在 2018 年出版。众所周知，GCC 将 C17 作为参考来对标新版本。然而，上述内容并未在标准中声明。我在本书中描述的语言符合 C17，或者可以认为 C11 有几个已解决的问题。需要注意的是，C17 定义的一些语言元素是可选的。这表示，遵循 C17 标准的 C 编译器可能没有实现该标准中的所有功能(编译器只是一个程序，它可以把用我们能理解的术语所编写的程序转换为计算机能理解的术语)。本书会标识出 C11 中的可选语言特性，这样读者就知道，自己的编译器可能不支持它。在这本书中我们将 C11/C17 作为同义词使用。

C17 编译器还有可能没有实现 C17 标准强制的所有语言特性。实现新语言功能是需要时间的，所以编译器开发人员常常采用逐步接近的方式实现它们。这也是程序可能不工作的另一个原因。尽管如此，根据我的经验，C 程序不能工作的最常见原因，至少有 99.9%的可能性是出现了错误。

1.2　标准库

　　C 的标准库也在 C17 标准中指定。标准库定义了编写 C 程序时常常需要的常量、符号和函数。它还提供了基本 C 语言的一些可选扩展。取决于机器的特性，例如计算机的输入输出，由标准库以不依赖机器的形式实现。这意味着，在个人计算机(PC)中用 C 代码把数据写入磁盘文件的方式，与在其他计算机上相同，尽管底层的硬件处理不同。库提供的标准功能包括大多数程序员都可能需要的功能，例如处理文本字符串或数学计算，这样就免除了自己实现这些功能所需的大量精力。

　　标准库在一系列标准文件——头文件中指定。头文件的扩展名总是.h。为使一组标准功能可用于 C 程序文件，只需要将对应的标准头文件包含进来，其方式在本章后面介绍。我们编写的每个程序都会用到标准库。附录 E 汇总了构成标准库的头文件。

　　开始，有一个为 ANSI C 实现了许多特性的 C POSIX 库。其中一个库是 pthreads，它现在已经过时并且在标准库中实现。其他 POSIX 库(ISO/IEC 9945(POSIX))也在 C2x 未来版本的规划中。

1.3　学习 C 语言

　　如果你对编程非常陌生，则不需要学习 C 的某些方面，至少在刚开始时不需要学习。这些功能比较特殊，或者不大常用。本书把它们放在第 14 章，这样读者可以在熟悉其他内容后，再学习它们。

　　尽管所有示例代码都可以从网站(www.apress/com/9781484259757)下载，我还是建议读者自己输入本书中的所有示例，即使它们非常简单。自己亲自输入，以后就不容易忘记。不要害怕用代码进行实验。犯错对编程而言非常有教育性。早期犯的错误越多，学到的东西就越多。

1.4　创建 C 程序

　　C 程序的创建过程有 4 个基本步骤。
- 编辑
- 编译
- 链接
- 执行

这些过程很容易完成。首先介绍每个过程，以及它们对创建 C 程序的作用。

1.4.1　编辑

　　编辑过程就是创建和修改 C 程序的源代码——我们编写的程序指令称为源代码。有些 C 编译器带一个编辑器，可帮助管理程序。通常，编辑器是提供了编写、管理、开发与测试程序的环境，有时也称为集成开发环境(Integrated Development Environment，IDE)。

　　也可以使用一般的文本编辑器创建源文件，但它们必须将代码保存为纯文本，而没有嵌入附加的格式化数据。不要使用字处理器(如微软的 Word)，字处理器不适合编写程序代码，因为它们在保存文本时，会附加一些格式化信息。一般来说，如果编译器系统带有编辑器，就会提供很多更便于编写及组织程序的功能。它们通常会自动编排程序文本的格式，并将重要的语言元素以高亮颜色显示，这样不仅让程序容易阅读，还容易找到单词输入错误。

在 Linux 上，最常用的文本编辑器是 Vim 编辑器，也可以使用 GNU Emacs 编辑器。对于 Microsoft Windows，可以使用许多免费(freeware)或共享(shareware)的程序设计编辑器。这些软件提供了许多功能，例如，高亮显示特殊的语法及代码自动缩进等功能，帮助确保代码是正确的。Emacs 编辑器也有 Microsoft Windows 版本。UNIX 环境的 vi 和 Vim 编辑器也可用于 Windows，甚至可以使用 Notepad++(http://notepad-plus-plus.org/)。

当然，也可以购买支持 C 语言的专业编程开发环境，例如 JetBrains 或 Microsoft(有免费的社区版)的相关产品，它们能大大提高代码编辑能力。不过，在付款之前，最好检查它们支持的 C 级别是否符合当前的 C 语言标准 C17。因为现在很多编辑器产品主要面向 C++开发人员，C 语言只是一个次要目标。

1.4.2　编译

编译器可将源代码转换成机器语言，在编译过程中，会找出并报告错误。这个阶段的输入是在编辑期间生成的文件，常称为源文件。

编译器能找出程序中很多无效或无法识别的错误，以及结构错误，例如程序的某部分永远不会执行。编译器的输出结果称为对象代码(object code)，存放它们的文件称为对象文件(object file)，这些文件的扩展名在 Microsoft Windows 环境中通常是.obj，在 Linux/UNIX 环境中通常是.o。编译器可以在转换过程中找出几种不同类型的错误，它们大都会阻止对象文件的创建。

如果编译成功，就会生成一个文件，它与源文件同名，但扩展名是.o 或者.obj。

如果在 UNIX 系统下工作，在命令行上编译 C 程序的标准命令是 cc(若编译器是 GNU's Not UNIX(GNU)，则命令为.gcc)。下面是一个示例：

```
cc -c myprog.c
```

其中，myprog.c 是要编译的程序，如果省略了-c 这个参数，程序还会自动链接。成功编译的结果是生成一个对象文件。

大多数 C 编译器都有标准的编译选项，在命令行(如 cc myprog.c)或集成开发环境下的菜单选项(Compile 菜单选项)里都可找到。在 IDE 中编译常常比使用命令行容易得多。

编译过程包括两个阶段。第一个阶段称为预处理阶段，在此期间会修改或添加代码；第二个阶段是生成对象代码的实际编译过程(第二阶段在下面进行汇编。GCC 和其他编译器可以选择这些步骤，但大多数时候是不必要的)。源文件可以包含预处理宏，它们用于添加或修改 C 程序语句。如果现在不理解它们，不必担心，本书后面将进行详细论述。

1.4.3　链接

链接器(linker)将源代码文件中由编译器产生的各种对象模块组合起来，再从 C 语言提供的程序库中添加必要的代码模块，将它们组合成一个可执行的文件。链接器也可以检测和报告错误，例如，遗漏了程序的某个部分，或者引用了一个根本不存在的库组件。

实际上，如果程序太大，可将其拆成几个源代码文件，再用链接器连接起来。因为很难一次编写一个很大的程序，也不可能只使用一个文件。如果将它拆成多个小源文件，每个源文件提供程序的一部分功能，程序的开发就容易多了。这些源文件可以分别编译，更容易避免简单输入错误的发生。再者，整个程序可以一点一点地开发，组成程序的源文件通常会用同一个项目名称集成，这个项目名称用于引用整个程序。

程序库提供的例程可以执行非 C 语言的操作，从而支持和扩展了 C 语言。例如，库中包含的例程支持输入、输出、计算平方根、比较两个字符串，或读取日期和时间信息等操作。

链接阶段出现错误，意味着必须重新编辑源代码；反过来，如果链接成功，就会生成一个可执行文件，但这并不一定表示程序能正常工作。在 Microsoft Windows 环境下，这个可执行文件的扩展名为.exe；在 UNIX 环境下，没有扩展名，但它是一个可执行的文件类型。多数 IDE 也有 Build 选项，它可一次完成程序的编译和链接。

1.4.4 执行

执行阶段就是当成功完成了前述 3 个过程后，运行程序。但是，这个阶段可能会出现各种错误，包括输出错误及什么也不做，甚至使计算机崩溃。不管出现哪种情况，都必须返回编辑阶段，检查并修改源代码。

在这个阶段，计算机最终会精确地执行指令。在 UNIX 和 Linux 下，只要键入编译和链接后的文件名，即可执行程序。在大多数 IDE 中，都有一个相应的菜单命令来运行或执行已编译的程序。这个 Run 命令或 Execute 命令可能有自己的菜单，也可能位于 Compile 菜单项下。在 Windows 环境中，运行程序的.exe 文件即可，这与运行其他可执行程序一样。

在任何环境及任何语言中，开发程序的编辑、编译、链接与执行这 4 个步骤都是一样的。图 1-1 总结了创建 C 程序的各个过程。

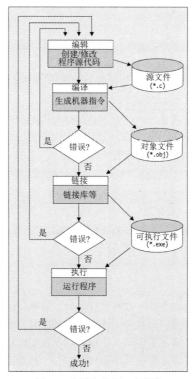

图 1-1　创建与执行一个程序

1.5　创建第一个程序

本节先浏览创建 C 语言程序的流程，从输入代码到执行程序的所有 4 个步骤。在这个阶段，若不了解所键入的代码信息，别担心，笔者会解释每一个步骤。

试试看：C 程序示例

打开编辑器，输入下面的程序，请注意标点符号不要输错，第 4 行及最后一行的括号是花括号{}，而不是方括号[]或者圆括号()——这很重要。另外一定要键入斜杠(/)，以后也会用到反斜杠(\)。最后别忘了行末的分号(;)。

```
/*  Program 1.1 Your Very First C Program - Displaying Hello World */
#include <stdio.h>

int main(void)
{
  printf("Hello  world! ");
  return 0;
}
```

输入上面的源代码后，将程序保存为 hello.c。可以用任意名字替代 hello，但扩展名必须是.c。这个扩展名在编写 C 程序时是一个通用约定，它表示文件的内容是 C 语言源代码。大多数 C 编译器都要求源文件的扩展名是.c，否则编译器会拒绝处理它。

下面编译程序(如本章"编译"一节所述)，链接所有必要的内容，创建一个可执行程序(如前面"链接"一节所述)。编译和链接一般在一个操作中完成，通常称为"构建操作"。源代码编译成功后，链接器就添加程序需要的标准库代码，为程序创建一个可执行文件。

最后，执行程序。这有几种方式，在 Windows 环境下，一般只需要在 Windows Explorer 中双击.exe 文件，但最好打开一个命令行窗口，输入执行它的命令，因为在程序执行完毕后，显示输出的窗口就会消失。在所有操作系统环境上，都可以从命令行运行程序。只需要启动一个命令行会话，把当前目录改为包含程序可执行文件的目录，再输入程序名，就可以执行它了。

如果没有出现错误，就大功告成了。这个程序会在屏幕上输出如下信息:

```
Hello world!
```

1.6　编辑第一个程序

我们可以修改程序，在屏幕上输出其他信息。例如可以将程序改成:

```
/*Program 1.2 Your Second C Program */
#include <stdio.h>

int main(void)
{
  printf("\"If at first you don't succeed, try, try, try again!\"");
  return 0;
```

}

这个版本的输出是：

```
"If at first you don't succeed, try, try, try again!"
```

在要显示的文本中，\"序列称为转义序列(escape sequence)。文本中包含几个不同的转义序列。\"是在文本中包含双引号的特殊方式，因为双引号通常表示字符串的开头和结尾。转义序列\"使双引号出现在输出的开头和结尾。如果不使用转义序列，不仅双引号不会出现在输出中，而且程序不会被编译。本章后面的"控制字符"一节将详细介绍转义序列。

修改完源代码后，可以重新编译，链接后执行。反复练习，熟悉整个流程。

1.7　处理错误

犯错乃人之常情，没什么可难为情的。幸好计算机一般不会出错，而且非常擅长于找出我们犯的错误。编译器会列出在源代码中找到的一组错误信息(甚至比我们想象的多)，通常会指出有错误的语句。此时，我们必须返回编辑阶段，找出有错误的代码并更正。

有时一个错误会使后面本来正确的语句也出现错误。这多半是程序的其他部分引用了错误语句定义的内容所造成的。当然，定义语句有错，但被定义的内容不一定有错。

下面看看源代码在程序中生成了一个错误时会是什么样的情况。编辑第二个程序示例，将printf()行最后的分号去掉，如下所示：

```
/*Program 1.2 Your Second C Program */
#include <stdio.h>

int main(void)
{
  printf("\"If at first you don't succeed, try, try, try again!\"")
  return 0;
}
```

编译这个程序后，会看到错误信息，具体信息随编译器的不同而略有区别。下面是一个比较常见的错误信息：

```
Syntax error : expected ';' before 'return'
HELLO.C - 1 error(s), 0 warning(s)
```

编译器能精确地指出错误及其出处，在这里，printf()行的结尾处需要一个分号。在开始编写程序时，可能有很多错误是简单的拼写错误造成的。还很容易忘了逗号、括号，或按错了键。许多有经验的老手也常犯这种错误。

如前所述，有时一点小错误会造成大灾难，编译器会显示许多不同的错误信息。不要被错误的数量吓倒，仔细看过每一个错误信息后，返回并改掉错误部分，不懂的先不管它，然后再编译一次源文件，就会发现错误一次比一次少。

返回编辑器，重新输入分号，再编译，看看有没有其他错误。如果没有错误，程序就可以执行了。

1.8 剖析一个简单的程序

编写并编译了第一个程序后，下面是另一个非常类似的例子，了解各行代码的作用。

```
/* Program 1.3 Another Simple C Program - Displaying a Quotation */
#include <stdio.h>

int main(void)
{
  printf("Beware the Ides of March!");
  return 0;
}
```

这和第一个程序完全相同，这里把它作为练习，用编辑器输入这个示例，编译并执行。若输入完全正确，会看到如下输出：

```
Beware the Ides of March!
```

1.8.1 注释

上述示例的第一行代码如下：

```
/* Program 1.3 Another Simple C Program - Displaying a Quotation */
```

这不是程序代码，因为它没有告诉计算机执行操作。它只是一个注释，告诉阅读代码的人，这个程序要做什么。位于/*和*/之间的任意文本都是注释。只要编译器在源文件中找到/*，就忽略它后面的内容(即使其中的文本很像程序代码)，一直到表示注释结束的*/为止。/*可以和*/放在同一行代码上，也可以放在不同的代码行上。如果忘记包含对应的*/，编译器就会忽略/*后面的所有内容。下面使用一个注释说明代码的作者及版权。

```
/*
 * Written by Ivor Horton
 * Copyright 2012
 */
```

也可以修饰注释，使它们比较突出。

```
/ *****************************************
 * This is a very important comment       *
 * so please read this.                   *
 ***************************************** /
```

使用另一种记号，可以在代码行的末尾添加一个注释，如下所示。

```
printf("Beware the Ides of March!");   // This line displays a quotation
```

代码行上两个斜杠后面的所有内容都会被编译器忽略。这种形式的注释没有前一种记号那么凌乱,尤其是在注释只占一行的情形下。

应养成给程序添加注释的习惯,当然程序也可以没有注释,但在编写较长的程序时,可能会忘记这个程序的作用或工作方式。添加足够的注释,可确保日后自己(和其他程序员)能理解程序的作用和工作方式。

下面再给程序添加一些注释。

```
/* Program 1.3 Another Simple C Program - Displaying a Quotation */
#include <stdio.h>                        // This is a preprocessor directive

int main(void)                            // This identifies the function main()
{                                         // This marks the beginning of main()
  printf("Beware the Ides of March!");    // This line outputs a quotation
  return 0;                               // This returns control to the operating system
}                                         // This marks the end of main()
```

可以看出,使用注释是一种非常有效的方式,可以解释程序中要发生的事情。注释可以放在程序中的任意位置,说明代码的一般作用,指定代码是如何工作的。

1.8.2　预处理指令

下面的代码行:

```
#include <stdio.h>                 // This is a preprocessor directive
```

严格说来,它不是可执行程序的一部分,但它很重要,事实上程序没有它是不执行的。符号#表示这是一个预处理指令(preprocessing directive),告诉编译器在编译源代码之前,要先执行一些操作。编译器在编译过程开始之前的预处理阶段处理这些指令。预处理指令相当多,大多放在程序源文件的开头。

在这个例子中,编译器要将 stdio.h 文件的内容包含进来,这个文件称为头文件(header file),因为它通常放在程序的开头处。在本例中,头文件定义了 C 标准库中一些函数的信息,但一般情况下,头文件指定的信息应由编译器用于在程序中集成预定义函数或其他全局对象,所以有时需要创建自己的头文件,以用于程序。本例要用到标准库中的 printf()函数,所以必须包含 stdio.h 头文件。stdio.h 头文件包含了编译器理解 printf()以及其他输入/输出函数所需要的信息。名称 stdio 是标准输入/输出(standard input/output)的缩写。C 语言中所有头文件的扩展名都是.h,本书的后面会用到其他头文件。

注意:在一些系统中,头文件名是不区分大小写的,但在#include 指令里,这些文件名通常是小写。

每个符合 C11 标准的 C 编译器都有一些标准的头文件。这些头文件主要包含了与 C 标准库函数相关的声明。所有符合该标准的 C 编译器都支持同一组标准库函数,有同一组标准库头文件,但一些编译器有额外的库函数,它们提供的功能一般是运行编译器的计算机所专用的。

注意:附录 E 列出了所有的标准头文件。

1.8.3　定义 main() 函数

下面的 5 行指令定义了 main() 函数。

```
int main(void)                           // This identifies the function main()
{                                        // This marks the beginning of main()
  printf("Beware the Ides of March!");   // This line outputs a quotation
  return 0;                              // This returns control to the operating system
}                                        // This marks the end of main()
```

函数是两个括号之间执行某组操作的一段代码。每个 C 程序都由一个或多个函数组成，每个 C 程序都必须有一个 main() 函数，因为每个程序总是从这个函数开始执行。因此，假定创建、编译、链接了一个名为 progname.exe 的文件。执行它时，操作系统会执行这个程序的 main() 函数。

定义 main() 函数的第一行代码如下：

```
int main(void)              // This identifies the function main()
```

它定义了 main() 函数的起始。注意这行代码的末尾没有分号。定义 main() 函数的第一行代码开头是一个关键字 int，它表示 main() 函数的返回值的类型，关键字 int 表示 main() 函数返回一个整数值。执行完 main() 函数后返回的整数值表示返回给操作系统的一个代码，它表示程序的状态。在下面的语句中，指定了执行完 main() 函数后要返回的值。

```
return 0;                   // This returns control to the operating system
```

这个 return 语句结束 main() 函数的执行，把值 0 返回给操作系统。从 main() 函数返回 0 表示，程序正常终止，而返回非 0 值表示异常。换言之，在程序结束时，发生了不应发生的事情。

紧跟在函数名 main 后的括号，带有函数 main() 开始执行时传递给它的信息。在这个例子里，括号内是 void，表示没有给函数 main() 传递任何数据，后面会介绍如何将数据传递给函数 main() 或程序内的其他函数。

函数 main() 可以调用其他函数，这些函数又可以调用其他函数。对于每个被调用的函数，都可以在函数名后面的括号中给函数传递一些信息。在执行到函数体中的 return 语句时，就停止执行该函数，将控制权返回给调用函数(对于函数 main()，则将控制权返回给操作系统)。一般函数会定义为有返回值或没有返回值。函数返回一个值时，该值总是特定的类型。对于函数 main()，返回值的类型是 int，即整数。

1.8.4　关键字

在 C 语言中，关键字是有特殊意义的词语，所以在程序中不能将关键字用于其他目的。关键字也称为保留字。在前面的例子里，int 就是一个关键字，void 和 return 也是关键字。C 语言有许多关键字，我们在学习 C 语言的过程中，将逐渐熟悉这些关键字。附录 C 列出了完整的 C 语言关键字表。

1.8.5　函数体

main() 函数的一般结构如图 1-2 所示。

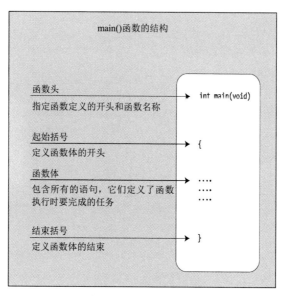

图1-2 函数 main()的结构

函数体是在函数名称后面位于起始及结束两个大括号之间的代码块。它包含了定义函数功能的所有语句。这个例子的 main()函数体非常简单，只有两个语句：

```
{                                       // This marks the beginning of main()
  printf("Beware the Ides of March!");  // This line outputs a quotation
  return 0;                             // This returns control to the operating system
}                                       // This marks the end of main()
```

每个函数都必须有函数体，但函数体可以是空的，仅有起始及结束两个大括号，里面没有任何语句。这种情况下，这个函数什么也不做。

这样的函数有什么用？事实上，在开发一个包含很多函数的程序时，这种函数是非常有用的。我们可以声明一些用来解决手头问题的空函数，确定需要完成的编程工作，再为每个函数创建程序代码。这个方法有助于条理分明地、系统地建立程序。

> ■ 注意：Program 1.3 将大括号单独排为一行，并缩进大括号之间的代码。这么做可清楚地表示括号框起来的语句块从哪里起始和结束。大括号之间的语句通常缩进两个或多个空格，使大括号突出在前。这是很好的编程格式，可以使语句块更容易阅读。

代码中的大括号可以用其他方式摆放。例如：

```
int main(void) {
  printf("Beware the Ides of March!");   // This line outputs a quotation
  return 0;
}
```

> ■ 提示：无论源代码采用什么方式摆放，都要一直采用这种方式，这很重要。

1.8.6　输出信息

例子中的 main()函数体包含了一个调用 printf()函数的语句。

```
printf("Beware the Ides of March!");        // This line outputs a quotation
```

printf()是一个标准的库函数，它将函数名后面引号内的信息输出到命令行上(实际上是标准输出流，默认为命令行)。在这个例子中，调用这个函数会显示双引号内的一段警示语：双引号内的字符串称为字符串字面量。注意这行代码用分号作为结尾。

1.8.7　参数

包含在函数名(如上面语句中的 printf()函数)后的圆括号内的项称为参数，它指定要传送给函数的数据。当传送给函数的参数多于一个时，要用逗号分开。

在上面的例子中，函数的参数是双引号内的文本字符串。如果不喜欢例子中引号内的文本，可以改用自己想输出的句子。例如，使用如下语句：

```
printf("Out, damned Spot! Out I say!");
```

修改源代码后，必须再次编译及链接程序，才可执行。

> ▉ **注意**：与 C 语言中所有可执行的语句一样，printf()行的末尾必须有分号(这与定义语句或指令语句不同)。这是一个很容易犯的错误，尤其是初次使用 C 编程的人，老是忘了分号。

1.8.8　控制符

前面的程序可以改为输出两段句子。输入以下的代码：

```
// Program 1.4 Another Simple C Program - Displaying a Quotation
#include <stdio.h>

int main(void)
{
  printf("My formula for success?\nRise early, work late, strike oil.\n");
  return 0;
}
```

输出的结果是：

```
My formula for success?
Rise early, work late, strike oil.
```

在 printf()语句中，在文本的开头和第一句的后面，增加了字符\n，它是另一个转义序列，代表换行符。这样输出光标就会移动到下一行，后续的输出就会显示在新行上。

反斜杠(\)在文本字符串里有特殊的意义，它表示转义序列的开始。反斜杠后面的字符表示是哪种转义序列。对于\n，n 表示换行。还有其他许多转义序列。显然，反斜杠是有特殊意义的，所以需要一种方式在字符串中指定反斜杠。为此，应使用两个反斜杠(\\)。

输入以下程序:

```
// Program 1.5 Another Simple C Program - Displaying Great Quotations
#include <stdio.h>

int main(void)
{
  printf("\"It is a wise father that knows his own child.\"\nShakespeare\n");
  return 0;
}
```

输出的结果如下:

```
"It is a wise father that knows his own child."
Shakespeare
```

输出中包含双引号,因为在字符串中使用了双引号的转义序列。Shakespeare 显示在下一行,因为在\"的后面有\n 转义序列。

在输出字符串中使用转义序列\a 可以发出声音,说明发生了有趣或重要的事情。输入以下的程序并执行:

```
// Program 1.6 A Simple C Program - Important
#include <stdio.h>

int main(void)
{
  printf("Be careful!!\n\a");
  return 0;
}
```

这个程序的输出如下所示且带有声音。仔细聆听,电脑的扬声器会发出鸣响。

```
Be careful!!
```

转义序列\a 表示发出鸣响。表 1-1 是转义序列表。

表 1-1 转义序列

转义序列	说明
\n	换行
\r	回车键
\b	退后一格
\f	换页
\t	水平制表符
\v	垂直制表符
\a	发出鸣响
\?	插入问号(?)

(续表)

转义序列	说明
\"	插入双引号(")
\'	插入单引号(')
\\	插入反斜杠(\)

试着在屏幕上显示多行文本，在该文本中插入空格。使用 \n 可以把文本放在多行上，使用\t 可以给文本加上空格。本书将大量使用这些转义序列。

1.8.9 三字母序列

一般可以直接在字符串中使用问号。\?转义序列存在的唯一原因是，有 9 个特殊的字母序列，称为三字母序列，这是包含 3 个字母的序列，分别表示#、[、]、\、^、~、\、{和}。

??=转换为#	??(转换为[	??)转换为]
??/转换为\	??<转换为{	??>转换为}
??'转换为^	??!转换为|	??-转换为~

在 International Organization for Standardization(ISO)不变的代码集中编写 C 代码时，就需要它们，因为它没有这些字符。这可能不适用于你。可以完全不理会它们，除非希望编写如下语句：

```
printf("What??!\n");
```

这个语句生成的输出如下：

```
What|
```

三字母序列??!转换为|。为了获得希望的输出，需要把上述语句写成：

```
printf("What?\?!\n");
```

现在三字母序列不会出现，因为第二个问号用其转义序列指定。使用三字母序列时，编译器会发出一个警告，因为通常是不应使用三字母序列的。在现代编译器(如 GCC)中，输出中将出现警告，以避免错误的三字母错误解释，也可以通过参数强制执行-Wtrigraphs：

```
program1_08.c:7:15: warning: trigraph ??! ignored, use -trigraphs to enable [-Wtrigraphs]
```

1.9 预处理器

上例介绍了如何使用预处理指令，把头文件的内容包含到源文件中。编译的预处理阶段可以做的工作不止于此。除了指令外，源文件还可以包含宏。宏是提供给预处理器的指令，来添加或修改程序中的 C 语句。宏可以很简单，只定义一个符号，例如 INCHES_PER_FOOT，只要出现这个符号，就用 12 替代。其指令如下：

```
#define INCHES_PER_FOOT 12
```

在源文件中包含这个指令，则代码中只要出现 INCHES_PER_FOOT，就用 12 替代它。例如：

```
printf("There are %d inches in a foot.\n", INCHES_PER_FOOT);
```

预处理后，这个语句变成：

```
printf("There are %d inches in a foot.\n", 12);
```

INCHES_PER_FOOT 不再出现，因为该符号被#define 指令中指定的字符串替代。对于源文件中的每个符号实例，都会执行这个替代。

宏也可以很复杂，根据特定的条件把大量代码添加到源文件中。这里不进一步介绍。第 13 章将详细讨论预处理器宏。在此之前我们会遇到一些宏，那时会解释它们。

1.10   用 C 语言开发程序

如果读者从未写过程序，对 C 语言开发程序的过程就不会很清楚，但它和我们日常生活的许多事务是相同的。万事开头难。一般首先大致确定要实现的目标，接着把该目标转变成比较准确的规范。有了这个规范后，就可以制订达到最终目标的一系列步骤了。就好比光知道要盖房子是不够的，还得知道需要盖什么样的房子，它有多大，用什么材料，要盖在哪里。这种详细规划也需要运用到编写程序上。下面介绍编写程序时需要完成的基本步骤。房子的比喻是很有帮助的，因此就利用这个比喻。

1.10.1   了解问题

第一步是弄清楚要做什么。在不清楚应提供什么设施——多少间卧房、多少间浴室、各房间多大等之前就开始建造房子，会有不知所措之感。所有这些都会影响建造房子所需的材料和工作量，从而影响整个房子的成本。一般来说，在满足需求和完成项目的有限资金、人力及时间之间总会达成某种一致。

这和开发一个任意规模的程序是相同的。即使是很简单的问题，也必须知道有什么输入，对输入该做什么处理，要输出什么，以及输出哪种格式。输入可以来自键盘，也可以来自磁盘文件的数据，或来自电话或网络的信息。输出可以显示在屏幕上，或打印出来，也可以是更新磁盘上的数据文件。

对于较复杂的程序，需要多了解程序的各个方面。清楚地定义程序要解决的问题，对于理解制订最终方案所需的资源与努力，是绝对必要的一部分。好好考虑这些细节，还可以确定项目是否切实可行。对于新项目缺乏精准、详细的规范，使项目所花的时间和资金大大超出预算因而中断项目的例子有很多。

1.10.2   详细设计

要建造房子，必须有详细的计划。这些计划能让建筑工人按图施工，并详细描述房子如何建造——具体的尺寸、要使用的材料等。还需要确定何时完成什么工作。例如，在砌墙之前要先挖地基，所以这个计划必须把工作分为可管理的单元，以便执行起来井然有序。

写程序也是一样。首先将程序分解成许多定义清楚且互相独立的小单元，描述这些独立单元相互沟通的方式，以及每个单元在执行时需要什么信息，从而开发出富有逻辑、相互独立的单元。把大型程序编写为一个大单元肯定是不可行的。

1.10.3　实施

有了房子的详细设计，就可以开始工作了。每组建筑工人必须按照进度完成他们的工作。在下一阶段开始前，必须先检查每个阶段是否正确完成。省略了这些检查，将可能导致整栋房子倒塌。

当然，假使程序很大，可以一次编写一部分。一个部分完成后，再写下一部分。每个部分都要基于详细的设计规范，在进行下一个部分之前，应尽可能详细地检查每个部分的功能。这样，程序就会逐步完成预期的任务。

大型编程项目常常涉及一组程序员。项目应分成相当独立的单元，分配给程序员组中的各个成员。这样就可以同时开发几个代码单元。如果代码单元要相互连接为一个整体，就必须精确定义代码单元与程序其余部分之间的交互。

1.10.4　测试

房子完成了，还要进行许多测试：排水设备、水电设施、暖气等。任何部分都有可能出问题，这些问题必须解决。这有时是一个反复的过程，一个地方的问题可能会造成其他地方出问题。

这个机制与写程序是类似的。每个程序模块——组成程序的单元——都需要单独测试。若它们工作不正常，就必须调试。调试是一个找出程序中的问题及更正错误的过程。调试的由来有个说法，曾经有人在查找程序的错误时，使用计算机的电路图来跟踪信息的来源及其处理方式，竟然发现计算机程序出现错误，是因为一只虫子在计算机里，让里面的线路短路而发生的，后来，bug 这个词就成了程序错误的代名词。

对于简单的程序，通常只要检查代码，就可以找出错误。然而一般来说，调试过程通常会使用调试器临时插入一些代码，确定在出错时会发生什么。这包括插入断点，应当暂停执行，检查代码中的值。还可以单步执行代码。如果没有调试器，就要加入额外的程序代码，输出一些信息，以确定程序中事件的发生顺序，以及程序执行时生成的中间值。在大型程序里，还需要联合测试各个程序模块，因为各个模块或许能正常工作，但并不保证它能和其他模块一起正常工作。在程序开发的这个阶段，有个专业术语称为集成测试。

1.11　函数及模块化编程

到目前为止，"函数"这个词已出现过好几次了，如 main()、printf()、函数体等。下面将深入研究函数是什么，为什么它们那么重要。

大多数编程语言(包含 C 语言)都提供了一种方法，将程序切割成多个段，各段都可以独立编写。在 C 语言中，这些段称为函数(尽管它们被称为函数，但这是一种命令式/过程性语言，而不是函数式语言)。一个函数的程序代码与其他函数是相互隔绝的。函数与外界有一个特殊的接口，可将信息传进来，也可将函数产生的结果传出去。这个接口在函数的第一行(即在函数名的地方)指定。

图 1-3 的简单程序例子由 4 个函数组成，用于分析棒球分数。

这 4 个函数都完成一个指定的、定义明确的工作。程序中操作的执行由一个模块 main()总体掌控。一个函数负责读入及检查输入数据，另一个函数进行分析。读入及分析了数据后，第 4 个函数就输出球队及球员的排名。

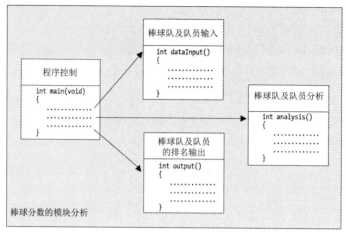

图 1-3 模块化编程

将程序分成多个易于管理的小单元，对编程是非常重要的，其理由如下。

- 单独编写和测试每个函数，可以大大简化使整个程序运转起来的过程。
- 几个独立的小函数比一个大函数更容易处理和理解。
- 库就是供人使用的函数集。因为它们是事先写好且经过测试的，能正常工作，所以可以放心地使用，无须细究它的代码细节。这就加快了开发程序的速度，因为我们只需要关注自己的代码，这是 C 语言的一个基本组成部分。C 语言中丰富的函数库大大增强了 C 语言的能力。
- 也可以编写自己的函数库，应用于自己感兴趣的程序类型。如果发现经常编写某个函数，就可以编写它的通用版本，以满足自己的需求，并将它加入自己的库中。以后需要用到这个函数时，就可使用它的库版本了。
- 在开发包含几千到几百万行代码的大型程序时，可以由一些程序设计团队来进行，每个团队负责一个指定的函数子组，最后把它们组成完整的程序。

第 8 章将详细介绍 C 函数。C 程序的结构在本质上就是函数的结构，本章的第一个例子就用到一个标准的库函数 printf()。

■ **注意**：在其他一些编程语言中，用术语“方法”表示自包含的代码单元。因此方法的含义与函数相同。

试试看：将所学的知识用于实践

下面的例子将前面学到的知识用于实践。首先，看看下面的代码，检查自己是否理解它的作用。然后输入这些代码，编译、链接并执行，看看会发生什么。

```
// Program 1.7 A longer program
#include <stdio.h>                    // Include the header file for input and output

int main(void)
{
  printf("Hi there!\n\n\nThis program is a bit");
  printf(" longer than the others.");
```

```
printf("\nBut really it's only more text.\n\n\n\a\a");
printf("Hey, wait a minute!! What was that???\n\n");
printf("\t1.\tA bird?\n");
printf("\t2.\tA plane?\n");
printf("\t3.\tA control character?\n");
printf("\n\t\t\b\bAnd how will this look when it prints out?\n\n");
return 0;
}
```

输出如下:

```
Hi there!

This program is a bit longer than the others.
But really it's only more text.

Hey, wait a minute!! What was that???

    1.     A bird?
    2.     A plane?
    3.     A control character?

And how will this look when it prints out?
```

代码的说明

这个程序看起来有点复杂,这只是因为括号内的文本字符串包含了许多转义序列。每个文本字符串都由一对双引号括起来。但这个程序只是连续调用 printf()函数,说明屏幕输出是由传送给 printf()函数的数据所控制。

本例通过预处理指令包含了标准库中的 stdio.h 文件。

```
#include <stdio.h>              // Include the header file for input and output
```

这是一个预处理指令,因为它以符号#开头。stdio.h 文件提供了使用 printf()函数所需的定义。然后,定义 main()函数头,指定它返回一个整数值。

```
int main(void)
```

括号中的 void 关键字表示不给 main()函数传递信息。下一行的大括号表示其下是函数体:

```
{
```

下一行语句调用标准库函数 printf(),将 "Hi there!" 输出到屏幕上,接着空两行,输出 "This program is a bit"。

```
printf("Hi there!\n\n\nThis program is a bit");
```

空两行是由 3 个转义序列\n 生成的。转义序列\n 会把字符显示在新行上。第一个转义序列\n 结束了包含 "Hi there!" 的行,之后的两个转义序列\n 生成两个空行,文本 "This program is a bit" 显示在第 4 行上。这行代码在屏幕上生成了 4 行输出。

下一个 printf()生成的输出跟在上一个 printf()输出的最后一个字符后面。下面的语句输出文本
"longer than the others."，其中的第一个字符是一个空白。

```
printf(" longer  than  the  others.");
```

这个输出跟在上一个输出的后面，紧临 bit 中的 t。因此在文本的开头需要一个空格，否则计算机
就会显示 "This program is a bitlonger than the others. "，这不是我们希望的结果。

下一个语句在输出前会先换行，因为双引号中文本字符串的开头是\n。

```
printf("\nBut  really  it's  only  more  text.\n\n\n\a\a");
```

显示完文本后会空两行(因为有 3 个\n 转义序列)，然后发出两次鸣响。下一个屏幕输出从空
的第二行开始。

下一个输出语句如下。

```
printf("Hey, wait  a  minute!!  What  was  that???\n\n");
```

输出文本后空一行。其后的输出在空的这行开始。

以下 3 行语句各插入一个制表符，显示一个数字后，再插入另一个制表符，之后是一些文本，
结束后换行。这样，输出更容易阅读。

```
printf("\t1.\tA  bird?\n");
printf("\t2.\tA  plane?\n");
printf("\t3.\tA  control  character?\n");
```

这几个语句会生成 3 行带编号的输出。

下一个语句先输出一个换行符，因此在前面输出的后面是一个空行，然后输出两个制表符和
两个空格，接着退回两个空格，最后显示文本并换行。

```
printf("\n\t\t\b\bAnd how will this look when it prints out?\n\n");
```

函数体中的最后一个语句如下。

```
return 0;
```

这个语句结束 main()的执行，把 0 返回给操作系统。

结束大括号表示函数体结束。

```
}
```

■ **注意**：输出中制表符和退格的实际效果随编译器的不同而不同。

1.12 常见错误

错误是生活中的一部分。用 C 语言编写计算机程序时，必须用编译器将源代码转换成机器码，
因此必须用非常严格的规则控制使用 C 语言的方式。漏掉一个该有的逗点，或添加不该有的分号，
编译器都不会将程序转换成机器码。

即使实践了多年，程序中也很容易出现输入错误。这些错误可能在编译或链接程序时找出。但有些错误可能使程序执行时，表面上看起来正常，却不定时地出错，这就需要花很多时间跟踪错误了。

当然，不是只有输入错误会带来问题，具体实施时也常常会发现问题。在处理程序中复杂的判断结构时，很容易出现逻辑错误。从语言的观点看，程序是正确的，编译及运行也正确，但得不到正确的结果。这类错误最难查找。

1.13 要点

温习第一个程序是个不错的方法，图 1-4 列出了重点。

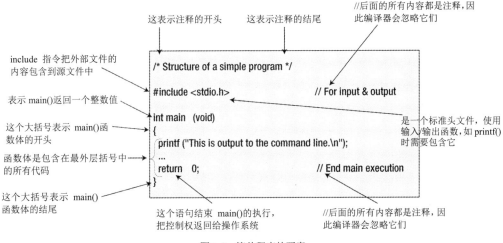

图 1-4 简单程序的要素

1.14 小结

本章编写了几个 C 程序。我们学习了许多基础知识，本章的重点是介绍一些基本概念，而不是详细探讨 C 程序语言。现在读者应该对编写、编译及链接程序很有信心了。也许读者目前对如何构建 C 程序只有模糊的概念。以后学了更多的 C 语言知识，编写了一些程序后，就会清楚明白了。

下一章将学习较复杂的内容，而不只是用 printf()输出文本。我们要处理信息，得到更有趣的结果。另外，printf()不只是显示文本字符串，它还有其他用途。

1.15 习题

以下的习题能让读者测试本章所学的成果。如果有不懂的地方，可以翻看本章的内容，还可以从 Apress 网站 www.apress.com 的 Source Code/Download 部分下载答案，但这应是最后一种方法。

习题 1.1 编写一个程序，用两个 printf()语句分别输出自己的名字及地址。

习题 1.2 将上一个练习改成所有的输出只有一个 printf()语句。

习题 1.3 编写一个程序，输出下列文本，格式如下所示。

```
"It's freezing in here," he said coldly.
```

第 2 章

■ ■ ■

编 程 初 步

现在读者一定很渴望编写程序，让计算机与外界进行实际的交互。我们不希望程序只能做打字员的工作，显示包含在程序代码中的固定信息。的确，编程的内涵远不止此。理想情况下，我们应该能从键盘上输入数据，让程序把它们存储在某个地方，这会让程序更具多样性。程序可以访问和处理这些数据，而且每次执行时，都可以处理不同的数据值。每次运行程序时输入不同的信息正是整个编程业的关键。在程序中存储数据项的地方是可以变化的，因此称为变量(variable)，这正是本章的主题。

本章的主要内容：
- 内存的用法及变量的概念
- 在 C 中如何计算
- 变量的不同类型及其用途
- 强制类型转换的概念及其使用场合
- 编写一个程序，计算树的高度

2.1 计算机的内存

首先看看计算机如何存储程序要处理的数据。为此，就要了解计算机的内存，在开始编写第一个程序之前，先简要介绍计算机的内存。

计算机执行程序时，组成程序的指令和程序所操作的数据都必须存储到某个地方。这个地方就是机器的内存，也称为主内存(main memory)，或随机访问存储器(Random Access Memory，RAM)。RAM 是易失性存储器。关闭 PC 后，RAM 的内容就会丢失。PC 把一个或多个磁盘驱动器作为其永久存储器。要在程序结束执行后存储的任何数据，都应打印或写入磁盘，因为程序结束时，存储在 RAM 中的结果就会丢失。

可以将计算机的 RAM 想象成一排井然有序的盒子。每个盒子都有两个状态：满为1，空为0。因此每个盒子代表 1 个二进制数：0 或 1。计算机有时用真(true)和假(false)表示它们：1 是真，0 是假。每个盒子称为 1 位(bit)。

■ **注意：** 如果读者不记得或从来没学过二进制数，可参阅附录 A。但如果不明白这些内容，不必担心，因为这里的重点是计算机只能处理 0 与 1，而不能直接处理十进制数。程序使用的所有数据(包括程序指令)都是由二进制数组成的。

为方便起见，内存中以 8 位为 1 组，每组的 8 位称为 1 字节(byte)。为了使用字节的内容，每字节用一个数字表示，第 1 字节用 0 表示，第二字节用 1 表示，直到计算机内存的最后一个字节。字节的这个标记称为字节的地址(address)。因此，每字节的地址都是唯一的。每栋房子都有一个唯一的街道地址，同样，字节的地址唯一地表示计算机内存中的字节。

总之，内存的最小单位是位(bit)，将 8 位组合为一组，称为字节(byte)。每字节都有唯一的地址。字节地址从 0 开始。位只能是 0 或 1，如图 2-1 所示。

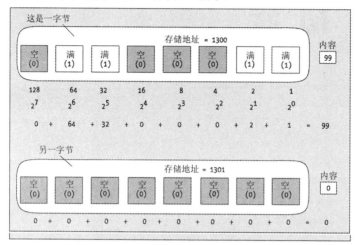

图 2-1　内存中的字节

计算机内存的常用单位是千字节(KB)、兆字节(MB)、千兆字节 (GB)。大型磁盘驱动器或固态硬盘(Solid State Disk 或 Solid State Drive，SSD)使用太字节(TB)。这些单位的意义如下：

- 1KB 是 1 024 字节。
- 1MB 是 1 024KB，也就是 1 048 576 字节。
- 1GB 是 1 024MB，也就是 1 073 741 824 字节。
- 1TB 是 1 024GB，也就是 1 099 511 627 776 字节。

如果 PC 有 1GB 的 RAM，字节地址就是 0~1 073 741 823。为什么不使用更简单的整数，例如千、百万或亿？因为从 0 到 1023 共 1024 个数字，而在二进制中，1023 的 10 个位刚好全是 1：11 1111 1111，它是一个非常方便的二进制数。1000 是很好用的十进制数，但是在二进制的计算机里就不再那么方便了，它是 11 1110 1000。因此以 KB(1 024 字节)为单位，是为了方便计算机使用。同样，MB 需要 20 个位，GB 需要 30 个位。

但是硬盘驱动器(HDD)或固态硬盘(SSD)的容量可能出现混乱。磁盘制造商常常宣称生产的 HDD 或 SSD 的容量是 256GB 或 1TB，而实际上这两个数字表示 2560 亿字节及 1 万亿字节。当然，2560 亿字节只有 231GB，而 1 万亿字节只有 911GB，所以磁盘制造商给出的硬盘容量有误导作用。

有了字节的概念，下面看看如何在程序里使用这些内存。

了解 C 的存储结构是非常重要的。C 的存储结构主要由堆区、栈区、全局常量区、程序代码区组成。其中最重要的是堆和栈，它们都属于 RAM；因此，它们是不稳定的，并且在运行时经常会改变。

函数的局部变量是在栈中创建的；同时，在堆中的指针是需要你用程序手动处理的(malloc/free)，堆的作用域是在程序被运行时。

栈存储变量的空间比堆的小，其原理是为了让栈存储那些只需要短暂使用的变量。

另一方面，堆可以处理内存需求更大的变量，堆是动态分配的。当然，堆的访问速度取决于每个段的访问对象。堆由开发人员手动处理。也就是说，有可能出现内存泄漏。堆中的变量是全局的，可以通过指针访问(将在下一章讲解)。

栈是一个后进先出(last-in-first-out，LIFO)的结构，这对于递归函数非常有用。每次声明一个变量，它将被存于该段的顶部(这就是一个使用 push-pop 函数的后进先出结构的栈)，如图 2-2 所示。

图 2-2　存储形式

2.2　什么是变量

变量是计算机中一块特定的内存，它由一个或多个连续的字节所组成，一般是 1、2、4、8 或 16 字节。每个变量都有一个名称，可以用该名称表示内存的这个位置，以提取它包含的数据或存储一个新数值。

下面编写一个程序，用第 1 章介绍的 printf()函数显示你的薪水。假设你的薪水是 10 000 元/月，则很容易编写这个程序。

```
// Program 2.1 What is a Variable?
#include <stdio.h>

int main(void)
{
  printf("My salary is $10000");
  return 0;
}
```

这个程序的工作方式不需要多做解释，它和第 1 章开发的程序差不多。如何修改这个程序，让它能够根据存储在内存中的值，定制要显示的信息？这有几种方法，它们有一个共同点：使用变量。

在这个例子里，可以分配一块名为 salary 的内存，把值 10 000 存储在该变量中。要显示薪水时，可以使用给变量指定的名称 salary，将存储在其中的值 10 000 显示出来。程序用到变量名时，计算机就会访问存储在其中的值。变量的使用次数不受限制。当薪水改变时，只要改变 salary 变量存储的值，整个程序就会使用新的值。当然，在计算机中，所有的值都存储为二进制数。

程序中变量的数量是没有限制的。在程序执行过程中，每个变量包含的值由程序的指令决定。变量的值不是固定的，而可以随时改变，且没有次数的限制。

> ▇ **注意**：变量可以有一个或多个字节，那么，计算机如何知道变量有多少字节？下一节会提到，每个变量都由类型指定变量可以存储的数据种类。变量的类型决定了为它分配多少字节。

变量的命名

给变量指定的名称一般称为变量名。变量的命名很灵活。它可以由一个或多个大/小写字母、数字和下画线(_)组成(有时下画线也算作字母)，变量名需要以字母(或下画线)开头。下面是一些正确的变量名：

```
Radius      diameter    Auntie_May    Knotted_Wool    D678
```

变量名不能以数字开头，因此 8_Ball 和 6_pack 都是不合法的名称。变量名只能包含字母、下画线和数字，因此 Hash!及 Mary-Lou 都不能用作变量名。Mary-Lou 是一个常见的错误，但是 Mary_Lou 就是可以接受的。变量名中不能有空格，所以 Mary Lou 会被视为两个变量名 Mary 和 Lou。以 1 个或 2 个下画线开头的变量名常用在头文件中，所以在给变量命名时，不要将下画线用作第一个字符，以免和标准库里的变量名冲突。例如最好避免使用_this 和_that 这样的变量名。变量名的另一个要点是，变量名是区分大小写的，因此 Democrat 和 democrat 是不同的。

可以在上述限制内随意指定变量名，但最好使变量名有助于了解该变量包含的内容，例如用变量名 x 存储薪水信息就不好，而使用变量名 salary 就好得多，对其用途不会有什么疑义。最后强调，变量的名称必须清楚地表示其含义。

> ▇ **警告**：变量名可以包含的字符数取决于编译器，遵循 C 语言标准的编译器至少支持 31 个字符，只要不超过这个长度就没问题。建议变量名不要超过这个长度，因为这样的变量名比较烦琐，代码也难以理解。有些编译器会截短过长的变量名。

2.3 存储整数的变量

变量有几种不同的类型，每种变量都用于存储特定类型的数据。有几种变量可存储整数、非整数的数值和字符。一些类型存储特定的数据(例如整数)，它们之间的区别是它们占用的内存量和可以存储的数值范围。首先看看用于存储整数的变量。

整数是没有小数点的数字。下面是一个例子：

```
123     10,999,000,000    20,000    88    1
```

这些数值是整数，但这对程序而言并不完全正确。整数是不能包含逗号的，所以第二个值在程序里应该写成 10999000000，第三个值应该写成 20000。

下面是一些不是整数的例子：

```
1.234    999.9    2.0    -0.0005    3.14159265
```

2.0 一般算作整数，但是计算机不将它算作整数，因为它带有小数点。在程序里，如果你想要一个整数,最好把这个数字写成不带小数点的2。在 C 程序中,整数总是写成不带小数点的数字。如果数字中有小数点,就不是整数,而是浮点数,详见后面的内容。在详细讨论整型变量之前,先看看程序里一个简单的变量,学习变量的用法。

试试看: 使用变量

回到输出薪水的例子。将前面的程序改为使用一个 int 型变量。

```
// Program 2.2 Using a variable
#include <stdio.h>

int main(void)
{
  int salary;                        // Declare a variable called salary
  salary = 10000;                    // Store 10000 in salary
  printf("My salary is %d.\n", salary);
  return 0;
}
```

输入这个例子,编译、链接并执行,会得到下面的结果。

```
My salary is 10000.
```

代码的说明

前 3 行和前一个例子相同,下面看看新的语句。用来存放薪水的变量声明语句如下。

```
int salary;                         // Declare a variable called salary
```

这个语句称为变量声明,因为它声明了变量的名称。在这个程序中,变量名是 salary。

▨ **警告**: 变量声明语句以分号结束。如果漏掉分号,程序编译时会产生错误。

变量声明也指定了这个变量存储的数据类型,这里使用关键字 int 指定,salary 用来存放一个整数。关键字 int 放在变量名称之前。这是可用于存储整数的几个类型之一。

如后面所述,声明存储其他数据类型的变量时,要使用另一个关键字指定数据类型,其方式大致相同。

▨ **注意**: 关键字是特殊的 C 保留字,对编译器有特殊的意义。不能将它们用作变量名称或代码中的其他实体,否则编译器会生成错误消息。

变量声明也称为变量的定义,因为它分配了一些存储空间,用来存储整数值,该整数可以用变量名 salary 引用。

▨ **注意**: 声明引入了一个变量名,定义则给变量分配存储空间。有这个区别的原因在本书后面会很清楚。

当然,现在还未指定变量 salary 的值,所以此刻该变量包含一个垃圾值,即上次使用这块内存空间时遗留在此的值。

下一个语句是:

```
The next salary = 10000;                         // Store 10000 in salary
```

这是一个简单的算术赋值语句,它将等号右边的数值存储到等号左边的变量中。这里声明了变量 salary,它的值是 10 000。将右边的值 10 000 存储到左边的变量 salary 中。等号 "=" 称为赋值运算符,它将右边的值赋予左边的变量。

然后是熟悉的 printf()语句,但这里的用法和之前稍有不同。

```
printf("My salary is %d.", salary);
```

括号内有两个参数,用逗号分开。参数是传递给函数的值。在这个程序语句中,传给 printf()函数的两个参数如下。

- 参数 1 是一个控制字符串,用来控制其后的参数输出以什么方式显示。它是放在双引号内的字符串,也称为格式字符串,因为它指定了输出数据的格式。
- 参数 2 是变量名 salary。这个变量值的显示方式由第一个参数——控制字符串来确定。

这个控制字符串和前一个例子相当类似,都包含一些要显示的文本。但在本例的这个字符串中有一个%d,它称为变量值的转换说明符(conversion specifier)。

转换说明符确定变量在屏幕上的显示方式,换言之,它们指定最初的二进制值转换为什么形式,显示在屏幕上。在本例中使用了 d,它是应用于整数值的十进制说明符,表示第二个参数 salary 输出为一个十进制数。

注意: 转换说明符总是以%字符开头,以便 printf()函数识别出它们。控制字符串中的%总是表示转换说明符的开头,所以,如果要输出%字符,就必须用转义序列%%。

试试看: 使用更多的变量

试试一个稍大的程序:

```
// Program 2.3 Using more variables
#include <stdio.h>

int main(void)
{
  int brothers;                    // Declare a variable called brothers
  int brides;                      // and a variable called brides

  brothers = 7;                    // Store 7 in the variable brothers
  brides = 7;                      // Store 7 in the variable brides

  // Display some output
  printf("%d brides for %d brothers\n", brides, brothers);
  return 0;
}
```

执行程序的结果如下。

```
7 brides for 7 brothers
```

代码的说明

这个程序和前一个例子相当类似。首先声明两个变量 brothers 和 brides，语句如下。

```
int brothers;                    // Declare a variable called brothers
int brides;                      // and a variable called brides
```

两个变量都声明为 int 类型，都存储整数值。注意，它们在两个语句中声明。由于这两个变量的类型相同，因此可以将它们放在同一行代码上声明。

```
int brothers, brides;
```

在一个语句中声明多个变量时，必须用逗号将数据类型后面的变量名分开，该语句要用分号结束。这是一种很方便的格式，但有一个缺点：每个变量的作用不很明显，因为它们全放在一行代码上，不能加入注释来描述每个变量。因此可以将它们分成两行，语句如下。

```
int brothers,                    // Declare a variable called brothers
    brides;                      // and a variable called brides
```

将语句分成两行，就可以加入注释了。这些注释会被编译器忽略，因此和最初没加入注释的语句相同。可以将 C 语句分成好几行。分号决定语句的结束，而不是代码行的结束。

当然也可以编写两个声明语句。一般最好在一个语句中定义一个变量。变量声明常常放在函数的可执行语句的开头，但这不是必须的。一般把要在一块代码中使用的变量声明放在该起始括号的后面。

之后的两个语句给两个变量赋值 7。

```
brothers = 7;                    // Store 7 in the variable brothers
brides = 7;                      // Store 7 in the variable brides
```

注意，声明这些变量的语句放在上述语句之前。如果遗漏了某个声明，或把声明语句放在后面，程序就不会编译。变量在其声明之前在代码中是不存在的，必须总是在使用变量之前声明它。

下一个语句调用 printf()函数，它的第一个参数是一个控制字符串，以显示一行文本。这个字符串还包含规范，指定后续参数的值如何解释和显示在文本中。这个控制字符串中的两个转换说明符%d 会分别被 printf()函数的第二个参数 brides 和第三个参数 brothers 的值取代。

```
printf("%d brides for %d brothers\n", brides, brothers);
```

转换说明符按顺序被 printf()函数的第二个参数 brides 和第三个参数 brothers 的值取代：变量 brides 的值对应第一个%d，变量 brothers 的值对应第二个%d。如果将设置变量值的语句改为如下所示，将会更清楚。

```
brothers = 8;                    // Store 8 in the variable brothers
brides = 4;                      // Store 4 in the variable brides
```

在这个比较明确的例子中，printf()语句会清楚地显示变量和转换说明符的对应关系，因为输出如下所示。

```
4 brides for 8 brothers
```

为了演示变量名是区分大小写的，修改 printf()函数，使其中一个变量名以大写字母开头，如
下所示。

```
// Program 2.3A Using more variables
#include <stdio.h>

int main(void)
{
  int brothers;                     // Declare a variable called brothers
  int brides;                       // and a variable called brides

  brothers = 7;                     // Store 7 in the variable brothers
  brides = 7;                       // Store 7 in the variable brides

  // Display some output
  printf("%d brides for %d brothers\n", Brides, brothers);
  return 0;
}
```

编译这个版本的程序时，会得到一个错误信息。编译器把 brides 和 Brides 解释为两个不同的
变量，所以它不理解 Brides 变量，因为没有声明它。这是一个常见的错误。如前所述，打字和拼
写错误是出错的一个主要原因。变量必须在使用之前声明，否则编译器就无法识别，将该语句标
识为错误。

2.3.1　变量的使用

前面介绍了如何声明及命名变量，但这和在第 1 章学到的知识相比并没有太多用处。下面编
写另一个程序，在产生输出前使用变量的值。

试试看：做一个简单的计算

这个程序用变量的值做简单的计算。

```
// Program 2.4 Simple calculations
#include <stdio.h>

int main(void)
{
  int total_pets;
  int cats;
  int dogs;
  int ponies;
  int others;
```

```
    // Set the number of each kind of pet
    cats = 2;
    dogs = 1;
    ponies = 1;
    others = 46;

    // Calculate the total number of pets
    total_pets = cats + dogs + ponies + others;

    printf("We have %d pets in total\n", total_pets);    // Output the result
    return 0;
}
```

执行程序的结果如下。

```
We have 50 pets in total
```

代码的说明

与前面的例子一样，大括号中的所有语句都有相同的缩进量，这说明这些语句都包含在这对大括号中。应当仿效此法组织程序，使位于一对大括号之间的一组语句有相同的缩进量，使程序更易于理解。

首先，定义 5 个 int 类型的变量。

```
int total_pets;
int cats;
int dogs;
int ponies;
int others;
```

因为这些变量都用来存放动物的数量，它们肯定是整数，所以都声明为 int 类型。

下面用 4 个赋值语句给变量指定特定的值。

```
cats = 2;
dogs = 1;
ponies = 1;
others = 46;
```

现在，变量 total_pets 还没有设定明确的值，它的值是使用其他变量进行计算的结果。

```
total_pets = cats + dogs + ponies + others;
```

在这个算术语句中，把每个变量的值加在一起，计算出赋值运算符右边的所有宠物数的总和，再将这个总和存储到赋值运算符左边的变量 total_pets 中。这个新值替代了存储在变量 total_pets 中的旧值。

printf()语句显示了变量 total_pets 的值，即计算结果。

```
printf("We have %d pets in total\n", total_pets);
```

试着改变某些宠物的值，或添加一些宠物。记住要声明它们，给它们设定数值，将它们加进变量 total_pets 中。

2.3.2　变量的初始化

在上面的例子中，用下面的语句声明每个变量。

```
int cats;                      // The number of cats as pets
```

用下面的语句设定变量 cats 的值。

```
cats = 2;
```

将变量 cats 的值设为 2。这个语句执行之前，变量的值是什么？它可以是任何数。第一个语句创建了变量 cats，但它的值是上一个程序在那块内存中留下的数值。其后的赋值语句将变量 cats 的值设置为 2。但最好在声明变量时，就初始化它，语句如下所示。

```
int cats = 2;
```

这个语句将变量 cats 声明为 int 类型，并设定初值为 2。声明变量时就初始化它一般是很好的做法。它可避免对初始值的怀疑，当程序运作不正常时，它有助于追踪错误。避免在创建变量时使用垃圾值，可以减少程序出错时计算机崩溃的机会。随意使用垃圾值可能导致各种问题，因此从现在起，就养成初始化变量的好习惯，即使是 0 也好。

上面的程序是第一个真正做了些事情的程序。它非常简单，仅仅相加了几个数字，但这是非常重要的一步。它是运用算术语句进行运算的一个基本例子。下面介绍一些更复杂的计算。

1. 基本算术运算

在 C 语言中，算术语句的格式如下。

变量名 = 算术表达式;

赋值运算符(=)右边的算术表达式指定使用变量中存储的值和/或明确给出的数字，以及算术运算符如加(+)、减(-)、乘(*)及除(/)进行计算。在算术表达式中也可以使用其他运算符，如后面所述。

前面例子中的算术语句如下。

```
total_pets = cats + dogs + ponies + others;
```

这个语句先计算等号右边的算术表达式，再将所得的结果存到左边的变量中。

在 C 语言中，符号 "＝" 定义了一个动作，而不是像数学中那样说明两边相等。它指定将右边表达式的结果存到左边的变量中。因此可以编写下面的语句。

```
total_pets = total_pets + 2;
```

以数学的观点来看，它是很荒唐的，但对编程而言它是正确的。假定重新编写程序，添加上面的语句。添加了这个语句的程序段如下。

```
total_pets = cats + dogs + ponies + others;
total_pets = total_pets + 2;
printf("The total number of pets is: %d", total_pets);
```

在执行完第一个语句后，total_pets 的值是 50。之后，第二行提取 total_pets 的值，给该值加 2，再将结果存储回变量 total_pets。因此最后显示出来的总数是 52。

> **注意：** 在赋值运算中，先计算等号右边的表达式，然后将结果存到等号左边的变量中。新的值取代赋值运算符左边的变量中的原值。赋值运算符左边的变量称为 lvalue，因为在这个位置可以存储一个值。执行赋值运算符右边的表达式所得的值称为 rvalue，因为它是计算表达式所得的一个值。

计算结果是数值的表达式称为算术表达式，下面都是算术表达式。

```
3      1 + 2     total_pets     cats + dogs - ponies     -data
```

计算这些表达式，都会得到一个数值。注意，变量名也是一个表达式，它的计算结果是一个值，即该变量包含的值。最后一个例子的值是 data 的负值，所以，如果 data 包含-5，表达式-data 的值就是 5。当然，data 的值仍是-5。稍后将详细讨论如何构建表达式，并学习运算规则。这里先用基本算术运算符列举一些简单的例子。表 2-1 列出了这些算术运算符。

表 2-1　基本算术运算符

运算符	动作
+	加
−	减
*	乘
/	除
%	取模(Modulus)

应用运算符的数据项一般称为操作数，两边的操作数都是整数时，所有这些运算符都生成整数结果。前面没有提到过取模运算符。它用运算符左边的表达式值去除运算符右边的表达式值，并求出其余数，所以有时称为余数运算符。表达式 12 % 5 的结果是 2。因为 12 除以 5 的余数是 2。下一节将详细介绍。所有这些运算符的工作方式都与我们的常识相同，只有除法运算符例外，它应用于整数时有点不直观。下面进行一些算术运算。

> **注意：** 应用运算符的值称为操作数。需要两个操作数的运算符(如%)称为二元运算符。应用于一个值的运算符称为一元运算符。因此-在表达式 a-b 中是二元运算符，在表达式-data 中是一元运算符。

试试看：减和乘

下面基于食物的程序演示了减法和乘法。

```
// Program 2.5 Calculations with cookies
#include <stdio.h>

int main(void)
{
  int cookies = 5;
  int cookie_calories = 125;          // Calories per cookie
```

```
    int total_eaten = 0;                // Total cookies eaten

    int eaten = 2;                      // Number to be eaten
    cookies = cookies - eaten;          // Subtract number eaten from cookies
    total_eaten = total_eaten + eaten;
    printf("\nI have eaten %d cookies. There are %d cookies left",
                                                    eaten, cookies);

    eaten = 3;                          // New value for cookies eaten
    cookies = cookies - eaten;          // Subtract number eaten from cookies
    total_eaten = total_eaten + eaten;
    printf("\nI have eaten %d more. Now there are %d cookies left\n", eaten, cookies);
    printf("\nTotal energy consumed is %d calories.\n", total_eaten*cookie_calories);
    return 0;
}
```

这个程序产生如下输出。

```
I have eaten 2 cookies. There are 3 cookies left
I have eaten 3 more. Now there are 0 cookies left

Total energy consumed is 625 calories.
```

代码的说明

首先声明并初始化 3 个 int 类型的变量。

```
int cookies = 5;
int cookie_calories = 125;          // Calories per cookie
int total_eaten = 0;                // Total cookies eaten
```

在程序中，使用变量 total_eaten 计算吃掉的饼干总数，所以要将它初始化为 0。
下一个声明并初始化的变量存储吃掉的饼干数。

```
int eaten = 2;                      // Number to be eaten
```

用减法运算符从 cookies 中减掉 eaten。

```
cookies = cookies - eaten;          // Subtract number eaten from cookies
```

减法运算的结果存回 cookies 变量，所以 cookies 的值变成 3。因为吃掉了一些饼干，所以要给 total_eaten 增加吃掉的饼干数。

```
total_eaten = total_eaten + eaten;
```

将 eaten 变量的当前值 2 加到 total_eaten 的当前值 0 上，结果存储回变量 total_eaten。printf()
语句显示剩下的饼干数。

```
printf("\nI have eaten %d cookies. There are %d cookies left",
                                                    eaten, cookies);
```

这个语句在一行上放不下，所以在 printf() 的第一个参数后的逗号后面，将该语句的其他内容放在下一行上。可以像这样分拆语句，使程序易于理解，或放在屏幕的指定宽度之内。注意，不能用这种方式拆分第一个字符串参数。不能在字符串的中间放置换行符。需要将字符串拆成两行或多行时，一行上的每一段字符串必须有自己的一对双引号。例如，上面的语句可以写成：

```
printf( "\nI have eaten %d cookies. "
        " There are %d cookies left",
        eaten, cookies);
```

如果两个或多个字符串彼此相邻，编译器会将它们连接起来，构成一个字符串。

用整数值的转换说明符%d 将 eaten 和 cookies 的值显示出来。在输出字符串中，eaten 的值取代第一个%d，cookies 的值取代第二个%d。字符串在显示之前会先换行，因为开头处有一个\n。

下一个语句将变量 eaten 的值设为一个新值。

```
eaten = 3;                              // New value for cookies to be eaten
```

新值 3 取代 eaten 变量中的旧值 2，然后完成和以前一样的操作序列。

```
cookies = cookies - eaten;              // Subtract number eaten from cookies
total_eaten = total_eaten + eaten;
printf("\nI have eaten %d more. Now there are %d cookies left\n", eaten, cookies);
```

最后，在执行 return 语句结束程序前，计算并显示被吃掉饼干的卡路里数。

```
printf("\nTotal energy consumed is %d calories.\n", total_eaten*cookie_calories);
```

printf() 函数的第二个参数是一个算术表达式，而不是变量。编译器会将表达式 total_eaten*cookie_calories 的计算结果存储到一个临时变量中，再把该值作为第二个参数传送给 printf()函数。函数的参数总是可以使用算术表达式，只要其计算结果是需要的类型即可。

下面看看除法和取模运算符。

试试看：除法和取模运算符

假设你有一罐饼干(其中有 45 块饼干)和 7 个孩子。要把饼干平分给每个孩子，计算每个孩子可得到几块饼干，分完后剩下几块饼干。

```
// Program 2.6 Cookies and kids
#include <stdio.h>

int main(void)
{
  int cookies = 45;                     // Number of cookies in the jar
  int children = 7;                     // Number of children
  int cookies_per_child = 0;            // Number of cookies per child
  int cookies_left_over = 0;            // Number of cookies left over

  // Calculate how many cookies each child gets when they are divided up
  cookies_per_child = cookies/children; // Number of cookies per child
```

```
    printf("You have %d children and %d cookies\n", children, cookies);
    printf("Give each child %d cookies.\n", cookies_per_child);

    // Calculate how many cookies are left over
    cookies_left_over = cookies%children;
    printf("There are %d cookies left over.\n", cookies_left_over);
    return 0;
}
```

执行程序后的输出如下。

```
You have 7 children and 45 cookies
Give each child 6 cookies.
There are 3 cookies left over.
```

代码的说明

下面一步一步地解释这个程序。下面的语句声明并初始化 4 个整数变量: cookies、children、cookies_per_child、cookies_left_over。

```
int cookies = 45;                    // Number of cookies in the jar
int children = 7;                    // Number of children
int cookies_per_child = 0;           // Number of cookies per child
int cookies_left_over = 0;           // Number of cookies left over
```

使用除号运算符 / 将饼干数量除以孩子的数量，得到每个孩子分得的饼干数。

```
cookies_per_child = cookies/children;     // Number of cookies per child
```

下面两个语句输出结果，即 cookies_per_child 变量的值。

```
printf("You have %d children and %d cookies\n", children, cookies);
printf("Give each child %d cookies.\n", cookies_per_child);
```

从输出结果可以看出，cookies_per_child 的值是 6。这是因为当操作数是整数时，除法运算符总是得到整数值。45 除以 7 的结果是 6，余 3。下面的语句用取模运算符计算余数。

```
cookies_left_over = cookies%children;
```

赋值运算符右边的表达式计算 cookies 除以 children 得到的余数。最后一个语句输出余数。

```
printf("There are %d cookies left over.\n", cookies_left_over);
```

2. 深入了解整数除法

当一个操作数是负数时，使用除法和模数运算符的结果是什么？在执行除法运算时，如果操作数不同号，结果就是负数。因此，表达式-45/7 和 45/-7 的结果相同，都是-6。如果操作数同号，都是正数或都是负数，结果就是正数。因此 45/7 和-45/-7 结果都是 6。至于模数运算符，不管操作数是否同号，其结果总是和左操作数的符号相同。因此 45%-7 等于 3，-45%7 等于-3，-45%-7 也等于-3。

3. 一元运算符

例如，乘法运算符是一个二元运算符。因为它有两个操作数，其结果是一个操作数乘以另一个操作数。还有一些运算符是一元运算符，即它们只需一个操作数。后面将介绍更多的例子。但现在看看一个最常用的一元运算符。

4. 一元减号运算符

前面使用的运算符都是二元运算符，因为它们都操作两个数据项。C 语言中也有操作一个数据项的一元运算符。一元减号运算符就是一个例子。若操作数为负，它就生成正的结果；若操作数为正，它就生成负的结果。要了解一元减号运算符的使用场合，考虑一下追踪银行账号。假定我们在银行存了 200 元。在簿子里用两列记录这笔钱的收支情况，一列记录付出的费用，另一列记录得到的收入。支出列是负数，收入列是正数。

我们决定购买一片价值 50 元的 CD 和一本价值 25 元的书。假如一切顺利，从银行的初始值中减掉支出的 75 元后，就得到了余额。表 2-2 说明这些项的记录情况。

表 2-2　收入与支出记录

项	收入	支出	存款余额
支票收入	$200		$200
CD		$50	$150
书		$25	$125
结余	$200	$75	$125

如果将这些数字存储到变量中，可以将收入及支出都输入为正数，只有计算余额时，才会把这些数字变成负数。为此，可以将一个负号(-)放在变量名的前面。

要把总支出输出为负数，可编写如下语句。

```
int expenditure = 75;
printf("Your balance has changed by %d.", -expenditure);
```

这会产生如下结果：

```
Your balance has changed by -75.
```

负号表示花掉(而不是赚了)这笔钱。注意，表达式-expenditure 不会改变 expenditure 变量的值，它仍然是 75。这个表达式的值是-75。

在表达式-expenditure 中，一元减号运算符指定了一个动作，其结果是翻转 expenditure 变量的符号：将负数变成正数，将正数变成负数。这和编写一个负数(如-75 或-1.25)时使用的负号运算符是不同的。此时，负号不表示一个动作，程序执行时，不需要执行指令。它只是告诉编译器，在程序里创建一个负的常量。

2.4　变量与内存

前面介绍了整数变量，但未考虑过它们占用多少内存空间。每次声明给定类型的变量时，编译器都会给它分配一块足够大的内存空间，来保存该类型的变量。相同类型的不同变量总是占据相同大小的内存(字节数)。但不同类型的变量需要分配的内存空间就不一样了。

本章的开头介绍了计算机的内存组织为字节。每个变量都会占据一定数量的内存字节,那么存储整数需要几字节?这取决于整数值有多大。1 字节能存储-128~+127 的整数。这对于前面的例子而言已经足够,但是如何存储一双及膝的长筒袜上的平均针脚数?1 字节就不够了。另一方面,如果要记录一个人在 2 分钟内能吃掉的汉堡包个数,1 字节就足够了,此时分配更多的字节就是浪费内存了。因此,在 C 语言中有不同类型的变量来存储不同类型的数字,其中一个就是整数。整数变量还有几种不同的变体,以存储不同范围的整数。

2.4.1 带符号的整数类型

有 5 种基本的变量类型可以声明为存储带符号的整数值(无符号的整数值参见下一节)。每种类型都用不同的关键字或关键字组合来指定,如表 2-3 所示。

表 2-3 整数变量类型的名称

类型名称	字节数
signed char	1
short	2
int	4
long	4
long long	8

下面是这些类型的变量声明。

```
short shoe_size;
int house_number;
long long star_count;
```

类型名称 short、long 和 long long 可以用作 short int、long int 和 long long int 的缩写,前面还可以带有 signed 关键字。但是,这些类型几乎总是用表 2-3 列出的缩写形式。int 类型也可以写作 signed int,但不常用。表 2-3 列出了每个类型的字节数,但这些变量类型所占的内存空间,以及可以存储的取值范围,取决于所使用的编译器。很容易确定编译器允许的极限值,因为它们在 limits.h 头文件中定义,本章后面会介绍。

2.4.2 无符号的整数类型

有些数据总是正的,例如河滩上的鹅卵石数目。对于每个存储带符号整数的类型,都有一个对应的类型来存储无符号的整数,它们占用的内存空间与无符号类型相同。每个无符号的类型名称都与带符号的类型名称相同,但要在前面加上关键字 unsigned。表 2-4 列出了可用的无符号整数类型。

表 2-4 无符号整数类型的名称

类型名称	字节数
unsigned char	1
unsigned short int 或 unsigned short	2
unsigned int	4
unsigned long int 或 unsigned long	4
unsigned long long int 或 unsigned long long	8

如果位数给定，可以表示的数值就是固定的。32 位的变量可以表示 4 294 967 295 个不同的值。因此，使用无符号类型所提供的值不会多于对应的带符号类型，但其表示的数字比对应的带符号类型大一倍。

下面是声明无符号整型变量的示例：

```
unsigned int count;
unsigned long population;
```

■ **注意**：如果变量的类型不同，但占用相同的字节数，则它们仍是不同的。long 和 int 类型占用相同的内存量，但它们仍是不同的类型。

2.4.3 指定整数常量

整数变量有不同的类型，整数常量也有不同的类型。例如，如果将整数写成 100，它的类型就是 int。如果要确保它是 long 类型，就必须在这个数值的后面加上一个大写 L 或小写 l。所以，long 类型的整数 100 应写为 100L。虽然写为 100l 也是合法的，但应尽量避免，因为小写字母 l 与数字 1 很难辨别。

声明并初始化 Big_Number 的语句如下。

```
long Big_Number = 1287600L;
```

负整数常量的定义要用负号。例如：

```
int decrease = -4;
long below_sea_level = -100000L;
```

将整数常量指定为 long long 类型时，应添加两个 L。

```
long long really_big_number = 123456789LL;
```

如前所述，将常量指定为无符号类型时，应添加 U，如下所示。

```
unsigned int count = 100U;
unsigned long value = 999999999UL;
```

要存储取值范围最大的整数，可以按如下方式定义变量。

```
unsigned long long metersPerLightYear = 9460730472580800ULL;
```

ULL 指定初始值的类型是 unsigned long long。

1. 十六进制常量

也可以用十六进制编写整数，即以 16 为基数。十六进制的数字等价于十进制的 0~15，表示方式是 0~9 和 A~F(或 a~f)。因为需要一种方式区分十进制的 99 和十六进制的 99，所以在十六进制数的前面加上 0x 或 0X。因此在程序中，十六进制的 99 可以编写成 0x99 或 0X99。十六进制常量也可以有后缀。下面是十六进制常量的一些示例。

```
0xFFFF   0xdead   0xfade   0xFade   0x123456EE   0xafL   0xFABABULL
```

最后一个示例的类型是 unsigned long long，倒数第二个示例的类型是 long。

十六进制常量常用来表示位模式，因为每一个十六进制的数对应于 4 个二进制位。两个十六进制的数指定 1 字节。第 3 章介绍的按位运算符一般与十六进制常量一起用于定义掩码。如果不熟悉十六进制，可以参阅附录 A。

2. 八进制常量

八进制数以 8 为基数。八进制数字为 0~7，对应于二进制中的 3 位。八进制数起源于计算机内存采用 36 位字的时代，那时一个字是 3 位的组合。因此，36 位二进制字可以写成 12 个八进制数。八进制数目前很少使用，需要知道它们，以免错误地指定八进制数。

以 0 开头的整数常量，例如 014，会被编译器看作八进制数。因此，014 等价于十进制的 12，而不是十进制的 14。所以，不要在整数中加上前导 0，除非要指定八进制数。很少需要使用八进制数。

3. 默认的整数常量类型

如前所述，没有后缀的整数常量默认为 int 类型，但如果该值太大，在 int 类型中放不下，该怎么办？对于这种情形，编译器创建了一个常量类型，根据值是否有后缀，来判断该值是否是十进制。表 2-5 列出了编译器如何判断各种情形下的整数类型。

表 2-5　无符号整数类型的名称

后缀	十进制常量	八进制或十六进制常量
无	1. int 2. long 3. long long	1. int 2. unsigned int 3. long 4. unsigned long 5. long long 6. unsigned long long
U	1. unsigned int 2. unsigned long 3. unsigned long long	1. unsigned int 2. unsigned long 3. unsigned long long
L	1. long 2. long long	1. long 2. unsigned long 3. long long 4. unsigned long long
UL	1. unsigned long 2. unsigned long long	1. unsigned long 2. unsigned long long
LL	1. long long	1. long long 2. unsigned long long
ULL	1. unsigned long long	1. unsigned long long

编译器选择容纳该值的第一种类型，如表中各项的数字所示。例如，后缀为 u 或 U 的十六进制常量默认为 unsigned int，否则就是 unsigned long。如果这个取值范围太小，就采用 unsigned long long 类型。当然，如果给变量指定的初始值在变量类型的取值范围中容纳不下，编译器就会发出

一个错误消息。

2.5 使用浮点数

浮点数包含的值带小数点，也可以表示分数和整数。下面是浮点数的例子：

```
1.6  0.00008  7655.899 100.0
```

最后一个常量是整数，但因为它有小数点，所以它存储为浮点数。浮点数有一个缺点，由于浮点数的表示方式规定它的位数是固定的，这会限制浮点数的精确度。浮点数通常表示为一个小数值乘以 10 的幂，其中 10 的幂称为指数。例如前面的每一个浮点数都可以采用表 2-6 的方式来表示。

表 2-6 浮点数表示法

数值	使用指数表示法	在 C 语言中也可以写成
1.6	0.16×10^1	0.16E1
0.00008	0.8×10^{-4}	0.8E-4
7655.899	0.7655899×10^4	0.7655899E4
100.0	1.0×10^2	1.0E2

中间列展示了左列的数如何用指数表示法表示，但在 C 语言中不会这么写，这只是数的另一种表示方法。右列说明了中间列的数字在 C 语言中的表示法。这些数字中的 E 表示指数，也可以使用小写 e。当然在程序中编写这些数字时可以不用指数，而使用左列的方式。但对于非常大或非常小的数字，指数形式比较方便。0.5E-15 当然比 0.0 000 000 000 000 005 更好。

浮点数的表示

浮点数的内部表示有点复杂。如果对计算机的内部不感兴趣，可以跳过这一节。这里包含本节，是因为理解计算机如何处理浮点数，可以更好地明白浮点数为什么有这样的值域。图 2-3 显示了在 Intel PC 的内存中，浮点数如何存储在 4 字节的字中。

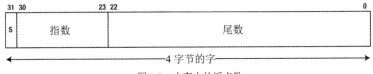

图 2-3 内存中的浮点数

(1 位表示符号，8 位表示指数域，23 位表示尾数)

这是一个单精度浮点数，在内存中占用 4 字节。该值包含三部分：

- 符号位，正值为 0，负值为 1
- 8 位的指数
- 23 位的尾数

尾数包含浮点数中的小数，占用 23 位。它假定为一个形式为 1.bbb...b 的二进制值，二进制点的右边有 23 位。因此，尾数的值总是大于或等于 1，小于 2。那么，如何把 24 位值放在 23 位中？

其实这很简单。最左边的一位总是 1，所以不需要存储。采用这种方式，可以给精度提供一个额外的二进制数字。

指数是一个无符号的 8 位值，所以指数值可以是 0~255。浮点数的实际值是尾数乘以 2 的指数幂 2^{exp}，其中 exp 是指数值。使用负的指数值可以表示很小的分数。为了包含这个浮点数表示，给浮点数的实际指数加上 127，这将允许把-127~128 的值表示为 8 位无符号值。因此指数为-6 会存储为 121，指数为 6 会存储为 133。但还有几个复杂的问题。

实际指数为-127，而存储的指数是 0，这是一种特殊情况。浮点数 0 表示为尾数和指数的所有位都是 0，所以实际指数为-127 时，不能用于其他值。

另一个复杂的问题是，最好能检测出除 0 的情形。于是系统保留了另外两个特殊值，来表示+无穷大和-无穷大，它们分别是正数和负数除以 0 的结果。正数除以 0 的结果是符号位为 0，所有指数位是 1，所有尾数位是 0。这个值很特殊，表示+无穷大，不是 1×2^{128}，且所有尾数位是 0。负数除以 0 的结果是这个值取负，所以-1×2^{128} 也是一个特殊值。

最后一个复杂的问题是，最好能表示 0 除以 0 的结果。这称为 Not a Number(NaN)。这个保留值的所有指数位是 1，尾数的首位是 1 或 0，这取决于 NaN 只是一个 NaN，允许继续执行，还是一个发出信号的 NaN，在代码中生成一个可中断执行的异常。NaN 在尾数中有一个前导 0 时，则其他尾数位中的至少一位是 1，就可以把它与无穷大区分开。

此外，IEEE-754 标准还有其他定义。例如，双精度表示包含 1 位符号位、11 位指数域、52 位尾数。稍后将对 float、double 和 long double 进行讲解。

■ **警告**：因为计算机把浮点数存储为二进制尾数和二进制指数的组合体，所以一些十进制的小数值不能用这种方式精确地表示。尾数中二进制点右边的二进制位，例如.1、.01、.001、.0001 等，等于十进制分数 1/2、1/4、1/8、1/16 等。所以二进制尾数的分数部分只能表示这些十进制分数的子集之和。可以看出，1/3 或 1/5 等值不能用二进制尾数精确地表示，因为二进制小数不能精确地组合为这些值。

2.6 浮点数变量

浮点数变量类型只能存储浮点数。表 2-7 是 3 种不同的浮点数变量。

表 2-7 浮点数变量类型

关键字	字节数	数值范围
float	4	±3.4E±38(精确到 6 到 7 位小数)
double	8	±1.7E±308(精确到 15 位小数)
long double	12	±1.19E±4932(精确到 18 位小数)

这是浮点数类型通常占用的字节数和取值范围。与整数一样，这些数所占用的字节数和取值范围取决于机器和编译器。在一些编译器上，类型 long double 和 double 相同。注意，小数的精确位数只是一个大约的数，因为浮点数在内部是以二进制方式存储的，十进制的浮点数在二进制中并不总是有精确的表示形式。

浮点数变量的声明方式和整数变量类似。只需要给浮点数类型使用对应的关键字即可。

```
float radius;
double biggest;
```

如果需要存储至多有 7 位精确值的数(范围为 $10^{-38}\sim10^{+38}$),就应需要使用 float 类型的变量。类型 float 的值称为单精度浮点数。从表 2-6 中得知,它占用 4 字节。使用类型 double 的变量可以存储双精度浮点数。类型 double 的变量占用 8 字节,有 15 位精确值,范围为 $10^{-308}\sim10^{+308}$。它足以满足大多数的需求。但某些特殊的应用程序需要更精确、更大的范围,此时可以使用 long double,但这取决于编译器。

编写一个类型为 float 的常量,需要在数值的末尾添加一个 f,以区别 double 类型。用下面的语句初始化前面的两个变量。

```
float radius = 2.5f;
double biggest = 123E30;
```

变量 radius 的初值是 2.5,变量 biggest 初始化为 123 后面加 30 个 0。任何数,只要有小数点,就是 double 类型,除非加了 f,使它变为 float 类型。当用 E 或 e 指定指数值时,这个常量就不需要包含小数点。例如 1E3f 是 float 类型,3E8 是 double 类型。

要声明 long double 类型的常量,需要在数字的末尾添加一个大写 L 或小写 l,例如:

```
long double huge = 1234567.89123L;
```

2.6.1　使用浮点数完成除法运算

如前所见,使用整数操作数进行除法运算时,通常会得到整数结果。除非除法运算的左操作数刚好是右操作数的整数倍,否则其结果是不正确的。当然,在将饼干分给孩子们的例子中,整数除法运算的方式是没问题的,但将 10 尺长的厚板均分成 4 块时,就有问题了。这时就需要用到浮点数了。

使用浮点数进行除法运算,会得到正确的结果——至少是一个精确到固定位数的值。下一个例子说明如何使用 float 类型的变量进行除法运算。

试试看: 使用 float 类型值的除法

这个例子用一个浮点数除以另一个浮点数,然后显示其结果。

```
// Program 2.7 Division with float values
#include <stdio.h>

int main(void)
{
  float plank_length = 10.0f;            // In feet
  float piece_count = 4.0f;              // Number of equal pieces
  float piece_length = 0.0f;             // Length of a piece in feet

  piece_length = plank_length/piece_count;
  printf("A plank %f feet long can be cut into %f pieces %f feet long.\n",
                          plank_length, piece_count, piece_length);
  return 0;
}
```

程序的结果输出如下。

```
A plank 10.000000 feet long can be cut into 4.000000 pieces 2.500000 feet long.
```

代码的说明

如何平均切割木板是很容易理解的。注意，在 printf()语句中为 float 类型的值使用了新的格式说明符。

```
printf("A plank %f feet long can be cut into %f pieces %f feet long.\n",
                              plank_length, piece_count, piece_length);
```

使用格式说明符%f 显示浮点数。格式说明符一般必须对应输出的值的类型。如果使用格式说明符%d 输出 float 类型的值，就会得到一个垃圾值。因为浮点数会解释为整数。同样，如果使用%输出整数类型的值，也会得到垃圾值。

2.6.2 控制输出中的小数位数

在上个例子的输出中有太多不必要的 0。擅长使用量尺和锯子，并不说明能用长度为 2.500000 的量尺切割木板，更不用说用 2.500001 长度的量尺了。可以用格式说明符指定小数点后面的位数。例如，要使输出的小数点后有两位数，可以使用格式说明符%.2f。如果小数点后需要有 3 位数，则可以使用%.3f。

可以修改上一个例子中的 printf()语句，生成更适当的结果。

```
printf("A plank %.2f feet long can be cut into %.0f pieces %.2f feet long.\n",
                              plank_length, piece_count, piece_length);
```

第一个格式说明符对应于变量 plank_length，其结果的小数点后有两位数。第二个格式说明符指定小数点后没有数字，这很合理，因为 piece_count 是整数。最后一个格式说明符和第一个相同。因此执行这个版本的例子，输出如下。

```
A plank 10.00 feet long can be cut into 4 pieces 2.50 feet long.
```

这样看起来舒服多了。当然，使 piece_count 是整数类型会更好。

2.6.3 控制输出的字段宽度

输出的字段宽度是输出值所使用的总字符数(包括空格)，在这个程序中，它是默认的。printf()函数确定了输出值需要占用多少个字符位置，小数点后的位数由我们指定，并将它用作字段宽度。但我们可以自己确定字段宽度，也可以自己确定小数位数。如果要求输出一列排列整齐的数值，就应确定固定的字段宽度。如果让 printf()函数指定字段宽度，输出的数字列就不整齐。用于浮点数的格式说明符的一般形式是：

```
%[width][.precision][modifier]f
```

其中，方括号不包含在格式说明符中。它们包含的内容是可选的，所以可省略 width、.precision 或 modifier，或它们的任意组合。width 值是一个整数，指定输出的总字符数(包括空格)，即字段宽度。precision 值也是一个整数，指定小数点后的位数。当输出值的类型是 long double 时，modifier 部分就是 L，否则就省略它。

可以重写上个例子的 printf()调用，指定字段宽度及小数点后的位数。例如：

```
printf("A %8.2f plank foot can be cut into %5.0f pieces %6.2f feet long.\n",
```

```
                                       plank_length, piece_count, piece_length);
```

上面的代码略微修改了文本，使之能放在书页上。现在，第一个值的字段宽度为 8，小数点后有 2 位数。第二个值是切割的总片数，其字段宽度为 5 个字符，且没有小数部分。第三个值的字段宽度为 6，小数点后有 2 位数。

指定字段宽度时，数值默认为右对齐。如果希望数值左对齐，只需要在%的后面添加一个负号。例如，格式说明符%-10.4f将输出一个左对齐的浮点数，其字段宽度为 10 个字符，小数点后有 4 位数。

注意，也可以对整数值指定字段宽度及对齐方式。例如%-15d指定一个整数是左对齐，其字段宽度为 15 个字符。还有其他格式说明符，以后会学习它们。用前面的例子试试各种不同的输出，尤其是看看字段宽度太小时会出现什么情况。

2.7　较复杂的表达式

算术要比两个数相除复杂得多。事实上，如果要进行复杂的算术运算，也可以使用笔和纸。对于较复杂的计算，需要更多地控制表达式的计算顺序。括号可以提供这方面的能力。当遇到错综复杂的情况时，括号还有助于使表达式更清晰。

在算术表达式中可以使用括号，其使用次数不受限制。包含在括号中的子表达式的计算顺序是：从最内层的括号开始计算到最外层的括号，对于运算符的优先级，一般规则是先乘除后加减。因此，表达式 2*(3+3*(5+4))的值是 60。首先计算表达式 5+4，得到 9。然后乘以 3，得到 27。之后加上 3，得到 30，最后乘以 2，得到 60。

可以加入空格，将操作数和运算符分开，使算术表达式的可读性更高。需要使代码更紧凑时，则可以删除空格。无论采用哪种方式，编译器都不会受到影响，因为编译器会忽略空格。如果根据优先级规则，无法确定表达式的计算顺序，通常可以加进一些括号，确保生成需要的结果。

试试看：算术运算

这次要利用输入的直径计算一个圆桌的周长及面积。计算圆的周长及面积时，其数学公式要使用π或 pi(周长=2πr，面积=πr^2，其中 r 是半径)。如果不记得这些公式，也不用担心。这不是数学课本，只要理解程序是如何运作的即可。

```c
// Program 2.8 calculations on a table
#define _CRT_SECURE_NO_WARNINGS
#include <stdio.h>

int main(void)
{
  float radius = 0.0f;                // The radius of the table
  float diameter = 0.0f;             // The diameter of the table
  float circumference = 0.0f;        // The circumference of the table
  float area = 0.0f;                 // The area of the table
  float Pi = 3.14159265f;

  printf("Input the diameter of the table:");
  scanf("%f", &diameter);            // Read the diameter from the keyboard
```

```
radius = diameter/2.0f;              // Calculate the radius
circumference = 2.0f*Pi*radius;      // Calculate the circumference
area = Pi*radius*radius;             // Calculate the area

printf("\nThe circumference is %.2f", circumference);
printf("\nThe area is %.2f\n", area);
return 0;
}
```

scanf 可能存在安全风险；对于这种风险，在附件 K 中定义了 C11 版本的标准安全函数(它们的名称中有后缀_s)进行处理。我们将在第 6 章介绍 scanf_s。但这并不意味着 scanf 是不宜使用的(MS 也声明了这一点)，GCC 和其他编译器仍使用 scanf。Microsoft 编译器实现了功能相同的安全标准输入函数。如果你仍然想使用原始的 scanf，那么你必须定义_CRT_SECURE_NO_WARNINGS，以避免在 Visual Studio 编译时出现错误。

这个程序的输出如下。

```
Input the diameter of the table: 6

The circumference is 18.85.
The area is 28.27.
```

代码的说明
在第一个 printf()之前，这个程序看起来和以前的例子很类似。

```
float radius = 0.0f;                 // The radius of the table
float diameter = 0.0f;               // The diameter of the table
float circumference = 0.0f;          // The circumference of the table
float area = 0.0f;                   // The area of the table
float Pi = 3.14159265f;
```

上述语句声明并初始化了 5 个变量，其中 Pi 有固定的数值。注意，所有的初值都在末尾添加了 f，因为这是 float 类型的初值。若没有 f 的话，它们的类型就是 double。不过在这里，它们仍然可行，但是编译器需要进行一些不必要的转换，将类型 double 转换为类型 float。Pi 值的位数太多，类型 float 存储不下，所以编译器提取其最左边的部分，使其能放在 float 类型中。

下一个语句输出一个从键盘上输入数据的提示。

```
printf("Input the diameter of the table:");
```

下一个语句读取圆桌的直径。这需要使用一个新的标准库函数 scanf()。

```
scanf("%f", &diameter);              // Read the diameter from the keyboard
```

scanf()是另一个需要包含头文件 stdio.h 的函数。它专门处理键盘输入，提取通过键盘输入的数据，按照第一个参数指定的方式解释它，第一个参数是放在双引号内的一个控制字符串。在这里，这个控制字符串是%f。因为读取的值是 float 类型。scanf()将这个数存入第二个参数指定的变量 diameter 中。第一个参数是一个控制字符串，和 printf()函数的用法类似，但它控制的是输入，而不是输出。第 10 章将详细介绍 scanf()函数，附录 D 总结了所有的控制字符串。

注意，变量名 diameter 前的&是个新东西，它称为寻址运算符，它允许 scanf()函数将读入的数值存进变量 diameter。它的做法和将参数值传给函数是一样的。这里不详细解释它；第 8 章会详细说明。唯一要记住的是，使用函数 scanf()时，要在变量前加上寻址运算符&，而使用 printf()函数时不添加它。

在函数 scanf()的控制字符串中，%字符表示某数据项的格式说明符的开头。%字符后面的 f表示输入一个浮点数。在控制字符串中一般有几个格式说明符，它们按顺序确定了函数中后面各参数的数据类型。在 scanf()的控制字符串后面有多少个参数，控制字符串就有多少个格式说明符，本书的后面将介绍 scanf()函数的更多运用，表2-8 列出了读取各种类型的数据时所使用的格式说明符。

表2-8　读取数据的格式说明符

操作	需要的控制字符串
读取 short 类型的数值	%hd
读取 int 类型的数值	%d
读取 long 类型的数值	%ld
读取 float 类型的数值	%f 或%e
读取 double 类型的数值	%lf 或%le

在%ld 和%lf 格式说明符中，l 是小写的 L。别忘了一定要在接收输入值的变量名前加上&。另外，如果使用了错误的格式说明符，如使用%d 读取 float 类型的数据，变量中的数值就不正确，但系统不会提示存储了一个垃圾值。

接下来的 3 条语句计算结果。

```
radius = diameter/2.0f;                // Calculate the radius
circumference = 2.0f*Pi*radius;        // Calculate the circumference
area = Pi*radius*radius;               // Calculate the area
```

第一条语句计算半径，将输入的直径除以 2。第二条语句用计算出来的半径计算桌子的周长。第三条语句计算面积。注意，如果忘了 2.0f 中的 f，编译器就会显示一个警告消息。这是因为如果没有 f，常量的类型就是 double，于是在一个表达式中混用了不同的类型。后面会详细描述这个问题。

可以编写如下语句来计算周长和面积。

```
circumference = 2.0f*Pi*(diameter/2.0f); // Calculate the circumference
area = Pi*(diameter/2.0f)*(diameter/2.0f);  // Calculate the area
```

每个语句中的圆括号可以确保先计算半径的值，也有助于更清楚地说明正在计算的是半径的值。这些语句的缺点在于对半径的计算潜在地执行了三次，而实际上仅需要计算一次。智能的编译器可以优化这种代码，让半径的计算仅执行一次。

下面的两个语句输出计算后的数值。

```
printf("\n The circumference is %.2f. ", circumference);
printf("\n The area is %.2f.\n", area);
```

这两个 printf()语句用格式说明符%.2f 输出变量 circumference 和 area 的值。这个格式说明符指定输出的值在小数点后面有两位数。默认的字段宽度足以容纳要显示的变量值。

当然，可以执行这个程序，给直径输入任意值。试着输入各种不同形式的浮点数，例如输入 1E1f。

2.8　定义命名常量

前面的例子将 Pi 定义为变量，但它是一个不会改变的常量，π的值是一个不循环的无限小数，其值总是固定不变。唯一的问题是，在指定它时精确到几位数。最好确保它的值在程序中保持不变，使之不会因错误而改变。

这有两种方法。第一是将 Pi 定义为一个符号，在程序编译期间用π的值取代它。此时，Pi 不是一个变量，而是它表示的值的一个别名。

试试看：定义一个常量

下面将 PI 指定为一个数值的别名。

```
// Program 2.9 More round tables
#define_CRT_SECURE_NO_WARNINGS
#include <stdio.h>
#define PI    3.14159f                  // Definition of the symbol PI

int main(void)
{
  float radius = 0.0f;
  float diameter = 0.0f;
  float circumference = 0.0f;
  float area = 0.0f;

  printf("Input the diameter of a table:");
  scanf("%f", &diameter);

  radius = diameter/2.0f;
  circumference = 2.0f*PI*radius;
  area = PI*radius*radius;

  printf("\nThe circumference is %.2f. ", circumference);
  printf("\nThe area is %.2f.\n", area);
  return 0;
}
```

这个输出和前面的例子完全相同。

代码的说明

在注释和头文件的#include 指令之后，有一个预处理指令。

```
#define PI 3.14159f                    // Definition of the symbol PI
```

这里将 PI 定义为一个要被 3.14159f 取代的符号。使用 PI 而不是 Pi，是因为在 C 语言中有一个通用的约定：#define 语句中的标识符都是大写。只要在程序里的表达式中引用 PI，预处理器就会用#define 指令中的数值取代它。所有的取代动作都在程序编译之前完成。程序开始编译时，不再包含 PI 这个符号了，因为所有的 PI 都用#define 指令中的数值取代了。这些动作都是在编译器处理时在内部发生的，源程序没有改变，仍包含符号 PI。

■ **警告**：预处理器在替代代码中的符号时，不会考虑它是否有意义。如果在替代字符串中出错，例如，如果编写了 3.14.159f，预处理器仍会用它替代每个 PI，而程序不会编译。

第二种方法是将 Pi 定义成变量，但告诉编译器，它的值是固定的，不能改变。声明变量时，在变量名前加上 const 关键字，可以固化变量的值。例如：

```
const float Pi = 3.14159f;            // Defines the value of Pi as fixed
```

以这种方式定义 Pi 的优点是，Pi 现在定义为指定类型的一个常量值。在前面的例子中，PI 只是一个字符序列，替代代码中的所有 PI。

在 Pi 的声明中添加关键字 const，会使编译器检查代码是否试图改变它的值。这么做的代码会被标记为错误，且编译失败。下面是它的一个例子。

试试看：定义一个其值固定的变量

在前面的例子中使用一个常量，但代码短一些。

```c
// Program 2.10 Round tables again but shorter
#define_CRT_SECURE_NO_WARNING
#include <stdio.h>

int main(void)
{
  float diameter = 0.0f;               // The diameter of a table
  float radius = 0.0f;                 // The radius of a table
  const float Pi = 3.14159f;           // Defines the value of Pi as fixed

  printf("Input the diameter of the table:");
  scanf("%f", &diameter);

  radius = diameter/2.0f;

  printf("\nThe circumference is %.2f.", 2.0f*Pi*radius);
  printf("\nThe area is %.2f.\n", Pi*radius*radius);
  return 0;
}
```

代码的说明

下面是 Pi 变量的声明。

```
const float Pi = 3.14159f;              // Defines the value of Pi as fixed
```

这个语句声明了变量 Pi，并给它定义一个数值；Pi 在这里还是变量，但它的初始值是不可改变的。这是 const 修饰符的功劳。它可应用在声明任何类型的变量的语句中，固化该变量的值。编译器会检查代码是否试图改变声明为 const 的变量，如果发现有这种情况，编译器就会做出提示。可以设法骗过编译器，去改变 const 变量，但这违反了使用 const 的初衷。

下面两个语句输出程序的结果。

```
printf("\nThe circumference is %.2f.", 2.0f*Pi*radius);
printf("\nThe area is %.2f.\n", Pi*radius*radius);
```

在这个例子中，不再用变量存储周长及面积。现在这些表达式显示为 printf()函数的参数，它们的值会直接传给函数 printf()。

如前所述，传给函数的值可以是表达式的计算结果，此时，编译器会创建一个临时变量，来存储这个值，再传给函数。之后这个临时变量就被删除。这很好，只要不在其他地方使用这些数值即可。

2.8.1 极限值

当然，一定要确定程序中给定的整数类型可以存储的极限值。如前所述，头文件<limits.h>定义的符号表示每种类型的极限值。表 2-9 列出了对应于每种带符号整数类型的极限值符号名。

表 2-9 表示整数类型的极限值的符号

类型	下限	上限
char	CHAR_MIN	CHAR_MAX
short	SHRT_MIN	SHRT_MAX
int	INT_MIN	INT_MAX
long	LONG_MIN	LONG_MAX
long long	LLONG_MIN	LLONG_MAX

无符号整数类型的下限都是 0，所以它们没有特定的符号。无符号整数类型的上限的符号分别是 UCHAR_MAX、USHRT_MAX、UINT_MAX、ULONG_MAX 和 ULLONG_MAX。

要在程序中使用这些符号，必须在源文件中添加<limits.h>头文件的#include 指令。

```
#include <limits.h>
```

可以用最大值初始化一个 int 变量，如下所示。

```
int number = INT_MAX;
```

这个语句把 number 的值设置为最大值，编译器会利用该最大值编译代码。

<float.h>头文件定义了表示浮点数的符号，其中一些的技术含量很高，所以这里只介绍我们感兴趣的符号。3 种浮点数类型可以表示的最大正值和最小正值如表 2-10 所示。还可以使用

FLT_DIG、DBL_DIG 和 LDBL_DIG 符号，它们指定了对应类型的二进制尾数可以表示的小数位数。下面用一个例子说明如何使用表示整数和浮点数的符号。

表 2-10　表示浮点数类型的极限值的符号

类型	下限	上限
float	FLT_MIN	FLT_MAX
double	DBL_MIN	DBL_MAX
long double	LDBL_MIN	LDBL_MAX

试试看：找出极限值

这个程序输出头文件中定义的符号的对应值。

```
// Program 2.11 Finding the limits
#include <stdio.h>                  // For command line input and output
#include <limits.h>                 // For limits on integer types
#include <float.h>                  // For limits on floating-point types

int main(void)
{
  printf("Variables of type char store values from %d to %d\n", CHAR_MIN, CHAR_MAX);
  printf("Variables of type unsigned char store values from 0 to %u\n", UCHAR_MAX);
  printf("Variables of type short store values from %d to %d\n", SHRT_MIN, SHRT_MAX);
  printf("Variables of type unsigned short store values from 0 to %u\n", USHRT_MAX);
  printf("Variables of type int store values from %d to %d\n", INT_MIN, INT_MAX);
  printf("Variables of type unsigned int store values from 0 to %u\n", UINT_MAX);
  printf("Variables of type long store values from %ld to %ld\n", LONG_MIN, LONG_MAX);
  printf("Variables of type unsigned long store values from 0 to %lu\n", ULONG_MAX);
  printf("Variables of type long long store values from %lld to %lld\n", LLONG_MIN, LLONG_MAX);
  printf("Variables of type unsigned long long store values from 0 to %llu\n", ULLONG_MAX);
  printf("\nThe size of the smallest positive non-zero value of type float is %.3e\n", FLT_MIN);
  printf("The size of the largest value of type float is %.3e\n", FLT_MAX);
  printf("The size of the smallest non-zero value of type double is %.3e\n", DBL_MIN);
  printf("The size of the largest value of type double is %.3e\n", DBL_MAX);
  printf("The size of the smallest non-zero value of type long double is %.3Le\n", LDBL_MIN);
  printf("The size of the largest value of type long double is %.3Le\n", LDBL_MAX);

  printf("\nVariables of type float provide %u decimal digits precision. \n", FLT_DIG);
  printf("Variables of type double provide %u decimal digits precision. \n", DBL_DIG);
  printf("Variables of type long double provide %u decimal digits precision. \n", LDBL_DIG);

  return 0;
}
```

结果如下所示。

```
Variables of type char store values from -128 to 127
Variables of type unsigned char store values from 0 to 255
Variables of type short store values from -32768 to 32767
Variables of type unsigned short store values from 0 to 65535
Variables of type int store values from -2147483648 to 2147483647
Variables of type unsigned int store values from 0 to 4294967295
Variables of type long store values from -2147483648 to 2147483647
Variables of type unsigned long store values from 0 to 4294967295
Variables of type long long store values from -9223372036854775808 to 9223372036854775807
Variables of type unsigned long long store values from 0 to 18446744073709551615

The size of the smallest positive non-zero value of type float is 1.175e-038
The size of the largest value of type float is 3.403e+038
The size of the smallest non-zero value of type double is 2.225e-308
The size of the largest value of type double is 1.798e+308
The size of the smallest non-zero value of type long double is 3.362e-4932
The size of the largest value of type long double is 1.190e+4932

Variables of type float provide 6 decimal digits precision.
Variables of type double provide 15 decimal digits precision.
Variables of type long double provide 18 decimal digits precision.
```

代码的说明

在一系列的 printf()函数调用中,输出<limits.h>和<float.h>头文件定义的符号的值。计算机中的数值总是受限于该机器可以存储的值域,这些符号的值表示每种数值类型的极限值。这里用说明符%u 输出无符号整数值。如果用%d 输出无符号类型的最大值,则最左边的位(带符号类型的符号位)为 1 的数值就得不到正确的解释。

对浮点数的极限值使用说明符%e,表示这个数值是指数形式。同时指定精确到小数点后的 3 位数,因为这里的输出不需要非常精确。printf()函数显示的值是 long double 类型时,需要使用 L 修饰符。L 必须是大写,这里没有使用小写字母 l。%f 说明符表示没有指数的数值,它对于非常大或非常小的数来说相当不方便。在这个例子中试一试,就会明白其含义。

2.8.2 sizeof 运算符

使用 sizeof 运算符可以确定给定的类型占据多少字节。当然,在 C 语言中 sizeof 是一个关键字。表达式 sizeof(int)会得到 int 类型的变量所占的字节数,所得的值是一个 size_t 类型的整数。size_t 类型在标准头文件<stddef.h>(和其他头文件)中定义,对应于一个基本整数类型。但是,与 size_t 类型对应的类型可能在不同的 C 库中有所不同,所以最好使用 size_t 变量存储 sizeof 运算符生成的值,即使知道它对应的基本类型,也应如此。下面的语句是存储用 sizeof 运算符计算所得的数值:

```
size_t size = sizeof(long long);
```

也可以将 sizeof 运算符用于表达式,其结果是表达式的计算结果所占据的字节数。通常该表达式是某种类型的变量。除了确定某个基本类型的值占用的内存空间之外，sizeof 运算符还有其他用途，但这里只使用它确定每种类型占用的字节数。

试试看：确定给定类型占用的字节数

这个程序会输出每个数值类型占多少字节。

```c
// Program 2.12 Finding the size of a type
#include <stdio.h>

int main(void)
{
  printf("Variables of type char occupy %u bytes\n", sizeof(char));
  printf("Variables of type short occupy %u bytes\n", sizeof(short));
  printf("Variables of type int occupy %u bytes\n", sizeof(int));
  printf("Variables of type long occupy %u bytes\n", sizeof(long));
  printf("Variables of type long long occupy %u bytes\n", sizeof(long long));
  printf("Variables of type float occupy %u bytes\n", sizeof(float));
  printf("Variables of type double occupy %u bytes\n", sizeof(double));
  printf("Variables of type long double occupy %u bytes\n", sizeof(long double));
  return 0;
}
```

输出如下。

```
Variables of type char occupy 1 bytes
Variables of type short occupy 2 bytes
Variables of type int occupy 4 bytes
Variables of type long occupy 4 bytes
Variables of type long long occupy 8 bytes
Variables of type float occupy 4 bytes
Variables of type double occupy 8 bytes
Variables of type long double occupy 16 bytes
```

代码的说明

因为 sizeof 运算符的结果是一个无符号整数，所以用%u 说明符输出它。注意，使用表达式 sizeof var_name 也可以得到变量 var_name 占用的字节数。显然，在关键字 sizeof 和变量名之间的空格是必不可少的。

现在已经知道编译器给每个数值类型指定的极限值和占用的字节数了。

▮ **注意：**如果希望把 sizeof 运算符应用于一个类型，则该类型名必须放在括号中，例如 sizeof(long double)。将 sizeof 运算符应用于表达式时，括号就是可选的。

2.9 选择正确的类型

必须仔细选择在计算过程中使用的变量类型，使之能包含我们期望的值。如果使用了错误的类型，程序就可能出现很难检测出来的错误。这最好用一个例子来说明。

试试看：变量的正确类型

下面的例子说明，如果给变量选择了不适当的类型，程序就会出错。

```c
// Program 2.13 Choosing the correct type for the job 1
#include <stdio.h>

int main(void)
{
  const float Revenue_Per_150 = 4.5f;
  short JanSold = 23500;                              // Stock sold in January
  short FebSold = 19300;                              // Stock sold in February
  short MarSold = 21600;                              // Stock sold in March
  float RevQuarter = 0.0f;                            // Sales for the quarter

  short QuarterSold = JanSold + FebSold + MarSold;    // Calculate quarterly total

  // Output monthly sales and total for the quarter
  printf("Stock sold in\n Jan: %d\n Feb: %d\n Mar: %d\n", JanSold, FebSold, MarSold);
  printf("Total stock sold in first quarter: %d\n", QuarterSold);

  // Calculate the total revenue for the quarter and output it
  RevQuarter = QuarterSold/150*Revenue_Per_150;
  printf("Sales revenue this quarter is:$%.2f\n", RevQuarter);
  return 0;
}
```

这些都是相当简单的计算，一季度的总销售量应是 64 400，它只是将每个月的销售量加在一起。但运行这个程序，输出如下。

```
Stock sold in
 Jan: 23500
 Feb: 19300
 Mar: 21600
Total stock sold in first quarter: -1136
Sales revenue this quarter is:$-31.50
```

显然，结果不正确。把 3 个较大的正数加在一起，不应得到一个负值。

代码的说明
首先，代码定义了一个要在计算中使用的常量。

```c
const float Revenue_Per_150 = 4.5f;
```

这个语句定义了每销售 150 个产品的收入。这没有什么错误。接着，声明 4 个变量，并给它们赋予初值。

```c
short JanSold = 23500;                              // Stock sold in January
```

```
short FebSold = 19300;                          // Stock sold in February
short MarSold = 21600;                          // Stock sold in March
float RevQuarter = 0.0f;                         // Sales for the quarter
```

前 3 个变量的类型是 short，足以存储初值了。RevQuarter 变量是 float 类型，因为我们希望季度收入在小数点后有两位数。

下一个语句声明 QuarterSold 变量，并存储每月销售量的总和。

```
short QuarterSold = JanSold + FebSold + MarSold;    // Calculate quarterly total
```

事实上，结果错误的原因是 QuarterSold 变量的声明错误。该变量声明为 short 类型，其初始值指定为 3 个月销售量的总和。这个总和是 64 400，而程序输出了一个负数。这个语句一定有错误。

问题的原因是，我们试图在 QuarterSold 变量中存储对 short 类型而言过大的数字。short 变量能存储的最大值是 32 767，计算机不能正确解释 QuarterSold 的值，所以输出了一个负值。另一个考虑是季度销售量不会是负数，也许使用无符号的类型会更合适。

这个问题的解决方法是给 QuarterSold 变量使用 unsigned long 类型，来存储非常大的数字。还可以把存储每月销售量的变量指定为无符号。

解决问题

修改程序，再次运行它。只需要修改 main()函数体中的 5 行代码。修改的新程序如下：

```
// Program 2.14 Choosing the correct type for the job 2
#include <stdio.h>

int main(void)
{
  const float Revenue_Per_150 = 4.5f;
  unsigned short JanSold =23500;            // Stock sold in January
  unsigned short FebSold =19300;            // Stock sold in February
  unsigned short MarSold =21600;            // Stock sold in March
  float RevQuarter = 0.0f;                  // Sales for the quarter

  unsigned long QuarterSold = JanSold + FebSold + MarSold;// Calculate quarterly total

  // Output monthly sales and total for the quarter
  printf("Stock sold in\n Jan: %d\n Feb: %d\n Mar: %d\n", JanSold, FebSold, MarSold);
  printf("Total stock sold in first quarter: %ld\n", QuarterSold);
  // Calculate the total revenue for the quarter and output it
  RevQuarter = QuarterSold/150*Revenue_Per_150;
  printf("Sales revenue this quarter is:$%.2f\n", RevQuarter);
  return 0;
}
```

运行这个程序，这次的输出是正确的。

```
Stock sold in
 Jan: 23500
 Feb: 19300
 Mar: 21600
Total stock sold in first quarter: 64400
Sales revenue this quarter is :$1930.50
```

一季度的销售量是正确的，收入也是正确的。注意，这里使用%ld 输出总销售量，这就告诉编译器，使用 long 类型输出这个值。检查程序，用计算器计算出收入。

得到的结果应是$1 932，少了$1.50，这个数字虽然不大，但对于会计而言，这就是一个错误，必须找到少了的$1.50。程序在计算收入值时，发生了什么？

```
RevQuarter = QuarterSold/150*Revenue_Per_150;
```

这个语句给 RevQuarter 赋值，该值是等号右边表达式的结果。根据本章前面介绍的优先级规则，一步步地计算该表达式。这是一个非常简单的表达式，只需要从左向右计算，因为乘除的优先级相同。下面列出计算过程：

- QuarterSold/150 计算为 64400 / 150，结果应为 429.333。

这里有问题。QuarterSold 是一个整数，因此计算机将除法运算的结果四舍五入为一个整数，舍弃了.333。所以，在下一步计算中，结果会有出入。

- 429*Revenue_Per_150 计算为 429 * 4.5，结果为 1930.50。

知道哪里有错误后，如何更正它？可以将所有的变量都改为浮点数类型，但这违背了使用整数的初衷。输入的数字是整数，所以将它们存储到整数变量中。有较简单的解决方法吗？有两种。第一种是重写如下的语句。

```
RevQuarter = Revenue_Per_150*QuarterSold/150;
```

这个语句先执行乘法运算，因为对混合的操作数执行算术运算时，编译器会自动把整数操作数转换为浮点数，所以结果是 float 类型。对该结果除以 150，该操作也在 float 值上执行，并将 150 转换为 150f。于是，结果就是正确的。

第二种解决方法是把 150.0 作为除数。于是在除法运算执行之前，把被除数转换为浮点数。

我们不仅需要理解在不同类型的操作数上如何执行算术运算，还要理解如何控制类型的转换。在 C 语言中，可以将一种类型显式地转换为另一种类型。

2.10 强制类型转换

在 Program 2.14 计算季度收入的表达式中，可以控制操作的执行，得到正确结果。

```
RevQuarter = QuarterSold/150*Revenue_Per_150;
```

要使结果正确，必须修改这个语句，以浮点数的方式计算表达式。如果可以把 QuarterSold 的值转换为 float 类型，该表达式就会以浮点数的方式计算，问题就解决了。要把变量从一种类型转

换为另一种类型，应把目标类型放在变量前面的括号中。因此，正确计算结果的表达式应如下
所示。

```
RevQuarter = (float)QuarterSold/150*Revenue_Per_150;
```

这就是我们需要的表达式：在正确的地方使用正确类型的变量。当希望保留除法结果的小数
部分时，不应使用整数运算。一种类型显式转换为另一种类型的过程称为强制类型转换(cast)。

当然，可以把表达式的结果从一种类型强制转换为另一种类型。此时，应把表达式放在括号
中。例如：

```
double result = 0.0;
int a = 5;
int b = 8;
result = (double)(a + b)/2 - (a + b)/(double)(a*a + b*b);
```

把(a + b)的计算结果转换为double，就确保除2运算用浮点数的方式进行。值2会转换为double
类型，与除法运算的左操作数类型相同。把除数(a*a + b*b)的整数结果强制转换为double，其效
果与第二个除法运算类似；在执行除法运算之前，把左操作数的值转换为double类型。

2.10.1 自动转换类型

该程序的第二个版本的输出如下：

```
Sales revenue this quarter is :$1930.50
```

即使表达式中没有显式转换类型，结果也是浮点数形式，但它仍是错误的。结果是浮点数，
是因为二元运算符要求其操作数有相同的类型。编译器在处理涉及不同类型的值操作时，会自动
把其中一个操作数的类型转换为另一个操作数的类型。在二元算术运算中使用不同类型的操作数，
编译器就会把其中一个值域较小的操作数类型转换为另一个操作数的类型，这称为隐式类型转换
(implicit conversion)。再看看前面计算收入的表达式。

```
QuarterSold / 150 * Revenue_Per_150
```

它计算为 64400 (int) / 150 (int)，结果是 429 (int)，再将 429(int 转换为 float)乘以 4.5 (float)，
得到 1930.5 (float)。

当二元运算符处理不同类型(包括不同的整数类型)的操作数时，总是会进行隐式类型转换。
对于上述第一个操作，两个数字都是 int 类型，所以结果也是 int 类型。对于上述第二个操作，第
一个值的类型是 int，第二个值的类型是 float。而 int 类型的值域小于 float 类型，所以自动将 int
类型的值转换为 float 类型。只要算术表达式中有混合类型的变量，C 编译器就会使用一组特殊
的规则，确定表达式如何计算。下面就介绍这些规则。

2.10.2 隐式类型转换的规则

确定二元运算中的哪个操作数要转换为另一个操作数的类型时，其机制相当简单。其基本规
则是，将值域较小的操作数类型转换为另一个操作数类型，但在一些情况下，两个操作数都要转
换类型。

为了准确地表述这些规则，需要比上述更复杂的描述，所以可以忽略一些细节，在以后需要

时再考虑它们。如果读者想了解全部规则，应继续阅读下去。

编译器按顺序采用如下规则，确定要使用的隐式类型转换。

(1) 如果一个操作数的类型是 long double，就把另一个操作数转换为 long double 类型。

(2) 否则，如果一个操作数的类型是 double，就把另一个操作数转换为 double 类型。

(3) 否则，如果一个操作数的类型是 float，就把另一个操作数转换为 float 类型。

(4) 否则，如果两个操作数的类型都是带符号的整数或无符号的整数，就把级别较低的操作数转换为另一个操作数的类型。

      a. 无符号整数类型的级别从低到高为：

```
signed char, short, int, long, long long
```

      b. 每个无符号整数类型的级别都与对应的带符号整数类型相同，所以 unsigned int 类型的级别与 int 类型相同。

(5) 否则，如果带符号整数类型的操作数级别低于无符号整数类型的级别，就把带符号整数类型的操作数转换为无符号整数类型。

(6) 否则，如果带符号整数类型的值域包含了无符号整数类型所表示的值，就把无符号整数类型转换为带符号整数类型。

(7) 否则，两个操作数都转换为带符号整数类型对应的无符号整数类型。

2.10.3 赋值语句中的隐式类型转换

赋值运算符右边的表达式值与其左边的变量有不同的类型时，也可以进行隐式类型转换。在一些情况下，这会截断数值，丢失数据。例如，如果赋值操作将 float 或 double 类型的值存储在 int 或 long 类型的变量中，float 或 double 的小数部分就会丢失，只存储整数部分。如下面的代码所示：

```
int number = 0;
float value = 2.5f;
number - value;
```

存储在 number 中的值是 2。这几行代码把 decimal 的值(2.5)赋予 int 类型的变量 number，就丢失了小数部分.5，只存储了 2。

赋值语句可能丢失信息，因为必须进行隐式类型转换，而编译器通常会为此发出一个警告。但是，代码仍可以编译，所以程序可能会得到不正确的结果。当需要在代码中进行可能导致丢失信息的类型转换时，最好使用显式类型转换。

下面的例子将说明赋值操作中的类型转换规则，代码如下。

```
double price = 10.0;                        // Product price per unit
long count = 5L;                            // Number of items
float ship_cost = 2.5F;                     // Shipping cost per order
int discount = 15;                          // Discount as percentage
long double total_cost = (count*price + ship_cost)*((100L - discount)/100.0F);
```

这些语句声明了 4 个变量，并根据给这些变量设置的值计算某个订单的总价。这里选择的类型主要用于演示隐式类型转换，它们不表示正常环境下的正确类型选择。下面看看最后一个语句如何计算 total_cost 的值。

(1) 先计算 count*price，再将 count 隐式转换为 double 类型，以进行乘法运算，结果是 double 类型，这源于第 2 个规则。

(2) 接着将 ship_cost 加到前一个操作的结果中。为此，要将 ship_cost 的值转换为前一个结果的类型 double。这个转换也源于第 2 个规则。

(3) 然后计算表达式 100L - discount，为此，要将 discount 的值转换为减法操作中另一个操作数的类型 long。这源于第 4 个规则，结果是 long 类型。

(4) 之后把上一个操作的结果(long 类型)转换为 float 类型，再除以 100.0F(float 类型)。这源于第 3 个规则，结果是 float 类型。

(5) 将第(2)步的结果除以第(4)步的结果，为此，要将上一个操作的 float 值转换为 double 类型，这源于第 3 个规则，结果是 double 类型。

(6) 最后，将上述结果存储在 total_cost 变量中，作为赋值操作的结果。当操作数的类型不同时，赋值操作总是要把右操作数的结果转换为左操作数的类型，所以上述操作的结果会转换为 long double 类型。编译器不会发出警告，因为 double 类型的所有值都可以表示为 long double 类型。

> ■ **警告**：如果在代码中必须进行许多强制类型转换，存储数据的类型就可能选错了。

2.11　再谈数值数据类型

为了完整论述数值数据类型，下面讨论一些前面未提及的内容。第一个未涉及的类型是 char。char 类型的变量可以存储单个字符的代码。它只能存储一个字符代码(即一个整数)，所以被看为整数类型。可以像其他整数类型那样处理 char 类型存储的值，因此可以在算术运算中使用它。

2.11.1　字符类型

在所有数据的类型中，char 类型占用的内存空间最少。它一般只需 1 字节。存储在 char 类型变量的整数可以表示为带符号或无符号的值，这取决于编译器。若表示为无符号的类型，则存储在 char 类型变量的值可以是 0~255。若表示为带符号的类型，则存储在 char 类型变量的值可以是-128~127。当然，这两个值域对应相同的位模式：0000 0000 到 1111 1111。对于无符号的值，这 8 位都是数据位，所以 0000 0000 对应于 0，1111 1111 对应于 255。对于带符号的值，最左边的 1 位是符号位，所以-128 的二进制值是 1000 0000，0 的二进制值是 0000 0000，127 的二进制值是 0111 1111。值 1111 1111 是一个带符号的二进制值，其对应的十进制值是-1。

从表示字符代码(位模式)的角度来看，char 类型是否带符号并不重要。重要的是何时对 char 类型的值执行算术运算。

可以给 char 类型的变量指定字符常量，作为其初始值。字符常量是一个放在单引号中的字符。下面是一些例子。

```
char letter = 'A';
char digit = '9';
char exclamation = '!';
```

也可以使用转义序列指定字符常量。例如：

```
char newline = '\n';
char tab = '\t';
```

```
char single_quote = '\'';
```

当然，上面的每个语句都把变量设置为单引号内的字符代码。实际的代码值取决于计算机环境，但最常见的是美国标准信息交换码(ASCII)。ASCII 字符集参见附录 B。

还可以用整数值初始化 char 类型的变量，只要该值在编译器许可的 char 类型的值域内即可，如下面的例子。

```
char character = 74;                  // ASCII code for the letter J
```

char 类型的变量有双重性：可以把它解释为一个字符，也可以解释为一个整数。下面的例子对 char 类型的值进行算术运算。

```
char letter = 'C';                    // letter contains the decimal code value 67
letter = letter + 3;                  // letter now contains 70, which is 'F'
```

因此，可以对 char 类型的值进行算术运算，同时仍把它当作一个字符。

■ **注意：** 无论 char 类型是实现为带符号还是不带符号的类型，char、signed char 和 unsigned char 类型都是不同的，需要进行转换，才能把一种类型映射到另一种类型。

2.11.2 字符的输入输出

使用 scanf()函数和格式说明符%c，可以从键盘上读取单个字符，将它存储在 char 类型的变量中。例如：

```
char ch = 0;
scanf("%c", &ch);                     // Read one character
```

如前所述，在使用 scanf()函数的源文件中，必须给<stdio.h>头文件添加#include 指令。

```
#include <stdio.h>
```

要使用 printf()函数将单个字符输出到命令行上，也可以使用格式说明符%c。

```
printf("The character is %c\n", ch);
```

当然，也可以输出该字符的数值。

```
printf("The character is %c and the code value is %d\n", ch, ch);
```

这个语句会把 ch 的值输出为一个字符和一个数值。

试试看：字符的建立

编程新手可能想知道，计算机如何知道它处理的是字符还是整数？事实是计算机并不知道。这就好像 Alice 使用 Humpty Dumpty(矮胖的人)时，会说，"我使用这个单词时，就意味着我给它赋予了"矮胖的人"这个含义。"同样，内存中的一个数据项的含义是我们赋予它的。包含值 70 的字节是一个整数，把 70 看作字母 J 的代码也是正确的。

下面的例子会说明这一点。这个例子使用转换说明符%c，它指定将 char 类型的值输出为一个字符，而不是一个整数。

```
// Program 2.15 Characters and numbers
#include <stdio.h>

int main(void)
{
  char first = 'T';
  char second = 63;

  printf("The first example as a letter looks like this - %c\n", first);
  printf("The first example as a number looks like this - %d\n", first);
  printf("The second example as a letter looks like this - %c\n", second);
  printf("The second example as a number looks like this - %d\n", second);
  return 0;
}
```

这个程序的输出如下。

```
The first example as a letter looks like this - T
The first example as a number looks like this - 84
The second example as a letter looks like this - ?
The second example as a number looks like this - 63
```

代码的说明

这个程序首先声明了两个 char 类型的变量。

```
char first = 'T';
char second = 63;
```

把第一个变量初始化为一个字符处理，第二个变量初始化为一个整数。接下来的 4 个语句以两种方式输出每个变量的值。

```
printf("The first example as a letter looks like this - %c\n", first);
printf("The first example as a number looks like this - %d\n", first);
printf("The second example as a letter looks like this - %c\n", second);
printf("The second example as a number looks like this - %d\n", second);
```

%c 转换说明符将变量的内容解释为单个字符，%d 说明符把它解释为一个整数。输出的数值是对应字符的代码。这个例子中的这些代码都是 ASCII 码。大多数情况下字符代码都是 ASCII 码，所以本书都使用 ASCII 码。

■ 提示：如前所述，并不是所有的计算机都使用 ASCII 字符集，所以可能会得到与上述不同的值。但只要给字符常量使用了符号字符，无论采用什么字符编码，都会得到所需的字符。

用格式说明符%x 替代%d，就可以把 char 类型变量的整数值输出为十六进制值。

试试看：用字符的对应整数值进行算术运算

下面的例子将算术运算应用于char类型的值。

```c
// Program 2.16 Using type char
#include <stdio.h>

int main(void)
{
  char first = 'A';
  char second = 'B';
  char last = 'Z';

  char number = 40;

  char ex1 = first + 2;                      // Add 2 to 'A'
  char ex2 = second - 1;                     // Subtract 1 from 'B'
  char ex3 = last + 2;                       // Add 2 to 'Z'

  printf("Character values      %-5c%-5c%-5c\n", ex1, ex2, ex3);
  printf("Numerical equivalents %-5d%-5d%-5d\n", ex1, ex2, ex3);
  printf("The number %d is the code for the character %c\n", number, number);
  return 0;
}
```

运行这个程序，输出如下。

```
Character values      C    A    \
Numerical equivalents 67   65   92
The number 40 is the code for the character (
```

代码的说明

这个程序说明了如何对初始化为字符的char变量进行算术运算。main()函数体中的前3个语句如下。

```c
char first = 'A';
char second = 'B';
char last = 'Z';
```

这些语句把变量first、second和last初始化为字符值。这些变量的数值是各个字符对应的ASCII码。它们可以看作数值和字符，所以可以对它们执行算术运算。

下一个语句用一个整数值初始化char类型的变量。

```c
char number = 40;
```

初始值必须在单字节变量可以存储的值域内。对于笔者的编译器，char是一个带符号的类型，所以其值必须在-128~127之间。当然，也可以将该变量的内容解释为字符。在这个例子中，它是一个ASCII码为40的字符，即左括号。

接下来的 3 个语句又声明了 3 个 char 类型的变量。

```
char ex1 = first + 2;              // Add 2 to 'A'
char ex2 = second - 1;             // Subtract 1 from 'B'
char ex3 = last + 2;               // Add 2 to 'Z'
```

这些语句根据变量 first、second 和 last 中存储的值计算出新值，也就计算出了对应的新字符。这些表达式的结果存储在变量 ex1、ex2 和 ex3 中。

之后的两个语句以两种不同的方式输出 3 个变量 ex1、ex2 和 ex3。

```
printf("Character values        %-5c%-5c%-5c\n", ex1, ex2, ex3);
printf("Numerical equivalents   %-5d%-5d%-5d\n", ex1, ex2, ex3);
```

第一个语句使用 %-5c 转换说明符把所存储的值解释为字符。它指定把值输出为字符，且左对齐，字符宽度为 5。第二个语句又输出了这些变量，但这次使用 %-5d 说明符把这些值解释为整数。对齐方式和字符宽度与第一个语句相同，但 %-5d 中的 d 指定输出是一个整数。在这两行输出中，第一行显示 3 个字符，第二行显示它们的 ASCII 码。

最后一行代码将 number 变量输出为一个字符和一个整数。

```
printf("The number %d is the code for the character %c\n", number, number);
```

变量要输出两次，只需要编写两次即可——printf() 函数的第二和第三个参数。它先输出一个整数，再输出一个字符。

对字符执行算术运算的功能是很有用的。例如，要把大写字母转换为小写，只要给大写字母加上('a'-'A')的结果(ASCII 码 32)即可。要把小写字母转换为大写，只要减去('a'-'A')的值。附录 B 列出了字母字符的十进制 ASCII 值。当然，这个操作要求 a~z 和 A~Z 的字符代码是连续的整数。如果计算机使用的字符编码不是连续的整数，就不能这么做。

■ **注意：** 标准库 ctype.h 头文件提供的 toupper() 和 tolower() 函数可以把字符转换为大写和小写。

2.11.3 枚举

在编程时，常常希望变量存储一组可能值中的一个。例如一个变量存储表示当前月份的值。这个变量应只存储 12 个可能值中的一个，分别对应于 1~12 月。C 语言中的枚举(enumeration)就用于这种情形。

利用枚举，可以定义一个新的整数类型，该类型变量的值域是我们指定的几个可能值。下面的语句定义了一个枚举类型 Weekday。

```
enum Weekday {Monday, Tuesday, Wednesday, Thursday, Friday, Saturday, Sunday};
```

这个语句定义了一个类型，而不是变量。新类型的名称 Weekday 跟在关键字 enum 的后面，这个类型名称称为枚举的标记。Weekday 类型的变量值可以是类型名称后面的大括号中的名称指定的任意值。这些名称叫作枚举器(enumerator)或枚举常量(enumeration constant)，其数量可任意多。每个枚举器都用我们赋予的唯一名称来指定，编译器会把 int 类型的整数值赋予每个名称。枚举是一个整数类型，因为指定的枚举器对应不同的整数值，这些整数默认从 0 开始，每个枚举器的值都比它之前的枚举器大 1。因此在这个例子中，Monday 到 Sunday 对应 0~6。

可以声明 Weekday 类型的一个新变量，并初始化它，如下所示。

```
enum Weekday today = Wednesday;
```

这个语句声明了一个变量 today，将它初始化为 Wednesday。由于枚举器有默认值，因此 Wednesday 对应 2。用于枚举类型变量的整数类型是由实现代码确定的，选择什么类型取决于枚举器的个数。

也可以在定义枚举类型时声明该类型的变量。下面的语句定义了一个枚举类型和两个变量。

```
enum Weekday {Monday, Tuesday, Wednesday, Thursday,
                Friday, Saturday, Sunday} today, tomorrow;
```

这个语句声明了枚举类型 Weekday，定义了该类型的两个变量 today 和 tomorrow。还可以在同一个语句中初始化变量，如下所示。

```
enum Weekday {Monday, Tuesday, Wednesday, Thursday,
                Friday, Saturday, Sunday} today = Monday, tomorrow = Tuesday;
```

这个语句把变量 today 和 tomorrow 初始化为 Monday 和 Tuesday。枚举类型的变量是整数类型，可以在算术表达式中使用。前面的语句还可以写为：

```
enum Weekday {Monday, Tuesday, Wednesday, Thursday,
                Friday, Saturday, Sunday} today = Monday, tomorrow = today + 1;
```

tomorrow 的初始值比 today 大 1。但是，在执行这个操作时，要确保算术运算的结果是一个有效的枚举值。

> **注意**：可以给枚举类型指定一组可能的值，但没有检查机制来确保程序只使用这些值。所以程序员要确保只为给定的枚举类型使用有效的枚举值。一种方式是只给枚举类型的变量赋予枚举常量名。

1. 选择枚举值

可以给任意或所有枚举器明确指定自己的整数值。尽管枚举器使用的名称必须唯一，但枚举器的值不要求是唯一的。除非有特殊的原因让某些枚举器的值相同，否则一般应确保这些值也是唯一的。下面的例子定义了 Weekday 类型，使其枚举器的值从 1 开始。

```
enum Weekday {Monday = 1, Tuesday, Wednesday, Thursday, Friday, Saturday, Sunday};
```

枚举器 Monday 到 Sunday 的对应值是 1~7。在明确指定了值的枚举器后面，枚举器会被赋予连续的整数值。这可能使枚举器有相同的值，如下面的例子所示。

```
enum Weekday {Monday = 5, Tuesday = 4, Wednesday,
                Thursday = 10, Friday = 3, Saturday, Sunday};
```

Monday、Tuesday、Thursday 和 Friday 明确指定了值，Wednesday 设置为 Tuesday+1，所以它是 5，Monday 与它相同。同样，Saturday 和 Sunday 设置为 4 和 5，所以它们的值也是重复的。完全可以这么做，但除非有很好的理由使一些枚举常量的值相同，否则这容易出现混淆。

只要希望变量有限定数量的可能值，就可以使用枚举。下面是定义枚举的另一个例子：

```
enum Suit{clubs = 10, diamonds, hearts, spades};
enum Suit card_suit = diamonds;
```

第一个语句定义了枚举类型 Suit，这个类型的变量可以有括号中的 4 个值的任意一个。第二个语句定义了 Suit 类型的一个变量，把它初始化为 diamonds，其对应的值是 11。还可以定义一个枚举，表示扑克牌的面值，如下所示。

```
enum FaceValue { two=2, three, four, five, six, seven,
                 eight, nine, ten, jack, queen, king, ace};
```

在这个枚举中，枚举器的整数值匹配扑克牌的面值，其中 ace 的值最高。

在输出枚举类型的变量值时，会得到数值。如果要输出枚举器的名称，必须提供相应的程序逻辑，详见下一章的内容。

2. 未命名的枚举类型

在创建枚举类型的变量时，可以不指定标记，这样就没有枚举类型名了。例如：

```
enum {red, orange, yellow, green, blue, indigo, violet} shirt_color;
```

这里没有标记，所以这个语句定义了一个未命名的枚举类型，其可能的枚举器包括从 red 到 violet。该语句还声明了未命名类型的变量 shirt_color。

可以用通常的方式给 shirt_color 赋值。

```
shirt_color = blue;
```

显然，未命名枚举类型的主要限制是，必须在定义该类型的语句中声明它的所有变量。由于没有类型名，因此无法在代码的后面定义该类型的其他变量。

2.11.4 存储布尔值的变量

_Bool 类型存储布尔值。布尔值一般是比较的结果 true 或 false；第 3 章将学习比较操作，并使用其结果做出判断。_Bool 类型的变量值可以是 0 或 1，对应于布尔值 false 和 true。由于值 0 和 1 是整数，因此_Bool 类型也被看为整数类型。声明_Bool 变量的方式与声明其他整数类型一样。例如：

```
_Bool valid = 1;                    // Boolean variable initialized to true
```

_Bool 并不是一个理想的类型名称。名称 bool 看起来更简洁、可读性更高，但布尔类型是最近才引入 C 语言的，因此选择类型名称_Bool，可以最大限度地减少与已有代码冲突的可能性。如果把 bool 选作类型名称，则在将 bool 作为一种内置类型的编译器上，使用 bool 名称的程序大都不会编译。

尽管如此，仍可以使用 bool 作为类型名称，只需在使用它的源文件中给<stdbool.h>标准头文件添加#include 指令即可。除了把 bool 定义为_Bool 的对应名称之外，<stdbool.h>头文件还定义了符号 true 和 false，分别对应 1 和 0。因此，如果在源文件中包含了这个头文件，就可以将上面的声明语句改写为：

```
_bool valid = true;                 // Boolean variable initialized to true
```

这似乎比上面的版本清晰得多，所以最好包含<stdbool.h>头文件，除非有特殊的理由。本书的其余部分使用 bool 表示布尔类型，但需要包含相应的头文件，其基本类型名称是_Bool。

可以在布尔值和其他数值类型之间进行类型转换。非零数值转换为 bool 类型时，会得到1(true)，0 就转换为 0(false)。如果在算术表达式中使用 bool 变量，编译器就会在需要时插入隐式类型转换。bool 类型的级别低于其他类型，因此在涉及 bool 类型和另一个类型的操作中，bool值会转换为另一个值的类型。这里不详细介绍如何使用布尔变量，具体内容详见下一章。

2.12 赋值操作的 op=形式

C 语言是一种非常简洁的语言，提供了一些操作的缩写形式。考虑下面的代码：

```
number = number + 10;
```

这类赋值操作是给一个变量递增或递减一个数字，它非常常见，所以有一个缩写形式。

```
number += 10;
```

变量名后面的+=运算符是 op=运算符家族中的一员。这个语句等价于上面的语句，但输入量少了许多。op=中的 op 可以是任意算术运算符。

```
+ - * / %
```

如果 number 的值是 10，就可以编写如下语句。

```
number *= 3;                 // number will be set to number*3 which is 30
number /= 3;                 // number will be set to number/3 which is 3
number %= 3;                 // number will be set to number%3 which is 1
```

op=中的 op 也可以是其他几个运算符。

```
<< >> & ^ |
```

第 3 章将介绍这些运算符。op=运算符的工作方式都相同。如果有如下形式的语句。

```
lhs op= rhs;
```

其中 rhs 表示 op=运算符右边的表达式，该语句的作用与如下形式的语句相同。

```
lhs = lhs op (rhs);
```

注意 rhs 表达式的括号，它表示 op 应用于整个 rhs 表达式的计算结果值。为了加强理解，下面看几个例子。下面的语句：

```
variable *= 12;
```

等价于：

```
variable = variable * 12;
```

现在给一个整数变量加 1 有两种方式。下面的两个语句都给 count 加 1。

```
count = count + 1;
count += 1;
```

下一章将介绍这个操作的另一种方式。有这么多选择，使编写 C 程序的人数无法统计。op=
运算符中的 op 应用于 rhs 表达式的计算结果，所以如下语句：

```
a /= b + 1;
```

等价于：

```
a = a/(b + 1);
```

到目前为止，我们的计算能力比较受限。现在只能使用一组非常基本的算术运算符。而使用
标准库的功能可以大大提升计算能力。所以在进入本章的最后一个例子之前，先看看标准库提供
的一些数学函数。

2.13　数学函数

math.h 头文件包含各种数学函数的声明。为了了解这些数学函数，下面介绍最常用的函数。
所有的函数都返回一个 double 类型的值。

表 2-11 列出了各种用于进行数值计算的函数，它们都需要 double 类型的参数。

表 2-11　用于进行数值计算的函数

函数	操作
floor(x)	返回不大于 x(double 类型)的最大整数
ceil(x)	返回不小于 x(double 类型)的最小整数
fabs(x)	返回 x 的绝对值
log(x)	返回 x 的自然对数(底为 e)
log10(x)	返回 x 的对数(底为 10)
exp(x)	返回 e^x 的值
sqrt(x)	返回 x 的平方根
pow(x,y)	返回 x^y 的值

给函数名的末尾添加 f 或 l，就得到处理 float 和 long double 类型的函数版本，因此 ceilf()应
用于 float 值，sqrtl()应用于 long double 值。下面是使用这些函数的一些例子。

```
double x = 2.25;
double less = 0.0;
double more = 0.0;
double root = 0.0;
less = floor(x);              // Result is 2.0
more = ceil(x);               // Result is 3.0
root = sqrt(x);               // Result is 1.5
```

还有一些三角函数，如表 2-12 所示。给函数名的末尾添加 f 或 l，就得到处理 float 和 long double

类型的函数版本，参数和返回值的类型也是 float、double 或 long double，角度表示为弧度。

表 2-12　三 角 函 数

函数	操作
sin(x)	x(弧度值)的正弦
cos(x)	x 的余弦
tan(x)	x 的正切

如果使用三角法，这些函数的用法非常简单。下面是一些例子：

```
double angle = 45.0;                    // Angle in degrees
double pi = 3.14159265;
double sine = 0.0;
double cosine = 0.0;
sine = sin(pi*angle/180.0);             // Angle converted to radians
cosine = sin(pi*angle/180.0);           // Angle converted to radians
```

180° 等于 1 弧度，因此以度数表示的角度除以 180，再乘以 PI 的值，就得到其弧度值。这些函数都要求使用弧度值。

还可以使用反三角函数：asin()、acos()和 atan()，以及双曲线函数 sinh()、cosh()和 tanh()。如果要使用这些函数，必须在程序中包含 math.h 头文件。如果不需要使用这些函数，就可以跳过本节。

2.14　设计一个程序

下面设计本章末的一个真实例子，来试用一些数值类型。这里将从头开始编写一个程序，涉及编程的所有基本要素，包括问题的初始描述、问题的分析、解决方案的准备、编写程序、运行程序，以及测试它，确保它正常工作。该过程的每一步都会引入新问题，而不仅仅是纸上谈兵。

2.14.1　问题

许多人都对树的高度很感兴趣。如果将树砍倒，量出它的高度，就可以确定离树多远才是安全的。这对于患有神经衰弱的人来说非常重要。问题是如何不使用非常长的梯子，就可以确定树的高度，因为长梯也会对人和树枝带来危险。为了确定树的高度，可以向朋友求助，最好找一个个子比较矮的朋友，除非自己比较矮，此时需要一个个子比较高的朋友。假定要测量的树比自己和朋友都高。比自己还矮的树很容易测量出其高度，除非这棵树长满了刺。

2.14.2　分析

现实问题很少能用适合于编程的方式表达。在编写代码之前，需要确保完全理解了问题及其解决方式。只有这样，才能估计出创建解决方案所需的时间和精力。

分析阶段应增强对问题的理解，确定解决它的逻辑过程。一般这需要大量的工作，这包括找出问题阐述中模糊或遗漏的细节。只有全面理解了问题，才能开始以适合编程的形式表达解决方案。

我们打算用一个简单的图形和两个人(一高一矮)的身高来确定树的高度。首先给高个子命名为 Lofty，矮个子命名为 Shorty。为了得到比较精确的结果，高个子应明显高于矮个子。否则高个子可以考虑站在一个箱子上。图 2-4 给出了解决这个问题的思路。

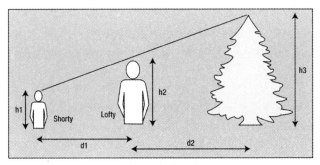

图 2-4　树的高度

确定树的高度是很简单的。如果知道图中 h1 和 h2 的值(它们分别是 Shorty 和 Lofty 的高度)以及 d1 和 d2(它们分别是 Shorty 与 Lofty 之间的距离和 Lofty 与树之间的距离)，就可以计算出树的高度。使用相似三角形的特性就可以求出树的高度，如图 2-5 所示。

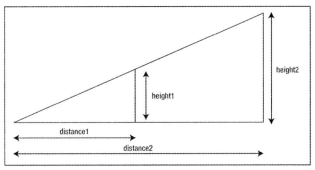

图 2-5　相似三角形

因为三角形是相似的，所以 height1:distance1=height2:distance2。使用这个关系，可通过 Shorty 和 Lofty 的身高，以及他们与树之间的距离求出树的高度，如图 2-6 所示。

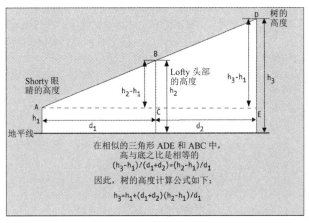

图 2-6　计算树的高度

三角形 ADE 和 ABC 与图 2-5 相同。由于这两个三角形相似，则一个三角形任意一边的长度除以另一个三角形的对应边长度，结果总是相等的。因此可以使用图 2-6 底部的等式计算出树的高度。

这说明，在程序中，可以使用如下 4 个值计算出树的高度。

● Shorty 与 Lofty 之间的距离，即图中的 d_1。用 shorty_to_lofty 变量存储这个值。

● Lofty 与树之间的距离，即图中的 d_2。用 lofty_to_tree 变量存储这个值。

● 从地平线到 Lofty 头部的高度，即图中的 h_2，用 lofty 变量存储这个值。

● 从地平线到 Shorty 眼睛的高度，即图中的 h_1，用 shorty 变量存储这个值。

接着，把这些值放在计算树高的等式中。首先要把这 4 个值输入计算机。接着使用其比值计算出树的高度，最后输出答案。步骤如下：

(1) 输入需要的值。

(2) 使用图 2-6 中的等式计算树的高度。

(3) 显示答案。

2.14.3 解决方案

本节列出解决问题的步骤。

1. 步骤 1

第一步获取计算树高需要的值。这意味着必须包含 stdio.h 头文件，因为需要使用 printf()和 scanf()函数。接着确定存储这些值的变量。之后，就可以使用 printf()提示输入数字，使用 scanf()从键盘上读取值。

为便于描述，把高个子和矮个子的身高输入为英尺、英寸值。但在程序中，高度和距离使用相同的单位会更方便，所以应将所有的数字都转换为英寸值。我们需要两个变量存储 Shorty 和 Lofty 的身高(英寸值)，还需要一个变量存储 Shorty 和 Lofty 之间的距离，需要另一个变量存储 Lofty 与树之间的距离。当然，这两个距离值都以英寸为单位。

在输入过程中，首先将 Lofty 的身高输入为一个整数英尺值和一个英寸值，在此过程中要提示用户输入每个值。为此可以使用另外两个变量，一个存储英尺值，另一个存储英寸值。接着把它们转换为英寸值，将结果存储在为 Lofty 身高保留的变量中。对 Shorty 的身高进行相同的处理(但只输入从地平线到 Shorty 眼睛的高度)，最后处理他们之间的距离。对于 Lofty 与树之间的距离，可以只使用整数英尺值，因为这已经足够准确了——还要把距离转换为英寸值。对于每个输入的英尺值和英寸值，可以使用相同的变量。下面是程序的第一部分。

```
// Program 2.17 Calculating the height of a tree
#define _CRT_SECURE_NO_WARNINGS
#include <stdio.h>

int main(void)
{
  long shorty = 0L;               // Shorty's height in inches
  long lofty = 0L;                 // Lofty's height in inches
  long feet = 0L;
  long inches = 0L;
  long shorty_to_lofty = 0L;    // Distance from Shorty to Lofty in inches
  long lofty_to_tree = 0L;      // Distance from Lofty to the tree in inches
  const long inches_per_foot = 12L;
```

```
    // Get Lofty's height
    printf("Enter Lofty's height to the top of his/her head, in whole feet: ");
    scanf("%ld", &feet);
    printf("                    ...and then inches: ");
    scanf("%ld", &inches);
    lofty = feet*inches_per_foot + inches;

    // Get Shorty's height up to his/her eyes
    printf("Enter Shorty's height up to his/her eyes, in whole feet: ");
    scanf("%ld", &feet);
    printf("                                ... and then inches: ");
    scanf("%ld", &inches);
    shorty = feet*inches_per_foot + inches;

    // Get the distance from Shorty to Lofty
    printf("Enter the distance between Shorty and Lofty, in whole feet: ");
    scanf("%ld", &feet);
    printf("                                ... and then inches: ");
    scanf("%ld", &inches);
    shorty_to_lofty = feet*inches_per_foot + inches;

    // Get the distance from Lofty to the tree
    printf("Finally enter the distance from Lofty to the tree to the nearest foot: ");
     scanf("%ld", &feet);
    lofty_to_tree = feet*inches_per_foot;

    // The code to calculate the height of the tree will go here

    // The code to display the result will go here
    return 0;
}
```

注意，代码进行了缩进，以便于阅读。这不是必需的，但如果要在未来修改程序，这么做更便于确定程序的工作方式。应总是给程序添加注释，以帮助理解程序。至少要清楚地说明变量的用途，解释程序的基本逻辑。

使用一个声明为 const 的变量将英尺转换为英寸。该变量的名称是 inches_per_foot，说明了它在代码中使用时会发生什么。这要比明确使用 12 这个数字好得多。这里处理的是英尺和英寸，大多数人都知道，12 英寸是 1 英尺。但在其他环境下，数值常量的重要性没有这么明显。如果在计算薪水的程序中使用 0.22，它的含义就不是很明显。因此，这个计算相当难理解。如果创建一个 const 变量 tax_rate，把它初始化为 0.22，就不会有理解障碍了。强烈建议变量名要有意义。现实生活中就有这样一个单位被混用的例子。火星气候探测者号就混用了磅力秒(lbf*s)而不是国际单位制的牛顿-秒(N*s)。

2. 步骤 2

有了需要的所有数据后，就可计算树的高度了。只需要利用变量的值，实现计算树高的等式即可。这里需要声明另一个变量来存储树的高度。

为此，添加如下粗体的代码。

```
// Program 2.18 Calculating the height of a tree
#define _CRT_SECURE_NO_WARNINGS
#include <stdio.h>

int main(void)
{
  long shorty = 0L;              // Shorty's height in inches
  long lofty = 0L;               // Lofty's height in inches
  long feet = 0L;
  long inches = 0L;
  long shorty_to_lofty = 0L;     // Distance from Shorty to Lofty in inches
  long lofty_to_tree = 0L;       // Distance from Lofty to the tree in inches
  long tree_height = 0L;         // Height of the tree in inches
  const long inches_per_foot = 12L;

  // Get Lofty's height
  printf("Enter Lofty's height to the top of his/her head, in whole feet: ");
  scanf("%ld", &feet);
  printf("                              ...and then inches: ");
  scanf("%ld", &inches);
  lofty = feet*inches_per_foot + inches;

  // Get Shorty's height up to his/her eyes
  printf("Enter Shorty's height up to his/her eyes, in whole feet: ");
  scanf("%ld", &feet);
  printf("                          ... and then inches: ");
  scanf("%ld", &inches);
  shorty = feet*inches_per_foot + inches;

  // Get the distance from Shorty to Lofty
  printf("Enter the distance between Shorty and Lofty, in whole feet: ");
  scanf("%ld", &feet);
  printf("                              ... and then inches: ");
  scanf("%ld", &inches);
  shorty_to_lofty = feet*inches_per_foot + inches;

  // Get the distance from Lofty to the tree
  printf("Finally enter the distance from Lofty to the tree to the nearest foot: ");
  scanf("%ld", &feet);
  lofty_to_tree = feet*inches_per_foot;

  // Calculate the height of the tree in inches
  tree_height = shorty + (shorty_to_lofty + lofty_to_tree)*(lofty-shorty)/
              shorty_to_lofty;
  // The code to display the result will go here
  return 0;
}
```

计算树高的语句与图中的等式相同。这有点烦琐，但直接转换为程序中的语句，以计算树高。

3. 步骤3

最后，输出答案。为了以最容易理解的形式显示结果，应把存储在 tree_height 中的结果(英寸值)转换为英尺和英寸值。

```c
// Program 2.18 Calculating the height of a tree
#include <stdio.h>

int main(void)
{
  long shorty = 0L;              // Shorty's height in inches
  long lofty = 0L;               // Lofty's height in inches
  long feet = 0L;
  long inches = 0L;
  long shorty_to_lofty = 0L;     // Distance from Shorty to Lofty in inches
  long lofty_to_tree = 0L;       // Distance from Lofty to the tree in inches
  long tree_height = 0L;         // Height of the tree in inches
  const long inches_per_foot = 12L;

  // Get Lofty's height
  printf("Enter Lofty's height to the top of his/her head, in whole feet: ");
  scanf("%ld", &feet);
  printf("                                ... and then inches: ");
  scanf("%ld", &inches);
  lofty = feet*inches_per_foot + inches;

  // Get Shorty's height up to his/her eyes
  printf("Enter Shorty's height up to his/her eyes, in whole feet: ");
  scanf("%ld", &feet);
  printf("                                ... and then inches: ");
  scanf("%ld", &inches);
  shorty = feet*inches_per_foot + inches;

  // Get the distance from Shorty to Lofty
  printf("Enter the distance between Shorty and Lofty, in whole feet: ");
  scanf("%ld", &feet);
  printf("                                ... and then inches: ");
  scanf("%ld", &inches);
  shorty_to_lofty = feet*inches_per_foot + inches;

  // Get the distance from Lofty to the tree
  printf("Finally enter the distance from Lofty to the tree to the nearest foot: ");
  scanf("%ld", &feet);
  lofty_to_tree = feet*inches_per_foot;

  // Calculate the height of the tree in inches
  tree_height = shorty + (shorty_to_lofty + lofty_to_tree)*(lofty-shorty)/
                                                   shorty_to_lofty;
  // Display the result in feet and inches
  printf("The height of the tree is %ld feet and %ld inches.\n",
```

```
                            tree_height/inches_per_foot, tree_height% inches_per_foot);
  return 0;
}
```

程序的输出如下：

```
Enter Lofty's height to the top of his/her head, in whole feet first: 6
                                    ... and then inches: 2
Enter Shorty's height up to his/her eyes, in whole feet: 4
                                    ... and then inches: 6
Enter the distance between Shorty and Lofty, in whole feet : 5
                                    ... and then inches: 0
Finally enter the distance to the tree to the nearest foot: 20
The height of the tree is 12 feet and 10 inches.
```

2.15　小结

本章介绍了许多基础知识，讨论了 C 程序的构建方式、各种算术运算、如何选择合适的变量类型等。除了算术运算之外，还学习了输入输出功能，通过 scanf() 将值输入变量，通过 printf() 函数把文本、字符值和数值变量输出到屏幕上。读者可能不能第一次就掌握所有这些内容，但可以在需要时复习本章。

第 3 章将开始学习如何根据输入值做出判断，控制程序的执行。这是创建有趣且专业化程序的关键。

表 2-13 总结了前面介绍的变量类型。在学习本书的过程中，可以随时复习这些内容。

表 2-13　变量类型和值域

类型	字节数	值域
char	1	−128~+127 或 0~+255
unsigned char	1	0~+255
short	2	−32 768~+32 767
unsigned short	2	0~+65,535
int	2 或 4	−32 768~+32 767 或−2 147 438 648~+2 147 438 647
unsigned int	4	0~+65 535 或 0~+4 294 967 295
long	4	−2 147 438 648~+2 147 438 647
unsigned long	4	0~+4 294 967 295
long long	8	−9 223 372 036 854 775 808 到+9 223 372 036 854 775 807
unsigned long long	8	0~+18 446 744 073 709 551 615
float	4	±3.4E±38(6 位)
double	8	±1.7E±308(15 位)
long double	12	±1.2E±4932(19 位)

本章还介绍并使用了 printf() 函数的数据输出格式说明符，完整的说明符列表请参见附录 D。附录 D 还描述了输入格式说明符，它们用于控制使用 scanf() 函数从键盘上读取数据时这些数据的解释方式。当无法确定如何处理输入或输出数据时，可以参阅附录 D。

2.16 练习

以下的习题可测试读者对本章的掌握情况。如果有不懂的地方，可以翻看本章的内容。还可以从 Apress 网站 http://www.apress.com 的 Source Code/Download 部分下载答案，但这应是最后一种方法。

习题 2.1 编写一个程序，提示用户用英寸输入一个距离，然后将该距离值输出为码、英尺和英寸的形式(12 英寸是 1 英尺，3 英尺是 1 码)。

习题 2.2 编写一个程序，提示用户用英尺和英寸输入一个房间的长和宽，然后计算并输出面积，单位是平方码，精度为小数点后有两位数。

习题 2.3 一个产品有两种版本：其一是标准版，价格是$3.50；其二是豪华版，价格是$5.50。编写一个程序，使用学到的知识提示用户输入产品的版本和数量，然后根据输入的产品数量，计算并输出价格。

习题 2.4 编写一个程序，提示用户从键盘输入一个星期的薪水(以美元为单位)和工作时数，它们均为浮点数，然后计算并输出每个小时的平均薪水。输出格式如下所示：

```
Your average hourly pay rate is 7 dollars and 54 cents.
```

第 3 章

条 件 判 断

本章将在可以编写的程序种类和构建程序的灵活性方面迈出一大步。我们要学习一种非常强大的编程工具：比较表达式的值，根据其结果，选择执行某组语句。也就是说，可以控制程序中语句的执行顺序。

本章的主要内容：

- 根据算术比较的结果来判断
- 逻辑运算符的概念及其用法
- 再谈从键盘上读取数据
- 编写一个可用作计算器的程序

3.1　判断过程

在程序中做出判断，就是选择执行一组程序语句，而不执行另一组程序语句。在现实生活中，我们总是要做判断。我们每天睡醒后，都要决定是否去工作。我们要回答如下问题：

感觉还好吗？
如果答案是否定的，就躺在床上不动。否则，就去工作。

可以把这些问题重写为：

如果感觉良好，就去工作。否则，就躺在床上不动。

这是一个很简单的判断。之后在吃早餐时，发现下雨了。于是决定：

如果雨下得和昨天一样大，就乘公交车。如果雨比昨天还大，就自己驾车。否则，就冒雨步行。

这是一个比较复杂的判断过程。这个判断根据雨的大小分为几级，可能有 3 种不同的结果。所有这些判断都涉及比较。下面首先研究如何在 C 中比较数值。

3.1.1 算术比较

C 中的比较涉及一些新运算符。比较两个值有 6 个关系运算符，如表 3-1 所示。

表 3-1 关系运算符

运算符	比较
<	左操作数小于右操作数
<=	左操作数小于或等于右操作数
==	左操作数等于右操作数
!=	左操作数不等于右操作数
>	左操作数大于右操作数
>=	左操作数大于或等于右操作数

这些运算都会得到 int 类型的值。如果比较结果为真，每个操作的结果都是 1；如果比较结果为假，则每个操作的结果都是 0。如第 2 章所述，stdbool.h 头文件为这些值定义了符号 true 和 false，于是 2 != 3 得到 true，5L > 3L 和 6 <= 12 也得到 true，表达式 2 == 3、5 < 4 和 1.2 >= 1.3 都得到 0，即 false。

这些表达式称为逻辑表达式或布尔表达式，因为每个表达式都会得到两个结果之一：true 或 false。关系运算符生成布尔结果，可以把结果存储在 bool 类型的变量中。例如：

```
bool result = 5 < 4;                    // result will be false
```

任何非零数值在转换为 bool 类型时，都得到 true。这表示，可以把算术表达式的结果赋予 bool 变量。如果它是非零值，就存储 true；否则就存储 false。

■ 注意：等于运算符是两个连续的等号(==)，使用一个等号会出错。

这是很容易混淆的。如果输入 my_weight = your_weight，这就是一个赋值语句，将 your_weight 变量的值放在 my_weight 变量中。如果输入表达式 my_weight == your_weight，就是在比较两个数值：确定两个数值是否相同——而不是使它们相等。如果在本应使用==的地方使用了=，编译器就不知道这是否个错误，因为它们都是有效的。

3.1.2 基本的 if 语句

有了用于比较的关系运算符后，就需要使用一个语句来做判断。最简单的语句就是 if 语句。如果要比较自己和他人的体重，并根据结果打印不同的句子，就可以编写如下程序。

```
int my_weight = 169;                    // Weight in lbs
int your_weight = 175;                  // Weight in lbs
if(your_weight > my_weight)
  printf("You are heavier than me.\n");

if(your_weight < my_weight)
  printf("I am heavier than you.\n");

if(your_weight == my_weight)
  printf("We are exactly the same weight.\n");
```

这里有 3 个 if 语句。比较表达式位于 if 关键字后面的括号中。如果比较的结果是 true，就执行 if 后面的语句。如果表达式是 false，就跳过 if 后面的语句。注意，每个 if 后面的语句都进行了缩进。这说明这些语句取决于 if 测试的结果。

下面看看这些代码。第一个 if 测试 your_weight 的值是否大于 my_weight 的值。输出如下信息。

```
You are heavier than me.
```

这是因为 your_weight 大于 my_weight，括号中的表达式是 true，就执行其后的语句。

之后执行下一条 if 语句。此时，括号中的表达式是 false，于是跳过 if 后面的语句，不显示信息。只有 your_weight 小于 my_weight，才显示该信息。第三个 if 后面的语句也跳过了，因为他们的重量不相同。这些语句的作用都是根据 your_weight 是大于、小于还是等于 my_weight 来输出信息。这个程序只显示一条信息，因为只有其中一个 if 的结果是 true。

if 语句的一般形式或语法如下。

```
if(expression)
  Statement1;

Next_statement;
```

注意，在第一行的末尾没有分号。这是因为 if 关键字所在的一行代码和其后的一行代码组合在一起，构成一个语句。第二行代码可以写在第一行的后面，如下所示。

```
if(expression) Statement1;
```

但为了简洁起见，一般应把 Statement1 放在新的一行上。

括号中的 expression 可以是结果为 true 或 false 的任意表达式。如果表达式为 true，就执行 Statement1，之后程序继续执行 Next_statement。如果表达式为 false，就跳过 Statement1，直接执行 Next_statement，如图 3-1 所示。

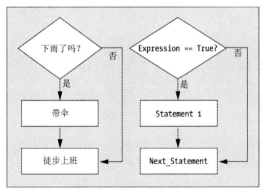

图 3-1　if 语句的执行过程

前面提到，把一个数值转换为 bool 类型时，会得到一个布尔结果。if 语句的控制表达式要生成一个布尔结果，因此编译器要将 if 表达式的数值结果转换为 bool 类型。有时在程序中会使用它测试计算式的非零结果，如下面的语句所示。

```
if(count)
    printf("The value of count is not zero.\n");
```

只有 count 非零，才会输出结果，因为 count 的值是 0，表示 if 表达式为 false。任何非零的 count 值都会使表达式的结果为 true。

试试看：检查条件

这个程序让用户输入一个 1~10 之间的数字，再确定该数字有多大。

```
// Program 3.1 A simple example of the if statement
#define _CRT_SECURE_NO_WARNINGS
#include <stdio.h>

int main(void)
{
    int number = 0;
    printf("\nEnter an integer between 1 and 10: ");
    scanf("%d",&number);

    if(number > 5)
        printf("You entered %d which is greater than 5\n", number);

    if(number < 6)
        printf("You entered %d which is less than 6\n", number);
    return 0;
}
```

这个程序的输出如下。

```
Enter an integer between 1 and 10: 7
You entered 7 which is greater than 5
```

或

```
Enter an integer between 1 and 10: 3
You entered 3 which is less than 6
```

代码的说明

与往常一样，在开头包含一个注释，说明程序要做什么。包含 stdio.h 头文件是为了使用 printf() 和 scanf() 语句。接着是程序的 main() 函数。这个函数返回一个整数值，因为它使用了关键字 int。

```
// Program 3.1 A simple example of the if statement
#include <stdio.h>

int main(void)
{
```

在 main() 函数体的前三条语句中，在提示用户输入数据后，从键盘上读取一个整数。

```
int number = 0;
printf("\nEnter an integer between 1 and 10: ");
scanf("%d",&number);
```

这段代码声明一个整型变量 number，并初始化为 0，接着提示用户输入一个 1~10 之间的数字。使用 scanf()函数读取这个数值，并存储在变量 number 中。

下一条语句是一条测试输入值的 if 语句。

```
if(number > 5)
  printf("You entered %d which is greater than 5\n", number);
```

比较 number 变量的值和 5。如果 number 大于 5，就执行下一条语句，显示一条信息，然后进入程序的下一部分。如果 number 不大于 5，就跳过 printf()。printf()给整数值使用%d 转换说明符，输出用户键入的值。

接着是另一条 if 语句。

```
if(number < 6)
  printf("You entered %d which is less than 6\n", number);
```

这条 if 语句比较输入的值和 6，如果输入的值较小，就执行下一条语句，显示一条信息。否则，就跳过 printf()，结束程序。两条信息只可能显示其中一条，因为输入的数字要么小于 6，要么大于 5。

if 语句允许选择接受什么输入，以及如何处理它。例如，如果给变量的值添加特定的限制，则即使在程序中输入了较大的值，也可以编写如下语句。

```
if(x > 90)
x = 90;
```

如果用户输入了大于 90 的值，程序就会将它自动更改为 90。如果程序只能处理某个范围内的值，这就是很有效的。还可以检查某个值是否低于某个给定的数字，如果是，就把它设置为该数字。这样，就可以确保该值在指定的范围内。自然，程序在执行这些操作时，最好输出一个消息。

最后，使用 return 语句结束程序，将控制权返回给操作系统。

```
return 0;
```

3.1.3 扩展 if 语句：if-else

可以扩展 if 语句，提供更多的灵活性。假定昨天下雨了，就可以编写如下语句。

如果今天的雨比昨天还大，
我就带上雨伞。
否则
我就穿上夹克，
然后去上班。

这就是 if-else 语句提供的判断方式。if-else 语句的语法如下：

```
if(expression)
  Statement1;
else
  Statement2;

Next_statement;
```

这里有一个双重选择。根据 expression 的值是 true 还是 false，执行 Statement1 或 Statement2。
- 如果 expression 的值是 true，就执行 Statement1，之后程序继续执行 Next_statement。
- 如果 expression 的值是 false，就执行 Statement2，之后程序继续执行 Next_statement。

其执行过程如图 3-2 所示。

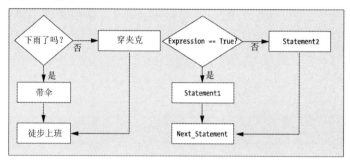

图 3-2 if-else 语句的执行过程

试试看：使用 if 语句分析数字

假定某个产品的售价是$3.50/个，当订购数量大于 10 时，就提供 5%的折扣。使用 if-else 语句可以计算并输出给定数量的总价。

```
// Program 3.2 Using if statements to decide on a discount
#define _CRT_SECURE_NO_WARNINGS
#include <stdio.h>

int main(void)
{
const double unit_price = 3.50;                         // Unit price in dollars
int quantity = 0;
printf("Enter the number that you want to buy:");       // Prompt message
scanf(" %d", &quantity);                                // Read the input
// Test for order quantity qualifying for a discount
double total = 0.0;                                     // Total price
if(quantity > 10)                                       // 5% discount
total = quantity*unit_price*0.95;
else                                                    // No discount
total = quantity*unit_price;
printf("The price for %d is $%.2f\n", quantity, total);
return 0;
}
```

这个程序的输出如下。

```
Enter the number that you want to buy:20
The price for 20 is $66.50
```

代码的说明

程序读取了订购数量后，if-else 语句将完成所有工作。

```
double total = 0.0;                      // Total price
if(quantity > 10)                        // 5% discount
  total = quantity*unit_price*0.95;
else                                     //'No discount
  total = quantity*unit_price;
```

所需数量的产品总价存储在变量 total 中。如果 quantity 大于 10，就执行第一个 printf()，应用 5%的折扣。否则，就执行第二个 printf()，不应用折扣。计算结果用 printf()语句输出。

```
printf("The price for %d is $%.2f\n", quantity, total);
```

%d 说明符应用于 quantity，因为它是 int 类型的整数。%.2f 说明符应用于浮点数变量 total，输出的值带两位小数。

这个主题有几个地方需要说明。首先，可以用简单的 if 语句和 printf()语句替代 if-else 语句，来解决这个问题，如下面的代码所示。

```
double discount = 0.0;                          // Discount allowed
if(quantity > 10)
  discount = 0.05;                              // 5% discount
printf("\nThe price for %d is $%.2f\n", quantity,
                               quantity*unit_price*(1.0-discount));
```

这大大简化了代码。现在我们只调用了一个 printf()来应用折扣，该折扣设置为 0 或 5%。用一个变量存储折扣值，还可以使代码更清晰。

第二，浮点变量不适合涉及钱款的计算，因为浮点变量可能会取整。如果金额不是特别大，可以用整数值存储美分。例如：

```
const long unit_price = 350L;                         // Unit price in cents
int quantity = 0;
printf("Enter the number that you want to buy:");     // Prompt message
scanf(" %d", &quantity);                              // Read the input

long discount = 0L;                                   // Discount allowed
if(quantity > 10)
  discount = 5L;                                      // 5% discount
long total_price = quantity*unit_price*(100-discount)/100;
long dollars = total_price/100;
long cents = total_price%100;
printf("\nThe price for %d is $%ld.%ld\n", quantity, dollars, cents);
```

81

当然，还可以把每笔钱款的美元和美分分别存储在两个整数变量中。这有点复杂，因为必须在算术运算中跟踪美分值何时到达或超过 100，并更新美元和美分值。

3.1.4 在 if 语句中使用代码块

还可以用{}括号中的一个语句块替换 if 语句中的 Statement1 或 Statement2，或者两者都替换。这表示，可以把几个语句放在一对括号中。在 if 表达式的值是 true 时，提供多个要执行的语句。下面用一个真实的例子演示这个机制。

如果天气晴朗，
我就去公园，吃野餐，然后回家。
否则
就留在家中看足球赛，喝啤酒。

涉及语句块的 if 语句的语法如下。

```
if(expression)
{
  StatementA1;
  StatementA2;
  ...
}
else
{
  StatementB1;
  StatementB2;
  ...
}
Next_statement;
```

如果 expression 等于 true，就执行 if 后面括号中的所有语句。如果 expression 等于 false，就执行 else 后面括号中的所有语句。在这两种情况下，程序都继续执行 Next_statement。括号没有缩进，但括号中的语句缩进了。这使开闭括号中的所有语句非常清楚。

■ **注意**：在 if 语句中，可以用一个语句块替代单个语句，这只是一般规则的一个应用例子。其实，只要可以使用单个语句的地方，都可以使用放在括号中的语句块。这也说明，可以把一个语句块嵌套在另一个语句块中。

3.1.5 嵌套的 if 语句

if 语句中也可以包含 if 语句，这称为嵌套的 if 语句。例如：

如果天气很好，
我就到院子里去。
如果天气很冷，

我就坐在太阳下。
否则
我就坐在树荫下。
否则
我就待在屋内,
然后喝一些柠檬水。

对应的程序代码如下。

```
if(expression1)              // Weather is good?
{
  StatementA;                // Yes - Go out in the yard
  if(expression2)            // Cool enough?
  StatementB;                // Yes - Sit in the sun
  else
  StatementC;                // No - Sit in the shade
}
else
StatementD;                  // Weather not good - stay in
Statement E;                 // Drink lemonade in any event
```

其中,第二个 if 条件只有在第一个 if 条件 expression1 为 true 时才检查。包含 StatementA 和第二个 if 的括号是必需的,以使两条语句都在 expression1 为 true 时执行。注意,else 与它所属的 if 对齐。其逻辑如图 3-3 所示。

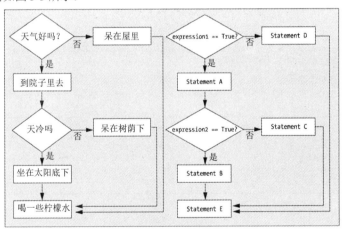

图 3-3　嵌套的 if 语句

试试看:分析数字

下面用另外几个例子练习 if 技巧。这个程序测试输入的数是偶数还是奇数,如果是偶数,就接着测试该数的一半是否还是偶数。

```
// Program 3.3 Using nested ifs to analyze numbers
#define _CRT_SECURE_NO_WARNINGS
```

```
#include <stdio.h>
#include <limits.h>              // For LONG_MAX

int main(void)
{
  long test = 0L;                // Stores the integer to be checked

  printf("Enter an integer less than %ld:", LONG_MAX);
  scanf(" %ld", &test);

  // Test for odd or even by checking the remainder after dividing by 2
  if(test % 2L == 0L)
  {
    printf("The number %ld is even", test);

    // Now check whether half the number is also even
    if((test/2L) % 2L == 0L)
    {
      printf("\nHalf of %ld is also even", test);
      printf("\nThat's interesting isn't it?\n");
    }
  }
  else
    printf("The number %ld is odd\n", test);
  return 0;
}
```

输出如下所示。

```
Enter an integer less than 2147483647:20
The number 20 is even
Half of 20 is also even
That's interesting isn't it?
```

或者

```
Enter an integer less than 2147483647:999
The number 999 is odd
```

代码的说明

提示输入时使用了在<limits.h>头文件中定义的 LONG_MAX 符号，它指定 long 类型的最大值。

从输出可以看出，long 值的上限是 2 147 483 647。

第一个 if 条件测试输入是否为一个偶数。

```
if(test % 2L == 0L)
```

任何偶数除以 2 的余数均为 0，如果这个表达式为 true，就执行其后的代码块。

```
{
  printf("The number %ld is even", test);

  // Now check whether half the number is also even
  if((test/2L) % 2L == 0L)
  {
    printf("\nHalf of %ld is also even", test);
    printf("\nThat's interesting isn't it?\n");
  }
}
```

输出了表示输入值为偶数的信息后，执行另一个 if 语句。这称为嵌套的 if，因为它位于第一个 if 中。嵌套的 if 将初值除以 2，并使用与第一个 if 语句相同的机制，测试结果是否是偶数。在嵌套的 if 条件中，表达式 test/2L 有一对额外的括号，这不是必要的，但它们有助于使操作更清晰。使程序便于理解是优秀编程风格的本质。如果嵌套 if 条件的结果为 true，就执行其后代码块中的另外两条 printf()语句。

添加代码，使嵌套的 if 变成 if-else 语句，输出"Half of %ld is odd"。如果输入的初始值不是偶数，就执行 else 关键字后面的语句。

```
else
  printf("The number %ld is odd\n", test);
```

■ **注意**：可以在 if 语句的任意位置嵌套 if，但最好不要这么做。否则，程序就很难理解，还有可能出错。

为了使嵌套的 if 语句在条件为 false 时输出一条信息，需要在闭括号的后面插入如下代码。

```
else
  printf("\nHalf of %ld is odd", test);
```

3.1.6　测试字符

char 值可以表示为整数或放在单引号中的字符，如'A'。存储为 char 类型的数值可以带符号或不带符号，这取决编译器实现该类型的方式。当 char 类型带符号时，其值为-128~+127。当 char 类型不带符号时，其值为 0~255。下面的几个例子比较 char 类型的值。

```
'Z' >= 'A'        'Q' <= 'P'        'B' <= 'b'        'B' != 66
```

第一个表达式为 true，因为'Z'的 ASCII 值是 90，'A'的 ASCII 值是 65。第二个表达式为 false，因为'Q'不在'P'前面。第三个表达式为 true，因为在 ASCII 码中，小写字母比对应的大写字母大 32。最后一个表达式是 false，值 66 是字符'B'的 ASCII 十进制值。

> **试试看：将大写字母转换为小写字母**

这个例子使用新的逻辑运算符，将输入的大写字母转换为小写字母。

```
// Program 3.4 Converting uppercase to lowercase
```

```
#define _CRT_SECURE_NO_WARNINGS
#include <stdio.h>

int main(void)
{
  char letter = 0;                              // Stores a character

  printf("Enter an uppercase letter:");         // Prompt for input
  scanf("%c", &letter);                         // Read a character

  // Check whether the input is uppercase
  if(letter >= 'A')                             // Is it A or greater?
  if(letter <= 'Z')                             // and is it Z or lower?
  {                                             // It is uppercase
    letter = letter - 'A' + 'a';                // Convert from upper- to lowercase
    printf("You entered an uppercase %c\n", letter);
  }
  else                                          // It is not an uppercase letter
  printf("Try using the shift key! I want a capital letter.\n");
  return 0;
}
```

这个程序的输出如下。

```
Enter an uppercase letter:G
You entered an uppercase g
```

或者

```
Enter an uppercase letter:s
Try using the shift key! I want a capital letter.
```

代码的说明

在前三条语句中，声明了一个 char 类型的变量 letter，并提示用户输入一个大写字母，将输入的字母存储在变量 letter 中。

```
char letter = 0;                              // Stores a character

printf("Enter an uppercase letter:");         // Prompt for input
scanf("%c", &letter);                         // Read a character
```

如果输入大写字母，letter 变量中的字符必定在'A'~'Z'之间，因此下面的 if 语句检查该字符是否大于或等于'A'。

```
if(letter >= 'A')                             // Is it A or greater?
```

如果该表达式为 true，就继续执行嵌套的 if 语句，测试 letter 变量是否小于或等于'Z'。

```
if(letter <= 'Z')                             // and is it Z or lower?
```

如果该表达式为 true，就执行 if 后面的语句块，把该字母转换为小写，输出一条信息。

```
{                                  // It is uppercase
 letter = letter - 'A' + 'a';      // Convert from upper- to lowercase
 printf("You entered an uppercase %c\n", letter);
}
```

另外，也可以使用&&(与)操作符将两个 if 语句合成一个 if 语句。

```
if((letter >= 'A') && (letter <= 'Z'))
```

要把该字母转换为小写，应从 letter 中减去'A'的字符码，再加上'a'的字符码。如果 letter 包含'A'，减去'A'就得到 0，再加上'a'，就得到'a'。如果 letter 包含'B'，减去'A'就得到 1，再加上'a'，就得到'b'。这个转换方式适用于所有的大写字母。注意，这个方式适用于 ASCII，但不适用于其他编码系统(如 EBCDIC)，因为该系统的字母没有连续的字符码。如果希望该转换方式适用于所有的字符码，可以使用标准库函数 tolower()。如果传入的参数是大写字母，它就把字母转换为小写，否则就返回原来的字符码值。要使用这个函数，需要在程序中包含 ctype.h 头文件。这个头文件还声明了另一个对应函数 toupper()，它将小写字母转换为大写。

如果表达式 letter <= 'Z'为 false，就执行 else 后面的语句，显示另一条信息。

```
else                               // It is not an uppercase letter
 printf("Try using the shift key! I want a capital letter.\n");
```

但其中有错误。如果输入的字符小于'A'，该怎么办？第一个 if 没有 else 子句，因此程序会结束，不输出任何信息。为了更正这个错误，必须在程序的结尾添加另一条 else 子句。完整的嵌套 if 语句如下所示。

```
// Check whether the input is uppercase
if(letter >= 'A')                  // Is it A or greater?
 if(letter <= 'Z')                 // and is it Z or lower?
  {                                // It is uppercase
   letter = letter - 'A' + 'a';    // Convert from upper- to lowercase
   printf("You entered an uppercase %c\n", letter);
  }
 else                              // It is not an uppercase letter
   printf("Try using the shift key! I want a capital letter.\n");
else
 printf("You didn't enter a letter\n");
```

现在得到一条信息。注意，代码的缩进表示哪个 else 属于哪个 if。这个缩进并不确定哪个 else 属于哪个 if，只是提供了一个可视化的线索。else 总是属于它之前、还没有 else 子句的那个 if。if 的初始代码和这里的代码都没有很好的样式。在外层 if 语句上加上括号就会清晰很多。

```
if(letter >= 'A')                  // Is it A or greater?
{
 if(letter <= 'Z')                 // and is it Z or lower?
  {                                // It is uppercase
   letter = letter - 'A' + 'a';    // Convert from upper- to lowercase
```

```
        printf("You entered an uppercase %c\n", letter);
    }
    else                                // It is not an uppercase letter
    printf("Try using the shift key! I want a capital letter.\n");
  }
  else
    printf("You didn't enter a letter\n");
```

毫无疑问，letter 大于'A'时，内层的 if-else 会执行，最后一个 else 语句属于外层的 if 语句。

但是仍旧有错。再次运行示例，输入[。这次会显示消息，说明用户使用了 Shift 键，这根本没有帮助。附录 B 提到，[的字符码大于 A 和 Z 的字符码，但它根本就不是字母。在内层的 else 中，需要检查所输入字符的字符码是否不小于'a'，且不大于'z'。代码如下：

```
if(letter >= 'A')                       // Is it A or greater?
{
  if(letter <= 'Z')                     // and is it Z or lower?
  {                                     // It is uppercase
    letter = letter - 'A' + 'a';        // Convert from upper- to lowercase
    printf("You entered an uppercase %c\n", letter);
  }
  else                                  // It is not an uppercase letter
  {
    if(letter >= 'a')
    {
      if(letter <= 'z')
      printf("Try using the shift key! I want a capital letter.\n");
    }
    else
    printf("You didn't enter a letter\n");
  }
}
else
  printf("You didn't enter a letter\n");
```

现在输入一个小写字母，就会得到 Shift 键消息，如果输入非字母字符，则会得到正确的消息。谁会想到大写字母的排序会这么复杂？包含上述代码的版本在下载代码的文件 Program3_04A.c 中。

3.1.7 逻辑运算符

有时执行一个测试不足以做出判断，而需要合并两个或多个检查。如果这些条件都是 true，才执行某个操作，如上面的示例希望确定某个字母是否不小于'A'，且不大于'Z'。或者如果一个或多个条件为 true，就执行一个计算。也有其他组合方式。例如，只有自己感觉良好，且当天是工作日，才去上班。仅感觉良好并不意味着要在周六或周日上班。另外，如果生病了或当天是周末，就可以待在家中。这些都需要使用逻辑运算符。

1. 逻辑与运算符&&

逻辑与运算符&&是一个二元运算符，因为它合并两个逻辑表达式，即两个值为 true 或 false

的表达式。考虑下面的表达式：

```
test1 && test2
```

如果两个表达式 test1 和 test2 都等于 true，这个表达式就等于 true。如果一个或两个操作数是 false，该操作的结果就是 false。使用&&运算符的一个场合是 if 表达式。下面是一个例子：

```
if(age > 12 && age < 20)
  printf("You are officially a teenager.");
```

只有 age 的值在 13~19 之间(包含 13 和 19)，才执行 printf()语句。

当然，&&运算符的操作数也可以是 bool 变量。前面的语句可以替换为：

```
bool test1 = age > 12;
bool test2 = age < 20;
if(test1 && test2)
  printf("You are officially a teenager.");
```

两个检查 age 值的逻辑表达式的结果存储在变量 test1 和 test2 中。if 表达式现在比使用 bool 变量作为操作数的情形简单得多。自然，也可以在一个表达式中使用多个这样的逻辑运算符。

```
if(age > 12 && age < 20 && savings > 5000)
  printf("You are a rich teenager.");
```

上面三个条件都必须是 true，printf()才会执行。即只有 age 的值在 13~19 之间(包含 13 和 19)，且 savings 的值大于 5000，才会执行 printf()。

2. 逻辑或运算符||

逻辑或运算符||用于两个或多个条件为 true 的情形。如果运算符||的一个或两个操作数是 true，其结果就是 true。只有两个操作数都是 false，结果才是 false。下面是使用这个运算符的例子。

```
if(a < 10 || b > c || c > 50)
  printf("At least one of the conditions is true.");
```

3 个条件 a<10、b>c 或 c>50 中至少有一个是 true，就执行 printf()。例如，当 a、b 和 c 的值都是 9 时，就执行 printf()。当然，当 3 个条件中有两个或三个是 true 时，也会执行 printf()。

可以合并使用&&和||运算符，如下面的代码所示。

```
if((age > 12 && age < 20) || savings > 5000)
  printf ("Either you're a teenager, or you're rich, or possibly both.");
```

如果 age 的值在 12~20 之间(包含 13 和 19)，或者 savings 的值大于 5000，就执行 printf()语句。可以看出，在开始使用更多的运算符时，事情就变得复杂起来。在||运算符的左操作数中，表达式外面的括号并不是必要的，但加上括号，可以使条件更容易理解。使用布尔变量是有帮助的。可用下面的代码替换上面的语句。

```
bool over_12 = age > 12;
bool undere_20 = age < 20;
bool age_check = over_12 && under_20;
```

```
bool savings_check = savings > 5000;
if(age_check || savings_check)
  printf ("Either you're a teenager, or you're rich, or possibly both.");
```

这里使用 bool 声明了 4 个布尔变量，假定在源文件中包含了<stdbool.h>头文件。if 语句的工作方式与前面的测试相同。当然，也可以在一步中定义 age_check 的值，如下所示。

```
bool age_check = age > 12 && age < 20;
bool savings_check = savings > 5000;
if(age_check || savings_check)
  printf ("Either you're a teenager, or you're rich, or possibly both.");
```

这减少了要使用的变量个数，且代码仍很清晰。

3. 逻辑非运算符!

最后一个是逻辑非运算符，用 ! 表示。! 运算符是一元运算符，因为它只有一个操作数。逻辑非运算符翻转逻辑表达式的值，使 true 变成 false，false 变成 true。假定有两个变量 a 和 b，其值分别是 5 和 2，则表达式 a>b 是 true。如果使用逻辑非运算符，表达式!(a>b)就是 false。尽量避免使用这个运算符，它会使代码难以理解。为了说明尽量避免使用逻辑非运算符的原因，下面重写前面的例子。

```
if((!(age <= 12) && !(age >= 20)) || !(savings <= 5000))
{
  printf("\nYou're either not a teenager and rich ");
  printf("or not rich and a teenager,\n");
  printf("or neither not a teenager nor not rich.");
}
```

可以看出，很难理解这些! 的含义。

试试看：转换字母的一种更好方式

在本章前面的一个程序中，提示用户输入一个大写字母。程序使用一个嵌套的 if 语句确定输入值的类型正确，再在命令行上输出对应的小写字母，或者输出一条信息，说明输入的类型错误。其中这些都不是必要的，因为使用下面的代码可以得到相同的结果。

```
// Program 3.5   Testing letters an easier way
#define _CRT_SECURE_NO_WARNINGS
#include <stdio.h>

int main(void)
{
  char letter = 0;                        // Stores an input character

  printf("Enter an upper case letter:");  // Prompt for input
  scanf(" %c", &letter);                  // Read the input character

  if((letter >= 'A') && (letter <= 'Z'))  // Verify uppercase letter
```

```
  {
    letter += 'a'-'A';                          // Convert to lowercase
    printf("You entered an uppercase %c.\n", letter);
  }
  else
  printf("You did not enter an uppercase letter.\n");
  return 0;
}
```

输出表示，用户没有输入大写字母，或者输入了哪个大写字母。

代码的说明

这个版本比文件 Program 3_04A.c 中的版本好。比较一下两个程序中测试输入的机制，就可以看出第二个解决方案好在哪里了。新版本不是使用容易混淆的嵌套 if 语句，而是在一条语句中检查输入的字符是否大于或等于'A'、且小于或等于'Z'。注意，在要检查的两个表达式外面都添加了额外的括号，它们不是必要的，但没有坏处，可以使程序员对执行顺序没有疑惑。

转换为小写还有一种更简单的表达方式。

```
letter += 'a'-'A';                              // Convert to lowercase
```

这里使用+=运算符将'a'和'A'之差加到在 letter 中存储的字符码中。

如果在源文件中给<ctype.h>头文件添加了 #include 指令，就可以使代码更简单。这个头文件声明的 isalpha()、isupper()和 islower()可以测试传送为参数的字符。如果参数分别为字母、大写字母和小写字母，它们就返回 true。它还声明了 toupper()和 tolower()函数，分别将字母转换为大写和小写形式。程序的代码可以编写为：

```
#include <stdio.h>
#include <ctype.h>

int main(void)
{
    char letter = 0;                        // Stores a character
    printf("Enter an uppercase letter:");   // Prompt for input
    scanf("%c", &letter);                   // Read a character
  if(isalpha(letter) && isupper(letter))
    printf("You entered an uppercase %c.\n", tolower(letter));
  else
    printf("You did not enter an uppercase letter.\n");
  return 0;
}
```

tolower()函数返回的小写字母直接传递给 printf ()函数。

3.1.8 条件运算符

条件运算符根据一个逻辑表达式等于 true 还是 false，执行两个表达式中的一个。由于涉及 3 个操作数——一个逻辑表达式和另外两个表达式——因此这个运算符也称为三元运算符。使用条件运算符的表达式的一般形式如下。

```
condition ? expression1 : expression2
```

注意运算符和操作数的相对位置。?字符跟在逻辑表达式 condition 的后面，?的右边是表示选项的两个操作数 expression1 和 expression2。如果 condition 等于 true，该操作的结果就是 expression1 的值；如果 condition 等于 false，该操作的结果就是 expression2 的值。注意只计算 expression1 和 expression2 中的一个。一般情况下这不是很重要，但有时很重要。可以在一条语句中使用条件运算符，如下。

```
x = y > 7 ? 25 : 50;
```

执行这条语句，如果 y 大于 7，x 就设置为 25；否则，x 就设置为 50。这是生成这一结果的一种快捷方式。

```
if(y > 7)
  x = 25;
else
  x = 50;
```

条件运算符可以简明地表达某些理念。使用它可以非常简单地编写出计算两个变量中较小值或较大值的表达式。例如，编写如下表达式，比较两份薪水，找出其中较大的那个。

```
your_salary > my_salary ? your_salary : my_salary
```

当然，可以在比较复杂的表达式中使用条件运算符。在前面的 Program 3.2 中，曾使用 if-else 语句计算某产品的总价。该产品的单价是$3.50，当数量超过 10 时，提供 5%的折扣。使用条件运算符可以在一步中完成这个计算。

```
total_price = unit_price*quantity*(quantity > 10 ? 0.95 : 1.0);
```

试试看：使用条件运算符

这个折扣业务可以转换为一个小例子。假定产品的单价仍是$3.50，但提供三个级别的折扣：数量超过 50，折扣为 15%；数量超过 20，折扣为 10%；数量超过 10，折扣为 5%。下面是代码：

```
// Program 3.6 Multiple discount levels
#define _CRT_SECURE_NO_WARNINGS
#include <stdio.h>

int main(void)
{
  const double unit_price = 3.50;        // Unit price in dollars
  const double discount1 = 0.05;         // Discount for more than 10
  const double discount2 = 0.1;          // Discount for more than 20
  const double discount3 = 0.15;         // Discount for more than 50
  double total_price = 0.0;
  int quantity = 0;

  printf("Enter the number that you want to buy:");
```

```
    scanf(" %d", &quantity);

    total_price = quantity*unit_price*(1.0 -
                    (quantity > 50 ? discount3 : (
                        quantity > 20 ? discount2 : (
                            quantity > 10 ? discount1 : 0.0))));

    printf("The price for %d is $%.2f\n", quantity, total_price);
    return 0;
}
```

程序的输出如下。

```
Enter the number that you want to buy:60
The price for 60 is $178.50
```

代码的说明

比较有趣的是根据输入的数量计算产品总价的语句。该语句使用了 3 个条件运算符，所以较难理解。

```
total_price = quantity*unit_price*(1.0 -
                (quantity > 50 ? discount3 : (
                    quantity > 20 ? discount2 : (
                        quantity > 10 ? discount1 : 0.0))));
```

把它分解为各个部分，就容易理解它是如何得出正确结果的。总价是用表达式 quantity*unit_price 计算出来的，它只是将单价乘以订购数量。其结果必须乘以由数量决定的折扣因子。如果数量超过 50，总价就必须乘以(1.0 − discount3)，这用下面的表达式确定。

```
(1.0 - quantity > 50 ? discount3 : something_else)
```

这里，如果 quantity 大于 50，表达式就乘以(1.0 − discount3)，完成赋值运算符右边的计算。否则，表达式就乘以(1.0 − something_else)，其中 something_else 是另一个条件运算符的结果。

当然，如果 quantity 不大于 50，但仍大于 20，something_else 就应设置为 discount2，这是由 something_else 所在的条件运算符决定的。

```
(quantity > 20 ? discount2 : something_else_again)
```

如果 quantity 的值超过 20，something_else 就设置为 discount2；否则，就设置为 something_else_again。如果 quantity 超过 10，就把 something_else_again 设置为 discount1；否则就设置为 0。位于 something_else_again 的最后一个条件运算符如下所示。

```
(quantity > 10 ? discount1 : 0.0)
```

尽管其形式比较古怪，但条件运算符在 C 程序中使用得很频繁。这个运算符的一个方便应用是根据表达式的值改变信息的内容或提示信息。例如，如果要显示一条信息，指出某人拥有的宠物数，同时希望信息自动显示单词的单复数，就可以编写如下代码。

```
printf("You have %d pet%s.", pets, pets == 1 ? "" : "s" );
```

在输出一个字符串时，使用%s 说明符。如果 pets 等于 1，就在%s 的位置输出一个空字符串；否则就输出"s"。因此，如果 pets 的值是 1，该语句就输出如下信息。

```
You have 1 pet.
```

如果 pets 变量是 5，就得到如下输出。

```
You have 5 pets.
```

使用这个机制可以根据表达式的值，以许多不同的方式修改输出的信息：she 代替 he，wrong 代替 right 等。

3.1.9 运算符的优先级

本章的例子都使用了括号，下面该探讨运算符的优先级了。运算符的优先级确定了表达式中运算符的执行顺序。优先级顺序对表达式的结果有很大的影响。例如，假定要处理求职申请，只接受 25 岁以上、毕业于哈佛大学或耶鲁大学的求职者。年龄条件可以用下面的条件表达式表示。

```
Age >= 25
```

假定毕业条件用变量 Yale 和 Harvard 表示，这两个变量可以是 true 或 false。现在可以把该条件编写为：

```
Age >= 25 && Harvard || Yale
```

可惜，这会带来许多抗议，因为这个表达式只接受 25 岁以下、毕业于耶鲁大学的求职者。事实上，这个语句会接受任意年龄的耶鲁毕业生。但如果求职者来自哈佛，就必须超过 25 岁。由于运算符有优先级，因此这个表达式的含义如下。

```
(Age >= 25 && Harvard) || Yale
```

所以它接受任意年龄的耶鲁毕业生。耶鲁毕业生会声称就应该使用这个表达式，但我们真正需要的是：

```
Age >= 25 && (Harvard || Yale)
```

由于运算符有优先级，因此必须加上括号，使操作按照我们希望的顺序执行。

一般情况下，表达式中运算符的优先级确定了是否需要加括号，才能得到希望的结果。但如果不知道运算符的优先级，加上括号也是无害的。表 3-2 列出了 C 语言中所有运算符的优先级，优先级最高的运算符排在最前面，优先级最低的运算符排在最后面。

表中有许多运算符都没有介绍过。本章后面的"按位运算符"一节将介绍运算符~、<<、>>、&、^和|。

表中同一行的所有运算符有相同的优先级。表达式中，优先级较高的运算符在优先级较低的运算符之前执行。优先级相同的运算符的执行顺序由它们的相关性确定，相关性确定了运算符是从左至右还是从右至左执行。表达式中的括号一般是运算符列表中优先级最高的，因为它们用于重写已确定的优先级。

从表 3-2 可以看出，所有比较运算符的优先级都低于二元算术运算符，二元逻辑运算符的优先级低于比较运算符。因此，先执行算术运算，再执行比较运算，之后执行逻辑运算。赋值是列表中的最后一个，所以它们在其他运算都完成后执行。条件运算符的优先级高于赋值运算符。

注意！运算符在逻辑运算符中的优先级最高。因此，翻转逻辑表达式的值时，逻辑表达式外面的括号是必需的。

表 3-2   运算符的优先级

顺序	运算符	说明	匹配规则
1	()	带括号的表达式	从左至右
	[]	数组下标	
	.	按对象选择成员	
	->	按指针选择成员	
	++ --	前缀递增和前缀递减	
2	+ -	一元+和-	从右至左
	! ~	逻辑非和按位补	
	*	取消引用(也称为间接运算符)	
	&	寻址	
	sizeof	表达式或类型的字节数	
	(type)	强制转换为type，例如(int)或(double)	
3	* / %	乘、除、取模(取余数)	从左至右
4	+ -	加、减	从左至右
5	<< >>	按位左移、按位右移	从左至右
6	< <=	小于、小于或等于	从左至右
	> >=	大于、大于或等于	从左至右
7	== !=	等于、不等于	从左至右
8	&	按位与	从左至右
9	^	按位异或(XOR)	从左至右
10	|	按位或	从左至右
11	&&	逻辑与	从左至右
12	||	逻辑或	从左至右
13	?:	条件运算符	从右至左
14	=	赋值	从右至左
	+= -=	加法赋值、减法赋值	
	/= *=	除法赋值、乘法赋值	
	%=	取模赋值	
	<<= >>=	按位左移赋值、按位右移赋值	
	&= |=	按位与赋值、按位或赋值	
	^=	按位异或赋值	
15	,	逗号运算符	从左至右

试试看：清楚地使用逻辑运算符

假定程序要为一家大型药厂面试求职者。该程序给满足某些教育条件的求职者提供面试机会。满足如下条件的求职者会接到面试通知：

(1) 25 岁以上，化学专业毕业生，但不是毕业于耶鲁大学。

(2) 耶鲁大学化学专业毕业生。

(3) 28 岁以下，哈佛大学经济学专业毕业生。

(4) 25 岁以上，耶鲁大学非化学专业毕业生。

实现该逻辑的程序如下。

```c
// Program 3.7 A confused recruiting policy
#define _CRT_SECURE_NO_WARNINGS
#include <stdio.h>
#include <stdbool.h>

int main(void)
{
  int age = 0;                  // Age of the applicant
  int college = 0;              // Code for college attended
  int subject = 0;              // Code for subject studied
  bool interview = false;       // true for accept, false for reject

  // Get data on the applicant
  printf("\nWhat college? 1 for Harvard, 2 for Yale, 3 for other: ");
  scanf("%d",&college);
  printf("\nWhat subject? 1 for Chemistry, 2 for economics, 3 for other: ");
  scanf("%d", &subject);
  printf("\nHow old is the applicant? ");
  scanf("%d",&age);

  // Check out the applicant
  if((age > 25 && subject == 1) && (college == 3 || college == 1))
    interview = true;
  if(college == 2 && subject == 1)
    interview = true;
  if(college == 1 && subject == 2 && !(age > 28))
    interview = true;
  if(college == 2 && (subject == 2 || subject == 3) && age > 25)
    interview = true;

  // Output decision for interview
  if(interview)
    printf("\n\nGive 'em an interview\n");
  else
    printf("\n\nReject 'em\n");
  return 0;
}
```

这个程序的输出如下。

```
What college? 1 for Harvard, 2 for Yale, 3 for other: 2

What subject? 1 for Chemistry, 2 for Economics, 3 for other: 1
How old is the applicant? 24

Give 'em an interview
```

代码的说明

这个程序非常简单。稍复杂的仅是运算符的数量和需要找出候选人的 if 语句。

```
if((age>25 && subject==1) && (college==3 || college==1))
    interview =true;
if(college==2 &&subject ==1)
    interview = true;
if(college==1 && subject==2 && !(age>28))
    interview = true;
if(college==2 && (subject==2 || subject==3) && age>25)
    interview = true;
```

最后一个 if 语句指定是否要给求职者提供面试机会,它使用变量 interview。

```
if(interview)
    printf("\n\nGive 'em an interview");
else
    printf("\n\nReject 'em");
```

变量 interview 初始化为 false,但如果满足其中一个条件,就给它赋予 true。if 表达式仅包含 interview 变量。

还可以更简单一些。下面看看获得面试机会的条件。每个条件都用一个表达式表示,如表 3-3 所示。

表 3-3   选择候选人的表达式

条件	表达式
25 岁以上,化学专业毕业生,但不是毕业于耶鲁大学	age>25 && subject == 1&& college! = 2
耶鲁大学化学专业毕业生	college == 2 && subject == 1
28 岁以下,哈佛大学经济学专业毕业生	college == 1 && subject == 2 && age<=28
25 岁以上,耶鲁大学非化学专业毕业生	college == 2 && age>25 && subject! = 1

只要 4 个表达式中的任意一个为 true,interview 变量就设置为 true。因此可以使用 || 运算符合并它们,设置 interview 变量的值。

```
interview = (age>25 && subject == 1 && college!=2) ||
            (college==2 && subject==1) ||
            (college==1 && subject==2 && age<=28) ||
            (college==2 && age>25 && subject!=1);
```

现在根本不需要 if 语句来检查条件，而只需要存储合并这些表达式的逻辑结果 true 或 false。事实上，还可以将合并的表达式放在最后一个 if 中，删除变量 interview。

```
if((age>25 && subject == 1 && college!=2) || (college == 2 && subject == 1) ||
               (college == 1 && subject == 2 && age <= 28) ||
                    (college == 2 && age > 25 && subject != 1))
   printf("\n\nGive 'em an interview\n");
else
   printf("\n\nReject 'em \n");
```

程序短了许多，但可读性略差。

3.2 多项选择问题

在编程时，常常会遇到多项选择问题。例如，根据候选人是否来自 6 所不同大学中的一所来选择一组不同的动作。另一个例子是根据某一天是星期几来执行某组语句。在 C 语言中，有两种方式处理多项选择问题。一种是采用 else-if 形式的 if 语句，这是处理多项选择的最常见方式。另一种是 switch 语句，它限制了选择某个选项的方式，但在使用 switch 语句的场合中，它提供了一种非常简洁且便于理解的解决方案。下面先介绍 else-if 语句。

3.2.1 给多项选择使用 else-if 语句

从一组选项中选择一项的 else-if 语句如下。

```
if(choice1)
   // Statement or block for choice 1
else if(choice2)
   // Statement or block for choice 2
else if(choice3)
   // Statement or block for choice 3

/* ... and so on ... */
else
   // Default statement or block
```

每个 if 表达式均可任意，只要其结果是 true 或 false 即可。如果第一个 if 表达式 choice1 是 false，就执行下一个 if。如果 choice2 是 false，就执行下一个 if。继续下去，直到找到一个结果为 true 的表达式为止。此时，就执行该 if 中的语句或语句块。然后结束这个执行序列，执行 else-if 语句后面的语句块。

如果所有的 if 条件都是 false，就执行最后一个 else 后面的语句或语句块。可以忽略这个 else，此时，如果所有的 if 条件都是 false，这个 else-if 语句序列就什么也不做。下面是一个例子：

```
if(salary<5000)
   printf("Your pay is very poor.");        // pay < 5000
else if(salary<15000)
   printf("Your pay is not good.");         // 5000 <= pay < 15000
else if(salary<50000)
```

```
    printf("Your pay is not bad.");              // 15000 <= pay < 50000
  else if(salary<100000)
    printf("Your pay is very good.");            // 50000 <= pay < 100000
  else
    printf("Your pay is exceptional.");          // pay >= 100000
```

注意，在第一个 if 语句后，不需要测试 if 条件中的下限，因为如果执行到某个 if，前面的测试就一定是 false。然而，当你在写代码时，如果冗余的代码有助于提高程序的可读性，那也是很好的。不要害怕去写这种类型的代码，除非你经验丰富并能写出更好的代码。

任意逻辑表达式都可以用作 if 条件，所以这个语句非常灵活，可以从任意多个选项中选择一项。switch 语句没有这么灵活，但在许多情况下使用起来更简单。下面看看 switch 语句。

3.2.2 switch 语句

switch 语句允许根据一个整数表达式的结果，从一组动作中选择一个动作。下面用一个简单的例子说明其工作原理。假定在一家彩票销售点，数字 35 可赢得一等奖，数字 122 可赢得二等奖，数字 78 可赢得三等奖。使用 switch 语句可以检查购买彩票者是否获奖。

```
switch(ticket_number)
{
  case 35:
    printf("Congratulations! You win first prize!");
    break;
  case 122:
    printf("You are in luck - second prize.");
    break;
  case 78:
    printf("You are in luck - third prize.");
    break;
  default:
    printf("Too bad, you lose.");
    break;
}
```

在关键字 switch 的后面，括号中表达式的值是 ticket_number，它确定执行括号中的哪些语句。如果 ticket_number 的值与某个 case 关键字后面的指定值匹配，就执行该 case 后面的语句。例如，如果 ticket_number 的值是 122，就显示如下信息。

```
You are in luck - second prize.
```

printf()后面的 break 语句的作用是跳过括号中的其他语句，执行闭括号后面的语句。如果省略了某个 case 后面的 break 语句，就继续执行下一个 case 的语句。如果 ticket_number 的值不对应任何一个 case 值，就执行 default 关键字后面的语句，生成默认的信息。default 后面的 break 语句并不严格需要，因为它是最后一个 case，但最好总是包含它，因为以后可能需要添加更多的 case 语句。case 语句的顺序可以任意，default 和 break 都是 C 语言中的关键字。

switch 语句的一般形式如下。

```
switch(integer_expression)
```

```
{
  case constant_expression_1:
    statements_1;
    break;
    ....
  case constant_expression_n:
    statements_n;
    break;
  default:
    statements;
    break;
}
```

上述测试基于 integer_expression 的值。如果该值对应于相关值 constant_expression_n 定义的某个 case 值，就执行该 case 值后面的语句。如果 integer_expression 的值不同于所有的 case 值，就执行 default 后面的语句。我们无法选择多个 case，所以所有的 case 值都必须互不相同。否则，在编译程序时就会得到一个错误信息。case 值必须是常量表达式，即可以在编译期间计算的表达式，这意味着 case 值不能依赖程序执行时确定的值。当然，测试表达式可以是任意的，只要它等于某个整数即可。

可以忽略 default 关键字及其相关的语句。如果没有 case 值匹配，就什么也不做。但要注意，constant_expression 对应的所有 case 值必须互不相同。break 语句会跳转到闭括号后面的语句上。

注意标点符号和格式。在第一个 switch 表达式的结尾处没有分号，因为它与其后的代码块构成了一个语句。switch 语句总是用括号括起来。case 的 constant_expression 值后跟一个冒号，后面的每条语句都以分号结束，这与一般语句相同。

enumeration 类型是整数类型，所以可以使用枚举类型的变量控制 switch。下面是一个例子：

```
enum Weekday {Monday, Tuesday, Wednesday, Thursday, Friday, Saturday, Sunday};
enum Weekday today = Wednesday;
switch(today)
{
  case Sunday:
    printf("Today is Sunday.");
    break;
  case Monday:
    printf("Today is Monday.");
    break;
  case Tuesday:
    printf("Today is Tuesday.");
    break;
  case Wednesday:
    printf("Today is Wednesday.");
    break;
  case Thursday:
    printf("Today is Thursday.");
    break;
  case Friday:
```

```
      printf("Today is Friday.");
      break;
    case Saturday:
      printf("Today is Saturday.");
      break;
  }
```

这个 switch 语句选择对应于 today 变量值的 case，在本例中，显示的信息是"Today is Wednesday"。在这个 switch 语句中没有默认的 case，但可以添加一个，以防止出现 today 的无效值。

可以把多个 case 值与一组语句联系起来。还可以使用计算结果为 char 值的表达式作为 switch 的控制表达式。假定从键盘上将一个字符读入 char 类型的变量 ch 中，在 switch 语句中测试这个字符，如下所示。

```
switch(tolower(ch))
{
  case 'a': case 'e': case 'i': case 'o': case 'u':
    printf("The character is a vowel.\n");
    break;
  case 'b': case 'c': case 'd': case 'f': case 'g': case 'h': case 'j': case 'k':
  case 'l': case 'm': case 'n': case 'p': case 'q': case 'r': case 's': case 't':
  case 'v': case 'w': case 'x': case 'y': case 'z':
    printf("The character is a consonant.\n");
    break;
  default:
    printf("The character is not a letter.\n");
    break;
}
```

这里使用了在<ctype.h>头文件中声明的 tolower()函数，将 ch 的值转换为小写，所以只需要测试小写字母。如果 ch 包含的字符码表示一个元音，就输出一条信息。有 5 个 case 值对应元音，对它们要执行相同的 printf()语句。同样，当 ch 包含辅音时，也输出一条相应的信息。如果 ch 包含的字符码既不是辅音，也不是元音，就执行默认的 case。

使用另一个在<ctype.h>头文件中声明的 isalpha()函数，可以简化这个 switch。如果作为参数传入的字符是字母，isalpha()函数就返回一个非零整数(true)，否则就返回 0(false)。因此，下面的代码会生成与前面 switch 相同的结果。

```
if(!isalpha(ch))
    printf("The character is not a letter.\n");
else
{
  switch(tolower(ch))
  {
    case 'a': case 'e': case 'i': case 'o': case 'u':
      printf("The character is a vowel.\n");
    break;
    default:
    printf("The character is a consonant.\n");
```

```
        break;
    }
}
```

if 语句测试 ch 是否不是字母,如果不是,就输出一条信息。如果 ch 是一个字母,switch 语句就测试它是元音还是辅音。5 个元音 case 值会生成一个结果,默认的 case 生成另一个结果。在执行 switch 语句时,ch 包含的是一个字母,因此,如果 ch 不是元音,就一定是辅音。

除了前面介绍的 tolower()、toupper() 和 isalpha() 函数之外,<ctype.h> 头文件还声明了其他几个函数来测试字符,如表 3-4 所示。

表 3-4 测试字符的函数

函数	测试内容
islower()	小写字母
isupper()	大写字母
isalnum()	大写或小写字母,或者十进制的数字
iscntrl()	控制字符
isprint()	可打印字符,包括空格
isgraph()	可打印字符,不包括空格
isdigit()	十进制数字('0'~'9')
isxdigit()	十六进制数字('0'~'9', 'A'~'F', 'a'~'f'))
isblank()	标准空白字符(空格, '\t')
isspace()	空位字符(空格, '\n', '\t', '\v', '\r', '\f')
ispunct()	isspace() 和 isalnum() 返回 false 的可打印字符
isalpha()	大写或小写字母
tolower()	转换为小写形式
toupper()	转换为大写形式

如果这些函数找到了它们希望的字符,就返回一个非零整数(表示 true),否则返回 0(false)。
下面用一个例子演示 switch 语句。

试试看:选择幸运数字

这个例子假定,在抽奖活动中有 3 个幸运数字,参与者要猜测一个幸运数字,switch 语句会结束这个猜测过程,给出参与者可能赢得的奖励。

```c
// Program 3.8 Lucky Lotteries
#define _CRT_SECURE_NO_WARNINGS
#include <stdio.h>

int main(void)
{
    int choice = 0;        // The number chosen

    // Get the choice input
    printf("Pick a number between 1 and 10 and you may win a prize! ");
```

```
    scanf("%d", &choice);

    // Check for an invalid selection
    if((choice > 10) || (choice < 1))
      choice = 11;            // Selects invalid choice message

    switch(choice)
    {
      case 7:
        printf("Congratulations!\n");
        printf("You win the collected works of Amos Gruntfuttock.\n");
        break;              // Jumps to the end of the block

      case 2:
        printf("You win the folding thermometer-pen-watch-umbrella.\n");
        break;              // Jumps to the end of the block

      case 8:
        printf("You win the lifetime supply of aspirin tablets.\n");
        break;              // Jumps to the end of the block

      case 11:
        printf("Try between 1 and 10. You wasted your guess.\n");
                            // No break - so continue with the next statement

      default:
        printf("Sorry, you lose.\n");
        break;                  // Defensive break - in case of new cases
    }
    return 0;
}
```

这个程序的输出如下。

```
Pick a number between 1 and 10 and you may win a prize! 3
Sorry, you lose.
```

或

```
Pick a number between 1 and 10 and you may win a prize! 7
Congratulations!
You win the collected works of Amos Gruntfuttock.
```

如果输入无效数字：

```
Pick a number between 1 and 10 and you may win a prize! 92
Try between 1 and 10. You wasted your guess.
Sorry, you lose.
```

代码的说明

开始的代码与前面的程序相同，也是声明一个整型变量 choice，接着要求用户输入一个 1~10 之间的数字，把该值存储在 choice 中。

```
int choice = 0;                  // The number chosen

// Get the choice input
printf("Pick a number between 1 and 10 and you may win a prize! ");
scanf("%d", &choice);
```

在执行其他操作之前，检查用户是否输入了一个 1~10 之间的数字。

```
// Check for an invalid selection
if((choice > 10) || (choice < 1))
  choice = 11;                   // Selects invalid choice message
```

如果值不在 1~10 之间，就自动把它改为 11，这不是必要的。但为了确保用户不出错，把 choice 变量设置为 11，对于这个 case 值，printf()语句会生成错误信息。

接着是 switch 语句，它根据 choice 的值从括号之间的 case 中选择。

```
switch(choice)
{
  ...
}
```

如果 choice 的值是 7，就执行该值对应的 case。

```
case 7:
  printf("Congratulations!\n");
  printf("You win the collected works of Amos Gruntfuttock.\n");
  break;          // Jumps to the end of the block
```

执行两个 printf()调用，之后 break 语句跳到闭括号后面的语句上(这里是结束程序，因为该语句是 return)。

下面的两个 case 也是这样。

```
case 2:
  printf("You win the folding thermometer-pen-watch-umbrella.\n");
  break;          // Jumps to the end of the block

case 8:
  printf("You win the lifetime supply of aspirin tablets.\n");
  break;          // Jumps to the end of the block
```

它们对应于 choice 的值是 2 或 8 的情况。

下一个 case 有点不同。

```
case 11:
  printf("Try between 1 and 10. You wasted your guess.\n");
                  // No break - so continue with the next statement
```

它没有 break 语句,所以在显示了信息后,继续执行默认 case 的 printf()。其结果是,如果 choice 设置为 11,会得到两行输出。这对于本例完全合适,但一般应在每个 case 的最后添加 break 语句。从程序中删除 break 语句,再输入 7,看看结果如何。每个 case 都会得到所有的输出信息。默认 case 如下。

```
default:
    printf("Sorry, you lose.\n");
    break;                  // Defensive break - in case of new cases
```

如果 choice 的值不对应任何一个 case 值,就选择这个默认 case。这里也有一个 break 语句,尽管它是不必要的,但许多程序员仍总是把 break 语句放在默认 case 语句的后面,或者 switch 语句的最后一个 case 后面,这便于以后提供更多的 case 语句。如果忘记在默认 case 的后面加上 break 语句,switch 语句就不会按照希望的那样执行。switch 语句中的 case 顺序可任意,default 不一定是最后一个 case。

试试看: 是或否

下面的 switch 语句由用户输入的 char 变量值控制。程序提示用户为一个动作输入值'y'或'Y',为另一个动作输入'n'或'N'。这个程序其实没有什么用,但许多程序常常会问一个问题,再执行每个动作(例如保存一个文件)。

```
// Program 3.9 Testing cases
#define _CRT_SECURE_NO_WARNINGS
#include <stdio.h>

int main(void)
{
    char answer = 0;        // Stores an input character

    printf("Enter Y or N: ");
    scanf(" %c", &answer);

    switch(answer)
    {
        case 'y': case 'Y':
            printf("You responded in the affirmative.\n");
            break;

        case 'n': case 'N':
            printf("You responded in the negative.\n");
            break;

        default:
            printf("You did not respond correctly...\n");
            break;
    }
    return 0;
}
```

这个程序的输出如下。

```
Enter Y or N: y
You responded in the affirmative.
```

代码的说明

把 answer 变量声明为 char 类型时，还把它初始化为 0。接着要求用户输入一个值，并存储该值。

```
char answer = 0;                // Stores an input character

printf("Enter Y or N: ");
scanf(" %c", &answer);
```

switch 语句使用存储在 letter 中的字符选择 case。

```
switch(answer)
{
  ...
}
```

switch 语句中的第一个 case 要求用户输入 Y 的大写字母或小写字母。

```
case 'y': case 'Y':
  printf("You responded in the affirmative.\n");
  break;
```

输入值'y'和'Y'，都会执行相同的 printf()。通常，可以把任意多个这样的 case 组合在一起。注意其标点符号：两个 case 放在一起，用一个冒号隔开。

否定的输入以相同的方式处理。

```
case 'n': case 'N':
  printf("You responded in the negative.\n");
  break;
```

如果输入的字符不对应所有的 case 值，就选择默认的 case。

```
default:
  printf("You did not respond correctly...\n");
  break;
```

注意默认 case 的 printf()语句后面的 break 语句以及合法的 case 值。与以前一样，break 语句会使执行过程在此中断，并从 switch 语句后面的语句继续执行。另外，没有 break 语句，会执行后续 case 中的语句。除非有效 case 的前面有 break 语句，否则就会执行后面的语句(包括 default 语句)。

当然，也可以使用 toupper()或 tolower()函数简化 switch 中的 case。使用这两个函数之一，可以使 case 个数减半。

```
switch(toupper(answer))
{
  case 'Y':
    printf("You responded in the affirmative.\n");
    break;
```

```
    case 'N':
      printf("You responded in the negative.\n");
      break;
    default:
      printf("You did not respond correctly...\n");
      break;
}
```

如果使用 toupper()函数，就需要用#include 指令包含<ctype.h>。

3.2.3　goto 语句

if 语句允许根据测试的结果选择执行两个语句块中的一个。这是一个强大的工具，可以改变程序的自然执行顺序，程序不再从 A 执行到 B，再到 C 和 D，而可以执行到 A，再决定是否跳过 B 和 C，直接执行 D。

goto 语句是一个比较生硬的指令，它可以无条件地改变程序流——不必通过 Go，也不必缴纳 $200，而是直接进监狱。程序在遇到 goto 语句时，也会无条件地跳转。goto 语句会直接跳到某个指定的位置，无须检查任何值，或者要求用户考虑这是否是他希望执行的操作。

这里仅简要介绍 goto 语句，因为它并不像初看起来那么强大。goto 语句的问题是它看起来太简单了，这似乎不太恰当，但重要的是"看起来"这个词。goto 语句很简单，可以使用它到达任何地方，其实此时使用另一个语句会更好。goto 语句会产生非常难以理解的代码。

在使用 goto 语句时，会跳转到代码中用语句标签指定的位置。语句标签的定义方式与变量名相同，也是一组字母和数字，其中第一个字符必须是字母。语句标签后跟一个冒号(:)，将它与它标记的语句分开。它看起来类似于 switch 中的 case 标签。case 标签就是语句标签。

与其他语句一样，goto 语句也用分号结束。

```
goto there;
```

目标语句必须有与 goto 语句相同的标签，在上面的例子中，该标签是 there。如前所述，标签写在它所应用的语句之前，其后的冒号将该标签和语句的其他部分隔开，如下面的例子所示。

```
there: x = 10;          // A labeled statement
```

goto 语句可以与 if 语句一起使用，如下面的例子所示。

```
...
if(dice == 6)
  goto Waldorf;
else
  goto Jail;              // Go to the statement labeled Jail

Waldorf:
  comfort = high;
  ...
  // Code to prevent falling through to Jail

Jail:                     // The label itself. Program control is sent here
  comfort = low;
  ...
```

这段代码在掷骰子。如果掷出了 6,就跳转到 Waldorf,否则就跳转到 Jail。这似乎很不错,但它很容易出现混淆。要理解执行的顺序,需要找出目标标签。假定代码使用了许多 goto 语句,就很难理解,甚至在出错时都无法修改。所以应尽可能避免使用 goto 语句。在理论上,总是可以避免使用 goto 语句,但在一两种情况下,这是一个有用的选项。第 4 章在介绍循环时会提到,从嵌套了许多层循环的最内层中退出时,使用 goto 语句比采用其他机制简单得多。

3.3 按位运算符

在进入本章的大型示例之前,还要先学习一组运算符,它们看起来似于前面介绍的逻辑运算符,但实际上与逻辑运算符完全不同。这些运算符称为按位运算符,因为它们操作的是整数值中的位。按位运算符有 6 个,如表 3-5 所示。

表 3-5 按位运算符

运算符	说明
&	按位与运算符
|	按位或运算符
^	按位异或(EOR)运算符
~	按位非运算符,也称为 1 的补位运算符
<<	按位左移运算符
>>	按位右移运算符

这些运算符都只能用于整数类型。~运算符是一元运算符,只处理一个操作数,其他都是二元运算符。

按位与运算符(&)合并操作数的对应位,如果两个位都是 1,结果位就是 1;否则,结果位就是 0。假定声明了如下变量:

```
int x = 13;
int y = 6;
int z = x & y;                 // AND corresponding bits of x and y
```

在执行第三条语句后,z 的值是 4(二进制为 100),因为 x 和 y 的对应位的合并过程如下。

x	0	0	0	0	1	1	0	1
y	0	0	0	0	0	1	1	0
x & y	0	0	0	0	0	1	0	0

显然,变量的位数要比这里显示的多,但其他位都是 0。变量 x 和 y 的对应位都是 1 的情况只有从右数的第三位,所以只有这一位的按位与结果为 1。

■ **警告**:千万不要混淆按位运算符和逻辑运算符。表达式 x & y 生成的结果完全不同于 x && y。

如果对应位中有一个或两个位是 1,按位或运算符(|)就生成 1,否则就生成 0。下面看一个例子。如果在一个语句中合并相同的 x 和 y 值。

```
int z = x | y;                 // OR the bits of x and y
```

结果如下。

x	0	0	0	0	1	1	0	1
y	0	0	0	0	0	1	1	0
x|y	0	0	0	0	1	1	1	1

z 存储的值是 15(二进制的 1111)。

如果两个位是不同的，按位异或运算符(^)就生成 1，否则就生成 0。再使用相同的初始值，语句：

```
int z = x ^ y;                // Exclusive OR the bits of x and y
```

会使 z 包含值 11(二进制的 1011)，因为位的合并如下。

x	0	0	0	0	1	1	0	1
y	0	0	0	0	0	1	1	0
x^y	0	0	0	0	1	0	1	1

一元运算符(~)会翻转其操作数的位，将 1 变成 0，0 变成 1。如果把这个运算符应用于值为 13 的变量 x，并编写如下语句。

```
int z = ~x;                   // Store 1's complement of x
```

执行这个语句后，z 的值就是 14，位的设置如下。

x	0	0	0	0	1	1	0	1
~x	1	1	1	1	0	0	1	0

在负整数的 2 的补码中，值 1111 0010 是 14。如果不熟悉 2 的补码形式，可以参阅附录 A。

移位运算符会把左操作数的位移动右操作数指定的位数。使用下面的语句可以指定左移位操作。

```
int value = 12;
int shiftcount = 3;             // Number of positions to be shifted
int result = value << shiftcount;  // Shift left shiftcount positions
```

变量 result 的值是 96，其二进制为 0000 1100。现在把其中的位向左移动 3 位，在右边补入 0，因此 value << shiftcount 的二进制值是 0110 0000。

右移位运算符会向右移位，但它比左移位复杂一些。对于不带符号的数值，向右移位时，会在左边的空位中填充 0。下面用一个例子说明。假定声明一个变量：

```
unsigned int value = 65372U;
```

在两字节的变量中，这个值的二进制形式为：

```
1111 1111 0101 1100
```

假定现在执行如下语句：

```
unsigned int result = value >> 2;     // Shift right two bits
```

109

value 中的位向右移动两位，在左边补入 0，得到的值存储在 result 中。在二进制中，其值为 0011 1111 1101 0111；在十进制中，其值为 16 343。

对于带符号的负值，其最左一位是 1，则移位的结果取决于系统。在大多数情况下，符号位会扩散，因此向右移位时补入的是 1；但在一些系统上，补入的是 0。下面看看这对结果有什么影响。

假定用下面的语句定义一个变量：

```
int new_value = -164;
```

其位模式与前面使用的无符号值相同，这是该值的 2 的补码。

```
1111 1111 0101 1100
```

执行如下语句：

```
int new_result = new_value >> 2;    // Shift right two bits
```

这行语句将 new_value 的值向右移动两位，结果存储在 new_result 中。在通常情况下，如果扩散符号位，在向右移位时将 1 插入左边的空位，new_result 的值就是：

```
1111 1111 1101 0111
```

其十进制值是-41，这是我们希望的结果，因为-164/4 的结果应是-41。但在一些计算机上，如果不扩散符号位，new_result 的值就是：

```
0011 1111 1101 0111
```

在本例中向右移动两位，会把值-164 变成+16 343，这是一个意想不到的结果。

3.3.1　按位运算符的 op=用法

所有的二元按位运算符都可以在 op=形式的赋值语句中使用，但~运算符例外，它是一元运算符。如第 2 章所述，如下形式的语句：

```
lhs op= rhs;
```

等价于：

```
lhs = lhs op (rhs);
```

这说明，如果编写如下语句：

```
value <<= 4;
```

其作用是将整数变量 value 的内容向左移动 4 位。该语句与下面的代码等效：

```
value = value << 4;
```

其他二元运算符也可以这样使用。例如，可以编写如下语句：

```
value &= 0xFF;
```

其中 value 是一个整数变量，这个语句等价于：

```
value = value & 0xFF;
```

其作用是使最右边的 8 位保持不变,其他的位都设置为 0。这称为掩码,因为这就像在字节上放一个面具(位模式),它的位被隐藏在|运算符后面。

3.3.2 使用按位运算符

从学术的角度来看,按位运算符很有趣,它们是每个程序员都必须知道的一组很好用的工具。在某些情况下,使用它们可以实现一个更简洁的解决方案;例如,在网络中存在子网掩码,通过使用 AND 按位来划分 IPv4(32 位)的网络(这是一项非常重要的任务,因此有子网计算器帮助它;所以,理解位操作符是很重要的)。在编程竞赛中,多使用位操作会使得程序代码更短,但有时也会混淆(www.ioccc.org)。但它们用于什么场合? 它们不用于日常的编程工作,但在一些领域非常有效。按位与&、按位或|运算符的一个主要用途是测试并设置整数变量中的各个位。此时可以使用各个位存储涉及二选一的数据。例如,可以使用一个整数变量存储一个人的几个特性。在一个位中存储这个人是男性还是女性,使用 3 个位指定这个人是否会说法语、德语或意大利语。再使用另一个位记录这个人的薪水是否多于$50 000。在这 4 个位中,都记录了一组数据。下面看看这是如何实现的。

只有两个位都是 1,结果才是 1,此时可以使用&运算符选择整数变量的一个部分,甚至可以选择其中的一个位。首先定义一个值,它一般称为掩码,用于选择需要的位。在掩码中,希望保持不变的位置上包含 1,希望舍弃的位置上包含 0。接着对这个掩码与要从中选择位的值执行按位与操作。下面看一个例子。下面的语句定义了掩码。

```
unsigned int male       = 0x1;    // Mask selecting first (rightmost) bit
unsigned int french     = 0x2;    // Mask selecting second bit
unsigned int german     = 0x4;    // Mask selecting third bit
unsigned int italian    = 0x8;    // Mask selecting fourth bit
unsigned int payBracket = 0x10;   // Mask selecting fifth bit
```

在每条语句中,1 位表示该条件是 true。这些二进制掩码都选择一个位,所以可以定义一个 unsigned int 变量 personal_data 来存储一个人的 5 项信息。如果第一位是 1,这个人就是男性;如果是 0,这个人就是女性。如果第二位是 1,这个人就说法语;如果是 0,这个人就不说法语,数据值右边的 5 位都是这样。

因此,可以给一个说德语的人测试变量 personal_data,如下面的语句所示。

```
if(personal_data & german)
  /* Do something because they speak German */
```

如果 personal_data 对应掩码 german 的位是 1,表达式 personal_data & german 的值就不是 0(true),否则就是 0。

当然,也可以通过逻辑运算符合并多个使用掩码的表达式,选择各个位。下面的语句测试某个人是否是女性,是说法语还是说意大利语。

```
if(!(personal_data & male) && ((personal_data & french) ||
                               (personal_data & italian)))
// We have a French or Italian speaking female
```

可以看出,测试单个位或位的组合很简单。还可以使用如下 if 语句。

```
if(!(personal_data & male) && (personal_data & (french | italian)))
  // We have a French or Italian speaking female
```

其中 french 和 italian 掩码进行按位或操作，在生成的值中，这两个位都是 1。对这个结果和 personal_data 进行按位与操作，如果 personal_data 中的 french 或 italian 位是 1，结果就是 1。

另一个需要理解的操作是如何设置各个位。此时可以使用按位或(OR)运算符。按位或运算符与测试位的掩码一起使用，就可以设置变量中的各个位。如果要设置变量 personal_data，记录某个说法语的人，就可以使用下面的语句。

```
personal_data |= french;                    // Set second bit to 1
```

上面的语句与如下语句等效。

```
personal_data = personal_data|french;  // Set second bit to 1
```

personal_data 中从右数的第二位设置为 1，其他位都不变。利用|运算符的工作方式，可以在一条语句中设置多个位。

```
personal_data |= french | german | male;
```

这条语句设置的位记录了一个说法语和德语的男子。如果变量 personal_data 以前曾记录这个人也说意大利语，则这一位仍会设置为 1，所以 OR 运算符是相加的。如果某个位已经设置为 1，它仍会设置为 1。

如何重置一个位？假定要将男性位设置为女性，就需要将一个位重置为 0，此时应使用~运算符和按位与(AND)运算符。

```
personal_data &= ~male;                     // Reset male to female
```

这是可行的，因为~male 将表示男性的位设置为 0，其他位仍设置为 1。因此，对应于男性的位设置为 0，0 与任何值的与操作都是 0，其他位保持不变。如果另一个位是 1，则 1&1 仍是 1。如果另一个位是 0，则 0&1 仍是 0。

使用位的例子记录了个人数据的特定项。如果要使用 Windows 应用编程接口(API)编写 PC 程序，就会经常使用各个位来记录各种 Windows 参数的状态。在这种情况下，按位运算符非常有用。

其他合适的例子(提示和技巧，或者称为技术更好)如下。

将字母转换为小写(本章前面提到过)：

```
letter = (letter | ' ');
```

小技巧：空格 ASCII 值是 32，'a'小写是 65，大写是 97(97-65=32)。

交换两个整数：只使用两个整数变量交换两个整数。

它的优点是我们不需要申请一个临时变量。

交换变量 x 和 y 是最常见的解决方案。

```
tmp = x;
x = y;
y = tmp;
```

下面的算法可以实现相同的功能。

```
x ^= y;
y = x ^ y;
x ^= y;
```

这是一个常用的按位技巧，它为交换两个整数节省了一个步骤；然而，乍一看并不清楚。不建议初学者使用这个方法，可以将它分解为具有意义的函数名和注释。

一定要考虑这个建议：有时使用更长/详细的代码比使用简短代码更好。

如前所述，有一些位技术可以将字符转换为小写/大写或在这些状态之间反转。

```
Invert text case letter ^= ' ';
Lowercase: letter |= ' ';
Uppercase: letter &= '_';
```

在上一个示例(3.9)中分别看到了右移位运算符和左移位运算符，n<<1;和 n>>1;，我们可以很容易地检查这个数是否为奇数——(n&1)==1——当然还可以对其求反以检查它是否为偶数。

交换位可以通过使用异或运算符(^)来实现。如果使用 1(掩码)进行异或运算，则位开关状态转换；如果掩码为 0，则保持其值。这样，使用位 1 掩码，可以切换值而不必担心初始值是什么。因此，如果将掩码应用于字符串异或运算，它将变成一个不同的(被隐藏的)字符串，然后可以使用相同的掩码反转它们的值。它是一种流行的(常用的)对文本加密的算法(异或还可用于本书范围之外的更高级的加密算法)。

```c
// Program 3.9d XOR switching, encryption
#include <stdio.h>
#include <string.h>

int main(void)
{

  char key = 'C';
  char sentence[] = "Fibonacci allows converting miles to kms";
  int len = strlen(sentence); //function included in string.h, String's length

  //encoding message (switching bits con XOR)
  printf("encoded message:\n");
  for (int i = 0; i < len; i++)
  {
     sentence[i] = sentence[i] ^ key;
     printf("%c", sentence[i]);
  }
  printf("\n\n");

  //decoding message
  printf("decoded message:\n");
  for (int i = 0; i < len; i++)
  {
     sentence[i] = sentence[i] ^ key;
     printf("%c", sentence[i]);
  }

  return 0;
}
```

不要担心示例中的 string.h 头文件。我们将在下一章复习字符串内容。

更复杂的计算可以按位进行，例如，CRC(循环冗余校验)用于检查分组中的错误，还可以进行平均、阶乘、素数计算、比特计数、置换等。

请记住，优化源代码并不总是好的。当前的编译器已经足够智能(包括优化参数)来处理这些按位的提示和技巧；但是，对于高级语言，管理计算机底层资源(内存、套接字等)，它们就很有用。

试试看：使用按位运算符

下面在一个略微不同的例子中使用一些按位运算符，但规则与前面相同。这个例子说明了如何使用掩码从变量中选择多个位。我们要编写的程序将在变量中设置一个值，再使用按位运算符翻转十六进制数字的顺序。下面是代码：

```
// Program 3.10 Exercising bitwise operators
#include <stdio.h>

int main(void)
{
  unsigned int original = 0xABC;
  unsigned int result = 0;
  unsigned int mask = 0xF;          // Rightmost four bits

  printf("\n original = %X", original);

  // Insert first digit in result
  result |= original & mask;     // Put right 4 bits from original in result

  // Get second digit
  original >>= 4;                // Shift original right four positions
  result <<= 4;                  // Make room for next digit
  result |= original & mask;     // Put right 4 bits from original in result

  /* Get third digit */
  original >>= 4;                // Shift original right four positions
  result <<= 4;                  // Make room for next digit
  result |= original & mask;     // Put right 4 bits from original in result
  printf("\t result = %X\n", result);
  return 0;
}
```

输出如下。

```
original = ABC result = CBA
```

代码的说明

这个程序使用了前面探讨的掩码概念。original 中最右边的十六进制数是通过表达式 original & mask 将 original 和 mask 的值执行按位与操作而获得的。这会把其他十六进制数设置为 0。因为 mask 的值的二进制形式为：

```
0000 0000 0000 1111
```

可以看出，original 中只有右边的 4 位没有改变。这 4 位都是 1，在执行按位与操作的结果中，这 4 位仍是 1，其他位都是 0。这是因为 0 与任何值执行按位与操作，结果都是 0。选择了右边的 4 位后，用下面的语句存储结果。

```
result |= original & mask;    // Put right 4 bits from original in result
```

result 的内容与右边表达式生成的十六进制数进行或操作。为了获得 original 中的第二位，需要把它移动到第一个数字所在的位置。为此将 original 向右移动 4 位。

```
original >>= 4;                // Shift original right four positions
```

第一个数字被移出，且被舍弃。为了给 original 的下一个数字腾出空间，下面的语句将 result 的内容向左移动 4 位。

```
result <<= 4;                  // Make room for next digit
```

现在要在 result 中插入 original 中的第二个数字，而当前这个数字在第一个数字的位置上，使用下面的语句：

```
result |= original & mask;    // Put right 4 bits from original in result
```

要得到第三个数字，重复上述过程。显然，可以对任意多个数字重复这个过程。

3.4 设计程序

在第 3 章的最后，要应用所学的内容，建立一个有用的程序。

3.4.1 问题

我们要编写一个简单的计算器，进行加、减、乘、除操作。在执行除操作时，还要确定其余数。这个程序必须能以自然的方式进行计算，例如 5.6×27 或 3＋6。

3.4.2 分析

本程序涉及的所有数学知识都很简单，但输入过程会增加复杂性。我们需要检查输入，确保用户没有要求计算机完成不可能的任务。还必须允许用户一次输入一个计算式，例如：

```
34.87 + 5
```

或者

```
9 * 6.5
```

编写这个程序的步骤如下：
(1) 获得用户要求计算机执行计算所需的输入。
(2) 检查输入，确保输入是可以理解的。
(3) 执行计算。

(4) 显示结果。

3.4.3　解决方案

本节列出解决该问题的步骤。

1. 步骤1

获得用户输入是很简单的，可以使用 printf()和 scanf()，所以需要<stdio.h>头文件。这里介绍的唯一的新知识是获得输入的方式。如前所述，可以让用户更自然地输入每个数字和要执行的操作，而不是逐个输入它们。可以这么做是因为 scanf()允许这么做，这里在列出程序的第一部分之后讨论其细节。下面是读取输入的程序代码：

```
// Program 3.11 A calculator
#define _CRT_SECURE_NO_WARNINGS
#include <stdio.h>

int main(void)
{
  double number1 = 0.0;        // First operand value a decimal number
  double number2 = 0.0;        // Second operand value a decimal number
  char operation = 0;          // Operation - must be +, -, *, /, or %

  printf("\nEnter the calculation\n");
  scanf("%lf %c %lf", &number1, &operation, &number2);

  /* Plus the rest of the code for the program */
  return 0;
}
```

scanf()函数在读取数据方面相当聪明。其实并不需要在一行上输入每个数据项，只要在输入的每一项之间留出一个或多个空白即可。(按空格键、Tab 键或回车键，都可以创建空白字符)。甚至不需要空白字符，因为数字用运算符隔开，scanf()不会把运算符处理为第一个数字的一部分。

2. 步骤2

接着，检查输入是否正确。最明显的检查是要执行的操作是否有效。有效的操作有+、-、*、/和%，需要检查输入的操作是否其中的一个。

还需要检查第二个数字，如果操作是/或 %，第二个数字就不能是 0。如果右操作数是 0，这些操作就是无效的。这些操作都可以使用 if 语句来完成，switch 语句则为此提供了一种更好的方式，因为它比一系列 if 语句更容易理解。

```
// Program 3.11 A calculator
#include <stdio.h>

int main(void)
{
  double number1 = 0.0;        // First operand value a decimal number
  double number2 = 0.0;        // Second operand value a decimal number
```

```
   char operation = 0;              // Operation - must be +, -, *, /, or %

   printf("\nEnter the calculation\n");
   scanf("%lf %c %lf", &number1, &operation, &number2);

   switch(operation)
   {
     case '+':                      // No checks necessary for add
       /* Code for addition */
       break;

     case '-':                      // No checks necessary for subtract
       /* Code for subtraction */
       break;

     case '*':                      // No checks necessary for multiply
       /* Code for multiplication */
       break;

     case '/':
       if(number2 == 0)             // Check second operand for zero
         printf("\n\n\aDivision by zero error!\n");
       else
         /* Code for division */
      break;

     case '%':                      // Check second operand for zero
       if((long)number2 == 0)
          printf("\n\n\aDivision by zero error!\n");
       else
       /* Code for remainder operation */
       break;

     default:                       // Operation is invalid if we get to here
       printf("\n\n\aIllegal operation!\n");
       break;
   }

   /* Plus the rest of the code for the program */
   return 0;
}
```

取余运算符对 float 或 double 类型没有意义，因为它们可以表示精确的结果。只有把%运算符应用于整型运算符才有意义。因此在应用这个运算符前，把操作数转换为整型。当运算符是%时，将第二个操作数转换为一个整数，所以仅检查第二个操作数是否为 0 是不够的，还必须检查 number2 在转换为 long 时，其值是否为0。例如，0.5 不是 0，但转换为整数时，0.5 就是 0。

3. 步骤3和4

检查了输入后，就可以计算结果了。这里有一个选择。可以在 switch 中计算每个结果，存储它们，在执行完 switch 后输出它们，也可以在每个 case 中输出结果。这里采用第二种方式。需要添加的代码如下：

```
// Program 3.11 A calculator
#include <stdio.h>

int main(void)
{
  double number1 = 0.0;          //* First operand value a decimal number *//
  double number2 = 0.0;          //* Second operand value a decimal number *//
  char operation = 0;            //* Operation - must be +, -, *, /, or % *//

  printf("\nEnter the calculation\n");
  scanf("%lf %c %lf", &number1, &operation, &number2);

  switch(operation)
  {
    case '+':                    // No checks necessary for add
      printf("= %lf\n", number1 + number2);
      break;

    case '-':                    // No checks necessary for subtract
      printf("= %lf\n", number1 - number2);
      break;

    case '*':                    // No checks necessary for multiply
      printf("= %lf\n", number1 * number2);
      break;

    case '/':
      if(number2 == 0)           // Check second operand for zero
        printf("\n\n\aDivision by zero error!\n");
      else
        printf("= %lf\n", number1 / number2);
      break;

    case '%':                    // Check second operand for zero
      if((long)number2 == 0)
        printf("\n\n\aDivision by zero error!\n");
      else
        printf("= %ld\n", (long)number1 % (long)number2);
      break;

    default:                     // Operation is invalid if we get to here
      printf("\n\n\aIllegal operation!\n");
      break;
  }

  return 0;
}
```

注意，在执行取模运算时，将两个数字从 double 转换为 long。这是因为在 C 语言中，%运算符只能用于整数。剩下的就是试运行代码了，下面是输出：

```
Enter the calculation
25*13
= 325.000000
```

下面是另一个例子：

```
Enter the calculation
999/3.3
= 302.727273
```

下面是另一个例子：

```
Enter the calculation
7%0
Division by zero error!
```

3.5　小结

本章用一个相当复杂的例子结束。在前两章中，读者能完成一些有用的工作，但程序一旦开始，就不能控制程序的执行顺序。本章开始学习在执行过程中使用用户输入的数据或计算的结果，来确定下一步的操作。

本章学习了如何比较变量，再使用 if、if-else、else-if 和 switch 语句，根据结果确定了执行顺序。还学习了如何使用逻辑运算符合并变量之间的比较操作。现在读者应对如何做出判断有了很多认识，能使程序代码沿着不同的路径执行。

下一章将学习如何编写更强大的程序：程序可以重复执行一些语句，直到满足某个条件为止。学习了第 4 章后，就会知道本章的计算器程序其实非常小。

3.6　练习

以下的习题可测试读者对本章的掌握情况。如果有不懂的地方，可以翻看本章的内容。还可以从 Apress 网站(www.apress.com)的 Source Code/Download 部分下载答案，但这应是最后一种方法。

习题 3.1　编写一个程序，首先给用户以下两种选择：

(1) 将温度从摄氏度转换为华氏度。

(2) 将温度从华氏度转换为摄氏度。

接着，程序提示用户输入温度值，并输出转换后的数值。从摄氏度转换为华氏度，可以乘以 1.8 再加上 32。从华氏度转换为摄氏度，可以先减去 32 后，再乘以 5，除以 9。

习题 3.2　编写一个程序，提示用户输入 3 个整数值，分别代表月、日、年。例如用户输入了 12、31、2003，程序就以 31st December 2003 的格式输出该日期。

必须在日期值的后面加上 th、nd、st 和 rd。例如 1st、2nd、3rd、4th、11th、12th、13th、14th、21st、22nd、23rd、24th。

习题 3.3　编写一个程序，根据从键盘输入的一个数值，计算总价(单价是$5)，数值超过 30 的折扣是 10%，数值超过 50 的折扣是 15%。

习题 3.4　修改本章最后的计算器例子，让用户选择输入 y 或 Y，以执行另一个计算，输入 n 或 N 就结束程序。(注意：这需要使用 goto 语句，下一章将介绍一个更好的方法。)

第 4 章

循　　环

本章将介绍如何重复执行一个语句块，直到满足某个条件为止，这称为循环。语句块的执行次数可以简单地用一个计数器来控制，语句块重复执行指定的次数，或者还可以更复杂一些，重复执行一个语句块，直到满足某个条件为止，例如用户输入 quit。后者可以编写上一章的计算器示例，使计算过程重复需要的次数，而不必使用 goto 语句。

本章的主要内容：
- 使语句或语句块重复执行指定的次数
- 重复执行语句或语句块，直到满足某个条件为止
- 使用 for、while 和 do-while 循环
- 递增和递减运算符的作用及其用法
- 编写一个简单的 Simon 游戏程序

4.1　循环概述

循环是带有比较数据项功能的一个基本编程工具。循环总是隐含了某种比较，因为它提供了终止循环的方式。典型的循环是使一系列语句重复执行指定的次数，这种循环会存储循环块执行的次数，与需要的重复次数相比较，比较的结果确定何时应终止循环。

在第 3 章的 Program 3.8 中，抽奖示例允许用户猜 3 次。换言之，可以让用户继续猜测，直到 number_of_guesses 变量等于 3 为止。这就涉及一个循环，它重复执行代码，从键盘上读取猜测的数字，检查输入值的准确性。图 4-1 显示了循环的工作过程。

我们要经常对不同的数据值应用相同的计算。抽奖程序就是一个明显的例子。没有循环，那么要处理多少组数据值，就必须重复编写多少组相同的指令，这非常烦琐。循环可以使用相同的程序码，处理输入的任意多个数据。

在讨论 C 语言中的第一种循环之前，首先介绍 C 程序中常见的两个新算术运算符：递增运算符和递减运算符。这两个运算符经常用在循环中，这就是在这里讨论它们的原因。我们先简要介绍递增运算符和递减运算符，再用一个例子说明如何在循环中使用它们。在能灵活运用循环后，再回过头来了解递增运算符和递减运算符的一些特质。

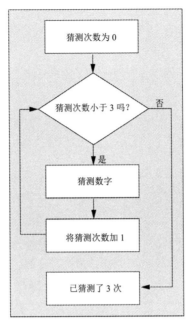

图 4-1　循环的工作过程

4.2　递增和递减运算符

递增运算符(++)和递减运算符(– –)会将存储在整数变量中的值递增或递减 1。假设定义一个整数变量 number，它的当前值是 6。可以用下面的语句给它加 1。

```
++number;                          // Increase the value by 1
```

执行完这个语句后，number 的值是 7。同样，可以用下面的指令给 number 减 1。

```
--number;                          // Decrease the value by 1
```

这些运算符和前面介绍的其他算术运算符不一样。使用其他算术运算符时，会创建一个表达式，其计算结果为一个数值，该数值存储在一个变量中，或用作复杂表达式的一部分。它们不直接更改变量存储的值。而递增和递减运算符会更改变量存储的值。表达式– –number 会更改 number 的值，将 number 的值减 1；而表达式++number 会将 number 的值加 1。

4.3　for 循环

使用 for 循环一般使语句块重复执行指定的次数。假设要显示 1~10 之间的数字，可以不用编写 10 条 printf()语句，而是这么写，如下。

```
for(int count = 1 ; count <= 10 ; ++count)
{
  printf(" %d", count);
}
```

for 循环的操作由关键字 for 后面括号中的内容控制，如图 4-2 所示。每次重复执行循环时，都需要执行包含 printf() 调用的语句块。这里只有一条语句，因此可以省略括号。图 4-2 说明了 3 个由分号分开的控制表达式，它们控制循环的执行。

每个控制表达式的作用如图 4-2 所示，下面详细讨论循环执行的过程。

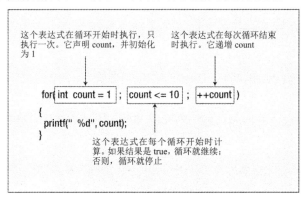

图 4-2　for 循环的控制表达式

- 第一个控制表达式 int count=1 在循环开始时执行，且只执行一次。在这个例子中，第一个表达式设定一个变量 count 为 1。它是循环的本地变量，在循环外部不存在。如果试图在循环完成后引用 count，代码就不编译。

- 第二个控制表达式必须是一个逻辑表达式，其结果为 true 或 false；在这个例子中，它是 count<=10。只要 count 不大于 10，该表达式就是 true。第二个表达式在每次循环迭代开始重复前计算。如果结果是 true，循环就继续；否则，循环就结束，程序继续执行循环块或循环语句后面的第一个语句。false 是 0，而非零值是 true。所以只要 count 小于或等于 10，这个循环例子就会执行 printf() 语句。当 count 等于 11 时，循环结束。

- 第三个控制表达式 ++count 在每一次循环迭代结束时执行。这里使用递增运算符给 count 的值加 1：在第一次迭代时，count 是 1，所以 printf() 输出 1。第二次迭代时，count 递增为 2，所以 printf() 输出数值 2……一直到显示值 10 为止。在开始下一个迭代时，count 递增到 11，而第二个控制表达式的结果是 false，因此循环结束。

注意循环语句中的标点符号。for 循环的控制表达式包含在括号内，每个表达式用分号隔开。这些控制表达式均可以省略，但必须保留分号。例如，在循环外声明变量 count 并初始化为 1。

```
int count = 1;
```

当然，这个语句必须放在循环的前面，因为变量只能在声明它后面的语句中存在，并访问。现在不需要指定第一个控制表达式，for 循环如下所示。

```
for( ; count <= 10 ; ++count)
{
  printf(" %d", count);
}
```

count 是在循环之前定义的，所以在循环后它仍旧存在，可以输出它的值。在下面的小例子中，添加几行代码，把这个循环添加到一个真实的程序中。

```
// Program 4.1 List ten integers
```

```
#include <stdio.h>

int main(void)
{
  int count = 1;
  for( ; count <= 10 ; ++count)
  {
    printf(" %d", count);
  }
  printf("\nAfter the loop count has the value %d.\n", count);
  return 0;
}
```

这个程序将1~10的数字显示在第一行上，把循环后count的值显示在第二行上。

```
1 2 3 4 5 6 7 8 9 10
After the loop count has the value 11.
```

图4-3中的流程图说明了这个程序的逻辑。

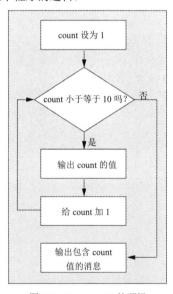

图4-3　Program 4.1的逻辑

粗线框中的步骤位于for循环中。下面是一个略有不同的示例。

试试看：绘制一个盒子

假设要在屏幕上使用字符*绘制一个方框。可以多次使用 printf()语句，但输入量很大。而使用 for 循环来绘制就容易多了。代码如下。

```
// Program 4.2 Drawing a box
#include <stdio.h>

int main(void)
{
```

```
    printf("\n**************");              // Draw the top of the box

    for(int count = 1 ; count <= 8 ; ++count)
        printf("\n*            *");            // Draw the sides of the box

    printf("\n**************\n");              // Draw the bottom of the box
    return 0;
}
```

这个程序的输出如下。

```
**************
*            *
*            *
*            *
*            *
*            *
*            *
*            *
**************
```

代码的说明

这个程序相当简单。第一条 printf()语句在屏幕上输出方框的顶边。

```
printf("\n**************");                  // Draw the top of the box
```

下一条语句是 for 循环。

```
for(int count = 1 ; count <= 8 ; ++count)
    printf("\n*            *");                // Draw the sides of the box
```

这里 printf()语句重复了 8 次，输出方框的侧边。下面用专业术语解释其执行过程。循环控制如下。

```
for(int count = 1 ; count <= 8 ; ++count)
```

循环的执行由关键字 for 后面括号中的 3 个表达式来控制。第一个表达式是:

```
int count = 1
```

这条语句创建并初始化了循环控制变量(或循环计数器)，在这个例子中，循环控制变量是整数变量 count。可以使用其他类型的变量，但是整数类型比较方便。下一个循环控制表达式是:

```
count <= 8
```

这是循环的继续条件。在每次循环迭代之前都要检查这个条件，确定循环是否应继续。如果该表达式是 true，循环就继续。否则，就结束循环，程序将继续执行循环后面的语句。在这个例子中，只要 count 变量小于或等于 8，循环就继续。最后一个表达式是:

```
++count
```

这条语句在每一次循环迭代结束时，递增循环计数器的值。因此，输出方框侧边的循环语句会执行 8 次。迭代 8 次后，变量 count 递增为 9，循环继续的条件是 false，所以循环结束。

程序继续执行循环后面的语句。

```
printf("\n**************\n");      // Draw the bottom of the box
```

这条语句在屏幕上输出方框的底边。

4.4 for 循环的一般语法

for 循环的一般形式如下。

```
for(starting_condition; continuation_condition ; action_per_iteration)
  loop_statement;

next_statement;
```

重复执行的语句由 loop_statement 表示。通常这等价于包含在括号中的语句块(一组语句)。

starting_condition 通常(但不总是)设定循环控制变量的初值。循环控制变量一般(但非必要)是一个计数器，用来追踪循环重复的次数。也可以在这里声明并初始化相同类型的多个变量，各个声明用逗号隔开，此时所有的变量都是循环的本地变量，在循环结束后就不存在了。

continuation_condition 是一个结果为 true 或 false 的逻辑表达式，用以决定循环是否继续执行。只要这个条件的值是 true，循环就继续。它一般检查循环控制变量的值，但任何逻辑或算术表达式都可以放在这里，只要知道自己在做什么即可。

如前所述，continuation_condition 在循环开始时测试，而不是在结束时测试。很明显，当 continuation_condition 一开始就是 false 时，for 循环的语句就根本不执行。

action_per_iteration 在每次循环迭代结束时执行，通常(但不一定)是递增或递减一个或多个循环控制变量。修改多个变量的表达式用逗号隔开。在每次循环迭代时，都会执行 loop_statement。一旦 continuation_condition 是 false，循环就结束，程序继续执行 next_ statement。

下面的循环示例在第一个循环控制条件中声明了两个变量。

```
for(int i = 1, j = 2 ; i <= 5 ; ++i, j = j + 2)
  printf(" %5d", i*j);
```

其输出是在每一行上输出 2、8、18、32 和 50。

4.5 再谈递增运算符和递减运算符

前面的示例使用了递增运算符，下面深入探讨递增和递减运算符的作用。它们都是一元运算符，只使用一个操作数，用来将存储在整数类型变量中的值加 1 或减 1。

4.5.1 递增运算符

先看看递增运算符。假如变量的类型是 int，下面的 3 条语句有相同的结果。

```
count = count + 1;
count += 1;
++count;
```

这个程序的输出如下:

```
Enter the number of integers you want to sum: 10
Total of the first 10 integers is 55
```

<u>代码的说明</u>

首先, 声明和初始化两个计算过程中需要的变量。

```
unsigned long long sum = 0LL;        // Stores the sum of the integers
unsigned int count = 0;              // The number of integers to be summed
```

这里使用 sum 保存计算的最后结果。它的类型声明为 unsigned long, 所以计算出来的总和最大可达整数的最大值。变量 count 存储输入的整数值, 它也是要汇总的整数个数, 在 for 循环中要使用这个值控制迭代的次数。

用以下语句处理输入。

```
printf("\nEnter the number of integers you want to sum: ");
scanf(" %u", &count);
```

在提示信息后, 读取整数, 它定义了需要的总和。例如, 如果用户输入 4, 程序将会计算 1、2、3 和 4 的总和。这个总和用下面的循环计算。

```
for(unsigned int i = 1 ; i <= count ; ++i)
    sum += i;
```

循环变量 i 在 for 循环的开始条件中声明并初始化为 1。在每次迭代中, i 的值都会加到 sum 中, 然后递增 i, 所以值 1、2、3……一直到 count 的值, 都会加到 sum 中。当 i 的值超过 count 的值时, 循环就结束。

在叙述如何控制 for 循环时, 本书使用了 "非必要" 这个词, 暗示控制表达式的灵活性非常大。下一个程序将稍微缩短前面的例子, 说明这个灵活性。

试试看: 灵活的 for 循环

这个例子说明了如何在 for 循环的第 3 个控制表达式中完成一个计算。

```
// Program 4.4 Summing integers - compact version
#define _CRT_SECURE_NO_WARNINGS
#include <stdio.h>

int main(void)
{
  unsigned long long sum = 0LL;          // Stores the sum of the integers
  unsigned int count = 0;                // The number of integers to be summed

  // Read the number of integers to be summed
  printf("\nEnter the number of integers you want to sum: ");
  scanf(" %u", &count);

  // Sum integers from 1 to count
  for(unsigned int i = 1 ; i <= count ; sum += i++);
```

```
    printf("\nTotal of the first %u numbers is %llu\n", count, sum);
    return 0;
}
```

输出如下。

```
Enter the number of integers you want to sum: 6789
Total of the first 6789 numbers is 23048655
```

代码的说明

这个程序的执行和前一个例子完全相同。唯一的区别是，在循环的第 3 个控制表达式中汇总。

```
for(unsigned int i = 1 ; i<= count ; sum += i++);
```

循环语句是空的：在闭括号的后面只是一个分号。循环的第 3 个控制表达式将 i 的值加到 sum 中，再递增 i，准备下一次迭代。它是以这个方式运作的，因为这里使用了递增运算符的后置形式。如果在这里使用前置形式，将会得到错误的答案，因为 sum 的值包含了循环第一次迭代时的值 count+1，而不是 count。

4.6.1 修改 for 循环控制变量

当然，递增循环控制变量不是只能加1。可以用任意值改变循环控制变量，正数或负数均可。例如，可以逆向计算前 n 个整数的总和，如下面的例子所示。

```
// Program 4.5 Summing integers backward
#define _CRT_SECURE_NO_WARNINGS
#include <stdio.h>
int main(void)
{
  unsigned long long sum = 0LL;              // Stores the sum of the integers
  unsigned int count = 0;                    // The number of integers to be summed

  // Read the number of integers to be summed
  printf("\nEnter the number of integers you want to sum: ");
  scanf(" %u", &count);

  // Sum integers from count to 1
  for(unsigned int i = count ; i >= 1 ; sum += i--);

  printf("\nTotal of the first %u numbers is %llu\n", count, sum);
  return 0;
}
```

这个程序会产生和前一个例子相同的输出。唯一改变的是循环控制表达式。循环计数器初始化为 count，而不是 1，每次循环迭代时要递增它。因此是将 count、count-1、count-2……1 加在一起。同样，如果使用前置形式，答案会是错误的，因为这会从 count-1 开始执行相加操作，而不是从 count 开始。

其实，使用循环汇总前 n 个整数不是必要的。下面这个简洁的公式可以更高效地计算出 1~n 的整数和，它与循环一点关系都没有。

```
n*(n+1)/2
```

4.6.2　没有参数的 for 循环

如前所述，不必在 for 循环语句内放置任何参数。for 循环的最简洁形式如下。

```
for( ;; )
{
  /* statements */
}
```

循环体可以是一个语句，但没有循环参数时，它通常是一个语句块。因为没有循环继续条件，所以循环将永不停止。除非希望计算机总是什么都不做，否则循环体必须包含退出循环的方式。要停止循环，循环体必须包含两条语句：判断结束循环的条件是否已满足的语句，以及终止当前循环迭代并继续执行循环后面语句的语句。

4.6.3　循环内的 break 语句

第 3 章在 switch 语句中使用过 break 语句。它的作用是终止 switch 块中代码的执行，并继续执行跟在 switch 后的第一行语句。break 语句在循环体内的作用和 switch 基本相同。例如：

```
char answer = 0;
for( ;; )
{
  /* Code to read and process some data */

  printf("Do you want to enter some more(y/n): ");
  scanf("%c", &answer);
  if(tolower(answer) == 'n')
    break;                              // Go to statement after the loop
}
/* Statement after the loop */
```

这里有一个无限循环。scanf() 语句将一个字符读入 answer，如果输入的字符是 n 或 N，就执行 break 语句。结果是结束循环，继续执行循环后面的语句。下面用另一个例子说明。

试试看：最小的 for 循环

这个例子计算了任意个数字的平均值。

```
// Program 4.6 The almost indefinite loop - computing an average
#define _CRT_SECURE_NO_WARNINGS
#include <stdio.h>
#include <ctype.h>                      // For tolower() function

int main(void)
{
  char answer = 'N';                    // Decision to continue the loop
  double total = 0.0;                   // Total of values entered
```

```c
  double value = 0.0;                        // Value entered
  unsigned int count = 0;                    // Number of values entered

  printf("\nThis program calculates the average of"
                                " any number of values.");

  for( ;; )                                  // Indefinite loop
  {
    printf("\nEnter a value: ");             // Prompt for the next value
    scanf(" %lf", &value);                   // Read the next value
    total += value;                          // Add value to total
    ++count;                                 // Increment count of values

    // check for more input
    printf("Do you want to enter another value? (Y or N): ");
    scanf(" %c", &answer);                   // Read response Y or N

    if(tolower(answer) == 'n')               // look for any sign of no
      break;                                 // Exit from the loop
  }
  // Output the average to 2 decimal places
  printf("\nThe average is %.2lf\n", total/count);
  return 0;
}
```

这个程序的输出如下。

```
This program calculates the average of any number of values.
Enter a value: 2.5
Do you want to enter another value? (Y or N): y

Enter a value: 3.5
Do you want to enter another value? (Y or N): y

Enter a value: 6
Do you want to enter another value? (Y or N): n

The average is 4.00
```

代码的说明

图 4-4 显示了这个程序的一般逻辑。

这个程序建立了一个无限循环,因为这个 for 循环没有指定结束条件——没有循环控制表达式。

```c
for( ;; )                               // Indefinite loop
```

因此,括号内的语句块会无限重复下去。下面的语句在循环内显示一条提示信息,读入一个输入值。

```c
printf("\nEnter a value: ");     // Prompt for the next value
scanf(" %lf", &value);           // Read the next value
```

```
Enter a guess: 15

Congratulations. You guessed it!
```

代码的说明

首先，声明并初始化 3 个类型为 int 的变量：chosen、guess 和 count。

```
int chosen = 15;        // The lucky number
int guess = 0;          // Stores a guess
int count = 3;          // The maximum number of tries
```

这些变量分别存储幸运数字、用户猜测的数字和允许用户猜测的次数。

给用户提供程序开始的说明。

```
printf("\nThis is a guessing game.");
printf("\nI have chosen a number between 1 and 20"
                                   " which you must guess.\n");
```

猜测的次数由这个循环控制。

```
for( ; count > 0 ; --count)
   {
   ...
   }
```

游戏所有的操作细节都在这个循环里实现，只要 count 是正数，循环就会继续下去，所以循环会重复 count 次。

下面的语句提示用户输入猜测的数字，然后读入该数字。

```
printf("\nYou have %d tr%s left.", count, count == 1 ? "y" : "ies");
printf("\nEnter a guess: ");         // Prompt for a guess
scanf("%d", &guess);                 // Read in a guess
```

第一个 printf()有点复杂。实际上，当 count 是 1 时，这个 printf()在输出的 tr 后面加上 y；而当 count 大于 1 时，在输出的 tr 后面加上 ies。必须显示正确的单复数形式。

使用 scanf()读入 guess 值后，用下面的语句检查它是否正确。

```
if(guess == chosen)
{
   printf("\nCongratulations. You guessed it!\n");
   return 0;                          // End the program
}
```

如果猜测的数值是正确的，就显示一条信息，执行 return 语句。return 语句会结束函数 main()，程序就结束了。第 8 章详细讨论函数时，会介绍 return 语句。

如果猜测的数值是错误的，程序就执行循环内的最后一条检查语句。

```
else if(guess < 1 || guess > 20)    // Check for an invalid guess
   printf("I said the number is between 1 and 20.\n ");
else
```

```
printf("Sorry, %d is wrong. My number is %s than that.\n",
                        guess, chosen > guess ? "greater" : "less");
```

这组语句测试输入值是否在指定的范围内。如果不是，就显示一条信息，重申该范围。如果输入值是有效的，就显示一条猜错的信息，并给出正确答案的线索。

循环在重复了3次，也就是猜了3次后结束。循环后的语句如下。

```
printf("\nYou have had three tries and failed. The number was %d\n",chosen);
```

这条语句只有在猜错3次后才执行。它显示一条信息，并透露正确的数值，然后程序结束。这个程序的设计更便于改变 chosen 变量的值。

4.6.5 生成伪随机整数

在前一个例子中，如果程序在每次执行时，可以生成要猜测的数字，该数字每次都不同，就更有趣了。为此，可以使用在头文件<stdlib.h>中声明的函数 rand()。

```
int chosen = 0;
chosen = rand();   // Set to a random integer
```

每次调用 rand()函数，它都会返回一个随机整数，这个值在 0 到<stdlib.h>定义的 RAND_MAX 之间。由 rand()函数产生的整数称为伪随机数(pseudo-random)，因为真正的随机数只能在自然的过程中产生，而不能通过运算法则产生。

rand()函数使用一个起始的种子值生成一系列数字，对于一个特定的种子，所产生的序列数永远是相同的。如果使用这个函数和默认的种子值，如上面的代码所示，就总是得到相同的序列数，这会使这个游戏没什么意思，只是在测试程序时比较有用。stdlib.h 提供了另一个标准函数 srand()，在调用这个函数时，可以用作为参数传递函数的特定种子值来初始化序列数。

这似乎并没有让猜数游戏改变多少，因为每次执行程序时，必须产生一个不同的种子值。此时可以使用另一个库函数：在<time.h>头文件中声明的函数 time()。time()函数会把自 1970 年 1 月 1 日起至今的总秒数返回为一个整数(这称为 epoch，通常是从上述日期开始计数的 32 位整数表示时间。这是根据实际设置的标准，因为它没有遵循 POSIX 规范并在其中进行标准定义。)请注意，从 1970 年开始，这些都是秒；因此，如果试图同时执行同一个程序，则需要在种子中处理微秒或纳秒。否则，伪随机数序列将被重复(或使用不同的种子，例如 PID)，因为时间永不停歇，所以每次执行程序时，都会得到不同的值。time()函数需要一个参数 NULL，NULL 是在<stdlib.h>中定义的符号，表示不引用任何内容。NULL 的用法和含义详见第 7 章。

因此，要在每次执行程序时得到不同的伪随机序列数，可以使用以下的语句。

```
srand(time(NULL));                   // Use clock value as starting seed
int chosen = 0;
chosen = rand();                     // Set to a random integer 0 to RAND_MAX
```

只需要在程序中调用一次函数srand()来生成序列。之后每次调用 rand()，都会得到另一个伪随机数。上限值 RAND_MAX 相当大，通常是类型 int 可以存储的最大值。如果需要更小范围的数值，可以按比例缩小 rand()的返回值，提供所需范围的值。假设要得到的数值在 0 到 limit(不包含 limit)的范围内，最简单的方法如下。

```
srand(time(NULL));                   // Use clock value as starting seed - time can be casted
                                     //   to (unsigned int) to avoid possible overflow
```

```
int limit = 20;                    // Upper limit for pseudo-random values
int chosen = 0;
chosen = rand() % limit;           // 0 to limit-1 inclusive
```

当然，如果数值需要在 1 到 limit 之间，可以编写如下语句。

```
chosen = 1 + rand() % limit;       // 1 to limit    inclusive
```

这条语句在编译器和库中使用 rand()函数，运作得相当好。然而一般来说，最好不要限制伪随机数产生器产生的数值的范围。这是因为实质上是将返回值的高位字节去掉，并假设剩余的字节也代表随机数。这就不一定了。试着在前面例子的一个变体中使用 rand()函数。

```
// Program 4.7a A More Interesting Guessing Game
#define _CRT_SECURE_NO_WARNINGS
#include <stdio.h>
#include <stdlib.h>                // For rand() and srand()
#include <time.h>                  // For time() function

int main(void)
{
  int chosen = 0;                  // The lucky number
  int guess = 0;                   // Stores a guess
  int count = 3;                   // The maximum number of tries
  int limit = 20;                  // Upper limit for pseudo-random values

  srand(time(NULL));               // Use clock value as starting seed
  chosen = 1 + rand() % limit;     // Random int 1 to limit

  printf("\nThis is a guessing game.");
  printf("\nI have chosen a number between 1 and 20"
                              " which you must guess.\n");
  for( ; count > 0 ; --count)
  {
    printf("\nYou have %d tr%s left.", count, count == 1 ? "y" : "ies");
    printf("\nEnter a guess: ");  // Prompt for a guess
    scanf("%d", &guess);           // Read in a guess

    // Check for a correct guess
    if(guess == chosen)
    {
      printf("\nCongratulations. You guessed it!\n");
      return 0;                     // End the program
    }
    else if(guess < 1 || guess > 20)     // Check for an invalid guess
      printf("I said the number is between 1 and 20.\n ");
    else
      printf("Sorry, %d is wrong. My number is %s than that.\n",
```

```
                                                 guess, chosen > guess ? "greater" : "less");
    }
    printf("\nYou have had three tries and failed. The number was %ld\n",chosen);

    return 0;
}
```

这个程序在大多数情况下会给出不同的猜测数字。

4.6.6 再谈循环控制选项

前面介绍了如何用++和--运算符递增或递减循环计数器。可以对循环计数器递增或递减任意数值。下面看一个例子。

```
long sum = 0L;
for(int n = 1 ; n < 20 ; n += 2)
    sum += n;
printf("Sum is %ld", sum);
```

前面代码段中的循环汇总 1~20 之间的所有奇数。第 3 个控制表达式在每次迭代时，将循环变量 n 递增 2。这个表达式可以是任意表达式，包含赋值语句。例如，要汇总 1~1000 中彼此相隔 7 的所有整数，可以编写如下循环。

```
for(int n = 1 ; n < 1000 ; n = n + 7)
    sum += n;
```

现在循环控制表达式在每次迭代的最后，将 n 增加 7，所以得到的总和是 1+8+15+22 +…1000。循环控制表达式可能不止一个。可以重写第一个代码段中的循环，汇总 1~20 中的奇数，如下。

```
for(int n = 1 ; n<20 ; sum += n, n += 2)
    ;
```

第 3 个控制表达式由逗号分开的两个表达式组成。它们会在每次循环迭代结束时依序执行，所以第一个表达式:

```
sum += n
```

会将 n 的当前值加到 sum 中。接着第二个表达式:

```
n += 2
```

给 n 增加 2。这些表达式的执行顺序是从左到右，所以必须依照这个顺序编写。如果颠倒了该顺序，结果就是错的。

表达式也并不是只能有两个，其个数是任意的，只要它们都用逗号分开即可。当然，只应在有明显的优势时才这么做，不然程序会很难理解。第一个和第二个控制表达式也可以由许多用逗号分开的表达式组成，但一般不需要这么做。

4.6.7 浮点类型的循环控制变量

循环控制变量也可以是一个浮点类型的变量。下面的循环汇总 1/1~1/10 的分数:

```
double sum = 0.0;

for(double x = 1.0 ; x < 11 ; x += 1.0)
  sum += 1.0/x;
```

这种情形并不常见。注意，分数值通常没有浮点数形式的精确表示，所以不应把相等判断作为结束循环的条件。例如：

```
for(double x = 0.0 ; x != 2.0 ; x+= 0.2)        // Indefinite loop!!!
  printf("\nx = %.2lf",x);
```

这个循环应输出 0.0~2.0 之间的 x 值，其递增量为 0.2，所以应该有 11 行输出。但 0.2 没有浮点数形式的二进制精确表示，所以这个循环会使计算机一直运行下去(除非在 Microsoft Windows 下使用 Ctrl+C 令它停止)。

4.6.8　字符类型的循环控制变量

浮点类型不是唯一可以在 for 循环中处理的新数据类型；尽管有一个技巧，我们也可以使用字符类型在 for 循环中迭代。对于 C 语言，字符类型在底层也可以转换成整数。因此，它的使用很简单。

例如，下面是一个显示英语字母表的示例。

```
// Program 4.7b loop with char's
#include <stdio.h>
int main(void)
{
  char c;
  printf("\nPrinting out alphabet.\n");
  for (c = 'A'; c <= 'Z'; c++)
    printf("%c ", c);
  printf("\n");
  return 0;
}
```

注意：编译器把十进制的浮点数转换为二进制。即使 0.2 没有精确的二进制表示，但上面的循环仍可能正常终止，因为 0.2 的二进制精确表示取决于用于生成它的算法。

4.7　while 循环

前面举了许多 for 循环的例子，现在探讨另一类循环：while 循环。在 while 循环中，只要某个逻辑表达式等于 true，就重复执行一组语句。这可以表示为：

```
While this condition is true
  Keep on doing this
```

下面是一个例子。

```
While you are hungry
    Eat sandwiches
```

其含义是，在吃下一个三明治之前，问自己"饿吗?"。如果答案为"是"，就吃一片三明治，然后问"还饿吗?"，就这样不断地吃，不断地问，直到答案为"否"为止，此时就去做其他事，例如喝咖啡。

while 循环的一般语法如下。

```
while( expression )
  statement1;

statement2;
```

和往常一样，Statementl 和 Statement2 可以是语句块。while 循环的逻辑如图 4-5 所示。

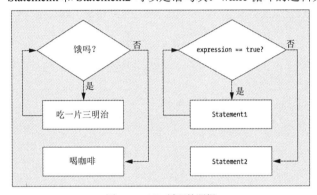

图 4-5   while 循环的逻辑

与 for 循环一样，while 循环的继续条件也是在开始时测试，所以如果 expression 一开始就是 false，就不执行循环语句。如果第一个问题的回答是"不，不饿"，就不吃三明治，而是直接喝咖啡。显然，如果循环添加条件时是 true，循环体就必须包含一个机制，在循环终止时修改这个条件。

需要注意的是，初学者典型的错误是 while 循环的表达式写成 while(value=1)，将条件写成赋值表达式，而不是比较 while(value==1)。

因为使用赋值时，值始终是正在设置的数字(这意味着条件一直为真，除非赋值为零)，所以 while 循环将变成死循环。

试试看: 使用 while 循环

while 循环看起来相当简单，下面将它应用于前面编写的整数汇总程序。

```c
// Program 4.8 While programming and summing integers
#define _CRT_SECURE_NO_WARNINGS
#include <stdio.h>

int main(void)
{
  unsigned long sum = 0UL;          // The sum of the integers
```

```
{
  printf("\n*");                                // First asterisk

  // Next draw the spaces
  for(unsigned int i = 0 ; i < width - 2 ; ++i)
    printf(" ");

  printf("*");                                  // Last asterisk
}

// Output the bottom of the box
printf("\n");                                   // Start on newline
for(unsigned int i = 0 ; i < width ; ++i)
  printf("*");

printf("\n");                                   // Newline at end of last line
```

可以把这些代码合并为一个完整的示例。

试试看: 使用嵌套的循环

下面是完整的程序。

```
// Program 4.9 Output a box with given width and height
#define _CRT_SECURE_NO_WARNINGS
#include <stdio.h>

int main(void)
{
  const unsigned int MIN_SIZE = 3;          // Minimum width and height values
  unsigned int width = 0;
  unsigned int height = 0;

  // Read in required width and height
  printf("Enter values for the width and height (minimum of %u):", MIN_SIZE);
  scanf("%u%u", &width, &height);

  // Validate width and height values
  if(width < MIN_SIZE)
  {
    printf("\nWidth value of %u is too small. Setting it to %u.", width, MIN_SIZE);
    width = MIN_SIZE;
  }
  if(height < MIN_SIZE)
  {
    printf("\nHeight value of %u is too small. Setting it to %u.", height, MIN_SIZE);
    height = MIN_SIZE;
  }
  // Output the top of the box with width asterisks
  for(unsigned int i = 0 ; i < width ; ++i)
    printf("*");
```

```
// Output height-2 rows of width characters with * at each end and spaces inside
for(unsigned int j = 0 ; j < height - 2 ; ++j)
{
   printf("\n*");                                  // First asterisk

   // Next draw the spaces
   for(unsigned int i = 0 ; i < width - 2 ; ++i)
     printf(" ");

   printf("*");                                    // Last asterisk
}
// Output the bottom of the box
printf("\n");                                      // Start on newline
for(unsigned int i = 0 ; i < width ; ++i)
  printf("*");

printf("\n");                                      // Newline at end of last line
return 0;
}
```

下面是输出。

```
Enter values for the width and height (minimum of 3): 24 7
************************
*                      *
*                      *
*                      *
*                      *
*                      *
************************
```

代码的说明

方框的顶边和底边由相同的一个简单循环来创建。迭代次数是每条边中的星号数。输出中的中间行在一个嵌套的循环中生成。控制变量为 j 的外部循环重复 height – 2 次，方框有 height 行，所以减去 2，因为顶边和底边在这个循环的外部创建。控制变量为 i 的内部循环在换行符后面输出一个星号，再输出 width – 2 个空格。内部循环结束后，把另一个星号写到输出中，完成这一行。因此，在外部循环的每次迭代中，都是先输出一个换行符，再完整地执行内部循环，再输出一个换行符。下面用嵌套循环执行一些计算。

试试看：嵌套循环中的计算

下面的例子以汇总整数的程序为基础。原来的程序是计算从 1 到输入值之间的所有整数的和。现在要从第一间房子开始，一直到当前的房子为止，计算每间房子的居住人数。看看这个程序的输出，就会比较清楚。

```
// Program 4.10 Sums of successive integer sequences
#define _CRT_SECURE_NO_WARNINGS
```

```
#include <stdio.h>

int main(void)
{
  unsigned long sum = 0UL;                  // Stores the sum of integers
  unsigned int count = 0;                   // Number of sums to be calculated

  // Prompt for, and read the input count
  printf("\nEnter the number of integers you want to sum: ");
  scanf(" %u", &count);

  for(unsigned int i = 1 ; i <= count ; ++i)
  {
    sum = 0UL;                              // Initialize sum for the inner loop

    // Calculate sum of integers from 1 to i
    for(unsigned int j = 1 ; j <= i ; ++j)
      sum += j;

    printf("\n%u\t%5lu", i, sum);          // Output sum of 1 to i
  }
  printf("\n");
  return 0;
}
```

输出如下。

```
Enter the number of integers you want to sum: 5

1    1
2    3
3    6
4    10
5    15
```

可以看出，如果输入 5，程序会分别计算 1~1、1~2、1~3、1~4、1~5 的整数和。

代码的说明

这个程序计算了 1~1、1~2、1~3……1~count 的整数和。在外部循环的每次迭代中，内部循环要完成所有的迭代。因此外部循环设定的 i 值决定了内部循环的重复次数。

```
for(unsigned int i = 1 ; i <= count ; ++i)
{
  sum = 0UL;                              // Initialize sum for the inner loop

  // Calculate sum of integers from 1 to i
  for(unsigned int j = 1 ; j <= i ; ++j)
    sum += j;

  printf("\n%u\t%5lu", i, sum);    // Output sum of 1 to i
}
```

外循环开始时将 i 初始化为 1，之后递增 i，执行该循环，直到 i 的值递增到 count 为止。对于外部循环的每次迭代，即对于 i 的每个值，sum 都初始化为 0，并执行内部循环，最后用 printf() 语句显示结果。内部循环会累加从 1 到 i 当前值之间的所有整数。

每次内部循环结束时，都会执行 printf()，输出 sum 的值。然后回到外部循环的开始处，执行下一次迭代。

使用无符号的整数类型，是因为所有值都不是负的。它对带符号的整数类型仍有效，但使用无符号的类型可以确保不存储负值，且为值提供更大的值域。

由输出结果可以看出嵌套循环的执行过程。第一个循环在每次返回开始处时，只是将变量 sum 设定为 0，然后内部循环累加从 1 到 i 当前值之间的所有整数。可以修改这个嵌套循环，将 while 循环用作内部循环，并产生输出，使程序的执行过程更清楚。

试试看：在 for 循环内嵌套 while 循环

在前面的两个例子中，在一个 for 循环内嵌套了 for 循环。在这个例子中，要在一个 for 循环内嵌套 while 循环。

```c
// Program 4.11 Sums of integers with a while loop nested in a for loop
#define _CRT_SECURE_NO_WARNINGS

#include <stdio.h>

int main(void)
{
  unsigned long sum = 1UL;          // Stores the sum of integers
  unsigned int j = 1U;              // Inner loop control variable
  unsigned int count = 0;           // Number of sums to be calculated

  // Prompt for, and read the input count
  printf("\nEnter the number of integers you want to sum: ");
  scanf(" %u", &count);

  for(unsigned int i = 1 ; i <= count ; ++i)
  {
    sum = 1UL;                      // Initialize sum for the inner loop
    j=1;                            // Initialize integer to be added
    printf("\n1");

    // Calculate sum of integers from 1 to i
    while(j < i)
    {
      sum += ++j;
      printf(" + %u", j);           // Output +j - on the same line
    }
    printf(" = %lu", sum);          // Output = sum
  }
  printf("\n");
  return 0;
}
```

这个程序的输出如下。

```
Enter the number of integers you want to sum: 5
1 = 1
1 + 2 = 3
1 + 2 + 3 = 6
1 + 2 + 3 + 4 = 10
1 + 2 + 3 + 4 + 5 = 15
```

代码的说明

外部循环的里面有区别。外部循环的控制和以前相同。不同之处是每次迭代过程。变量 sum 在外部循环中初始化为 1，因为 while 循环从 2 开始将值加到 sum 中。要相加的值存储在 j 中，它 也初始化为 1。外部循环的第一个 printf() 只是输出一个换行符，再输出 1，这是要累计的第一个 整数。内部循环汇总从 2 到 i 的整数。对于 j 中每个要加到 sum 上的整数值，内部循环的 printf() 都会输出+j，它与前面输出的 1 在同一行上。因此只要 j 小于 i，内部循环就会输出+2、+3 等。 当然外部循环第一次迭代时，i 是 1，所以不执行内部循环，因为 j<i(1<1)是 false。

内部循环结束时，执行最后一个 printf()语句，它输出一个等号和 sum 的值。之后返回外部循 环的开始处，执行下一次迭代。

4.9 嵌套循环和 goto 语句

前面学习了如何在一个循环内嵌套另一个循环，其实循环还可以嵌套任意多层。例如：

```
for(int i = 0 ; i < 10 ; ++i)
{
  for(int j = 0 ; j < 20 ; ++j)              // Loop executed 10 times
  {
    for(int k = 0 ; k < 30 ; ++k)            // Loop executed 10x20 times
    {                                        // Loop body executed 10x20x30 times
      /* Do something useful */
    }
  }
}
```

由 i 控制的外部循环每次迭代时，都会执行一次由 j 控制的内部循环。由 j 控制的循环每次迭 代时，都会执行一次由 k 控制的最内层循环。因此最内层的循环体会执行 6 000 次。

有时在这样的深层嵌套循环中，希望从最内层的循环跳到最外层循环的外面，执行最外层循 环后面的语句。最内层循环中的 break 语句只能跳出这个最内层的循环，执行由 j 控制的循环。要 使用 break 语句完全跳出嵌套循环，需要相当复杂的逻辑才能中断每一层循环，最后跳出最外层 的循环。此时可以使用 goto 语句，因为它提供了一种避免复杂逻辑的方法。例如：

```
for(int i = 0 ; i < 10 ; ++i)
{
  for(int j = 0 ; j < 20 ; ++j)              // Loop executed 10 times
  {
```

```
        for(int k = 0 ; k < 30 ; ++k)              // Loop executed 10x20 times
        {                                           // Loop body executed 10x20x30 times
            /* Do something useful */
          if(must_escape)
            goto out;
        }
      }
    }
    out: /*Statement following the nested loops */
```

这段代码假定，可以在最内层的循环中修改 must_escape，发出应结束整个嵌套循环的信号。如果变量 must_escape 是 true，就执行 goto 语句，直接跳到有 out 标志的语句。这样就可以直接退出整个嵌套循环，不需要在外部循环中进行复杂的判断。

正如我们在上一章中所声明的，goto 语句是一个非常"危险"的语句，它将创建一个难以跟踪的控制流，使程序难以理解和难以修改；请谨慎使用 goto 语句。

4.10 do-while 循环

第 3 种循环类型是 do-while 循环。既然已经有 for 循环和 while 循环了，为什么还需要这个循环？do-while 和这两个循环有非常微妙的区别。它是在循环结束时测试循环是否继续，所以这个循环的语句或语句块至少会执行一次。

while 循环是在循环开始处进行测试。所以若一开始，条件就是 false，就根本不执行循环体。下面的代码：

```
int number = 4;

while(number < 4)
{
  printf("\nNumber = %d", number);
  number++;
}
```

这段代码不会有任何输出。一开始控制表达式 number<4 就是 false，所以永远不会执行循环语句块。

然而，do-while 循环就不同了。可以看出，如果将前面的 while 循环用 do-while 循环取代，其他语句不变。

```
int number = 4;

do
{
  printf("\nNumber = %d", number);
  number++;
}
while(number < 4);
```

现在执行这个循环，会显示 number = 4。这是因为表达式 number < 4 在循环第一次迭代结束时检查。

do-while 循环的一般表示方式如下：

```
do
{
  /* Statements for the loop body */
}
while(expression);
```

如果循环体只有一个语句，就可以省略括号。注意，分号在 do-while 循环中的 while 语句后面。在 while 循环没有这个符号。在 do-while 循环中，如果 expression 的值是 true(非零)，循环就继续。当 expression 变成 false(零)时，这个循环就结束。如图 4-6 所示。

在 do-while 循环中，是先吃一片三明治，再检查是否饿了，所以至少会吃一片三明治。这个循环不能用作卡路里控制食谱的一部分。

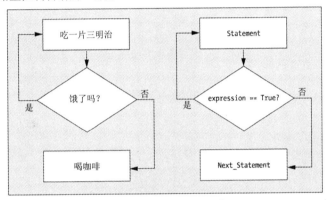

图 4-6　do-while 循环的操作

试试看：使用 do-while 循环

在一个小程序中使用do-while 循环，将一个正整数中数字的顺序翻转过来。

```c
// Program 4.12 Reversing the digits
#define _CRT_SECURE_NO_WARNINGS
#include <stdio.h>

int main(void)
{
  unsigned int number = 0;              // The number to be reversed
  unsigned int rebmun = 0;              // The reversed number
  unsigned int temp = 0;                // Working storage

  // Read in the value to be reversed
  printf("\nEnter a positive integer: ");
  scanf(" %u", &number);

  temp = number;                        // Copy to working storage

  // Reverse the number stored in temp
  do
```

```
    {
      rebmun = 10*rebmun + temp % 10;          // Add rightmost digit of temp to rebmun
      temp = temp/10;                          // and remove it from temp
    } while(temp);                             // Continue as long as temp is not 0

    printf("\nThe number %u reversed is %u rebmun ehT\n", number, rebmun );
    return 0;
}
```

这个程序的输出如下。

```
Enter a positive integer: 234567
The number 234567 reversed is 765432 rebmun ehT
```

代码的说明

说明执行过程的最好方法是通过一个小例子解释。假设用户输入的数是43。读取输入的整数，存储到变量number中后，程序将number的值复制到变量temp中。

```
temp = number;                                // Copy to working storage
```

这是必须的，因为翻转数字的过程会破坏原来的值，而我们希望将原来的数和翻转后的数一起输出，翻转数字是在do-while循环内完成。

```
do
{
  rebmun = 10*rebmun + temp % 10;    // Add rightmost digit of temp to rebmun
  temp = temp/10;                    // and remove it from temp
} while(temp);                       // Continue as long as temp is not 0
```

在这个程序中，do-while 循环是最适合的，因为任何数都至少有一位数字。用取模运算符%计算除以10的余数，可以得到 temp 变量值中的最右边的一位数字。temp 原本是43，则 temp%10 结果是3。将10*rebmun+temp%10的值赋予 rebmun。变量 rebmun 的初始值是0，所以在第一次迭代时，rebmun 存储了数字3。

将输入值最右边的数字3保存到 rebmun 中后，就可以给 temp 除以10，去掉这个数字。temp 的初始值是43，所以 temp/10 的结果为4。

在循环结束时，检查 while(temp)条件，而 temp 的值是4，所以该条件是 true。因此返回循环的开始处，执行另一个迭代。

注意：任何非零整数都会转换为 true，布尔值 false 对应0。

这次，存储在 rebmun 中的值与10相乘，得到30，再加上 temp%10 的余数4，所以 rebmun 的结果是34。然后将 temp 除以10，得到0。现在，到达循环迭代的结尾时，temp 是0，即 false，所以循环结束，完成了数字的翻转。这个程序也可以翻转有更多数字的数。

这个循环和其他两个循环比较起来，使用的机会相当少。尽管如此，也应记住它，当需要至少执行一次循环时，do-while 是最佳的选择。

4.11　continue 语句

有时不希望结束循环，但要跳过目前的迭代，继续执行下一个迭代。循环体内的 continue 语句就有这个作用，它可以编写为：

```
continue;
```

当然，continue 是一个关键字，不能将它用于其他目的。下面是使用 continue 语句的一个例子。

```
enum Day { Monday, Tuesday, Wednesday, Thursday, Friday, Saturday, Sunday};
for(enum Day day = Monday; day <= Sunday ; ++day)
{
  if(day == Wednesday)
    continue;

  printf("It's not Wednesday!\n");
  /* Do something useful with day */
}
```

这里使用了枚举，枚举是一个整数类型，可以使用 enum 类型的变量控制循环。这个循环用 day 的值(默认为 0~6)执行某个操作。当 day 的值为 Wednesday 时，会执行 continue 语句，跳过当前迭代的其他语句，之后 day 的值是 Thursday，循环继续下一个迭代。

本书将在后面介绍更多使用 continue 的例子。

4.12　设计程序

现在，在一个比较大的编程问题上测试前面学习过的技巧，应用本章和前一章学到的知识。本节还会介绍几个新的标准库函数，它们非常有用。

4.12.1　问题

本节要编写一个简单的 Simon 游戏，这是一个记忆测试游戏。计算机会在屏幕上将一串数字显示很短的时间。玩家必须在数字消失之前记住，然后输入这串数字。每次过关后，计算机会显示更长的一串数字，让玩家继续玩下去。玩家应尽可能使这个过程重复更多的次数。

4.12.2　分析

程序的逻辑很简单。程序必须产生一连串 0~9 的整数，使它们在屏幕上显示 1 秒钟，之后删除它们。接着玩家试着输入这串数字。如果玩家能正确输入这串数字，计算机就用相同长度的数字串来重复这个过程。如果玩家连续三次都正确输入了数字串，程序就显示一个更长的数字串，直到玩家输入错误为止。根据成功的次数和所花的时间来计分。然后程序会询问玩家，是否继续玩。

这个程序的逻辑可以用如图 4-7 的流程图来说明。

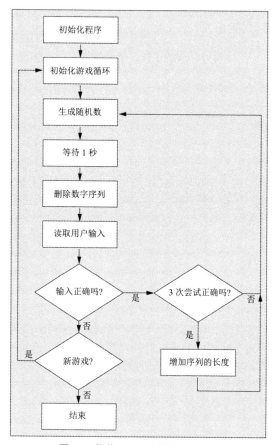

图 4-7　简单 Simon 游戏的基本逻辑

每个方块表示程序中的一个动作，菱形表示判断。显然，玩家通常至少玩一次游戏，所以循环的检查应放在循环结束的地方。3 次成功地输入数字串后，下一个数字串的长度就会增加。输入不正确的数字串，会结束游戏。下面使用这个流程图作为编写程序的基础。

4.12.3　解决方案

本节列出解决该问题的步骤。在这个程序中要介绍管理键盘输入的其他一些方面，还会解释如何在程序中控制操作的时间。

1. 步骤 1

首先确定代码的基本功能块，包括游戏的主循环。循环的检查应放在循环结束的地方，所以 do-while 循环在这里是最合适不过了。最初的程序代码如下：

```
// Program 4.13 Simple Simon
#define _CRT_SECURE_NO_WARNINGS
#include <stdio.h>                        // For input and output
#include <ctype.h>                        // For toupper() function

int main(void)
```

```
{
    char another_game = 'Y';            // Records if another game is to be played
    const unsigned int DELAY = 1;       // Display period in seconds

    /* More variable declarations for the program */

    // Describe how the game is played
    printf("\nTo play Simple Simon, ");
    printf("watch the screen for a sequence of digits.");
    printf("\nWatch carefully, as the digits are only displayed"
                              " for %u second%s ", DELAY, DELAY > 1 ? "s!" :"!");
    printf("\nThe computer will remove them, and then prompt you ");
    printf("to enter the same sequence.");
    printf("\nWhen you do, you must put spaces between the digits.\n");
    printf("\nGood Luck!\nPress Enter to play\n");
    scanf("%c", &another_game);

    // Game loop - one outer loop iteration is a complete game
    do
    {
        /* Initialize a game                        */

        /* Inner loop to play the game              */

        /* Output the score when a game is finished */

        // Check if a new game is required
        printf("\nDo you want to play again (y/n)? ");
        scanf("%c", &another_game);
    } while(toupper(another_game) == 'Y');

    return 0;
}
```

在当前游戏结束时，在 main() 开始定义的 another_game 变量确定是否要开始下一个游戏。在游戏的主循环末尾，把键盘上的一个字符读入这个变量，在循环条件中检查其值。如果输入了 y 或 Y，循环就继续，开始下一个游戏；否则，游戏就结束。把 another_game 转换为大写形式，就可以避免检查 y 和 Y。

DELAY 变量是一个固定的整数值，指定数字串在消失之前的显示秒数。它用于控制程序在删除数字串之前的等待时间。这里它是 1，但可以增加它，使游戏更容易玩。

包含 printf() 函数调用的第一个代码块输出了游戏的玩法。注意在这个 printf 语句中自动将两个字符串连接起来。

```
printf("\nWatch carefully, as the digits are only displayed"
                      " for %u second%s ", DELAY, DELAY > 1 ? "s!" :"!");
```

这个方法非常便于将一个很长的字符串拆成两行或好几行。只要将每一段字符串放在双引号内，编译器就会将它们组合成一个字符串。当 DELAY 多于 1 秒时，这个语句也使用条件运算符把 "s!" 添加到输出上，来替代 "!"。

2. 步骤2

下一步，添加另一个变量 correct 的声明，程序需要记录玩家输入的数字项是否正确。这个变量用于控制玩一次游戏的循环次数。

```c
// Program 4.13 Simple Simon
#define _CRT_SECURE_NO_WARNINGS
#include <stdio.h>                    // For input and output
#include <ctype.h>                    // For toupper() function
#include <stdbool.h>                  // For bool, true, false

int main(void)
{
  char another_game = 'Y';           // Records if another game is to be played
  const unsigned int DELAY = 1;      // Display period in seconds
  bool correct = true;               // true for correct sequence, false otherwise

  /* Rest of the declarations for the program */

  // statements describing how the game is played as before ...

  // Game loop - one outer loop iteration is a complete game
  do
  {
    correct = true;                  // Indicates correct sequence entered

    /* Other code to initialize the game */

    // Inner loop continues as long as sequences are entered correctly
    while(correct)
    {
      /* Statements to play the game */
    }

    /* Output the score when the game is finished */

    // Check if new game required
    printf("\nDo you want to play again (y/n)? ");
    scanf("%c", &another_game);
  } while(toupper(another_game) == 'Y');
  return 0;
}
```

这里使用了_Bool 变量 correct，但因为<stdbool.h>给头文件添加了#include 指令，所以可以将 bool 用作类型名。<stdbool.h>头文件还定义了符号 true 和 false，它们分别对应 1 和 0。只要 correct 的值是 true，while 循环就继续。玩家输入不正确的数字串时，就把 correct 设置为 false。

■ **注意**：代码可以进行编译了，而且应该编译它，但还不应该执行它。如果执行它，程序就不会停止，因为它包含一个无限循环。内部的 while 循环是个无限循环。这个循环的条件永远是 true，因为该循环没有对 correct 进行任何改变。稍后将在此添加一些代码。

在开发程序时，应确保每步编写的代码都能编译。如果试图一口气编写出所有的程序代码，就可能出现上百个错误需要修正。而且更正了一个错误后，又出现其他更多的错误。这很令人气馁。每添加一些代码就检查程序，错误就比较容易处理，开发也比较快。下面回过头来看看当前这个程序。

3. 步骤 3

下面的这个工作稍有困难：生成一串随机数。这里要探讨两个问题。第一是生成一串随机数。第二是检查玩家的输入和计算机生成的数字串是否匹配。

生成的一串数字必须是随机的。使用本章前面使用的函数 rand()、srand() 和 time() 可以实现该功能。这需要在程序中包含 stdlib.h 和 time.h 标准库头文件。要得到一个随机的数字，可以用%运算符计算 rand() 的返回值除以 10 所得的余数。

调用 srand() 函数，用 time() 函数生成的种子值作为参数，初始化 rand() 生成的数字串。把 time() 函数的返回值传递给 srand()，可以确保 rand() 生成的数字串每次都不同。

time() 函数把变量地址作为参数，该变量存储了时间值，它还会返回相同的时间值。如果存储其返回值，就可能不希望把变量地址提供为参数。此时，可以把参数指定为 NULL，这个地址不引用任何内容。在游戏程序中，把一个变量的地址传递给 time()，该变量存储了使用返回值时存储的时间值。

下面考虑如何创建和检查数字串。随机数字串需要使用两次：第一次是使它显示限定的时间，第二次用于检查玩家的输入。可以将数字串存储为一个整数。问题是如果遇到厉害的玩家，这串数字可能会非常长，超过 unsigned long long 类型的上限。理想情况下，程序应允许数字串无限长。有一个可行的简单方法。

rand() 函数生成的整数串由种子值决定。只要每次给 srand() 传递相同的种子值，rand() 函数就会返回相同的整数串。如果存储调用 srand() 所用的种子值，来初始化输出的数字串，就可以在检查用户的输入时再次使用它，重新初始化数字串。接着调用 rand() 会再次生成相同的数字串。

现在给程序添加一些代码，生成随机数字串，并检查玩家的输入。

```
// Program 4.13 Simple Simon
#define _CRT_SECURE_NO_WARNINGS
#include <stdio.h>              // For input and output
#include <ctype.h>             // For toupper() function
#include <stdbool.h>           // For bool, true, false
#include <stdlib.h>            // For rand() and srand()
#include <time.h>             // For time() function

int main(void)
{
  char another_game = 'Y';     // Records if another game is to be played
  const unsigned int DELAY = 1; // Display period in seconds
  bool correct = true;         // true for correct sequence, false otherwise
  unsigned int tries = 0;      // Number of successful entries for sequence length
  unsigned int digits = 0;     // Number of digits in a sequence
  time_t seed = 0;             // Seed value for random number sequence
  unsigned int number = 0;     // Stores an input digit

  /* Rest of the declarations for the program */
```

```
// statements describing how the game is played as before ...

// Game loop - one outer loop iteration is a complete game
do
{
  // Initialize game
  correct = true;              // Indicates correct sequence entered
  tries = 0;                   // Initialize count of successful tries
  digits = 2;                  // Initial length of digit sequence

  /* Other code to initialize the game        */

  // Inner loop continues as long as sequences are entered correctly
  while(correct)
  {
    ++tries;                   // A new attempt

    // Generate a sequence of digits and display them
    srand(time(&seed));        // Initialize the random sequence
    for(unsigned int i = 1 ; i <= digits ; ++i)
      printf("%d ", rand() % 10);  // Output a random digit

    /* Code to wait one second                 */

    /* Code to overwrite the digit sequence */

    /* Code to prompt for the input sequence */

    srand(seed);               // Reinitialize the random sequence
    for(unsigned int i = 1; i <= digits; ++i)
    // Read the input sequence & check against the original
    {
      scanf("%u", &number);    // Read a digit
      if(number != rand() % 10) // Compare with generated digit
      {
        correct = false;       // Incorrect entry
        break;                 // No need to check further...
      }
    }
    // On every third successful try, increase the sequence length
    if(correct && ((tries % 3) == 0))
      ++digits;

    printf("%s\n", correct ? "Correct!" : "Wrong!");
  }

  /* Output the score when the game is finished */

  // Check if new game required
  printf("\nDo you want to play again (y/n)? ");
  scanf("%c", &another_game);
} while(toupper(another_game) == 'Y');
```

```
    return 0;
}
```

新添加的代码声明了 4 个要在 while 循环内用到的新变量，每当玩家成功过关，while 循环继续执行。这个循环的每次迭代都显示一个玩家必须记住并再次输入的数字串。变量 tries 记录玩家成功的次数，digits 记录当前数字串的长度。在声明这些变量时，已初始化了它们，但还必须在内部 while 循环前面的 do-while 循环中初始化这些值，以确保为每次游戏设置正确的初始条件。上述代码还声明了一个 time_t 类型的变量 seed，它记录 time() 函数生成的值，以初始化 rand() 函数返回的随机数字串。变量 seed 的值是在 while 循环内，通过将它的地址传递给标准库函数 time() 来设置。time() 函数会返回相同的种子值，将它用作第一次调用 srand() 的参数，来初始化随机数字串，以进行显示。

在 while 循环的开头，递增 tries 中存储的值，因为在每次循环迭代中，都会开始一次新的尝试。在循环的末尾，玩家每成功 3 次，就递增 digits。

rand() 返回的随机整数除以 10，得到的余数在 0~9 之间，这不是得到 0~9 之间的数字的最好方法，但很简单，足以满足这个程序的要求。尽管 srand() 函数生成的数字是随机分布的，但该数字中低位的十进制数字不一定是随机的。要获得随机数字，应将 rand() 函数生成的数字的整个取值范围分成 10 段，每一段对应 0~9 之间的每个数字。然后，根据每个数字所在的段，选择对应给定伪随机数的数字。

数字串由 for 循环输出，它只输出 rand() 返回值的低位十进制数字。然后，有一些注释指出还要添加一些代码，让数字串在屏幕上停留 1 秒后，才将其删除。之后的代码检查玩家输入的数字串。这段代码用存储在 seed 中的种子值调用函数 srand()，再次执行生成随机数的过程。每个输入的数字都和 rand() 函数返回值的低位数字做比较。如果不一致，correct 就设定为 false，执行 break 语句，结束循环。correct 的值是 false 时，外部 while 循环也会结束。

当然，现在执行这个程序，数字串不会被清除，所以这个程序还不能使用。下一步要给 while 循环添加代码，清除数字串。

4. 步骤 4

必须在延迟 DELAY 秒后，将数字串清除。如何让程序等待 1 秒？一种方法是使用另一个标准库函数 clock()，头文件 <time.h> 定义的 clock() 返回从启动程序到当前的时间，单位是 tick，tick 的时间长度取决于处理器。头文件 <time.h> 定义一个符号 CLOCKS_PER_ SEC，它表示 1 秒有多少 tick，所以可以使用它把 tick 转换为秒。要使程序等待 DELAY 秒，应等待函数 clock() 的返回值递增到 DELAY*CLOCKS_PER_SEC 为止，这表示过去了 DELAY 秒。为此，可以存储函数 clock() 返回的值，然后在一个循环内检查 clock() 的返回值是否比先前存储的值大 DELAY*CLOCKS_PER_SEC。用一个变量 wait_start 存储当前的时间，这个循环的代码如下。

```
for( ;clock() - wait_start < DELAY*CLOCKS_PER_SEC; );    // Wait DELAY seconds
```

这个循环执行到条件为 false 为止，之后程序继续执行。

还需要确定如何删除计算机生成的数字串。这其实非常简单。可以输出转义序列 '\r'(回车键)，移到这行的开始处，然后输出足够的空格，覆盖掉数字串。下面填上 while 循环需要的代码：

```
// Program 4.13 Simple Simon
// include directives as before...

int main(void)
```

```
{
  // Variable definitions as before...

  time_t wait_start = 0;              // Stores current time

  /* Rest of the declarations for the program */

  // statements describing how the game is played as before ...

  // Game loop - one outer loop iteration is a complete game
  do
  {
    correct = true;                   // Indicates correct sequence entered
    tries = 0;                        // Initialize count of successful tries
    digits = 2;                       // Initial length of digit sequence

    /* Other code to initialize the game     */

    // Inner loop continues as long as sequences are entered correctly
    while(correct)
    {
      ++tries;                        // A new attempt
      wait_start = clock();           // record start time for sequence

      // Code to generate a sequence of digits and display them as before...

      for( ; clock() - wait_start < DELAY*CLOCKS_PER_SEC ; ); // Wait DELAY seconds

      // Now overwrite the digit sequence
      printf("\r");                   // Go to beginning of the line
      for(unsigned int i = 1 ; i <= digits ; ++i)
        printf("  ");                 // Output two spaces

      if(tries == 1)                  // Only output message for 1st try
        printf("\nNow you enter the sequence - don't forget"
                                        " the spaces\n");
      else
        printf("\r");                 // Back to the beginning of the line

      // Code to check the digits entered as before...

      // Code to update digits and display a message as before...
    }

    /* Output the score when the game is finished */

    // Check if new game required
    printf("\nDo you want to play again (y/n)? ");
    scanf("%c", &another_game);
  } while(toupper(another_game) == 'Y');
  return 0;
}
```

在输出数字串之前，先记录 clock() 返回的时间。数字串显示后，for 循环会一直执行到 clock() 的返回值比 wait_start 变量值大 DELAY*CLOCKS_PER_SEC 为止。

因为在显示数字串的过程中没有在屏幕上输出换行符，完成数字串的输出后，还在该数字串所在的行上。只输出回车符但不输出换行符，即只需要输出'\r'，就可以将光标移到这行的开头。之后，给每个已显示的数字输出两个空格，用空白将它们覆盖掉。紧接着提示玩家输入刚刚显示的数字串。只在每一轮的第一次显示这条信息；否则会令人厌烦。在第二和第三轮，只需要回到当前空白行的开始处，等待玩家的输入。

5. 步骤 5

剩下就是一旦玩家出错，就生成并显示分数了。计分时要反映成功输入的最长的数字串的长度和所花的时间。

```
clock_t start_time = 0;             // Game start time in clock ticks
unsigned int score = 0;             // Game score
unsigned int total_digits = 0;      // Total of digits entered in a game
unsigned int game_time = 0;         // Game time in seconds
```

开始计分时，可以为正确输入的最长的数字串中的每个数字指定 10 点。

```
score = 10*(digits - (tries % 3 == 1));
```

digits 的值是正确输入的数字串的长度。如果玩家在尝试第一次输入长度为 digits 的数字串时出错，就计分而言，digits 的值是 1 都太大了。第一次尝试输入给定长度的数字串时，tries 的值是 $3 \times n+1$，因为每个给定长度的数字串都需要尝试 3 次。因此玩家在尝试第一次输入给定长度的数字串时出错，表达式(tries % 3 == 1)是 1(true)，此时，该语句的作用是将 digits 的值减 1。

为了给玩家输入数字串所用的时间计分，需要定义输入一个数字的标准时间，并确定游戏花多长时间完成。可以把 1 秒作为输入一个数字的标准时间。玩家在一个完整的游戏中输入所有数字所需的时间每少于标准时间 1 秒，就给玩家奖励 10 分。为了计算出分数，必须确定输入了多少个数字。首先可以计算在玩家失败时所输入的数字串中有多少个数字。

如果玩家在输入给定长度的数字串的最后一次尝试中失败，tries 就是 3 的倍数。此时，$3 \times digits$ 就是所输入的数字个数。如果 tries 不是 3 的倍数，所输入的数字个数就是 digits 的值乘以 tries 除 3 的余数。因此，对于当前长度的数字串，在所有尝试中所输入的数字个数由下述语句算出。

```
total_digits = digits*((tries % 3 == 0) ? 3 : tries % 3);
```

现在需要确定其长度比当前长度小的所有数字串的总数字个数。这些数字串的长度为 2~digits-1，且每个长度的数字串都必须有 3 次成功的尝试。

1~n 的整数和是 n(n-1)/2。其长度比当前长度小的所有数字串的总数字个数，可以计算为 1~n 的整数和的 3 倍。要获得这个值，可以使用计算 1~n 的整数和的公式，再从结果中减去 1，最后乘以 3，因为每个长度要尝试 3 次。因此在下面的 if 语句中可以给 total_digits 加上这个值：

```
if(digits > 2)
  total_digits += 3*((digits - 1)*(digits - 2)/2 - 1);
```

total_digits 的值也是所有数字输入需要的标准秒数，因为每个数字输入允许使用 1 秒的时间。必须获得输入数字的实际时间，将它与标准时间相比较。游戏开始时的时间记录在 start_time 中，单位是 tick。玩游戏所用的总时间就是(clock() - start_time)/ CLOCKS_PER_SEC 秒。每个数字串都显示 DELAY 秒，所以为了对玩家公平，必须减去所有数字串的总显示时间，即 tries×DELAY。
Score 的最终值可以计算为：

```
game_time = (clock() - start_time)/CLOCKS_PER_SEC - tries*DELAY;
if(total_digits > game_time)
  score += 10*(game_time - total_digits);
```

可惜，程序仍不正确。玩家在数字串的末尾按下回车键后，程序首先读取并检查数字。如果
输入了不正确的数字，且该数字不在数字串的末尾，就会停止读取操作，而剩余的数字仍然在键
盘的缓冲区内。这样下一个读取的数字就成为提示玩下一个游戏的答案。为了使程序正确执行，必
须在提示玩下一个游戏之前，删除仍在键盘缓冲区内的信息。这说明需要一种方式清除缓冲区。

注意：键盘缓冲区是操作系统用来存储键盘输入的内存。scanf()函数是在键盘缓冲区查找输入
数据，而不是直接从键盘上读取数据。

标准输入和输出——键盘和屏幕上命令行中的输出——有两个缓冲区：一个用于输入，另一
个用于输出。操作系统管理数据在这个缓冲区和物理设备之间的传输。标准输入输出流分别称为
stdin 和 stdout。

要指定键盘输入缓冲区，只需要使用名称 stdin。现在知道如何指定缓冲区，那么该如何删除
其中的信息？

标准库函数 fflush()就是用于清除输入输出缓冲区的。这个函数多半用于文件，详见第 12 章，
但事实上它可用于任何缓冲区。只要将流名称作为参数传送给该函数，就指定了要清除哪个缓冲
区。对于输入缓冲区，会清除数据；对于输出缓冲区，会把数据写入目的地，从而清空缓冲区。
要清除键盘缓冲的内容，调用 fflush()时把键盘输入缓冲区的名称作为参数。

```
fflush(stdin);                  // Flush the stdin buffer
```

下面是完整的程序代码，包含了计算分数和清除输入缓冲区。

```
// Program 4.13 Simple Simon
#define _CRT_SECURE_NO_WARNINGS
#include <stdio.h>               // For input and output
#include <ctype.h>               // For toupper() function
#include <stdbool.h>             // For bool, true, false
#include <stdlib.h>              // For rand() and srand()
#include <time.h>                // For time() function

int main(void)
{
  char another_game = 'Y';      // Records if another game is to be played
  const unsigned int DELAY = 1; // Display period in seconds
  bool correct = true;          // true for correct sequence, false otherwise
  unsigned int tries = 0;       // Number of successful entries for sequence length
  unsigned int digits = 0;      // Number of digits in a sequence
  time_t seed = 0;              // Seed value for random number sequence
  unsigned int number = 0;      // Stores an input digit
  time_t wait_start = 0;        // Stores current time
  clock_t start_time = 0;       // Game start time in clock ticks
```

```
unsigned int score = 0;         // Game score
unsigned int total_digits = 0;// Total of digits entered in a game
unsigned int game_time = 0;     // Game time in seconds

// Describe how the game is played
printf("\nTo play Simple Simon, ");
printf("watch the screen for a sequence of digits.");
printf("\nWatch carefully, as the digits are only displayed"
                            " for %u second%s ", DELAY, DELAY > 1 ? "s!" :"!");

printf("\nThe computer will remove them, and then prompt you ");
printf("to enter the same sequence.");
printf("\nWhen you do, you must put spaces between the digits.\n");
printf("\nGood Luck!\nPress Enter to play\n");
scanf("%c", &another_game);

// Game loop - one outer loop iteration is a complete game
do
{
  // Initialize game
  correct = true;                 // Indicates correct sequence entered
  tries = 0;                      // Initialize count of successful tries
  digits = 2;                     // Initial length of digit sequence
  start_time = clock();           // Record time at start of game

  // Inner loop continues as long as sequences are entered correctly
  while(correct)
  {
    ++tries;                      // A new attempt
    wait_start = clock();         // record start time for sequence

    // Generate a sequence of digits and display them
    srand(time(&seed));           // Initialize the random sequence
    for(unsigned int i = 1 ; i <= digits ; ++i)
      printf("%u ", rand() % 10);  // Output a random digit

    for( ; clock() - wait_start < DELAY*CLOCKS_PER_SEC; ); // Wait DELAY seconds

    // Now overwrite the digit sequence
    printf("\r");                 // Go to beginning of the line
    for(unsigned int i = 1 ; i <= digits ; ++i)
      printf("  ");               // Output two spaces

    if(tries == 1)                // Only output message for 1st try
      printf("\nNow you enter the sequence - don't forget"
                                      " the spaces\n");
    else
      printf("\r");               // Back to the beginning of the line

    srand(seed);                  // Reinitialize the random sequence
    for(unsigned int i = 1 ; i <= digits ; ++i)
```

```
              // Read the input sequence & check against the original
              {
                scanf("%u", &number);              // Read a digit
                if(number != rand() % 10)          // Compare with generated digit
                {
                  correct = false;                  // Incorrect entry
                  break;                            // No need to check further...
                }
              }

              // On every third successful try, increase the sequence length
              if(correct && ((tries % 3) == 0))
                ++digits;

              printf("%s\n", correct ? "Correct!" : "Wrong!");
            }

            // Calculate and output the game score
            score = 10*(digits - ((tries % 3) == 1));  // Points for sequence length
            total_digits = digits*(((tries % 3) == 0) ? 3 : tries % 3);
            if(digits > 2)
              total_digits += 3*((digits - 1)*(digits - 2)/2 - 1);

            game_time = (clock() - start_time)/CLOCKS_PER_SEC - tries*DELAY;

            if(total_digits > game_time)
              score += 10*(game_time - total_digits);     // Add points for speed
            printf("\n\nGame time was %u seconds. Your score is %u", game_time, score);

            fflush(stdin);                                  // Clear the input buffer

            // Check if new game required
            printf("\nDo you want to play again (y/n)? ");
            scanf("%c", &another_game);
          }while(toupper(another_game) == 'Y');
          return 0;
        }
```

函数 fflush()需要的声明包含在<stdio.h>头文件中，它已经用#include 指令包含在程序中了。
下面是程序的输出。

```
To play Simple Simon, watch the screen for a sequence of digits.
Watch carefully, as the digits are only displayed for 1 second!
The computer will remove them, and then prompt you to enter the same sequence.
When you do, you must put spaces between the digits.

Good Luck!
Press Enter to play

Now you enter the sequence - don't forget the spaces
2 1
```

```
Correct!
8 7
Correct!
4 1
Correct!
7 9 6
Correct!
7 5 4
Wrong!

Game time was 11 seconds. Your score is 30
Do you want to play again (y/n)? n
```

4.13　小结

本章介绍了使用循环重复执行动作的所有知识。使用前面所学的强大的编程工具，就可以创建相当复杂的程序了。可以使用 3 个不同的循环重复执行语句块。

- for 循环一般用于计算循环的次数，在该循环中，控制变量的值在每次迭代时递增或递减指定的值，直到到达某个最终值为止。
- while 循环只要给定的条件为 true 就继续执行。如果循环条件一开始就是 false，循环语句块就根本不执行。
- do-while 循环类似于 while 循环，但其循环条件在循环语句块执行后检查。因此循环语句块至少会执行一次。

下面重申前面提过的规则和建议：

- 开始编写程序前，先规划好过程和计算的逻辑，将它写下来，最好采用流程图的形式。试着从侧面思考问题，这也许比直接的方法更好。
- 理解运算符的优先级，以正确计算复杂的表达式。如果不能确定运算符的优先级，就应使用括号，确保表达式完成预期的操作，使用括号更便于理解复杂的表达式。
- 给程序加上注释，全面解释它们的操作和使用。要假设这些注释是为了方便别人阅读这个程序，并加以扩展与修改。声明变量时应说明它们的作用。
- 程序的可读性是最重要的。
- 在复杂的逻辑表达式中尽量避免使用!运算符。
- 使用缩进格式，可视化地表达出程序的结构。

采纳这些建议，就可以阅读下一章了。当然别忘了完成所有的习题。

4.14　习题

以下的习题可测试读者对本章的掌握情况。如果有不懂的地方，可以翻看本章的内容。还可以从 Apress 网站 www.apress.com 的 Source Code/Download 部分下载答案，但这应是最后一种方法。

习题 4.1　编写一个程序，生成一个乘法表，其大小由用户输入决定。例如，如果表的大小是 4，该表就有 4 行 4 列。行和列标记为 1~4。表中的每一单元格都包含对应的行列之积，因此第 3 行第 4 列的单元格包含 12。

习题 4.2 编写一个程序，为 0~127 之间的字符码输出可打印的字符。输出每个字符码和它的符号，这两个字符占一行。列要对齐(提示：可以使用在 ctype.h 中声明的 isgraph()函数，确定哪个字符是可以打印的)。

习题 4.3 扩展上一题，给每个空白字符输出对应的名称，例如 newline、space、tab 等。

习题 4.4 修改 Program 4.13，根据 rand()返回的、在整个值域内的数字，来选择一个数字，确定随机数字。

习题 4.5 修改 Program 4.7A 的猜谜游戏，在玩家猜错数字后，可以用一个选项让玩家继续玩下去，且想玩多久就玩多久。

习题 4.6 用莱布尼兹公式计算 π：

$$1 - \frac{1}{3} + \frac{1}{5} + \frac{1}{7} + \frac{1}{9} - \cdots = \frac{\pi}{4}$$

这个公式的收敛速度很慢；请至少使用 500 000 次迭代来获得精确的 π 近似值。

第 5 章

数　　组

我们经常需要在程序中存储某种类型的大量数据值。例如，如果编写一个程序，追踪一支篮球队的成绩，就要存储一个赛季的各场分数和各个球员的得分，然后输出某个球员的整季得分，或在赛事进行过程中计算出赛季的平均得分。我们可以利用前面所学的知识编写一个程序，为每个分数使用不同的变量。然而，如果一个赛季里有非常多的赛事，这会非常烦琐，因为有球赛的每个球员都需要许多变量。所有篮球分数的类型都相同，不同的是分值，但它们都是篮球赛的分数。理想情况下，应将这些分值组织在一个名称下，例如球员的名字，这样就不需要为每个数据项定义变量了。

本章将介绍如何在 C 程序中使用数组，然后探讨程序使用数组时，如何通过一个名称引用一组数值。

本章的主要内容：
- 什么是数组
- 如何在程序中使用数组
- 数组如何使用内存
- 什么是多维数组
- 如何编写程序，计算帽子的尺寸
- 如何编写井字游戏

5.1　数组简介

说明数组的概念及其作用的最好方法，是通过一个例子，来说明使用数组后程序会变得非常简单。这个例子将计算某班学生的平均分数。

5.1.1　不用数组的程序

要计算某班学生的平均分数，假设该班只有 10 位学生(主要是避免键入太多的数字)。计算一组数字的平均值，要将它们全加起来，再除以数字的个数(在这里是除以 10)。

```
// Program 5.1 Averaging ten grades without storing them
#define _CRT_SECURE_NO_WARNINGS
#include <stdio.h>
```

```
int main(void)
{
  int grade = 0;                      // Stores a grade
  unsigned int count = 10;            // Number of values to be read
  long sum = 0L;                      // Sum of the grades
  float average = 0.0f;               // Average of the grades

  // Read the ten grades to be averaged
  for(unsigned int i = 0 ; i < count ; ++i)
  {
    printf("Enter a grade: ");
    scanf("%d", & grade);             // Read a grade
    sum += grade;                     // Add it to sum
  }

  average = (float)sum/count;         // Calculate the average

  printf("\nAverage of the ten grades entered is: %f\n", average);
  return 0;
}
```

如果只对平均值感兴趣，就不需要存储上面的分数。这个程序将所有的分数全部相加后，除以 count(其值是 10)。这个简单的程序只使用了一个变量 grade 存储循环中输入的每个分数。循环在 i 的值为 0~9 时执行，共迭代 10 次。

假设要将这个程序开发成为一个更复杂的程序，需要输入一些数值，再输出每个人的分数，最后输出平均分。在上面的程序中，只有一个变量。每次加一个分数，旧的分值就被覆盖掉，不能再次使用。

如何存储所有的分数？可以声明 10 个整数变量来存储分数，但是不能用 for 循环输入这些数值。而必须添加代码，逐个读入这些数值。不过这样太烦琐。

```
// Program 5.2 Averaging ten grades - storing values the hard way
#define _CRT_SECURE_NO_WARNINGS
#include <stdio.h>

int main(void)
{
  int grade0 = 0, grade1 = 0, grade2 = 0, grade3 = 0, grade4 = 0;
  int grade5 = 0, grade6 = 0, grade7 = 0, grade8 = 0, grade9 = 0;

  long sum = 0L;          // Sum of the grades
  float average = 0.0f;   // Average of the grades

  // Read the ten grades to be averaged
  printf("Enter the first five grades,\n");
  printf("use a space or press Enter between each number.\n");
  scanf("%d%d%d%d%d", & grade0, & grade1, & grade2, & grade3, & grade4);
  printf("Enter the last five numbers in the same manner.\n");
  scanf("%d%d%d%d%d", & grade5, & grade6, & grade7, & grade8, & grade9);

  // Now we have the ten grades, we can calculate the average
  sum = grade0 + grade1 + grade2 + grade3 + grade4 +
        grade5 + grade6 + grade7 + grade8 + grade9;
```

```
average = (float)sum/10.0f;

printf("\nAverage of the ten grades entered is: %f\n", average);

return 0;
}
```

这对只有 10 位学生没问题，但如果班里有 30、100 或 1 000 位学生，该怎么办？此时这个方法就不切实际，而应使用数组。

5.1.2　什么是数组

数组是一组数目固定、类型相同的数据项，数组中的数据项称为元素。数组中的元素都是 int、long 或其他类型。下面的数组声明非常类似于声明一个含有单一数值的正常变量，但要在名称后的方括号中放置一个数。

```
long numbers[10];
```

方括号中的数字定义了要存放在数组中的元素个数，称为数组维 (array dimension)。数组有一个类型，它组合了元素的类型和数组中的元素个数。因此如果两个数组的元素个数相同、类型也相同，这两个数组的类型就相同。

存储在数组中的每个数据项都用相同的名称访问，在这个例子中，该名称就是 numbers。要选择某个元素，可以在数组名称后的方括号内使用索引值。索引值是从 0 开始的连续整数。0 是第一个元素的索引值，前面 numbers 数组的元素索引值是 0~9。索引值 0 表示第一个元素，索引值 9 表示最后一个元素。因此数组元素可表示为 numbers[0]、numbers[1]、numbers[2]……numbers[9]。如图 5-1 所示。

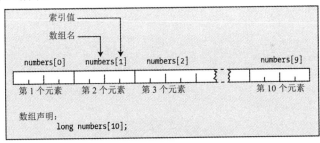

图 5-1　访问数组的元素

注意，索引值是从 0 开始，不是 1。第一次使用数组时，这是一个常犯的错误，有时这称为 off-by-one 错误。在一个十元素数组中，最后一个元素的索引值是 9。要访问数组中的第 4 个值，应使用表达式 numbers[3]。数组元素的索引值是与第 1 个元素的偏移量。第 1 个元素的偏移量是 0，第 2 个元素与第一个元素的偏移量是 1，第 3 个元素与第一个元素的偏移量是 2，以此类推。

要访问 numbers 数组元素的值，也可以在数组名称后的方括号内放置表达式，该表达式的结果必须是一个整数，对应于一个可能的索引值。例如 numbers[i-2]。如果 i 的值是 3，就访问数组中的第 2 个元素 numbers[1]。因此，有两种方法指定索引值，以访问数组中的某个元素。其一，可以使用一个简单的整数，明确指定要访问的元素。其二，可以使用一个在执行程序期间计算的整数表达式。使用表达式的唯一限制是，它的结果必须是整数，该整数必须是对数组有效的索引值。

注意，如果在程序中使用的索引值超过了这个数组的合法范围，程序将不能正常运作。编译器检查不出这种错误，所以程序仍可以编译，但是执行是有问题的。在最好的情况下，是从某处提取了一个垃圾值，所以结果是错误的，且每次执行的结果都不会相同。在最糟的情况下，程序可能会覆盖重要的信息，且锁死计算机，需要重启计算机。有时，这对程序的影响比较微妙：程序有时能正常工作，有时不能，或者程序看起来工作正常，但结果是错误的，只是不明显。因此，一定要细心检查数组索引是否在合法范围内。

5.1.3 使用数组

下面将刚刚学到的数组知识用于解决平均分问题。

试试看：使用数组计算平均分

使用数组可以存储所有要平均的分数。即存储所有分数，以便重复使用它们。现在重写这个程序，计算 10 个分数的平均值。

```c
// Program 5.3 Averaging ten grades - storing the values the easy way
#define _CRT_SECURE_NO_WARNINGS
#include <stdio.h>

int main(void)
{
    int grades[10];                      // Array storing 10 values
    unsigned int count = 10;             // Number of values to be read
    long sum = 0L;                       // Sum of the numbers
    float average = 0.0f;                // Average of the numbers

    printf("\nEnter the 10 grades:\n");  // Prompt for the input

    // Read the ten numbers to be averaged
    for(unsigned int i = 0 ; i < count ; ++i)
    {
        printf("%2u> ",i + 1);
        scanf("%d", &grades[i]);         // Read a grade
        sum += grades[i];                // Add it to sum
    }
    average = (float)sum/count;          // Calculate the average
    printf("\nAverage of the ten grades entered is: %.2f\n", average);
    return 0;
}
```

程序输出如下。

```
Enter the ten grades:
 1> 450
 2> 765
 3 > 562
 4> 700
 5> 598
 6> 635
```

```
 7> 501
 8> 720
 9> 689
10> 527
Average of the ten grades entered is: 614.70
```

代码的说明

程序由常见的#include <stdio.h>开始，因为这里要使用 printf()和 scanf()函数。在 main()函数的一开始，声明一个包含 10 个整数的数组，然后是一些计算所需的变量。

```
int grades[10];                     // Array storing 10 values
unsigned int count = 10;            // Number of values to be read
long sum = 0L;                      // Sum of the numbers
float average = 0.0f;               // Average of the numbers
```

count 变量是 unsigned int 类型，因为它必须非负。

然后，用下面的语句提示输入分数。

```
printf("\nEnter the 10 grades:\n"); // Prompt for the input
```

接下来，用一个循环读入数值且累加它们。

```
for(unsigned int i = 0 ; i < count ; ++i)
{
  printf("%2u> ",i + 1);
  scanf("%d", &grades[i]);          // Read a grade
  sum += grades[i];                 // Add it to sum
}
```

for 循环采用标准格式，只要 i 小于 count，循环就继续执行。循环的计数是从 0 到 9，而不是从 1 到 10，所以可以直接使用循环变量 i 访问数组的每个成员。print()输出 i+1 的当前值，之后输出>，结果如上面所示。这里使用格式说明符%2d，确保每个值在两个字符宽的字段中输出，所以，这些分数排列得很整齐。如果使用%u，这 10 个值的输出将会不整齐。

使用函数 scanf()将输入的每个值读入数组的元素 i 中：第 1 个输入值存储在 number[0]中，第 2 个输入值存储到 number[1]中，……第 10 个输入值存储到 number[9]中。在循环的每次迭代中，都会把读入的值加到 sum 中。

当循环结束时，用下面的语句计算并显示平均值。

```
average = (float)sum/count;              // Calculate the average
printf("\nAverage of the ten grades entered is: %.2f\n", average);
```

计算平均值的方法用 sum 除以分数的个数 count，count 的值是 10。注意在 printf()中，告诉编译器将 sum 转换成类型 float(它声明的类型是 long)。这可以确保使用浮点数执行除法操作，因此不会舍弃结果的小数部分。格式说明符%2.f 指定输出的平均分带两位小数。

试试看: 检索元素值

上面的例子可以稍微进行扩充, 以展示数组的一个优点。这里对原来的程序进行了一点修改 (在下列代码中以粗体字显示), 现在这个程序显示所有输入的值。把这些值存储在数组中, 就可以随时用各种不同的方法访问和处理它们。

```c
// Program 5.4 Reusing the numbers stored
#define _CRT_SECURE_NO_WARNINGS
#include <stdio.h>

int main(void)
{
  int grades[10];                      // Array storing 10 values
  unsigned int count = 10;             // Number of values to be read
  long sum = 0L;                       // Sum of the numbers
  float average = 0.0f;                // Average of the numbers

  printf("\nEnter the 10 grades:\n");  // Prompt for the input

  // Read the ten numbers to be averaged
  for(unsigned int i = 0 ; i < count ; ++i)
  {
    printf("%2u> ",i + 1);
    scanf("%d", &grades[i]);           // Read a grade
    sum += grades[i];                  // Add it to sum
  }
  average = (float)sum/count;          // Calculate the average

  // List the grades
  for(unsigned int i = 0 ; i < count ; ++i)
    printf("\nGrade Number %2u is %3d", i + 1, grades[i]);

  printf("\nAverage of the ten grades entered is: %.2f\n", average);
  return 0;
}
```

这个程序的输出如下。

```
Enter the 10 grades:
 1> 77
 2> 87
 3> 65
 4> 98
 5> 52
 6> 74
 7> 82
 8> 88
 9> 91
10> 71
Grade Number 1 is 77
```

```
Grade Number 2 is 87
Grade Number 3 is 65
Grade Number 4 is 98
Grade Number 5 is 52
Grade Number 6 is 74
Grade Number 7 is 82
Grade Number 8 is 88
Grade Number 9 is 91
Grade Number 10 is 71
Average of the ten grades entered is: 78.50
```

代码的说明

这里只解释新增的部分，在循环中重用数组的元素。

```
for(unsigned int i = 0 ; i < count ; ++i)
    printf("\nGrade Number %2u is %3d", i + 1, grades[i]);
```

这个 for 循环遍历数组中的元素，并输出每个值。使用循环控制变量作为每个元素对应的序号，并访问对应的数组元素。这些元素的数值显然对应输入的数字。要从 1 开始获取分数，可以在输出语句中使用表达式 i+1，得到从 1 到 10 的分数，因为 i 是从 0 到 9。

在深入探讨数组之前，需要研究寻址运算符和数组如何存储到内存。

5.2　寻址运算符

寻址运算符&输出其操作数的内存地址。前面使用了寻址运算符&，它广泛用于 scanf()函数。它放在存储输入的变量名称之前，scanf()函数就可以利用这个变量的地址，允许将键盘输入的数据存入变量。只把这个变量名称用作函数的参数，函数就可以使用变量存储的值。而把寻址运算符放在变量名称之前，函数就可以利用这个变量的地址，修改在这个变量中存储的值，其原因参见第 8 章。下面是一些地址的例子。

> ### 试试看：使用寻址运算符

下面的程序输出一些变量的地址。

```
// Program 5.5 Using the & operator
#include<stdio.h>

int main(void)
{
    // Define some integer variables
    long a = 1L;
    long b = 2L;
    long c = 3L;

    // Define some floating-point variables
    double d = 4.0;
    double e = 5.0;
```

```
    double f = 6.0;

    printf("A variable of type long occupies %u bytes.", sizeof(long));
    printf("\nHere are the addresses of some variables of type long:");
    printf("\nThe address of a is: %p The address of b is: %p", &a, &b);
    printf("\nThe address of c is: %p", &c);
    printf("\n\nA variable of type double occupies %u bytes.", sizeof(double));
    printf("\nHere are the addresses of some variables of type double:");
    printf("\nThe address of d is: %p The address of e is: %p", &d, &e);
    printf("\nThe address of f is: %p\n", &f);
    return 0;
}
```

这个程序的输出如下。

```
A variable of type long occupies 4 bytes.
Here are the addresses of some variables of type long:
The address of a is: 000000000012ff14 The address of b is: 000000000012ff10
The address of c is: 000000000012ff0c

A variable of type double occupies 8 bytes.
Here are the addresses of some variables of type double:
The address of d is: 000000000012ff00   The address of e is: 000000000012fef8
The address of f is: 000000000012fef0
```

读者得到的地址值肯定与上述不同。得到什么地址值取决于所使用的操作系统及编译器分配内存的方式。

代码的说明

声明 3 个 long 类型的变量和 3 个 double 类型的变量。

```
// Define some integer variables
long a = 1L;
long b = 2L;
long c = 3L;

// Define some floating-point variables
double d = 4.0;
double e = 5.0;
double f = 6.0;
```

接下来输出 long 变量占用的字节数，跟着输出这 3 个变量的地址。

```
printf("A variable of type long occupies %u bytes.", sizeof(long));
printf("\nHere are the addresses of some variables of type long:");
printf("\nThe address of a is: %p The address of b is: %p", &a, &b);
printf("\nThe address of c is: %p", &c);
```

使用%u 显示 sizeof 生成的值，因为它是无符号的整数。使用一个新的格式说明符%p 输出变量的地址。这个格式说明符指定输出一个内存地址，其值为十六进制。内存地址一般是 32 位或 64

位，地址的大小决定了可以引用的最大内存量。在本例使用的计算机上，内存地址是 64 位，表示为 16 个十六进制数；在其他机器上，这可能不同。

然后，输出 double 变量占用的字节数，接着输出这 3 个变量的地址。

```
printf("\n\nA variable of type double occupies %u bytes.", sizeof(double));
printf("\nHere are the addresses of some variables of type double:");
printf("\nThe address of d is: %p The address of e is: %p", &d, &e);
printf("\nThe address of f is: %p\n", &f);
```

事实上，程序本身不如输出那么有趣。看看显示出来的地址，地址值逐渐变小，呈等差排列，如图 5-2 所示。在本例使用的计算机上，地址 b 比 a 低 4，c 比 b 低 4。这是因为每个 long 类型的变量占用 4 字节。变量 d、e、f 也是如此，但它们的差是 8。这是因为类型 double 的值用 8 字节存储。

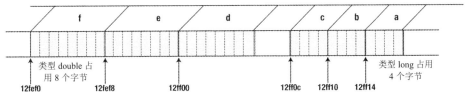

图 5-2　变量在内存中的地址

图 5-2 在变量 d 和 c 的地址之间有一个空隙。为什么？许多编译器给变量分配内存地址时，其地址都是变量字节数的倍数，所以 4 字节变量的地址是 4 的倍数，8 字节变量的地址是 8 的倍数。这就确保内存的访问是最高效的。本例使用的计算机在 d 和 c 之间有 4 字节的空隙，使 d 的地址是 8 的倍数。如果程序在 c 的后面定义了另一个 long 类型的变量，该变量就占用 4 字节的空隙，于是 d 和 c 之间就没有空隙了。

注意：如果变量地址之间的间隔大于变量占用的字节数，可能是因为程序编译为调试版本。在调试模式下，编译器会配置额外的空间，以存储变量的其他信息，这些信息在程序以调试模式下执行时使用。

5.3　数组和地址

下面声明了一个包含 4 个元素的数组。

```
long number[4];
```

数组名称 number 指定了存储数据项的内存区域地址，把该地址和索引值组合起来就可以找到每个元素，因为索引值表示各个元素与数组开头的偏移量。

声明一个数组时，要给编译器提供为数组分配内存所需的所有信息，包括值的类型和数组维，而值的类型决定了每个元素需要的字节数。数组维指定了元素的个数。数组占用的字节数是元素个数乘以每个元素的字节数。数组元素的地址是数组开始的地址，加上元素的索引值乘以数组中每个元素类型所需的字节数。图 5-3 是数组变量保存在内存中的情形。

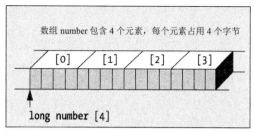

图 5-3　数组在内存中的组织方式

获取数组元素地址的方式类似于普通变量。对 value 整数变量，可以用以下语句输出它的地址。

```
printf("\n%p", &value);
```

要输出 number 数组的第 3 个元素的地址，可以编写如下代码。

```
printf("\n%p", &number[2]);
```

下面的代码段设置了数组中的元素值，然后输出了每个元素的地址和内容。

```
int data[5];
for(unsigned int i = 0 ; i < 5 ; ++i)
{
  data[i] = 12*(i + 1);
  printf("data[%d] Address: %p Contents: %d\n", i, &data[i], data[i]);
}
```

for 循环变量 i 遍历了 data 数组中的所有合法索引值。在这个循环中，位于索引位置 i 上的元素值设置为 12*(i+1)。输出语句显示了当前的元素及其索引值，由 i 的当前值决定的数组元素的地址，以及存储在元素中的值。如果这些代码放在一个程序中，则输出如下。

```
data[0] Address: 000000000012fee4 Contents: 12
data[1] Address: 000000000012fee8 Contents: 24
data[2] Address: 000000000012feec Contents: 36
data[3] Address: 000000000012fef0 Contents: 48
data[4] Address: 000000000012fef4 Contents: 60
```

i 的值显示在数组名后面的括号中。每个元素的地址都比前一个元素大 4，所以每个元素占用 4 字节。

5.4　数组的初始化

当然，可以给数组的元素指定初值，这可能只是为了安全起见。预先确定数组元素的初始值，更便于查找错误。为了初始化数组的元素，只需要在声明语句中，在大括号中指定一列初值，它们用逗号分开。例如：

```
double values[5] = { 1.5, 2.5, 3.5, 4.5, 5.5 };
```

这个语句声明了一个包含 5 个元素的数组 value。values[0]的初值是 1.5，value[1]的初值是 2.5，以此类推。

要初始化整个数组，应使每个元素都有一个值。如果初值的个数少于元素数，没有初值的元素就设成 0。因此，如果编写

```
double values[5] = { 1.5, 2.5, 3.5 };
```

前 3 个元素用括号内的值初始化，后两个元素初始化为 0。

如果没有给元素提供初值，编译器就会给它们提供初值 0，所以初值提供了一种把整个数组初始化为 0 的简单方式。只需要给一个元素提供 0。

```
double values[5] = {0.0};
```

整个数组就初始化为 0.0。

如果初值的个数超过数组元素的个数，编译器就会报错。在指定一列初始值时，不必提供数组的大小，编译器可以从该列值中推断出元素的个数。

```
int primes[] = { 2, 3, 5, 7, 11, 13, 17, 19, 23, 29};
```

上述语句中的数组大小由列表中的初始值个数来确定，所以 primes 数组有 10 个元素。

5.5　确定数组的大小

sizeof 运算符可以计算出指定类型的变量所占用的字节数。对类型名称应用 sizeof 运算符，如下：

```
printf("The size of a variable of type long is %zu bytes.\n", sizeof(long));
```

sizeof 运算符后类型名称外的括号是必需的。如果漏了它，代码就不会编译。也可以对变量应用 sizeof 运算符，它会计算出该变量所占的字节数。

■ **注意**：sizeof 运算符生成 size_t 类型的值，该类型取决于实现代码，一般是无符号的整数类型。如果给输出使用%u 说明符，编译器又把 size_t 定义为 unsigned long 或者 unsigned long long，编译器就可能发出警告：%u 说明符不匹配 print()函数输出的值。使用%zu 会消除该警告消息。

sizeof 运算符也可以用于数组。下面的语句声明一个数组。

```
double values[5] = { 1.5, 2.5, 3.5, 4.5, 5.5 };
```

可以用下面的语句输出这个数组所占的字节数。

```
printf("The size of the array, values, is %zu bytes.\n", sizeof values);
```

输出如下：

```
The size of the array, values, is 40 bytes.
```

也可以用表达式 sizeof values[0]计算出数组中一个元素所占的字节数。这个表达式的值是 8。当然，使用元素的合法索引值可以产生相同的结果。数组占用的内存是单个元素的字节数乘以元素个数。因此可以用 sizeof 运算符计算数组中元素的数目。

```
size_t element_count = sizeof values/sizeof values[0];
```

执行这条语句后，变量 element_count 就含有数组 values 中元素的数量。element_count 声明为 size_t 类型，因为它是 sizeof 运算符生成的类型。

可以将 sizeof 运算符应用于数据类型，所以可以重写先前的语句，计算数组元素的数量，如下所示。

```
size_t element_count = sizeof values/sizeof(double);
```

这会得到与前面相同的结果，因为数组的类型是 double，所以 sizeof(double)会得到元素占用的字节数。有时偶尔会使用错误的类型，所以最好使用前一条语句。

sizeof 运算符应用于变量时不需要使用括号，但一般还是使用它们，所以前面的例子可以编写如下。

```
double values[5] = { 1.5, 2.5, 3.5, 4.5, 5.5 };
size_t element_count = sizeof(values)/sizeof(values[0]);
printf("The size of the array is %zu bytes ", sizeof(values));
printf("and there are %u elements of %zu bytes each\n", element_count, sizeof(values[0]));
```

这些语句的输出如下：

```
The size of the array is 40 bytes and there are 5 elements of 8 bytes each
```

在使用循环处理数组中的所有元素时，可以使用 sizeof 运算符。例如：

```
double values[5] = { 1.5, 2.5, 3.5, 4.5, 5.5 };
double sum = 0.0;
for(unsigned int i = 0 ; i < sizeof(values)/sizeof(values[0]) ; ++i)
  sum += values[i];
printf("The sum of the values is %.2f", sum);
```

这个循环将数组中所有元素的值加起来。使用 sizeof 运算符计算数组中的元素个数，可以确保无论数组的大小如何，循环变量 i 的上限总是正确的。

5.6 多维数组

下面介绍二维数组。二维数组可以声明如下：

```
float carrots[25][50];
```

这行语句声明了一个数组 carrots，它包含 25 行 50 个浮点数元素。注意每一维都放在自己的方括号中。

同样，可以用以下的语句声明另一个二维浮点数数组。

```
float numbers[3][5];
```

与田里的蔬菜一样，使这些数组排成矩形会比较方便。把这个数组排成 3 行 5 列，它们实际上按行顺序存储在内存中，如图 5-4 所示。很容易看出，最右边的索引变化得最快。在概念上，左边的索引选择一行，右边的索引选择该行中的一个元素。

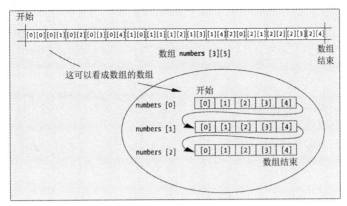

图 5-4　3 行 5 列元素数组在内存中的组织方式

图 5-4 也说明了如何将二维数组想象成一维数组，其中的每个元素本身是一个一维数组。可以将 number 数组视为 3 个元素的一维数组，数组中的每个元素都含有 5 个 float 类型的元素。第一行的 5 个 float 元素位于标记为 numbers[0] 的内存地址上，第二行的 5 个 float 元素位于 numbers[1]，最后一行的 5 个元素位于 numbers[2]。

当然，分配给每个元素的内存量取决于数组所含的变量的类型。double 类型的数组需要的内存比 float 或 int 类型的数组多。图 5-5 说明了数组 numbers[4][10] 的存储方式，该数组有 4 行 10 个 float 类型的元素。

因为数组元素的类型是 float，它在机器上占 4 字节，这个数组占用的内存总数是 4×10×4 字节，即 160 字节。

三维数组是二维数组的扩展。

```
double beans[4] [10][20];  // 4 fields, each with 10 rows of 20 beans
```

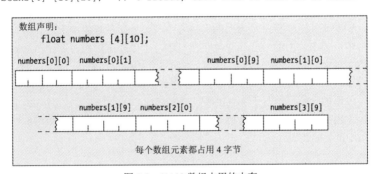

图 5-5　4×10 数组占用的内存

这个语句声明的数组有 800 个元素，可以把它看作存储豆类植物的产量。豆类植物有三块田，每块田包含 10 行 20 列植物。根据需要，可以定义任意多维数组。

5.7　多维数组的初始化

二维数组的初始化类似于一维数组，区别是把每一行的初始值放在大括号{}中，再把所有行放在一对大括号中。

```
int numbers[3][4] = {
                      { 10, 20, 30, 40 },      // Values for first row
                      { 15, 25, 35, 45 },      // Values for second row
                      { 47, 48, 49, 50 }       // Values for third row
                    };
```

初始化行中元素的每组值放在大括号中，所有的初始值则放在另一对大括号中。一行中的值以逗号分开，各行值也需要以逗号分开。

如果指定的初值少于一行的元素数，这些值会从每行的第一个元素开始，依序赋予各元素，剩下未指定初值的元素则初始化为 0。仅提供一个值，就可以把整个数组初始化为 0。

```
int numbers[3][4] = {0};
```

对于三维或三维以上的数组，这个过程会被扩展。例如三维数组有 3 级嵌套的括号，内层的括号包含每行的初始值。例如：

```
int numbers[2][3][4] = {
                         {                             // First block of 3 rows
                          { 10, 20, 30, 40 },
                          { 15, 25, 35, 45 },
                          { 47, 48, 49, 50 }
                         },
                         {                             // Second block of 3 rows
                          { 10, 20, 30, 40 },
                          { 15, 25, 35, 45 },
                          { 47, 48, 49, 50 }
                         }
                       };
```

可以看到，初始化的值放在一个外层的大括号中，该外层括号由两个包含 3 行的块组成，每个块也放在括号中，各个块中的每一行也放在括号中，所以三维数组有 3 层嵌套括号。一般来说是这样的，例如六维数组用 6 层嵌套括号包含元素的初始值。可以省略每一行的括号，但给每一行的值加上括号比较安全，因为更不容易出错。当然，如果提供的初始值个数少于行中的元素数，就必须给每一行的值加上括号。

要处理多维数组中的所有元素，需要一个嵌套循环。嵌套的层数就是数组的维数。下面把前面 numbers 数组中的元素加在一起。

```
int sum = 0;
for(int i = 0 ; i < 2 ; ++i)
{
  for(int j = 0 ; j < 3 ; ++j)
  {
    for(int k = 0 ; k < 4 ; ++k)
    {
      sum += numbers[i][j][k];
    }
  }
}
```

```
printf("The sum of the values in the numbers array is %d.", sum);
```

每个循环都遍历一个数组维。对于 i 的每个值，都完整地执行 j 控制的循环，对于 i 的每个值，都完整地执行 k 控制的循环。

使用 sizeof 运算符可以确定多维数组中每一维的元素个数。只需要弄明白 sizeof 运算符生成的结果即可。前面的循环使用 sizeof 运算符计算循环控制次数。

```
for(int i = 0 ; i < sizeof(numbers)/sizeof(numbers[0]) ; ++i)
{
  for(int j = 0 ; j < sizeof(numbers[0])/sizeof(numbers[0][0]) ; ++j)
  {
    for(int k = 0 ; k < sizeof(numbers[0][0])/sizeof(numbers[0][0][0]) ; ++k)
    {
      sum += numbers[i][j][k];
    }
  }
}
```

可以把 numbers 数组看作一个二维数组的数组。表达式 sizeof(numbers)得到整个 numbers 数组占用的字节数，sizeof(numbers[0]) 得到二维子数组占用的字节数，所以表达式 sizeof(numbers)/sizeof(numbers[0])得到第一维中元素的个数。同样，可以把每个二维子数组看作一维数组的一维数组。把二维数组的字节数除以其子数组的字节数，就会得到子数组的个数，它是 numbers 的第二维。最后，把一维子数组的字节数除以一个元素的字节数，就得到第三维值。

试试看：多维数组

下面介绍一个较实际的应用程序。在程序里可以用数组避免一个重要的健康和安全问题。戴太大的帽子会很危险，它会遮住眼睛，使人撞到什么东西，导致受伤甚至死亡。同样，戴太小的帽子会导致持续的头痛，让人看起来很愚蠢。这个很有价值的程序将使用数组计算帽子的尺寸，其单位在美国和英国很常用，帽子尺寸一般是 6 1/2 到 7 7/8。其他国家有比较透明的帽子尺寸，不会导致太多的问题，但如果到美国和英国旅游，购买外出用的帽子就可能很危险。对于这个程序，只需要输入帽子的周长(英寸)，然后显示帽子的尺寸。

```
// Program 5.6 Know your hat size - if you dare...
#define _CRT_SECURE_NO_WARNINGS
#include <stdio.h>
#include <stdbool.h>

int main(void)

{
/***************************************************
 * The size array stores hat sizes from 6 1/2 to 7 7/8 *
 * Each row defines one character of a size value so   *
 * a size is selected by using the same index for each *
 * the three rows. e.g. Index 2 selects 6 3/4.         *
 ***************************************************/
    char size[3][12] = {    // Hat sizes as characters
```

```
          {'6', '6', '6', '6', '7', '7', '7', '7', '7', '7', '7', '7'},
          {'1', '5', '3', '7', ' ', '1', '1', '3', '1', '5', '3', '7'},
          {'2', '8', '4', '8', ' ', '8', '4', '8', '2', '8', '4', '8'}
                        };

    int headsize[12] =            // Values in 1/8 inches
          {164,166,169,172,175,178,181,184,188,191,194,197};

    float cranium = 0.0f;         // Head circumference in decimal inches
    int your_head = 0;            // Headsize in whole eighths
    bool hat_found = false;       // Indicates when a hat is found to fit

    // Get the circumference of the head
    printf("\nEnter the circumference of your head above your eyebrows "
           "in inches as a decimal value: ");
    scanf(" %f", &cranium);

    your_head = (int)(8.0f*cranium);      // Convert to whole eighths of an inch

    / ***************************************************************
     * Search for a hat size:                                       *
     * Either your head corresponds to the 1st headsize element or  *
     * a fit is when your_head is greater that one headsize element *
     * and less than or equal to the next.                          *
     * In this case the size is the second headsize value.          *
     ***************************************************************/
    size_t i = 0;                      // Loop counter
    if(your_head == headsize[i])       // Check for min size fit
      hat_found = true;
    else
    {
      for (i = 1 ; i < sizeof(headsize) ; ++i)
      {
        // Find head size in the headsize array
        if(your_head > headsize[i - 1] && your_head <= headsize[i])
        {
            hat_found = true;
             break;
        }
      }
    }

  if(hat_found)
  {
    printf("\nYour hat size is %c %c%c%c\n",
            size[0][i], size[1][i],
            (size[1][i]==' ') ? ' ' : '/', size[2][i]);
  }
  else // If no hat was found, the head is too small, or too large
  {
```

```
    if(your_head < headsize[0])          // check for too small
        printf("\nYou are the proverbial pinhead. No hat for"
                                          " you I'm afraid.\n");
    else                                  // It must be too large
        printf("\nYou, in technical parlance, are a fathead."
                                      " No hat for you, I'm afraid.\n");
    }
    return 0;
}
```

这个程序的输出如下。

```
Enter the circumference of your head above your eyebrows in inches as a decimal
value: 22.5
Your hat size is 7 1/4
```

或

```
Enter the circumference of your head above your eyebrows in inches as a decimal
value: 29
You, in technical parlance, are a fathead. No hat for you I'm afraid.
```

代码的说明

在开始讨论这个例子之前，注意不要用这个程序帮助足球运动员决定他们的帽子尺寸，除非他们很有幽默感。

这个例子有点复杂，因为它所解决的问题比较复杂。但它说明了数组的用法。

main()函数体的第一个声明是一个二维数组。

```
char size[3][12] = {                     // Hat sizes as characters
    {'6', '6', '6', '6', '7', '7', '7', '7', '7', '7', '7', '7'},
    {'1', '5', '3', '7', ' ', '1', '1', '3', '1', '5', '3', '7'},
    {'2', '8', '4', '8', ' ', '8', '4', '8', '2', '8', '4', '8'}
                         };
```

这个程序不是把帽子设计为单一尺寸，或设计为小、中、大，而是将帽子的尺寸设计为从 6 1/2 到 7 7/8，其递增量为 1/8 英寸。size 数组是在程序中存储这些尺寸的一种方式。这个数组对应 12 个可能的帽子尺寸，每个尺寸由 3 个数值组成。对于每个帽子尺寸，要存储 3 个字符，以方便输出分数。最小的帽子尺寸是 6 1/2，所以对应第一个尺寸的前 3 个字符是 size[0][0]、size[1][0]、size[2][0]。它们含有字符 6、1 和 2，代表尺寸 6 1/2。最大的帽子尺寸是 7 7/8，它存储在 size[0][11]、size[1][11]和 size[2] [11]中。

然后，声明数组 headsize，在这个声明中，提供了头的参考尺寸。

```
int headsize[12] =                       // Values in 1/8 inches
                    {164,166,169,172,175,178,181,184,188,191,194,197};
```

这个数组中的值都是 1/8 英寸的整数倍，它们对应含有帽子尺寸的 size 数组中的值。如果头的尺寸是 164 的 1/8 英寸(约 20.5 英寸)，帽子尺寸就是 6 1/2。而如果头的尺寸是 197 的 1/8 英寸，帽子尺寸就是 7 7/8。

注意，头的尺寸是不连续的。例如，如果头的尺寸是 171，就没有适合它的帽子尺寸。程序将在后面考虑这个问题，决定哪个帽子尺寸最接近这个头的大小。

声明数组之后，声明所有需要的变量。

```
float cranium = 0.0f;          // Head circumference in decimal inches
int your_head = 0;             // Headsize in whole eighths
bool hat_found = false;        // Indicates when a hat is found to fit
```

注意，cranium 声明为 float 类型，your_head 声明为 int。这在后面很重要。变量 hat_found 声明为 bool 类型，所以用符号 false 初始化它。变量 hat_found 将记录找到的合适尺寸。

接着提示输入头的尺寸(英寸)，将这个值存储到变量 cranium 中(它的类型是 float，所以可以存储非整数值)。

```
printf("\nEnter the circumference of your head above your eyebrows "
    "in inches as a decimal value: ");
scanf(" %f", &cranium);
```

接着使用下面的语句，将存储在 cranium 中的值转换成 1/8 英寸的整数倍。

```
your_head = (int)(8.0f*cranium);
```

cranium 包含了头的周长(英寸)，所以乘以 8 就会得到其值的 1/8 英寸的整数倍。于是 your_head 的值和数组 headsize 的值有相同的单位。注意这里必须将乘积转换成 int 类型，以避免编译器发出警告信息。如果忽略这个类型转换，代码仍可以工作，但编译器必须插入该类型转换。但这个转换会潜在地丢失信息，所以编译器会发出警告。表达式(8.0f*cranium)外的括号是必要的：没有括号，将只把 8.0f 转换成 int 类型，而不是整个表达式。

使用存储在 your_head 中的值在数组 headsize 中查找最接近它的值。

```
size_t i = 0;                       // Loop counter
if(your_head == headsize[i])     // Check for min size fit
  hat_found = true;
else
{
  for (i = 1 ; i < sizeof(headsize) ; ++i)
  {
    // Find head size in the headsize array
    if(your_head > headsize[i - 1] && your_head <= headsize[i])
    {
      hat_found = true;
      break;
    }
  }
}
```

循环索引 i 在循环之前声明，是因为希望在循环外部使用它。if-else 语句先检查头的尺寸是否匹配数组 headsize 中的第一个元素，如果匹配，就找到了合适的帽子尺寸，否则就执行 for 循环。循环索引从数组的第二个元素开始一直处理到最后一个元素，因为在 if 表达式中使用 i-1 索引数组。在每次循环迭代中，都比较头的尺寸和数组 headsize 中的一系列连续的值，找出第一个大于或等于输入尺寸的元素值。找到的索引就对应于合适的帽子尺寸。

如果 hat_found 的值是 true，就输出帽子尺寸。

```
if(hat_found)
{
  printf("\nYour hat size is %c %c%c%c\n",
          size[0][i], size[1][i],
          (size[1][i]==' ') ? ' ' : '/', size[2][i]);
}
```

前面提到，帽子尺寸在数组 size 中存储为字符，以简化分数的输出。这里 printf() 利用条件运算符确定是打印一个空格，还是打印斜杠，以显示分数。数组 headsize 的第 5 个元素对应的帽子尺寸是 7，不需要输出 7/，因此，应根据 size[1][i] 元素是否包含空格字符来定制 printf()。这样，当分数部分为空时，就省略斜杠。即使给数组添加新的尺寸，该程序也能正常工作。

当然，还有可能找不到合适的帽子尺寸，因为太大或太小的头都没有合适的帽子尺寸。用 if 语句的 else 子句处理这种情况，如果 hat_found 的值是 false，就执行 else 语句。

```
// If no hat was found, the head is too small, or too large
else
{
  if(your_head < headsize[0])      // check for too small
    printf("\nYou are the proverbial pinhead. No hat for"
                                             " you I'm afraid.\n");
  else                             // It must be too large
    printf("\nYou, in technical parlance, are a fathead."
                              " No hat for you, I'm afraid.\n");
}
```

如果 your_head 的值小于第一个 headsize 元素，就表示头的尺寸太小，找不到合适的帽子，否则头的尺寸就太大。

注意，使用这个程序时，如果头的尺寸不正确，帽子将不合适。帽子尺寸只是圆形头的直径。因此，如果头的周长以英寸计，可以用这个数值除以 π，产生帽子的尺寸。

5.8　常量数组

到目前为止，我们已经看到了整数中的常数。在当今时代，一种不变的编码方式是有益且安全的(在函数式编程中很流行)，但事实并非如此；然而，我们希望能实现一样的效果。

有时我们需要管理过去事件的常量值，比如有史以来最好的 10 个 ELO 分数。这可以如下实现。

```
const int elo[10] = {2882, 2851, 2844, 2830, 2822, 2820, 2819, 2817, 2816, 2810};
```

关键字 const 也可用于生成字符串文本或常量字符串(要了解字符串的更多详细信息，请参阅下一章)。

另一个实际的例子是给出象棋棋子的相对值，并将它们相加，检索出最终得分以选择哪一个是最好的移动(搜索树算法中的一种修剪技术)。

值可以根据游戏的状态(开始、中间、结束)而变化，我们将使用传统的值。

棋子值：棋子=1 骑士=3 主教=3 车=5 皇后=9

```c
// Program 5.1b Modifying constant array
#include <stdio.h>

//these constants are redundant for educational purpose
// King's value is undefined
#define king 0
#define pawn 1
#define knight 2
#define bishop 3
#define rook 4
#define queen 5

//white pieces respectively:
// 6 7 8 9 10

int main(void)
{
  const int values[6] = {0, 1, 3, 3, 5, 9};

  int board[8][8] = { // chessboard
         { 0, 0, 4, 0, 0, 0, 0, 0,},
         { 4, 0, 0, 2, 5, 0, 1, 0,},
         { 1, 0, 0, 0, 1, 0, 0, 1,},
         { 0, 0, 1, 0, 0, 0, 0, 0,},
         { 0, 0, 0, 1, 6, 6, 0, 0,},
         { 0, 0, 0, 0, 0, 0, 0,10,},
         { 6, 6, 0, 0, 8, 0, 6, 6,},
         { 0, 0, 9, 0, 0, 9, 0, 0,}
};

  int score = 0;
  for(int i=0; i<8; i++) {
    for(int j=0; j<8; j++) {
      //we separate colors:
        if(board[i][j]<6)
          score += values[board[i][j]];
        else
          score -= values[board[i][j]%6];
    }
}
  printf("\nScore : %d\n", score);

  if(score>0) printf("\nSpassky is winning to Fischer");
  else printf("\nFischer is winning to Spassky");
```

```
    printf("... for now !\n");

    return 0;
}
```

然后可以迭代棋盘并检查最终的分数。

5.9　变长数组

前面的所有数组都在代码中指定了固定的长度。也可以定义其长度在程序运行期间确定的数组。下面是一个示例：

```
size_t size = 0;
printf("Enter the number of elements you want to store: ");
scanf("%zd", &size);
float values[size];
```

在这段代码中，把从键盘上读取的一个值放在 size 中。接着使用 size 的值指定数组 array 的长度。因为 size_t 是用实现代码定义的整数类型，所以如果尝试使用%d 读取这个值，就会得到一个编译错误。%zd 中的 z 告诉编译器，它应用于 size_t，所以无论整数类型 size_t 是什么，编译器都会使说明符适用于读取操作。

还可以在执行期间确定二维或多维数组中的任意维或所有维。例如：

```
size_t rows = 0;
size_t columns = 0;
printf("Enter the number of rows you want to store: ");
scanf("%zd", &rows);
printf("Enter the number of columns in a row: ");
scanf("%zd", &columns);
float beans[rows][columns];
```

这里从键盘读取二维数组中的两个维。这两个数组维都在执行期间确定。

遵循 C11 的编译器不必支持变长数组，因为它是一个可选特性。如果编译器不支持它，符号__STDC_NO_VLA__(VLAs)就必须定义为 1。使用下面的代码可以检查编译器是否支持变长数组。

```
#ifdef __STDC_NO_VLA__
  printf("Variable length arrays are not supported.\n");
  exit(1);
#endif
```

这段代码使用了第 13 章介绍的预处理器指令。如果定义了__STDC_NO_VLA__符号，printf()语句和后面的 exit()语句就包含在程序中。如果不支持变长数组，但把这段代码放在 main()的开头，printf()函数调用就会显示一个消息，并立即结束程序。

在 Program 5.3 的修订版本中，一维变长数组是可用的，如 Program 5.7 所示。

试试看：使用变长数组

这个程序计算平均分，但这次数组包含的实际分数是输入的。

```c
// Program 5.7 Averaging a variable number of grades
#define _CRT_SECURE_NO_WARNINGS
#include <stdio.h>

int main(void)
{
  size_t nGrades = 0;                    // Number of grades
  printf("Enter the number of grades: ");
  scanf("%d", &nGrades);
  int grades[nGrades];                   // Array storing nGrades values
  long sum = 0L;                         // Sum of the numbers
  float average = 0.0f;                  // Average of the numbers
  printf("\nEnter the %zd grades:\n", nGrades); // Prompt for the input

  // Read the ten numbers to be averaged
  for(size_t i = 0 ; i < nGrades ; ++i)
  {
    printf("%2d> ",i + 1);
    scanf("%d", &grades[i]);             // Read a grade
    sum += grades[i];                    // Add it to sum
  }
  printf("The grades you entered are:\n");
  for(size_t i = 0 ; i < nGrades ; ++i)
  {
    printf("Grade[%2d] = %3d ", i + 1, grades[i]);

    if((i+1) % 5 == 0)                   // After 5 values
      printf("\n");                      // Go to a new line
  }

  average = (float)sum/nGrades;          // Calculate the average

  printf("\nAverage of the %2d grades entered is: %.2f\n", nGrades, average);
}
```

下面是一些输出。

```
Enter the number of grades: 12

Enter the 12 grades:
 1> 56
 2> 67
 3> 78
 4> 67
 5> 68
 6> 56
```

```
 7> 88
 8> 98
 9> 76
10> 75
11> 87
12> 72
The grades you entered are:
Grade[ 1] = 56 Grade[ 2] = 67 Grade[ 3] = 78 Grade[ 4] = 67 Grade[ 5] = 68
Grade[ 6] = 56 Grade[ 7] = 88 Grade[ 8] = 98 Grade[ 9] = 76 Grade[10] = 75
Grade[11] = 87 Grade[12] = 72
Average of the 12 grades entered is: 74.00
```

代码的说明

本例定义了一个变量 nGrades 来存储要输入的分数个数，并从键盘上读取数值。

```
size_t nGrades = 0;                          // Number of grades
printf("Enter the number of grades: ");
scanf("%d", &nGrades);
```

再使用读入 nGrades 的值，来定义包含所需元素个数的 grades 数组。

```
int grades[nGrades];                         // Array storing nGrades values
```

显然，数组的长度值必须在这个语句之前定义。

其余代码与前面相同，但 size_t 值的输入输出使用了%zd 说明符。注意在输出分数的循环中使用取余运算符，输出 5 个值后就开始一个新行。

▓ **注意:** Microsoft Windows 命令行可能过窄，不能显示 5 个分数。此时，可以修改代码，使每行输出更少的分数，或者单击标题栏左边的图标，从菜单中选择 Properties 属性，修改窗口的默认尺寸。

5.10 设计一个程序

学习了数组后，将它们应用于一个比较大的问题上。下面编写另一个游戏。

5.10.1 问题

把计算机当作对手来编写一个游戏超出了前面介绍的范围，所以下面编写的程序是让两个人在计算机上玩井字游戏(也称为圈叉游戏)。

5.10.2 分析

井字游戏是一个 3×3 的方格。两个人轮流在方格中输入标记 X 或 O。谁先使自己的 3 个标记连接成水平、垂直或对角线，谁就是赢家。知道了这个游戏怎么玩，如何将它设计成程序? 这需要:

● 一个 3×3 的方格，存储两个人交替输入的标记。这很简单，使用一个 3 行 3 列的二维数组即可。

- 轮到一个玩家输入标记时，需要一种方法标记选择出来的方格。可以用 1~9 的数字标记这 9 个方格。玩家只需要输入要选择的方格数字。
- 有一种让两个玩家轮流输入标记的方法。可以将两个玩家识别为 1 和 2，编号 1 的玩家先玩。然后根据轮流的次数决定输入标记的玩家号码。轮到奇数号时，就由玩家 1 输入标记。轮到偶数号时，就由玩家 2 输入标记。
- 指定将玩家的标记放在哪个方格中，并检查它是否有效。一个有效的选择是 1~9 的数字。如果用 1、2、3 标记方格的第一行，用 4、5、6 标记第二行，用 7、8、9 标记第三行，就可以从方格数字中计算出列和行的索引。假定玩家的选择存储在变量 choice 中。
- 如果将玩家选择的方格数字减 1，方格数就是 0~8，如图 5-6 所示。

原来的方格

1	2	3
4	5	6
7	8	9

减 1 后的方格

0	1	2
3	4	5
6	7	8

图 5-6　减 1 后的方格

  - 表达式 choice/3 会得到行数，如图 5-7 所示。

原方格数减 1

0	1	2
3	4	5
6	7	8

除以 3

0	0	0
1	1	1
2	2	2

图 5-7　得到行数

  - 表达式 choice%3 会得到列数，如图 5-8 所示。

原方格数减 1

0	1	2
3	4	5
6	7	8

除以 3 的余数

0	1	2
0	1	2
0	1	2

图 5-8　得到列数

- 找出其中一位玩家获胜。每次轮完后，都需要检查方格上的列、行或对角线是否有相同的标志。如果有，后一位玩家就赢了。
- 确定游戏的结束。因为板上有 9 个方格，所以游戏是在有人获胜或轮玩 9 次后结束。

5.10.3 解决方案

本节列出解决该问题的步骤。

1. 步骤 1

首先,添加主要的游戏循环和显示这个方格板的代码。

```c
// Program 5.8 Tic-Tac-Toe
#include <stdio.h>

int main(void)
{
  int player = 0;                     // Current player number - 1 or 2
  int winner = 0;                     // The winning player number

  char board[3][3] = {                // The board
              {'1','2','3'},          // Initial values are characters '1' to '9'
              {'4','5','6'},          // used to select a vacant square
              {'7','8','9'}           // for a player's turn.
                     };

  // The main game loop. The game continues for up to 9 turns
  // as long as there is no winner
  for(unsigned int i = 0; i < 9 && winner == 0; ++i)
  {
    // Display the board
    printf("\n");
    printf(" %c | %c | %c\n", board[0][0], board[0][1], board[0][2]);
    printf("---+---+---\n");
    printf(" %c | %c | %c\n", board[1][0], board[1][1], board[1][2]);
    printf("---+---+---\n");
    printf(" %c | %c | %c\n", board[2][0], board[2][1], board[2][2]);

    player = i%2 + 1;                 // Select player

    /* Code to play the game */
  }

  /* Code to output the result */

  return 0;
}
```

这里声明了以下变量:i 是循环变量;player,存储目前玩家的识别码 l 或 2;winner,含有获胜者的识别码;数组 board,它的类型是 char。因为这个数组把标记 X 或 O 放在方格中。这个数组用方格的识别数字作为初始值。游戏的主循环只要循环条件为 true,就会继续执行。如果 winner 的值不等于 0(表示找到获胜者),或循环计数器的值大于或等于 9(表示方格板上的 9 格全部填满),循环条件就是 false。

在循环中显示方格板时,使用"|"和"_"字符绘制方框。玩家选择了一个方格时,玩家的标志将会取代这个字符。

2. 步骤 2

接下来,编写代码,让玩家选择一个方格,并确定那个方格是否有效。

```
// Program 5.8 Tic-Tac-Toe
#include <stdio.h>

int main(void)
{
  int player = 0;                  // Current player number - 1 or 2
  int winner = 0;                  // The winning player number
  int choice = 0;                  // Chosen square
  unsigned int row = 0;            // Row index for a square
  unsigned int column = 0;         // Column index for a square

  char board[3][3] = {             // The board
                 {'1','2','3'},    // Initial values are characters '1' to '9'
                 {'4','5','6'},    // used to select a vacant square
                 {'7','8','9'}     // for a player's turn.
                       };

  // The main game loop. The game continues for up to 9 turns
  // as long as there is no winner
  for(unsigned int i = 0; i < 9 && winner == 0; ++i)
  {
    // Code to display the board as before...

    player = i%2 + 1;              // Select player

    // Get valid player square selection
    do
    {
      printf("Player %d, please enter a valid square number "
             "for where you want to place your %c: ",
               player,(player == 1) ? 'X' : 'O');
      scanf("%d", &choice);

      row = --choice/3;            // Get row index of square
      column = choice % 3;         // Get column index of square
    }while(choice < 0 || choice > 8 || board[row][column] > '9');

    // Insert player symbol
    board[row][column] = (player == 1) ? 'X' : 'O';

    /* Code to check for a winner */
  }
    /* Code to output the result */
  return 0;
}
```

在 do-while 循环中提示当前的玩家输入标记,并且把方格数字读入 choice 变量。这个值将使用前面给出的表达式计算数组中列和行的索引值。行和列的索引值分别保存在变量 row 和 column中。do-while 的循环条件确认选择的方格是有效的。有 3 种可能导致选择无效:

● 输入的方格数小于 0

- 输入的方格数大于 8
- 选择已包含 X 或 O 的方格

在后一种情况下，方格的内容将大于字符'9'，因为 X 和 O 的字符码都大于 9 的字符码。如果输入的 choice 属于以上任一种情况，必须要求玩家再选择一个方格。

3. 步骤 3

添加检查获胜线的代码，这必须在每次轮完后执行。

```c
// Program 5.8 Tic-Tac-Toe
#define _CRT_SECURE_NO_WARNINGS
#include <stdio.h>

int main(void)
{
  // Variable declarations as before...

  // Definition of the board array as before...

  // The main game loop. The game continues for up to 9 turns
  // as long as there is no winner
  for(size_t i = 0; i < 9 && winner == 0; ++i)
  {
    // Code to display the board as before...

    player = i%2 + 1;                     // Select player

    // Loop to get valid player square selection as before...

    // Insert player symbol
    board[row][column] = (player == 1) ? 'X' : 'O';

    // Check for a winning line - diagonals first
    if((board[0][0]==board[1][1] && board[0][0]==board[2][2]) ||
       (board[0][2]==board[1][1] && board[0][2]==board[2][0]))
     winner = player;
    else
    {
      // Check rows and columns for a winning line
      for(unsigned int line = 0; line <= 2; ++line)
      {
        if((board[line][0] == board[line][1] && board[line][0] == board[line][2]) ||
           (board[0][line] == board[1][line] && board[0][line] == board[2][line]))
        winner = player;
      }
    }
  }
  /* Code to output the result */
  return 0;
}
```

　　检查获胜线时,可以用线上的一个元素比较线上的其他两个元素,确定它们是否相同。如果3个都相同,就有一个获胜线。用 if 表达式检查 board 数组中的两个对角线,如果任一条对角线中的3个标志完全相同,就把 winner 设定成当前的玩家。当前的玩家一定是赢家,因为他是最后一个在方格中放置标志的。如果两个对角线都没有相同的标志,就在 else 子句中用一个 for 循环检查列和行。这个 for 循环含有一个 if 语句,它检查列和行是否有相同的元素。如果有,就把 winner 设定成当前的玩家。当然,如果 winner 设定为一个值,主循环的条件就是 false,所以结束循环,继续执行主循环后的代码。

4. 步骤4

　　最后的任务是显示格子上最后各个标记的位置,显示比赛结果。如果 winner 是0,这局就是平手;否则 winner 含有获胜者的号码。下面是程序的完整代码:

```
// Program 5.8 Tic-Tac-Toe
#define _CRT_SECURE_NO_WARNINGS
#include <stdio.h>

int main(void)
{
  int player = 0;              // Current player number - 1 or 2
  int winner = 0;              // The winning player number
  int choice = 0;              // Chosen square
  unsigned int row = 0;        // Row index for a square
  unsigned int column = 0;     // Column index for a square
  char board[3][3] = {         // The board
              {'1','2','3'},   // Initial values are characters '1' to '9'
              {'4','5','6'},   // used to select a vacant square
              {'7','8','9'}    // for a player's turn.
                       };

  // The main game loop. The game continues for up to 9 turns
  // as long as there is no winner
  for(unsigned int i = 0; i < 9 && winner == 0; ++i)
  {
    // Display the board
    printf("\n");
    printf(" %c | %c | %c\n", board[0][0], board[0][1], board[0][2]);
    printf("---+---+---\n");
    printf(" %c | %c | %c\n", board[1][0], board[1][1], board[1][2]);
    printf("---+---+---\n");
    printf(" %c | %c | %c\n", board[2][0], board[2][1], board[2][2]);
    player = i%2 + 1;      // Select player

    // Get valid player square selection
    do
    {
      printf("Player %d, please enter a valid square number "
          "for where you want to place your %c: ",
```

```
                  player,(player == 1) ? 'X' : 'O');
         scanf("%d", &choice);

         row = --choice/3;            // Get row index of square
         column = choice % 3;         // Get column index of square
      }while(choice < 0 || choice > 8|| board[row][column] > '9');

      // Insert player symbol
      board[row][column] = (player == 1) ? 'X' : 'O';

      // Check for a winning line - diagonals first
      if((board[0][0]==board[1][1] && board[0][0]==board[2][2]) ||
         (board[0][2]==board[1][1] && board[0][2]==board[2][0]))
        winner = player;
      else
      {
        // Check rows and columns for a winning line
        for(unsigned int line = 0; line <= 2; ++line)
        {
          if((board[line][0] == board[line][1] && board[line][0] == board[line][2]) ||
             (board[0][line] == board[1][line] && board[0][line] == board[2][line]))
             winner = player;
        }
      }
   }
   // Game is over so display the final board
   printf("\n");
   printf(" %c | %c | %c\n", board[0][0], board[0][1], board[0][2]);
   printf("---+---+---\n");
   printf(" %c | %c | %c\n", board[1][0], board[1][1], board[1][2]);
   printf("---+---+---\n");
   printf(" %c | %c | %c\n", board[2][0], board[2][1], board[2][2]);

   // Display result message
   if(winner)
     printf("\nCongratulations, player %d, YOU ARE THE WINNER!\n", winner);
   else
     printf("\nHow boring, it is a draw\n");
   return 0;
}
```

这个程序的输出如下。

```
 1 | 2 | 3
---+---+---
 4 | 5 | 6
---+---+---
 7 | 8 | 9
Player 1, please enter a valid square number for where you want to place your X: 1
```

```
    X | 2 | 3
   --- +--- +---
    4 | 5 | 6
   --- +--- +---
    7 | 8 | 9

   Player 2, please enter a valid square number for where you want to place your O: 3

    X | 2 | 0
   --- +--- +---
    4 | 5 | 6
   --- +--- +---
    7 | 8 | 9

   Player 1, please enter a valid square number for where you want to place your X: 5

    X | 2 | 0
   --- +--- +---
    4 | X | 6
   --- +--- +---
    7 | 8 | 9

   Player 2, please enter a valid square number for where you want to place your O: 6

    X | 2 | 0
   --- +--- +---
    4 | X | 0
   --- +--- +---
    7 | 8 | 9

   Player 1, please enter a valid square number for where you want to place your X: 9

    X | 2 | 0
   --- +--- +---
    4 | X | 0
   --- +--- +---
    7 | 8 | X

   Congratulations, player 1, YOU ARE THE WINNER!
```

5.11   小结

　　本章详细探讨了数组。数组是一组数目固定、类型相同的元素，使用数组名和一个或多个索引值就可以访问数组中的任意元素。数组的索引值是从 0 开始的无符号整数值，每一维数组都有一个索引。

　　将数组和循环合并使用，提供了一种非常强大的编程技术。使用数组可以在循环中处理类型相同的大量数据值，无论有多少数据值，操作所需的代码量都是相同的。还可以用多维数组组织数据。建立这样的数组，每一维数组都用某个特性来选择一组元素，例如与某个时间或地点相关的数据。给多维数据应用嵌套的循环，可以用非常少的代码处理所有的数组元素。

　　前面的章节主要介绍了数字的处理，但没有处理过文本。下一章将编写可以处理和分析字符串的程序。但首先完成如下练习，巩固本章学习的内容。

5.12 习题

以下的习题可测试读者对本章的掌握情况。如果有不懂的地方，可以翻看本章的内容。还可以从 Apress 网站(www.apress.com)下载答案，但这应是最后一种方法。

习题 5.1 编写一个程序，从键盘上读入 5 个 double 类型的值，将它们存储到一个数组中。计算每个值的倒数(值 x 的倒数是 1.0/x)，将结果存储到另一个数组中。输出这些倒数，并计算和输出倒数的总和。

习题 5.2 定义一个数组 data，它包含 100 个 double 类型的元素。编写一个循环，将以下的数值序列存储到数组的对应元素中。

```
1/(2*3*4) 1/(4*5*6) 1/(6*7*8) ... up to 1/(200*201*202)
```

编写另一个循环，计算：

```
data[0] - data[1] + data[2] - data[3] + ... -data[99]
```

将这个结果乘以 4.0，加 3.0，输出最后的结果。

习题 5.3 编写一个程序，从键盘上读入 5 个值，将它们存储到一个 float 类型的数组 amounts 中。创建两个包含 5 个 long 元素的数组 dollars 和 cents。将 amounts 数组元素的整数部分存储到 dollars 的对应元素中，amounts 数组元素的小数部分存储到 cents 中，只保存两位数字(例如：amounts[1]的值是 2.75，则把 2 存储到 dollars[1]中，把 75 存储到 cents[1]中)。以货币格式输出这两个 long 类型数组的值(如$2.75)。

习题 5.4 定义一个 double 类型的二维数组 data[11][5]。用 2.0~3.0 的值初始化第一列元素(每步增加 0.1)。如果行中的第一个元素值是 x，该行的其他元素值分别是 $1/x$，x^2、x^3 和 x^4。输出数组中的值，每一行放在一行上，每一列要有标题。

习题 5.5 编写一个程序，计算任意多个班级的学生的平均分。该程序应读取所有班级里学生的所有成绩，再计算平均值。给每个班级输出每个学生的平均分，以及班级的平均分。

第6章

■■■■

字符串和文本的应用

本章将探讨如何使用字符数组，以扩展数组知识。我们经常需要将文本字符串用作一个实体，不过 C 语言没有提供字符串数据类型，而是使用 char 类型的数组元素存储字符串。本章将介绍如何创建和处理字符串变量，标准库函数如何简化字符串的处理(包含 C 语言库的拓展 1)。

本章的主要内容：
- 如何创建字符串变量
- 如何连接两个或多个字符串，形成一个字符串
- 如何比较字符串
- 如何使用字符串数组
- 哪些库函数能处理字符串，如何应用它们

6.1 什么是字符串

字符串常量的例子非常常见。字符串常量是放在一对双引号中的一串字符或符号。一对双引号之间的任何内容都会被编译器视为字符串，包括特殊字符和嵌入的空格。每次使用 printf()显示信息时，就将该信息定义成字符串常量了。以下的语句是用这种方法使用字符串的例子：

```
printf("This is a string.");
printf("This is on\ntwo lines!");
printf("For \" you write \\\".");
```

上面代码中使用的 3 个字符串如图 6-1 所示。存储在内存中的字符码的十进制值显示在这些字符的下方。

第一个字符串是一系列字符后跟一个句号。printf()函数会把这个字符串输出为：

```
This is a string.
```

第二个字符串有一个换行符\n，所以字符串显示在两行上。

```
This is on
two lines!
```

第三个字符串有点难以理解，但 printf()函数的输出很清楚。

```
For " you write \".
```

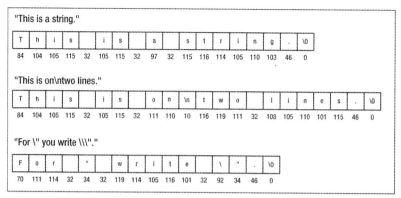

图 6-1　内存中的字符串例子

必须把字符串中的双引号写为转义序列\"，因为编译器会把双引号看作字符串的结尾。要在字符串中包含反斜杠，也必须使用转义序列\\，因为字符串中的反斜杠总是表示转义序列的开头。

如图 6-1 所示，每个字符串的末尾都添加了代码值为 0 的特殊字符，这个字符称为空字符，写为\0。C 中的字符串总是由\0 字符结束，所以字符串的长度永远比字符串中的字符数多 1。

注意： 空字符不要和 NULL 混淆。空字符是字符串的终止符，而 NULL 是一个符号，表示不引用任何内容的内存地址。

可以自己将\0 字符添加到字符串的结尾，但是这会使字符串的末尾有两个\0 字符。下面的程序说明了空字符\0 是如何运作的。

```
// Program 6.1 Displaying a string
#include <stdio.h>

int main(void)
{
  printf("The character \0 is used to terminate a string.");
  return 0;
}
```

编译并运行这个程序，会得到如下输出。

```
The character
```

这可不是我们期望的结果：仅显示了字符串的第一部分。这个程序显示了前两个字符后就结束输出，是因为 printf()函数遇到第一个空字符\0 时，就会停止输出。即使在字符串的末尾还有另一个\0，也永远不会执行它。在遇到第一个\0 时，就表示字符串结束了。

6.2 存储字符串的变量

C 语言对变量存储字符串的语法没有特殊的规定，而且 C 根本就没有字符串变量，也没有处理字符串的特殊运算符。但这不成问题，因为标准库提供了许多函数来处理字符串，下面先看看如何创建表示字符串的变量。

如本章开头所述,可以使用 char 类型的数组保存字符串。这是字符串变量的最简单形式。char
数组变量的声明如下:

```
char saying[20];
```

这个变量可以存储一个至多包含 19 个字符的字符串,因为必须给终止字符提供一个数组元
素。当然也可以使用这个数组存储 20 个字符,那就不是一个字符串了。

▓ **警告:** 声明存储字符串的数组时,其大小至少要比所存储的字符数多 1,因为编译器会自动在
字符串常量的末尾添加\0。

也可以用以下的声明初始化前面的字符串变量。

```
char saying[] = "This is a string.";
```

这里没有明确定义这个数组的大小。编译器会指定一个足以容纳这个初始化字符串常量的数
值。在这个例子中它是 18,其中 17 个元素用于存储字符串中的字符,再加上一个额外的终止字
符\0。当然可以指定这个数值,但如果让编译器指定,可以确保它一定正确。

也可以用一个字符串初始化 char 类型数组的部分元素。例如:

```
char str[40] = "To be";
```

这里编译器会使用指定字符串的字符初始化从 str[0]到 str[4]的前 5 个元素,而 str[5]含有空字
符'\0'。当然,数组的所有 40 个元素都会被分配空间,可以任意方式使用。

初始化一个 char 数组,将它声明为常量,是处理标准信息的好方法。

```
const char message[] = "The end of the world is nigh.";
```

将 message 声明为常量,它就不会在程序中被显式更改。只要试图更改它,编译器都会产生
错误信息。当标准信息在程序中的许多地方使用时,这种定义标准信息的方法特别有用。它可以
防止在程序的其他部分意外地修改这种常量。当然,假使必须改变这条信息,就不应将它指定
为 const。

要引用存储在数组中的字符串时,只需要使用数组名即可。例如,如果要用 printf()函数输出
存储在 message 中的字符串,可以编写:

```
printf("\nThe message is: %s", message);
```

这个%s 说明符用于输出一个用空字符终止的字符串。函数 printf()会在第一个参数的%s 位置,
输出 message 数组中连续的字符,直到遇到\0 字符为止。当然,char 数组的执行方式与其他类型
的数组一样,可以用相同的方式使用它。字符串处理函数唯一需要特别考虑的是'\0'字符,所以从
外表看来,包含字符串的数组没有什么特别的。

使用 char 数组存储许多不同的字符串时,必须用足以容纳要存储的最大字符串长度来声明数
组的大小。在大多数情况下,一般的字符串都会小于这个最大值,所以确定字符串的长度是很重
要的,特别是要给字符串添加更多的字符。下面用一个例子说明。

试试看：确定字符串的长度

这个例子将初始化两个字符串，然后确定每个字符串有多少个字符，不包含空字符。

```
// Program 6.2 Lengths of strings
#include <stdio.h>
int main(void)
{
  char str1[] = "To be or not to be";
  char str2[] = ",that is the question";
  unsigned int count = 0;              // Stores the string length

  while (str1[count] != '\0')          // Increment count till we reach the
    ++count;                           // terminating character.

  printf("The length of the string \"%s\" is %d characters.\n", str1, count);

  count = 0;                           // Reset count for next string
  while (str2[count] != '\0')          // Count characters in second string
    ++count;

  printf("The length of the string \"%s\" is %d characters.\n", str2, count);
  return 0;
}
```

这个程序的输出是：

```
The length of the string "To be or not to be" is 18 characters.
The length of the string ",that is the question" is 21 characters.
```

代码的说明
首先声明一些变量。

```
char str1[] = "To be or not to be";
char str2[] = ",that is the question";
unsigned int count = 0;                 // Stores the string length
```

声明两个 char 类型的数组，每个数组都初始化为一个字符串。编译器把每个数组的大小都设置为能容纳其字符串和终止字符。接着声明并初始化一个计数器 count，用于记录字符串的长度。

接下来，用 while 循环确定第一个字符串的长度。

```
while (str1[count] != '\0')          // Increment count till we reach the
++count;                             // terminating character.
```

这个循环使用 count 遍历 str1 数组中的元素。为了确定 str1 的长度，在 while 循环中不断地递增 count，直到到达标记字符串尾的空字符为止。循环结束时，变量 count 就包含了字符串的字符个数，但不包含终止字符。

while 循环条件比较 str1[count]元素的值和'\0'，但这个循环一般如下所示。

```
while(str1[count])
  ++count;
```

'\0'字符的 ASCII 码是 0，对应于布尔值 false。其他 ASCII 码都不是 0，对应布尔值 true。因此，只要 str1[count]不是'\0'，循环就继续执行，与上一个版本相同。

警告：这个循环还可能写成：

```
while (str1[count++] != '\0');    // Wrong!
```

使用后缀运算符递增 count 的值，所以在表达式中使用了其值后再递增。但是这会生成错误的结果。此时，即使循环条件是 false，count 还会递增，所以其值比字符串的实际长度大 1。

确定了长度后，用下面的语句显示字符串。

```
printf("The length of the string \"%s\" is %d characters.\n", str1, count);
```

这也显示了字符串包含的字符数，但不包含终止字符。注意使用新的格式说明符%s，%s 在前面已介绍过了。这会输出字符串中的字符，直到遇到终止字符为止。如果没有终止字符，它将一直输出字符，直到在内存某处找到一个终止字符为止。在某些情况下，输出会非常多，或者程序崩溃。上面的语句也使用转义序列\"在字符串中包含一个双引号。如果没有在双引号前加上反斜杠，编译器会把它当作 printf()函数的第一个参数中的字符串结尾，因此该语句会产生一条错误信息。

确定第二个字符串的长度和显示其结果的方式，与第一个字符串完全相同。

字符串数组

可以使用 char 类型的二维数组存储字符串，数组的每一行都用来存储一个字符串。这样，就可以存储一整串字符串，通过一个变量名引用它们。例如：

```
char sayings[3][32] = {
                        "Manners maketh man.",
                        "Many hands make light work.",
                        "Too many cooks spoil the broth."
                      };
```

这条语句创建了一个数组，它包含 3 行，每行 32 个字符。括号中的字符串按顺序指定数组的 3 行 sayings[0]、sayings[1]和 sayings[3]。注意，不需要用括号将每个字符串括起来。编译器能推断出每个字符串初始化数组的一行。第一维指定数组可以包含的字符串个数，第二维指定为 32，刚好能容纳最长的字符串(包含\0 终止字符)。

在引用数组的元素时，例如 sayings[i][j]，第一个索引 i 指定数组中的行，第二个索引 j 指定该行中的一个字符。要引用数组中包含一个字符串的一整行，只需要在方括号中包含一个索引值。例如 sayings[1]引用数组的第二个字符串，"Many hands make light work."。

在字符串数组中，必须指定第二维的大小，也可以让编译器计算数组有多少个字符串。上述定义可以写成：

```
char sayings[][32] = {
                        "Manners maketh man.",
                        "Many hands make light work.",
                        "Too many cooks spoil the broth."
                      };
```

因为有 3 个初始字符串，编译器会将数组的第一维大小指定为 3。当然，还必须确保第二维的空间足以容纳最长的字符串，包含终止字符。

可以用下列代码输出 3 句格言。

```
for(unsigned int i = 0 ; i < sizeof(sayings)/ sizeof(sayings[0]) ; ++i)
  printf("%s\n", sayings[i]);
```

使用 sizeof 运算符可以确定数组中的字符串个数。前一章学习了这个内容。char 数组与其他类型的数组没有区别。在示例中，sayings 是一个一维数组。表达式 sayings[i]使用一个索引来引用数组中的一行，这等价于访问 sayings 数组中索引位置为 i 的一维数组。

将上面的例子改为使用一个数组。

试试看：字符串数组

更改前面的例子，确定二维数组中的字符串个数和每个字符串的长度。

```
// Program 6.3 Arrays of strings
#include <stdio.h>

int main(void)
{
  char str[][70] = {
              "Computers do what you tell them to do, not what you want them to do.",
              "When you put something in memory, remember where you put it.",
              "Never test for a condition you don't know what to do with.",
                  };
  unsigned int count = 0;                              // Length of a string
  unsigned int strCount = sizeof(str)/sizeof(str[0]);  // Number of strings
  printf("There are %u strings.\n", strCount);

  // find the lengths of the strings
  for(unsigned int i = 0 ; i < strCount ; ++i)
  {
    count = 0;
    while (str[i][count])
      ++count;

    printf("The string:\n    \"%s\"\n contains %u characters.\n", str[i], count);
}

  return 0;
}
```

这个程序的输出如下。

```
There are 3 strings.
The string:
    "Computers do what you tell them to do, not what you want them to do."
 contains 68 characters.
The string:
```

```
    "When you put something in memory, remember where you put it."
 contains 60 characters.
The string:
    "Never test for a condition you don't know what to do with."
contains 58 characters.
```

代码的说明

这个例子声明一个二维 char 数组，第一维通过初始化字符串来确定。

```
char str[][70] = {
            "Computers do what you tell them to do, not what you want them to do.",
            "When you put something in memory, remember where you put it.",
            "Never test for a condition you don't know what to do with.",
                       };
```

第二个索引值足以容纳最长字符串中的所有字符，并在字符串的末尾加上\0。第一个初始字符串用 str[0]存储，第二个初始字符串用 str[1]存储，第三个初始字符串用 str[2]存储。当然，可以在括号中添加任意多个初始字符串，编译器会调整数组第一维的大小，以容纳它们。

第一维的大小是 str 数组中的字符串个数，使用 sizeof 运算符来计算这个值，并存储在 strCount。字符串长度在一个内嵌循环中计算。

```
for(unsigned int i = 0 ; i < strCount ; ++i)
{
  count = 0;
  while (str[i][count])
    ++count;

  printf("The string:\n   \"%s\"\n contains %u characters.\n", str[i], count);
}
```

外层的 for 循环迭代字符串，内层的 while 循环迭代当前字符串中的字符，当前字符串用第一个索引值 i 选择。在 while 循环结束时，输出字符串和它包含的字符个数。这个方法显然可应用于 str 数组中有任意多个字符串的情况。该方法的缺点是，如果字符串包含的字符数远远少于数组第二维提供的字符数，就会浪费内存。下一章将学习如何避免浪费空间，以最高效的方式存储每个字符串。

6.3　字符串操作

上例说明了确定字符串长度的代码，但其实并不需要编写这样的代码。标准库提供了一个执行该操作的函数，和许多处理字符串的其他函数。要使用它们，必须把 string.h 头文件包含在源文件中。

后面面向任务的章节主要介绍 C11 标准引入的新字符串函数，它们比以前习惯使用的传统函数更安全、更健壮，它们提供了更强大的保护，可以防止出现缓存溢出等错误。但是，这个保护依赖仔细而正确的编码。

6.3.1　检查对 C11/C17 的支持

标准库提供的字符串处理函数默认集合并不安全。它们使代码包含错误的可能性很大，有时这些错误很难查找。一个较大的问题是在网络环境下使用时，它们允许恶意代码破坏程序。这些问题发生的主要原因是，无法验证数组有足够的空间执行操作。因此，C17(从 C11 开始)标准包含字符串处理函数的可选版本，它们更安全、更不容易出错，因为它们会检查数组的维数，确保它们足够大。编写安全、不易出错的代码非常重要，所以这里主要介绍对数组进行边界检查的可选字符串处理函数。在我看来，任何遵循 C17 的编译器都应实现这些可选的字符串函数。所有的可选函数名都以 _s 结尾。

很容易确定 C 编译器附带的标准库是否支持这些可选函数。只需要编译并执行如下代码：

```
// Program 6.1a Check C11/C17 versions
#include <stdio.h>

int main(void)
{
  //this line shouldn't compile in MS Visual Studio, comment it if necessary
  printf("__STDC_VERSION__ = %d\n", __STDC_VERSION__);

#if defined __STDC_LIB_EXT1__
  printf("Optional functions are defined.\n");
#else
  printf("Optional functions are not defined.\n");
#endif
  return 0;
}
```

对于 C17 和 C11 版本，__STDC_VERSION__ 宏应分别生成值 201710L 或 201112L。

根据 C11/C17 标准实现可选函数的编译器，会定义__STDC_LIB_EXT1__符号(C 语言库拓展1)。这段代码使用预处理器指令，根据是否定义了__STDC_LIB_EXT1__符号，插入两个 printf()语句中的一个。如果定义了这个符号，代码就输出消息，如下。

```
Optional functions are defined.
```

如果没有定义__STDC_LIB_EXT1__符号，就会看到如下输出。

```
Optional functions are not defined.
```

这里使用的预处理器指令(它们是以#开头的代码行)采用与 if 语句相同的执行方式。第 13 章将详细介绍预处理器指令。

要使用 string.h 中的可选函数，必须在 string.h 的 include 语句之前，在源文件中定义__STDC_WANT_LIB_EXT1__符号，来表示值 1，如下所示。

```
#define __STDC_WANT_LIB_EXT1__ 1    // Make optional versions of functions available
#include <string.h>                 // Header for string functions
```

如果没有把这个符号定义为 1，就只能使用字符串处理函数的标准集合。为什么需要这个精巧的机制，才能使用可选函数？原因是它不会中断推出 C11 标准之前编写的旧代码。显然，旧代码可能使用了一个或多个新函数名。尤其是，许多程序员以前都实现了自己的、更安全的字符串处理函数，这样就很容易与 C11/C17 库产生名称冲突。出现这种冲突时，把__STDC_WANT_LIB_EXT1__

定义为 0，禁止使用可选函数，旧代码就可以用 C11/C17 编译器编译了。

GCC 没有实现这个新的 C11/C17 特性；而 Microsoft Windows 编译器和 Pelles C 实现了。因此，请检查它是默认实现的还是需要使用外部库。

6.3.2 确定字符串的长度

strnlen_s()函数返回字符串的长度，它需要两个参数：字符串的地址(这是一维 char 数组的数组名)和数组的大小。知道数组的大小，若字符串没有结尾的\0 字符，函数就可以避免访问最后一个元素后面的内存。

该函数把字符串的长度返回为一个 size_t 类型的整数值。如果第一个参数是 NULL，就返回 0。如果在第二个参数值的元素个数中，第一个参数指定的数组不包含\0 字符，就返回第二个参数值，作为字符串的长度。

下面重写 Program 6.3 中的循环，使用 strnlen_s()函数确定字符串的长度。

```
for(unsigned int i = 0 ; i < strCount ; ++i)
  {
    printf("The string:\n     \"%s\"\n contains %zu characters.\n",
                          str[i], strnlen_s(str[i], sizeof(str[i])));
  }
```

与以前一样，for 循环迭代二维 str 数组的第一维，所以它会依次选择每个字符串。原来的内部 while 循环不再需要，现在循环体只有一个语句。printf()的第三个参数调用 strnlen_s()函数，确定 str[i]中字符串的长度。对 str[i]应用 sizeof 运算符，会给 strnlen_s()提供第二个参数值。

▓ **注意:** 确定字符串长度的标准函数是 strlen()，它只把字符串的地址作为参数。若字符串没有\0，这个函数会越过字符串的末尾。

可惜，不能使用赋值运算符以处理 int 或 double 变量的方式，将字符串从一个变量复制到另一个变量中。要对字符串执行算术赋值操作，必须逐个元素地把一个变量的字符串复制到另一个变量中。事实上，字符串变量的任何操作都不同于前面介绍的数值变量。下面介绍字符串的一些常见操作，以及如何使用库函数执行这些操作。

6.3.3 复制字符串

strcpy_s()函数可以把一个字符串变量的内容赋予另一个字符串。它的第一个参数指定复制目标，第二个参数是一个整数，指定第一个参数的大小，第三个参数是源字符串。指定目标字符串的长度，可以使函数避免覆盖目标字符串中最后一个字符后面的内存。如果源字符串比目标字符串长，就会发生这种情形。如果一切正常，该函数就返回 0；否则就返回非 0 整数值。下面是一个示例：

```
char source[] = "Only the mediocre are always at their best.";
char destination[50];
if(strcpy_s(destination, sizeof(destination), source))
  printf("An error occurred copying the string.\n");
```

if 语句的条件是一个表达式，它调用 strcpy_s()，把 source 数组的内容复制到 destination 数组中。表达式的值是 strcpy_s()的返回值。如果复制成功，该值就是 0；否则就是非 0 值。非 0 整数值对应 true，所以在这个示例中，会执行 printf()，输出一个错误消息。

■ **注意**：标准复制函数是 strcpy()。它会把第二个参数指定的字符串复制到第一个参数指定的位置上。不检查目标字符串的容量。

strncpy_s()函数可以把源字符串的一部分复制到目标字符串中。在 strcpy_s()函数名中添加 n 表示，可以至多复制指定的 n 个字符。前三个参数与 strcpy_s()相同，第四个参数指定从第三个参数指定的源字符串中复制的最大字符数。如果在复制指定的最大字符数之前，在源字符串中找到了\0，复制就停止，并把\0 添加到目标字符串的末尾。

下面是 strncpy_s()的用法。

```
char source[] = "Only the mediocre are always at their best.";
char destination[50];
if(strncpy_s(destination, sizeof(destination), source, 17))
printf("An error occurred copying the string.\n");
```

从 source 中把至多 17 个字符复制到 destination 中。在 source 的前 17 个字符中没有\0，所以会复制所有 17 个字符，函数还把\0 添加为 destination[18]中的字符，于是 destination 包含"Only the mediocre"。

6.3.4 连接字符串

连接是把一个字符串连接到另一个字符串的尾部，这是很常见的需求。例如，把两个或多个字符串合成一条信息。在程序中，将错误信息定义为几个基本的文本字符串，然后给它们添加另一个字符串，使之变成针对某个错误的信息。

把一个字符串复制到另一个字符串的末尾时，需要确保操作是否安全的两个方面：第一，目标字符串的可用空间是否足够，不会覆盖其他数据，甚或代码；第二，连接得到的字符串末尾有\0 字符。string.h 中的可选函数 strcat_s 满足这些要求。

strcat_s()函数需要 3 个参数：要添加新字符串的字符串地址，第一个参数可以存储的最大字符串长度，要添加到第一个参数中的字符串地址。该函数把一个整数错误码返回为 errno_t 类型的值，它是一个取决于编译器的整数类型。

下面是使用 strcat_s()的一个示例。

```
char str1[50] = "To be, or not to be, ";
char str2[] = "that is the question.";
int retval = strcat_s(str1, sizeof(str1), str2);
if(retval)
  printf("There was an error joining the strings. Error code = %d",retval);
else
  printf("The combined strings:\n%s\n", str1);
```

字符串 str1 和 str1 连接在一起，所以这个代码段使用 strcat_s()把 str2 追加到 str1 上。该操作把 str2 复制到 str1 的末尾，覆盖 str1 中的\0，再在最后添加一个\0。如果一切正常，strcat_s()就返回 0。如果 str1 不够大，不能追加 str2，或者有其他条件禁止该操作正确执行，返回值就非 0。

与 strncpy_s()一样，可选函数 strncat_s()把一个字符串的一部分连接到另一个字符串上。它也有一个额外的参数，指定要连接的最大字符数。下面是其工作方式：

```
char str1[50] = "To be, or not to be, ";
char str2[] = "that is the question.";
int retval = strncat_s(str1, sizeof(str1), str2, 4);
if(retval)
  printf("There was an error joining the strings. Error code = %d",retval);
else
  printf("The combined strings:\n%s\n", str1);
```

因为 strncat_s()的第四个参数是 4，所以这段代码把 str2 中的"that"追加到 str1 中，并添加\0。str2 中复制最大字符数之前出现的\0 会结束该操作。下面在一个示例中说明复制和连接字符串的工作方式。

试试看：连接字符串

这个示例把 4 个字符串合并为一个字符串。

```
// Program 6.4 Joining strings
#define __STDC_WANT_LIB_EXT1__ 1   // Make optional versions of functions available
#include <string.h>                // Header for string functions
#include <stdio.h>

int main(void)
{
  char preamble[] = "The joke is:\n\n";
  char str[][40] = {
                     "My dog hasn\'t got any nose.\n",
                     "How does your dog smell then?\n",
                     "My dog smells horrible.\n"
                         //jokes from C11 standard footnote, which are
                         removed in C17:
                         "Atomic objects are neither active nor
                         radioactive\n",
                         "Among other implications, atomic variables
                         shall not decay\n"
                   };

  unsigned int strCount = sizeof(str)/sizeof(str[0]);

  // Find the total length of all the strings in str
  unsigned int length = 0;
  for(unsigned int i = 0 ; i < strCount ; ++i)
    length += strnlen_s(str[i], sizeof(str[i]));

  // Create array to hold all strings combined
  char joke[length + strnlen_s(preamble, sizeof(preamble)) + 1];

  if(strncpy_s(joke, sizeof(joke), preamble, sizeof(preamble)))
```

```
   {
     printf("Error copying preamble to joke.\n");
     return 1;
   }

   // Concatenate strings in joke
   for(unsigned int i = 0 ; i < strCount ; ++i)
   {
     if(strncat_s(joke, sizeof(joke), str[i], sizeof(str[i])))
     {
       printf("Error copying string str[%u].", i);
       return 2;
     }
   }
   printf("%s", joke);
   return 0;
}
```

这个程序的输出如下。

```
The joke is:

My dog hasn't got any nose.
How does your dog smell then?
My dog smells horrible.
```

代码的说明

注意源文件开头定义的__STDC_WANT_LIB_EXT1__符号。没有它，可选字符串函数就不能访问。

preamble 数组包含要合并到一个字符串中的 4 个字符串中的第一个，二维数组 str 包含其他 3 个字符串。str 数组中字符串的总长度由 for 循环确定。

```
for(unsigned int i = 0 ; i < strCount ; ++i)
  length += strnlen_s(str[i], sizeof(str[i]));
```

这段代码使用 strnlen_s()获得每个字符串中的字符数。第二个参数是包含字符串的数组长度，它禁止函数访问最后一个元素后面的内存。

joke 数组包含连接所有 4 个字符串的结果，其长度在运行期间根据 preamble 数组中字符串的长度和 str 数组中所有 3 个字符串的总长度来确定。

```
char joke[length + strnlen_s(preamble, sizeof(preamble)) + 1];
```

注意维数指定语句中的+1，提供了最后的\0。必须总是记得给结尾的\0 留下空间。

使用 strncpy_s()，把 preamble 中的字符串复制到 joke 中，如下。

```
if(strncpy_s(joke, sizeof(joke), preamble, sizeof(preamble)))
{
  printf("Error copying preamble to joke.\n");
  return 1;
```

}

strncpy_s()的第四个参数确保，不复制超过源字符串 preamble 容量的字符。如果 strncpy_s()的返回值不是 0，就出现了某种错误，禁止完成复制操作。例如，如果 joke 太小，放不下字符串，就会出现这种情形。此时，if 条件是 true，调用 printf()会输出一个错误消息，程序也会停止，返回代码 1。

■ **警告**：不能把字符串连接到不包含字符串的数组中。如果希望使用 strcat_s()或 strncat_s()把 preamble 复制到 joke 中，就需要把 joke 初始化为空字符串。数组的维数在运行期间确定时，编译器就不允许在声明语句中初始化数组。要把 joke 初始化为空数组，可以使用赋值语句在 joke[0] 中存储'\0'。

下一步是在 for 循环中把 str 数组的字符串连接到 joke 上。

```
for(unsigned int i = 0 ; i < strCount ; ++i)
{
  if(strncat_s(joke, sizeof(joke), str[i], sizeof(str[i])))
  {
    printf("Error copying string str[%u].", i);
    return 2;
  }
}
```

strncat_s()函数的调用条件是 if 语句检查返回值，与 strncpy_s()一样。如果有问题，就显示一个错误消息，程序终止，并返回代码 2。

最后，程序输出 joke 中的合并字符串。输出显示，一切正常。

■ **注意**：终止程序时返回的任何非 0 值都表示异常。给异常使用不同的非 0 值，可以表示代码中出现了异常。

6.3.5　比较字符串

字符串库提供的函数还可以比较字符串，确定一个字符串是大于还是小于另一个字符串。字符串使用"大于"和"小于"这样的术语听起来有点奇怪，但是其结果相当简单。两个字符串的比较是基于它们的字符码，如图 6-2 所示，图中的字符码显示为十六进制数。

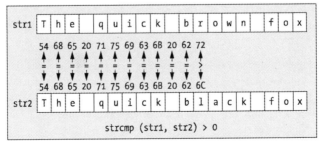

图 6-2　比较两个字符串

如果两个字符串是相同的，它们就是相等的。要确定第一个字符串是小于还是大于第二个字符串，应比较两个字符串中第一对不同的字符。例如，如果第一个字符串中某字符的字符码小于第二个字符串中的对应字符，第一个字符串就小于第二个字符串。以字母次序安排字符串时，这种比较机制一般符合我们的预期。

注意： 比较字符串没有可选函数。

函数 strcmp(str1, str2)比较两个字符串，返回一个小于、等于或大于 0 的 int 值，分别对应 str1 小于、等于和大于 str2。图 6-2 中的比较可以用如下的程序段表示。

```c
char str1[] = "The quick brown fox";
char str2[] = "The quick black fox";
if(strcmp(str1, str2) > 0)
printf("str1 is greater than str2.\n");
```

只有 strcmp()函数返回一个负数，才会执行 printf()语句。此时，strcmp()函数会在这两个字符串中找到一对不相同的字符，str1 的字符码小于 str2 的字符码。

strncmp()函数会比较两个字符串的前 n 个字符。它的前两个参数和 strcmp()函数相同，第三个类型为 size_t 的整数参数指定要比较的字符数。如果要处理的字符串中表示零件号或序列号的前 10 个字符，就可以使用这个函数。使用 strncmp()函数可以比较两个字符串的前 10 个字符，决定哪个字符串放在前面。

```c
if(strncmp(str1, str2, 10) <= 0)
  printf("\n%s\n%s", str1, str2);
else
  printf("\n%s\n%s", str2, str1);
```

这些语句会根据两个字符串中的前 10 个字符，按升序输出字符串 str1 和 str2。下面用一个示例比较字符串。

试试看：比较字符串

这个例子比较两个从键盘输入的词，还介绍了键盘输入函数 scanf()的一个可选的、更安全的替代函数，它在 stdio.h 中声明。

```c
// Program 6.5 Comparing strings
#define __STDC_WANT_LIB_EXT1__ 1  // Make optional versions of functions available
#include <stdio.h>
#include <string.h>

#define MAX_LENGTH 21             // Maximum char array length
int main(void)
{
  char word1[MAX_LENGTH];         // Stores the first word
  char word2[MAX_LENGTH];         // Stores the second word

  printf("Type in the first word (maximum %d characters): ", MAX_LENGTH - 1);
  int retval = scanf_s("%s", word1, sizeof(word1)); // Read the first word
  if(EOF == retval)
```

```
  {
    printf("Error reading the word.\n");
    return 1;
  }

  printf("Type in the second word (maximum %d characters): ", MAX_LENGTH - 1);
  retval = scanf_s("%s", word2, sizeof(word2));  // Read the second word
  if(EOF == retval)
  {
    printf("Error reading the word.\n");
    return 2;
  }

  // Compare the words
  if(strcmp(word1,word2) == 0)
    printf("You have entered identical words");
  else
    printf("%s precedes %s\n",
                      (strcmp(word1, word2) < 0) ? word1 : word2,
                      (strcmp(word1, word2) < 0) ? word2 : word1);

  return 0;
}
```

这个程序会读取两个词，按照字母顺序说明哪个词在前，输出如下。

```
Type in the first word (maximum 20 characters): Eve
Type in the second word (maximum 20 characters): Adam
Adam precedes Eve
```

代码的说明

比较函数是 string.h 中的标准函数，所以不需要定义__STDC_WANT_LIB_EXT1__，但需要把它定义为 1，才能访问 stdio.h 中更安全的替代 scanf()的函数。下面的#define 指令用#include 指令包含用于标准输入输出和处理字符串的头文件。

```
#define __STDC_WANT_LIB_EXT1__ 1 // Make optional versions of functions available
#include <stdio.h>
#include <string.h>
```

再定义一个在程序代码中使用的符号。

```
#define MAX_LENGTH 21               // Maximum char array length
```

这个符号指定存储输入的数组最大长度，所以可以输入的最大字符长度是 MAX_LENGTH-1。在代码中使用这个符号，只要修改这个符号的值，就可以改变程序输入的长度。

在 main()函数体中，先声明两个字符数组，以存储两个从键盘读入的词。

```
char word1[MAX_LENGTH];             // Stores the first word
char word2[MAX_LENGTH];             // Stores the second word
```

数组的大小设置为 MAX_ LENGTH。程序员应负责检查用户输入没有超过数组的容量。

scanf_s()函数有助于此。下面提示并读取第一个输入的词。

```
printf("Type in the first word (maximum %d characters): ", MAX_LENGTH - 1);
int retval = scanf_s("%s", word1, sizeof(word1)); // Read the first word
if(EOF == retval)
{
  printf("Error reading the word.\n");
  return 1;
}
```

printf()调用生成的提示把 MAX_LENGTH-1 显示为可以输入的最大字符长度。这就允许字符串以\0 结尾。对于每个使用%s 输入说明符读取的值,scanf_s()函数都需要两个参数,第一个是存储输入的地址,第二个是最大字符数。这里把 word1 和 sizeof(word1)提供为参数,对应于%s 格式说明符。注意这里只是使用了数组名 word1,没有把&作为存储输入的起始地址。第 5 章提到,数组名本身就是开始存储数组的地址。实际上,word1 等价于&word[0],所以使用哪一个都可以。下一章将详细解释。

scanf_s()函数返回一个整数值,如果超出了字符数限制,就返回符号 EOF 的值。stdio.h 头文件定义了 EOF。超出了最大输入限制时,if 语句就输出一个消息,并终止程序。以完全相同的方式读取 word2 的输入,重用 retval 变量,存储 scanf_s()的返回值。

使用 scanf_s()函数和%c 转换说明符读取字符时,还需要给格式字符串中的每个%c 提供两个参数。要读取一个字符,只需要编写如下代码。

```
char ch;
scanf_s("%c", &ch, sizeof(ch));
```

现在只使用了%c 读取单个字符,但也可以使用它把多个字符读取到 char 数组中。此时最大输入字符数很重要。例如:

```
char ch[5];
if(EOF == scanf_s("%c", ch, sizeof(ch)))
  printf("Error reading characters.\n");
```

scanf_s()函数在 ch 数组中至多存储 5 个字符,没有添加\0。如果输入 abcde,则每个字符都存储在 ch 的各个元素中。如果输入的字符多于 5 个,操作就会失败,函数返回 EOF。输入了比最大字符数还多的字符时,标准的 scanf()函数会覆盖 ch 数组后面的内存。

注意 scanf_s()函数需要为格式字符串中的每个%[转换说明符提供两个参数。这个说明符读取的字符必须来自给定的集合,参见附录 D。

最后使用 strcmp()函数比较这两个输入的词。

```
if(strcmp(word1,word2) == 0)
  printf("You have entered identical words");
else
  printf("%s precedes %s\n",
                    (strcmp(word1, word2) < 0) ? word1 : word2,
                    (strcmp(word1, word2) < 0) ? word2 : word1);
```

如果 strcmp()函数返回 0,这两个字符串就相等,显示这个结果的信息。否则,就输出一条信息,说明哪个词在另一个词之前。这里用条件运算符指定先输出哪个词,后输出哪个词。

6.3.6　搜索字符串

头文件<string.h>声明了几个字符串搜索函数，但是在探讨它们之前，先了解指针，这里需要这些基础知识，以理解如何使用字符串搜索函数。

1. 指针的概念

如下一章所述，C 提供了一个非常有用的变量类型，指针。指针是含有地址的变量，它含有内存中另一个包含数值的位置的引用。函数 scanf()和 scanf_s()就使用了地址。下面的第二条语句就定义了指针 pNumber：

```
int Number = 25;
int *pNumber = &Number;
```

这两条语句声明一个变量 Number(其值为 25)和一个指针 pNumber(它含有 Number 的地址。现在，可以在表达式*pNumber 中使用变量 pNumber，得到 Number 中包含的值。*是取消引用运算符，其作用是访问指针指定的地址中存储的数据。

图 6-3 展示了执行这两条语句的过程。

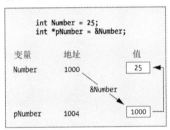

图 6-3　指针示例

图 6-3 中 Number 和 pNumber 的内存地址是随意的。&Number 的值是 Number 的地址，这个值用于在第二个语句中初始化 pNumber。

之所以提早介绍这个概念，是因为下一节讨论的函数返回指针，所以如果不先解释指针，读者就会很迷惑。但如果还是不明白，别担心，这些会在下一章中详细说明。

2. 搜索字符串中的一个字符

函数 strchr()在字符串中搜索给定的字符。它的第一个参数是要搜索的字符串(是 char 数组的地址)，第二个参数是要查找的字符。这个函数会从字符串的开头开始搜索，返回在字符串中找到的第一个给定字符的地址。这是一个在内存中的地址，其类型为 char*，表示"char 的指针"。所以要存储这个返回值，必须创建一个能存储字符地址的变量。如果没有找到给定的字符，函数就会返回 NULL，它相当于 0，表示这个指针没有指向任何对象。

函数 strchr()的用法如下：

```
char str[] = "The quick brown fox";    // The string to be searched
char ch = 'q';                          // The character we are looking for
char *pGot_char = NULL;                 // Pointer initialized to NULL
pGot_char = strchr(str, ch);            // Stores address where ch is found
```

strchr()函数的第一个参数是要查找的字符的地址，这里它是 str 的第一个元素。第二个参数是已找到的字符，这里它是 char 类型的 ch。strchr()函数希望其第二个参数是 int 类型，所以编译器在将它传给函数之前，先把 ch 的值转换为 int 类型。

也可以将 ch 定义为 int 类型，如下。

```
int ch = 'q';                    // Initialize with character code for q
```

函数经常要求将字符作为 int 类型参数传入，因为 int 类型比 char 类型更易用。而表示文件尾的 EOF 字符是一个负整数，如果 char 是一个无符号类型，就不能表示负整数。图 6-4 说明了使用 strchr()函数搜索的结果。

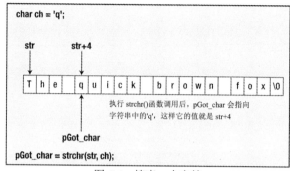

图 6-4　搜索一个字符

在字符串中，第一个字符的地址是数组名称 str 指定的。'q'是字符串中的第 5 个字符，所以它的地址是 str+4，与第一个字符偏移 4 字节。因此变量 pGot_char 将含有地址 str+4。

在表达式中使用变量名称 pGot_char 可以访问地址。如果要访问存储该地址中的字符，就必须取消对这个指针的引用。为此，在指针变量名之前使用取消引用运算符*。例如：

```
printf("Character found was %c.", *pGot_char);
```

下一章将详细介绍取消引用运算符。当然，我们要查找的字符不一定在字符串中，所以不要试图取消对 NULL 指针的引用。如果尝试取消对 NULL 指针的引用，程序会崩溃。只要使用 if 语句就可以避免这种情况，如下。

```
if(pGot_char)
  printf("Character found was '%c'.", *pGot_char);
```

NULL 指针值转换为 bool 值 false，非 NULL 指针值转换为 true。如果 pGot_char 是 NULL，if 表达式就是 false，不调用 printf()语句。现在，只要变量 pGot_char 不是 NULL，就执行 printf() 语句。这个代码段的输出是：

```
Character found was 'q'.
```

当然，pGot_char 包含从 ch 开始的子字符串的地址，可以使用如下语句输出它。

```
printf("The substring beginning with '%c' is: \"%s\"\n", ch, pGot_char);
```

这个语句的输出是：

```
The substring beginning with 'q' is: "quick brown fox"
```

使用下面的代码很容易搜索一个字符的多个实例。

```
char str[] = "Peter piper picked a peck of pickled pepper.";
                                    // The string to be searched
char ch = 'p';                      // The character we are looking for
char *pGot_char = str;              // Pointer initialized to string start
int count = 0;                      // Number of times found
while(pGot_char = strchr(pGot_char, ch))
                                    // As long as NULL is not returned...
{                                   // ...continue the loop.
  ++count;                          // Increment the count
  ++pGot_char;                      // Move to next character address
}
printf("The character '%c' was found %d times in the following string:\n\"%s\"\n",ch,
                                            count, str);
```

编译器可能发出一个警告：在循环条件中使用了=运算符。许多编译器都会发出这个警告，因为这通常是一个错误，表示它应是==，而不是=。这个代码段的输出如下。

```
The character 'p' was found 8 times in the following string:
"Peter piper picked a peck of pickled pepper."
```

pGot_char 指针用字符串 str 的地址初始化。搜索在 while 循环条件中进行。调用 strchr()函数，开始在 pGot_char 的地址中搜索 ch，最初该地址是开始保存 str 的地方。返回值存储回 pGot_char 中，所以这个值确定循环是否继续。如果找到了 ch，就给 pGot_char 赋予在字符串中找到 ch 的地址，循环继续执行。在循环体中，递增找到字符的次数，还要递增 pGot_char，使它包含的地址引用找到 ch 的位置后面的字符。接着下一个循环迭代从这个新地址开始搜索。strchr()返回 NULL 时，循环结束。

函数 strrchr()基本上类似于 strchr()的操作，其两个参数是相同的。第一个是要搜索的字符串的地址，第二个参数是要查找的字符。但 strrchr()从字符串的末尾开始查找字符。因此，它返回字符串中的最后一个给定字符的地址，如果找不到给定字符，就返回 NULL。

3. 在字符串中查找子字符串

strstr()函数是所有搜索函数中最有用的函数，它查找一个字符串中的子字符串，返回找到的第一个子字符串的位置指针。如果找不到匹配的子字符串，就返回 NULL。如果返回值不是 NULL，就说明这个函数找到了所需的子字符串。这个函数的第一个参数是要搜索的字符串，第二个参数是要查找的子字符串。下面有一个使用 strstr()函数的例子。

```
char text[] = "Every dog has his day";
char word[] = "dog";
char *pFound = NULL;
pFound = strstr(text, word);
```

这些语句在字符串 text 中寻找 word 中包含的子字符串。字符串"dog"出现在 text 的第 7 个位置，所以 pFound 设定为地址 text+6。这个搜索是区分大小写的，所以如果在 text 字符串中查找的是"Dog"，就找不到匹配的子字符串。

试试看：搜索字符串

下面的部分代码已经讨论过了：

```c
// Program 6.6 A demonstration of seeking and finding
#include <stdio.h>
#include <string.h>

int main(void)
{
  char str1[] = "This string contains the holy grail.";
  char str2[] = "the holy grail";
  char str3[] = "the holy grill";

  // Search str1 for the occurrence of str2
  if(strstr(str1, str2))
    printf("\"%s\" was found in \"%s\"\n",str2, str1);
  else
    printf("\n\"%s\" was not found.", str2);

  // Search str1 for the occurrence of str3
  if(!strstr(str1, str3))
    printf("\"%s\" was not found.\n", str3);
  else
    printf("\nWe shouldn't get to here!");
  return 0;
}
```

这个程序会产生如下输出。

```
"the holy grail" was found in "This string contains the holy grail."
"the holy grill" was not found.
```

代码的说明

注意，要使用任何字符串处理函数，必须使用#include 指令添加<string.h>头文件。接着定义3个字符串 str1、str2 和 str3。

```c
char str1[] = "This string contains the holy grail.";
char str2[] = "the holy grail";
char str3[] = "the holy grill";
```

在第一个 if 语句中，使用库函数 strstr()在第一个字符串中搜索第二个字符串。

```c
if(strstr(str1, str2))
  printf("\"%s\" was found in \"%s\"\n",str2, str1);
else
  printf("\n\"%s\" was not found.", str2);
```

比较 strstr()的返回值和 NULL，显示一条对应的信息。如果返回值不等于 NULL，就表示在 str1 中找到了 str2，此时 if 表达式转换为 true，执行第一个 printf()。如果在 str1 中没有找到 str2，if 表达式就是 NULL，转换为 false，所以执行 else，显示没有找到字符串的信息。

然后，在第二个 if 语句中重复这个过程，在第一个字符串中查找第三个字符串。

```
if(!strstr(str1, str3))
  printf("\"%s\" was not found.\n", str3);
else
  printf("\nWe shouldn't get to here!");
```

这里没有在 str1 中找到 str3，所以 strstr()返回 NULL。!NULL 表达式转换为 true，所以执行第一个 printf()语句。如果最后一个 printf()生成了结果，就表示程序有严重的错误。

6.3.7 对字符串进行标记

标记是字符串中用某些预定义界定符界定的一个字符序列。例如，把这个句子看作一个字符串，则单词用空格、逗号和句点来界定。

把句子分解为单词称为语汇单元化(tokenizing)。标准库提供了 strtok()函数，来单元化字符串。它需要两个参数：要单元化的字符串，和包含所有可能的界定符的字符串。也有一个可选的单元化函数 strtok_s()，它使用起来比标准函数更安全，这里会描述其工作方式。因为它是一个可选的标准函数，所以需要把__STDC_WANT_LIB_EXT1__s 符号定义为 1，才能使用它。

strtok_s()的工作方式有点复杂，因为它允许多次调用函数，在单个字符串中连续查找界定符。这里先解释必须提供的参数，再解释函数的操作。

strtok_s()函数需要 4 个参数。

(C17 和 Microsoft Visual Studio strtok_s 有不同的签名。C17 还有一个参数。)

- str: 要单元化的字符串的地址。执行第一次单元化后，对同一个字符串执行第二次和后续的单元化操作时，这个参数就是 NULL。
- str_size: 包含数组长度的整数变量的地址，在该数组中存储了第一个参数。在当前搜索后，函数会更新这个参数，使之存储字符串中要单元化的剩余字符数。(此参数在 Microsoft 实现中不存在，不能写入。)
- delimiters:包含所有可能界定符的字符串的地址。
- pptr: 指向 char*型变量的指针，函数在该变量中存储信息，允许在找到第一个标记后，继续搜索标记。

■ 注意：指向 char*型变量的指针是 char**类型，详见下一章。当然，对于 char*型的变量 ptr，指向它的指针是&ptr。

该函数返回 char*类型的指针，指向标记的第一个字符。如果没有找到标记，就指向 NULL。这表示字符串为空，或者只包含界定符。搜索多个标记时，strtok_s()的操作如下。

(1) 在第一次调用函数时，若 str 不是 NULL，就搜索 str，找到第一个不是界定符的字符。如果没有找到该字符，就说明字符串中没有标记，函数就返回 NULL。如果找到了非界定符，函数就在后续字符中搜索界定符。找到界定符后，就用\0 替代它，终止标记，然后再次调用函数，把NULL 作为第一个参数，来查找另一个标记。

(2) 在搜索给定字符串的第二次和后续调用中，第一个参数必须是 NULL，第二和第四个参数必须是第一次函数调用时使用的相同参数。如果知道自己在做什么，就可以提供不同的delimiters 字符串参数。函数从 str 中插入上一个\0 的位置开始搜索非界定符。如果没有找到该字符，就返回 NULL；如果找到了，就搜索 str 中的后续字符，查找 delimiters 中的界定符。如果找到了界定符，就用\0 替代它，终止标记。然后再次调用函数，把 NULL 作为第一个参数，来查找另一个标记。

如果仍不明白 strtok_s()的操作，可以看看下面的示例。但要使用它处理从键盘输入的文本，需要一种读取一串字符的方式。stdio.h 中的 gets_s()就可以实现该功能。这是一个可选函数，因为它替代了 gets()，gets()现在是一个废弃的函数，不应使用它。

gets_s()函数需要两个参数。第一个是数组 str 的地址，该数组包含要存储的字符；第二个参数是数组的大小。该函数至多从键盘上读取比数组长度小 1 个字符，包括空格。如果在 str 中存储了最大字符数后，又输入了更多的字符，就会舍弃它们。按下回车键会终止输入。函数在读取的最后一个字符后面添加\0。如果只按下回车键，而没有输入字符，str[0]就设置为\0。如果一切正常，gets_s()就返回 str，否则返回 NULL。下面的示例会演示其工作方式，它单元化了输入的文本。

试试看：对字符串进行标记

这个程序从输入的文本中提取所有单词。

```c
// Program 6.7 Find all the words
#define __STDC_WANT_LIB_EXT1__ 1 // Make optional versions of functions available
#include <stdio.h>
#include <string.h>
#include <stdbool.h>

int main(void)
{
  char delimiters[] = " \".,;:!?)(";   // Prose delimiters
  char buf[100];                       // Buffer for a line of keyboard input
  char str[1000];                      // Stores the prose to be tokenized
  char* ptr = NULL;                    // Pointer used by strtok_s()
  str[0] = '\0';                       // Set 1st character to null
  size_t str_len = sizeof(str);
  size_t buf_len = sizeof(buf);
  printf("Enter some prose that is less than %zd characters.\n"
          "Terminate input by entering an empty line:\n", str_len);

  // Read multiple lines of prose from the keyboard
  while(true)
  {
    if(!gets_s(buf, buf_len))          // Read a line of input
    {
      printf("Error reading string.\n");
      return 1;
    }
    if(!strnlen_s(buf, buf_len))       // An empty line ends input
      break;

    if(strcat_s(str, str_len, buf))    // Concatenate the line with str
    {
      printf("Maximum permitted input length exceeded.\n");
      return 1;
    }
  }
```

```
printf("The words in the prose that you entered are:\n", str);

// Find and list all the words in the prose
unsigned int word_count = 0;
char * pWord = strtok_s(str, &str_len, delimiters, &ptr); // Find 1st word
// use this line instead, for Microsoft compiler:
// char * pWord = strtok_s(str, delimiters, &ptr);        // Find 1st word
if(pWord)[1]
{
  do
  {
    printf("%-18s", pWord);
    if(++word_count % 5 == 0)
      printf("\n");
    pWord = strtok_s(NULL, &str_len, delimiters, &ptr);  // Find subsequent words
    // use this line instead, for Microsoft compiler:
    //pWord = strtok_s(NULL, delimiters, &ptr);           // Find subsequent words
  }while(pWord);                                          // NULL ends tokenizing
  printf("\n%u words found.\n", word_count);
}
else
  printf("No words found.\n");

return 0;
}
```

下面是程序的一些输出示例。

```
Enter some prose that is less than 1000 characters.
Terminate input by entering an empty line:
My father's family name being Pirrip, and my Christian name Philip,
 my infant tongue could make of both names nothing longer
   or more explicit than Pip.
So, I called myself Pip, and came to be called Pip.
The words in the prose that you entered are:
My                father's          family            name              being
Pirrip            and               my                Christian          name
Philip            my                infant            tongue            could
Make              of                both              names             nothing
Longer            or                more              explicit           than
Pip               So                I                 called            myself
Pip               and               came              to                be
Called            Pip
37 words found.
```

代码的说明
界定符集合有点随意，但包含散文中常见的大多数界定符。

```
char delimiters[] = " \".,;:!?)(";       // Prose delimiters
```

声明了两个数组: buf 用于存储一行输入，str 保存要单元化的完整散文。下一个变量用于单元化过程。

```
char* ptr = NULL;                           // Pointer used by strtok_s()
```

ptr 变量保存一个字符串地址，strtok_s()函数使用它记录要单元化的字符串中的一个位置，下次调用函数时会使用这个位置。函数为了更新 ptr，需要访问其内存地址。ptr 的地址是&ptr，它传递给函数，作为第四个参数。

str 的第一个元素初始化为\0，所以它包含一个空字符串。这是必须的，以允许把第一个输入字符串连接到 str 上。

提示输入后，在循环中读取一行或多行输入。

```
while(true)
{
  if(!gets_s(buf, buf_len))                 // Read a line of input
  {
    printf("Error reading string.\n");
    return 1;
  }

  if(!strnlen_s(buf, buf_len))              // An empty line ends input
    break;

  if(strcat_s(str, str_len, buf))           // Concatenate the line with str
  {
    printf("Maximum permitted input length exceeded.\n");
    return 1;
  }
}
```

while 循环继续执行，直到执行循环体中的 break 语句为止。使用 gets_s()读取输入，是因为它可以读取字符串，包括空格，而 scanf_s()不能。gets_s()函数会把至多 buf_len-1 个字符读入 buf，并追加一个\0。与任何输入输出操作一样，这可能出问题。如果某种错误禁止 gets_s()函数成功地读取输入，它就返回 NULL(一般情况下，它返回传递为参数的地址，这里是 buffer)。因此要使用 if 语句检查读取操作是否成功。如果读取操作因某种原因失败，就输出一个消息，终止程序。键盘输入错误是相当少见的，所以后面的示例在读取键盘输入时，并不总是包含这个测试。但如果是读取文件，就必须验证读取操作是否成功。

输入一个空行时，buf 中的字符串长度就是 0，这会执行 break 语句，终止输入操作，因此终止循环。每行输入都通过 strcat_s()函数连接到 str 的当前内容上。该操作可能超出 str 的容量时，函数就返回一个非 0 值，输出一个消息，接着程序返回 1，并终止。

这个语句找到并提取了第一个标记。

```
char * pWord = strtok_s(str, &str_len, delimiters, &ptr); // Find 1st word
// use this line instead, for Microsoft compiler:
// char * pWord = strtok_s(str, delimiters, &ptr);        // Find 1st word
```

调用 strtok_s()查找第一个标记时，把 str 作为第一个参数。以后调用它查找其他标记时，必须把第一个参数设置为 NULL，这会告诉函数，要继续查找标记。返回的地址在 if 语句中测试，确保在查找更多的标记之前，至少有一个标记。没有找到标记时，strtok_s()就返回 NULL。

找到第一个标记后，输入的单元化在 do-while 循环中进行。

```
do
{
  printf("%-18s", pWord);
  if(++word_count % 5 == 0)
    printf("\n");
  pWord = strtok_s(NULL, &str_len, delimiters, &ptr);  // Find subsequent words
  // use this line instead, for Microsoft compiler:
  //pWord = strtok_s(NULL, delimiters, &ptr);           // Find subsequent words
}while(pWord);                                          // NULL ends tokenizing
```

上一次调用 strtok_s()找到的标记在循环体中输出，再次调用该函数，查找下一个标记。如果这是 NULL，循环就结束。在 word_count 中记录的计数用于控制输出，所以每行至多 5 个标记。只要值是 5 的倍数，就输出一个换行符。标记的%-18s 转换说明符在 18 个字符宽的字段中输出标记，并使之左对齐(因为其中包含-)。这里选择的字段宽度允许在书页中显示 5 列，而不是使用适合大多数单词的字段宽度。

另外，strtok 和 strchr 可以替换为 strbrk(字符串指针中断)，正如定义所示：成功执行后，strpbrk()将返回指向该字节的指针，如果 s1 中没有来自 s2 的字节，则返回空指针。

换句话说，它将返回指向所提供的任何分隔符字符的第一个出现的指针。

6.3.8　将换行符读入字符串

Program 6.7 有一个问题。每行输入通过按下回车键来终止，这会输入一个换行符，但 gets_s()没有把它存储在输入数组中。这意味着，如果不在一行的末尾或下一行的开头添加空格，一行中的最后一个单词就会与下一行中的第一个单词连接起来，但它们都是独立的单词。这会使输入过程非常不自然。使用 fgets()函数可以更好地实现输入过程，该函数在输入的字符串中存储换行符，来结束输入过程。这是一个很常用的输入函数，可以用于读取文件和读取键盘输入。文件输入和输出参见第 12 章。

fgets()函数需要 3 个参数：输入数组 str 的地址、要读取的最大字符数(通常是 str 的字符串长度)和输入源(对于键盘，它是 stdin)。该函数至多读取第二个参数指定的字符数-1 个字符，并追加\0。按下回车键会在 str 中存储\n，这会结束输入操作，还存储一个\0，来结束字符串。Program 6.7 的修订版本演示了这个函数。

试试看：读取换行符

在 Program 6.7 的上一个版本中，只需要修改 3 行代码。delimiters 数组现在包含\n 字符，输入操作调用 fgets()而不是 gets_s()，结束输入循环的条件现在是，检测\n 是否是 buf 中的第一个字符。

```
// Program 6.7A Reading newline characters
#define __STDC_WANT_LIB_EXT1__ 1 // Make optional versions of functions available
#include <stdio.h>
#include <string.h>
#include <stdbool.h>
```

```
int main(void)
{
  char delimiters[] = " \n\".,;:!?)(";        // Prose delimiters

  // Other declarations as Program 6.7...

  printf("Enter some prose that is less than %zd characters.\n"
         "Terminate input by entering an empty line:\n", str_len);

  // Read multiple lines of prose from the keyboard
  while(true)
  {
    if(!fgets(buf, buf_len, stdin))            // Read a line of input
    {
      printf("Error reading string.\n");
      return 1;
    }
    if(buf[0] == '\n')                         // An empty line ends input
      break;

    if(strcat_s(str, str_len, buf))            // Concatenate the line with str
    {
      printf("Maximum permitted input length exceeded.");
      return 1;
    }
  }

  // Rest of the code as for Program 6.7...
  return 0;
}
```

代码的说明

程序的工作方式与前面的示例相同，但更友好了。换行符存储在输入中，并用作界定符，所以不会出现程序上一个版本中的问题。输入空行时，换行符会存储在 buf 的第一个元素中，用于确定何时停止输入循环。buf 中的字符串长度为 1 时，也可以停止循环。

6.4 分析和转换字符串

如果需要检查字符串内部的内容，可以使用在头文件<ctype.h>(详见第 3 章)中声明的标准库函数。这些都是非常灵活的分析函数，可以测试有什么样的字符。它们还独立于计算机上的字符码。表 6-1 中的函数可以测试各种不同的字符种类。

表 6-1　字符分类函数

函数	测试内容
islower()	小写字母
isupper()	大写字母
isalpha()	大写或小写字母

(续表)

函数	测试内容
isalnum()	大写或小写字母，或数字
iscntrl()	控制字符
isprint()	可打印字符，包括空格
isgraph()	可打印字符，不包括空格
isdigit()	十进制数字('0'-'9')
isxdigit()	十六进制数字('0'-'9'、'A'-'F'、'a'-'f')
isblank()	标准空白字符(空格、'\t')
isspace()	空白字符(空格、'\n'、'\t'、'\v'、'\r'、'\f')
ispunct()	isspace()和 isalnum()返回 false 的可打印字符

这些函数的参数是要测试的字符。如果这个字符在该函数的测试内容范围之内，所有这些函数都返回一个非零的 int 值；否则返回 0。当然，这些返回值可以转换为 true 或 false，以便用作布尔值。下面使用这些函数测试字符串中的字符。

试试看：使用字符分类函数

下面的例子判断从键盘输入的一个字符串中有多少个数字、字母和标点符号。

```
// Program 6.8 Testing characters in a string
#define __STDC_WANT_LIB_EXT1__ 1    // Make optional versions of functions available
#include <stdio.h>
#include <ctype.h>
#define BUF_SIZE 100

int main(void)
{
  char buf[BUF_SIZE];                // Input buffer
  int nLetters = 0;                  // Number of letters in input
  int nDigits = 0;                   // Number of digits in input
  int nPunct = 0;                    // Number of punctuation characters

  printf("Enter an interesting string of less than %d characters:\n", BUF_SIZE);
  if(!gets_s(buf, sizeof(buf)))      // Read a string into buffer
  {
    printf("Error reading string.\n");
    return 1;
  }
  size_t i = 0;                      // Buffer index
  while(buf[i])
  {
    if(isalpha(buf[i]))
      ++nLetters;                    // Increment letter count
    else if(isdigit(buf[i]))
      ++nDigits;                     // Increment digit count
    else if(ispunct(buf[i]))
```

```
        ++nPunct;
      ++i;
    }
    printf("\nYour string contained %d letters, %d digits and %d punctuation
characters.\n",nLetters, nDigits, nPunct);
    return 0;
}
```

这个程序的输出如下。

```
Enter an interesting string of less than 100 characters:
I was born on the 3rd of October 1895, which is long ago.

Your string contained 38 letters, 5 digits and 2 punctuation characters.
```

代码的说明

这个例子相当简单。用以下 if 语句将字符串读入数组 buffer。

```
if(!gets_s(buf, sizeof(buf))) // Read a string into buffer
{
  printf("Error reading string.\n");
  return 1;
}
```

这个语句使用可选的标准库函数 gets_s()将输入的字符串读入数组 buf。这是可行的，因为 __STDC_WANT_LIB_EXT1__ 定义为 1。gets_s()函数的优点是只要 buf 数组中有足够的元素，就可以从键盘读入所有字符(包含空白)，直到按下回车键为止。在字符串的末尾会自动附加一个'\0'字符。

分析字符串的语句如下。

```
while(buf[i])
{
  if(isalpha(buf[i]))
    ++nLetters;                  // Increment letter count
  else if(isdigit(buf[i]))
    ++nDigits;                   // Increment digit count
  else if(ispunct(buf[i]))
    ++nPunct;
  ++i;
}
```

在 while 循环中逐个字符地检查输入的字符串。只要 buf[i]不包含\0，循环就继续。在 if 语句中需要检测字母、数字和标点符号。如果找到了这样的字符，就给对应的计数器加 1。在检查 buf[i]后递增 i，所以以下一次迭代时会检查下一个字符。

6.4.1 转换字符的大小写形式

标准库<ctype.h>还包含两个转换函数。函数 toupper()将小写字母转换成大写，函数 tolower()将大写字母转换成小写。这两个函数都返回转换后的字符，如果字母的大小写形式是正确的，就返回原来的字符。如果字符是不能转换的，例如标点符号，就返回原来的字符。因此，以下这些语句可以将一个字符串转换成大写。

```
for(int i = 0 ; (buf[i] = (char)toupper(buf[i])) != '\0' ; ++i);
```

这个循环会一次一个字符地遍历字符串，将 buf 数组中的整个字符串转换成大写：将小写字母转换成大写，原本已是大写的字母或不可转换的字符不变。到达终止字符'\0'时，循环就结束。这种在循环控制表达式中完成所有工作的方式在 C 语言中很常见。这里转换为 char 类型，是因为 toupper()返回 int 类型。没有这个转换，编译器就会发出一个警告。

下面的例子对一个字符串应用这些函数。

试试看：转换字符

使用函数 toupper()和函数 strstr()可以确定一个字符串是否出现在另一个字符串中(忽略大小写)。

```
// Program 6.9 Finding occurrences of one string in another
#define __STDC_WANT_LIB_EXT1__ 1 // Make optional versions of functions available
#include <stdio.h>
#include <string.h>
#include <ctype.h>
#define TEXT_LEN 100                 // Maximum input text length
#define SUBSTR_LEN 40                // Maximum substring length

int main(void)
{
  char text[TEXT_LEN];          // Input buffer for string to be searched
  char substring[SUBSTR_LEN];   // Input buffer for string sought

  printf("Enter the string to be searched (less than %d characters):\n", TEXT_LEN);
  gets_s(text, TEXT_LEN);

  printf("\nEnter the string sought (less than %d characters):\n", SUBSTR_LEN);
  gets_s(substring, SUBSTR_LEN);

  printf("\nFirst string entered:\n%s\n", text);
  printf("Second string entered:\n%s\n", substring);

  // Convert both strings to uppercase.
  for(int i = 0 ; (text[i] = (char)toupper(text[i])) != '\0' ; ++i);
  for(int i = 0 ; (substring[i] = (char)toupper(substring[i])) != '\0' ; ++i);

  printf("The second string %s found in the first.\n",
              ((strstr(text, substring) == NULL) ? "was not" : "was"));
  return 0;
}
```

这个例子的输出如下。

```
Enter the string to be searched (less than 100 characters):
Cry havoc, and let slip the dogs of war.
```

```
Enter the string sought (less than 40 characters):
The Dogs of War

First string entered:
Cry havoc, and let slip the dogs of war.
Second string entered:
The Dogs of War
The second string was found in the first.
```

代码的说明

这个程序有 3 个明显的阶段: 获取输入字符串; 将两个字符串转换成大写; 在第一个字符串中搜索第二个字符串。

首先, 使用 printf()提示用户输入字符串, 然后使用 fgets()函数, 将输入放在变量 text 中。

```
printf("Enter the string to be searched (less than %d characters):\n", TEXT_LEN);
gets_s(text, TEXT_LEN);
```

以相同的方式把要搜索的子字符串读入 substring 数组。这里的 gets_s()函数可以从键盘上读入任何字符串(包含空格), 按下回车键后, 输入就终止。第一个字符串 text 至多输入 TEXT_LEN-1 个字符, 第二个字符串 substring 至多输入 SUBSTR_LEN-1 个字符。如果输入了过多的字符, 就忽略它们, 所以该程序的操作是安全的。

当然, 如果超过了输入的限制, 字符串就会被截断, 结果也就不正确了。这可以从下述语句生成的两个字符串看出。

```
printf("\nFirst string entered:\n%s\n", text);
printf("Second string entered:\n%s\n", substring);
```

用以下的语句将两个字符串转换成大写。

```
// Convert both strings to uppercase.
for(int i = 0 ; (text[i] = (char)toupper(text[i])) != '\0' ; ++i);
for(int i = 0 ; (substring[i] = (char)toupper(substring[i])) != '\0' ; ++i);
```

这些语句使用 for 循环进行转换, 所有工作都在循环的控制表达式中完成。第一个 for 循环将 i 初始化为 0, 然后在循环的条件式中将 text 的第 i 个字符转换为大写, 将结果存回 text 中原来的位置。只要第二个循环控制表达式中 text[i]的字符码不是 0, 即除 NULL 之外的任意字符, 循环就继续执行。索引 i 在循环的第三个控制表达式中递增。第二个循环以完全相同的方法将 substring 转换成大写。

两个字符串转换成大写后, 就可以检查 text 中是否有 substring, 且无须考虑它们的大小写形式。这个测试在报告结果的输出语句里完成。

```
printf("The second string %s found in the first.\n",
                ((strstr(text, substring) == NULL) ? "was not" : "was"));
```

条件运算符根据 strstr()函数是否返回 NULL, 选择 was not 或 was 作为输出字符串的一部分。当第二个参数指定的字符串不在第一个字符串中时, strstr()函数就返回 NULL; 否则, 它返回找到的字符串的地址。

6.4.2　将字符串转换成数值

头文件<stdlib.h>声明了一些能将字符串转换成数值的函数。表 6-2 中的每个函数都需要一个指针参数，指向一个字符串或包含字符串的字符数组，该字符串代表一个数值。

表 6-2　将字符串转换成数值的函数

函数	返回值
atof()	从字符串参数中生成的 double 类型的值。double 值"无穷大"表示为字符串 INF 或 INFINITY，其中所有的字母全部大写或全部小写。'Not a Number'表示为全大写或全小写的字符串 NAN
atoi()	从字符串参数中生成的 int 类型的值
atol()	从字符串参数中生成的 long 类型的值
atoll()	从字符串参数中生成的 long long 类型的值

这 4 个函数都会忽略前导空白(使 isspace()返回 true 的字符)，也忽略不能构成数值一部分的字符后面的所有字符。

尽管这些函数是从 C99 开始定义的，但在 C17 中，定义是固定的(为了澄清而重新定义)。例如 nan、nanf 和 nanl 函数根据以下规则转换为指向的字符串。调用 nan("n-char-sequence")相当于 strtod("NAN(n-char-sequence)"，(char**)NULL)；调用 nan("")相当于 strtod("NAN()"，(char**)NULL)。其中 n-char-sequence 是字母数字字符的序列。

这些函数的用法很简单，下面是 Program 6.9a 中的部分代码示例。

```
char value_str[] = "98.4";
double value = atof(value_str);          // Convert string to floating-point
```

数组 value_str 含有 double 类型值的字符串表示。将数组名作为参数传给 atof()函数，就可以把它转换成 double 类型。其他三个函数的用法与此类似。

这些函数在需要以字符串格式读取数值时特别有用。在数据输入的顺序不确定时，需要分析这个字符串，以决定它含有什么数据。一旦知道这个字符串代表哪种数值，就可以使用适当的库函数去转换它。

还有一些更高级的函数，可以把几个子字符串转换为一个字符串来表示浮点数，如表 6-3 所示。

表 6-3　把子字符串转换为浮点数的函数

函数	返回值
strtod()	从第一个参数指定的字符串的初始部分中生成一个 double 类型的值。第二个参数是一个变量指针 ptr，其类型是 char*，函数会在其中存储子字符串后面的第一个字符的地址，该子字符串要转换为 double 值。如果没有找到能转换为 double 类型的字符串，ptr 变量就包含传递为第一个参数的地址
strtof()	float 类型的值。在所有其他方面，它都与 strtod()相同
strtold()	long double 类型的值。在所有其他方面，它都与 strtod()相同

这些函数能识别"INF""INFINITY"和"NAN"，与本节前面讨论的函数一样。它们可以识别十进制和十六进制的、带有或不带有指数的浮点数。十六进制的值必须以 0x 或 0X 开头，十六进制的浮点常量非常少见。下面把一个字符串中的几个子字符串转换为 double 值，Program 6.9b 中的部分代码如下所示。

```
double value = 0;
char str[] = "3.5 2.5 1.26";       // The string to be converted
char *pstr = str;                  // Pointer to the string to be converted
char *ptr = NULL;     // Pointer to character position after conversion
while(true)
{
  value = strtod(pstr, &ptr);     // Convert starting at pstr
  if(pstr == ptr)                 // pstr stored if no conversion...
    break;                        // ...so we are done
  else
  {
    printf(" %f", value);         // Output the resultant value
    pstr = ptr;                   // Store start for next conversion
  }
}
```

执行这段代码，会从字符串中输出 3 个浮点数。strtod()在 ptr 中存储传递为第一个参数的地址时，没有找到可以转换的字符序列，所以 pstr 从 str 开头的地址开始。转换一个子字符串时，函数会把该字符串后面的字符的地址存储在 ptr 中。这就是下一个要转换的子字符串的起始地址，因为它存储在 pstr 中。

还有转换整数值的函数。strtol()函数可以从子字符串中返回一个 long 值，它需要 3 个参数：

- 第一个参数是要转换的子字符串的地址。
- 第二个参数是变量指针 ptr，其类型是 char*，函数会在其中存储子字符串后面的第一个字符的地址，该子字符串要转换为 long 值。如果没有找到能转换为 long 类型的字符串，ptr 变量就包含传递为第一个参数的地址。
- 第三个参数是一个 int 类型的值，指定整数的进制，0 表示十进制、八进制或十六进制的有符号或无符号整型常量，它还可以是 2~36，表示值的进制。对于十六进制，子字符串可以用 0x 或 0X 开头。对于十进制或更大的进制，超过 9 的数字用字母序列表示，该字母序列从大写或小写的 a 开始。

还可以使用 strtoll()、strtoul()和 strtoull()函数，它们把子字符串分别转换为 long long、unsigned long 和 unsigned long long 类型，其工作方式与 strtol()相同。

前面所有函数的名称都有后缀，后缀是每个函数可以转换的数据类型：u unsigned、l long、d double 和 f float。因此，例如，我们可以推断 strtold 是转换为 long double 的。

下面转换字符串中的几个值，Program 6.9c 中的部分代码如下。

```
char str[] = "123 234 0xAB 111011";
char *pstr = str;
char *ptr = NULL;
long a = strtol(pstr, &ptr, 0);              // Convert base 10 value a = 123
pstr = ptr;                                  // Start is next character
unsigned long b = strtoul(pstr, &ptr, 0);   // Convert base 10 value b = 234L
pstr = ptr;                                  // Start is next character
long c = strtol(pstr, &ptr, 16);            // Convert a hexadecimal value c = 171
pstr = ptr;                                  // Start is next character
long d = strtol(pstr, &ptr, 2);             // Convert binary value d = 59
```

所存储的值显示在注释中。十六进制的子字符串即使没有前导的 0x，也会正确转换。因为它有前导的 0x，所以可以把基数指定为 0。

6.5 设计一个程序

本章就要结束了。剩下的就是利用前面所学的知识完成一个较大的程序。

6.5.1 问题

开发一个程序，从键盘上读取任意长度的一段文本，确定该文本中每个单词的出现频率(忽略大小写)。该段文本的长度不完全是任意的，因为我们要给程序中的数组大小指定一个限制，但可以使该数组存储任意大小的文本。

6.5.2 分析

要从键盘上读取一段文本，需要读取任意长度的输入行，把它们合并为一个最终包含整个段落的字符串。我们不希望截断输入行，所以 fgets()似乎是输入操作的首选函数。如果在代码的开头定义一个符号，指定存储该段落的数组大小，则只要改变该符号的定义，就可以改变程序的容量。

这段文本将包含标点符号，如果能将各个单词分隔开，就必须以某种方式处理它们。如果每个单词都用一个或多个空格相互隔开，从文本中提取单词就非常简单。为此，可以用空格替换单词中没有出现的字符。我们还要从文本段中删除所有的标点符号和其他古怪的字符。不需要保留原来的文本，但如果要保留它，可以在删除标点符号之前，进行复制。

分隔单词是很简单的，只需要提取每段连续的、没有空格的字符，作为一个单词。可以把这些单词存储在另一个数组中。我们要计算单词的出现次数(忽略大小写)，所以可以把每个单词存储为小写形式。找到一个新的单词时，必须将它与已找到的所有单词进行比较，确定它以前是否出现过。只有单词以前未出现过，才把它存储在数组中。要记录每个单词的出现次数，需要另一个数组存储单词的出现次数。这个数组需要包含的元素个数与程序找到的单词个数相同。

6.5.3 解决方案

本节列出解决问题的步骤。程序包含一系列相互独立的步骤。现在，实现该程序的方法受到目前已掌握的知识的限制，在学到第 9 章时，可以更高效地完成这个程序。

1. 步骤 1

第一步从键盘上读取段落。输入行数是任意的，所以需要使用一个无限循环。首先，定义用于实现输入机制的变量。

```
// Program 6.10 Analyzing text
#define __STDC_WANT_LIB_EXT1__ 1          // Make optional versions of functions available
#include <stdio.h>
#include <string.h>
#include <stdbool.h>

#define TEXT_LEN 10000                     // Maximum length of text
#define BUF_SIZE 100                       // Input buffer size
```

```c
#define MAX_WORDS 500                        // Maximum number of different words
#define WORD_LEN 12                          // Maximum word length

int main(void)
{
  char delimiters[] = " \n\".,;:!?)(";  // Word delimiters
  char text[TEXT_LEN] = "";                  // Stores the complete text
  char buf[BUF_SIZE];                        // Stores one input line
  char words[MAX_WORDS][WORD_LEN];           // Stores words from the text
  int nword[MAX_WORDS] = {0};                // Number of word occurrences
  int word_count = 0;                        // Number of words stored

  printf("Enter text on an arbitrary number of lines.");
  printf("\nEnter an empty line to end input:\n");

  // Read an arbitrary number of lines of text
  while(true)
  {
    // An empty string containing just a newline
    // signals end of input
    fgets(buf, BUF_SIZE, stdin);
    if(buf[0] == '\n')
      break;

    // Check if we have space for latest input
    if(strcat_s(text, TEXT_LEN, buf))
      {
        printf("Maximum capacity for text exceeded. Terminating program.\n");
        return 1;
      }
  }

  // The code to find the words in the text array...

  // The code to output the words...

  return 0;
}
```

编译并运行这段代码。delimiters 数组是一个字符串，包含了所有可能的界定符。符号 TEXT_LEN 和 BUF_SIZE 分别指定 text 和 buffer 数组的大小。text 数组存储整个段落，buffer 数组存储一行输入。text 数组用空字符串初始化，因为要给它追加输入行。

MAX_WORDS 和 WORD_LEN 符号分别定义了要容纳的最大单词数和单词的最大长度，页面宽度使用 WORD_LEN 值，而不是单词的可能长度。单词存储在二维数组 words 中。nword 数组的每个元素都存储单词在 words 数组的对应行上出现的次数。nword 的所有元素都初始化为 0，word_count 变量存储已找到的不同单词的个数，也用作 words 和 nword 数组的索引。

为了表示输入操作的结果，用户应输入一个空行。fgets()函数将换行符存储到输入字符串中，所以按下回车键会在字符串中存储"\n"。于是 buf 的第一个字符是\n。fgets()函数从 stdin 中读取的最大字符数是 BUF_SIZE-1。如果用户输入的文本行超过了这个长度，不要紧。超过 BUF_SIZE-1 的字符会留在输入流中，在下一个循环迭代中读入。将 BUF_SIZE 设置为 10，输入超过 10 个字符的文本行，就可以检查这个输入机制是否有效。

如果连接没有完成，strcat_s()函数就返回一个非 0 整数。这是因为 text 数组中未使用的空间不足以容纳最新输入，所以使用 strcat_s()的返回值检查是否会发生这种情况。若发生了，程序就在输出一个消息后异常终止。

下面是执行这个输入操作的结果。

```
Enter text on an arbitrary number of lines.
Enter an empty line to end input:
Mary had a little lamb,
Its feet were black as soot,
And into Mary's bread and jam,
His sooty foot he put.
```

2. 步骤 2

下一步是从 text 数组中提取单词，把它们存储在 words 数组中。找到每个单词时，代码都必须检查该单词是否已在 words 数组中。如果是，就必须递增该单词在 nword 中的次数。如果找到一个新单词，就把它存储在 words 数组中的下一个空闲元素中，将 nword 数组中索引位置相同的元素设置为 1。由于 strtok_s()的工作方式，可以在查找其他单词之前找到第一个单词，代码如下。

```
size_t len = TEXT_LEN;
char *ptr = NULL;
char* pWord = strtok_s(text, &len, delimiters, &ptr);  // Find 1st word
// use this line instead, for Microsoft compiler:
//char* pWord = strtok_s(text, delimiters, &ptr);        // Find 1st word
if(!pWord)
{
  printf("No words found. Ending program.\n");
  return 1;
}
strcpy_s(words[word_count], WORD_LEN, pWord);
++nword[word_count++];
```

len 和 ptr 变量由 strtok_s()函数用于记录数据，在 text 中找到用 delimiters 数组中的字符分隔开的单词时，就要使用这些数据。因为该函数需要修改这些变量存储的值，所以必须把变量的地址传递为参数，而不是变量本身。strtok_s()函数返回找到的单词的地址，它们肯定不是 NULL，因为这是第一个单词。确认 pWord 不是 NULL 后，就把该单词复制到 words 数组中，将对应 nword 元素的值从 0 递增到 1，把 word_count 递增到 1。因为使用了递增运算符的后缀形式，所以在使用 word_count 的当前值索引数组后，递增它的值。于是 words[0]包含第一个单词，nword[0]是 1。

下面需要在 text 中查找其他的单词。

```
bool new_word = true;                               // False for an existing word
while(true)
{
  pWord = strtok_s(NULL, &len, delimiters, &ptr);  // Find subsequent word
  // use this line instead, for Microsoft compiler:
```

```
//pWord = strtok_s(NULL, delimiters, &ptr);          // Find subsequent word
if(!pWord)
  break;                                             // NULL ends tokenizing

// Check for existing word
for(int i = 0 ; i < word_count ; ++i)
{
  if(strcmp(words[i], pWord) == 0)
  {
    ++nword[i];
    new_word = false;
  }
}

if(new_word)                                         // True if new word
{
  strcpy_s(words[word_count], WORD_LEN, pWord);      // Copy to array
  ++nword[word_count++];                             // Increment count and index
}
else
  new_word = true;                                   // Reset new word flag

if(word_count > MAX_WORDS - 1)
{
  printf("Capacity to store words exceeded.\n");
  return 1;
}
}
```

找到的单词已存在于 words 数组中时，new_word 变量就设置为 false。搜索单词在无限 while 循环中进行。strtok_s() 的第一个参数表示 NULL，调用 strtok_s() 是在以前传递给函数的字符串中查找单词。如果返回 NULL，text 中就没有更多的单词，所以终止循环。找到一个单词后，for 循环就比较该单词和 words 数组中以前存储的单词。如果该单词已存在于 words 数组中，就递增 nword 数组中的对应值，把 new_word 设置为 false，表示该单词不是新的，不需要存储。在 for 循环的后面，在 if 语句中检查 new_word。如果它的值是 true，pWord 就指向一个新单词，所以把它复制到 words 中下一个空闲的元素中，并递增 nword 中的对应元素。后一个操作也会递增 word_count。如果 new_word 是 false，就表示找到的单词不是新的，只需要把它重置为 true，准备 while 循环的下一次迭代。在每次循环迭代的末尾，都要检查是否超出了 words 和 nword 数组的界限。

3. 步骤 3

最后一段代码输出单词及其出现次数。下面是本程序的完整代码，其中包含第 2 步添加的代码，这一步添加的代码显示为粗体。

```
// Program 6.10 Analyzing text
#define __STDC_WANT_LIB_EXT1__ 1 // Make optional versions of functions available
#include <stdio.h>
#include <string.h>
```

```
#include <stdbool.h>

#define TEXT_LEN 10000                    // Maximum length of text
#define BUF_SIZE 100                      // Input buffer size
#define MAX_WORDS    500                  // Maximum number of different words
#define WORD_LEN     12                   // Maximum word length

int main(void)
{
  char delimiters[] = " \n\".,;:!?)(";    // Word delimiters
  char text[TEXT_LEN] = "";               // Stores the complete text
  char buf[BUF_SIZE];                     // Stores one input line
  char words[MAX_WORDS][WORD_LEN];        // Stores words from the text
  int nword[MAX_WORDS] = {0};             // Number of word occurrences
  int word_count = 0;                     // Number of words stored

  printf("Enter text on an arbitrary number of lines.");
  printf("\nEnter an empty line to end input:\n");

  // Read an arbitrary number of lines of text
  while(true)
  {
    // An empty string containing just a newline
    // signals end of input
    fgets(buf, BUF_SIZE, stdin);
    if(buf[0] == '\n')
      break;

    // Concatenate new string & check if we have space for latest input
    if(strcat_s(text, TEXT_LEN, buf))
      {
        printf("Maximum capacity for text exceeded. Terminating program.\n");
        return 1;
      }
  }

  // Find the first word
  size_t len = TEXT_LEN;
  char *ptr = NULL;
  char* pWord = strtok_s(text, &len, delimiters, &ptr);   // Find 1st word
  // use this line instead, for Microsoft compiler:
  //char* pWord = strtok_s(text, delimiters, &ptr);       // Find 1st word
  if(!pWord)
  {
    printf("No words found. Ending program.\n");
    return 1;
  }
  strcpy_s(words[word_count], WORD_LEN, pWord);
  ++nword[word_count++];

  // Find the rest of the words
```

```
    bool new_word = true;                              // False for an existing word
    while(true)
    {
      pWord = strtok_s(NULL, &len, delimiters, &ptr);  // Find subsequent word
      // use this line instead, for Microsoft compiler:
      //pWord = strtok_s(NULL, delimiters, &ptr);       // Find subsequent word
      if(!pWord)
        break;                                          // NULL ends tokenizing

      // Check for existing word
      for(int i = 0 ; i < word_count ; ++i)
      {
        if(strcmp(words[i], pWord) == 0)
        {
          ++nword[i];
          new_word = false;
        }
      }

      if(new_word)                                      // True if new word
      {
        strcpy_s(words[word_count], WORD_LEN, pWord);   // Copy to array
        ++nword[word_count++];                          // Increment count and index
      }
      else
        new_word = true;                                // Reset new word flag

      if(word_count > MAX_WORDS - 1)
      {
        printf("Capacity to store words exceeded.\n");
        return 1;
      }
    }

    // List the words
    for(int i = 0; i < word_count ; ++i)
    {
      printf(" %-13s %3d", words[i], nword[i]);
      if((i + 1) % 4 == 0)
        printf("\n");
    }
    printf("\n");

    return 0;
}
```

在一个 for 循环中遍历单词，输出了单词及其出现次数。循环代码在每一行上输出 4 个单词及其出现次数，如果 i 的当前值是 4 的倍数，就给 stdout 写入一个换行符。

在学习完 C 语言时，可以将这个程序的代码放在几个比较短的函数中，以完全不同的方式组织这个程序。第 9 章将完成这个任务，读者在学习完第 9 章时，再看看这个例子。下面是这个程序的输出：

```
Enter text on an arbitrary number of lines.
Enter an empty line to end input:
When I makes tea I makes tea, as old mother Grogan said.
And when I makes water I makes water.
Begob, ma'am, says Mrs Cahill, God send you don't make them in the same pot.
When        1   I           4   makes       4   tea         2
as          1   old         1   mother      1   Grogan      1
said        1   And         1   when        1   water       2
Begob       1   ma'am       1   says        1   Mrs         1
Cahill      1   God         1   send        1   you         1
don't       1   make        1   them        1   in          1
the         1   same        1   pot         1
```

6.6　小结

本章应用前几章所学的技术处理字符串的一般问题。字符串的问题和数值数据类型不同，或许稍微困难一些。

本章主要用数组处理字符串，也提到了指针。这些方法在处理字符串时更有弹性，下一章将介绍许多其他方法。

6.7　习题

以下习题可测试读者对本章的掌握情况。如果有不懂的地方，可以复习本章的内容。还可以从 Apress 网站(www.apress.com)下载答案，但这应是最后一种方法。

习题 6.1　编写一个程序，从键盘上读入一个小于 1 000 的正整数，然后创建并输出一个字符串，说明该整数的值。例如，输入 941，程序产生的字符串是"Nine hundred and forty one"。

习题 6.2　编写一个程序，输入一系列单词，单词之间以逗号分隔，然后提取这些单词，并将它们分行输出，删除头尾的空格。例如，如果输入是：

```
John , Jack , Jill
```

输出将是：

```
John
Jack
Jill
```

习题 6.3　编写一个程序，从一组至少有 5 个字符串的组里，输出任意挑选的一个字符串。

习题 6.4　回文是正读反读均相同的句子，忽略空白和标点符号。例如，"Madam，I'm Adam"和 "Are we no drawn onward，we few? Drawn onward to new era？" 都是回文。编写一个程序，确定从键盘输入的字符串是否是回文。

第 7 章

指　　针

第 6 章已提到过指针，还给出使用指针的提示。本章深入探索这个主题，了解指针的功用。本章将介绍许多新概念，可能需要多次重复某些内容。本章很长，需要花一些时间学习其内容，用一些例子体验指针。指针的基本概念很简单，但是可以应用它们解决复杂的问题。指针是用 C 语言高效编程的一个基本元素。

本章的主要内容：
- 指针的概念及用法
- 指针和数组的关系
- 如何将指针用于字符串
- 如何声明和使用指针数组
- 如何编写功能更强的计算器程序

7.1　指针初探

指针是 C 语言中最强大的工具之一，它也是最容易令人困惑的主题，所以一定要在开始时正确理解其概念。在深入探讨指针时，要对其操作有清楚的认识。

第 2 和第 5 章讨论内存时，谈到计算机如何为声明的变量分配一块内存。在程序中使用变量名引用这块内存，但是一旦编译执行程序，计算机就使用内存位置的地址来引用它。这是计算机用来引用"盒子(其中存储了变量值)"的值。

请看下面的语句。

```
int number = 5;
```

这条语句会分配一块内存来存储一个整数，使用 number 名称可以访问这个整数。值 5 存储在这个区域中。计算机用一个地址引用这个区域。存储这个数据的地址取决于所使用的计算机、操作系统和编译器。在源程序中，这个变量名是固定不变的，但地址在不同的系统上是不同的。

可以存储地址的变量称为指针(pointers)，存储在指针中的地址通常是另一个变量，如图 7-1 所示。指针 pnumber 含有另一个变量 number 的地址，变量 number 是一个值为 99 的整数变量。存储在 pnumber 中的地址是 number 第一个字节的地址。"指针"这个词也用于表示一个地址，例如 "strcat_s()函数返回一个指针"。

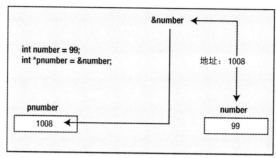

图 7-1　指针的工作原理

首先，知道变量 pnumber 是一个指针是不够的，更重要的是，编译器必须知道它所指的变量类型。没有这个信息，根本不可能知道它占用多少内存，或者如何处理它所指的内存的内容。char 类型值的指针指向占有 1 字节的值，而 long 类型值的指针通常指向占有 4 字节的值。因此，每个指针都和某个变量类型相关联，也只能用于指向该类型的变量。所以如果指针的类型是 int，就只能指向 int 类型的变量。如果指针的类型是 float，就只能指向 float 类型的变量。一般给定类型的指针写成 type*，其中 type 是任意给定的类型。

类型名 void 表示没有指定类型，所以 void*类型的指针可以包含任意类型的数据项地址。类型 void*常常用作参数类型，或以独立于类型的方式处理数据的函数的返回值类型。任意类型的指针都可以传送为 void*类型的值。在使用它时，再将其转换为合适的类型。例如，int 类型变量的地址可以存储在 void*类型的指针变量中。要访问存储在 void*指针所指地址中的整数值，必须先把指针转换为 int *类型。

虽然这是使用空指针更安全、更好的案例，但并不需要总是必须进行显式转换；这也可以通过指针算法来处理。当然，必须要知道数据类型的长度。C 标准中声明的一个相关的基本特性如下：指向 void 的指针必须与指向 char 的指针具有相同的表示和地址内存对齐方式。

qsort 是一个流行的函数，它可以对在其签名(参数)中使用 void 指针接受不同类型的元素排序；但是，它需要在转换到紧接着要使用的特定类型旁边。

本章后面介绍的 malloc()库函数分配在程序中使用的内存，返回 void*类型的指针。

7.1.1　声明指针

以下语句可以声明一个指向 int 类型变量的指针。

```
int *pnumber;
```

pnumber 变量的类型是 int *，它可以存储任意 int 类型变量的地址。

该语句还可以写作：

```
int* pnumber;
```

这条语句的作用与上一条语句完全相同，可以使用任意一个，但最好始终使用其中的一个。

这条语句创建了 pnumber 变量，但没有初始化它。未初始化的指针是非常危险的，比未初始化的普通变量危险得多，所以应总是在声明指针时对它进行初始化。重写刚才的声明，初始化 pnumber，使它不指向任何对象。

```
int *pnumber = NULL;
```

NULL 是在标准库中定义的一个常量，对于指针，它表示 0。NULL 是一个不指向任何内存位置的值。这表示，使用不指向任何对象的指针，不会意外覆盖内存。NULL 在头文件<stddef.h>、<stdlib.h>、<stdio.h>、<string.h>、<time.h>、<wchar.h>和<locale.h>中定义，只要编译器不能识别 NULL，就应在源文件中包含<stddef.h>头文件。

如果用已声明的变量地址初始化 pointer 变量，可以使用寻址运算符&。例如：

```
int number = 99;
int *pnumber = &number;
```

pnumber 的初值是 number 变量的地址。注意，number 的声明必须在 pnumber 的声明之前。否则，代码就不能编译。编译器需要先分配好空间，才能使用 number 的地址初始化 pnumber 变量。

指针的声明没有什么特别之处。可以用相同的语句声明一般的变量和指针。例如：

```
double value, *pVal, fnum;
```

这条语句声明了两个双精度浮点数变量 value 和 fnum，以及一个指向 double 的变量 pVal。从该语句中可以看出，只有第 2 个变量 pVal 是指针。考虑如下语句：

```
int *p, q;
```

上述语句声明了一个指针 p 和一个变量 q，两者都是 int 类型。把 p 和 q 都当作指针是一个很常见的错误。

7.1.2　通过指针访问值

使用间接运算符*可以访问指针所指的变量值。这个运算符也称为取消引用运算符 (dereferencing operator)，因为它用于取消对指针的引用。假设声明以下的变量：

```
int number = 15;
int *pointer = &number;
int result = 0;
```

pointer 变量含有 number 变量的地址，所以可以在表达式中使用它计算 result 的新值，如下。

```
result = *pointer + 5;
```

表达式*pointer 等于存储在 pointer 中的地址的值。这是存储在 number 中的值 15，所以 result 是 15+5，等于 20。

理论先讲到这里。下面的小程序将凸显指针变量的某些特性。

试试看：声明指针

这个例子将声明一个变量和一个指针，然后输出它们的地址和它们所含的值。

```
// Program 7.1 A simple program using pointers
#include <stdio.h>

int main(void)
{
```

```
    int number = 0;                        // A variable of type int initialized to 0
    int *pnumber = NULL;                   // A pointer that can point to type int

    number = 10;
    printf("number's address: %p\n", &number);            // Output the address
     printf("number's value: %d\n\n", number);            // Output the value

    pnumber = &number;                     // Store the address of number in pnumber

    printf("pnumber's address: %p\n", (void*)&pnumber);
                                                           // Output the address
    printf("pnumber's size: %d bytes\n", sizeof(pnumber));
                                                           // Output the size
    printf("pnumber's value: %p\n", pnumber);    // Output the value (an address)
    printf("value pointed to: %d\n", *pnumber);           // Value at the address
    return 0;
}
```

这个程序的输出如下所示。注意，实际地址在不同的计算机上是不同的。

```
number's address: 000000000012ff0c
number's value: 10

pnumber's address: 000000000012ff00
pnumber's size: 8 bytes
pnumber's value: 000000000012ff0c
value pointed to: 10
```

指针占用 8 字节，地址包含十六进制的数字。这是因为本例所用的计算机采用 64 位操作系统，且支持 64 位地址。一些编译器只支持 32 位地址，此时地址是 32 位的。

代码的说明

首先，声明一个 int 变量和一个指针。

```
int number = 0;               // A variable of type int initialized to 0
int *pnumber = NULL;          // A pointer that can point to type int
```

指针 pointer 是 int 类型指针。

声明之后，在变量 number 中存储值 10，然后用以下语句输出它的地址和值。

```
number = 10;
printf("number's address: %p\n", &number);     // Output the address
printf("number's value: %d\n\n", number);      // Output the value
```

要输出变量 number 的地址，应使用输出格式说明符%p，它以十六进制格式输出内存的地址。下一条语句使用寻址运算符&获取变量 number 的地址，将该地址存储到 pnumber 中。

```
pnumber = &number;                  // Store the address of number in pnumber
```

注意，在 pnumber 中只能存储地址。

接下来有 4 个 printf()语句，分别输出 pnumber 的地址(pnumber 所占的内存位置的第一个字节)、

pnumber 所占的字节数、存储在 pnumber 的值(它是 number 的地址)，以及在 pnumber 所含的地址中存储的值(它是存储在 number 中的值)。

为了解释清楚，下面逐行解释这些代码。第一条输出语句如下。

```
printf("pnumber's address: %p\n", (void*)&pnumber); // Output the address
```

这条语句输出 pnumber 的地址。指针本身也有一个地址，就像一般的变量一样。使用%p 作为转换说明符，以显示一个地址，然后用&(寻址)运算符引用 pnumber 变量的地址。转换为 void*，可以禁止编译器发出警告。%说明符需要某种指针类型的值，但&pnumber 的类型是指向 int 指针的指针。

接着，输出这个指针的字节数。

```
printf("pnumber's size: %d bytes\n", sizeof(pnumber));   // Output the size
```

可以像其他变量一样，使用 sizeof 运算符获得指针所占的字节数。在某台机器上，一个指针占用 8 字节，所以该机器上的内存地址是 64 位。这个语句会使编译器生成一个警告。因为 size_t 是由实现代码定义的整数类型，它可能是任何基本的整数类型，但不可能选择 char 和 short 类型。为了防止出现警告，可以把该参数转换为 int 类型，如下。

```
printf("pnumber's size: %d bytes\n", (int)sizeof(pnumber)); // Output the size
```

下一条语句输出存储在 pnumber 中的值:

```
printf("pnumber's value: %p\n", pnumber); // Output the value (an address)
```

存储在 pnumber 中的值是 number 的地址。因为这是一个地址，所以用%p 显示它，用变量名 pnumber 访问这个地址值。

最后一条输出语句如下所示。

```
printf("value pointed to: %d\n", *pnumber);   // Value at the address
```

这里使用 pnumber 访问存储在 number 中的值。*运算符的作用是访问存储在 pnumber 中的地址的数据。使用%d 是因为它是一个整数。变量 pnumber 存储 number 的地址，所以可以使用该地址访问存储在 number 中的数值。如前所述，*运算符称为间接运算符，有时也称为取消引用运算符。

所显示的地址在不同的机器上是不同的，在同一台机器上，如果程序的运行时间不同，所显示的地址也不相同。后者是因为程序不会每次都加载到相同的内存位置。一种可能的关联是其他代码以前加载到这个地址空间上，也可能有其他因素会带来影响。

number 和 pnumber 的地址是变量在这台计算机上存放的地方。它们的值存储在该地址中。number 变量是一个整数(10)，但 pnumber 变量是 number 的地址。使用*pnumber 可以访问 number 的值，即间接地使用 number 变量的值。

间接运算符*也是乘法符号，还可以用于指定指针类型。编译器不会混淆它们。编译器会根据星号出现的位置确定它是间接运算符还是乘号，还是类型指定语句的一部分。上下文决定了它的含义。

图 7-2 说明了指针的用法。这里指针的类型是 char*，即指向 char 的指针。pChar 变量只能存储 char 变量的地址。存储在 c 中的值通过指针修改。

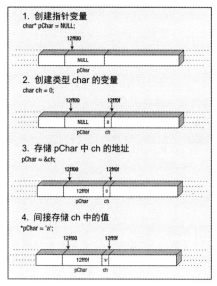

1. 创建指针变量
char* pChar = NULL;

NULL
pChar

2. 创建类型 char 的变量
char ch = 0;

NULL   0
pChar   ch

3. 存储 pChar 中 ch 的地址
pChar = &ch;

12ff0f 0
pChar   ch

4. 间接存储 ch 中的值
*pChar = 'a';

12ff0f 'a'
pChar   ch

图 7-2　使用指针

7.1.3　使用指针

可以通过指针 pnumber 访问 number 的内容，所以可以在算术语句使用取消引用的指针。
例如：

```
*pnumber += 25;
```

上述语句将变量 pnumber 所指向的地址中的值增加 25。星号*表示访问 pnumber 变量所指向
的内容。这里它是变量 number 的内容。

变量 pnumber 能存储任何 int 变量的地址。这表示可以用下面的语句改变 pnumber 指向的
变量。

```
int value = 999;
pnumber = &value;
```

重复之前的语句：

```
*pnumber += 25;
```

该语句操作的是新的变量 value。value 的新值是 1024。这表示指针可以包含同一类型的任意
变量的地址，所以使用一个指针变量可以改变其他许多变量的值，只要它们的类型与指针相同。

试试看：使用指针

下面的例子使用指针修改存储在其他变量中的值。

```
// Program 7.2 What's the pointer of it all
#include <stdio.h>

int main(void)
```

```
{
  long num1 = 0L;
  long num2 = 0L;
  long *pnum = NULL;

  pnum = &num1;                       // Get address of num1
  *pnum = 2L;                         // Set num1 to 2
  ++num2;                             // Increment num2
  num2 += *pnum;                      // Add num1 to num2

  pnum = &num2;                       // Get address of num2
  ++*pnum;                            // Increment num2 indirectly

  printf("num1 = %ld num2 = %ld *pnum = %ld *pnum + num2 = %ld\n",
                              num1, num2, *pnum, *pnum + num2);

  return 0;
}
```

运行这个程序，会得到如下输出。

```
num1 = 2 num2 = 4 *pnum = 4 *pnum + num2 = 8
```

代码的说明

printf()后面的注释使这个程序比较容易理解。首先，在 main()函数体中有这些声明。

```
long num1 = 0L;
long num2 = 0L;
long *pnum = NULL;
```

两个变量 num1 和 num2 的初值设置为 0。第三个语句声明了一个整数指针 pnum，它初始化为 NULL。

■ **警告**：声明指针时，一定要初始化它们。使用未初始化的指针存储数据项是很危险的。在使用指针存储一个值时，谁也不知道会覆盖什么内容。

下一条语句是赋值。

```
pnum = &num1;                       // Get address of num1
```

指针 pnum 设定为指向 num1，因为该语句使用寻址运算符获取 num1 的地址。

下两行语句是：

```
*pnum = 2L;                         // Set num1 to 2
++num2;                             // Increment num2
```

第一条语句利用了指针的新功能，为 pnum 取消引用，间接设定了 num1 的值 2。然后，变量 num2 以正常方式用递增运算符加 1。

之后的语句：

```
num2 += *pnum;                      // Add num1 to num2
```

这条语句把 pnum 指向的变量内容加到 num2 上。pnum 仍指向 num1,所以给 num2 加上 num1 的值。

下两条语句是:

```
pnum = &num2;                        // Get address of num2
++*pnum;                             // Increment num2 indirectly
```

首先,指针重新指向 num2。然后,通过指针间接地递增变量 num2。表达式 ++*pnum 递增了 pnum 指向的值。但如果要使用后置形式,必须写成(*pnum)++。括号很重要,它指定要递增的是数值,而不是地址。如果省略括号,就会递增 pnum 所含的地址,结果就是错误的。这是因为运算符++和一元运算符*(和一元运算符&)的优先级相同,且都是从右到左计算的。编译器会先给 pnum 应用运算符++,递增地址,然后取消对它的引用,得到它包含的值。这是一个通过指针递增数值的常见错误,所以最好在任何情况下都使用括号。

最后,在结束程序的 return 语句之前,有一条 printf()语句。

```
printf("num1 = %ld num2 = %ld *pnum = %ld *pnum + num2 = %ld\n",
                          num1, num2, *pnum, *pnum + num2);
```

它会显示 num1、num2、num2 通过 pnum 加 1 的结果,最后是以 pnum 形式出现的 num2 和 num2 的值之和。

第一次遇到指针时,很可能会弄不清楚。指针有多层意义,这就是混乱的根源。我们可以使用地址、数值、指针或变量,有时很难搞清楚到底是怎么回事。最好编写短一点的程序,使用指针得到数值,改变值,打印地址等。这是能有信心用好指针的唯一方法。

这里又一次提到运算符优先级的重要性。C 语言中所有运算符的优先级可参阅第 3 章的表 3-2,如果不清楚某个运算符的优先级,可以参阅该表。

下面的例子说明了指针如何用于键盘输入。

试试看: 接收输入时使用指针

前面使用 scanf()输入数值时,使用了&运算符获取接收输入的变量的地址,并用作传给函数的参数。有了一个含有地址的指针后,只需要使用这个指针的名字作为参数。如下面的例子:

```
// Program 7.3 Using pointer arguments to scanf_s
#define __STDC_WANT_LIB_EXT1__ 1
#include <stdio.h>

int main(void)
{
  int value = 0;
  int *pvalue = &value;                // Set pointer to refer to value

  printf ("Input an integer: ");
  scanf_s(" %d", pvalue);              // Read into value via the pointer

  printf("You entered %d.\n", value);  // Output the value entered
  return 0;
}
```

这个程序只是输出了输入的信息。输出如下：

```
Input an integer: 10
You entered 10.
```

代码的说明

scanf_s()语句中的每个参数都很清晰。

```
scanf_s(" %d", pvalue);
```

这条语句将用户输入的值存储到变量的地址中。就这个例子而言，可以使用&value。但是这里使用指针 pvalue 将 value 的地址传递给 scanf()。下面的赋值语句将 value 的地址存储到 pvalue 中。

```
int *pvalue = &value;              // Set pointer to refer to value
```

pvalue 和&value 是相同的，所以用任何一个都可以。

然后，显示 value。

```
printf("You entered %d\n", value);
```

这是一个没什么意义的例子，但它说明了指针和变量可以一起使用。

测试 NULL 指针

假定创建如下指针。

```
int *pvalue = NULL;
```

如前所述，NULL 在 C 语言中是一个特殊的常量，它是相当于数字 0 的指针。NULL 常常定义为((void*)0)。给指针赋予 0 时，就等于将它设为 NULL，所以可以编写如下语句。

```
int *pvalue = 0;
```

因为 NULL 等于 0，如果要测试指针 pvalue 是否为 NULL，可以编写如下语句。

```
if(!pvalue)
{
  // Tell everyone! - the pointer is NULL! ...
}
```

当 pvalue 是 NULL 时，!pvalue 就是 true，所以这段语句只有在 pvalue 是 NULL 时才会执行。也可以将这个测试写成如下语句。

```
if(pvalue == NULL)
{
  // Tell everyone! - the pointer is NULL! ...
}
```

7.1.4 指向常量的指针

声明指针时，可以使用 const 关键字指定，该指针指向的值不能改变。下面是声明 const 指针的例子：

```
long value = 9999L;
const long *pvalue = &value;          // Defines a pointer to a constant
```

把 pvalue 指向的值声明为 const，所以编译器会检查是否有语句试图修改 pvalue 指向的值，并将这些语句标记为错误。例如，下面的语句会让编译器生成一条错误信息。

```
*pvalue = 8888L;        // Error - attempt to change const location
```

pvalue 指向的值不能改变，但可以对 value 进行任意操作。

```
value = 7777L;
```

改变了 pvalue 指向的值，但不能使用 pvalue 指针做这个改变。当然，指针本身不是常量，所以仍可以改变它指向的值。

```
long number = 8888L;
pvalue = &number;       // OK - changing the address in pvalue
```

这会改变指向 number 的 pvalue 中的地址，仍然不能使用指针改变它指向的值。可以改变指针中存储的地址，但不允许使用指针改变它指向的值。

7.1.5 常量指针

当然，也可以使指针中存储的地址不能改变。此时，在指针声明中使用 const 关键字的方式略有区别。下面的语句可以使指针总是指向相同的对象。

```
int count = 43;
int *const pcount = &count;    // Defines a constant pointer
```

第二条语句声明并初始化了 pcount，指定该指针存储的地址不能改变。编译器会检查代码是否无意中把指针指向其他地方，所以下面的语句会在编译时生成一条错误信息。

```
int item = 34;
pcount = &item;                // Error - attempt to change a constant pointer
```

但使用 pcount，仍可以改变 pcount 指向的值。

```
*pcount = 345;                 // OK - changes the value of count
```

这条语句通过指针引用了存储在 count 中的值，并将其改为 345。还可以直接使用 count 改变这个值。

可以创建一个常量指针，它指向一个常量值。

```
int item = 25;
const int *const pitem = &item;
```

pitem 是一个指向常量的常量指针，所以所有的信息都是固定不变的。不能改变存储在 pitem 中的地址，也不能使用 pitem 改变它指向的内容。但仍可以直接修改 item 的值。如果希望所有的信息都固定不变，可以把 item 指定为 const。

7.1.6　指针的命名

我们已经开始编写相当大的程序了。程序越来越大，就越难记住哪个是一般变量，哪个是指针。因此，最好将 p 作为指针名的第一个字母。如果严格遵循这个命名方法，肯定很清楚哪个变量是指针。

7.2　数组和指针

下面复习什么是数组，什么是指针。

- 数组是相同类型的对象集合，可以用一个名称引用。例如，数组 scores[50]可以含有 50 场篮球季赛的比分。使用不同的索引值可以引用数组中的每个元素。scores[0]是第一个分数，scores[49]是最后一个分数。如果每个月有 10 场比赛，就可以使用多维数组 scores[12][10]。如果一月开始比赛，则五月的第 3 场比赛用 scores[5][2]引用。
- 指针是一个变量，它的值是给定类型的另一个变量或常量的地址。使用指针可以在不同的时间访问不同的变量，只要它们的类型相同即可。

数组和指针似乎完全不同，但它们有非常密切的关系，有时还可以互换。下面考虑字符串。字符串是 char 类型的数组。如果用 scanf_s()输入一个字符，可以使用如下语句。

```
char single = 0;
scanf_s("%c", &single, sizeof(single));
```

这里，scanf_s()需要将寻址运算符&用于 single，因为 scanf()需要存储输入数据的地址；否则它就不能修改地址。然而，如果读入字符串，可以编写如下代码。

```
char multiple[10];
scanf_s("%s", multiple, sizeof(multiple));
```

这里不需要使用&运算符，而使用了数组名称，就像指针一样。如果以这种方式使用数组名称，而没有带索引值，它就引用数组的第一个元素的地址。但数组不是指针，它们有一个重要区别：可以改变指针包含的地址，但不能改变数组名称引用的地址。

下面通过几个例子来了解数组和指针如何一起使用。这些例子串在一起，构成一个完整的练习。通过这些练习，很容易掌握指针的基本概念及其和数组的关系。

试试看：数组和指针

这个例子进一步说明了，数组名称本身引用了一个地址，执行以下程序。

```
// Program 7.4 Arrays and pointers
#include <stdio.h>

int main(void)
{
  char multiple[] = "My string";

  char *p = &multiple[0];
  printf("The address of the first array element : %p\n", p);

  p = multiple;
```

```
    printf("The address obtained from the array name: %p\n", multiple);
    return 0;
}
```

在某台计算机上的输出如下所示。

```
The address of the first array element  : 000000000012ff06
The address obtained from the array name : 000000000012ff06
```

代码的说明

可以从这个程序的输出中得到一个结论：&multiple[0]会产生和 multiple 表达式相同的值。这正是我们期望的，因为 multiple 等于数组第一个字节的地址，&multiple[0]等于数组第一个元素的第一个字节，如果它们不同，才令人惊讶。如果 p 设置为 multiple，而 multiple 的值与&multiple[0]相同，那么 p+1 等于什么？试试下面的例子。

试试看：数组和指针(续)

这个程序说明了将一个整数值加到指针上的结果。

```
// Program 7.5 Incrementing a pointer to an array
#define __STDC_WANT_LIB_EXT1__ 1
#include <stdio.h>
#include <string.h>

int main(void)
{
    char multiple[] = "a string";
    char *p = multiple;

    for(int i = 0 ; i < strnlen_s(multiple, sizeof(multiple)) ; ++i)
    printf("multiple[%d] = %c *(p%+d) = %c &multiple[%d] = %p p%+d = %p\n",
                        i, multiple[i], i, *(p+i), i, &multiple[i], i, p+i);
    return 0;
}
```

输出如下。

```
multiple[0] = a *(p+0) = a &multiple[0] = 000000000012feff p+0 = 000000000012feff
multiple[1] =   *(p+1) =   &multiple[1] = 000000000012ff00 p+1 = 000000000012ff00
multiple[2] = s *(p+2) = s &multiple[2] = 000000000012ff01 p+2 = 000000000012ff01
multiple[3] = t *(p+3) = t &multiple[3] = 000000000012ff02 p+3 = 000000000012ff02
multiple[4] = r *(p+4) = r &multiple[4] = 000000000012ff03 p+4 = 000000000012ff03
multiple[5] = I *(p+5) = i &multiple[5] = 000000000012ff04 p+5 = 000000000012ff04
multiple[6] = n *(p+6) = n &multiple[6] = 000000000012ff05 p+6 = 000000000012ff05
multiple[7] = g *(p+7) = g &multiple[7] = 000000000012ff06 p+7 = 000000000012ff06
```

代码的说明

注意输出中右边的地址列表。p 设置为 multiple 的地址，p+n 就等于 multiple+n，所以 multiple[n]与*(multiple+n)是相同的。地址加上了 1，对于元素占用 1 字节的数组来说，这正是我们期望的。

从输出的两列中可以看出，*(p+n)是给 p 中的地址加上整数 n，再对得到的地址取消引用，就计算出了与 multiple[n]相同的结果。

试试看：不同类型的数组

这很有趣，计算机可以将多个数字加在一起。下面改变数组的类型，看看会发生什么。

```
// Program 7.6 Incrementing a pointer to an array of integers
#include <stdio.h>

int main(void)
{
  long multiple[] = {15L, 25L, 35L, 45L};
  long *p = multiple;

  for(int i = 0 ; i < sizeof(multiple)/sizeof(multiple[0]) ; ++i)
    printf("address p+%d (&multiple[%d]): %llu    *(p+%d)    value:    %d\n",
                            i, i, (unsigned long long)(p+i), i, *(p+i));
  printf("\n   Type long occupies: %d bytes\n", (int)sizeof(long));
  return 0;
}
```

编译并运行这个程序，得到完全不同的结果。

```
address p+0 (&multiple[0]): 1244928    *(p+0)    value: 15
address p+1 (&multiple[1]): 1244932    *(p+1)    value: 25
address p+2 (&multiple[2]): 1244936    *(p+2)    value: 35
address p+3 (&multiple[3]): 1244940    *(p+3)    value: 45

Type long occupies: 4 bytes
```

代码的说明

这次，指针 p 设置为 multiple 的地址，而 multiple 是 long 类型的数组。该指针最初包含数组中第一个字节的地址，也就是元素 multiple[0]的第一个字节。这次地址转换为 unsigned long long 后，用%llu 转换说明符显示，所以它们都是十进制值，这将易于看出后续地址的区别。

注意看输出。在这个例子中，p 是 1244928，p+1 是 1244932，而 1244932 比 1244928 大 4，但我们仅给 p 加上了 1。这并没有错。编译器知道，给地址值加 1 时，就表示要访问该类型的下一个变量。这就是为什么声明一个指针时，必须指定该指针指向的变量类型。char 类型存储在 1字节中，long 变量一般占用 4 字节。在计算机上声明为 long 的变量占 4 字节，给 long 类型的指针加 1，结果是给地址加 4，因为 long 类型值占 4 字节。如果计算机在 8 字节中存储 long 类型，则给指向 long 的指针加 1，会给地址值加 8。

注意，这个例子可以直接使用数组名称。编写 for 循环，如下所示。

```
for(int i = 0 ; i < sizeof(multiple)/sizeof(multiple[0]) ; ++i)
    printf("address p+%d (&multiple[%d]): %llu        *(p+%d)    value: %d\n",
                i, i, (unsigned long long)(multiple+i), i,   *(multiple+i));
```

这个循环可以执行，因为表达式 multiple 和 multiple+i 都等于一个地址。我们输出这些地址的值，再使用*运算符输出这些地址存储的值。地址的算术运算规则与指针 p 相同。给 multiple 加 1，会得到数组中下一个元素的地址，即内存中 multiple 后面的 4 字节。但注意，数组名称是一个固定的地址，而不是一个指针。可以在表达式中使用数组名及其引用的地址，但不能修改它。

7.3 多维数组

前面讨论的都是一维数组与数组的关系，二维或多维数组是否相同？它们在某种程度上是相同的。然而，指针和数组名称之间的差异变得更为明显。考虑第 5 章末尾在井字程序中使用的数组。数组声明如下。

```
char board[3][3] = {
                        {'1','2','3'},
                        {'4','5','6'},
                        {'7','8','9'}
                    };
```

本节的例子将使用这个数组，探讨多维数组和指针的关系。

试试看：二维数组和指针

这个例子说明了地址和数组 board 的关系。

```
// Program 7.7 Two-dimensional arrays and pointers
#include <stdio.h>

int main(void)
{
  char board[3][3] = {
                        {'1','2','3'},
                        {'4','5','6'},
                        {'7','8','9'}
                      };

  printf("address of board       : %p\n", board);
  printf("address of board[0][0]: %p\n", &board[0][0]);
  printf("value of board[0]      : %p\n", board[0]);
  return 0;
}
```

输出如下。

```
address of board       : 000000000012ff07
address of board[0][0] : 000000000012ff07
value of board[0]      : 000000000012ff07
```

代码的说明

可以看到，3 个输出值都是相同的，从中可以得到什么推论？声明一维数组 x[n1]时，[n1]放在数组名称之后，告诉编译器它是一个有 n1 个元素的数组。声明二维数组 y[n1][n2]时，编译器就会创建一个大小为 n1 的数组，它的每个元素是一个大小为 n2 的数组。

　　如第 5 章所述，声明二维数组时，就是在创建一个数组的数组。因此，用数组名称和一个索引值访问这个二维数组时，例如 board[0]，就是在引用一个子数组的地址。仅使用二维数组名称，就是引用该二维数组的开始地址，它也是第一个子数组的开始地址。

　　总之，board、board[0] 和 &board[0][0] 的数值相同，但它们并不是相同的东西：board 是 char 型二维数组的地址，board[0] 是 char 型一维子数组的地址，它是 board 的一个子数组，&board[0][0] 是 char 型数组元素的地址。最近的加油站有 6 1/2 英里远，与帽子尺寸 6 1/2 英寸并不是一回事。也就是说，表达式 board[1] 和 board[1][0] 的地址相同。这很容易理解，因为 board[1][0] 是第二个子数组 board[1] 的第一个元素。

　　但是，用指针记号获取二维数组中的值时，仍然必须使用间接运算符，但要非常小心。如果改变上面的例子，显示第一个元素的值，就知道原因了。

```
// Program 7.7A Two-dimensional arrays and pointers
#include <stdio.h>

int main(void)
{
  char board[3][3] ={
                        {'1','2','3'},
                        {'4','5','6'},
                        {'7','8','9'}
                    };
  printf("value of board[0][0] : %c\n", board[0][0]);
  printf("value of *board[0]   : %c\n", *board[0]);
  printf("value of **board     : %c\n", **board);
  return 0;
}
```

这个程序的输出如下。

```
value of board[0][0] : 1
value of *board[0]   : 1
value of **board     : 1
```

　　可以看到，如果使用 board 获取第一个元素的值，就需要使用两个间接运算符 **board。如果只使用一个 *，只会得到子数组的第一个元素，即 board[0] 引用的地址。多维数组和它的子数组之间的关系如图 7-3 所示。

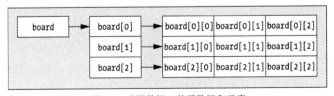

图 7-3　引用数组、其子数组和元素

　　如图 7-3 所示，board 引用子数组中第一个元素的地址，而 board[0]、board[1] 和 board[2] 引用对应子数组中第一个元素的地址。用两个索引值访问存储在数组元素中的值。明白了多维数组是怎么回事，下面看看如何使用 board 得到数组中的所有值。

注意：尽管可以把二维数组看作一维数组的数组，但这不是在内存中布置二维数组的方式。二维数组的元素存储为一个很大的一维数组，编译器确保可以像一维数组的数组那样访问它。

试试看：得到二维数组中的所有值

这个例子用 for 循环进一步改进前一个例子。

```
// Program 7.8 Getting values in a two-dimensional array
#include <stdio.h>

int main(void)
{
  char board[3][3] = {
                        {'1','2','3'},
                        {'4','5','6'},
                        {'7','8','9'}
                      };

  // List all elements of the array
  for(int i = 0 ; i < 9 ; ++i)
    printf(" board: %c\n", *(*board + i));
  return 0;
}
```

程序的输出如下。

```
board: 1
board: 2
board: 3
board: 4
board: 5
board: 6
board: 7
board: 8
board: 9
```

代码的说明

这个程序要注意在循环中取消引用 board 的方法。

```
printf(" board: %c\n", *(*board + i));
```

可以看到，使用表达式*(*board+i)可以得到一个数组元素的值。括号中的表达式*board+i 会得到 board 数组中偏移量为 i 的元素的地址。

只使用 board，就是在使用 char**类型的地址值。取消对 board 的引用，会得到相同的地址值，但其类型是 char*。给它加 i 会得到一个 char*的地址，它是内存中的第 i 个元素，即数组中的一个字符。取消对它的引用，会得到该地址中存储的内容。

　　括号在这里是很重要的。省略它们会得到 board 所指向的值(即存储在 board 中的地址所引用的值)再加上 i 的值。因此，如果 i 的值是 2，*board+i 会得到数组的第一个元素值加 2。我们真正想要的是将 i 的值加到 board 中的地址，然后对这个新地址取消引用，得到一个值。

　　下面去掉例子中的括号，看看会发生什么。改变数组的初值，使字符变成从'9'到'1'。如果去掉 printf()函数调用中表达式的括号。

```
printf(" board: %c\n", **board + i);
```

会得到如下输出。

```
board: 9
board: :
board: ;
board: <
board: =
board: >
board: ?
board: @
board: A
```

　　这是因为 i 的值加到数组 board 中的第一个元素(这个元素用表达式**board 来访问)上。在 ASCII 表中，得到的字符是从'9'到'A'。

　　另外，如果使用表达式**(board+i)，一样会导致错误的结果。此时，**(board+0)指向 board[0][0]，而**(board+1)指向 board[1][0]，**(board+2)指向 board[2][0]。如果增加的数值过大，就会访问数组以外的内存位置，因为这个数组没有第 4 个元素。

7.3.1　多维数组和指针

　　前面通过指针的表示法用数组名称引用二维数组，现在学习使用声明为指针的变量。如前所述，这有非常大的区别。如果声明一个指针，给它指定数组的地址，就可以用该指针访问数组的成员。

试试看：多维数组和指针

　　这个例子使用了多维数组和指针。

```
// Program 7.9 Multidimensional arrays and pointers
#include <stdio.h>

int main(void)
{
   char board[3][3] = {
                         {'1','2','3'},
                         {'4','5','6'},
                         {'7','8','9'}
                      };
```

```
    char *pboard = *board;                   // A pointer to char
    for(int i = 0 ; i < 9 ; ++i)
    printf(" board: %c\n", *(pboard + i));
    return 0;
}
```

输出和 Program 7.8 相同。

代码的说明

这里用数组中第一个元素的地址初始化指针，然后用一般的指针算术运算遍历整个数组。

```
char *pboard = *board;                   // A pointer to char
for(int i = 0 ; i < 9 ; ++i)
  printf(" board: %c\n", *(pboard + i));
```

注意，取消了对 board 的引用(*board)，得到了需要的地址，因为 board 是 char**类型，是指针的指针，是子数组 board[0]的地址，而不是一个元素的地址(它必须是 char*类型)。可以用以下的方式初始化指针 pboard。

```
char *pboard = &board[0][0];
```

效果相同。用下面的语句初始化指针 pboard。

```
pboard = board;                          // Wrong level of indirection!
```

这是错误的。如果这么做，至少会得到编译器的警告，理想情况下，它根本不会编译。严格地讲，这是不合法的，因为 pboard 和 board 有不同的间接级别。这个专业术语的意思是 pboard 指针引用的地址包含一个 char 类型的值，而 board 引用一个地址，那个地址引用另一个含有 char 类型值的地址。board 比 pboard 多了一级。因此，pboard 指针需要一个*，以获得地址中的值，而 board 需要两个*。一些编译器允许这么用，但是会给出一条警告信息。然而，这是很糟的用法，不应这么用!

7.3.2 访问数组元素

可以使用几种方法访问二维数组的元素。表 7-1 列出了访问 board 数组的方法。最左列包含 board 数组的行索引值，最上面的一行包含列索引值。表中对应于给定行索引和列索引的项列出了引用该元素的各种表达式。

表 7-1 访问数组元素的指针表达式

board	0	1	2
0	board[0][0] *board[0] **board	board[0][1] *(board[0]+1) *(*board+1)	board[0][2] *(board[0]+2) *(*board+2)
1	board[1][0] *(board[0]+3) *board[1] *(*board+3)	board[1][1] *(board[0]+4) *(board[1]+1) *(*board+4)	board[1][2] *(board[0]+5) *(board[1]+2) *(*board+5)

（续表）

board	0	1	2
2	board[2][0] *(board[0]+6) *(board[1]+3) *board[2] *(*board+6)	board[2][1] *(board[0]+7) *(board[1]+4) *(board[2]+1) *(*board+7)	board[2][2] *(board[0]+8) *(board[1]+5) *(board[2]+2) *(*board+8)

下面看看如何把前面所学的指针知识应用于前面没有使用指针编写的程序中，然后就可以看出基于指针的实现方式有什么不同了。第 5 章编写了一个计算帽子尺寸的例子，下面用另一种方式完成这个例子。

试试看：帽子尺寸的另一种计算方法

使用指针表示法重写帽子尺寸的例子：

```c
// Program 7.10 Understand pointers to your hat size - if you dare
#define __STDC_WANT_LIB_EXT1__ 1
#include <stdio.h>
#include <stdbool.h>

int main(void)
{
  char size[3][12] = { // Hat sizes as characters
        {'6', '6', '6', '6', '7', '7', '7', '7', '7', '7', '7', '7'},
        {'1', '5', '3', '7', ' ', '1', '1', '3', '1', '5', '3', '7'},
        {'2', '8', '4', '8', ' ', '8', '4', '8', '2', '8', '4', '8'}
                      };

  int headsize[12] =                    // Values in 1/8 inches
        {164,166,169,172,175,178,181,184,188,191,194,197};

  char *psize = *size;
  int *pheadsize = headsize;

  float cranium = 0.0f;              // Head circumference in decimal inches
  int your_head = 0;                 // Headsize in whole eighths
  bool hat_found = false;            // Indicates when a hat is found to fit

  // Get the circumference of the head
  printf("\nEnter the circumference of your head above your eyebrows"
                              " in inches as a decimal value: ");
  scanf_s(" %f", &cranium);

  your_head = (int)(8.0f*cranium);   // Convert to whole eighths of an inch

  /*******************************************************************
   * Search for a hat size:                                         *
   * Either your head corresponds to the 1st headsize element or    *
   * a fit is when your_head is greater that one headsize element   *
```

255

```
* and less than or equal to the next.                          *
* In this case the size is the second headsize value.          *
******************************************************************/

  unsigned int i = 0;                  // Loop counter
  if(your_head == *pheadsize)          // Check for min size fit
    hat_found = true;
  else
  {
    // Find head size in the headsize array
    for (i = 1 ; i < sizeof(headsize)/sizeof(*headsize) ; ++i)
    {
      if(your_head > *(pheadsize + i - 1) && your_head <= *(pheadsize + i))
      {
        hat_found = true;
         break;
      }
    }
  }

  if(hat_found)
  {
    printf("\nYour hat size is %c %c%c%c\n",
      *(psize + i),                                           // 1st row of size
      *(psize + 1*sizeof(*size)/sizeof(**size) + i),     // 2nd row of size
      (*(psize + 1*sizeof(*size)/sizeof(**size) + i) == ' ') ?' ' : '/',
      *(psize + 2* sizeof(*size)/sizeof(**size) + i));    // 3rd row of size
  }

  // If no hat was found, the head is too small, or too large
  else
  {
    if(your_head < *pheadsize)                          // check for too small
      printf("\nYou are the proverbial pinhead. No hat for"
              " you I'm afraid.\n");
    else                                                // It must be too large
      printf("\nYou, in technical parlance, are a fathead."
              " No hat for you, I'm afraid.\n");
  }
  return 0;
}
```

这个程序的输出和第 5 章相同，所以不再重复。这里关心的是代码本身，下面看看这个程序的新元素。

代码的说明

这个程序的执行过程和第 5 章相同。其区别是这个实现代码使用了指针 pheadsize 和 psize，它们分别包含 headsize 数组和 size 数组的开始地址。for 循环从第二个数组元素开始迭代头的尺寸。

注意 sizeof(*headsize)等于 sizeof(headsize[0])。在 for 循环中，your_head 的值和数组的值用下面的语句作比较。

```
if(your_head > *(pheadsize + i - 1) && your_head <= *(pheadsize + i))
{
  hat_found = true;
  break;
}
```

比较运算符右侧的表达式*(pheadsize+i)等于数组表示法中的 headsize[i]。括号内的表达式把 i 加到数组开始的地址上。给地址加一个整数值 i，会给该地址加上元素长度的 i 倍值。因此，括号内的子表达式会产生对应于索引值为 i 的元素的地址。然后，使用取消引用运算符*，得到这个元素的内容，将它和变量 your_head 的值进行比较。表达式*(pheadsize + i - 1)等于 headsize[i - 1]。

输出帽子尺寸的 printf ()显示，访问某行一个元素的指针表达式对二维数组的执行结果。

```
printf("\nYour hat size is %c %c%c%c\n",
        *(psize + i),                                      // 1st row of size
        *(psize + 1*sizeof(*size)/sizeof(**size) + i),     // 2nd row of size
        (*(psize + 1*sizeof(*size)/sizeof(**size) + i) == ' ') ?' ' : '/',
        *(psize + 2* sizeof(*size)/sizeof(**size) + i));   // 3rd row of size
```

输出值的第一个表达式是*(psize+i)，它访问 size 数组中第一行的第 i 个元素，等于 size[0][i]。psize 是 char*类型，不是 char**类型，所以应用一个间接运算符就会得到一个数组元素。第二个表达式是*(psize + 1*sizeof(*size)/sizeof(**size) + i)，它访问 size 数组中第二行的第 i 个元素，等于 size[1][i]。sizeof(*size)是一行的字节数，必须除以 sizeof(**size)，它是单个元素的字节数，得到一行的元素个数。这个表达式说明了第二行的开始位置可以通过给 psize 加上行的大小来得到。接着给该结果加上 i，就得到了第二行中的元素。要得到 size 数组中第三行的元素，可以使用表达式*(psize + 2* sizeof(*size)/sizeof(**size) + i)，它等于 size[2][i]。

7.4 内存的使用

指针是一个非常灵活且强大的编程工具，有非常广泛的应用。大多数 C 程序都在某种程度上使用了指针。C 语言还有一个功能：动态内存分配，它依赖指针的概念，为在代码中使用指针提供了很强的激励机制，它允许在执行程序时动态分配内存。只有使用指针，才能动态分配内存。

大多数产品程序都使用了动态内存分配。例如电子邮件客户端在检索电子邮件时，事先并不知道有多少封电子邮件，也不知道每封邮件需要多少内存。电子邮件客户端在运行期间会得到足够的内存，来管理电子邮件的数量和大小。

第 5 章的一个程序计算一组学生的平均分，当时它只处理 10 个学生。理想情况下，该程序应能处理任意多个学生，但事先不知道要处理多少个学生，所使用的内存也不会比指定的学生分数所需的内存多。动态内存分配就可以实现这个功能。可以在执行时创建足以容纳所需数据量的数组。

在程序的执行期间分配内存时，内存区域中的这个空间称为堆(heap)。还有另一个内存区域，称为堆栈(stack)，其中的空间分配给函数的参数和本地变量。(正如我们已经讨论过的，内存中有更多的组件区域。堆和堆栈是章节范围内的基本部分，可以查阅第 2 章中的图以了解更多详细信息。)在执行完该函数后，存储参数和本地变量的内存空间就会释放。堆中的内存是由程序员控制的。如本章后面所述，在分配堆上的内存时，由程序员跟踪所分配的内存何时不再需要，并释放这些空间，以便于以后重用它们。

7.4.1 动态内存分配：malloc()函数

第 5 章提到，可以利用变量指定数组的维，在运行期间创建数组。也可以在允许期间明确地分配内存。在运行时分配内存的最简单的标准库函数是 malloc()。使用这个函数时，需要在程序中包含头文件<stdlib.h>。使用 malloc()函数必须指定要分配的内存字节数作为参数。这个函数返回所分配内存的第一个字节的地址。因为返回的是一个地址，所以这里必须使用指针。

动态内存分配的一个例子如下。

```
int *pNumber = (int*)malloc(100);
```

这条语句请求 100 字节的内存，并把这个内存块的地址赋予 pNumber。只要不修改它，任何时间使用这个变量 pNumber，它都会指向所分配的 100 字节的第一个 int 的位置。这个内存块能保存 25 个 int 值，每个 int 占 4 字节。这个语句假定 int 需要 4 字节，最好删除这个假定，而编写如下语句。

```
int *pNumber = (int*)malloc(25*sizeof(int));
```

现在 malloc()的参数清晰地指定，应分配足以容纳 25 个 int 值的内存。

注意，类型转换(int*)将函数返回的地址转换成 int 类型的指针。这么做是因为 malloc()是一般用途的函数，可为任何类型的数据分配内存。这个函数不知道要这个内存做什么用，所以它返回的是一个 void 类型的指针，写成 void*。类型 void*的指针可以指向任意类型的数据，然而不能取消对 void 指针的引用，因为它指向未具体说明的对象。许多编译器会把 malloc()返回的地址自动转换成赋值语句左边的指针类型，但加上显式类型转换指令是无害的。

> ▦ **注意**：只要可能，编译器就总是把赋予语句中右操作数的表达式值转换为左操作数中存储它所需的类型。

可以请求任意数量的字节，字节数仅受制于计算机中未用的内存以及 malloc()的运用场合。如果因某种原因而不能分配请求的内存，malloc()会返回一个 NULL 指针。这个指针等于 0。最好先用 if 语句检查请求动态分配的内存是否已分配，再使用它。就如同金钱，没钱又想花费，会带来灾难性的后果。因此，应编写如下语句。

```
int *pNumber = (int*)malloc(25*sizeof(int));
if(!pNumber)
{
  // Code to deal with memory allocation failure ...
}
```

现在，至少可以显示一条信息，然后终止程序。这比允许程序继续执行，使之使用 NULL 地址存储数据导致崩溃要好得多。然而，在某些情况下，可以释放在别的地方使用的内存，以便程序有足够的内存继续执行下去。

7.4.2 释放动态分配的内存

在动态分配内存时，应该总是在不需要该内存时释放它们。堆上分配的内存会在程序结束时自动释放，但最好使用完这些内存后立即释放，甚至是在退出程序之前，也应立即释放。在比较复杂的情况下，很容易出现内存泄漏。当动态分配了一些内存时，没有保留对它们的引用，就会出现内存泄漏，此时无法释放内存。这常常发生在循环内部，由于没有释放不再需要的内存，程序会在每次循环迭代时使用越来越多的内存，最终占用所有内存(或者没有足够的剩余空间用于程序的其余部分)。

当然，要释放动态分配的内存，必须能访问引用内存块的地址。要释放动态分配的内存，而该内存的地址存储在 pNumber 指针中，可以使用下面的语句。

```
free(pNumber);
pNumber = NULL;
```

free()函数的形参是 void *类型，所有指针类型都可以自动转换为这个类型，所以可以把任意类型的指针作为参数传送给这个函数。只要 pNumber 包含分配内存时返回的地址，就会释放所分配的整个内存块，以备以后使用。在指针指向的内存释放后，应总是把指针设置为 NULL。

▨ **警告**：在释放指针指向的堆内存时，必须确保它不被另一个地址覆盖。

如果给 free()函数传送一个空指针，该函数就什么也不做。应避免两次释放相同的内存区域，因为在这种情况下，free()函数的操作是不确定的，因此也就无法预料。如果多个指针变量引用已分配的内存，就有可能两次释放相同的内存，所以要特别小心。

试试看：动态内存分配

下面使用指针计算质数，将动态内存分配的概念应用于实践。质数是只能被 1 和这个数本身整除的整数。

查找质数的过程非常简单。首先，由观察得知，2、3 和 5 是前三个质数，因为它们不能被除了 1 以外更小的数整除。其他质数必定都是奇数(否则它们可以被 2 整除)，所以要找出下一个质数，可以从最后一个质数开始，给它加 2。检查完这个数后，再给它加 2，继续检查。

检查一个数是否为质数，而不只是奇数，可以用这个数除以比它小的所有奇数。其实不需要这么麻烦。如果一个数不是质数，它必定能被比它小的质数整除。我们要按顺序查找质数，所以可以把已经找到的质数作为除数，确定所检查的数是否为质数。

这个程序将使用指针和动态内存分配。

```
// Program 7.11 A dynamic prime example
#define __STDC_WANT_LIB_EXT1__ 1
#include <stdio.h>
#include <stdlib.h>
#include <stdbool.h>

int main(void)
{
  unsigned long long *pPrimes = NULL;   // Pointer to primes storage area
  unsigned long long trial = 0;         // Integer to be tested
```

```
  bool found = false;                     // Indicates when we find a prime
  int total = 0;                          // Number of primes required
  int count = 0;                          // Number of primes found

  printf("How many primes would you like - you'll get at least 4? ");
  scanf_s("%d", &total);                  // Total is how many we need to find
  total = total < 4 ? 4 : total;          // Make sure it is at least 4

  // Allocate sufficient memory to store the number of primes required
  pPrimes = (unsigned long long*)malloc(total*sizeof(unsigned long long));
  if(!pPrimes)
  {
    printf("Not enough memory. It's the end I'm afraid.\n");
    return 1;
  }

  // We know the first three primes so let's give the program a start
  *pPrimes = 2ULL;                        // First prime
  *(pPrimes + 1) = 3ULL;                  // Second prime
  *(pPrimes + 2) = 5ULL;                  // Third prime
  count = 3;                              // Number of primes stored
  trial = 5ULL;                           // Set to the last prime we have

  // Find all the primes required
  while(count < total)
  {
    trial += 2ULL;                        // Next value for checking

    // Divide by the primes we have. If any divide exactly - it's not prime
    for(int i = 1 ; i < count ; ++i)
    {
      if(!(found = (trial % *(pPrimes + i))))
        break;                            // Exit if zero remainder
    }

    if(found)                             // We got one - if found is true
      *(pPrimes + count++) = trial;       // Store it and increment count
  }

  // Display primes 5-up
  for(int i = 0 ; i < total ; ++i)
  {
    printf ("%12llu", *(pPrimes + i));
    if(!((i+1) % 5))
      printf("\n");                       // Newline after every 5
  }
  printf("\n");                           // Newline for any stragglers

  free(pPrimes);                          // Release the heap memory ...
  pPrimes = NULL;                         // ... and reset the pointer
```

```
    return 0;
}
```

程序的输出如下:

```
How many primes would you like - you'll get at least 4? 25
        2           3           5           7          11
       13          17          19          23          29
       31          37          41          43          47
       53          59          61          67          71
       73          79          83          89          97
```

代码的说明

在这个例子中，可以输入要程序产生的质数个数。指针变量 pPrimes 引用一块用于存储所计算的质数的内存区。然而，在程序中没有一开始就定义内存。这块空间是在输入质数个数后分配的。

```
printf("How many primes would you like - you'll get at least 4? ");
scanf_s("%d", &total);          // Total is how many we need to find
total = total < 4 ? 4 : total;  // Make sure it is at least 4
```

在提示后，输入的值存储在 total 中。下一行语句确保 total 至少是 4。这是因为程序将定义并存储已知的前三个质数 2、3、5。

然后，使用 total 的值分配适当数量的内存来存储质数。

```
pPrimes = (unsigned long long*)malloc(total*sizeof(unsigned long long));
if(!pPrimes)
{
  printf("Not enough memory. It's the end I'm afraid.\n");
  return 1;
}
```

质数的大小增长得比其数量快，所以把它们存储在 unsigned long long 类型中。程序把每个质数存储为类型 unsigned long long，所以需要的字节数是 total*sizeof(unsigned long long)。如果 malloc() 函数返回 NULL，就不分配内存，而是显示一条信息，并结束程序。

可以指定最大的质数个数取决于计算机的可用内存和编译器使用 malloc()一次能分配的内存量，前者是主要的限制。malloc()函数的参数是 size_t 类型，所以 size_t 对应的整数类型限制了可以指定的字节数。如果 size_t 对应 4 字节的无符号整数，则一次至多可以分配 4 294 967 295 字节。

定义前三个质数，将它们存储到 pPrimes 指针指向的内存区的前三个位置。

```
*pPrimes = 2ULL;                // First prime
*(pPrimes+1) = 3ULL;            // Second prime
*(pPrimes+2) = 5ULL;            // Third prime
```

可以看到，引用连续的内存位置是很简单的。pPrimes 是 unsigned long long 类型的指针，所以 pPrimes+1 引用第二个位置的地址——这个地址是 pPrimes 加上存储一个 unsigned long long 类型数据项所需的字节数。使用间接运算符存储每个值；如果不能取消对指针变量 pPrimes 的引用，就要修改这个地址本身。如果不能取消对计算地址(如 pPrimes+1)的表达式的引用，就会得到一个编译错误。

有了 3 个质数, 就把 count 变量设定为 3, 用最后一个质数 5 初始化变量 trial。

```
count = 3;                          // Number of primes stored
trial = 5ULL;                       // Set to the last prime we have
```

开始查找下一个质数时, 给 trial 中的值加 2, 得到下一个要测试的数。所有的质数都在 while 循环内查找。

```
while(count < total)
{
...
}
```

在循环内每找到一个质数, 就递增 count 变量。当它到达 total 值时, 循环就结束。

在 while 循环内, 首先将 trial 的值加 2, 然后在 for 循环中测试它是否是质数。

```
for(int i = 1 ; i < count ; ++i)
{
  if(!(found = (trial % *(pPrimes + i))))
    break;                          // Exit if zero remainder
}
```

for 循环用于测试。没有让 trial 的值除以第一个质数 2, 因为质数总是奇数。在这个循环内, 把 trial 除以每个质数的余数存放到 bool 变量 found 中。这个余数会自动转换为 bool 类型, 非 0 值转换为 true, 0 转换为 false。如果除尽, 余数就是 0, 因此 found 设置为 false。如果余数是 0, 就表示 trial 中的值不是质数, 可以继续测试下一个数。

found 是 false, 就执行 break 语句, 终止 for 循环。

如果没有一个质数除 trial 是整除, 当所有的质数都试过后, 就结束 for 循环, found 的结果是把最后一个余数(它是某个正整数)转换为 bool 类型的值 true。因此, 可以在完成 for 循环时, 使用存储在 found 中的值确定是否找到一个新的质数。

```
if(found)                           // We got one - if found is true
  *(pPrimes + count++) = trial;     // Store it and increment count
```

如果 found 是 true, 就将 trial 的值存储到内存区的下一个位置上。下一个位置的地址是 pPrimes+count。第一个位置是 pPrimes, 所以当有 count 个质数时, 最后一个质数所占的位置是 pPrimes+count-1。这个语句存储了新的质数后, 递增 count 的值。

while 循环重复这个过程, 直到找出所有的质数为止。然后, 以 5 个一行输出质数。

```
for(int i = 0 ; i < total ; ++i)
{
  printf ("%12llu", *(pPrimes + i));
  if(!((i+1) % 5))
    printf("\n");                   // Newline after every 5
}
printf("\n");                       // Newline for any stragglers
```

for 循环会输出 total 个质数。printf()函数在当前行上显示每个质数, 但 if 语句在 5 次迭代后输出一个换行符，所以每行显示 5 个质数。因为质数的个数不会刚好是 5 的倍数，所以在结束循环后，输出一个换行符，以确保在输出的最后至少有一个换行符。

最后，释放为存储质数而分配的内存。

```
free(pPrimes);                          // Release the heap memory ...
pPrimes = NULL;                         // ... and reset the pointer
```

在释放内存后，应总是把指向堆内存的指针设置为 NULL，这样就不会使用不再可用的内存了，使用不再可用的内存总是很危险的。

■ **提示：** 前面的示例演示如何使用 malloc() 分配内存，如何使用 free() 释放它。但使用动态数组实现这个示例会简单许多。使用动态数组，就不需要使用 malloc() 或 free() 了，也不需要使用指针了。

7.4.3　用 calloc() 函数分配内存

在 <stdlib.h> 头文件中声明的 calloc() 函数与 malloc() 函数相比有两个优点。第一，它把内存分配为给定大小的数组；第二，它初始化了所分配的内存，所有的位都是 0。calloc() 函数需要两个参数：数组的元素个数和数组元素占用的字节数，这两个参数的类型都是 size_t。该函数也不知道数组元素的类型，所以所分配区域的地址返回为 void * 类型。

下面的语句使用 calloc() 为包含 75 个 int 元素的数组分配内存。

```
int *pNumber = (int*) calloc(75, sizeof(int));
```

如果不能分配所请求的内存，返回值就是 NULL，也可以检查分配内存的结果，这非常类似于 malloc()，但 calloc() 分配的内存区域都会初始化为 0。当然，可以让编译器执行类型转换。

```
int *pNumber = calloc(75, sizeof(int));
```

后面的代码省略了这个类型转换。

将 Program 7.11 改为使用 calloc() 代替 malloc() 来分配需要的内存，只需要修改一条语句，其他代码不变。

```
pPrimes = calloc((size_t)total, sizeof(unsigned long long));
if (primes == NULL)
{
  printf("Not enough memory. It's the end I'm afraid.\n");
  return 1;
}
```

7.4.4　扩展动态分配的内存

realloc() 函数可以重用或扩展以前用 malloc() 或 calloc()(或者 realloc())分配的内存。realloc() 函数需要两个参数：一个是包含地址的指针，该地址以前由 malloc()、calloc() 或 realloc() 返回，另一个是要分配的新内存的字节数。

realloc() 函数分配第二个参数指定的内存量，并把第一个指针参数引用的、以前分配的内存内容传递到新分配的内存中，且所传递的内容量是新旧内存区域中较小的那一个。该函数返回一个指向新内存的 void* 指针，如果函数因某种原因失败，就返回 NULL。新扩展的内存可以大于或小于原内存。如果 realloc()的第一个参数是 NULL，就分配第二个参数指定的新内存，所以此时它类似于 malloc()。如果第一个参数不是 NULL，但不指向以前分配的内存，或者指向已释放的内存，结果就是不确定的。

这个操作最重要的特性是 realloc()保存了原内存区域的内容，且保存的量是新旧内存区域中较小的那一个。如果新内存区域大于旧内存区域，新增的内存就不初始化，而是包含垃圾值。

Program 7.11 的修订版本演示了 realloc()的用法，该程序能计算出质数。

试试看：扩展动态分配的内存

在这个程序中，用户给要计算的质数范围指定上限，这表示事先不知道有多少个质数。

```c
// Program 7.12 Extending dynamically allocated memory
#define __STDC_WANT_LIB_EXT1__ 1
#include <stdio.h>
#include <stdlib.h>
#include <stdbool.h>
#define CAP_INCR 10                           // New memory increment

int main(void)
{
  unsigned long long *pPrimes = NULL; // Pointer to primes storage area
  bool found = false;                         // Indicates when we find a prime
  unsigned long long limit = 0LL;             // Upper limit for primes
  int count = 0;                              // Number of primes found

  printf("Enter the upper limit for primes you want to find: ");
  scanf_s("%llu", &limit);

  // Allocate some initial memory to store primes
  size_t capacity = 10;
  pPrimes = calloc(capacity, sizeof(unsigned long long));
  if(!pPrimes)
  {
    printf("Not enough memory. It's the end I'm afraid.\n");
    return 1;
  }

  // We know the first three primes so let's give the program a start
  *pPrimes = 2ULL;                    // First prime
  *(pPrimes + 1) = 3ULL;              // Second prime
  *(pPrimes + 2) = 5ULL;             // Third prime
  count = 3;                          // Number of primes stored

  // Find all the primes required starting with the next candidate
  unsigned long long trial = *(pPrimes + 2) + 2ULL;
  unsigned long long *pTemp = NULL;         // Temporary pointer store
  while(trial <= limit)
  {
    // Divide by the primes we have. If any divide exactly - it's not prime
```

```
      for(int i = 1 ; i < count ; ++i)
      {
        if(!(found = (trial % *(pPrimes + i))))
        break;                              // Exit if zero remainder
      }

      if(found)                             // We got one - if found is true
      {
        if(count == capacity)
        { // We need more memory
          capacity += CAP_INCR;
          pTemp = realloc(pPrimes, capacity*sizeof(unsigned long long));
          if(!pTemp)
          {
            printf("Unfortunately memory reallocation failed.\n");
            free(pPrimes);
            pPrimes = NULL;
            return 2;
          }
          pPrimes = pTemp;
        }
        *(pPrimes + count++) = trial;       // Store the new prime & increment count
      }
      trial += 2ULL;
    }

    // Display primes 5-up
    printf("%d primes found up to %llu:\n", count, limit);
    for(int i = 0 ; i < count ; ++i)
    {
      printf("%12llu", *(pPrimes + i));
      if(!((i+1) % 5))
        printf("\n");                       // Newline after every 5
    }
    printf("\n");                           // Newline for any stragglers
    free(pPrimes);                          // Release the heap memory ...
    pPrimes = NULL;                         // ... and reset the pointer
    return 0;
  }
```

下面是一个输出示例。

```
Enter the upper limit for primes you want to find: 100000
9592 primes found up to 100000:
           2           3           5           7          11
          13          17          19          23          29
          31          37          41          43          47
and lots more primes until...
```

99817	99823	99829	99833	99839
99859	99871	99877	99881	99901
99907	99923	99929	99961	99971
99989	99991			

这里省略了 1912 行输出，因为这太乏味了。

提示： 要在 Microsoft Windows 下查看大量质数的所有输出，需要增加输出窗口的缓存区大小。

代码的说明

在这个示例中，可以给希望程序生成的质数输入上限。指针变量 pPrimes 引用的内存区域用于存储计算出来的质数。用于容纳质数的内存在程序开头分配。

```
size_t capacity = 10;
pPrimes = calloc(capacity, sizeof(unsigned long long));
```

第二个语句给 unsigned long long 类型的 10 个值分配了内存空间，内存量可以根据需要增加。在这两个语句的后面，要对 calloc() 的返回值 NULL 进行标准的检查。

查找质数的过程与 Program 7.11 基本相同，唯一的区别是，只要 trial 值小于或等于用户输入的上限值，while 循环就继续执行。

找到一个质数后，就需要检查是否有足够的内存容纳它。

```
if(count == capacity)
{ // We need more memory
  capacity += CAP_INCR;
  pTemp = realloc(pPrimes, capacity*sizeof(unsigned long long));
  if(!pTemp)
  {
      printf("Unfortunately memory reallocation failed.\n");
      free(pPrimes);
      return 2;
  }
  pPrimes = pTemp;
}
```

找到的质数个数 count 达到所分配内存可容纳的质数个数 capacity 后，就必须获得更多的内存。capacity 增加 CAP_INCR 符号的值所指定的内存量，所以每次占满当前分配的所有内存后，就提供存储另外 10 个质数的内存空间。这里把增量值选择为较小的数，可以确保内存的扩展比较频繁，以演示该机制，但用这么小的增量扩展内存是很低效的。realloc() 函数使新内存可用，并把旧内存的原内容保存到新内存中。realloc() 返回的指针存储在 pTemp 中，这可以避免分配内存失败时覆盖 pPrimes 中的地址。一般情况下，在 realloc() 失败时，希望访问以前分配的原内存，可能使用它包含的数据，并释放该内存。程序的其余部分与上一个示例相同，这里不再讨论。

下面是使用动态分配的内存的基本规则。

- 避免分配大量的小内存块。分配堆上的内存有一些系统开销，所以分配许多小的内存块比分配几个大内存块的系统开销大。
- 仅在需要时分配内存。只要使用完堆上的内存块，就释放它。

- 总是确保释放已分配的内存。在编写分配内存的代码时，就要确定在代码的什么地方释放内存。
- 在释放内存之前，确保不会无意中覆盖堆上已分配的内存的地址，否则程序就会出现内存泄漏。在循环中分配内存时，要特别小心。

注意： 使用 realloc()分配内存失败后调用 free()，编译器可能会发出一个警告。这里调用 free() 是有效的，因为内存是以前分配的，但编译器不知道。

7.5　使用指针处理字符串

前面使用 char 类型的数组元素存储字符串，也可以使用 char 类型的指针变量引用字符串。这个方法在处理字符串时非常灵活。下面的语句声明了一个 char 类型的指针变量。

```
char *pString = NULL;
```

注意，指针只是一个存储另一个内存位置的地址的变量。前面只创建了指针，没有指定一个存储字符串的地方。要存储字符串，需要分配一些内存，在指针变量中存储其地址。在这种情况下，动态内存分配功能非常有效。例如：

```
const size_t BUF_SIZE = 100;          // Input buffer size
char buffer[BUF_SIZE];                // A 100 byte input buffer
scanf_s("%s", buffer, BUF_SIZE);      // Read a string

// Allocate space for the string
size_t length = strnlen_s(buffer, BUF_SIZE) + 1;
char *pString = malloc(length);
if(!pString)
{
  printf("Memory allocation failed.\n");
  return 1;
}
strcpy_s(pString, length, buffer);    // Copy string to new memory
printf("%s", pString);
free(pString);
pString = NULL;
```

这段代码把一个字符串读入一个 char 数组中，给读入的字符串分配堆上的内存，再将字符串复制到新内存中。把字符串复制到 pString 引用的内存中，就允许重用 buffer，来读取更多的数据。显然，下一步是读取另一个字符串，那么，如何处理任意长度的多个字符串？

7.5.1　使用指针数组

当然，处理多个字符串时，可以在堆上使用指针数组存储对字符串的引用。假定从键盘上读取 10 个字符串，并存储它们。可以创建一个指针数组，存储字符串的位置。

```
char *pS[10] = { NULL };
```

这条语句声明了一个数组 pS，它包含 10 个 char*类型的元素，pS 中的每个元素都可以存储字符串的地址。第 5 章提到，如果在数组初始化列表中提供的初始值个数少于数组的元素个数，剩下的元素就初始化为 0。因此，上述语句的初始化列表中只有一个值 NULL，它将任意大小的指针数组中的所有元素都初始化为 NULL。

下面使用这个指针数组。

```
#define STR_COUNT 10                                // Number of string pointers
const size_t BUF_SIZE = 100;                        // Input buffer size
char buffer[BUF_SIZE];                              // A 100 byte input buffer
char *pS[STR_COUNT] = {NULL};                       // Array of pointers
size_t str_size = 0;

for(size_t i = 0 ; i < STR_COUNT ; ++i)
{
  scanf_s("%s", buffer, BUF_SIZE);                  // Read a string
  str_size = strnlen_s(buffer, BUF_SIZE) + 1;       // Bytes required
  pS[i] = malloc(str_size);                         // Allocate space for the string
  if(!pS[i]) return 1;                              // Allocation failed so end
  strcpy_s(pS[i], str_size, buffer);               // Copy string to new memory
}
// Do things with the strings...

// Release the heap memory
for(size_t i = 0 ; i < STR_COUNT ; ++i)
{
  free(pS[i]);
  pS[i] = NULL;
}
```

pS 数组的每个元素都保存从键盘读取的一个字符串的地址。该数组有 STR_COUNT 个元素。注意在初始化数组时，不能使用变量指定数组的维数，即使把这个变量声明为 const 也不行。用变量指定数组的维数，该数组就是变长的，不允许初始化它，但总是可以在创建数组后，在循环中设置元素的值。在编译代码之前，符号用它表示的内容替代，所以在编译时，pS 的维数是 10。

字符串在 for 循环中输入。字符串读入 buffer 后，就使用 malloc() 在堆上分配足够的内存，来存储字符串。malloc() 返回的指针存储在 pS 数组的一个元素中。接着，把 buffer 中的字符串复制到为它分配的内存中，使 buffer 可用于读取下一个字符串。最后得到一个字符串数组，其中的每个字符串都占用它需要的字节数，这是非常高效的。但如果不知道要输入多少个字符串，该怎么办？下面通过一个示例说明如何处理这种情形。

试试看：给字符串分配内存

这是 Program 6.10 的修订版，它在某个随意的散文中查找每个单词出现的次数。这个版本在堆上分配内存，来存储散文、单词和单词数。因为代码很多，所以内存分配函数中省略了 NULL 指针的检查，以减少代码行数，但读者应总是包含它们，下面是代码。

```
// Program 7.13 Extending dynamically allocated memory for strings
#define __STDC_WANT_LIB_EXT1__ 1
#include <stdio.h>
```

```
#include <string.h>
#include <stdbool.h>
#include <stdlib.h>

#define BUF_LEN        100              // Input buffer size
#define INIT_STR_EXT 50                 // Initial space for prose
#define WORDS_INCR   5                  // Words capacity increment

int main(void)
{
  char delimiters[] = " \n\".,;:!?)(";  // Prose delimiters
  char buf[BUF_LEN];                     // Buffer for a line of keyboard input
  size_t str_size = INIT_STR_EXT;        // Current memory to store prose
  char* pStr = malloc(str_size);         // Pointer to prose to be tokenized
  *pStr = '\0';                          // Set 1st character to null

  printf("Enter some prose with up to %d characters per line.\n"
          "Terminate input by entering an empty line:\n", BUF_LEN);

  // Read multiple lines of prose from the keyboard
  while(true)
  {
    fgets(buf, BUF_LEN, stdin);          // Read a line of input
    if(buf[0] == '\n')                   // An empty line ends input
      break;

    if(strnlen_s(pStr, str_size) + strnlen_s(buf, BUF_LEN) + 1 > str_size)
    {
      str_size = strnlen_s(pStr, str_size) + strnlen_s(buf, BUF_LEN) + 1;
      pStr = realloc(pStr, str_size); }
    }

    if(strcat_s(pStr, str_size, buf))    // Concatenate the line with pStr
    {
      printf("Something's wrong. String concatenation failed.\n");
      return 1;
    }
  }

  // Find and list all the words in the prose}

  size_t maxWords = 10;                 // Current maximum word count
  int word_count = 0;                   // Current word count
  size_t word_length = 0;               // Current word length
  char** pWords = calloc(maxWords, sizeof(char*)); // Stores pointers to the words
  int* pnWord = calloc(maxWords, sizeof(int));     // Stores count for each word

  size_t str_len = strnlen_s(pStr, str_size);      // Length used by strtok_s()
  char* ptr = NULL;                                // Pointer used by strtok_s()
  char* pWord = strtok_s(pStr, &str_len, delimiters, &ptr); // Find 1st word
  // use this line instead, for Microsoft compiler:
```

```c
      //char* pWord = strtok_s(pStr, delimiters, &ptr); // Find 1st word

    if(!pWord)
    {
      printf("No words found. Ending program.\n");
      return 1;
    }

    bool new_word = true;                   // False for an existing word
    while(pWord)
    {
      // Check for existing word
      for(int i = 0 ; i < word_count ; ++i)
      {
        if(strcmp(*(pWords + i), pWord) == 0)
        {
          ++*(pnWord + i);
          new_word = false;
          break;
        }
      }
    }
      if(new_word)                          // Check for new word
      {
        //Check for sufficient memory
        if(word_count == maxWords)
        {  // Get more space for pointers to words}

          maxWords += WORDS_INCR;
          pWords = realloc(pWords, maxWords*sizeof(char*));

          // Get more space for word counts
          pnWord = realloc(pnWord, maxWords*sizeof(int));
        }

    // Found a new word so get memory for it and copy it there
    word_length = ptr - pWord;                          // Length of new word
    *(pWords + word_count) = malloc(word_length);       // Allocate memory for word
    strcpy_s(*(pWords + word_count), word_length, pWord); // Copy to array
    *(pnWord + word_count++) = 1;                       // Set new word count
    }
    else
      new_word = true;                                  // Reset new word flag

    pWord = strtok_s(NULL, &str_len, delimiters, &ptr); // Find subsequent word
    // use this line instead, for Microsoft compiler:
    //pWord = strtok_s(NULL, delimiters, &ptr);         // Find subsequent word
  }
  // Output the words and counts
```

```
  for(int i = 0; i < word_count ; ++i)
  {
    printf(" %-13s %3d", *(pWords + i), *(pnWord + i));
    if((i + 1) % 4 == 0)
      printf("\n");
  }
  printf("\n");

  // Free the memory for words
  for(int i = 0; i < word_count ; ++i)
  {
    free(*(pWords + i));                    // Free memory for word
    *(pWords + i) = NULL;                   // Reset the pointer
  }
}

  free(pWords);                             // Free memory for pointers to words
  pWords = NULL;
  free(pnWord);                             // Free memory for word counts
  pnWord = NULL;
  free(pStr);                               // Free memory for prose
  pStr = NULL;
  return 0;
}
```

下面是这个程序的一些输出示例。

```
Enter some prose with up to 100 characters per line.
Terminate input by entering an empty line:
Peter Piper picked a peck of pickled pepper.
A peck of pickled pepper Peter Piper picked.
If Peter Piper picked a peck of pickled pepper,
Where's the peck of pickled pepper Peter Piper picked?
Peter           4 Piper          4 picked         4 a            2
Peck            4 of             4 pickled        4 pepper       4
A               1 If             1 Where's        1 the          1
```

代码的说明

这个版本现在可以处理长度不限的散文，其中包含个数不限的单词。先分配一些内存，来保存输入。

```
size_t str_size = INIT_STR_EXT;           // Current memory to store prose
char* pStr = malloc(str_size);            // Pointer to prose to be tokenized
*pStr = '\0';                             // Set 1st character to null
```

INIT_STR_EXT 符号指定了 pStr 指向的初始内存区域。当前可用的字节数记录在变量 str_size 中，在需要更多的内存时，这个数字可以增加。与前面一样，pStr 指向的第一个字符设置为'\0'，以便将输入与这个内存的内容连接起来。

输入过程与前面的类似，区别是扩展了堆内存，以容纳每个新输入行。

```
if(strnlen_s(pStr, str_size) + strnlen_s(buf, BUF_LEN) + 1 > str_size)
{
  str_size = strnlen_s(pStr, str_size) + strnlen_s(buf, BUF_LEN) + 1;
  pStr = realloc(pStr, str_size);
}
```

如果 pStr 指向的内存小于添加新输入行所需的内存，就调用 realloc()扩展内存，然后使用 strcat_s()把输入追加到 pStr 上。

```
if(strcat_s(pStr, str_size, buf))           // Concatenate the line with pStr
{
  printf("Something's wrong. String concatenation failed.\n");
  return 1;
}
```

在堆上还使用 calloc()给指向单词的 maxWords 指针和每个单词的个数分配了内存。

```
char** pWords = calloc(maxWords, sizeof(char*));  // Stores pointers to the words
int* pnWord = calloc(maxWords, sizeof(int));      // Stores count for each word
```

pWords 指向的内存存储了 char*类型的指针，所以 pWords 必须是 char**类型，即指向 char 的指针的指针类型。pnWord 指向的内存保存了 int 类型的 maxWords 个数值。当然，还没有分配内存来存储单词本身。

与前面一样，定义一个变量 str_len 来包含 pStr 的初始长度，再定义一个 ptr 指针，它们都由 strtok_s()函数使用。strtok_s()找到一个单词时，就更新跟在单词后面的 str_len 值，来反映 pStr 中的字节数。它还在 ptr 中存储跟在单词后面的字符地址。它们都在函数的后续调用中使用。

调用 strtok_s()获得第一个单词的地址后，该单词和后续的所有单词都在 while 循环中处理，只要 pWord 不是 NULL，该循环就会继续执行。

找到每个单词后，就检查该单词是否与以前找到的单词相同。

```
for(int i = 0 ; i < word_count ; ++i)
{
  if(strcmp(*(pWords + i), pWord) == 0)
  {
    ++*(pnWord + i);
    new_word = false;
    break;
  }
}
```

如果 pWord 指向的单词已存在，就递增对应的计数，并把 new_word 设置为 false。pnWord + i 是第 i 个计数的地址，所以在应用递增运算符之前，取消对这个表达式结果的引用。后面的 if 语句测试 new_word，如果它是 false，就重置为 true。

new_word 是 true 时，就检查是否有足够的内存保存 pWords 和 pnWord 数组，如果没有，就使用 realloc()扩展内存。接着分配堆内存来存储新单词。

```
word_length = ptr - pWord;                          // Length of new word
*(pWords + word_count) = malloc(word_length);       // Allocate memory for word
strcpy_s(*(pWords + word_count), word_length, pWord); // Copy to array
*(pnWord + word_count++) = 1;                       // Set new word count
```

在 word_length 中记录 pWord 指向的单词中的字符数。注意，ptr 保存单词中跟在结尾\0 后面的字符的地址，pWord 保存单词中第一个字符的地址。从 ptr 的地址中减去 pWord 的地址就得到了单词的长度。通过一个简单的示例很容易看出这种情形。假定单词是"and"，其长度为 4(加上空字符)，pWord 指向'a'，而 pWord+3 指向空字符。下一个字符在 pWord+4 上，它是 ptr 中包含的地址。从中减去 pWord，就得到 4，即包含空字符的字符串长度。

在 malloc()调用中使用 word_length 给单词分配堆内存，在 pWords 指向的内存的下一个可用位置上存储新内存的地址，并把相应的计数设置为 1。注意这里设置该值很重要，因为 realloc()分配的附加堆内存会包含垃圾值。

最后，在 while 循环中，调用 strtok_s()查找下一个单词。

```
pWord = strtok_s(NULL, &str_len, delimiters, &ptr); // Find subsequent word
```

找到一个新单词时，其地址就记录在 pWord 中，在下一个循环迭代中处理。没有更多的单词时，pWord 就是 NULL，所以 while 循环停止。

while 循环停止时，列出所有的单词和对应的计数。

```
for(int i = 0; i < word_count ; ++i)
{
  printf(" %-13s %3d", *(pWords + i), *(pnWord + i));
  if((i + 1) % 4 == 0)
    printf("\n");
}
printf("\n");
```

for 循环索引从 0 到 word_count-1。循环中的第一个 printf()调用在宽度为 13 的字段中输出左对齐的单词，其后是单词的计数。每输出 5 个单词，就在循环中调用第二个 printf()，写入一个换行符。

最后释放所有堆内存。

```
for(int i = 0; i < word_count ; ++i)
{
  free(*(pWords + i));                    // Free memory for word
  *(pWords + i) = NULL;                   // Reset the pointer
}

free(pWords);                            // Free memory for pointers to words
pWords = NULL;
free(pnWord);                            // Free memory for word counts
pnWord = NULL;
free(pStr);                              // Free memory for prose
pStr = NULL;
```

为单词分配的内存在 for 循环中释放。显然，必须在释放存储单词数组的内存之前，释放存储单词的内存。在这种情形下，很容易忘记释放存储单词的内存。注意，释放指针指向的内存时，每个指针都会设置为 NULL。这不是必须的，因为程序马上就结束了，但这是一个好习惯。

注意，本例并不需要复制单词。只需要在 pWords 中存储 strtok_s()返回的指针，就可以避免存储单词。这里采用这种方式，是为了让读者有堆内存分配的额外体验。

7.5.2　指针和数组记号

前面的例子使用了指针记号，但不一定要这么做。对于指向一块堆内存的指针变量，还可以使用数组记号来存储相同类型的几个数据项。例如，下面的语句分配了一些堆内存。

```
int count = 100;
double* data = calloc(count, sizeof(double));
```

这段代码分配了足够的内存来保存 double 类型的 100 个值，并把它们初始化为 0.0。这个内存的地址存储在 data 中。可以访问这个内存，就好像 data 是一个包含 100 个 double 元素的数组。例如，可以利用循环在内存中设置不同的值。

```
for(int i = 0 ; i < count ; ++i)
  data[i] = (double)(i + 1)*(i + 1);
```

这段代码把值设置为 1.0、4.0、9.0 等。它只使用了指针名和放在方括号中的索引值，就好像在使用数组一样。不要忘了，data 是一个指针，而不是数组。表达式 sizeof(data)得到存储地址所需的字节数，在我的系统中是 8。如果 data 是一个数组，该表达式就得到数组占用的字节数，即 800。

可以重写 Program 7.13 中的 for 循环，使用数组记号检查最新找到的单词是否已存在。

```
for(int i = 0 ; i < word_count ; ++i)
{
  if(strcmp(pWords[i], pWord) == 0)
  {
    ++pnWord[i];
    new_word = false;
    break;
  }
}
```

假定 pWords 是 char*型数组的起始地址，则表达式 pWords[i]访问第 i 个元素。因此这个表达式访问第 i 个单词，与最初的表达式*(pWords + i)完全相同。同样，pnWord[i]与*(pnWord + i)等价。数组记号比指针记号更容易理解，所以应尽可能使用它。下面的示例就对堆内存使用数组记号。

> **试试看：使用指针对字符串排序**

下面的例子使用数据排序的简单方法，介绍如何使用数组记号和指针。

```
// Program 7.14 Using array notation with pointers to sort strings
#define __STDC_WANT_LIB_EXT1__ 1
#include <stdio.h>
#include <stdlib.h>
#include <stdbool.h>
#include <string.h>

#define BUF_LEN 100                 // Length of input buffer
#define COUNT       5               // Initial number of strings
```

```c
int main(void)
{
  char buf[BUF_LEN];                    // Input buffer
  size_t str_count = 0;                 // Current string count
  size_t capacity = COUNT;              // Current maximum number of strings
  char **pS = calloc(capacity, sizeof(char*)); // Pointers to strings
  char** psTemp = NULL;                 // Temporary pointer to pointer to char
  char* pTemp = NULL;                   // Temporary pointer to char
  size_t str_len = 0;                   // Length of a string
  bool sorted = false;                  // Indicated when strings are sorted

  printf("Enter strings to be sorted, one per line. Press Enter to end:\n");

  // Read in all the strings
  char *ptr = NULL;
  while(true)
  {
    ptr = fgets(buf, BUF_LEN, stdin);
    if(!ptr)                            // Check for read error
    {
      printf("Error reading string.\n");
      free(pS);
      pS = NULL;
      return 1;
    }

    if(*ptr == '\n') break;             // Empty line check

    if(str_count == capacity)
    {
      capacity += capacity/4;           // Increase capacity by 25%

      if(!(psTemp = realloc(pS, capacity))) return 1;

      pS = psTemp;
    }
    str_len = strnlen_s(buf, BUF_LEN) + 1;
    if(!(pS[str_count] = malloc(str_len))) return 2;
    strcpy_s(pS[str_count++], str_len, buf);
  }

  // Sort the strings in ascending order
  while(!sorted)
  {
    sorted = true;
    for(size_t i = 0 ; i < str_count - 1 ; ++i)
    {
      if(strcmp(pS[i], pS[i + 1]) > 0)
      {
        sorted = false;                 // We were out of order so...
```

```
            pTemp= pS[i];                    // swap pointers pS[i]...
            pS[i] = pS[i + 1];               // and...
            pS[i + 1] = pTemp;               // pS[i + 1]
        }
      }
    }

    // Output the sorted strings
    printf("Your input sorted in ascending sequence is:\n\n");
    for(size_t i = 0 ; i < str_count ; ++i)
    {
      printf("%s", pS[i]);
      free(pS[i]);                           // Release memory for the word
      pS[i] = NULL;                          // Reset the pointer
    }
    free(pS);                                // Release the memory for pointers
    pS = NULL;                               // Reset the pointer
    return 0;
}
```

这个程序的输出如下所示。

```
Enter strings to be sorted, one per line. Press Enter to end:
Many a mickle makes a muckle.
A fool and your money are soon partners.
Every dog has his day.
Do unto others before they do it to you.
A nod is as good as a wink to a blind horse.
The bigger they are, the harder they hit.
Least said, soonest mended.

Your input sorted in ascending sequence is:

A fool and your money are soon partners.
A nod is as good as a wink to a blind horse.
Do unto others before they do it to you.
Every dog has his day.
Least said, soonest mended.
Many a mickle makes a muckle.
The bigger they are, the harder they hit.
```

代码的说明

这个例子从谷壳中分类小麦。它使用输入函数 fgets()读入一个完整的字符串，直到按下回车键为止，然后在末尾加上'\0'，后跟\n 字符。fgets()可以确保不超过 buf 的容量。第一个参数是一个指针，它指向存储字符串的内存区域；第二个参数是可以存储的最大字符数；第三个参数是输入源，这里是标准输入流。它的返回值是存储输入字符串的地址，在这个例子中是 buf。如果出错，返回值就是 NULL。输入空行时，buf 就把\n 作为第一个字符，终止循环。

在把字符串读入 buf 之前，必须检查 pS 中是否有足够的空间存储指向字符串的指针。

```
if(str_count == capacity)
{
    capacity += capacity/4;              // Increase capacity by 25%
    if(!(psTemp = realloc(pS, capacity))) return 1;
    pS = psTemp;
}
```

当 str_count 等于 capacity 时，就占用了所有指针空间，所以把 capacity 的值增加 25%，再使用 realloc() 扩展 pS 指向的内存。要检查 realloc() 的返回值 NULL，它表示因某种原因没有分配内存。

确保 pS 中有存储字符串指针的足够空间后，就给字符串分配所需的内存量。

```
str_len = strnlen_s(buf, BUF_LEN) + 1;
if(!(pS[str_count] = malloc(str_len))) return 2;
```

pS[str_count] 的对应指针记号是 *(pS + str_count)，但它没有数组记号清晰。

分配了内存后，就把 buf 中的字符串复制到 pS[str_count] 指向的新内存中。

```
strcpy_s(pS[str_count++], str_len, buf);
```

str_count 的值用于索引 pS 后，就递增它，准备下一次迭代。

安全地保存了所有字符串后，就使用最简单的、效率最低的但很容易理解的方法给它们排序，如下面的语句。

```
while(!sorted)
{
    sorted = true;
    for(size_t i = 0 ; i < str_count - 1 ; ++i)
    {
        if(strcmp(pS[i], pS[i + 1]) > 0)

        {
            sorted = false;            // We were out of order so...
            pTemp= pS[i];              // swap pointers pS[i]...
            pS[i] = pS[i + 1];         //          and...
            pS[i + 1] = pTemp;         //          pS[i + 1]
        }
    }
}
```

排序在 while 循环内部进行：只要 sorted 是 false，循环就继续。在排序时，要在 for 循环内使用 strcmp() 函数比较连续的一对字符串。如果第一个字符串大于第二个字符串，就交换指针值。使用指针是交换顺序的一种非常经济的方法。这些字符串本身仍旧在它原来的内存中，而只是在指针数组 pS 中交换它们的地址顺序。交换指针所需的时间是移动所有字符串所需时间的一部分。

对所有的字符串指针执行这个交换过程。如果在遍历字符串时需要交换它们，就把 sorted 设定为 false，重复整个 for 循环。如果重复 for 循环时没有互换任何字符串，就表示字符串已完成排序了。用 bool 变量 sorted 跟踪其状态。它在每个循环的开始设为 true，但是只要发生互换操作，就将它设回 false。如果退出循环时，sorted 仍然是 true，就表示没有发生互换操作，所以每个字符串都已排好序；因而退出 while 循环。

这个排序不是很好的原因是，每次遍历所有的项时，仅将一个值移动一个位置。最坏的情况是，第一项在最后的位置上，此时重复这个过程的次数是列表里的项数减 1。这个效率低却很有名的方法称为冒泡排序(bubble sort)。

以这种方式使用指针处理字符串和其他类型的数据，是 C 语言中一个相当强大的机制。可以将基本数据(在这个例子中是字符串)以任意顺序放在一块内存里，然后只需要改变指针，就可以用任意顺序处理它们，而完全不用移动它们。可以使用这个例子的方法作为排序任何文本的基础。然而，最好使用一个比较好的排序方法。

注意：stdlib.h 头文件提供了 qsort()函数，它可以对任何类型的数据排序。应多了解一下这个函数，以便使用它排序。后面两章将学习这个函数。

7.6 设计程序

前面介绍了 C 语言中一个比较难的部分，现在运用学过的内容编写一个应用程序，尤其是指针记号。本节将依循惯例，先分析、设计，然后一步步编写代码。这是本章最后一个程序。

7.6.1 问题

要处理的问题是用一些新的特性重写第 3 章的计算器程序，但这次要使用指针。主要改进如下：

- 允许使用有符号的小数，包含带-或+符号的小数和有符号的整数。
- 允许表达式组合多个运算式，如 2.5+3.7-6/6。
- 添加运算符^，计算幂，因此 2^3 会得到 8。
- 允许使用前一个运算的结果。如果前一个运算的结果是 2.5，那么编写=*2+7 会得到 12。
  任何以赋值运算符开头的输入行都自动假设左操作数是前一个运算的结果。

不考虑运算符的优先级，只简单地从左到右计算输入的表达式，将每个运算符应用于前一个结果和右操作数。所以下面的表达式：

```
1 + 2*3 - 4*-5
```

会以如下方式计算：

```
((1 + 2)*3 - 4)*(-5)
```

7.6.2 分析

我们事先并不知道表达式有多长或有多少个操作数。用户会输入一个完整的字符串，然后分析它，确定它包含什么数值和运算符。只要一个运算符有左右操作数，就计算其中间结果。

程序要处理的 8 个基本操作如下：

(1) 读入用户输入的字符串，如果它是 quit，就退出。

(2) 从输入字符串中删除空格。

(3) 在输入字符串的开头检查=运算符，如果有一个=运算符，就把上一个输入字符串的结果作为下一个算术操作的左操作数。查找第一个操作数。

(4) 给下一个算术操作的左操作数提取相应的输入字符，把该子字符串转换为 double 类型。

(5) 提取算术运算符，记录它。

(6) 给右操作数提取相应的输入字符，把该子字符串转换为 double 类型。

(7) 执行运算，把结果存储为下一个左操作数。

(8) 如果不是字符串的末尾，就返回第(6)步；如果在字符串的末尾，就返回到第(1)步。

7.6.3　解决方案

本节列出解决问题的步骤，各步骤对应于上一节列出的操作。在开始描述各步骤的实现方法之前，先建立程序所需的基础。

这个程序需要几个标准头文件。

```
// Program 7.15 An improved calculator
#define __STDC_WANT_LIB_EXT1__ 1
#include <stdio.h>              // Standard input/output
#include <string.h>            // For string functions
#include <ctype.h>             // For classifying characters
#include <stdlib.h>            // For converting strings to numeric values
#include <stdbool.h>           // For bool values
#include <math.h>              // For power() function
#define BUF_LEN 256            // Length of input buffer
```

我们要使用可选的字符串函数，所以定义符号，使它们可用。当然，这也使 stdio.h 中的可选函数可用。把 BUF_LEN 定义为 256。通过 BUF_LEN 符号定义输入缓存区的传递，以便于修改。因为修改符号定义，就修改了代码中所有对它的引用。

还需要几个变量作为有效的存储区，它们可以在 main() 的开头定义。

```
int main(void)
{
  char buf[BUF_LEN];             // Input expression
  char op = 0;                   // Stores an operator
  size_t index = 0;              // Index of the current character in buf
  size_t to = 0;                 // To index for copying buf to itself
  size_t buf_length = 0;         // Length of the string in buf
  double result = 0.0;           // The result of an operation
  double number = 0.0;           // Stores the value of number_string
  char* endptr = NULL;           // Stores address of character following a number
  // Rest of the code for the calculator...

  return 0;
}
```

注释应使用这样清晰的方式。接着 main() 需要一个明确的提示，给用户解释计算器如何工作。

```
printf("To use this calculator, enter any expression with"
                                  " or without spaces.");
```

```
printf("\nAn expression may include the operators");
printf(" +, -, *, /, %%, or ^(raise to a power).");
printf("\nUse = at the beginning of a line to operate on ");
printf("\nthe result of the previous calculation.") ;
printf("\nEnter quit to stop the calculator.\n\n");
```

1. 步骤 1

这一步读取输入字符串。这里使用在头文件<stdio.h>中声明的 fgets()函数读取输入的表达式。这个函数会读入整行输入，包含空格和换行符。可以将输入和整个程序的循环结合在一起，如下。

```
int main(void)
{
  // Variable declarations...
  // Input prompt...

  char *ptr = NULL;
  while(true)
  {
    ptr = fgets(buf, BUF_LEN, stdin);
    if(!ptr)                                  // Check for read error
    {
      printf("Error reading input.\n");
      return 1;
    }

    if(strcmp(buf, "quit\n") == 0) break;    // Quit check

    buf_length = strnlen_s(buf, BUF_LEN);    // Get the input string length
    buf[--buf_length] = '\0';                // Remove newline at the end

    /* Code to implement the calculator */
  }
  return 0;
}
```

存储 fgets()返回的地址，以进行检查。验证没有返回表示错误的 NULL 后，就在 if 语句中调用 strcmp()，看看是否输入了 quit。如果参数字符串相同，strcmp()函数就返回 0，执行 break，结束循环。

按下回车键时，fgets()函数就存储生成的换行符，这在字符串中是不需要的，所以用空字符覆盖它。递减 buf_length，使之变成包括空字符的字符串长度。

2. 步骤 2

这一步删除输出中的空格。可以马上开始分析输入，但最好从字符串中删除所有空格后再分析。因为输入字符串进行了很好的定义，不需要用空格分隔运算符和操作数。可以在 while 循环中添加下一个代码块来删除空格。

```
for(to = 0, index = 0 ; index <= buf_length ; ++index)
{
```

```
      if(*(buf + index) != ' ')                    // If it is not a space...
        *(buf + to++) = *(buf + index);            // ...copy the character
    }

    buf_length = strnlen_s(buf, BUF_LEN);          // Get the new string length
```

把 buf 中存储的字符串存储回 buf 来删除空格。在复制循环中需要跟踪两个索引：to 索引记录了 buf 中要复制下一个非空格字符的位置，index 记录了要复制的下一个字符的位置。在循环中，不复制空格。找到空格时，只递增 index，移动到第一个字符上。只有复制字符时，才递增 to 索引。循环结束后，就把新字符串的长度存储在 buf_length 中。

使用数组记号也可以编写该循环。

```
    for(to = 0, index = 0 ; index <= buf_length ; ++index)
    {
      if(buf[index] != ' ')                    // If it's not a space...
        buf[to++] = buf[index];                // ...copy the character
    }
```

使用数组记号使代码更清晰，但这里继续使用指针记号，因为我们需要实践。

3. 步骤 3

这一步确定'='是否是输入的第一个字符。输入表达式有两种可能的形式：它可以以赋值运算符开头，这表示上一个结果要当作左操作数；它也可以用有符号或无符号的数字开头，该数字就是左操作数。首先查找'='字符，就可以区分这两种情形。如果找到了'='字符，左操作数就是前一个运算的结果。

需要在 while 循环中添加的下一个代码块会查找'='字符。

```
    index = 0;                           // Start at the first character
    if(buf[index]== '=')                 // If there's = ...
      index++;                           // ...skip over it
    else
    { // No =, so look for left operand
      // Code to extract the left operand for the 1st operator...
    }
      // Code to find the operator for the left operand...
```

if 语句检查'='是否是输入的第一个字符，如果是，就递增 index，跳过它。接着程序直接查找运算符。如果没有找到'='，就执行 else 块，它包含的代码查找数值左操作数。

4. 步骤 4

这一步在第一个输入字符不是'='的情况下查找左操作数。我们要把构成数值的所有字符转换为一个 double 类型的值，存储在 result 中。这里可以使用 stdlib.h 中声明的 strtod()函数，该函数需要两个参数，第一个是数值字符串的开始地址，第二个是一个指针的地址。函数在这个指针中存储第一个不属于该数值的字符的地址。该函数把字符串的转换值返回为 double 类型。如果不能进行转换，strtod()就返回 0。下面的代码获取第一个操作数的值，并存储在 result 中。

```
    result = strtod(buf + index, &endptr);    // Store the number
    index = endptr - buf;                     // Get index for next character
```

执行 strtod()后，endptr 就包含 buf 中字符的地址，该字符的后面跟着指定操作数的字符。给 index 加上 buf 和 ptr 之差，这个差值对应于第一个操作数的字符数。

5. 步骤 5

这一步定义了一个循环，该循环首先确定运算符是什么。目前，输入字符串中应是一个运算符后跟一个数值，该数值是操作的右操作数。当然，以前找到的数值或上一个结果是左操作数，它们都存储在 result 中。这个运算符+操作数组合可能后跟另一个运算符+操作数组合，所以输入字符串中可能有一连串运算符+操作数组合，直到字符串的末尾。可以在一个 while 循环中查找这些组合，其操作如下。

```
// Now look for 'op number' combinations
while(index < buf_length)
{
  op = *(buf + index++);                // Get the operator
  // Extract the right operand...
  // Execute the operation, storing the result in result...
}
```

这个 while 循环中的第一个语句从输入中提取运算符，存储在 op 中，在获取右操作数后使用。

6. 步骤 6

这一步在上一步的 while 循环中添加代码，提取并存储右操作数。

```
number = strtod(buf + index, &endptr);     // Convert & store the number
index = endptr - buf;                      // Get index for next character
```

它使用 strtod()的方式与左操作数相同，但把返回的值存储在 number 中。

7. 步骤 7

这一步使用 result 中的左操作数和 number 中的右操作数执行运算，这些代码放在上一步的代码后面。

```
switch(op)
{
  case '+':                              // Addition
    result += number;
    break;
  case '-':                              // Subtraction
    result -= number;
    break;
  case '*':                              // Multiplication
    result *= number;
    break;
  case '/':                              // Division
    // Check second operand for zero
    if(number == 0) printf("\n\n\aDivision by zero error!\n");
    else
```

```
    result /= number;
    break;
  case '%':                                    // Modulus operator - remainder
    // Check second operand for zero
    if((long long)number == 0LL) printf("\n\n\aDivision by zero error!\n");
    else
      result = (double)((long long)result % (long long)number);
    break;
  case '^':                                    // Raise to a power
    result = pow(result, number);
    break;
  default:                                     // Invalid operation or bad input
    printf("\n\n\aIllegal operation!\n");
    break;
}
```

switch 语句根据存储在 op 中的值选择要执行的操作。对于除法和取余运算符，要检查右操作数是否是 0。%运算符只适用于整型操作数，所以两个操作数必须转换为整数。在检查右操作数是否是 0 之前，还要把右操作数转换为整数，因为它可能小于 1。等号右边表达式的结果总是转换为左操作数的类型，但在 case 中包含了显式类型转换，说明希望进行类型转换。

在第 5 步开始的循环中添加了最后的代码块，这个循环会继续执行下一个迭代，提取下一个运算符+操作数组合，直到到达字符串的末尾。到达字符串的末尾后，第 5 步开始的循环就结束。

8. 步骤 8

到达字符串的末尾时，就在第 5 步开始的 while 循环的闭合花括号后面，用一个语句输出结果。

```
printf("= %f\n", result);          // Output the result
```

执行这个语句后，就把控制权返回给第 1 步，开始外层 while 循环的下一次迭代，读取输入行。输入"quit"时，第 1 步的外层 while 循环就结束，下面的语句会结束程序。

```
return 0;
```

这是 main()中的最后一个语句。

完整的程序

完整的程序代码如下。

```
// Program 7.15 An improved calculator
#define __STDC_WANT_LIB_EXT1__ 1
#include <stdio.h>              // Standard input/output
#include <string.h>             // For string functions
#include <ctype.h>              // For classifying characters
#include <stdlib.h>             // For converting strings to numeric values
#include <stdbool.h>            // For bool values
#include <math.h>               // For power() function
#define BUF_LEN 256             // Length of input buffer
```

```
int main(void)
{
  char buf[BUF_LEN];                  // Input expression
  char op = 0;                        // Stores an operator
  size_t index = 0;                   // Index of the current character in buf
  size_t to = 0;                      // To index for copying buf to itself
  size_t buf_length = 0;              // Length of the string in buf
  double result = 0.0;                // The result of an operation
  double number = 0.0;                // Stores the value of right operand
  char* endptr = NULL;                // Stores address of character following a number

  printf("To use this calculator, enter any expression with"
                                      " or without spaces.");
  printf("\nAn expression may include the operators");
  printf(" +, -, *, /, %%, or ^(raise to a power).");
  printf("\nUse = at the beginning of a line to operate on ");
  printf("\nthe result of the previous calculation.");
  printf("\nEnter quit to stop the calculator.\n\n");

  // The main calculator loop
  char *ptr = NULL;
  while(true)
  {
    ptr = fgets(buf, BUF_LEN, stdin);
    if(!ptr)                                  // Check for read error
    {
      printf("Error reading input.\n");
      return 1;
    }

    if(strcmp(buf, "quit\n") == 0) break;     // Quit check

    buf_length = strnlen_s(buf, BUF_LEN);     // Get the input string length
    buf[--buf_length] = '\0';                 // Remove newline at the end

    // Remove spaces from the input by copying the string to itself
    for(to = 0, index = 0 ; index <= buf_length ; ++index)
    {
      if(*(buf + index) != ' ')               // If it's not a space...
        *(buf + to++) = *(buf + index);       // ...copy the character
    }

    buf_length = strnlen_s(buf, BUF_LEN);     // Get the new string length

    index = 0;                                // Start at the first character
    if(buf[index]== '=')                      // If there's = ...
      index++;                                // ...skip over it
    else
    {                                         // No =, so look for left operand
      result = strtod(buf + index, &endptr);  // Convert & store the number
```

```
      index = endptr - buf;                       // Get index for next character
  }

    // Now look for 'op number' combinations
    while(index < buf_length)
    {
      op = *(buf + index++);                       // Get the operator
      number = strtod(buf + index, &endptr);       // Convert & store the number
      index = endptr - buf;                        // Get index for next character

      // Execute operation, as 'result op= number'
      switch(op)
      {
        case '+':                          // Addition
          result += number;
          break;
        case '-':                          // Subtraction
          result -= number;
          break;
        case '*':                          // Multiplication
          result *= number;
          break;
        case '/':                          // Division
          // Check second operand for zero
          if(number == 0) printf("\n\n\aDivision by zero error!\n");
          else
            result /= number;
          break;
        case '%':                          // Modulus operator - remainder
          // Check second operand for zero
          if((long long)number == 0LL) printf("\n\n\aDivision by zero error!\n");
          else
            result = (double)((long long)result % (long long)number);
          break;
        case '^':                          // Raise to a power
          result = pow(result, number);
          break;
        default:                           // Invalid operation or bad input
          printf("\n\n\aIllegal operation!\n");
          break;
      }
    }
    printf("= %f\n", result);             // Output the result
  }
  return 0;
}
```

计算器程序的输出如下。

```
To use this calculator, enter any expression with or without spaces.
An expression may include the operators +, -, *, /, %, or ^(raise to a power).
Use = at the beginning of a line to operate on
the result of the previous calculation.
Enter quit to stop the calculator.

2.5 + 3.3/2
= 2.900000
= *3
= 8.700000
= ^ 4
= 5728.976100
1.3 + 2.4 - 3.5 + -7.8
= -7.600000
= *-2
= 15.200000
quit
```

7.7　小结

本章涵盖了许多基础知识，详细探讨了指针。读者现在应该了解指针和数组(一维和多维数组)间的关系了，并掌握了它们的用法。本章介绍了动态分配内存的函数 malloc()、calloc()和 realloc()，它们给程序提供了足够的内存，以执行数据处理。函数 free()用来释放先前由 malloc()、calloc()和 realloc()分配的内存。读者应该很清楚如何给字符串使用指针，如何使用指针数组，如何使用指针记号。

本章讨论的主题是本书以后许多章节的基础，对编写 C 程序是很有帮助的，所以在进入下一章之前，一定要熟练掌握这些内容。

注意本章许多示例的代码都很混乱。Main()中的语句数非常大，很难理解代码，Program 7.15尤其如此，其中的 main()超过了 100 行代码。这不是好的 C 编程方式。C 程序应由许多短函数构成，每个函数都执行定义好的操作。而 Program 7.15 的逻辑可以自然地分成几个不同的、定义好的、相互独立的操作。其中还有一些重复的代码，例如，提取左操作数的代码与提取右操作数的代码就几乎完全相同。第 8 章将使用函数组织程序，对函数有了更多的了解后，就可以更好地实现 Program 7.15 了。

7.8　习题

以下的习题可测试读者对本章的掌握情况。如果有不懂的地方，可以翻看本章的内容。还可以从 Apress 网站(www.apress.com)下载答案，但这应是最后一种方法。

习题 7.1　编写一个程序，计算从键盘输入的任意个浮点数的平均值。将所有的数存储到动态分配的内存中，之后计算并显示平均值。用户不需要事先指定要输入多少个数。

习题 7.2　编写一个程序，从键盘读入任意个谚语，并将它们存储到执行期间分配的内存中。然后，将它们以字长顺序由短到长地输出。

习题 7.3　编写一个程序，从键盘读入一个字符串，显示删除了所有空格和标点符号的字符串。所有的操作都使用指针完成。

习题 7.4　编写一个程序，读入任意天数的浮点温度记录值，每天有 6 个记录。温度记录存储在动态分配内存的数组中，数组的大小刚好等于输入的温度数。计算出每天的平均温度，然后输出每天的记录，在单独一行上输出平均值，该平均值精确到小数点后一位。

第8章

程序的结构

如第 1 章所述，将程序分成适度的自包含单元是开发任一程序的基本方式。当工作很多时，最明智的做法就是把它分成许多便于管理的部分，使每一小部分能很轻松地完成，并确保正确完成整个工作。如果仔细设计各个代码块，就可以在其他程序中重用其中的一些代码块。

C 语言中的一个重要观念是，每个程序都应切割成许多小的函数。前面的所有例子都编写成一个函数 main()，还涉及其他函数，因为这些例子还使用各种标准库函数进行输入输出、数学运算和处理字符串。

本章将介绍如何使程序更有效率，利用更多自己的函数更方便地开发程序。

本章的主要内容：
- 数据如何传给函数
- 函数如何返回结果
- 如何定义自己的函数
- 函数原型的概念和使用场合
- 函数使用指针参数的优势

8.1　程序的结构概述

如概述所言，C 程序是由许多函数组成的，其中最重要的就是函数 main()，它是执行的起点。本书介绍库函数 printf()或 scanf()时，说明了一个函数可以调用另一个函数，完成特定的工作，在任务完成后调用函数继续执行。不考虑存储在全局变量(参见第 9 章)中的数据或者可以通过指针参数访问的数据的负面影响，程序中的每个函数都是一个执行特定操作的自包含单元。调用一个函数时，就执行该函数体内的代码。这个函数执行结束后，控制权就回到调用该函数的地方。如图 8-1 所示为 C 程序由 5 个函数组成时的执行顺序，它并未显示任何语句细节。

这个程序以正常的方式按顺序执行语句，当遇到调用一个函数的语句时，就把参数值传递给函数，从该函数的起始点开始执行，即该函数体的第一条语句。这个函数会一直执行，在遇到 return 语句或到达这个函数体的结束括号时，就返回调用它的那个位置之后执行。

这些组成程序的函数通过函数调用及其 return 语句链接在一起，完成各种工作，以达到程序的目标。图 8-1 中的每个函数在程序中只执行一次。实际上，每个函数可以执行多次，且可以从程序中的多个地方调用。前面的例子中就多次调用函数 printf()和 scanf()。

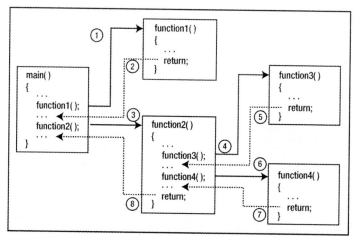

图 8-1　由几个函数组成的程序的执行过程

在详细了解如何定义自己的函数之前，必须解释变量的一个重要方面，这个方面一直未提及。

8.1.1　变量的作用域和生存期

在前面所有的例子中，都是在定义 main()函数体的起始处声明程序的变量。事实上，可以在任何代码块的起始处定义变量。这有什么不同吗？这是绝对不同的。变量只存在于定义它们的块中。它们在声明时创建，在遇到下一个闭括号时就不存在了。

在一个块内的其他块中声明的变量也是这样。在外部块的起始处声明的变量也存在于内部块中。这些变量可以随意访问，只要内部块中没有同名的变量即可。

变量在一个块内声明时创建，在这个块结束时销毁，这种变量称为自动变量，因为它们是自动创建和销毁的。给定变量可以在某个程序代码块中访问和引用，这个程序代码块称为变量的作用域。在作用域内使用变量是没有问题的。但如果试图在变量的作用域外部引用它，编译程序时就会得到一条错误信息，因为这个变量在它的作用域之外不存在。例如下面的代码：

```
{
  int a = 0;                              // Create a
  // Reference to a is OK here
  // Reference to b is an error here - it hasn't been created yet
  {
    int b = 10;                          // Create b
    // Reference to a and b is OK here
  }                                      // b dies here
  // Reference to b is an error here - it has been destroyed
  // Reference to a is OK here
}                                        // a dies here
```

对于在一个块内声明的所有变量，在这个块的结束括号之后它们就不再存在。变量 a 可在内外两个块内访问，因为它是在外部块中声明的。变量 b 只能在内部块中访问，因为它是在内部块中声明的。

执行程序时，会创建变量，并给它分配内存。有时，在一个块中声明了自动变量，在这个块结束时，该变量占用的内存就会返回给系统。当然，在执行块内调用的函数时，变量仍存在，只有执行到创建变量的块的尾部时才销毁变量。变量存在的时间称为变量的生存期。

下面通过一个例子了解变量作用域的含义。

试试看：了解作用域

下面的简单例子在循环体中包含一个嵌套块。

```
// Program 8.1 Scoping out scope
#include <stdio.h>

int main(void)
{
  int count1 = 1;                       // Declared in outer block

  do
  {
    int count2 = 0;                     // Declared in inner block
    ++count2;
    printf("count1 = %d count2 = %d\n", count1, count2);
  } while( ++count1 <= 5);

  // count2 no longer exists

  printf("count1 = %d\n", count1);
  return 0;
}
```

这个程序的输出如下所示。

```
count1 = 1    count2 = 1
count1 = 2    count2 = 1
count1 = 3    count2 = 1
count1 = 4    count2 = 1
count1 = 5    count2 = 1
count1 = 6
```

代码的说明

包含 main() 函数体的块内有一个内部块，即 do-while 循环。在这个循环块内声明且定义了 count2。

```
do
{
  int count2 = 0;                       // Declared in inner block
  ++count2;
  printf("count1 = %d count2 = %d\n", count1, count2);
} while( ++count1 <= 5);
```

因此，count2 在循环的每次迭代中都会重建，并初始化为 0，它的值永远不超过 1。在循环的每次迭代中，都创建、初始化、递增和销毁 count2 变量。它只存在于从声明它的语句到这个循环的结束括号为止。另一方面，变量 count1 位于 main()块中。当递增它时，它仍然存在，所以最后的 printf()输出值 6。

修改这个程序，使最后的 printf()输出 count2 的值。此时程序不能编译，而是得到一条错误信息，因为在执行最后的 printf()时，count2 已经不存在了。

试试看：深入了解作用域

稍微修改上一个示例程序。

```c
// Program 8.2 More scope in this example
#include <stdio.h>

int main(void)
{
  int count = 0;                      // Declared in outer block
  do
  {
    int count = 0;                    // This is another variable called count
    ++count;                          // this applies to inner count
    printf("count = %d\n", count);
  }
  while( ++count <= 5);               // This works with outer count

  printf("count = %d\n", count);      // Inner count is dead, this is outer count
  return 0;
}
```

现在，main()块和循环块使用相同的变量名称 count，这不太好。编译并执行程序的结果如下所示。

```
count = 1
count = 1
count = 1
count = 1
count = 1
count = 1
count = 6
```

代码的说明

这个输出很无聊，但也很有趣。事实上有两个名为 count 的变量，但是在循环块的内部，本地变量会掩盖 main()块中的 count。当使用名称 count 时，编译器会假设使用的是当前块中声明的那个变量。在 do-while 循环内，只有 count 的本地版本，所以递增这个变量。循环块内的 printf()显示本地变量 count 的值，它永远是 1，原因之前已解释过了。一旦退出这个循环，外部的 count 变量就可以访问了，最后一个 printf()显示它在循环结束时的值 6。

很明显，控制循环的变量是在 main()开始时声明的那个变量。这个小例子演示了为什么最好不要在一个函数中对两个不同的变量使用相同的名称，但这是合法的。在最好的情况下，它会混淆视听。在最坏的情况下，我们会遇到大麻烦。

8.1.2　变量的作用域和函数

在讨论创建函数的细节之前，最后要讨论的是，每个函数体都是一个块(当然，它可能含有其他块)。因此，在一个函数内声明的自动变量是这个函数的本地变量，在其他地方不存在。所以，在一个函数内部声明的变量完全独立于在其他函数或嵌套块内声明的变量。可以在不同的函数内使用相同的变量名称，它们是完全独立的。这的确是一个优点。处理很大的程序时，确保所有变量使用不同的名称是比较困难的。能在不同的函数中使用相同的变量名(如 count)是很方便的。当然，最好避免在不同的函数中使用不必要或易引起误解的相同变量名。应该尽量使用便于理解程序的名称。

8.2　函数

本书的程序广泛使用了内置函数，例如 printf()或 strcpy()。还介绍了在按名称引用内置函数时如何执行它们，如何通过函数名称后括号内的参数给函数传递信息。例如，printf()函数的第一个参数通常是一个字符串，其后的参数(可能没有)是一系列要显示其值的变量或表达式。

可以通过两种方法接收函数返回的信息。第一种方法是使用函数的一个参数。通过函数的一个参数提供变量的地址，这个函数会修改该变量的值。例如，使用 scanf_s()从键盘上读取数据时，输入会存储到一个作为参数提供的地址中。第二种方法是通过返回值接收函数传回的信息。例如对于 strlen_s()函数，当调用该函数时，它会返回程序代码作为参数传送给它的字符串的长度。因此，如果在表达式 2*strlen(str, sizeof(str))中，str 是字符串"example"，strlen()函数返回的值就是 7，接着用值 7 取代表达式中的函数调用。因此，这个表达式是 2*7。函数会返回一个特定类型的值，所以在能使用该类型变量的任意表达式中，都可以使用函数调用作为表达式的一部分。所有的程序都必须编写函数 main()，所以我们已经具备函数构成的基本知识。下面详细讨论函数的构成。

8.2.1　定义函数

创建一个函数时，必须指定函数头作为函数定义的第一行，跟着是这个函数放在括号内的执行代码。函数头后面放在括号内的代码块称为函数体。

- 函数头定义了函数的名称、函数参数(它们指定调用函数时传给函数的值的类型和个数)和函数返回值的类型。
- 函数体包含在调用函数时执行的语句，以及对传给它的参数值执行操作的语句。

函数的一般形式如下所示。

```
Return_type Function_name( Parameters - separated by commas )
{
  // Statements...
}
```

函数体内可以没有语句，但是必须有大括号。如果函数体内没有语句，返回类型必须是 void，此时函数没有任何作用。void 类型表示"不存在任何类型"，所以这里它表示函数没有返回值。没有返回值的函数必须将返回类型指定为 void，而返回类型不是 void 的函数都在函数体中有一个 return 语句，返回一个指定返回类型的值。

没有函数体的函数通常在复杂程序的测试阶段使用。例如，所定义的函数只包含一条 return 语句，返回一个默认值。这允许在执行程序时只用选定的函数执行一些操作，然后逐步增加函数体中的代码，在每个阶段进行测试，直到完成整个工作。

术语"参数"表示函数定义中的一个占位符，指定了调用函数时传送给函数的值的类型。参数包含在函数体内，用来表示函数执行时使用的数据类型和名称。术语"变元"表示调用函数时提供的对应于参数的值。本章后面关于函数的参数部分将详细介绍参数。

> ▓ **注意**：函数体内的语句也可能含有嵌套的语句块，但不能在一个函数体内定义另一个函数。

调用函数的一般形式是：

```
Function_name(List of Arguments - separated by commas)
```

使用函数名后跟括号内一连串以逗号分隔的变元，与调用 printf() 和 scanf() 函数一样。函数调用可以显示在一行中，如下所示。

```
printf("I used to be indecisive but now I'm not so sure.");
```

像这样调用的函数可以是有返回值的函数。在这个例子中，返回值会被丢弃。返回类型定义为 void 的函数只能这样调用。有返回值的函数通常会出现在表达式中。例如：

```
result = 2.0*sqrt(2.0);
```

sqrt() 函数(在头文件<math.h>中声明)返回的值乘以 2.0，结果存储到变量 result 中。很明显，返回类型为 void 的函数不返回任何值，所以不可能成为表达式的一部分。

1. 函数的命名

在 C 语言中，函数的名称可以是任何合法的名称，但不能是保留字(如 int、double 和 sizeof 等)，也不能和程序中其他函数的名称相同。注意，不要使用与任何标准库函数相同的名称，以避免混淆。当然，如果使用库函数名，且在源文件中包含该库函数的头文件，程序就不会编译。

区别自己的函数和标准库函数的一个方法是，函数名用一个大写字母开头，但一些程序员觉得这相当受限。函数名以大写字母开头也常常用作 struct 类型名，参见第 11 章。合法的函数名与变量名的形式相同：一串字母和数字，第一个必须是字母。与变量名称一样，下画线字符算是一个字母。除此之外，函数的名称可以任意，但是最好能说明函数的作用，且不能太长。有效的函数名称示例如下。

```
cube_root    FindLast findNext    Explosion    Back2Front
```

通常，将函数名称(和变量名称)定义为包含多个单词。有 3 个常见的方法可以采用。

- 在函数名称中用下画线字符分开每个单词。
- 将每个单词的第一个字母大写。
- 将除第一个单词之外的每个单词的第一个字母大写。

这 3 种方法都很好，但第 3 种形式常常用于变量名。采用哪一个取决于程序员，但最好在选择了一种方法后就一直使用它。当然，可以对函数使用一种方法，对变量使用另一种方法。在本书中这 3 种方法都使用，阅读完本书后，读者就会对使用哪种方法有自己的看法了。

2. 函数的参数

函数的参数在函数头中定义，是调用函数时必须指定的变元的占位符。函数的参数是一列变量名称和它们的类型，参数之间以逗号分隔。整个参数列表放在函数名称后的括号中。函数也可以没有参数,此时应在括号中放置 void。

　　参数提供了调用函数给被调用函数传递信息的方法。这些参数名对于函数而言是本地的,调用函数时给它们指定的值称为"变元"。然后使用这些参数名在函数体中编写计算操作,当函数执行时,参数使用变元的值。当然,函数也可以在函数体中声明本地定义的自动变量。函数执行完毕后,这些变量就会销毁。最后当计算完成时,如果返回类型不是 void,函数将一个适当的值返回给原来的调用语句,并从那一点继续执行。

　　要把数组作为变元传递给函数,还必须传递一个额外的变元,指定数组的大小。没有这个额外参数,函数就不知道数组中有多少个元素。

　　函数头的示例如表 8-1 所示。

表 8-1　函数头示例

函数头	说明
bool SendMessage(char *text)	该函数有一个参数 text,其类型是 char 指针类型。该函数返回一个 bool 类型的值
void PrintData(double *data, int count)	该函数有两个参数,一个是 int 类型,另一个是 double 指针类型。该函数没有返回值
int SumIt(int x[], size_t n)	该函数的第一个参数是一个 int[]型的数组,第二个参数把数组的元素数指定为一个 size_t 类型的值。该函数返回一个 int 类型的值
char* GetMessage(void)	这个函数没有参数,返回一个 char*类型的指针

　　调用函数时,要使用函数名称,后跟放在括号中的变元。在调用时指定的变元会取代函数中的参数。因此,函数执行时,会使用为变元提供的值进行计算。调用函数时指定的变元的类型、个数和顺序必须和函数头中指定的参数一致。调用函数和被调用函数之间的关系与传送的信息如图 8-2 所示。

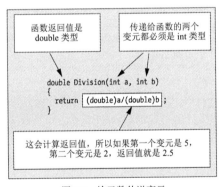

图 8-2　给函数传送变元

　　如果函数的变元类型不匹配对应参数的类型,编译器就会插入一个类型转换操作,将变元值的类型转换为参数的类型。这可能会截断变元值,例如把 double 类型的值传送给 int 类型的参数,所以这是一个危险的操作。如果编译器不能把变元转换为需要的类型,就会得到一条错误消息。

3. 指定返回值的类型

另一个常见的函数形式如下。

```
Return_type Function_name(List of Parameters - separated by commas)
```

```
{
    // Statements...
}
```

Return_type 指定了函数返回值的类型。如果在表达式中使用函数，或函数在赋值语句的右侧使用，则函数的返回值会取代该函数。函数的返回值可以指定为 C 语言中任何合法的类型，包括枚举类型和指针。

返回类型也可以是 void*，表示指向 void 的指针。此时，返回值是一个地址值，但没有指定类型。希望返回一个能灵活返回指向各种类型的地址时，就可以使用这个类型，例如分配内存的 malloc()函数。返回类型也可以指定为 void，表示没有返回值。

> **注意：** 第 11 章将介绍 structs 类型，它提供了把几个数据项作为一个单元来处理的方式。函数的参数可以是 struct 类型或指向 struct 的指针，也可以返回一个 struct 或指向 struct 的指针。

8.2.2 return 语句

return 语句允许退出函数，从调用函数中发生调用的那一点继续执行。return 语句最简单的形式如下。

```
return;
```

这个形式的 return 语句用于返回类型声明为 void 的函数，它不返回任何值。较常见的 return 语句形式是：

```
return expression;
```

这个形式的 return 语句必须用于返回类型没有声明为 void 的函数，返回给调用程序的值是计算 expression 的结果，其类型应是给函数指定的返回类型。

> **警告：** 如果函数的返回类型定义为 void，却试图返回一个值，编译程序时就会得到一条错误消息。如果函数的返回类型没有定义为 void，而只使用了 return，编译器也会生成一条错误消息。

如果 expression 生成的值的类型不同于函数头声明的返回类型，编译器会将 expression 的类型转换成需要的类型。如果不能转换，编译器就生成一条错误消息。一个函数中可能有多条 return 语句，但每条 return 语句都必须提供一个可以转换为函数头中为返回值指定的类型的值。

我们应该明确一个函数在一个函数中可以有多个返回，但这样使用并不是很好，虽然也可以运行。这可以在条件语句内部完成，但强烈建议在每个函数的末尾只使用一个 return 语句。(否则，代码将更类似于隐藏的 goto 语句。)

```
double Average(int n)
{
    if (n==314)
    {
        return (double)n;
    }
    else
    {
        return (double)n+1;
```

```
    }
  }
```

■■ 注意：调用函数不必识别或处理被调用函数返回的值。程序员负责确定如何使用函数调用的返回值。

试试看：使用函数

使用例子总是更容易理解新的概念。这个程序包含 4 个函数，包括 main()。

```c
// Program 8.3 Calculating an average using functions
#define __STDC_WANT_LIB_EXT1__ 1
#include <stdio.h>
#define MAX_COUNT 50

// Function to calculate the sum of array elements
// n is the number of elements in array x
double Sum(double x[], size_t n)
{
  double sum = 0.0;
  for(size_t i = 0 ; i < n ; ++i)
    sum += x[i];

  return sum;
}

// Function to calculate the average of array elements
double Average(double x[], size_t n)
{
  return Sum(x, n)/n;
}

// Function to read in data items and store in data array
// The function returns the number of items stored
size_t GetData(double *data, size_t max_count)
{
  size_t nValues = 0;
  printf("How many values do you want to enter (Maximum %zd)? ", max_count);
  scanf_s("%d", &nValues);
  if(nValues > max_count)
  {
    printf("Maximum count exceeded. %zd items will be read.", max_count);
    nValues = max_count;
  }
  for( size_t i = 0 ; i < nValues ; ++i)
    scanf_s("%lf", &data[i]);

  return nValues;
}
```

```
// main program - execution always starts here
int main(void)
{
  double samples[MAX_COUNT] = {0.0};
  size_t sampleCount = GetData(samples, MAX_COUNT);
  double average = Average(samples, sampleCount);
  printf("The average of the values you entered is: %.2lf\n", average);

  return 0;
}
```

程序的输出如下。

```
How many values do you want to enter (Maximum 50)? 5
1.0 2.0 3.0 4.0 5.0
The average of the values you entered is: 3.00
```

代码的说明

这个示例演示了使用函数的几个方面。下面一步步地讨论这个例子。在通常的#define 和 #include 指令后，定义了 Sum()函数。

```
double Sum(double x[], size_t n)
{
  double sum = 0.0;
  for(size_t i = 0 ; i < n ; ++i)
    sum += x[i];

  return sum;
}
```

第一个参数是数组类型，所以对应的变元可以是数组名或 double*类型的指针。第二个参数是整数类型，对应的变元应指定数组元素的个数。函数体计算传递给它的数组中各元素之和，并把这个和返回为 double 类型的值。for 循环可以简洁地编写如下。

```
for(size_t i = 0 ; i < n ; sum += x[i++]);
```

它非常简洁，但不是很清晰。

下一个函数定义是:

```
double Average(double x[], size_t n)
{
    return Sum(x, n)/n;
}
```

其参数与 Sum()相同。这个函数计算并返回传递为第一个参数的数组中元素的平均值。它在 return 表达式中调用 Sum()，得到元素之和，再除以数组的元素个数。Average()函数在调用时，把它接收到的变元传递给 Sum()函数。注意对于这两个函数，第一个参数的类型都可以指定为 double*。

第三个函数读取要处理的数据。

```
size_t GetData(double *data, size_t max_count)
{
  size_t nValues = 0;
  printf("How many values do you want to enter (Maximum %zd)? ", max_count);
  scanf_s("%zd", &nValues);
  if(nValues > max_count)
  {
    printf("Maximum count exceeded. %zd items will be read.", max_count);
    nValues = max_count;
  }

  for( size_t i = 0 ; i < nValues ; ++i)
    scanf_s("%lf", &data[i]);

  return nValues;
}
```

这个函数从键盘上读取值，把它们存储在由变元引用的内存中。max_count 参数指定数组元素的个数。一般，第一个变元可以是数组，也可以是在堆上创建的一个内存块。这里不详细解释输入过程，因为以前已经解释过了。注意使用 z 限定符和%d 来读取 size_t 类型的值。这个限定符专门用于读取 size_t 值，因为该类型是由实现代码定义的，可能是任意整数类型。如附录 D 所述，z 限定符可以和 d、i、o、u、x、X 或 n 转换说明符一起使用。显然，调用程序需要知道数组中有多少个元素，以便 GetData()函数返回合适数量的 size_t 值，size_t 是适合于和数组索引值一起使用的类型。

■ 提示：在自定义的每个函数定义中，最好添加注释来解释函数的作用以及变元的用法，但本书篇幅有限，没有这么做。

main()函数把所有内容联系起来，图 8-3 显示了执行顺序和数据在函数之间如何传递。

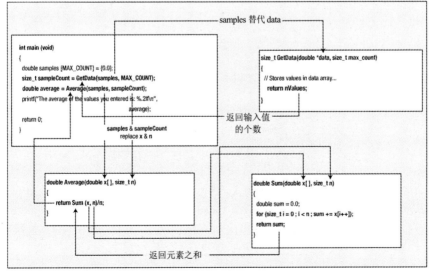

图 8-3　执行顺序

从 main()函数的第一个可执行语句开始执行。定义了 samples 数组后，main()就调用 GetData()
函数。

```
size_t sampleCount = GetData(samples. MAX_COUNT);
```

这个语句把 samples 数组及其包含的元素个数传递给 GetData()，GetData()函数把数据存储在
数组中，返回数据项的个数。GetData()函数体中的每个 data 都引用 samples。GetData()函数返回
的值个数存储在 sampleCount 中。

接着 main()函数调用 Average()。

```
double average = Average(samples, sampleCount);
```

变元是数组名 samples 和数组中值的个数 sampleCount，它包含 GetData()的返回值。

Average()函数调用 Sum()，但 Average()在后台执行的操作对 main()没有影响。

注意所有 4 个函数(包括 main())都很短、很容易理解，比把所有代码都放在 main()中好多了。
main()函数短了许多，因为不需要存储 Average()的返回值，而可以把它直接传递给输出语句中的
printf()函数，如下所示。

```
printf("The average of the values you entered is: %.2lf\n",
                                         Average(samples, sampleCount));
```

现在，main()函数体只有 4 条语句，包括 return。

8.3 按值传递机制

给函数传送变元时，变元值不会直接传递给函数，而是先制作变元值的副本，存储在栈上(请
记住，在第 2 章和第 7 章中，栈是内存的一部分，每个函数都必须保存来自签名的局部变量和参
数)，再使这个副本可用于函数，而不是使用初始值，如图 8-4 所示。

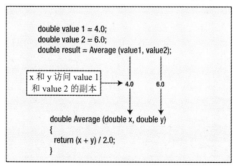

图 8-4 给函数传送变元

图 8-4 中的 Average()函数仅计算其两个变元的平均值,这两个变元映射为参数 x 和 y。Average()
函数不能访问调用该函数时传递为变元的变量 value1 和 value2，只能访问这两个变元值的副本。
这表示函数不能修改存储在 value1 或 value2 中的值。这个机制是 C 语句中所有变元值传递给函数
的方式，称为按值传递机制(pass-by-value mechanism)。

被调用函数修改属于调用函数的变量值的唯一方式是，把变量的地址接收为变元值。给函数
传递地址时，它只是所传递地址的副本，而不是初始的地址。但是，副本仍是一个地址，仍引用

最初的变量。这就是必须把变量的地址传递给 scanf_s() 的原因。不传递地址，该函数就不能在最初的变量中存储值。

把数组传递为变元时，按值传递机制的一个有趣结论是，第 5 章讨论数组时提到，数组名本身引用了数组的起始地址，但它不是指针，不能修改这个地址。但是，把数组名用作变元时，会制作该地址的副本，并将副本传递给函数。该副本现在只是一个地址，所以被调用函数可以用任意方式修改这个地址。当然，最初的数组地址不受影响。这不是推荐方式，但意味着可以用如下方式实现 Program 8.3 中的 Sum() 函数。

```
double Sum(double x[], size_t n)
{
  double sum = 0.0;
  for(size_t i = 0 ; i < n ; ++i)
    sum += *(x++);
  return sum;
}
```

这段代码把数组名 x 看作一个指针。这是合法的，因为给参数 x 传递为变元的任意值最终都是一个 double* 类型的值。

从函数返回的值也是一个副本。这是必需的，因为在函数体内定义的自动变量和其他本地变量都会在函数返回时删除。Program 8.3 中的 GetData() 函数返回 nValues 的值，nValues 在函数结束时不再存在，但会制作其值的副本，传递回 main()。

8.4　函数原型

在 Program 8.3 的变体中，先定义 main() 函数，再定义 Average()、Sum() 和 GetData() 函数。

```
// #include & #define directives...

int main(void)
{
  // Code in main() ...
}

double Average(double x[], size_t n)
{
    return Sum(x,n)/n;
}

double Sum(double x[], size_t n)
{
  // Statements...
}

size_t GetData(double *data, size_t max_count)
{
  // Statements...
}
```

这段代码不会编译。编译器在遇到 Average()函数的调用时，不知道该如何处理，因为那时Average()函数还没有声明。在 main()中调用 GetData()时也是这样。编译器开始编译Average()时，Sum()还没有定义，不能处理对这个函数的调用。为了编译这段代码，必须在 main()的定义之前添加代码，告诉编译器 Average()、Sum()和 GetData()函数的信息。

函数声明也称为函数原型，是一个定义函数基本特性的语句，它定义了函数的名称、返回值的类型和每个参数的类型。事实上，可以将它编写为与函数头一模一样，只是要在尾部加一个分号。函数声明也称为函数原型，因为它提供了函数的所有外部规范。函数原型能使编译器在使用这个函数的地方创建适当的指令，检查是否正确地使用它。在程序中包含头文件时，这个头文件就会在程序中为库函数添加函数原型。例如，头文件<stdio.h>含有 printf()和 scanf()的函数原型。

为了使Program 8.3的变体可以编译，只需要在函数main()的定义前面添加其他3个函数的原型。

```
// #include & #define directives...

// Function prototypes
double Average(double data_values[], size_t count);
double Sum(double *x, size_t n);
size_t GetData(double*, size_t);

int main(void)
{
  // Code in main() ...
}

// Definitions for Average(), Sum() and GetData()...
```

现在，编译器可以编译 main()中的 Average()函数调用，因为编译器知道该函数的所有特性，例如名称、参数类型和返回类型。在技术上，可以把 Average()函数的声明放在 main()函数体中，只是Average()函数的声明必须放在该函数的调用之前，但事实上这种做法并不可行。函数原型一般放在源文件的开头处，而且在所有函数的定义和头文件之前。另外，在源文件中，函数原型在所有函数的外部，函数的作用域是从其声明处开始一直到源文件的结尾。因此无论函数的定义放在什么地方，源文件中的任意函数都可以调用该文件中的其他函数。

注意参数名不一定与函数定义中的参数名相同，甚至不需要在函数原型中包含参数名。在GetData()原型中，为了显示出区别，故意忽略了参数名。这是可行的，但不推荐使用。注意参数类型 double*等价于函数定义中的参数类型 double[]。在函数原型中使用不同的参数名，一个用途是使原型中的参数名比较长，更容易理解；而在函数定义中，要使参数名短一些，代码比较简洁。

有时函数 fun1()调用另一个函数 fun2()，fun2()又调用了 fun1()。此时必须给函数定义原型，程序才能编译。无论在什么地方调用，最好总是把函数的声明放在程序的源文件中。这有助于程序与设计保持一致，还可以防止在程序的另一部分调用函数时出错。当然，main()函数不需要函数原型，因为在程序开始执行时，这个函数会由主机环境调用。

8.5　指针用作参数和返回值

前面介绍了如何把函数参数指定为指针类型，把地址作为相应的变元传递给函数。另外，如果函数修改在调用函数中定义的变量值，也需要使用指针变元。事实上这是唯一的方法。

前面还提到，把数组作为变元，通过指针参数传递给函数时，只传递了该数组的地址副本，而没有传递数组。函数中为数组元素定义的值可以在把该函数作为变元的函数中修改。被调用函数需要知道传递给它的数组的元素个数。这有两种方式：第一种方式是定义一个额外的参数，即数组的元素个数。对于带有指针参数 p 和元素个数 n 的函数，数组元素可以通过其地址来访问，它们的地址是 p 到 p+n-1。这种方式等价于传递了两个指针，一个是 p，指向数组的第一个元素；另一个是 p+n，指向最后一个元素后面的地址。这个机制在其他编程语言(如C++)中用得很多。第二种方式是在函数可以访问的最后一个数组元素中存储一个特别的唯一值。这个机制用于字符串，表示字符串的 char 数组在最后一个元素中存储了'\0'。这个机制有时也可以应用于其他类型数据的数组。例如，温度值数组可以在最后一个元素中存储-1000，标记数组的结束，因为这从来都不是一个有效的温度。

8.5.1　常量参数

可以使用 const 关键字修饰函数参数，这表示函数将传送给参数的变元看为一个常量。由于变元是按值传送的，因此只有参数是一个指针时，这个关键字才有效。一般将 const 关键字应用于指针参数，指定函数不修改该变元指向的值。下面是带一个 const 参数的函数示例。

```
bool SendMessage(const char* pmessage)
{
  // Code to send the message
  return true;
}
```

参数 pmessage 的类型是指向 const char 的指针。换言之，不能修改的是 char 值，而不是其地址。把 const 关键字放在开头，指定被指向的数据是常量。编译器将确认函数体中的代码没有使用 pmessage 指针修改消息文本。也可以把指针本身指定为 const，但这没有意义，因为地址是按值传送的，所以不能改变调用函数中的原始指针。

将指针参数指定为 const 有另一个用途。const 修饰符暗示，函数不修改指针指向的数据，因此编译器知道，指向常量数据的指针变元应是安全的。另一方面，如果不给参数使用 const 修饰符，对编译器而言，函数就可以修改变元指向的数据。将指向常量数据的指针作为变元传送给未声明为 const 的参数时，C 编译器至少应给出一条警告消息。

无论它是否是数组，都是有效的。数组被视为指针。

```
// Program 8.4a const in a array function prototype
#include <stdio.h>
void int_out (const int array[], size_t);       // Outputs the integers
void int_out (const int array[], size_t n)
{
  printf ( "The integers are:\n");

  for(size_t i = 0 ; i < n ; ++i)
  {
    printf("%d\n", array[i]);                    // Display an integer

    //try modifying a constant value should throw an error at compilation
    //array[i] = 3;
  }
```

```
}

int main(void)
{
    int array[] = { 2, 7, 1, 8, 2, 8 };
    int_out(array, 6);

    return 0;
}
```

> **提示**：如果函数不修改指针参数指向的数据，就把该函数参数声明为 const。这样，编译器就会确认，函数的确没有改变该数据。将指向常量的指针传送给函数时，还可以避免出现警告或错误消息。

当参数是指向指针的指针时，使用它就有点复杂了。此时，传递给该参数的变元是按值传递的，就像其他变元一样，所以无法把指针指定为 const。但是，可以把指针指向的指针定义为 const，防止修改指针指向的内容。但我们仅希望最终被指向的数据是 const。对于指针的指针参数，下面是 const 一种可能的用途。

```
void sort(const char** str, size_t n);
```

这是 sort()函数的原型，其第一个参数是指向 const char 的指针的指针类型。把第一个参数看作一个字符串数组，则字符串本身是常量，它们的地址和数组的地址都不是常量。这是合适的，因为该函数会重新安排在数组中存储的地址，而不修改它们指向的字符串。

第二种可能的用途是。

```
void replace(char *const *str, size_t n);
```

这里，第一个参数是指向 char 的常量指针的指针。变元是一个字符串数组，函数可以修改字符串，但不能修改数组中的地址。例如，函数可以用空格替换标点符号，但不能重新安排字符串在数组中的顺序。

对指针的指针参数使用常量的最后一种可能用途是：

```
size_t max_length(const char* const* str, size_t n);
```

在这个函数原型中，第一个参数是指向const char 的常量指针的指针类型。数组中的指针是常量，它们指向的字符串也是常量。该函数可以访问数组，但不能以任何方式修改数组。这个函数一般返回字符串的最大长度，获得这个数据时不会修改任何内容。

试试看：使用指针传输数据

下面用更实际的方式练习使用指针给函数传递数据的方式，并复习第 7 章的 Program 7.14 中排序字符串函数的修改版本。源代码除了定义 main()函数之外，还定义了 5 个函数。这里先列出了main()函数的实现代码和函数原型，后面将讨论其他 5 个函数的实现方式。

```
// Program 8.4 The functional approach to string sorting
#define __STDC_WANT_LIB_EXT1__ 1
#include <stdio.h>
```

```
#include <stdlib.h>
#include <stdbool.h>
#include <string.h>
#define BUF_LEN 256                              // Input buffer length
#define INIT_NSTR 2                              // Initial number of strings
#define NSTR_INCR 2                              // Increment to number of strings

char* str_in();                                 // Reads a string
void str_sort(const char**, size_t);            // Sorts an array of strings
void swap(const char**, const char**);          // Swaps two pointers
void str_out(const char* const*, size_t);       // Outputs the strings
void free_memory(char**, size_t);               // Free all heap memory

// Function main - execution starts here
int main(void)
{
  size_t pS_size = INIT_NSTR;                    // count of pS elements
  char **pS = calloc(pS_size, sizeof(char*));    // Array of string pointers
  if(!pS)
  {
    printf("Failed to allocate memory for string pointers.\n");
    exit(1);
  }

  char **pTemp = NULL;                           // Temporary pointer

  size_t str_count = 0;                          // Number of strings read
  char *pStr = NULL;                             // String pointer
  printf("Enter one string per line. Press Enter to end:\n");
  while((pStr = str_in()) != NULL)
  {
    if(str_count == pS_size)
    {
      pS_size += NSTR_INCR;
      if(!(pTemp = realloc(pS, pS_size*sizeof(char*))))
      {
        printf("Memory allocation for array of strings failed.\n");
        return 2;
      }
      pS = pTemp;
    }
    pS[str_count++] = pStr;
  }

  str_sort((const char**)pS, str_count);         // Sort strings
  str_out((const char**)pS, str_count);          // Output strings
  free_memory(pS, str_count);                    // Free all heap memory
  return 0;
}
```

这里为代码使用的符号选择值，可以确保内存的重新分配发生得比较频繁。如果希望跟踪这个活动，可以添加 printf()调用。在实际的程序中，所选的值应最小化重复的堆内存分配的可能性，以避免其系统开销。

把函数原型放在源文件的开头，函数的定义就可以采用任意顺序。字符串存储在堆内存中，指向每个字符串的指针存储在 pS 数组的一个元素中，该数组也在堆内存中。数组 pS 的初始容量可以容纳符号 INIT_NSTR 定义的指针个数。main()的操作非常简单，它使用 str_in()从键盘上读取字符串，调用 str_sort()给字符串排序，调用 str_out()把字符串按排序后的顺序输出，再调用 free_memory()函数释放已分配的堆内存。

字符串通过 str_in()从键盘上读取，该函数的实现代码如下。

```c
char* str_in(void)
{
  char buf[BUF_LEN];                    // Space to store input string
  if(!gets_s(buf, BUF_LEN))             // If NULL returned...
  {                                     // ...end the operation
    printf("\nError reading string.\n");
    return NULL;
  }

  if(buf[0] == '\0')                    // If empty string read...
    return NULL;                        // ...end the operation

  size_t str_len = strnlen_s(buf, BUF_LEN) + 1;
  char *pString = malloc(str_len);

  if(!pString)                          // If no memory allocated...
  {
    printf("Memory allocation failure.\n");
    return NULL;                        // ...end the operation
  }

  strcpy_s(pString, str_len, buf);      // Copy string read to new memory
  return pString;
}
```

返回类型是 char*，即指向字符串的指针。字符串读入本地数组 buf 中。给读取的字符串分配足够的堆内存，其地址存储在本地变量 pString 中。buf 中的字符串复制到堆内存中，返回 pString 中存储的地址。如果读取了空字符串，函数就返回 NULL。在 main()中，字符串在一个循环中读取，当 str_in()返回 NULL 时，这个循环就结束。非 NULL 字符串地址存储在 pS 数组的下一个可用元素中。如果数组已满，就调用 realloc()函数，给数组增加 NSTR_INCR 个元素。已有的数据放在由 realloc()分配的新内存中，即使它们可能不位于相同的地址中也是如此。

读取了所有的字符串后，就调用 str_sort()函数把它们按升序存储。str_sort()函数的实现代码如下：

```c
void str_sort(const char **p, size_t n)
{
  bool sorted = false;                  // Strings sorted indicator
  while(!sorted)                        // Loop until there are no swaps
```

```
{
  sorted = true;                    // Initialize to indicate no swaps
  for(int i = 0 ; i < n - 1 ; ++i)
  {
    if(strcmp(p[i], p[i + 1]) > 0)
    {
      sorted = false;               // indicate we are out of order
      swap(&p[i], &p[i + 1]);       // Swap the string addresses
    }
  }
}
```

这段代码使用冒泡排序法给字符串排序，与第 7 章的示例相同。对指向字符串的指针数组 pS 执行该过程，如图 8-5 所示。

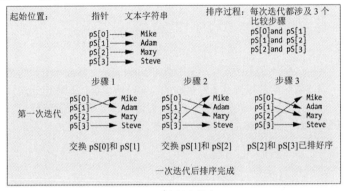

图 8-5　字符串排序

这个过程比较相邻的两个数组元素，如果它们的顺序不正确，就交换其位置。在图 8-5 所示的例子中，对所有元素进行第一次迭代后，元素就排好序，但这个过程一般要重复多次。

str_sort()的第一个参数是 const char**类型，即指向 const char 的指针的指针。这是一个指向字符串的指针数组，其中字符串是常量，但其地址不是常量。排序过程会重新安排存储在数组元素中的地址，使字符串以顺序排列。字符串本身不改变，也不修改它们在堆内存中的地址。第二个变元是数组元素指向的字符串个数，它是必需的，因为没有它，函数就无法确定有多少个字符串。注意在 str_sort()函数中没有 return 语句。在执行到函数体的末尾时，就等价于执行一个没有返回表达式的 return 语句。显然，这仅适用于返回类型为 void 的函数。

str_sort()函数调用 swap()交换两个指针。一定要清楚这个函数的作用，才能明白为什么使用这样的参数类型。注意，变元是按值传递的，所以必须把变量的地址传递给函数，函数才能修改调用函数中的值。swap()函数的变元是&p[i]和&p[i+1]，它们是 p[i]和 p[i+1]的地址，即指向这些元素的指针。这些元素是什么类型？它们是指向 const char 的指针，其类型是 const char*。把这些放在一起，就有了 swap()函数的参数类型 const char**，即指向 const char 的指针的指针。必须以这种方式指定函数，因为 swap()函数要修改 p 数组中的元素内容。如果在参数类型定义中只使用了一个*，且使用 p[i]和 p[i+1]作为变元，函数就会接收包含在这些元素中的内容，这可不是我们希望的。当然，const char**类型与 const char*[]类型相同，后者是 const char*类型的数组。这里可以使用这两种类型中的任意一种，但必须编写 const char* p1[]，而不是 const char*[] p1。

swap()函数的实现代码如下:

```
void swap(const char** p1, const char** p2)
{
  const char *pT = *p1;
  *p1 = *p2;
  *p2 = pT;
}
```

如果理解了使用这些参数类型的原因,交换代码就很容易理解了。函数交换了 p1 和 p2 的内容。它们的内容是 const char*类型,所以交换值时使用的本地临时变量也使用这个类型。

字符串数组排序完成后,就调用 str_out()输出,该函数的实现代码如下。

```
void str_out(const char* const* pStr, size_t n)
{
  printf("The sorted strings are:\n");
  for(size_t i = 0 ; i < n ; ++i)
    printf("%s\n", pStr[i]);              // Display a string
}
```

第一个参数是 const char* const*类型,它是指向 const char 的 const 指针的指针。该函数只是访问数组变元,不修改数组中的指针或指针指向的内容,所以可以把数组元素和它们指向的内容指定为 const。第二个变元是要显示的字符串个数。函数体中的代码在前面解释过了,这里不再赘述。

main()中的最后一步是调用 free_memory(),释放已分配的所有堆内存。free_memory()的实现代码如下。

```
void free_memory(char **pS, size_t n)
{
  for(size_t i = 0 ; i < n ; ++i)
  {
    free(pS[i]);
    pS[i] = NULL;
  }
  free(pS);
  pS = NULL;
}
```

堆内存的释放分两个阶段。存储字符串的内存在 for 循环中迭代数组元素,一个一个地释放。每个指针指向的内容释放后,指针就重置为 NULL。字符串的所有内存都释放后,就调用一次 free(),释放为存储字符串地址而分配的内存。

在本例的下载文件中添加了许多注释。对于包含几个函数的较长程序,这是一个很好的实践方式,确保阅读程序的人了解每个函数的作用。

这个程序的输出如下。

```
Enter one string per line. Press Enter to end:
Many a mickle makes a muckle.
Least said, soonest mended.
Pride comes before a fall.
```

```
A stitch in time saves nine.

A wise man hides the hole in his carpet.
The sorted strings are:
A stitch in time saves nine.
A wise man hides the hole in his carpet.
Least said, soonest mended.
Many a mickle makes a muckle.
Pride comes before a fall.
```

8.5.2 返回指针的风险

前面介绍了如何从函数中返回数值，其实返回的是该值的副本。从函数中返回指针是一个非常强大的功能，因为它允许返回一整组值，而不仅仅返回一个值。在前面的示例中，str_in()函数返回一个指向字符串的指针，当然，此时也是返回指针值的副本。由此可能得到一个错误的结论：函数的返回值不会出错。尤其是，返回指针有一些特定的风险。下面先看一个非常简单的例子，说明其中一个风险。

试试看：从函数中返回数值

这里使用加薪作为这个例子的基础，因为它是一个大众化的主题。

```c
// Program 8.5 A function to increase your pay
#include <stdio.h>

long *IncomePlus(long* pPay);              // Prototype for increase pay function

int main(void)
{
  long your_pay = 30000L;                  // Starting salary
  long *pold_pay = &your_pay;              // Pointer to pay value
  long *pnew_pay = NULL;                   // Pointer to hold return value
  pnew_pay = IncomePlus(pold_pay);
  printf("Old pay = $%ld\n", *pold_pay);
  printf(" New pay = $%ld\n", *pnew_pay);
  return 0;
}

// Definition of function to increment pay
long* IncomePlus(long *pPay)
{
  *pPay += 10000L;                         // Increment the value for pay
  return pPay;                             // Return the address
}
```

执行这个程序，输出如下。

```
Old pay = $40000
  New pay = $40000
```

代码的说明

在 main()函数中，为变量 your_pay 设置一个初始值，定义两个用于 IncomePlus()函数的指针，IncomePlus()函数用来增加 your_pay。一个指针初始化为 your_pay 的地址，另一个初始化为 NULL，因为它接收 IncomePlus()函数返回的地址。

输出看起来不错，但不正确。如果不知道原来的薪水是$30 000，这个输出看起来好像薪水一点都没有增加。因为函数 IncomePlus()通过指针 pold_pay 修改了 your_pay 的值，原来的值已经改变了。很明显，两个指针 pold_pay 和 pnew_pay 引用相同的位置: your_pay。这是函数 IncomePlus()中的下述语句的结果。

```
return pPay;
```

这会返回函数调用时接收到的指针值，即 pold_pay 内的地址。结果是原来的薪水增长了——这就是指针的作用。

但是，这不是返回指针的唯一问题。下面是一个变体。

试试看: 使用本地存储器

为了避免干扰变元指向的变量，可以考虑在函数 IncomePlus()中使用本地存储器存储返回值。对这个例子做如下小修改。

```
// Program 8.6 A function to increase your pay that doesn't
#include <stdio.h>

 long *IncomePlus(long* pPay);   // Prototype for increase pay function

int main(void)
{
  // Code as Program 8.5 ...
}

// Definition of function to increment pay
long *IncomePlus(long *pPay)
{
  long pay = 0;                    // Local variable for the result

  pay = *pPay + 10000;            // Increment the value for pay
  return &pay;                    // Return the address of the new pay
}
```

代码的说明

编译这个例子，可能会得到一条警告消息。但运行程序，得到的结果如下(由于计算机不同，得到的结果可能不同，但该结果可能是正确的)。

```
Old pay = $30000
   New pay = $27467656
```

pay 的值$27 467 656 让人吃惊。但在抱怨此类错误前可能会犹豫。如前所述，在不同的计算机上可能会得到不一样的结果，这次可能是正确的结果。编译这个版本的程序，应该会得到一个警告，例如 "指向本地 pay 的指针是无效的返回值"。这是因为这个程序返回了变量 pay 的地址，在退出函数 IncomePlus() 时，它超出了作用域，使 pay 的新值非常大—— 这个值是一个垃圾值，是其他程序遗留下来的。这是很容易犯的错误，如果编译器没有提出警告，就很难找出这个错误。

将 main() 函数中的两个 printf() 语句合并成一个语句。

```
printf("\nOld pay = $%ld New pay = $%ld\n", *pold_pay, *pnew_pay);
```

现在的输出如下。

```
Old pay = $30000 New pay = $40000
```

这看起来是正确的，但事实上程序中有一个严重的错误。虽然变量 pay 超出了作用域，因此不再存在，但它所占的内存尚未被重新使用。在这个例子中，显然某些对象使用了 pay 变量使用过的这个内存，生成了巨大的输出值。使用如下定律可以避免这类问题。

定律：绝不返回函数中本地变量的地址。

如何实现 IncomePlus() 函数？如果要求函数修改传递给它的地址，第一个实现方式就很好。但如果不想改变地址，就应只返回 pay 的新值，而不是指针。调用程序必须存储这个返回值，而不是地址。

如果要将 pay 的新值存储到另一个位置中，函数 IncomePlus() 就可以用 malloc() 函数为它分配空间，并返回这个内存的地址。然而，应该注意调用函数必须释放该内存。最好给函数传送两个变元，一个变元是初始 pay 的地址，另一个是存储新 pay 的地址。这样，调用函数就可以支配内存了。如果因为某种原因必须传递指向 pay 初始值的指针，就应把参数的类型指定为 const long* 来保护它。

将执行期间分配内存与释放内存分开，有时会造成内存泄漏。在循环中重复调用的函数动态分配内存后，却没有释放它，就会出现内存泄漏。结果，越来越多可用的内存被占据了，当没有内存可用时，程序就会崩溃。应尽可能使分配内存的函数在使用完内存后就释放它。如果不能由函数释放内存，就要编写代码，释放动态分配的内存。

8.6   小结

本章尚未完成函数的讨论，所以第 9 章的最后将通过另一个例子介绍使用函数的更多内容。下面总结创建和使用函数时的重点。

- C 程序由一个或多个函数组成，其中一个是 main() 函数。该函数永远是执行的起点，操作系统通过一个用户命令调用它。
- 函数是程序中独立的一块自包含代码。函数的名称采用标识符名称的形式，由一系列字母和数字组成，第一个字符必须是字母(下画线算是字母)。
- 函数定义由函数头和函数体组成。函数头定义了函数的名称、函数返回值的类型及函数中所有参数的类型和名称。函数体含有函数的可执行语句，定义了这个函数的功能。
- 在函数中声明的所有变量都是函数的本地变量。
- 函数原型是一个以分号终止的声明语句，用以定义函数的名称、返回类型和函数的参数类型。在可执行代码中，如果函数调用出现在函数定义之前，就需要函数原型给编译器提供函数相关信息。
- 在源文件中使用函数之前，应该先定义这个函数，或用函数原型声明这个函数。

- 将指针参数指定为 const 就会告诉编译器，这个函数不改变该参数指向的数据。
- 函数变元的类型必须符合函数头中对应的参数。如果指定参数的类型是 int，但传送了 double 类型的值，该值就会被截断，删除小数部分。
- 有返回值的函数可以用在表达式中，就如同它是一个与返回值类型相同的值一样。
- 在调用函数中，是将变元值的副本传给函数，而不是传送原始值。这种给函数传送数据的方式称为按值传递机制。
- 如果函数要修改在调用函数中定义的变量，就需要将这个变量的地址作为变元传送。

这些涵盖了创建定制函数的重点。第 9 章将介绍使用函数的其他技巧，在真实的例子中使用函数。

8.7 习题

以下的习题可测试读者对本章的掌握情况。如果有不懂的地方，可以翻看本章的内容。还可以从 Apress 网站(www.apress.com)下载答案，但这应是最后一种方法。

习题 8.1 定义一个函数，以数组的形式给函数传送任意多个浮点数，计算出这些数的平均值。从键盘输入任意多个值，并输出平均值，以说明这个函数的执行过程。

习题 8.2 定义一个函数，返回其整数变元的字符串表示。例如，如果这个变元是 25，函数就返回"25"。如果变元是-98，函数就返回"-98"。用适当的 main()版本说明函数的执行过程。

习题 8.3 扩展为上一个习题定义的函数，使函数接收第二个变元，以指定结果的字段宽度，使返回的字符串表示右对齐。例如，如果第一个变元的值是-98，字段宽度变元是 5，返回的字符串就应是"-98"。用适当的 main()版本说明函数的执行过程。

习题 8.4 定义一个函数，其参数是一个字符串，返回该字符串中的单词数(单词以空格或标点符号来分隔。假设字符串不含单双引号，也就是说没有像 isn't 这样的单词)。定义第二个函数，它的第一个参数是一个字符串，第二个参数是一个数组，该函数将第一个字符串变元分割成单词，把这些单词存储在第二个数组变元中，最后返回存储在数组中的单词。定义第三个函数，其参数是一个字符串，返回该字符串中的字母数。使用这些函数实现一个程序，从键盘读入含有文本的字符串，输出文本中的所有单词，输出顺序是按照单词中的字母数，由短到长。

第9章

函数再探

学习了第 8 章后，读者就应具备创建和使用函数的基础知识了。本章将以此为基础，介绍函数的使用和操作，尤其是如何通过指针访问函数。也会使用一些更灵活的方法在函数之间通信。

本章的主要内容：

- 函数指针的概念及其用法
- 如何在函数内使用静态变量
- 如何在函数之间共享变量
- 函数如何调用自己，而不陷入无限循环
- 编写一个五子棋游戏(也称为 Reversi)

9.1 函数指针

指针对于操作数据和含有数据的变量是一个非常有用的工具。只要一把火钳就可处理所有火热的东西；同样，使用指针也可以操作函数，函数的内存地址存储了函数开始执行的位置(起始地址)，存储在函数指针中的内容就是这个地址。

不过，仅有地址还不够。如果函数通过指针来调用，还必须提供变元的类型和个数，以及返回值的类型。编译器不能仅通过函数的地址推断这些信息。这意味着，声明函数指针比声明数据类型指针复杂一些。指针包含了地址，而且必须定义一个类型；同样，函数指针也包含了地址，也必须定义一个原型。

9.1.1 声明函数指针

函数指针的声明看起来有点奇怪，容易混淆，所以下面从一个简单的例子开始。

```
int (*pfunction) (int);
```

这是一个函数指针变量的声明，它不指向任何内容——该语句只定义了指针变量。这个指针的名称是 pfunction，指向一个参数是 int 类型、返回值是 int 类型的函数。而且，这个指针只能指向有这些特征的函数。如果函数接收 float 变元，返回 float 值，就需要声明另一个有这些特征的指针。图 9-1 说明了声明的各个成分。

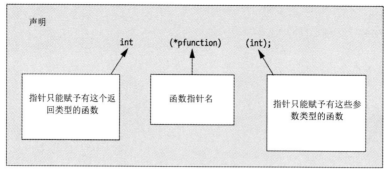

图 9-1　声明函数指针

在函数指针的声明中有许多括号。在这个例子中，声明的*pfunction部分必须放在括号中。如果省略了括号，就变成 pfunction()函数的声明了，这个函数返回一个指向 int 的值，这可不是我们希望的结果。第二对括号包含参数列表，这与标准函数声明相同。函数指针只能指向特定的函数，该函数有特定的返回类型、特定的参数个数和特定类型的参数。函数名称可以随意，与其他指针变量一样。

9.1.2　通过函数指针调用函数

假定定义如下函数原型。

```
int sum(int a, int b);            // Calculates a+b
```

这个函数有两个 int 类型的参数，返回值的类型是 int，可以把它的地址存储在声明如下的函数指针中。

```
int (*pfun)(int, int) = sum;
```

这条语句声明了一个函数指针 pfun，它存储函数的地址，该函数有两个 int 类型的参数，返回值的类型是 int。该语句还用 sum()函数的地址初始化 pfun。要提供初始值，只需要使用有所需原型的函数名。

现在可以通过函数指针调用 sum()函数。

```
int result = pfun(45, 55);
```

这条语句通过 pfun 指针调用变元值为 45 和 55 的 sum()函数，将 sum()的返回值用作 result 变量的初始值，因此 result 是 100。注意，像使用函数名那样使用函数指针名调用该指针指向的函数，不需要取消引用运算符。

假定定义了有如下原型的另一个函数。

```
int product(int a, int b);              // Calculates a*b
```

就可以使用下面的语句在 pfun 中存储 product()的地址。

```
pfun = product;
```

pfun 包含 product()的地址，可以通过指针调用 product()。

```
result = pfun(5, 12);
```

执行了这条语句后，result 就包含 60。

下面以一个简单的例子说明函数指针是如何运作的。

试试看：使用函数指针

这个例子将定义 3 个函数，它们有相同的参数和返回类型，再使用函数指针轮流调用它们。

```
// Program 9.1 Pointing to functions
#include <stdio.h>

// Function prototypes
int sum(int, int);
int product(int, int);
int difference(int, int);

int main(void)
{
  int a = 10;                          // Initial value for a
  int b = 5;                           // Initial value for b
  int result = 0;                      // Storage for results
  int (*pfun)(int, int);               // Function pointer declaration

  pfun = sum;                          // Points to function sum()
  result = pfun(a, b);                 // Call sum() through pointer
  printf("pfun = sum      result = %2d\n", result);

  pfun = product;                      // Points to function product()
  result = pfun(a, b);                 // Call product() through pointer
  printf("pfun = product  result = %2d\n", result);
  pfun = difference;                   // Points to function difference()
  result = pfun(a, b);                 // Call difference() through pointer
  printf("pfun = difference  result = %2d\n", result);
  return 0;
}

int sum(int x, int y)
{
  return x + y;
}

int product(int x, int y)
{
  return x * y;
}

int difference(int x, int y)
{
  return x - y;
}
```

这个程序的输出结果如下。

```
pfun = sum              result = 15
pfun = product          result = 50
pfun = difference       result = 5
```

代码的说明

这个例子声明并定义了 3 个不同的函数，以返回两个整数变元的和、积和差。在 main()函数中，使用下面的语句声明一个函数指针。

```
int (*pfun)(int, int);              // Function pointer declaration
```

这个指针可以赋予任何带两个 int 参数且返回 int 值的函数。注意给指针赋值的方式：

```
pfun = sum;                         // Points to function sum()
```

这只是一般的赋值语句，等式右边只有函数名称，不需要添加参数列表或其他数据。如果添加了其他数据，就是错误的，因为这就变成函数调用了，而不是一个地址，此时编译器会报错。在这里，函数的用法非常类似于数组。如果需要的是数组的地址，只要使用数组名即可。同样，如果需要的是函数的地址，也是只使用函数名即可。

在 main()中，依次将每个函数的地址赋予函数指针 pfun，然后使用 pfun 指针调用每个函数，并显示结果。下面的语句说明了如何使用指针调用函数。

```
result = pfun(a, b);                // Call sum() through pointer
```

在此将指针名当成函数名来使用，后面跟随放在括号中的变元列表。而将函数指针变量名当作原来的函数名，则变元列表必须对应函数头的参数列表，如图 9-2 所示。

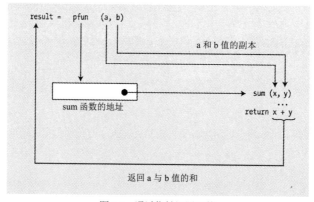

图 9-2　通过指针调用函数

9.1.3　函数指针的数组

函数指针和一般的变量是一样的，所以可创建函数指针的数组。要声明函数指针数组，只需要将数组的大小放在函数指针数组名之后。例如：

```
int (*pfunctions[10]) (int);
```

这条语句声明了一个包含 10 个元素的 pfunctions 数组。这个数组里的每个元素都能存储一个函数的地址，该函数有两个 int 类型的参数，返回类型是 int。下面看一个示例。

试试看：函数指针的数组

对上一个例子做一些修改，以说明如何使用函数指针的数组。

```
// Program 9.2 Arrays of Pointers to functions
#include <stdio.h>

// Function prototypes
int sum(int, int);
int product(int, int);
int difference(int, int);

int main(void)
{
  int a = 10;                        // Initial value for a
  int b = 5;                         // Initial value for b
  int result = 0;                    // Storage for results
  int (*pfun[3])(int, int);          // Function pointer array declaration

  // Initialize pointers
  pfun[0] = sum;
  pfun[1] = product;
  pfun[2] = difference;

  // Execute each function pointed to
  for(int i = 0 ; i < 3 ; ++i)
  {
    result = pfun[i](a, b);          // Call the function through a pointer
    printf("result = %2d\n", result); // Display the result
  }

  // Call all three functions through pointers in an expression
  result = pfun[1](pfun[0](a, b), pfun[2](a, b));
  printf("The product of the sum and the difference = %2d\n", result);
  return 0;
}

// Definitions of sum(), product() and difference() as before...
```

程序的输出如下：

```
result = 15
result = 50
result = 5
The product of the sum and the difference = 75
```

代码的说明

这个程序和前一个例子的主要差异是指针数组，它的声明如下。

```
int (*pfun[3])(int, int);          // Function pointer array declaration
```

这类似于前面对一个指针变量的声明，只是指针名称后面多了放在方括号中的数组大小。如果需要的是二维数组，就应有两对方括号，如同声明一般的数组类型一样。参数列表仍然要放在括号内，这与单个指针的声明相同。另外，和一般的数组一样，函数指针数组的所有元素都是相同的类型，都只能接受指定的变量列表。因此在此例中，这些指针都只能指向带两个 int 参数、返回 int 值的函数。

给数组中的指针赋值时，语句和一般的数组元素相同。

```
pfun[0] = sum;
```

除了等号右侧的函数名称之外，这就是一个正常的数据数组，其用法也完全相同。可以在声明中初始化指针数组的所有元素。

```
int (*pfun[3])(int, int) = { sum, product, difference };
```

这条语句初始化了 3 个元素，所以不再需要执行初始化的赋值语句。事实上，也可以去掉数组的大小，由初始化列表确定数组的大小。

```
int (*pfun[])(int, int) = { sum, product, difference };
```

大括号内的初始值个数确定了数组中的元素数目。因此，函数指针数组的初始化列表与其他数组的初始化列表的作用相同。

调用数组元素所指向的函数时，可以用下列方法表示。

```
result = pfun[i](a, b);   // Call the function through a pointer
```

这同样与前一个例子类似，只是指针名的后面多了放在方括号中的索引值。用循环变量 i 调用这个数组，这与前面使用一般数据数组的方式相同。

在输出中，前三行在 for 循环内生成。在该循环中，函数 sum()、product()和 difference()依次通过指针数组中的对应元素调用。最后一行输出是在下面的语句中使用 result 值产生的。

```
result = pfun[1](pfun[0](a, b), pfun[2](a, b));
```

这行语句说明，可以通过指针将函数调用合并到表达式中，这和使用一般函数调用的方式相同。这里通过指针调用两个函数，将它们的结果用作通过指针调用的第三个函数的变元。pfun 数组元素依次对应函数 sum()、product()和 difference()，因此这行语句相当于下面的语句。

```
result = product(sum(a, b), difference(a, b));
```

这行语句处理的事件顺序如下：

(1) 执行 sum(a，b)和 difference(a，b)，然后存储返回值。

(2) 使用步骤(1)的返回值作为变元，执行函数 product()，然后存储返回值。

(3) 将步骤(2)所得的值存储到变量 result 中。

9.1.4 作为变元的函数指针

也可以将函数指针作为变元来传递，这样就可以根据指针所指向的函数而调用不同的函数了。

试试看：作为变元的函数指针

修改上一个例子，将函数指针作为变元传入函数。

```
// Program 9.3 Passing a Pointer to a function
#include <stdio.h>
```

```c
// Function prototypes
int sum(int,int);
int product(int,int);
int difference(int,int);
int any_function(int(*pfun)(int, int), int x, int y);

int main(void)
{
   int a = 10;                      // Initial value for a
   int b = 5;                       // Initial value for b
   int result = 0;                  // Storage for results
   int (*pf)(int, int) = sum;       // Pointer to function

   // Passing a pointer to a function
   result = any_function(pf, a, b);

   printf("result = %2d\n", result );

   // Passing the address of a function
   result = any_function(product,a, b);

   printf("result = %2d\n", result );

   printf("result = %2d\n", any_function(difference, a, b));
   return 0;
}

// Definition of a function to call a function
int any_function(int(*pfun)(int, int), int x, int y)
{
   return pfun(x, y);
}

// Definition of the function sum
int sum(int x, int y)
{
   return x + y;
}

// Definition of the function product
int product(int x, int y)
{
   return x * y;
}

// Definition of the function difference
int difference(int x, int y)
{
   return x - y;
}
```

程序的输出结果如下。

```
result = 15
result = 50
result =  5
```

代码的说明

将函数指针作为变元的函数是 any_function()，它的函数原型如下。

```
int any_function(int(*pfun)(int, int), int x, int y);
```

any_function() 函数有 3 个参数。第一个参数是一个函数指针，它指向的函数接收两个整数参数并返回整数。any_function() 函数的后两个参数都是整数，在调用第一个参数指定的函数时使用。any_function() 函数返回一个整数，而这个整数是调用第一个变元指定的函数得到的。

在 any_function() 函数的定义里，指针变元指定的函数在 return 语句中调用。

```
int any_function(int(*pfun)(int, int), int x, int y)
{
  return pfun(x, y);
}
```

这个定义使用了指针名称 pfun，后跟的另外两个参数用作被调用函数的变元。pfun 的值和另外两个参数 x 和 y 的值都来自 main()。

注意在 main() 中声明的函数指针 pf 是如何初始化的。

```
int (*pf)(int, int) = sum;   // Pointer to function
```

将函数 sum() 的名称作为初始化值放在等号的后面，如前所述，只要将函数名作为初始化值，就可以将函数指针初始化为指定函数的地址。

any_function() 的第一个调用给 any_function() 传递了指针 pf、变量 a 及 b 的值。

```
result = any_function(pf, a, b);
```

指针 pf 和平常一样用作变元，any_function() 返回的值存储到变量 result 中。pf 的初始值是 sum() 函数的地址，因此在 any_function() 内调用了 sum() 函数，返回值是 a 与 b 的和。

any_function() 的下一个调用是如下语句。

```
result = any_function(product,a, b);
```

这里明确指定函数名 product 作为第一个变元，所以在 any_function() 中调用函数 product，并将 a 和 b 的值作为变元。在此例中，编译器会创建一个指向 product 函数的内部指针，并传给函数 any_function()。

any_function() 的最后一个调用放在 printf() 函数调用的变元中。

```
printf("result = %2d\n", any_function(difference, a, b));
```

在这行语句中，也明确指定函数名 difference 作为 any_function() 的一个变元。编译器从 any_function() 的原型中了解到，该函数的第一个变元应该是一个函数指针。这里将函数名 difference 指定为变元，所以编译器会把这个函数的地址传给 any_function()。最后，将 any_function()

返回的值作为变元传递给函数 printf()。执行完这行语句，会显示a和b的差。

注意，不要混淆把函数的地址作为变元传送给函数和传递函数的返回值的概念。例如，下面的表达式把函数的地址作为变元传送给函数。

```
any_function(product, a, b)
```

下面的语句是传递函数的返回值。

```
printf("%2d\n", product(a, b));
```

前一条语句是将函数 product()的地址作为变元传送，该函数是否会调用以及何时调用取决于 any_function()函数体。后一条语句是调用 printf()之前先调用函数 product()，然后将 product()返回的结果作为变元传递给 printf()。

9.2 函数中的变量

将程序分解成函数，不仅简化了开发程序的过程，还增强了程序语言解决问题的能力。设计优良的函数常常可以重用，使新应用程序的开发变得更快、更简单。标准库就证明了可重用函数的威力。函数中变量的属性以及 C 语言在声明变量时提供的一些额外功能进一步增强了程序语言的力量。下面介绍函数中的变量。

9.2.1 静态变量：函数内部的追踪

前面使用的所有变量在执行到定义它的块尾时就超出了作用域，它们在栈上分配的内存会被释放，以供另一个函数使用。这些变量称为自动变量，因为它们是在声明时自动创建的，在程序退出声明它的块后自动销毁。这是一种非常高效的过程，因为只要正在执行的语句在声明变量的函数内，函数中包含数据的内存就会一直保存该数据。

然而在某些情况下，要求在退出一个函数调用后，该调用中的数据可以在程序的其他函数中使用。例如保留函数中的某种计数器，如函数的调用次数或输出行数。这使用自动变量是做不到的。

不过，C 语言提供了静态变量，可以达到这个目的。例如用下面的语句声明一个静态变量 count。

```
static int count = 0;
```

上述语句中的 static 是 C 的一个关键字，该语句声明的变量和自动变量有两点不同。第一，虽然它在函数的作用域内定义，但当执行退出该函数后，这个静态变量不会销毁。第二，自动变量每次进入作用域时，都会初始化一次，但是声明为 static 的变量只在程序开始时初始化一次。静态变量只能在包含其声明的函数中可见，但它是一个全局变量，因此可以用全局变量的方式使用它。

▓ 注意：可以在函数内创建任何类型的静态变量。

试试看：使用静态变量

下面这个简单的例子演示了静态变量的用法。

```
// Program 9.4 Static versus automatic variables
```

```
#include <stdio.h>

// Function prototypes
void test1(void);
void test2(void);

int main(void)
{
  for(int i = 0 ; i < 5 ; ++i)
  {
    test1();
    test2();
  }
  return 0;
}

// Function test1 with an automatic variable
void test1(void)
{
  int count = 0;
  printf("test1 count = %d\n", ++count );
}

// Function test2 with a static variable
void test2(void)
{
  static int count = 0;
  printf("test2 count = %d\n", ++count );
}
```

程序的输出结果如下。

```
test1   count = 1
test2   count = 1
test1   count = 1
test2   count = 2
test1   count = 1
test2   count = 3
test1   count = 1
test2   count = 4
test1   count = 1
test2   count = 5
```

代码的说明

可以看出，这两个 count 变量是完全不同的，其值的变化清楚地说明了它们是相互独立的。
静态变量 count 在函数 test2() 内声明，如下所示。

```
static int count = 0;
```

可以给这个变量指定初始值，但这里将它初始化为 0，因为将它声明为静态变量。

▓ 注意: 所有的静态变量都会初始化为 0, 除非将它们初始化为其他值。

　　静态变量 count 用于计算函数的调用次数。当程序开始执行时初始化它, 程序退出函数后, 它的当前值仍然保留。该变量没有在函数的后续调用中重新初始化。由于该变量声明为 static, 因此编译器只将它初始化一次。初始化操作是在程序开始之前进行的, 所以总是可以确保静态变量在使用时初始化。

　　自动变量 count 在函数 test1() 内的声明如下所示。

```
int count = 0;
```

　　这是自动变量, 所以它默认不会在程序开始执行时初始化。如果不给它指定初始值, 它将会含有一个垃圾值。这个变量会在每次执行函数时初始化为 0, 在每次退出 test1() 后删除, 因此它永远不会大于 1。

　　只要程序开始执行, 静态变量就一直存在, 但是它只能在声明它的范围内可见, 不能在该作用域的外部引用。

9.2.2　在函数之间共享变量

　　也可以在所有的函数之间共享变量。常量在程序文件的开头声明, 所以常量位于组成程序的所有函数的外部)。同样, 也可以采用这种方式声明变量, 这种变量称为全局变量, 因为它们可以在任意位置访问。全局变量的声明方式和一般变量相同, 但声明它的位置非常重要, 这个位置确定了变量是否为全局变量。

试试看: 使用全局变量

修改前一个例子, 在函数之间共享 count 变量。

```
// Program 9.5 Global variables
#include <stdio.h>

int count = 0;                        // Declare a global variable

// Function prototypes
void test1(void);
void test2(void);

int main(void)
{
  int count = 0;                      // This hides the global count

  for( ; count < 5 ; ++count)
  {
    test1();
    test2();
  }
  return 0;
}

// Function test1 using the global variable
```

```
void test1(void)
{
  printf("test1 count = %d\n", ++count);
}

// Function test2 using a static variable
void test2(void)
{
  static int count;               // This hides the global count
  printf("test2 count = %d\n", ++count);
}
```

程序的输出结果如下。

```
test1 count = 1
test2 count = 1
test1 count = 2
test2 count = 2
test1 count = 3
test2 count = 3
test1 count = 4
test2 count = 4
test1 count = 5
test2 count = 5
```

代码的说明

在这个例子中，有 3 个不同的 count 变量。第一个是全局变量 count，它在文件的开头声明。

```
#include <stdio.h>

int count = 0;
```

这不是静态变量(但也可以把它声明成静态变量)，而是全局变量，所以如果没有初始化它，它就默认为 0。从声明该全局变量到程序结束的任何函数中都可以访问它。

第二个 count 是自动变量，在 main()函数中声明。

```
int count = 0;                   // This hides the global count
```

它和全局变量同名，所以在 main()函数中不能访问全局变量 count。在 main()函数中使用的 count 都是在 main()函数体中声明的自动变量。本地变量隐藏了全局变量。

第三个 count 是静态变量，在函数 test2()中声明。

```
static int count;                // This hides the global count
```

这是一个静态变量，所以默认初始化为 0。这个变量也隐藏了同名的全局变量，所以在 test2() 内只能访问静态变量 count。

函数 test1()使用的是全局变量 count。函数 main()和 test2()使用的是 count 的本地版本，因为本地声明隐藏了同名的全局变量。

显然，main()内的 count 变量从 0 递增到 4，因为调用了 5 次 test1()和 test2()。在 test1()及 test2()

内，count 变量是不同的，否则程序就不会输出 1~5 的值。

删除 test2() 内对静态变量 count 的声明，可以进一步证实这个事实。这会使 test1() 和 test2() 共享全局变量 count，显示出的值会变成 1~10。如果将 test2() 内的 count 变量改成已初始化的自动变量，如下面的语句所示。

```
int count = 0;
```

test1() 会输出 1~5，而 test2() 的输出始终是 1。这是因为该变量现在是自动变量，每次执行函数时都会重新初始化。

全局变量可以取代函数变元及返回值。完全取代自动变量似乎很吸引人，但应少使用全局变量，全局变量可以简化并缩短某些程序，但过度使用会使程序很难理解，且容易出错。主要原因是很容易修改全局变量，却忘记它对整个程序带来的后果。程序越大，避免错误引用全局变量的难度就越大。而本地变量可以有效地隔离各个函数，避免这些函数的活动互相干扰。删除 Program 9.5 中 main() 的本地变量 count，看看输出结果会如何。

■ **注意**：在 C 语言中，最好不要给本地变量和全局变量使用相同的名称。这不但没有好处，反而有坏处，如上面的例子所示。

9.3 调用自己的函数：递归

函数调用自己称为递归。递归在程序设计中不常见，所以本节仅介绍概念。不过在某些情况下，这是一个效率很高的技巧，可以显著简化解决特定问题所需的代码。递归也有几个坏处，但这里也不涉及。

显然，函数调用自己时，一个直接的问题是如何停止递归过程。下面的函数示例就陷入了一个无限循环。

```
void Looper(void)
{
  printf("Looper function called.\n");
  Looper();                          // Recursive call to Looper()
}
```

调用这个函数会输出无数行结果，因为在执行 printf() 调用后，函数会调用它自己。代码中没有停止该过程的机制。这就类似于一个无限循环问题，解决方法也很类似：一个调用自己的函数必须包含停止处理的方式，下面说明这个方式。

试试看：递归

递归的主要用途是解决复杂的问题，所以很难用简单的例子说明其工作原理。因此，这里使用标准证明方式：计算整数阶乘。所谓整数阶乘，就是从 1 到该整数的所有整数之积。下面是相关代码。

```
// Program 9.6 Calculating factorials using recursion
#define __STDC_WANT_LIB_EXT1__ 1
#include <stdio.h>
```

```
unsigned long long factorial(unsigned long long);

int main(void)
{
  unsigned long long number = 0LL;
  printf("Enter an integer value: ");
  scanf_s("%llu", &number);
  printf("The factorial of %llu is %llu\n", number, factorial(number));
  return 0;
}

// A recursive factorial function
unsigned long long factorial(unsigned long long n)
{
  if(n < 2LL)
    return n;

  return n*factorial(n - 1LL);
}
```

程序的输出结果如下。

```
Enter an integer value: 15
The factorial of 15 is 1307674368000
```

代码的说明

一旦理出头绪，事情就会变得很简单。下面讨论一个具体的例子，假设输入值4，计算过程如图 9-3 所示。

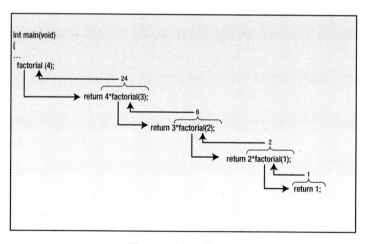

图 9-3　递归函数调用

在下面的语句中：

```
printf("The factorial of %llu is %llu\n", number, factorial(number));
```

在 main()中调用函数 factorial()时，给它传递值 4 作为变元。

在 factorial()函数中，因为变元大于 1，所以执行下面的语句。

```
return n*factorial(n - 1LL);
```

这是函数内的第二个 return 语句，它在算术表达式中用变元值 3 再次调用 factorial()函数，这个表达式也不能计算，return 语句不能执行，除非用变元 3 调用的 factorial()函数返回了其值。

这个调用过程会继续下去，如图 9-3 所示，直到 factorial()函数最后一次调用的变元是 1 为止。此时，执行第一个 return 语句。

```
return n;
```

将值 1 返回给前面的调用点。实际上，这个调用点在 factorial()函数的第二个 return 语句中，它现在可以计算 2×1，将结果返回给前一个调用。

以这种方式执行整个过程，直到将需要的值返回给显示结果的 main()函数为止。对任意给定的数值 n，函数 factorial()会调用 n 次。每次调用都创建变元的一个副本，并存储返回的地址。如果递归的层次很多，这是相当浪费内存的。而使用循环来完成，不但节省内存，而且速度较快。如果非用递归不可，就一定要有停止处理的方法。换句话说，就是要有停止递归调用的机制。在上面的例子中，检查变元是否小于2，就是停止递归调用 factorial()函数的机制。

注意，阶乘值会很快变得非常大，即使是不太大的输入值，计算出来的阶乘值也会超过 unsigned long long 整数的容量，导致错误的结果。

其他的算法和数据结构也可以用这种技术实现，比如用深度优先或广度优先搜索的二叉树遍历(DFS/BFS)。对于二分查找，quicksort 是展示递归的简洁性的另一个算法案例；在 C 语言中，它的实现是一个名为 qsort()的函数，它在 header<stdlib.h>中定义。

递归使实现二分查找变得更简单，就像通过选择右分支或左分支遍历二叉树一样(快速排序也一样)。这是一种称为"分而治之"的已知方法，它将问题分解为更小的部分(通常是一到两个)，这些小块可以递归地调用；因此，这很好地展示了递归的简约之处。

让我们尝试一个简单的问题，一个黑白棋盘，我们需要找到一条从开始到最后一个单元格的路径，方法是遍历不同颜色(黑色或白色)的每一步。不能连续 2 次穿越同样的颜色。

案例如下。

```
0 1 0 1 S
1 1 0 0 1
0 1 1 1 0
1 0 0 0 0
F 1 1 0 1
```

这个解决方案只能用数组和递归来遍历这个伪树(实际上是一个图)的每个路径(有多个解决方案)。

部分代码参考如下。

```
void search(int level)
{
    // branches/edges
    for (int b = 1; b <= graph[0][level]; b++)
    {
```

```
        if (!used[graph[b][level]])
        {
            used[graph[b][level]] = true;
            //each solution has a lineal position steps (similar to a stack)
            solution[++depth] = graph[b][level];

            //depth of the solution
            if ((graph[b][level] == Finish) && (depth >= SIZE * SIZE -1))
            {
                solfound();
            }
            search(graph[b][level]);

            solution[depth--] = 0;
            used[graph[b][level]] = false;
        }
    }
}
```

在这里，可以看出 graph 是确认已经可以遍历且可用的节点，used 是一个辅助数组，用于标记节点是否被访问。

完整的源代码可以在本书的在线资源库中找到。

9.4 变元个数可变的函数

在标准库中，某些函数的变元数是可变的，例如函数 printf()和 scanf()。有时需要这么做，所以标准库<stdarg.h>提供了编写这种函数的例程。

编写参数个数可变的函数时，第一个明显的问题是如何指定它的原型。假设要创建一个函数，计算两个或多个 double 值的平均值。显然，计算少于两个数的平均值是没有意义的。它的原型可以这么编写：

```
double average(double v1, double v2, ...);
```

第二个参数类型后的 3 个点(省略号)表示，在前两个固定的变元后面，可以有数量可变的变元。至少要有一个固定的变元，其他内容和一般的函数原型一样。前两个变元是 double 类型，返回的结果也是 double 类型。

变元个数可变的第二个问题是，在编写函数时如何引用变元？我们不知道有多少个变元，所以不可能给它们指定名称。唯一的方法是通过指针间接地指定变元。<stdarg.h>头文件为此提供了通常实现为宏的例程，宏的外观和操作都类似于函数，所以将它们作为函数来讨论。要实现变元个数可变的函数，必须同时使用 3 个宏：va_start()、va_arg()、va_end()。第一个宏的形式如下。

```
void va_start(va_list parg, last_fixed_arg);
```

这个宏的名称来源于 variable argument start。这个函数接收两个变元：va_list 类型的指针 parg 和为函数指定的最后一个固定参数的名称。va_list 类型也在<stdarg.h>头文件中定义，用于存储支持可变参数列表的例程所需的信息。

以 average()函数为例，可以将该函数编写成：

```
double average(double v1, double v2,...)
{
  va_list parg;                     // Pointer for variable argument list
  // More code to go here...
  va_start( parg, v2);
  // More code to go here...
}
```

首先，声明一个 va_list 类型的变量 parg。然后，用 parg 作为第一个变元，指定最后一个固定参数 v2 作为第二个变元，调用 va_start()。调用 va_start()的结果是将变量 parg 设定为指向传送给函数的第一个可变变元。此时并不知道这个值的类型，标准库对此也无能为力。但必须确定每一个可变变元的类型，例如假设所有的可变变元都是同一种特定的类型，或从固定变元包含的信息推断每个变元的类型。

average()函数处理 double 类型的变元，所以确定可变变元的类型不成问题。现在必须知道如何访问每个可变变元的值，因此下面完成 average()函数。

```
// Function to calculate the average of two or more arguments
double average( double v1, double v2,...)
{
  va_list parg;                  // Pointer for variable argument list
  double sum = v1 + v2;          // Accumulate sum of the arguments
  double value = 0.0;            // Argument value
  int count = 2;                 // Count of number of arguments

  va_start(parg,v2);             // Initialize argument pointer
  while((value = va_arg(parg, double)) != 0.0)
  {
    sum += value;
    ++count;
  }
  va_end(parg);                  // End variable argument process
  return sum/count;
}
```

在声明 parg 后，将变量 sum 声明为 double 类型，同时用前两个固定变元 v1 和 v2 的和来初始化 sum。所有变元值的和都会累加到 sum 中，所以下一个变量 value 声明成 double，用于存储获得的每个可变变元的值。然后声明计数器 count，用来存储变元的数目，并将该计数器初始化为 2，因为至少有两个固定变元。在调用 va_start()初始化 parg 后，在下面的 while 循环内执行大部分的操作。

```
while((value = va_arg(parg, double)) != 0.0)
```

循环条件调用了 <stdarg.h> 头文件中的另一个函数 va_arg()。va_arg()的第一个变元是通过调用 va_start()初始化的变量 parg，第二个变元是期望确定的变元类型的说明。va_arg()函数会返回 parg 指定的当前变元值，并将它存储到 value 中。同时会更新 parg 指针，使之根据调用中指定的类型，指向列表中的下一个变元。必须有某种方式确定可变变元的类型，因为如果指定的类型不正确，就不能正确得到下一个变元。在这个例子中编写函数时，假设所有的变元都是 double 类型。另一个假设是除了最后一个变元外，其他变元都是非零值。这反映在循环继续条件中，即 value 不等于 0。在循环中，在 sum 中累计总和，并递增 count。

变元值等于 0 时，就结束循环，执行下一行语句。

```
va_end(parg);                    // End variable argument process
```

调用 va_end() 函数，处理该过程的剩余工作。它将 parg 重置为指向 NULL。如果省掉这个调用，程序就不会正常工作。整理完成后，就可以用下面的语句返回需要的结果了。

```
return sum/count;
```

试试看：使用可变的变元列表

编写完函数 average() 后，最好用一个小程序确保它可以正常工作。

```c
// Program 9.7 Calculating an average using variable argument lists
#include <stdio.h>
#include <stdarg.h>

double average(double v1 , double v2,...);  // Function prototype

int main(void)
{
  double v1 = 10.5, v2 = 2.5;
  int num1 = 6, num2 = 5;
  long num3 = 12L, num4 = 20L;

  printf("Average = %.2lf\n", average(v1, 3.5, v2, 4.5, 0.0));
  printf("Average = %.2lf\n", average(1.0, 2.0, 0.0));
  printf("Average = %.2lf\n", average( (double)num2, v2,(double)num1,
                                       (double)num4,(double)num3, 0.0));
  return 0;
}

// Function to calculate the average of two or more arguments
double average( double v1, double v2,...)
{
  va_list parg;                          // Pointer for variable argument list
  double sum = v1 + v2;                  // Accumulate sum of the arguments
  double value = 0.0;                    // Argument value
  int count = 2;                         // Count of number of arguments

  va_start(parg,v2);                     // Initialize argument pointer
  while((value = va_arg(parg, double)) != 0.0)
  {
    sum += value;
    ++count;
  }
  va_end(parg);                          // End variable argument process
```

```
        return sum/count;
    }
```

编译并运行程序，输出如下。

```
Average = 5.25
Average = 1.50
Average = 9.10
```

代码的说明

这是用不同数目的变元调用 3 次 average( )的结果。可变的变量必须转换成 double 类型，因为这是函数 average()假设的变元类型。可以用任何数目的变元调用 average()函数，但最后一个变元必须是 0.0。

printf()如何处理混合类型？printf()的第一个变元是带有格式说明符的控制字符串，它提供的信息确定了其后变元的类型和个数。第一个变元后面的变元个数必须匹配控制字符串中格式说明符的数目，这些变元的类型也必须符合对应的格式说明符隐含的类型。如果为要输出的变量指定了错误的类型，输出的结果就不正确。

9.4.1 复制 va_list

有时需要多次处理可变的变元列表。<stdarg.h>头文件为此定义了一个复制已有 va_list 的例程。假定在函数中使用 va_start()创建并初始化了一个 va_list 对象 parg，现在要复制 parg。

```
va_list parg_copy;
va_copy(parg_copy, parg);
```

第一条语句创建了一个新的 va_list 变量 parg_copy，下一条语句将 parg 的内容复制到 parg_copy 中。接着可以独立地处理 parg 和 parg_copy，使用 va_arg()和 va_end()提取变元值。

注意，copy()例程复制 va_list 对象时，不需要考虑它所处的状态。所以，如果用 parg 执行 va_arg()，从列表中提取变元值，之后执行 copy()例程，parg_copy 的状态就与已经提取出来的一些变元值相同。另外注意，在对 parg_copy 执行 pa_end()之前，不能将 va_list 对象 parg_copy 用作另一个复制过程的目标。

9.4.2 长度可变的变元列表的基本规则

以下是编写变元数目可变的函数的基本规则。

- 在变元数目可变的函数中，至少要有一个固定变元。
- 必须调用 va_start()初始化函数中可变变元列表指针的值。变元指针的类型必须声明为 va_list 类型。
- 必须有确定每个变元的类型的机制。可以假设默认的类型，或用一个参数指定变元的类型。例如，在 average()函数中，可以有另一个固定的变元，它的值为 0 时表示变元的类型是 double；它的值为 1 时表示变元的类型是 long。如果在 va_arg()调用中指定的变元类型不对应调用函数时指定的变元值，函数就不能正常工作。
- 必须有确定何时终止变元列表的方法。例如，在可变的变元列表中，最后一个变元有固定的值，称为"哨兵"值，可以检测它，因为它不同于其他变元的值。或者，在第一个变元中包含变元的个数或变元列表中的可变变元个数。

- va_arg()的第二个变元指定了变元值的类型，这个指针类型可以在类型名的后面加上*来指定。最好检查一下编译器的文档说明，了解其他限制。
- 在退出变元数目可变的函数前，必须调用 va_end()。否则，函数将不会正常运作。

可以试着修改 Program 9.7，更好地了解这个过程。在 average()函数中输出一些信息，看看改变了某些数据后会发生什么。例如，可以在average()函数的循环中显示 value 和 count，再修改 main()，使用非 double 类型的变元，或调用最后一个变元不是 0.0 的函数。

9.5 main()函数

main()函数是程序执行的起点。这个函数有一个参数列表，在命令行中执行程序时，可以给它传递变元。main()函数可以有两个参数，也可以没有参数。

main()函数有参数时，第一个参数的类型是 int，表示在命令行中执行 main()函数的参数个数，包含程序名在内。第二个参数是一个字符串指针数组。因此，如果在语句行中，在程序名称的后面添加两个变元，main()函数的第一个变元值就是 3，第二个参数是一个包含 3 个指针的数组，第一个指针指向程序的名称，第二和第三个指针指向在命令行上输入的两个变元。

```
// Program 9.8 A program to list the command line arguments
#include <stdio.h>
int main(int argc, char *argv[])
{
  printf("Program name: %s\n", argv[0]);
  for(int i = 1 ; i<argc ; ++i)
    printf("Argument %d: %s\n", i, argv[i]);
  return 0;
}
```

argc 的值至少是 1，因为执行程序时，必须输入程序名称。argv[0]是程序名称，argv 数组中的后续元素是在命令行下输入的变元。上述程序在 for 循环中依序输出这些变元。

这个程序的源文件是 Program9_08.c，所以输入如下命令执行它。

```
Program9_08   first   second_arg   "Third is this"
```

注意，使用双引号包含有空格的变元。这是因为空格一般被看作分隔符。可以将变元放在双引号中，确保将它当作一个变元。

上述命令会创建下面的输出。

```
Program name: Program9_08
Argument 1: first
Argument 2: second_arg
Argument 3: Third is this
```

将最后一个变元放在双引号中，确保将它看作一个变元，而不是 3 个变元。

所有命令行变元都以字符串读入，如果在命令行上输入数值，就需要把包含数值的字符串转换成适当的数值类型。为此可以使用表 9-1 中的函数，这些函数在<stdlib.h>头文件中声明。

表 9-1 将字符串转换为数值的函数

函数	说明
atof()	将作为变元传送的字符串转换为 double 类型
atoi()	将作为变元传送的字符串转换为 int 类型
atol()	将作为变元传送的字符串转换为 long 类型
atoll()	将作为变元传送的字符串转换为 long long 类型

例如，如果需要将一个命令行变元用作整数，可以用下面的方式处理。

```
int arg_value = 0;                   // Stores value of command line argument
if(argc > 1)                         // Verify we have at least one argument
  arg_value = atoi(argv[1]);
else
{
  printf("Command line argument missing.");
  return 1;
}
```

注意检查变元的个数，在处理命令行变元前，先检查变元的数目是很重要的，因为很容易忘记输入变元。

9.6 结束程序

上一章的 Program 8.4 有多个实例，说明在 main()调用的函数中，可能需要结束程序的执行。在 main()中，可以返回以结束程序。但在其他函数中不会使用这个技术。在其他函数中结束程序可以是正常或不正常程序结束。函数确定计算结束是因为没有更多的数据要处理，或者用户输入的数据表示程序应结束。这些情形会导致程序正常结束。一般情况下，需要在一个函数中不正常地结束程序时，通常是因为在函数中检测到某个灾难性的状态，例如数据中某个严重的错误使程序不能继续执行；或者发生了大多数情况下不会发生的外部故障，例如找不到磁盘文件，或者在读取文件时检测到错误。

stdlib.h 头文件提供的几个函数可以用于终止程序的执行。stdlib.h 头文件还提供了一些函数，标识出在程序正常结束时要调用的一个或多个自定义函数。这类函数可能没有参数，且把返回类型指定为 void。当然，应通过函数指针标识要在终止程序时调用的函数。

9.6.1 abort()函数

调用 abort()函数会不正常地结束程序。它不需要参数，当然也没有返回值。希望结束程序时，可以调用它。

```
abort();                             // Abnormal program end
```

abort()可以在检查边界条件时使用。如果满足条件，则必须终止程序。例如，在试图读取文件时，但在文件系统中找不到该文件。

该函数会清空输出缓冲区，关闭打开的流，但它是否这么做取决于实现代码。

9.6.2　exit()和 atexit()函数

调用 exit()函数会正常结束程序。该函数需要一个 int 类型的参数，它表示程序结束时的状态。该参数可以是 0 或者表示成功结束的 EXIT_SUCCESS，它会返回给主机环境。例如：

```
exit(EXIT_SUCCESS);          // Normal program end
```

如果变元是 EXIT_FAILURE，就把表示终止不成功的消息返回给主机环境。无论如何，exit()都会清空所有输出缓冲区，把它们包含的数据写入目的地，再关闭所有打开的流，之后把控制权返回给主机环境。返回给主机环境的值由实现代码确定。注意调用 exit()会正常终止程序，无论变元的值是什么。调用 atexit()，可以注册由 exit()调用的自定义函数。

调用 atexit()会标识应用程序终止时要执行的函数。下面是其用法。

```
void CleanUp(void);          // Prototype of function to be called on normal exit
...
if(atexit(CleanUp))
  printf("Registration of function failed!\n");
```

把要调用的函数名作为变元传递给 atexit()。如果注册成功，就返回 0；否则，返回非 0 值。调用几次 atexit()，就可以注册几个函数，必须给函数提供遵循 C 标准的实现代码，且注册的函数最多为 32 个。把几个函数注册为调用 exit()时执行，它们就在程序终止时以注册顺序的倒序调用。即调用 atexit()注册的最后一个函数最先执行。

9.6.3　_Exit()函数

_Exit()函数的作用与 exit()相同，它也会正常终止程序，并把变元值返回给主机环境。区别是它无法影响程序终止时调用_Exit()函数的结果，因为它不调用任何已注册的函数。调用_Exit()的方法如下：

```
_Exit(1);                    // Exit with status code 1
```

9.6.4　quick_exit()和 at_quick_exit()函数

调用 quick_exit()会正常终止程序，再调用_Exit()把控制权返回给主机环境。quick_exit()的变元是一个 int 类型的状态码，该函数在调用_Exit()时传递该变元。在调用_Exit()之前，quick_exit()会调用通过 at_quick_exit()函数调用注册的函数。下面把函数注册为由 quick_exit()调用。

```
// Termination function prototypes
void CloseFiles(void);
void CloseCommunicationsLinks(void);
...
at_quick_exit(CloseCommunicationsLinks);
at_quick_exit(CloseFiles);
```

最后两个语句把函数注册为由 quick_exit()调用，于是先调用 CloseFiles()，再调用 CloseCommunicationLinks()。

quick_exit()函数提供了与 exit()平行的程序终止机制。注册为由 exit()和 quick_exit()调用的函数完全相互独立。通过调用 atexit()注册的函数不由 quick_exit()调用，用 at_quick_exit()注册的函数也不由 exit()调用。

9.7 提高性能

有 3 个工具可以使编译器生成性能更佳的代码。其中一个工具与短函数调用的编译方式相关，另一个工具涉及指针的使用。但这些工具不能保证其效果，而是取决于编译器的实现方式。第三个工具用于永远不返回的函数。这里先探讨短函数。

9.7.1 内联声明函数

C 语言的功能结构要求将程序分解为许多函数，函数有时可以非常短。短函数的每次调用可以用实现该函数功能的内联代码替代，以提高执行性能。这意味着不需要给函数传递值或返回一个值。要让编译器采用这种技术，可以把短函数指定为 inline。下面是一个例子。

```
inline double bmi(double kg_wt, double m_height)
{
   return kg_wt/(m_height*m_height);
}
```

这个函数根据成人的体重(kg)及身高(m)计算其体质指数。这个操作可以定义为一个函数，也可以使用调用的内联实现方式，因为其代码非常简单。要采用后一种方式，需要在函数头中使用 inline 关键字来指定。但一般不保证编译器能识别声明为 inline 的函数，因为该关键字对于编译器来说只是一个提示。

9.7.2 使用 restrict 关键字

专业的 C 编译器可以优化对象代码的性能，这涉及改变在代码中为操作指定的计算顺序。为了优化代码，编译器必须确保操作的这种重新排序不影响计算的结果，并用指针指出这方面的错误。为了优化涉及指针的代码，编译器必须能确定指针是没有别名的——换言之，每个指针引用的数据项都没有在给定范围内以其他方式引用。关键字 restrict 就可以告诉编译器，何时出现这种情况，并允许应用代码优化功能。下面是一个在<string.h>中声明的函数示例。

```
errno_t strcpy_s(char * restrict s1, rsize_t s1max, const char * restrict s2)
{
   // Implementation of the function to copy s2 to s1
}
```

这个函数将 s2 复制到 s1 中。关键字 restrict 应用于两个指针参数，表示在函数体中，s1 和 s2 引用的字符串仅通过这两个指针引用，所以编译器可以优化为该函数生成的代码。关键字 restrict 仅将信息告知编译器，但不保证进行优化。当然，如果在条件不具备的代码上应用了关键字 restrict，代码就会生成不正确的结果。

在大多数情况下，不需要使用关键字 restrict，只有代码进行大量计算，进行代码优化才有显著的效果，而这还取决于编译器。

9.7.3 _Noreturn 函数限定符

有时，实现的函数永远都不返回。例如，可能定义一个函数，在程序正常终止时调用。这种函数不会返回，因为控制权会像通常那样返回给调用者。此时，可以告诉编译器，该函数不返回。

```
_Noreturn void EndAll(void)
{
  // Tidy up open files...
  exit(EXIT_SUCCESS);
}
```

_Noreturn 限定符告诉编译器，这个函数不返回给其调用函数。因为该函数不返回，所以唯一可用的返回类型是 void。知道一个函数永远都不返回，编译器就可以省略把控制权返回到调用点所需的代码和存储空间。stdnoreturn.h 头文件定义了宏 noreturn，它扩展为_Noreturn，所以只要在源文件中包含这个头文件，就可以使用 noreturn。

9.8 设计程序

到此函数已经介绍完毕，我们的 C 语言学习之旅也已过半，一些不太复杂的问题应该都可以解决。接下来的这个程序将实际用到目前学过的各种 C 元素。

9.8.1 问题

现在要解决的问题是编写一个游戏。选择编写游戏程序有几个理由。首先，游戏比其他类型的程序复杂，即使是比较简单的游戏程序。其次，游戏比较有趣!

这个游戏与五子棋或 Microsoft Windows 3.0 的 Reversi 有相同的性质。这个游戏要两位玩家在棋盘上轮流放置不同颜色的棋子，一位玩家使用黑子，另一位玩家使用白子。棋盘是一个偶数边的正方形，图 9-4 显示了从开始位置到连续下五子的过程。

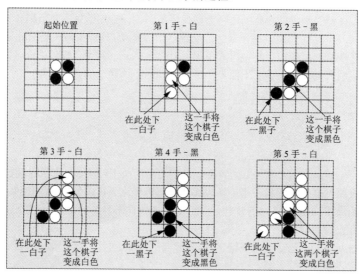

图 9-4　Reversi 中的起始位置和最初的几步

只能将一个棋子放在对手的棋子旁，使对手在对角线、水平线或垂直线上的棋子被自己的棋子包围住，这样对手的棋子就变成自己的棋子了；游戏结束时，棋子多的玩家就获胜。如果所有的方格都放置了棋子，游戏就结束；或者没有玩家在放下棋子后能将对方的棋子变成自己的棋子，这局也算结束。这个游戏可以使用任何大小的棋盘，这里使用 6×6 的棋盘，并使一位玩家和计算机对弈。

9.8.2 分析

这个问题的分析和以前所见的稍有不同。本章介绍的重点是结构化编程。换句话说，就是将一个大问题分解成许多小问题逐一解决，这就是要花这么多时间介绍函数的原因。

最好先用一张图进行分析。首先有一个方框，它代表整个程序或 main() 函数。下一层是要在 main() 函数中直接调用的函数，并说明这些函数的功能。再下一层是这些函数要使用的更小的函数。不必编写函数，只要写出它们必须完成的工作即可。然而这些就是函数要做的工作，所以这是设计程序的一种好方法。图 9-5 显示了程序要执行的任务。

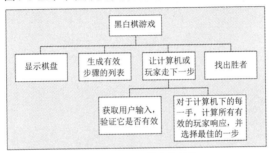

图 9-5　Reversi 程序的任务

现在可以开始思考操作或函数的执行顺序了。图 9-6 是一个流程图，它不仅描述了这组函数，还描述了这些函数的执行顺序与确定其执行顺序的逻辑。这更精确地说明了程序的运作方式。

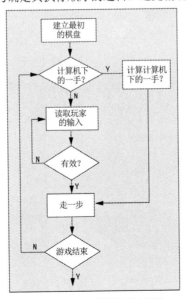

图 9-6　Reversi 程序的基本逻辑

当然，这还没有完成，还必须详细填入许多细节。这种图可以帮助理清程序的逻辑，进而对程序的运作方式进行更详细的定义。

9.8.3 解决方案

本节列出解决问题的步骤。

1. 步骤 1

首先，建立并显示初始棋盘。为了使游戏程序比较短，使用比较小的棋盘(6×6)。但这里在程序中通过一个预处理器指令将棋盘的大小设置为一个符号，以便在以后改变棋盘的大小。使用一个独立的函数显示棋盘，因为这是一个自包含的活动。

从声明、初始化及显示棋盘的代码开始。计算机使用@作为棋子，玩家使用 O 作为棋子。

```c
// Program 9.9 REVERSI An Othello type game
#define __STDC_WANT_LIB_EXT1__ 1
#include <stdio.h>

#define SIZE 6                            // Board size - must be even
const char comp_c = '@';                  // Computer's counter
const char player_c = 'O';                // Player's counter

// Function prototypes
void display(char board[][SIZE]);
void reset_board(char board[][SIZE]);

int main(void)
{
  char board [SIZE][SIZE] = {0};          // The board
  char again = 0;                         // Replay choice input
  // Prompt for how to play
  printf("\nREVERSI\n\n");
  printf("You can go first on the first game, then we will take turns.\n");
  printf(" You will be white - (%c)\n I will be black - (%c).\n",
                                                    player_c, comp_c);
  printf("Select a square for your move by typing a digit for the row\n "
              "and a letter for the column with no spaces between.\n");
  printf("\nGood luck! Press Enter to start.\n");
  scanf_s("%c", &again, sizeof(again));
  fflush(stdin);                          // Clear the buffer

  // The main game loop...

  return 0;
}

// Reset the board to starting state
void reset_board(char board[][SIZE])
{
  // Blank all the board squares
```

```
  for(size_t row = 0 ; row < SIZE ; ++row)
    for(size_t col = 0; col < SIZE; ++col)
      board[row][col] = ' ';

  // Place the initial four counters in the center
  size_t mid = SIZE/2;
  board[mid - 1][mid - 1] = board[mid][mid] = player_c;
  board[mid - 1][mid] = board[mid][mid - 1] = comp_c;
}

// Function to display the board in its current state
void display(char board[][SIZE])
{
  // Display the column labels
  char col_label = 'a';                         // Column label
  printf("\n ");                                // Start top line
  for(size_t col = 0 ; col < SIZE ; ++col)
    printf(" %c", (char)(col_label + col));     // Display the top line
  printf("\n");                                 // End the top line

  // Display the rows...
  for(size_t row = 0 ; row < SIZE ; ++row)
  {
    // Display the top line for the current row
    printf(" +");
    for(size_t col = 0 ; col < SIZE ; ++col)
      printf("---+");
    printf("\n%2zd|",row + 1);

    // Display the counters in current row
    for(size_t col = 0 ; col < SIZE; ++col)
      printf(" %c |", board[row][col]);         // Display counters in row
    printf("\n");
  }

  // Finally display the bottom line of the board
  printf(" +");                                 // Start the bottom line
  for(size_t col = 0 ; col < SIZE ; ++col)
    printf("---+");                             // Display the bottom line
  printf("\n");                                 // End the bottom line
}
```

main()中开头的代码解释了游戏的玩法。scanf_s()函数从键盘上读取一个字符,这里它应是'\n'。最好在读取单个字符后调用 fflush(),确保缓冲区中没有遗留换行符这样的额外字符。否则,下次读取字符时,就读取缓冲区中剩余的内容,这通常会出问题。

reset_board()函数把 board 数组中的所有元素设置为' ',并在棋盘的中心给每个玩家下了两个棋子。参数是一个二维数组的地址,其第二维必须用参数类型指定。第一维也必须是 SIZE,因为棋盘是正方形的。

display()函数输出棋盘,行用 1~6 表示,列用字母 a~f 表示。这是玩家选择在何处落子的参考系统。代码并不如看起来那样复杂。第一个循环输出包含列标 a~f 的顶行，同时给出棋盘大小。下一个循环输出可放棋子的方格，一次输出一行，每行以该行的行号开头。最后一个循环输出最后一行。注意，将 board 数组作为变元传给 display()函数，而不把 board 声明成全局变量，以避免其他函数无意中更改 board 的内容。这个函数可以输出任何大小的棋盘，但在第 26 列后，列标就是古怪的字符了。

2. 步骤2

需要一个函数生成当前玩家所有可能的走法。这个函数有两个功能：第一，检查玩家的输入是否有效。第二，确定计算机要走哪一步。但首先必须确定如何表示和存储每次的走法。

因此，需要存储哪些信息，又有什么选项？前面定义了一个棋盘，其中的每个棋格都可以用行号和列字母引用。因此，可以把每一步走法存储为包含一个数字和一个字母的字符串。接着需要一个能容纳长度可变的一组走法的空间，允许棋盘的尺寸变成 10×10 或更大。

一个简单的方法是，创建和棋盘大小相同的第二个 bool 型数组。如果在棋盘上的某个棋格中放下的一子是有效的，就在对应的 bool 数组元素中存储 true，否则存储 false。因此函数需要 3 个参数：board 数组、moves 数组和当前玩家的标识。其中 board 数组可以检查是否有空的棋格，moves 数组记录有效的每一步，当前玩家的标识是玩家使用的棋子字符。

其策略是：对每一个空棋格搜寻四周有对手棋子的棋格，找到后，沿着对手棋子所在行的方向(水平、垂直或对角线)查找自己的棋子。如果找到，就表示可以在这个空格上落下自己的一子。

在文件中 display()函数定义的后面添加这个函数的定义。

```c
int valid_moves(char board[][SIZE], bool moves[][SIZE], char player)
{
  int rowdelta = 0;                  // Row increment around a square
  int coldelta = 0;                  // Column increment around a square
  int x = 0;                         // Row index when searching
  int y = 0;                         // Column index when searching
  int no_of_moves = 0;               // Number of valid moves

  // Set the opponent
  char opponent = (player == player_c) ? comp_c : player_c;

  // Initialize moves array to false
  for(size_t row = 0 ; row < SIZE ; ++row)
    for(size_t col = 0 ; col < SIZE ; ++col)
      moves[row][col] = false;

  // Find squares for valid moves.
  // A valid move must be on a blank square and must enclose
  // at least one opponent square between two player squares
  for(size_t row = 0 ; row < SIZE ; ++row)
  {
    for(size_t col = 0 ; col < SIZE ; ++col)
    {
      if(board[row][col] != ' ')     // If it's not a blank square...
        continue;                    // ...go to the next

      // Check all the squares around the blank square for opponents counter
```

```
    for(rowdelta = -1 ; rowdelta <= 1 ; ++rowdelta)
    {
      for(coldelta = -1 ; coldelta <= 1 ; ++coldelta)
      {
        // Don't check outside the array, or the current square
        if((row == 0 && rowdelta == -1) || row + rowdelta >= SIZE ||
          (col == 0 && coldelta == -1) || col + coldelta >= SIZE ||
                                   (rowdelta == 0 && coldelta == 0))
          continue;

        // Now check the square
        if(board[row + rowdelta][col + coldelta] == opponent)
        {
          // If we find the opponent, move in the delta direction
          // over opponent counters searching for a player counter
          x = row + rowdelta;          // Move to
          y = col + coldelta;          // opponent square

          // Look for a player square in the delta direction
          for(;;)
          {
            x += rowdelta;             // Go to next square
            y += coldelta;             // in delta direction

            // If we move outside the array or it's a blank square, give up
            if(x < 0 || x >= SIZE || y < 0 || y >= SIZE || board[x][y] == ' ')
              break;

            // If square has a player counter then we have a valid move
            if(board[x][y] == player)
            {
              moves[row][col] = true;  // Mark as valid
              no_of_moves++;           // Increase valid moves count
              break;                   // Go check another square
            }
          }
        }
      }
    }
  }
  return no_of_moves;
}
```

添加了 valid_moves()的函数原型，后跟其他原型。它有 3 个参数，如下。

● board 数组：这是游戏用的棋盘。

● moves 数组：其大小与 board 数组相同，其中的每个 bool 元素指定该棋格对 player 是否是有效的一手。

- player：标识玩家，确定他的一手是否有效。

因为棋子是 player_c 或 comp_c，所以可以在 valid_moves()函数中将对手的棋子设定为不是自己的棋子(作为参数传递)。为此可以使用条件运算符，然后在第一个嵌套循环中将 moves 数组设定成 false，这样就只需要将有效的位置设定为 true。第二个嵌套循环遍历棋盘里所有的棋格，查找其中的空格，找到一个空格后，在内层循环中寻找对手的棋子。

```
// Check all the squares around the blank square for opponents counter
for(rowdelta = -1 ; rowdelta <= 1 ; ++rowdelta)
{
  for(coldelta = -1 ; coldelta <= 1 ; ++coldelta)
  {
    ...
```

这会遍历空格四周的所有棋格，包含空格本身，所以用下面的 if 语句跳过当前的空格以及棋盘外的位置。

```
// Don't check outside the array, or the current square
if((row == 0 && rowdelta == -1) || row + rowdelta >= SIZE ||
   (col == 0 && coldelta == -1) || col + coldelta >= SIZE ||
                            (rowdelta == 0 && coldelta == 0))
    continue;
```

如果通过了这个检查，表示在棋盘上找到一个非空的棋格。如果它含有对手的棋子，就在该棋子所在的方向移动，寻找对手或自己的棋子。如果找到自己的棋子，就可以在原来的空格上落子，并记录这一步。如果找到的是空格，或超出了棋盘，就表示它是无效的一步，应继续查找另一个空格。这个函数会返回有效走法的数量，可以使用这个返回值表示函数是否返回了有效的落子处。注意，非零整数表示 true，0 表示 false。

3. 步骤3

现在可以在 main()函数的游戏循环中生成含有所有有效走法的数组了。根据前面的流程图，需要加入两个嵌套的 do-while 循环：外面的循环初始化每一次游戏，里面的循环让玩家和计算机轮流落子。

```
int main(void)
{
  char board[SIZE][SIZE] = {0};            // The board
  bool moves[SIZE][SIZE] = { false };      // Valid moves
  int no_of_moves = 0;                     // Count of moves
  int invalid_moves = 0;                   // Invalid move count
  char again = 0;                          // Replay choice input

  // Player indicator: true for player and false for computer
  bool next_player = true;

  // Prompt for how to play - as before...

  // The main game loop
  do
```

```
    {
        reset_board(board);                         // Board in initial state

      // On even games the player starts, on odd games the computer starts
      next_player = !next_player;
      no_of_moves = 4;                              // Starts with four counters

      // The game play loop
      do
      {
          display(board);                           // Display the board
          if(true == (next_player = !next_player))  // Flip next player
          { // It is the player's turn

              // Code to get the player's move and execute it...

          }
          else
          { // It is the computer's turn

              // Code to make the computer's move...

          }
      }while(no_of_moves < SIZE*SIZE && invalid_moves < 2);

      // Game is over
      display(board);                              // Show final board

      printf("The final score is:\n");
      printf("Computer %d\n    User %d\n\n",
        player_counters(board, comp_c), player_counters(board, player_c));
      printf("Do you want to play again (y/n): ");
      scanf_s(" %c", &again, sizeof(again));        // Get y or n
      fflush(stdin);                                // Clear the buffer
    }while(tolower(again) == 'y');                  // Go again on y or Y

    printf("\nGoodbye\n");
    return 0;
}

// Code for definition of display()...
// Code for definition of reset_board()...
// Code for definition of valid_moves()...
```

添加的代码需要包含 stdbool.h 和 ctype.h 头文件。现在还不能运行这个程序, 因为还没有编写代码, 处理用户或计算机下的棋子。此时, 循环是无限的, 能输出棋盘, 但没有下新的棋子, 接下来就完成这个部分。

变量 player 确定轮到谁下子。当 Player 是 false 时, 就轮到计算机下子; 当 player 是 true 时, 就轮到玩家下子。player 最初设置为 true, 在 do-while 循环中将 player 设置为!player, 就可以使玩家和计算机轮流下子。为了确定下一个是计算机还是玩家, 翻转变量 player 的值, 在 if 语句中测试其结果，该结果会自动让玩家和计算机轮流下子。

变量 no_of_moves 中的计数器值到达棋盘上所有方格的总数 SIZE*SIZE 时，或者变量 invalid_moves 的值到达 2 时，游戏结束。每走一步，就将 invalid_moves 的值设定为 0，每次某步走法无效时，就递增该值。因此，只要连续两子无效，invalid_moves 的值就到达 2，表示两个玩家都不能再下子了。游戏结束后，输出最后的棋盘和结果，并提供继续游戏的选择。

给每个玩家调用 player_counters()函数，得到最后的分数。可以添加该函数的原型，并编写其实现代码。

```
int player_counters(char board[][SIZE], char player)
{
  int count = 0;
  for(size_t row = 0 ; row < SIZE ; ++row)
    for(size_t col = 0 ; col < SIZE ; ++col)
      if(board[row][col] == player) ++count;
  return count;
}
```

这段代码仅汇总第二个变元指定的玩家在棋盘上的棋子个数。

现在，在 main()函数中添加代码，让玩家和计算机轮流下子。

```
// Program 9.9 REVERSI An Othello type game
#define __STDC_WANT_LIB_EXT1__ 1
#include <stdio.h>
#include <stdbool.h>
#include <ctype.h>
#include <string.h>

#define SIZE 6                              // Board size - must be even
const char comp_c = '@';                    // Computer's counter
const char player_c = 'O';                  // Player's counter

// Function prototypes
void display(char board[][SIZE]);
void reset_board(char board[][SIZE]);
int valid_moves(char board[][SIZE], bool moves[][SIZE], char player);
int player_counters(char board[][SIZE], char player);
void make_move(char board[][SIZE], size_t row, size_t col, char player);
void computer_move(char board[][SIZE], bool moves[][SIZE], char player);

int main(void)
{
  char board[SIZE][SIZE] = {0};             // The board
  bool moves[SIZE][SIZE] = {false};         // Valid moves
  int no_of_moves = 0;                      // Count of moves
  int invalid_moves = 0;                    // Invalid move count
  char again = 0;                           // Replay choice input
  char y = 0;                               // Column letter
  size_t x = 0;                             // Row number

  // Player indicator: true for player and false for computer
```

```
bool next_player = true;
// Prompt for how to play - as before...

// The main game loop
do
{
  reset_board(board);                          // Board in initial state

 // On even games the player starts, on odd games the computer starts
 next_player = !next_player;
 no_of_moves = 4;                              // Starts with four counters

 // The game play loop
 do
 {
   display(board);                             // Display the board
   if(true == (next_player = !next_player))    // Flip next player
   { // It is the player's turn
     if(valid_moves(board, moves, player_c))
   { // Read player moves until a valid move is entered
     for(;;)
     {
       printf("Please enter your move (row column - no space): ");
       scanf_s(" %zd%c", &x, &y, sizeof(y));   // Read input
       fflush(stdin);                          // Clear the buffer

       y = tolower(y) - 'a';                   // Convert to column index
       --x;                                    // Convert to row index
       if(y < 0 || y >= SIZE || x >= SIZE || !moves[x][y])
       {
         printf("Not a valid move, try again.\n");
         continue;
       }

       make_move(board, x, y, player_c);
       ++no_of_moves;                          // Increment move count
       break;
     }
   }
 }
 else                                          // No valid moves
 {
   if(++invalid_moves < 2)
   {
     printf("\nYou have to pass, press return");
     scanf_s("%c", &again, sizeof(again));
     fflush(stdin);                            // Clear the buffer
   }
   else
     printf("\nNeither of us can go, so the game is over.\n");
```

```
      }
    }
    else
    { // It is the computer's turn
      if(valid_moves(board, moves, comp_c))          // Check for valid moves
      {
        invalid_moves = 0;                           // Reset invalid count
        computer_move(board, moves, comp_c);
        ++no_of_moves;                               // Increment move count
      }
      else
      {
        if(++invalid_moves < 2)
          printf("\nI have to pass, your go\n");      // No valid move
        else
          printf("\nNeither of us can go, so the game is over.\n");
      }
    }
  }while(no_of_moves < SIZE*SIZE && invalid_moves < 2);

    // Game is over
    display(board);                                   // Show final board

    printf("The final score is:\n");
    printf("Computer %d\n   User %d\n\n",
              player_counters(board, comp_c), player_counters(board, player_c));
    printf("Do you want to play again (y/n): ");
    scanf_s(" %c", &again, sizeof(again));            // Get y or n
    fflush(stdin);                                    // Clear the buffer
  }while(tolower(again) == 'y');                      // Go again on y

  printf("\nGoodbye\n");
  return 0;
}

// Code for definition of display() as before...
// Code for definition of reset_board() as before...
// Code for definition of valid_moves() as before...
// Code for definition of player_counters() as before...
```

处理游戏下子的代码使用了两个新函数，并给它们添加了函数原型。make_move()函数表示下一子，computer_move()函数计算计算机下的棋子。对于玩家，使用 if 语句为有效的走法计算 moves 数组。

```
if(valid_moves(board, moves, player_c))
...
```

如果返回值是正值，就表示走法有效，因此读入玩家所选方格的行号和列字母。

```
printf("Please enter your move (row column - no space): ");
```

```
scanf_s(" %zd%c", &x, &y, sizeof(y)); // Read input
```

将行号减 1，列字母减 a，就可以将行号和列字母转换成索引值。调用 tolower() 函数，以保证在 y 中输入的值是小写字母。当然，必须为这个函数包含头文件 ctype.h。对于有效的走法，索引值必须在数组的范围内，且 moves[x][y] 必须是 true。所以检查这个条件，当该条件不成立时，就继续执行下一个循环迭代。

```
if(y < 0 || y >= SIZE || x >= SIZE || !moves[x][y])
{
  printf("Not a valid move, try again.\n");
  continue;
}
```

如果找到一个有效的棋格，就调用函数 make_move() 在该棋格中下一子，稍后编写这个函数(注意目前这个程序还不能编译，因为程序还没有定义这个函数)。

如果玩家选择的是一个无效的棋格，就递增变量 invalid_moves 的值。如果它的值仍然小于 2，就输出"这一步不能走"的信息，继续下一个迭代，让计算机下子。如果 invalid_moves 的值不小于 2，此时 do-while 循环中控制游戏的条件会变成 false，于是输出一条消息，并结束游戏。

如果计算机下的棋子是有效的，就调用 computer_move() 函数走这一步，并递增移动次数。计算机选择无效棋格的处理方法和玩家一样。

接下来添加 make_move() 函数的定义。要下一子，必须在所选的棋格上放置一个适当的棋子，并将被当前这个玩家棋子围住的对手棋子翻转过来。现在在源文件的末端添加这个函数的代码。

```
void make_move(char board[][SIZE], size_t row, size_t col, char player)

{
  int rowdelta = 0;                           // Row increment
  int coldelta = 0;                           // Column increment
  size_t x = 0;                               // Row index for searching
  size_t y = 0;                               // Column index for searching

  // Identify opponent
  char opponent = (player == player_c) ? comp_c : player_c;

  board[row][col] = player;                   // Place the player counter

  // Check all squares around this square for opponents counter
  for(rowdelta = -1 ; rowdelta <= 1 ; ++rowdelta)
  {
    for(coldelta = -1; coldelta <= 1; ++coldelta)
    {
      // Don't check off the board, or the current square
      if((row == 0 && rowdelta == -1) || row + rowdelta >= SIZE ||
         (col == 0 && coldelta == -1) || col + coldelta >= SIZE ||
                                  (rowdelta == 0 && coldelta == 0))
        continue;

      // Now check the square
```

```
    if(board[row + rowdelta][col + coldelta] == opponent)
    { // Found opponent so search in same direction for player counter
      x = row + rowdelta;                      // Move to opponent
      y = col + coldelta;                      // square

      for(;;)
      {
        x += rowdelta;                         // Move to the
        y += coldelta;                         // next square

        if(x >= SIZE || y >= SIZE || board[x][y] == ' ')
                                               // If blank square or off board...
          break;                               // ...give up

        // If we find the player counter, go backward from here
        // changing all the opponents counters to player
        if(board[x][y] == player)
        {
          while(board[x -= rowdelta][y -= coldelta] == opponent) // Opponent?
            board[x][y] = player;              // Yes, change it

          break;                               // We are done
        }
      }
    }
  }
}
```

这个函数的逻辑和检查棋格内的走法是否有效的 valid_moves()函数很类似。第一步是搜寻参数 row 和 col 索引的棋格的四周，找出对手的棋子。这用以下的嵌套循环来完成。

```
for(rowdelta = -1; rowdelta <= 1; rowdelta++)
{
  for(coldelta = -1; coldelta <= 1; coldelta++)
  {
    ...
  }
}
```

找到一个对手棋子时，就在一个无限 for 循环中沿着该棋子所在的方向寻找自己的棋子。如果超出了棋盘或找到空的棋格，break 语句就结束 for 循环，在外层循环中移动到所选棋格的下一个棋格上。如果找到一个自己的棋子，就将所有对手的棋子变成自己的棋子。

```
// If we find the player counter, go backward from here
// changing all the opponents counters to player
if(board[x][y] == player)
{
```

```
    while(board[x -= rowdelta][y -= coldelta] == opponent)      // Opponent?
        board[x][y] = player;                                    // Yes, change it

        break;                                          // We are done
    }
```

break 语句可以中断无限 for 循环。

有了这个函数后，就可以进入程序中最难的部分：编写让计算机下子的函数。这里采用一个相当简单的策略来确定计算机的走法。这个策略就是算出计算机所有可能的有效走法，对于计算机每个有效的走法，都要判断玩家可能采用哪个走法，并确定该走法的分数。然后选择计算机走哪一步，能使玩家的走法分数最低。

在编写 computer_move() 之前，要先编写两个辅助函数。辅助函数可帮助实现一个操作，这里是实现计算机的下子。第一个辅助函数是 get_score()，它计算棋盘上特定位置的分数。在源文件的最后添加如下代码。

```
int get_score(char board[][SIZE], char player)
{
    return player_counters(board, player) -
                    player_counters(board, (player == player_c) ? comp_c : player_c);
}
```

这个函数相当简单。分数的计算是棋盘上玩家和计算机的棋子数之差。

下一个辅助函数是 best_move()，它计算并返回玩家当前有效走法中最佳走法的分数。代码如下。

```
int best_move(char board[][SIZE], bool moves[][SIZE], char player)
{
    char new_board[SIZE][SIZE] = {0};       // Local copy of board
    int score = 0;                          // Best score
    int new_score = 0;                      // Score for current move

    // Check all valid moves to find the best
    for(size_t row = 0 ; row < SIZE ; ++row)
    {
        for(size_t col = 0 ; col < SIZE ; ++col)
        {
            if(!moves[row][col])            // if not a valid move...
                continue;                   // ...go to the next

            // Copy the board
            memcpy_s(new_board, board, sizeof(new_board));

            // Make move on the board copy
            make_move(new_board, row, col, player);

            // Get score for move
            new_score = get_score(new_board, player);

            if(score < new_score)           // If it's better...
                score = new_score;          // ...save it as best score.
```

```
      }
   }
   return score;                         // Return best score
}
```

必须在 main()函数之前为这两个辅助函数添加函数原型。完整的函数原型集为:

```
void display(char board[][SIZE]);
void reset_board(char board[][SIZE]);
int valid_moves(char board[][SIZE], bool moves[][SIZE], char player);
int player_counters(char board[][SIZE], char player);
void make_move(char board[][SIZE], size_t row, size_t col, char player);
void computer_move(char board[][SIZE], bool moves[][SIZE], char player);
int best_move(char board[][SIZE], bool moves[][SIZE], char player);
int get_score(char board[][SIZE], char player);
```

4. 步骤 4

程序的最后一部分是 computer_move()函数的实现代码,如下所示。

```
void computer_move(char board[][SIZE], bool moves[][SIZE], char player)
{
   size_t best_row = 0;                  // Best row index
   size_t best_col = 0;                  // Best column index
   int new_score = 0;                    // Score for current move
   int score = SIZE*SIZE;                // Minimum opponent score
   char temp_board[SIZE][SIZE];          // Local copy of board
   bool temp_moves[SIZE][SIZE];          // Local valid moves array

   // Identify opponent
   char opponent = (player == player_c) ? comp_c : player_c;

   // Go through all valid moves
   for(size_t row = 0 ; row < SIZE ; ++row)
   {
      for(size_t col = 0 ; col < SIZE ; ++col)
      {
         if(!moves[row][col])
            continue;

         // First make a copy of the board array
         memcpy_s(temp_board, SIZE*SIZE, board, SIZE*SIZE);

         // Now make this move on the temporary board
         make_move(temp_board, row, col, player);

         // find valid moves for the opponent after this move
         valid_moves(temp_board, temp_moves, opponent);

         // Now find the score for the opponent's best move
         new_score = best_move(temp_board, temp_moves, opponent);

         if(new_score < score)            // If it's worse...
```

```
        { // ...save this move
          score = new_score;              // Record new lowest opponent score
          best_row = row;                 // Record best move row
          best_col = col;                 // and column
        }
      }
  }
  make_move(board, best_row, best_col, player); // Make the best move
}
```

这两个辅助函数并不难，它们选择的走法要让对手后面的最佳走法分数最低。主循环用计数器 row 和 col 控制，玩家和计算机轮流在当前棋盘的副本上下子，当前棋盘的副本存储在本地数组 temp_board 上。每次下子后，都调用 valid_moves()函数计算对手在该位置上的有效走法，并将结果存储到 temp_moves 数组中。然后，调用 best_ move()函数，从 temp_moves 数组存储的有效走法中得到对手最佳走法的分数。如果该分数低于之前任何一个分数，就存储这个分数，把该棋格的行和列索引作为计算机的最佳走法。

变量 score 初始化为高于任何可能的分数，并设法使这个变量最小化(因为这是对手下一步的分数)，以找到计算机的最佳走法。试验计算机的所有有效走法后，best_row 和 best_col 包含的行和列索引就会使对手下一步的分数最小。然后调用 make_move()函数，让计算机用最佳走法下子。

现在可以编译并运行游戏程序。程序开始时，游戏如下。

```
      a   b   c   d   e   f
   + --- + --- + --- + --- + --- + --- +
 1 |   |   |   |   |   |   |
   + --- + --- + --- + --- + --- + --- +
 2 |   |   |   |   |   |   |
   + --- + --- + --- + --- + --- + --- +
 3 |   |   | O | @ |   |   |
   + --- + --- + --- + --- + --- + --- +
 4 |   |   | @ | O |   |   |
   + --- + --- + --- + --- + --- + --- +
 5 |   |   |   |   |   |   |
   + --- + --- + --- + --- + --- + --- +
 6 |   |   |   |   |   |   |
   + --- + --- + --- + --- + --- + --- +
Please enter your move: 3e
      a   b   c   d   e   f
   + --- + --- + --- + --- + --- + --- +
 1 |   |   |   |   |   |   |
   + --- + --- + --- + --- + --- + --- +
 2 |   |   |   |   |   |   |
   + --- + --- + --- + --- + --- + --- +
 3 |   |   | O | O | O |   |
   + --- + --- + --- + --- + --- + --- +
 4 |   |   | @ | O |   |   |
   + --- + --- + --- + --- + --- + --- +
 5 |   |   |   |   |   |   |
   + --- + --- + --- + --- + --- + --- +
 6 |   |   |   |   |   |   |
   + --- + --- + --- + --- + --- + --- +
```

计算机方玩得不是很好，因为它只会向前移动一步，不会在边缘和角落下子。

此外，棋盘只有 6×6 大小。如果要改变棋盘的大小，可以将 SIZE 改为另一个偶数。程序仍然可以运行。

9.9　小结

如果读者到目前为止都没有遇到什么大问题，说明你将成为一位有能力的 C 程序员。本章和第 8 章介绍了编写结构优秀的 C 程序所需的所有知识。函数结构是 C 语言的核心，要尽量使函数短小精悍、意图明确。这是优秀 C 代码的本质。现在读者应该能够使用函数结构处理自己的编程问题了。

C 程序员不应忘记的是，指针非常灵活，可大大简化许多编程问题，应常用它们作为函数变元和返回值，把这作为一个习惯。如果还不是很有自信，就复习本章的程序，因为熟能生巧。之后就可以处理自己的一些问题。

C 语言中还有一个新的主要领域未介绍，即数据处理和数据的结构化。这部分将在第 11 章详细介绍。在这之前，还必须详细探讨输入和输出。处理输入和输出是很重要、很吸引人的编程方面，这是第 10 章的主题。

9.10　习题

以下的习题可测试读者对本章的掌握情况。如果有不懂的地方，可以翻看本章的内容。还可以从 Apress 网站(www.apress.com)下载答案，但这应是最后一种方法。

习题 9.1　函数原型：

```
double power(double x, int n);
```

会计算并返回 x^n。因此 power(5.0,4)会计算 5.0*5.0*5.0*5.0，它的结果是 625.0。

将 power()函数实现为递归函数(使其调用自身)，再用适当的 main()版本演示它的操作。

习题 9.2　实现以下函数原型：

```
double add(double a, double b);          // Returns a+b
double subtract(double a, double b);     // Returns a-b
double multiply(double a, double b);     // Returns a*b
double array_op(double array[], size_t size, double (*pfun)(double,double));
```

array_op()函数的参数是：要运算的数组、数组元素数目以及一个函数指针，该函数指针指向的函数定义了在连续几个元素上应用的操作。在实现 array_op()函数时，将 subtract()函数传送为第三个参数，subtract()函数会用交替符号组合这些元素。因此，对于有 4 个元素 x1、x2、x3、x4 的数组，subtract()函数会计算 x1-x2+x3-x4 的值。乘法运算则得到这些元素之积 x1×x2×x3×x4。

用适当的 main()版本演示这些函数的运作。

习题 9.3　定义一个函数，它的参数是字符串数组指针，返回一个将所有字符串合并起来的字符串指针，每个字符串都用换行符来终止。如果输入数组中的原字符串将换行符作为最后一个字符，函数就不能给字符串添加另一个换行符。编写一个程序，从键盘读入几个字符串，用这个函数输出合并后的字符串。

习题 9.4 一个函数的原型如下：

```
char *to_string(int count, double first, ...);
```

这个函数返回一个字符串，这个字符串含有第二个参数及其后参数的字符串表示，每个参数都有两位小数，参数间用逗号隔开。第一个参数是从第二个参数算起的参数个数。编写一个 main() 函数，演示这个函数的运作。

第 10 章

■ ■ ■

基本输入和输出操作

本章将详细介绍键盘输入和屏幕输出。本章的内容很多，也不太有趣，但相当简单。只是要记住许多内容，然后就可以把它们应用于文件的输入输出，把它们作为前两章内容的通气管。不过不用熟记，需要时可以再回来参考本章的内容。

与大多数现代编程语言一样，C 语言也没有输入输出的能力，所有这类操作都由标准库中的函数提供。前面各章介绍的许多这类函数提供了键盘输入和屏幕输出的功能。

本章将按顺序总结输入输出的内容，并介绍前面没有解释的内容。本章的内容非常简单，不需要用一个程序解决方案来演示。

本章的主要内容：
- 如何从键盘读入数据
- 如何将数据格式化后输出到屏幕上
- 如何处理字符输出

10.1 输入和输出流

前面章节主要使用 scanf_s()函数从键盘输入数据，使用 printf()函数将数据输出到屏幕上。事实上，使用这些函数指定从哪里输入或输出到哪里去的方式没有什么特别。因为 scanf_s()函数可以从任何地方接收信息，只要这些信息是字符流即可。没有必要把数据源字符化为键盘。同样，printf()函数也可以将数据输出到任何能接收字符流的地方去，不要求它必须是显示器上的命令行。这并不是巧合：C 语言的标准输入输出函数都是独立于设备的，程序员不需要考虑如何在特定设备上传入传出数据。C 语言的库函数和操作系统会确保在特定设备上的操作完全正常。

C 语言中的每个输入源和输出目的地都称为流(stream)。输入流是可读入程序的数据源，而输出流是程序输出数据的终点。流和设备的实体(如屏幕或键盘)相互独立。程序使用的每个设备通常都有一个或多个相关的流，这取决于它是简单的输入设备(如键盘)，还是可表示多个数据源或目的地的设备(如磁盘驱动器)。如图 10-1 所示。

磁盘驱动器一般包含多个文件。流和数据源或目的地一一对应，而不是流和设备一一对应。所以一个要读取或写入的文件可以与一个流关联，与文件关联的流是一个输入流，所以可以从这个文件中读取数据。如果这个流是输出流，就可以在这个文件中写入数据；如果这个流允许输入和输出，就可以对这个文件进行读取和写入。很明显，如果和文件关联的流是输入流，这个文件就曾经被写入，所以包含一些数据。流也可以和光盘驱动器里的文件关联，由于光盘驱动器一般是只读的，因此这个流必然是一个输入流。

输入输出流还可以进一步细分为：字符流(也称为文本流)和二进制流。它们之间的主要差异是，在字符流中传入传出的数据是一系列字符，可以根据格式规范由库例程修改。在二进制流中传入传出的数据是一系列字节，不能以任何方式修改。在第 12 章讨论读写磁盘文件时，会讨论二进制流。

▨ **注意**：在屏幕上输出图形或写入打印机时，需要主机操作系统提供的专用函数。

10.2 标准流

流有标识它的名称。C 语言有 3 个在<stdio.h>头文件中预定义的标准流，程序只要包含了这个头文件，就可以使用这些流。这 3 个标准流分别是 stdin、stdout 和 stderr，分别对应于键盘、命令行上的正常输出和命令行上的错误输出。使用这些流不需要做任何初始化或准备，只是要使用适当的库函数给它们发送数据，它们都预先赋予了特定的物理设备。

stderr 流只是将来自 C 库的错误信息传送出去，也可以将自己的错误信息传送给 stderr。写入这两个流的数据的目的地默认为命令行。stderr 和 stdout 之间的主要差别是，输出到 stdout 的流在内存上缓存，所以写入 stdout 的数据不会马上送到设备上。而 stderr 不缓存，所以写入 stderr 的数据会立刻传送到设备上。对于缓存的流，程序会在内存中传入或传出缓存区域的数据，在物理设备上传入或传出数据可以异步进行。这使输入输出操作更高效。为错误信息使用不缓存的流，其优点是可以确保错误信息显示出来，但输出操作是低效的。缓存的流比较高效，但如果程序因某种原因而失败，缓存的流就不会刷新，所以输出可能永远不会显示出来。这里不进一步探讨它们，只是要知道 stderr 只能输出到屏幕上。

使用操作系统命令，stdin 和 stdout 都可以重定向到文件上，而不是默认的键盘和屏幕上。这就带来了极大的灵活性。如果要在测试过程中用相同的数据多次运行程序，就可以把这些数据放在一个文本文件中，将 stdin 重定向到这个文件上。这样每次运行程序时，就无须输入这些数据了。将程序的输出重定向到文件上，很容易保留这些输出，以便以后参考，也可以使用文本编辑器访问或搜索它。

10.3 键盘输入

前面介绍过，stdin 上的键盘输入有两种形式：一种是格式化输入，主要由 scanf_s()函数(它是 scanf()函数的安全版本)提供；另一种是非格式化输入，通过 getchar()等函数接收原始的字符数据。这两种形式都很常见，下面详细介绍它们。

10.3.1 格式化键盘输入

函数 scanf_s()从 stdin 流中读入字符，并根据格式控制字符串中的格式说明符，将它们转换成一个或多个值。scanf_s ()函数的原型如下：

```
int scanf_s(const char * restrict format, ... );
```

旧 scanf()函数的原型与此类似。scanf()和 scanf_s()的区别是对于由 c、s 和[说明符控制的每个输入数据，后者需要两个变元(本章后面会讨论这些转换说明符)，而前者只需要一个变元。第一对变元是存储输入的地址，第二对变元是第一个变元指向的字节数。第二对变元用于指定存储读入数据的可用字节数。如果指定的字节数不足以存储读取的数据，函数就返回 EOF，表示出错。scanf() 没有提供这个保护，它只提供了存储数据的地址。所有的转换说明符都只需要一个地址变元。

格式控制字符串参数的类型是 const char*，即常量字符串指针。在函数调用时，它通常显示为显式的变元，如下。

```
scanf_s("%lf", &variable);
```

也可以写成：

```
char str[] = "%lf";
scanf_s(str, &variable);
```

scanf_s()函数使用第 9 章介绍的参数个数可变的功能。格式控制字符串基本上描述了 scanf_s() 如何将传入的字符流转换成所需的值，并将它们嵌入字符串。在格式控制字符串的后面可以有一个或多个可选参数。对于由 c、s 和[说明符控制的每个输入数据，第一个对应的变元是存储输入的内存地址，第二个变元是前一个变元指向的字节数。对于其他说明符，对应的变元是存储转换后输入值的地址。

scanf_s()函数从 stdin 中读入数据，直到格式控制字符串结束为止，或某个错误条件停止了输入过程为止。这种错误一般是读入的数据不匹配当前格式说明符所致。注意，scanf_s()的返回值是 int 类型，是读入的输入值个数。因此，比较 scanf_s()的返回值和期望的输入值个数，就可以检测是否发生了错误。

10.3.2　输入格式控制字符串

在 scanf_s()函数中使用的格式控制字符串不完全类似于 printf()中的格式控制字符串。在格式控制字符串中添加一个或多个空白字符，如空格' '、制表符'\t'或换行符'n'，scanf_s()会忽略空白字符，直接读入输入中的下一个非空白字符。在格式控制字符串中只要出现一个空白字符，就会忽略无数个连续的空白字符。因此，可以在格式字符串内加入任意多个空白字符，使输入易于理解。注意，scanf_s()默认忽略空白字符，但使用%c、%[]或%n 说明符读取数据时除外(见表 10-1)。

scanf_s()会读入任何非空白字符(除了%外)，但不会存储这个连续出现的字符。例如，scanf_s() 需要忽略输入中分隔各个值的逗号，只需要在格式字符串的前面加上逗号。还有其他区别，详见本章后面的"屏幕输出"一节。

格式说明符最常见的形式如图 10-1 所示。

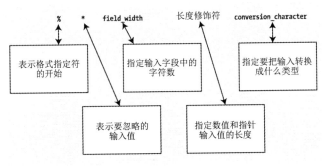

图 10-1　输入说明符的一般形式

以下是一般格式的各部分说明。

- %表示格式说明符的开头,不能省略。
- *是可选的。如果包含它,就表示忽略下一个输入值。这在键盘输入中不常用,但如果 stdin 重定向到文件上,就可以使用它忽略文件中不想处理的值。
- 字段宽度也是可选的。它是一个整数,指定了 scanf_s()读入的字符数。它可以使输入的一连串数字中没有空白。它常用于读入文件。
- 长度修饰符也是可选的,它可以是
  - ◆ h 只能包含在整数转换说明符(d、i、o、u、x 或 X)中,表示输入要转换为 signed short 或 unsigned short 类型。
  - ◆ hh 与 h 一样应用于整数转换说明符,表示输入要转换为 signed char 或 unsigned char 类型。
  - ◆ l(小写的 L)在 int 转换说明符之前表示 long 或 unsigned long,在 float 转换说明符 a、A、e、E、f、F、g 或 G 之前表示 double。在 c 说明符之前表示宽字符转换,所以输入会读入为 wchar_t 类型,参见第 14 章。
  - ◆ L 应用于转换说明符 a、A、e、E、f、F、g 或 G,表示输入值要转换为 long double 类型。
  - ◆ ll(两个小写的 L)应用于整数转换,表示输入应存储为 long long 或 unsigned long long 类型。
  - ◆ j 应用于整数转换说明符,表示输入值要转换为 intmax_t 或 uintmax_t 类型。这些类型在 stdint.h 头文件中定义,参见第 14 章。
  - ◆ z 应用于整数转换说明符,表示输入值要转换为 size_t 类型。因为 size_t 取决于实现代码,所以如果把数据读入 size_t 类型的变量时没有使用这个前缀,编译器可能会报错。
  - ◆ t 应用于整数转换说明符,表示输入值要存储为 ptrdiff_t 类型。对于表示两个指针之差的值,这是取决于实现代码的整数类型。ptrdiff_t 类型在 stdint.h 头文件中定义。
- 最后一个转换字符指定要将输入流转换为什么类型,因此它是不可缺少的。转换字符及其含义如表 10-1 所示。

表 10-1 转换字符及其含义

转换字符	含义
d	将输入转换为有符号的十进制整数
i	将输入转换为有符号的整数。如果加了前缀 0,就输入八进制数。如果加了前缀 0x 或 0X,就输入十六进制数;否则就输入十进制数
o	将输入转换为有符号的八进制整数
u	将输入转换为无符号的整数
x	将输入转换为有符号的十六进制整数
c	将字符宽度指定的字符数读入为 char 类型(包含空白)。如果没有指定字符宽度,就读取一个字符。如果在读入单个字符时要忽略空白,就在格式说明符的前面加上一个空白字符。这个说明符需要两个参数:指向 char 的指针和指针指向的字节数。如果没有 l 长度说明符,字符就转换为 wchar_t 类型
s	从下一个非空白字符开始,输入一串连续的非空白字符。这个说明符需要两个参数:指向 char 的指针和指针指向的字节数。如果没有 l 长度说明符,字符就转换为 wchar_t 类型

(续表)

转换字符	含义
[]	从方括号指定的集合中读取字符。读取不在集合中的字符，就结束输入。例如，说明符%[ab]只能读取 a 和 b 的连续字符。要在集合中包含'['，它就必须是左方括号后面的第一个字符。因此%[]ab]会读取 a、b、] 的连续字符。如果[后面的第一个字符是^，就读取不在集合中的字符。因此%[^ab] 会读取不是 a、b、]的连续字符。与 c 和 s 说明符一样，它也需要两个变元。如果没有 l 长度说明符，字符就转换为 wchar_t 类型
a、A、e、E、f、F、g 或 G	将输入转换为 float 类型，输入中的符号、小数点和指数是可选的
%	读取的%字符不存储。跳过%字符的说明符是%%
p	把输入读取为指针，其变元应是 void*类型。输入形式取决于实现代码，所以应查看编译器和库文档
n	不读入任何输入，但前面读到此处为止的字符数存储在对应的 int*类型参数中。使用这个说明符读取数据，不会递增赋值计数器的值

%[]提供了很大的灵活性。例如，说明符%[0123456789.-]会将数值以字符串方式读入。因此，假如输入是-1.25，就读成"-1.25"。又如要读取一个由小写字母 a~z 组成的字符串，可以使用说明符%[abcdefghijklmnopqrstuvwxyz]。许多 C 库支持使用%[a~z]读取由任意小写字母组成的字符串，虽然标准没有这个要求。说明符%[^,]会包含在字符串中除逗号之外的所有字符，这个说明符可以读取以逗号分隔的一系列字符串。

表 10-2 列出了应用各个选项的例子。

表 10-2　转换说明符的应用示例

说明符	说明
%lf	将下一个值读取为 double 类型
%*d	读入下一个整数值，但不存储它
%15c	将接下来的 15 个字符读取为 char 类型
\n%c	将下一个字符读取为 char 类型，并忽略空白字符
%10lld	将接下来的 10 个字符读取为 long long 类型的整数值
%Lf	将下一个值读取为 long double 类型的浮点数
%hu	将下一个值读取为 unsigned short 类型

下面用实际的例子练习这些格式控制字符串。

试试看：格式输入

这个示例用不同的格式字符串读入各种数据 3 次。

```
// Program 10.1          Exercising formatted input
#define __STDC_WANT_LIB_EXT1__ 1
#include <stdio.h>

#define SIZE 20                              // Max characters in a word
void try_input(char *prompt, char *format);  // Input test function

int main(void)
```

```
{
    try_input("Enter as input: -2.35 15 25 ready2go\n",
              "%f %d %d %[abcdefghijklmnopqrstuvwxyz] %*1d %s%n" );

    try_input("\nEnter the same input again: ",
              "%4f %4d %d %*d %[abcdefghijklmnopqrstuvwxyz] %*1d %[^o]%n");

    try_input("\nEnter as input: -2.3A 15 25 ready2go\n",
              "%4f %4d %d %*d %[abcdefghijklmnopqrstuvwxyz] %*1d %[^o]%n");
    return 0;
}

void try_input(char* prompt, char *format)
{
    int value_count = 0;            // Count of input values read
    float fp1 = 0.0f;               // Floating-point value read
    int i = 0;                      // First integer read
    int j = 0;                      // Second integer read
    char word1[SIZE] = " ";         // First string read
    char word2[SIZE] = " ";         // Second string read
    int byte_count = 0;             // Count of input bytes read
    printf(prompt);
    value_count = scanf_s(format, &fp1, &i , &j,
                          word1, sizeof(word1), word2, sizeof(word2), &byte_count);
    fflush(stdin);                  // Clear the input buffer
    printf("The input format string for scanf_s() is:\n \"%s\"\n", format);
    printf("Count of bytes read = %d\n", byte_count);
    printf("Count of values read = %d\n", value_count);
    printf("fp1 = %f i = %d j = %d\n", fp1, i, j);
    printf("word1 = %s word2 = %s\n", word1, word2);
}
```

这个程序有 3 组输出，后面解释代码时会讨论每组输出。

代码的说明

try_input()函数有两个参数：一个是指定键盘输入的字符串，另一个是 scanf_s()用于读取输入的格式字符串。把输入实现为函数，就可以在每次测试时，用一个语句查看使用各种格式字符串输入会发生什么。

try_input()函数定义了接收输入的变量，然后使用传递为第一个变元的字符串显示提示。然后调用 scanf_s()，把指定的格式字符串用作 try_input()的第二个变元，读取输入。接着该函数输出用于输入的格式字符串，以便从输出中查看发生了什么。第一块输出是：

```
Enter as input: -2.35 15 25 ready2go
-2.35 15 25 ready2go
The input format string for scanf_s() is:
     "%f %d %d %[abcdefghijklmnopqrstuvwxyz] %*1d %s%n"
Count of bytes read = 20
Count of values read = 5
fp1 = -2.350000 i = 15 j = 25
word1 = ready word2 = go
```

前 3 个输入值以直接的方式、使用简单的转换说明符读入。第 4 个输入值使用说明符 %[abcdefghijklmnopqrstuvwxyz]读入，它会将一串小写字母读入为一个字符串。结果它读入了 "ready"字符串，并存储在 word1 中。在读入"ready"后停止输入，因为其后的字符是'2'，它不属于 括号内的字符。输入中的'2'仍在输入缓冲区中，所以使用下一个转换说明符"%*1d"读入，说明符 中的*将只读取输入，但不存储它，且字符宽度是 1，这只应用于一个字符。接着使用"%s"说明符 读取"go"，并存储到 word2 中。%n 说明符不从输入流中提取数据，只是将 scanf_s()当前从输入流 中读取的字节数存储在 byte_count 中。

value_count 保存了 scanf_s()返回的数值个数，这个值反映了已存储的数值个数，但不包括 "%*1d"说明符读取的值。

数据不一定在同一行上输入，也可以在输入两个值后按下回车键。scanf_s()函数会在下一行 等待用户输入下一个值。

> **注意**：scanf_s()需要 word1 和 word2 后面的变元，以便确保不覆盖不应覆盖的内存。如果 scanf_s() 不可用，可以使用 scanf()，忽略 word1 和 word2 的长度变元。

下一块输出如下。

```
Enter the same input again: -2.35 15 25 ready2go
The input format string for scanf_s() is:
    "%4f %4d %d %*d %[abcdefghijklmnopqrstuvwxyz] %*1d %[^o]%n"
Count of bytes read = 19
Count of values read = 5
fp1 = -2.300000 i = 5 j = 15
word1 = ready word2 = g
```

给浮点数指定的字符宽度是 4，所以提取前 4 个字符，作为第一个输入变量的值。要输入的 下一个整数值是 5，这是读入 2.3 后的一个数字。这说明，给第二个整数指定的字段宽度 4 并未起 作用，这是因为数字 5 的后面是空白字符，停止读取正在扫描的值。所以，无论给字符宽度设置 什么值，只要碰到空格，就会马上停止扫描给定值的输入行。可以把整数值的说明符改为%12d， 对于上述给定的输入，结果仍是一样。存储在 j 中的整数是 15。接着说明符"%*d"读取值 25，并 忽略它。word1 像以前那样读取，说明符"%*1d"读取并舍去其后的'2'。最后读入 word2 的字符串 是 g，因为说明符"%[^o]"要求字符串中不能有字符'o'。由于没有读取字母'o'，因此 byte_count 是 19。

第 3 块输出如下。

```
Enter as input: -2.3A 15 25 ready2go
-2.3A 15 25 ready2go
The input format string for scanf_s() is:
    "%4f %4d %d %*d %[abcdefghijklmnopqrstuvwxyz] %*1d %[^o]%n"
Count of bytes read = 0
Count of values read = 1
fp1 = -2.300000 i = 0 j = 0
word1 =     word2 =
```

输入值的个数是 1，即只给变量 fp1 输入了值。读入的字节数是 0，这显然不正确，因为我们没有在 byte_count 中存储值。输入流中的 A 在数值输入时是无效的，整个处理因此而停止，变量 i、j、word1 及 word2 都没有值，byte_count 也没有存储值。这说明了 scanf()和 scanf_s()是多么无情，只因为输入流中有一个无效的字符，就禁止程序读取数据。如果希望在输入无效时仍能恢复输入，可以使用 scanf_s()的返回值，判断是否正确处理了所有的输入，并包含一些代码，在必要时重新读取数据。

最简单的方法是显示一条错误信息，然后要求重复全部输入。但在这种情况下，要避免代码中的错误使程序陷入无限循环。如果希望创建健壮的程序，就必须考虑到各种可能出错的情况。

10.3.3　输入格式字符串中的字符

可以在输入格式字符串中包含一些不是格式转换说明符的字符。为此，必须指定输入中有这些字符，且 scanf_s()函数应读取它们，但不存储它们。但这些非格式转换字符必须和输入流的字符完全相同，只要有一个不同，scanf_s()就会终止输入。

试试看：输入格式字符串中的字符

下面的程序在输入格式字符串中包含一些字符。

```
// Program 10.2 Characters in the format control string
#define __STDC_WANT_LIB_EXT1__ 1
#include <stdio.h>

int main(void)
{
  int i = 0;
  int j = 0;
  int value_count = 0;
  float fp1 = 0.0f;
  printf("Enter: fp1 = 3.14159 i = 7 8\n");

  printf("\nInput:");
  value_count = scanf_s("fp1 = %f i = %d %d", &fp1, &i , &j);

  printf("\nOutput:\n");
  printf("Count of values read = %d\n", value_count);
  printf("fp1 = %f\ti = %d\tj = %d\n", fp1, i, j);
  return 0;
}
```

程序输出如下。

```
Enter: fp1 = 3.14159 i = 7 8

Input:fp1 = 3.14159 i = 7 8

Output:
Count of values read = 3
fp1 = 3.141590 i = 7 j = 8
```

代码的说明

输入时，空白是在等于号(=)的前面还是后面并不重要，因为它们是空白字符，会被忽略。重要的是，格式控制字符串中的字符的出现顺序和位置都必须和输入完全相同。试试另一个输入：

```
Enter: fp1 = 3.14159 i = 7 8

Input:fp1 = 3.14159

i=7 j=8

Output:
Count of values read = 2
fp1 = 3.141590 i = 7 j = 0
```

这次只读入了两个数值。因为字符 j 使输入停止，变量 j 也没有存储值。scanf()函数在处理字符输入时是区分大小写的。如果输入的是 Fpl=而不是 fpl=，就不会读取任何值，因为大写 F 的不匹配，使整个输入终止。

■ **注意：** scanf_s()以这种方式停止常量输入，这是初始化变量的一个强大论据。如果 scanf_s()失败，至少没有读取输入的变量有合理的值，而不是随意的垃圾值。

10.3.4　输入浮点数的各种变化

使用 scanf()函数读取格式化的浮点数时，不仅可以选择格式说明符，而且可以输入不同形式的数。看看下面这个简单的例子。

试试看：输入浮点数

这个例子尝试了各种形式的说明符和各种不同的输入方式。

```c
// Program 10.3 Floating-Point Input
#define __STDC_WANT_LIB_EXT1__ 1
#include <stdio.h>

int main(void)
{
  float fp1 = 0.0f;
  float fp2 = 0.0f;
  float fp3 = 0.0f;
  int value_count = 0;
  printf("Enter: 3.14.314E1.0314e+02\n");

  printf("Input:\n");
  value_count = scanf_s("%f %f %f", &fp1, &fp2, &fp3);

  printf("\nOutput:\n");
  printf("Number of values read = %d\n", value_count);
  printf("fp1 = %f fp2 = %f fp3 = %f\n", fp1, fp2, fp3);
  return 0;
}
```

程序的输出如下。

```
Enter: 3.14.314E1.0314e+02
Input:
3.14.314E1.0314e+02

Output:
Number of values read = 3
fp1 = 3.140000 fp2 = 3.140000 fp3 = 3.140000
```

代码的说明

这个例子示范了同一个值的 3 种不同输入方法。第一个方法是输入一般的小数值。第二个是输入指数值，E1 表示.314 要乘以 10。第三个也是输入指数值，其中 e+02 表示.0314 要乘以 100。因此，使用说明符"%f"读取浮点数时，可以选择是否包含指数。如果包含指数，就可以把指数定义为以大写 E 或小写 e 开头，当然也可以给指数加上+或–符号，数值也可以带符号，这有无数的可能性。

将 scanf_s()语句改成：

```
value_count = scanf_s("%e %g %a", &fp1, &fp2, &fp3);
```

该语句的输出与前面一样。

显然，这 4 个格式说明符可以用于各种输入形式，唯一的差异是将它们用于 printf()函数的时间。建议尝试各种不同的输入。

10.3.5 读取十六进制和八进制值

前面曾经提过，可以使用格式说明符%x 从输入流中读取十六进制值，使用格式说明符%o 读取八进制值。这很简单，下面是一个实际的例子。

试试看：读取十六进制和八进制值

练习下面的例子：

```
// Program 10.4 Reading hexadecimal and octal values
#define __STDC_WANT_LIB_EXT1__ 1
#include <stdio.h>

int main(void)
{
  int i = 0;
  int j = 0;
  int k = 0;
  int n = 0;

  printf("Enter three integer values:");
  n = scanf_s(" %d %x %o", &i , &j, &k );

  printf("\nOutput:\n");
  printf("%d values read.\n", n);
  printf("i = %d j = %d k = %d\n", i, j, k );
```

```
    return 0;
}
```

以下是一些输出。

```
Enter three integer values:12 12 12

Output:
3 values read.
i = 12 j = 18 k = 10
```

代码的说明

这个例子读入 3 个 12。第一个 12 用十进制格式说明符%d 读入，第二个 12 用十六进制格式说明符%x 读入，第三个 12 用八进制格式说明符%o 读入。十六进制的 12 输出为十进制的 18，八进制的 12 输出为十进制的 10。

十六进制数据项常用于输入位模式(一连串的 1 和 0)，因为这些 1 和 0 更容易用十六进制指定，而不是十进制。每个十六进制数对应 4 位，所以 16 位对应 4 个十六进制数。八进制很少使用，这里介绍它主要是因为以前曾使用它。

注意下面的输出：

```
Enter three integer values:18 18 18

Output:
3 values read.
i = 18 j = 24 k = 1
```

前两个值都正确读入为 18，因为十六进制的 18 表示十进制的 24。然而，第三个值读成 1，这是因为 8 不是合法的八进制数。八进制数字是 0~7。

在十六进制中，10 以上的数字用 A~F 或 a~f 表示，大小写可以混用。下面是另一个输出。

```
Enter three integer values:12 aA 17

Output:
3 values read.
i = 12 j = 170 k = 15
```

十六进制的 aA 表示为十进制是 $10 \times 16 + 10$，结果是 170。八进制的 17 表示为十进制是 $1 \times 8 + 7$，结果是 15。

在 scanf_s()中使用"%X"和"%x"没有区别，但在 printf()中它们是不同的。现在将最后一个 printf()改成：

```
printf("i = %x j = %X k = %d\n", i, j, k );
```

上述语句以十六进制输出前两个值。对于下面的输入，输出如下。

```
Enter three integer values:26 ae 77

Output:
3 values read.
i = 1a j = AE k = 63
```

%x 使用十六进制数 a~f 输出结果，而"%X"使用十六进制数 A~F 输出结果。

10.3.6 用scanf_s()读取字符

第一个例子尝试过读入字符串，读入字符串还有其他方法。使用格式说明符%c 可以读取一个字符，并将它存储为char 类型。对于字符串，可以使用说明符%s 或%[]。此时要给存储的字符串追加终止字符'\0'，作为最后一个字符。使用格式符%[]读入的字符串必须只包含方括号内的字符，如果方括号中的第一个字符是^，则读入的字符串不能包含方括号内^字符后面的任何字符，例如%[aeiou]读入的字符串只能包含元音。碰到不是元音的字符就停止输入。而%[^aeiou]读入的字符串不能包含元音。碰到元音或空白字符就停止输入。

要注意的是%[]说明符可以读入含有空格的字符串，但说明符%s 不能。使用%[]说明符时，只需要在方括号中包含空格字符。

试试看：读入字符和字符串

下面的程序可以读入字符。

```
// Program 10.5 Reading characters with scanf_s()
#define __STDC_WANT_LIB_EXT1__ 1
#include <stdio.h>
#define MAX_TOWN 10
int main(void)
{
  char initial = ' ';
  char name[80] = { ' ' };
  char age[4] = { '0' };
  printf("Enter your first initial: ");
  scanf_s("%c", &initial, sizeof(initial));
  printf("Enter your first name: " );
  scanf_s("%s", name, sizeof(name));
  fflush(stdin);

  if(initial != name[0])
    printf("%s,you got your initial wrong.\n", name);
  else
    printf("Hi, %s. Your initial is correct. Well done!\n", name );
    printf("Enter your full name and your age separated by a comma:\n" );
    scanf_s("%[^,] , %[0123456789]", name, sizeof(name), age, sizeof(age));
    printf("\nYour name is %s and you are %s years old.\n", name, age );
    return 0;
}
```

程序的输出如下。

```
Enter your first initial: I
Enter your first name: Ivor
Hi, Ivor. Your initial is correct. Well done!
Enter your full name and your age separated by a comma:
Ivor Horton , 98
```

```
Your name is Ivor Horton     and you are 98 years old.
```

代码的说明

首先程序要求输入姓名的第一个字母和名字，然后检查名字的第一个字母是否与输入的第一个字母相同，这很简单，如输出所示。

接着要求输入全名和年龄，中间用逗号分隔。读入操作由下面的语句完成。

```
scanf_s("%[^,] , %[0123456789]", name, sizeof(name), age, sizeof(age));
```

这里在输入数据中加入了空格，所以很容易看出，第一个输入说明符 %[^,] 读入除逗号外的任何字符，包含空格。在最后一行输出中，姓名的后面有多余的空格。接着，控制字符串中的逗号让 scanf_s 从输入中读入逗号，但不会存储它。年龄用说明符 %[0123456789] 读入为一个字符串，这会把连续几个数字读入为字符串。当然，逗号后面的空格会忽略。

注意，输入字符串中的逗号对正确的读取输入是很重要的。如果省略了这个逗号，scanf_s() 会读取字符，把它们存储为名字，直到第三个变元指定的限制为止。它会继续查找逗号，找到逗号后，就扫描 age 值的输入。在格式字符串中，逗号后面的空格也是必需的。

如果先输入一个空格，再输入姓名的第一个字母，程序会将空白当成 initial 的值，输入的单个字符当成 name。根据控制字符串的定义方式，使用说明符%c 输入的第一个字符就是要提取的字符。如果不接受空格作为姓名的第一个字符，可以修改输入语句：

```
scanf_s(" %c", &initial, sizeof(initial));
```

控制字符串中的第一个字符是空格，因此 scanf_s() 会读入且忽略所有空格，将不是空白的第一个字符读入为 initial。

■ **警告**：scanf_s() 的变元指定要存储的数据必须是指针。最常见的错误是把第一个变量指定为变元时，忘记在变量名的前面加上&符号，不过使用 printf() 时不需要这个&字符。此外，如果变元是数组名、指针变量或大小说明符，就不需要&符号。

10.3.7 从键盘上输入字符串

<stdio.h>头文件中的 gets()_s 函数可以将一整行的文本作为字符串读入。它的函数原型如下：

```
char *gets_s(char *str, rsize_t n);
```

这个函数会将至多 n-1 个连续字符读入指针 str 所指的内存中，直到按下回车键为止。它会用终止字符'\0'取代按下回车键时读入的换行符。其返回值与第一个变元相同，即存储字符串的地址。如果在输入过程中出错，str[0]就设置为'\0'字符。下面是一个演示 gets()函数的例子。

***

试试看：读入字符串

***

下面是使用 gets_s ()函数的例子。

```
// Program 10.6 Reading a string with gets_s()
#define __STDC_WANT_LIB_EXT1__ 1
#include <stdio.h>
```

```
int main(void)
{
  char initial[3] = {' '};
  char name[80] = {' '};

  printf("Enter your first initial: ");
  gets_s(initial, sizeof(initial));
  printf("Enter your name: " );
  gets_s(name, sizeof(name));
  if(initial[0] != name[0])
    printf("%s, you got your initial wrong.\n", name);
  else
    printf("Hi, %s. Your initial is correct. Well done!\n", name);
  return 0;
}
```

程序的输出如下。

```
Enter your first initial: M
Enter your name: Mephistopheles
Hi, Mephistopheles. Your initial is correct. Well done!
```

代码的说明

这个范例使用 gets_s()读入姓名的第一个字符和名字。这个函数使用起来很简单，而且不涉及格式说明符。它一直读入字符，直到读入 n-1 个字符，或者按下回车键为止，不存储换行符。

希望存储换行符时，可以使用 fgets()函数，其工作方式类似于 gets_s()，但它在按下回车键时存储换行符，且必须提供第三个变元，来指定输入流。可以用下面的语句替换管理输入的语句。

```
printf("Enter your first initial: ");
fgets(initial, sizeof(initial), stdin);
printf("Enter your name: " );
fgets(name, sizeof(name), stdin);
```

fgets()函数读取的字符数比第二个变元指定的字符数少 1，再添加终止字符'\0'。fgets()函数在输入字符串中存储一个换行符来对应按下的回车键，而 gets()函数不是这样。为了避免调用 printf()输出姓名时输出一个换行符，需要覆盖这个换行符。

```
size_t length = strnlen_s(name, sizeof(name));
name[length-1] = name[length];                    // Overwrite the newline
```

对于字符串输入，使用 gets_s()或 fgets()通常是首选方式，除非要控制字符串的内容，此时可以使用%[]。当支持非标准的%[a-z]格式时，使用%[]说明符比较方便。但注意这是非标准的，所以代码不像使用标准形式那样是可移植的。

10.3.8 单个字符的键盘输入

stdio.h 中的 getc()函数从流中读取一个字符，把字符代码返回为 int 类型。getc()的变元是流标识符。读到流的末尾时，getc()返回 EOF 值(end of file，文件结尾)，这个符号在 stdio.h 中总是定

义为一个负整数。因为 char 类型可以由编译器的开发人员确定为带符号或不带符号，所以 getc()
不返回 char 类型。如果它返回 char 类型，则 char 定义为无符号的类型时，就不能返回 EOF。一
般情况下，函数返回 int 类型的值，但希望它返回 char 类型时，几乎总是可以肯定它需要返回 EOF。

getchar()函数可以从 stdin 中一次读一个字符，等价于用 stdin 变元调用 getc()。getchar()在
<stdio.h>中定义，语法如下。

```
int getchar(void);
```

getchar()函数不需要变元，它会把从输入流中读入的字符代码返回为 int 类型。

标准头文件<stdio.h>也声明了 ungetc()函数，它允许把刚才读取的一个字符放回输入流。这个
函数需要两个参数，第一个是要放回输入流的字符，第二个是流的标识符，对于标准输入流，它
就是 stdin。ungetc()返回一个 int 类型的值，对应放回输入流的字符。如果操作失败，就返回一个
特殊的字符 EOF。

原则上，可以把一连串字符放回输入流，但只能保证一个字符有效。前面说过，未能将一个
字符放回输入流，函数就会返回 EOF，所以如果要将几个字符返回输入流，就可以检查这个 EOF。

逐个字符地读取输入，但不知道数据由多少个字符组成时，可以使用 ungetc()函数。例如，
读入一个整数值，但不知道这个整数有多少个数字。此时可以使用 getchar()函数读取一连串字符，
当读入的字符不是数字时，就使用 ungetc()函数把它返回给输入流。使用 getchar()和 ungetc()函数
可以忽略标准输入流中的空格和制表符。

```
void eatspaces(void)
{
  char ch = 0;
  while(isspace(ch = (char)getchar()));  // Read as long as there are spaces
  ungetc(ch, stdin);                      // Put back the nonspace character
}
```

变元是一个空白字符(可以是空格、\f、\n、\r、\t 或\v)时，在<ctype.h>头文件中声明的 isspace()
函数就返回 true。只要读取的字符是空白字符，while 循环就会继续，并把每个字符存储到 ch 中。
读入一个非空格字符时，循环就结束，并将该字符放在 ch 中。调用 ungetc()函数会把非空格字符
返回到输入流中，以便将来处理。

C 的一些实现方案包含非标准的头文件 conio.h，该头文件可追溯到使用 DOS 和 Windows 3.0
的时期，但它仍是有用的。因为它为字符输入输出提供了额外的函数，其中最有用的是_getch()，
它从键盘中读取一个字符，但不在命令行上显示它。其原型是：

```
int _getch(void);
```

需要禁止其他人看到键入的内容时，例如输入密码时，这个函数特别有用。conio.h 头文件还
声明了_ungetch()函数。

```
int _getch(void);
```

这个函数把传递为变元的字符放回输入流中，使之可以由下一个_getch()调用读取。如果操作
成功，就返回 ch；否则返回 EOF。如果在读取以前放回输入流中的字符之前，第二次调用它，该
操作通常会失败。

下面在一个示例中使用 getchar()和 ungetc()函数。

这个例子假定键盘输入包含随机顺序的整数和名字。

```
// Program 10.7 Reading and unreading characters
#define __STDC_WANT_LIB_EXT1__ 1
#include <stdio.h>
#include <ctype.h>
#include <stdbool.h>
#include <string.h>

#define LENGTH 50                    // Name buffer size

// Function prototypes
void eatspaces(void);
bool getinteger(int *n);
char *getname(char *name, size_t length);
bool isnewline(void);

int main(void)
{
   int number;
   char name[LENGTH] = {'\0'};
   printf("Enter a sequence of integers and alphabetic names in a single line:\n");
   while(!isnewline())
   {
      if(getinteger(&number))
        printf("Integer value:%8d\n", number);
      else if(strnlen_s(getname(name, LENGTH), LENGTH) > 0)
        printf("Name: %s\n", name);
      else
      {
        printf("Invalid input.\n");
        return 1;
      }
   }
   return 0;
}

// Function to ignore spaces from standard input
void eatspaces(void)
{
   char ch = 0;
   while(isspace(ch = (char)getchar()));
   ungetc(ch, stdin);
}

// Function to read an integer from standard input
bool getinteger(int *n)
```

```
{
  eatspaces();
  int value = 0;
  int sign = 1;
  char ch = 0;

  // Check first character
  if((ch = (char)getchar()) == '-')        // should be minus
    sign = -1;
  else if(isdigit(ch))                      // ...or a digit
    value = ch - '0';
  else if(ch != '+')                        // ...or plus
  {
    ungetc(ch, stdin);
    return false;                           // Not an integer
  }

  // Find more digits
  while(isdigit(ch = (char)getchar()))
    value = 10*value + (ch - '0');

  ungetc(ch,stdin);                         // Push back non-digit character
  *n = value*sign;                          // Set the sign
  return true;
}

// Function to read an alphabetic name from input
char* getname(char *name, size_t length)
{
  eatspaces();                              // Remove leading spaces
  size_t count = 0;
  char ch = 0;
  while(isalpha(ch = (char)getchar()))      // As long as there are letters...
  {
    name[count++] = ch;                     // ...store them in name.
    if(count == length - 1)                 // Check for name full
      break;
  }

  name[count] = '\0';                       // Append string terminator
  if(count < length - 1)                    // If we didn't end for name full...
    ungetc(ch, stdin);                      // ...return non-letter to stream
  return name;
}

// Function to check for newline
bool isnewline(void)
{
  char ch = 0;
```

```
if((ch = (char)getchar()) == '\n')
    return true;

ungetc(ch, stdin);                        // Not newline so put it back
return false;
}
```

下面是该程序的一个输出。

```
Enter a sequence of integers and alphabetic names in a single line:
Fred 22 34 Mary Jack 89 Jane
Name: Fred
Integer value:        22
Integer value:        34
Name: Mary
Name: Jack
Integer value:        89
Name: Jane
```

代码的说明

有 4 个函数使用了 getchar()和 ungetc()函数。上一节介绍了 eatspaces()函数。isnewline()函数只是从键盘上读取一个字符，如果该字符是换行符，就返回 true，否则返回 false。如果该字符不是换行符，就返回给输入流。这个函数用于控制 main()函数中的输入何时停止。

getinteger()函数从键盘上读取一个任意长度的整数，该整数的前面可以有符号。第一步是调用 eatspaces()函数删除前导空格。检查第一个字符是符号还是数字后，这个函数在循环中继续读取数字。

```
while(isdigit(ch = (char)getchar()))
    value = 10*value + (ch - '0');
```

数字是从左到右地读取，所以最后读取的数字是该整数值中的低位数字。从当前数字的编码值中减去 0 的编码值，就得到了当前数字的值。这是因为数字的编码值是递增的。要插入数字，应给当前累加的值乘以 10，再加上新的数值。当然，必须将结果存储为 int 类型。可以编写一个函数，将值存储为 long long 类型，以存储更大范围的值。还可以包含代码，检查得到的数字有多大。如果它不能存储在 int 类型中，就输出一条错误信息。如果读取的字符不是数字，就结束循环，这个字符会返回到流中，以便再次读取。

getname()函数从键盘上读取由字母组成的名字。其参数是存储名字的数组和该数组的长度，这样函数才能确保没有超出数组的容量。该函数将字符串的第一个字节的地址返回给调用程序。在原则上，该过程与 getinteger()函数相同。只要读取的字符是字母，这个函数就会在循环中继续读取字符。

```
while(isalpha(ch = (char)getchar()))      // As long as there are letters...
{
    name[count++] = ch;                   // ...store them in name.
    if(count == length - 1)               // Check for name full
        break;
}
```

count 变量跟踪存储在 name 数组中的字符数，当只剩下一个空闲元素时，循环结束。之后，代码将终止字符'\0'添加到字符串中。当然，当 count 的值达到 length-1 时，读取的最后一个字符必须是字母，并存储在数组中。因此，当最后一个字符不是字母时，就调用 ungetc()把这个字符返回到输入流中。

main()函数在循环中读取随机顺序的名字和整数。

```
while(!isnewline())
{
  if(getinteger(&number))
   printf("Integer value:%8d\n", number);
  else if(strnlen_s(getname(name, LENGTH), LENGTH) > 0)
   printf("Name: %s\n", name);
  else
  {
   printf("Invalid input.\n");
   return 1;
  }
}
```

只要当前字符不是换行符，循环就继续。程序希望在每次迭代时读取整数或名字。循环首先调用 getinteger()函数尝试读取整数。如果没有找到整数，这个函数就返回 false，此时调用 getname()函数读取名字。如果没有找到名字，说明输入既不是名字也不是整数，程序就在输出一条信息后结束。

10.4　屏幕输出

将数据输出到屏幕的命令行上要比从键盘上读取数据容易多了，因为我们知道要输出什么数据，而输入时可能输入各种错误的数据。将格式化数据输出到 stdout 流的主要函数是 printf()，前面使用得很多。stdio.h 头文件还声明了可选的 printf_s 函数，它是 printf()的安全版本。printf_s()和 printf()的主要区别是，printf_s()不允许在格式字符串中包含%n 输出说明符，这是因为%n 输出说明符会把数据写入内存，导致不安全。printf_s()不接受%n 为有效的格式说明符，就可以确保格式字符串被破坏，用于恶意目的时，printf_s()不会处理该格式字符串。因此后面的代码使用 printf_s()。如果系统不允许使用 printf_s()，可以只使用 printf()。与往常一样，在库头文件的#include 指令之前，必须把__STDC_WANT_LIB_EXT1__符号定义为 1，使可选的安全库函数可用。

printf()函数可以提供许多不同的格式输出，其格式说明符远多于 scanf()。

10.4.1　使用 printf_s()的格式化输出

printf_s()函数的原型如下。

```
int printf_s(char *format, ...);
```

第一个参数是格式控制字符串。通常这个参数传递给函数的变元是一个明确的字符串常量，如前面的例子所示，但也可以是一个指针，指向在其他地方指定的字符串。该函数的可选变元是要输出的值，它们的数目以及类型必须与格式转换说明符相符。printf_s()的指针变元不能是NULL。当然，如果输出只是控制字符串中的文本时，除了第一个变元外，就不需要其他的变元了。但如果要输出多个变元值，则变元的个数必须对应格式说明符的个数，否则会产生不可预知的后果。如果变元多于格式说明符，就会忽略多余的变元。因为该函数使用格式字符串确定要输出的变元个数和类型。

■ **注意：**事实上，格式字符串只用于确定如何解释数据，所以用说明符%d 输出一个 long long 变元时，会得到错误的结果。

printf()和 printf_s()的格式转换说明符比 scanf_s()复杂得多。输出格式说明符的一般形式如图 10-2 所示。

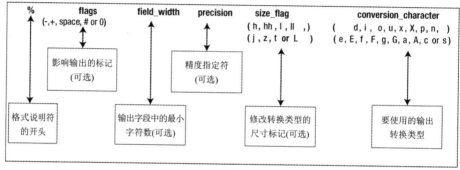

图 10-2　printf_s()函数的输出格式说明符

前面已经介绍了其中的大多数细节，下面快速浏览这个一般格式说明符的元素。

可选的标志字符会影响输出，如表 10-3 所示。

表 10-3　输出说明符中可选标志字符的作用

字符	用途
+	对于有符号的输出值，这个字符确保输出值的前面总是有一个符号+或-。默认情况下，只有负值有符号-
-	指定输出值在输出字段中左对齐，右边用空格填充。输出的默认对齐方式是右对齐
0	指定在输出值的前面填充 0，以填满字段宽度
#	指定将 0 放在八进制的输出值前面，将 0x 或 0X 放在十六进制的输出值前面，或者浮点数包含小数点。对于 g 或 G 浮点转换字符，则忽略尾部的 0
空格	指定在正数或 0 输出值前面放置一个空格，而不是符号+

可选的 field_width 指定输出值的最少字符数。如果输出值需要更多的字符，它会自动增加。如果输出值需要的字符数少于指定的最少字符数，多余的位置会填充空白，除非字段宽度用前导0 指定，如 09，此时在左边会补入 0。

精度说明符也是可选的。它通常用于浮点数的输出，包含一个小数点后跟一个整数。说明符.n表示输出值精确到小数点后 n 位。如果输出的小数位数多于 n，就四舍五入或舍掉。如果把它用于整数转换，它就指定要在输出中显示的最少位数。

可选的尺寸标记如表 10-4 所示。

表 10-4　输出说明符中的尺寸标记字符

标记	作用
h	其后的整数转换说明符应用于 short 或 unsigned short 变元
hh	其后的整数转换说明符应用于 signed char 或 unsigned char 变元
l(小写的 L)	其后的整数转换说明符应用于 long 或 unsigned long 变元(它也指定 c 说明符应用于 wint_t 变元，s 说明符应用于 wchar_t 变元)
ll(两个小写的 L)	其后的整数转换说明符应用于 long long 或 unsigned long long 变元
j	其后的整数转换说明符应用于 intmax_t 或 uintmax_t 变元。这个标记会避免编译器发出警告，因为 size_t 是取决于实现代码的整数类型
z	其后的整数转换说明符应用于 size_t 变元
t	其后的整数转换说明符应用于 ptrdiff_t 变元
L	其后的浮点数转换说明符应用于 long double 变元

转换字符用来定义如何将输出值转换为指定的类型。转换字符如表 10-5 所示。

表 10-5　输出说明符中的转换字符

转换字符	生成的输出
可应用于整数	
d 或 i	带符号的十进制整数值
o	不带符号的八进制整数值
u	不带符号的十进制整数值
x	不带符号的十六进制整数值，使用小写的十六进制数 a、b、c、d、e、f
X	与 x 相同，但使用大写的十六进制数 A、B、C、D、E、F
应用于浮点数	
f 或 F	带符号的小数值
e	带符号和指数的小数值
E	与 e 相同，但用 E 而不是 e 表示指数
g	与 e 或 f 相同，取决于值的大小和精度
G	与 g 相同，但用 E 表示指数
A 或 a	用十六进制表示双精度值，十六进制的尾数前面加上 0x 或 0X 前缀，指数前面加上 p 或 P，例如 0xh.hhhhp±d，其中 h 是十六进制数
应用于指针	把变元的值输出为指针，其值的表示方式取决于实现代码。变元的类型应是 void*
p	
应用于字符	单个字符或精度字符
c	在'\0'之前的所有字符或已输出的 precision 个字符
s	

%n 只能用于 printf()。对应的变元必须是 int*类型。%n 的作用是把字符数输入 stdout。

10.4.2　转义序列

在 printf_s()函数的格式控制字符串中可以包含空白字符。空白字符有换行符、回车符、换页符、空格和制表符。它们用以开头的转义序列表示。表 10-6 列出了一些最常见的转义序列。

表 10-6　空白字符的转义序列

转义序列	说明
\b	退格
\f	换页
\n	换行
\r	回车(用于打印机),在屏幕输出中,就是移动到当前行的开头
\t	水平制表符

　　输出反斜杠\时,必须在格式控制字符串中使用\\。否则,就不会输出反斜杠,因为反斜杠会被误认为转义序列的开头。要将%写入 stdout,应使用%%,不能使用%,因为它会被看成格式说明符的开头。

■ **注意:** 当然,可以在任何字符串中使用转义序列,而不仅仅只在 printf_s()函数的格式字符串中。

10.4.3　整数输出

　　下面介绍一些前面未提及的变化,其中字符宽度和精度说明符最有趣。

试试看:输出整数

首先是一个整数输出格式的例子。

```
// Program 10.8 Integer output variations
#define __STDC_WANT_LIB_EXT1__ 1
#include <stdio.h>

int main(void)
{
  int        i = 15,      j = 345,             k = 4567;
  long long li = 56789LL, lj = 67891234567LL, lk = 23456789LL;

  printf_s("i = %d    j = %d    k = %d    i = %6.3d    j = %6.3d    k = %6.3d\n",
                                           i ,j, k, i, j, k);
  printf_s("i = %-d    j = %+d    k = %-d    i = %-6.3d    j = %-6.3d    k ="
                              " %-6.3d\n",i ,j, k, i, j, k);
  printf_s("li = %d    lj = %d    lk = %d\n", li, lj, lk);
  printf_s("li = %lld    lj = %lld    lk = %lld\n", li, lj, lk);
  return 0;
}
```

第三个输出语句可能会使编译器发出警告。执行这个程序,输出如下。

```
i = 15    j = 345    k = 4567    i = 015    j = 345    k = 4567
i = 15    j = +345    k = 4567    i = 015    j = 345    k = 4567
li = 56789    lj = -828242169    lk = 23456789
li = 56789    lj = 67891234567    lk = 23456789
```

代码的说明

这个例子演示了整数输出的许多选项。比较这些语句输出的前两行，可以看出标志"–"的作用。

```
printf_s("i = %d   j = %d   k = %d   i = %6.3d   j = %6.3d   k = %6.3d\n",i ,j, k, i,
                                                              j, k);
printf_s("i = %-d   j = %+d   k = %-d   i = %-6.3d   j = %-6.3d k ="      "%-6.3d\n",i,j,
                                                              k, i, j, k);
```

标志–使输出左对齐。字符宽度的作用是在这 6 个输出的后 3 个输出中有明显的空白，注意预设的字符宽度只是提供了足够的空间来放置要输出的数字，所以第二行的-标志没有起作用。

第二行输出 j 时利用标志修饰符添加了一个前导+号——可以添加任意多个标志修饰符。对于第二个 i 值的输出，插入了一个前导 0，因为最小精度指定为 3。如果在格式说明符的最小字符宽度前放一个 0，并忽略精度说明符，也可以得到相同的结果。有精度说明符时，会忽略前导 0。

第三行输出由如下语句生成：

```
printf_s("li = %d   lj = %d   lk = %d\n", li, lj, lk);
```

输出 long long 类型的整数时插入 ll(两个小写的 L)修饰符，会得到垃圾值，因为输出值假定为 int 类型的值。只有 long 和 int 是不同的，才会出问题。

下面的语句会得到正确的结果：

```
printf_s("li = %lld   lj = %lld   lk = %lld\n", li, lj, lk);
```

给输出值指定的字符宽度及精度不够大，会产生意想不到的结果。用下面的例子测试有什么样的结果。

试试看：单一整数的变化

用一个整数例子测试所有可能的输出。

```
// Program 10.9 Variations on a single integer
#define __STDC_WANT_LIB_EXT1__ 1
#include <stdio.h>

int main(void)
{
  int k = 678;

  // Display formats as heading then display the values
  printf_s("%%d    %%o    %%x    %%X\n");
  printf_s("%d   %o   %x   %X\n", k, k, k, k );
  printf_s("\n|%%8d      |%%-8d      |%%+8d      |%%08d      |%%-+8d      |\n");
  printf_s("|%8d |%-8d |%+8d |%08d |%-+8d |\n", k, k, k, k, k );
  return 0;
}
```

代码的说明

这个程序乍看之下会令人困惑。因为每一对 printf_s()语句中的第一个 printf()语句显示了用于输出数字的格式。%%说明符仅输出%字符。

执行这个例子，会得到如下结果。

```
%d     %o     %x     %X
678    1246   2a6    2A6
|%8d          |%-8d         |%+8d         |%08d         |%-+8d    |
|     678     |678          |    +678     |00000678     |+678     |
```

第一个 printf_s()语句输出下一行值使用的格式字符串。

```
printf_s("%%d   %%o   %%x   %%X\n");
```

第一行输出值用下面的语句生成。

```
printf_s("%d   %o   %x   %X\n", k, k, k, k );
```

它使用默认的宽度输出 678 的十进制、八进制和两种十六进制。每个值对应的格式显示在其上方。

下一行输出的格式字符串由下面的语句生成。

```
printf_s("\n|%%8d        |%%-8d        |%%+8d        |%%08d        |%%-+8d     |\n");
```

在输出值的语句中包含了竖杠，更容易看出说明符的作用。

下一行输出由下面的语句生成。

```
printf_s("|%8d   |%-8d   |%+8d   |%08d   |%-+8d   |\n", k, k, k, k, k );
```

这行语句包含了标志设置的各种变化，其字符宽度指定为 8。第一个是数值在字段内默认右对齐。第二个使用了-标志，所以是左对齐；第三个使用了+标志，所以输出+符号。第四个的字符宽度指定为 08，而不是 8，所以输出值有前导 0。最后一个输出值在说明符中使用了所有的标志%-+8d，所以输出的结果左对齐，并且带符号。

■ 提示：要在屏幕上输出多行值，可以使用字段宽度说明符——和制表符——使数值排列整齐。

10.4.4　输出浮点数

前面介绍了输出整数的选项，接下来看看输出浮点数的选项。

试试看：输出浮点数

请看下面的例子：

```c
// Program 10.10 Outputting floating-point values
#define __STDC_WANT_LIB_EXT1__ 1
#include <stdio.h>

int main(void)
{
  float fp1  = 345.678f,   fp2 = 1.234E6f;
  double fp3= 234567898.0, fp4 = 11.22334455e-6;
```

```
    printf_s("%f %+f %-10.4f %6.4f\n", fp1, fp2, fp1, fp2);
    printf_s("%e %+E\n", fp1, fp2);
    printf_s("%f %g %#+f %8.4f %10.4g\n", fp3,fp3, fp3, fp3, fp4);
    return 0;
}
```

代码的说明

在一个编译器中，得到如下输出。

```
345.675000   +1234000.000000  345.6750  1234000.0000
3.456750e+02   +1.234000E+06
234567898.000000  2.34568e+08  +234567898.000000  234567898.0000  1.122e-05
```

读者可能不会得到完全相同的输出，不过应该很接近。大部分输出都演示了前面讨论的格式转换说明符的作用，但要注意以下几点。在下述语句生成的输出中：

```
printf_s("%f   %+f   %-10.4f   %6.4f\n", fp1, fp2, fp1, fp2);
```

fpl 的第二个输出值说明如何限制小数点后的位数。这里的输出在字段宽度内左对齐。为 fp2 的第二个输出指定的字符宽度太小，放不下小数位数，因此会舍弃多余的部分。

第二个 printf_s()语句如下。

```
printf_s("%e %+E\n", fp1, fp2);
```

它以指数格式输出相同的浮点值。指数指示器使用大写 E 还是小写 e，取决于指定格式符中用的是大写 E 还是小写 e。

最后一行，用 g 指定 fp3 四舍五入后的输出。

■ **注意**：使用 printf_s()会得到很多可能的输出。读者可以给相同的数据尝试各种选项。

10.4.5 字符输出

学习了输出数值的各种选项后，接下来看看字符的输出。printf_s()函数可以使用两个输出说明符输出字符数据：单个字符使用%c，字符串使用%s。前面介绍过%s，下面用一个例子说明%c。

■ **注意**：%lc 和%ls 用于输出宽字符，参见第 14 章。

试试看：输出字符数据

这个例子输出所有可打印的字符。

```
// Program 10.11 Outputting character data
#define __STDC_WANT_LIB_EXT1__ 1
#include <stdio.h>
#include <limits.h>                 // For CHAR_MAX
#include <ctype.h>                  // For isprint()

int main(void)
```

```
{
  int count = 0;

  printf_s("The printable characters are the following:\n");

  // Iterate over all values of type char
  for(int code = 0 ; code <= CHAR_MAX ; ++code)
  {
    char ch = (char)code;
    if(isprint(ch))
    {
      if(count++ % 32 == 0)
        printf_s("\n");
      printf_s(" %c", ch);
    }
  }
  printf_s("\n");
  return 0;
}
```

这个程序的输出如下。

```
The printable characters are the following:
  ! " # $ % & ' ( ) * + , - . / 0 1 2 3 4 5 6 7 8 9 : ; < = > ?
@ A B C D E F G H I J K L M N O P Q R S T U V W X Y Z [ \ ] ^ _
' a b c d e f g h i j k l m n o p q r s t u v w x y z { | } ~
```

代码的说明

输出的可打印字符块在 for 循环中生成。

```
for(int code = 0 ; code <= CHAR_MAX ; code++)
{
  char ch = (char)code;
  if(isprint(ch))
  {
    if(count++ % 32 == 0)
      printf_s("\n");
    printf_s(" %c", ch);
  }
}
```

首先，注意循环控制变量 code 的类型。读者可能在这里尝试使用 char 类型，但这是一个严重的错误，因为循环会无限继续下去。其原因是在递增了 code 的值后，要检查结束循环的条件。在最后一次正确的迭代中，code 的值是 CHAR_MAX，即 char 类型能存储的最大值。如果 code 是 char 类型，给 CHAR_MAX 加 1，会得到 0，因此循环会继续，而不是结束。

在循环中将 code 的值转换为 char 类型，将结果存储在 ch 中。这里不使用显式类型转换，代码也会编译，因为编译器会插这个类型转换，这里使用显式转换是故意的。接着使用在<ctype.h>头文件中声明的 isprint()函数，测试可打印字符。如果 isprint()返回 true，就使用%c 格式说明符输出该字符。每次输出 32 个字符后，就输出一个换行符，这样输出就不会在换到新行上时丢失字符了。

10.5 其他输出函数

在<stdio.h>头文件中声明的 puts()函数与 gets_s()函数互补。这个函数的名称来自于其用途：放置(put)字符串。puts()函数的原型如下：

```
int puts(const char *string);
```

puts()函数接收字符串指针作为变元，将字符串后的一个换行符写入标准输出流 stdout。其字符串必须用字符'\0'终止。puts()函数的参数是 const，所以该函数不能修改传送给它的字符串。如果输出错误，它会返回一个负整数，否则就返回非负数。puts()函数用于输出单行信息，例如：

```
puts("Is there no end to input and output?");
```

这行语句输出作为变元传入的字符串，然后将光标移动到下一行。使用 printf_s()函数必须在字符串的尾部加入'\n'，才能达到这样的效果。

▓ **注意：** puts()函数会在作为参数传入的字符串尾部添加'\n'字符，输出多行数据。

10.5.1 屏幕的非格式化输出

函数 putchar()也包含在<stdio.h>头文件中，与函数 getchar()互补。putchar()函数的原型如下。

```
int putchar(int c);
```

putchar()函数将单个字符 c 输出到 stdout 上，并返回所显示的字符。它可以输出信息，一次显示一个字符，这会使程序比较大，但能控制是否输出某些字符。例如，下面的语句输出一个字符串。

```
char string[] = "Beware the Jabberwock, \nmy son!";
puts(string);
```

也可以编写下面的语句。

```
int i = 0;
while( string[i] != '\0')
{
  if(string[i] != '\n')
    putchar(string[i]);
  ++i;
}
```

第一段语句在两行上输出字符串，如下所示。

```
Beware the Jabberwock,
my son!
```

第二段语句跳过字符串中的换行符，所以输出如下。

```
Beware the Jabberwock, my son!
```

使用 putchar()函数不仅可以输出这么简单的信息，还可以从字符串的中间选择输出给界定符指定的一串字符，或者转换字符串中的某些字符，之后输出，例如将制表符转换为空格。

10.5.2 数组的格式化输出

使用在<stdio.h>头文件中声明的 sprintf_s()或 snprintf_s()函数，可以将格式化数据写入 char 类型的数组中。它们是 sprintf()标准函数的安全替代版本，因为它们禁止写到数组外部。sprintf_s()和 snprintf_s()的区别是，sprintf_s()把超出数组的范围看作一个运行错误，而 snprintf_s()仅截断输出，使结果能放在数组中。除了名称不同之外，这两个函数的原型相同。这里讨论 snprintf_s()，这个函数的原型如下。

```
int snprintf_s(char * restrict str, rsize_t n, const char * restrict format, ...);
```

第一个变元是数组的地址，是输出的目的地。第二个变元是数组的长度，函数使用它确保不写到最后一个数组元素后面的空间中。函数根据第 3 格式字符串参数输出第 4 个参数和后续参数指定的数据，其工作方式与 printf_s()相同。只是将数据写入 str，而不是 stdout。它返回的整数是写入 str 的字符数，不包括终止字符。下面的代码演示了这个函数。

```
char result[20];                    // Output destination
int count = 4;
int nchars = snprintf_s(result, sizeof(result), "A dog has %d legs.", count);
```

这段代码使用第三个参数指定的格式字符串将 count 的值写入 result。所以，result 包含字符串"A dog has 4 legs."。nchars 变量的值是 17，与执行 snprintf_s()调用后 strlen(result, sizeof(result))的返回值相同。如果在操作中出现了编码错误，snprintf_s()函数就返回一个负整数。snprintf_s()函数的一个主要用途是以编程方式创建格式字符串。

10.5.3 数组的格式化输入

可选的 sscanf_s()函数与 snprintf_s()函数互补，因为 sscanf_s()函数可以在格式字符串的控制下，从 char 类型的数组元素中读取数据。它是 sscanf()的安全替换版本，主要区别是 sscanf_s()需要给每个 c、s 或[说明符指定地址和长度变元，而 sscanf()只需要地址。sscanf_s()函数的原型如下。

```
int sscanf_s(const char * restrict str, const char * restrict format, ...);
```

根据格式字符串 format，数据从 str 读入第三个参数和后续参数指定的变量中。这个函数返回读取的数据项个数。如果读取和存储数据值之前出现了错误，就返回 EOF。字符串用文件结束条件来表示其结束，如果在转换值之前到达了 str 字符串的末尾，就返回 EOF。

下面演示了 sscanf_s()函数的用法。

```
char *source = "Fred 94";
char name[10] = {0};
int age = 0;
int items = sscanf_s(source, " %s %d", name, sizeof(name), &age);
```

执行这段代码的结果是：name 包含字符串"Fred"，age 的值是 94。items 变量的值是 2，因为从 source 中读取了两项。name 的长度参数确保数据不会写到数组的外部。

sscanf_s()函数的一个用途是尝试读取同一数据的各种方式。可以把输入行读入一个数组中，作为字符串，之后使用 sscanf_s 从数组中再次读取这个输入行，但使用不同的格式字符串。

10.6　小结

本章学习了标准流及其格式化输入输出，还学习了如何把格式化数据写入内存的数组中，再读取它们。第 12 章提到，格式化文件输入输出的机制与本章介绍的操作相同，因为文件也是流。

本章选择介绍了前面讨论过的各种格式说明符，但还有许多未介绍的格式说明符。熟悉它们的唯一方式是实践，最好在真实环境下实践。理解各种编码并不等同于熟悉，要熟练运用它们，必须在实际的程序中多次使用它们。附录 D 提供了快速参考。

10.7　习题

以下的习题可测试读者对本章的掌握情况。如果有不懂的地方，可以翻看本章的内容，还可以从 Apress 网站(www.apress.com)下载答案，但这应是最后一种方法。

习题 10.1　编写一个程序，读入、存储以及输出下列 5 种类型的字符串，每个字符串占一行，字符串间不能有空格。

- 类型 1：一串小写字母，后跟一个数字(如 numberl)
- 类型 2：两个单词，每个单词的第一个字母大写，单词间用-分隔(如 Seven-Up)
- 类型 3：小数(如 7.35)
- 类型 4：一串大小写字母以及空格(如 Oliver Hardy)
- 类型 5：一串除了空格及数字外的任何字符(如 floating-point)

以下是这 5 种输入类型的例子，要分开读入这些字符串。

```
babylon5John-Boy3.14159Stan Laurel'Winner!'
```

习题 10.2　编写一个程序，读入以下数值，并输出它们的和。

```
$3.50 , $4.75 , $9.95 , $2.50
```

习题 10.3　定义一个函数，其参数是一个 double 类型的数组，输出该数组和数组中的元素个数。这个函数的原型如下：

```
void show(double array[], int array_size, int field_width);
```

输出的值 5 个一行，每个值有两位小数，字符宽度是 12。在程序中使用这个函数输出从 1.5 到 4.5 的值，每次增加 0.3(如：1.5、1.8、2.1、……、4.5)。

习题 10.4　定义一个函数，使用 getchar()函数从 stdin 中读入一个字符串，这个字符串用特定的字符终止，这个特定的终止字符作为第三个变元传给这个函数。因此，函数的原型如下：

```
char *getString(char *buffer, size_t buffer, char end_char);
```

返回值是一个指针，它是这个函数的第一个变元。编写一个程序，使用这个函数从键盘上读取并输出 5 个以冒号终止的字符串。如果 buffer 满，且没有找到 end_char，函数就应输出一个错误消息。

第 11 章

■ ■ ■

结构化数据

前面学习了如何声明和定义变量，使之包含各种类型的数据，如整数、浮点数和字符等。学习了如何创建这些类型的数组及指针数组，这些指针指向包含可用数据类型的内存位置。这些很有用，但是许多应用程序还需要一些更灵活的功能。

例如，要编写一个处理马匹数据的程序，就需要每匹马的名字、出生日期、颜色、高度和它的父母等。在这些数据中，一些项是字符串，一些项是数值。因此，必须为每一种数据类型建立数组并存储它们。但这是有限制的，例如不能方便地引用 Dobbin 的生日或 Trigger 的身高。必须通过一个通用索引将数据项关联起来，使数组同步。C 语言在这方面提供了相当好的方法，这也是本章将要讨论的主题。

本章的主要内容：
- 什么是数据结构
- 如何声明并定义数据结构
- 如何使用结构和结构指针
- 如何将指针作为结构的成员
- 链表的概念以及如何使用它管理数据
- 二叉树的概念、创建和使用它的方法
- 如何在变量间共享内存
- 如何编写程序，根据数据生成条形图

11.1　数据结构：使用 struct

关键字 struct 能定义各种类型的变量集合，称为结构(structure)，并把它们视为一个单元。下面是一个简单的结构声明例子。

```
struct Horse
{
  int age;
  int height;
}  silver;
```

这个例子声明了一个结构类型 Horse。Horse 不是一个变量名，而是一个新的类型，这个类型名称通常称为结构标记符(structure tag)或标记符名称(tag name)。结构标记符的命名方式和我们熟悉的变量名相同。

> **注意**: 结构标记符可以和变量使用相同的名称，但最好不要这么做，因为这会使代码难以理解。

Horse 结构内的变量名称 age 和 height 称为成员或字段。在这个例子中，它们都是 int 类型。结构成员出现在结构标记符名称 Horse 后的大括号内。

在这个结构例子中，结构的一个实例 Silver 是在定义结构时声明的。它是一个 Horse 类型的变量，只要使用变量名称 silver，它都包含两个结构成员：age 和 height。

下面是 horse 结构类型的稍微复杂的声明。

```
struct Horse
{
   int age;
   int height;
   char name[20];
   char father[20];
   char mother[20];
} dobbin = {
            24, 17, "Dobbin", "Trigger", "Flossie"
          };
```

结构内的成员可以是任何类型的变量，包含数组在内。在 Horse 结构类型的这个版本中，有 5 个成员：整数成员 age 和 height，char 数组成员 name、father 和 mother。每个成员的声明方式和一般变量的声明方式相同，都是先声明类型，然后是名称，最后用分号结束。注意，初始化值不能放在这里，因为现在是定义 Horse 类型的成员，而不是在声明变量。结构类型是一种说明或一种蓝图，可以用于定义该类型的变量——就这个例子而言，类型是 Horse。

在 Horse 结构定义的闭括号后定义了一个实例变量 dobbin。给 dobbin 赋予初始值的方式和数组类似，所以在定义 Horse 类型的实例时，可以指定初始值。

在 dobbin 变量的声明中，最后一对大括号内的值按顺序赋予成员变量 age(24)、height(17)、name("Dobbin")、father("Trigger")和mother("Flossie")。该语句用分号结束。变量 dobbin 现在引用了结构内所有的成员。结构 dobbin 占用的内存如图 11-1 所示(假定 int 类型的变量占 4 字节)。通常可以使用 sizeof 运算符计算出结构占用的内存量。

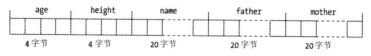

图 11-1　dobbin 占用的内存

11.1.1　定义结构类型和结构变量

可以将结构的声明和结构变量的声明分开。取代前面例子的语句如下：

```
struct Horse
{
```

```
    int age;
    int height;
    char name[20];
    char father[20];
    char mother[20];
};

struct Horse dobbin = {
                    24, 17,"Dobbin", "Trigger", "Flossie"
                };
```

第一个语句定义结构标记符 Horse，第二个声明该类型的变量 dobbin。结构定义和结构变量声明语句都用分号结束。在dobbin 结构成员的初始值中，dobbin 的父亲是 Trigger，母亲是 Flossie。

也可以给前面两个例子添加第三条语句，定义另一个 Horse 类型的变量。

```
struct Horse trigger = {
                    30, 15, "Trigger", "Smith", "Wesson"
                };
```

现在有一个变量 trigger，它包含 dobbin 父亲的数据，显然，trigger 的父母是 Smith 和 Wesson。

当然，也可以在一行语句中声明多个结构变量。声明的方式和声明 C 语言标准类型的多个变量一样。例如：

```
struct Horse piebald, bandy;
```

这行语句声明了两个 Horse 类型的变量。比起标准类型的声明，这个声明只增加了关键字 struct。为了使这行语句简单，没有初始化变量，不过一般应初始化变量。Horse 类型的每个变量都有自己的一组字段。

定义存储结构的新变量时，需要 struct 关键字。但没有这个关键字，代码看起来更简单、更容易理解。使用 typedef 定义，声明变量时就可以删除 struct 关键字。例如：

```
typedef struct Horse Horse;
```

这个语句把 Horse 定义为 struct Horse。如果把这个定义放在源文件的开头，就可以定义 Horse 类型的变量。

```
Horse trigger = {
                30, 15, "Trigger", "Smith", "Wesson"
            };
```

不再需要 struct 关键字，使代码更简洁，结构类型看起来像是普通的类型。本书的所有例子都将使用这个技巧。

11.1.2　访问结构成员

现在知道如何定义结构及声明结构变量了，还必须引用结构的成员。结构变量的名称不是一个指针，所以需要特殊的语法访问这些成员。要引用结构成员，应在结构变量名称的后面加上一个句点，再加上成员变量名称。例如，发现 dobbin 隐瞒了它的年龄，事实上它比初始化的值年轻，就可以将值修正如下。

```
dobbin.age = 12;
```

结构变量名称和成员名称间的句点称为成员选择运算符。这行语句将 dobbin 结构的 age 成员设定成 12。结构成员和相同类型的变量完全一样，可以给它们设定值，也可以在表达式中像使用一般变量一样使用它们。

上一节中 trigger 的初始化需要以正确的顺序获得字段的初始值，这对于 Horse struct 不成问题，但结构若有很多成员，就有问题了。其实在初始化列表中可以指定成员名，如下。

```
Horse trigger = {
                    .height = 15, .age = 30,
                    .name = "Trigger", .mother = "Wesson", .father = "Smith"
              };
```

现在哪个成员用什么值初始化就没有疑问了。初始化列表的顺序现在不重要了。

试试看：使用结构

尝试将前面所学的 horse 结构用于一个简单的例子。

```
// Program 11.1 Exercising the horse
#define __STDC_WANT_LIB_EXT1__ 1
#include <stdio.h>

typedef struct Horse Horse;              // Define Horse as a type name

struct Horse                             // Structure type definition
{
  int age;
  int height;
  char name[20];
  char father[20];
  char mother[20];
};

int main(void)
{
  Horse my_horse;                        // Structure variable declaration
  // Initialize the structure variable from input data
  printf_s("Enter the name of the horse: " );
  scanf_s("%s", my_horse.name, sizeof(my_horse.name));       // Read the name

  printf_s("How old is %s? ", my_horse.name );
  scanf_s("%d", &my_horse.age );                             // Read the age

  printf_s("How high is %s ( in hands )? ", my_horse.name );
  scanf_s("%d", &my_horse.height );                          // Read the height

  printf_s("Who is %s's father? ", my_horse.name );
  scanf_s("%s", my_horse.father, sizeof(my_horse.father));   // Get pa's name

  printf_s("Who is %s's mother? ", my_horse.name );
```

```
    scanf_s("%s", my_horse.mother, sizeof(my_horse.mother));  // Get ma's name

    // Now tell them what we know
    printf_s("%s is %d years old, %d hands high,",
                            my_horse.name, my_horse.age, my_horse.height);
    printf_s(" and has %s and %s as parents.\n", my_horse.father, my_horse.mother);
    return 0;
}
```

根据输入的数据，得到的输出如下。

```
Enter the name of the horse: Neddy
How old is Neddy? 12
How high is Neddy ( in hands )? 14
Who is Neddy's father? Bertie
Who is Neddy's mother? Nellie
Neddy is 12 years old, 14 hands high, and has Bertie and Nellie as parents.
```

代码的说明

引用结构成员的方式使这个例子非常容易理解。用下面的语句定义 Horse 结构。

```
struct Horse                           // Structure type definition
{
    int age;
    int height;
    char name[20];
    char father[20];
    char mother[20];
};
```

这个结构有 2 个整数成员 age 和 height，以及 3 个字符数组成员 name、father 和 mother。在闭括号的后面仅是一个分号，还没有声明Horse 类型的变量。这个定义的前面有一个 typedef 语句。

```
typedef struct Horse Horse;
```

这样在定义 Horse 类型的变量时，就可以不包含 struct 关键字。

typedef 和 struct 的定义在 main()外部，是全局作用域。这表示 Horse 类型可以用于源文件中的任何函数。可以把该定义放在 main()函数体中，这样该类型就是 main()的局部类型。结构类型定义通常放在全局作用域中。

main()中有如下语句。

```
Horse my_horse;                         // Structure variable declaration
```

这行语句声明 my_horse 是一个 Horse 类型的变量，没有给结构成员指定初值。

然后，使用下面的语句为 my_horse 结构的成员 name 读入数据。

```
scanf_s("%s", my_horse.name, sizeof(my_horse.name));   // Read the name
```

这里不需要使用寻址运算符(&)，因为结构的成员 name 是一个数组，所以将数组第一个元素的地址隐式传送给函数 scanf_s()。要引用结构成员，应使用结构名称 my_horse，后跟一个句点和成员的名称 name。访问结构成员时，除了表示方法不同外，其他的和一般变量完全相同。name 成员是使用%s 读取的字符串，所以必须提供 name 的长度参数和地址。

接下来给 Horse 的成员 age 读入数值。

```
scanf_s("%d", &my_horse.age );                        // Read the age
```

由于这个成员是 int 类型的变量，因此必须使用&运算符传递这个结构成员的地址。

注意： 对 struct 对象的成员使用寻址运算符时，要将&放在成员的引用之前，而不是放在成员名称之前。

后面的语句使用相同的方式为结构的其他成员读入数据，并对每个输入显示提示。输入完成后，就使用下面的语句将读入的数值输出到一行上。

```
printf_s("%s is %d years old, %d hands high,",
                        my_horse.name, my_horse.age, my_horse.height);
printf_s(" and has %s and %s as parents.\n", my_horse.father, my_horse.mother);
```

程序使用变量成员的名字作为函数的第一个参数，这是以前介绍的格式控制字符串的标准形式。

11.1.3 未命名的结构

不一定要给结构指定标记符名字。用一条语句声明结构和该结构的实例时，可以省略标记符名字。在上一个例子中，声明了 Horse 类型和该类型的实例 my_horse，也可以改为：

```
struct
{                                      // Structure declaration and...
  int age;
  int height;
  char name[20];
  char father[20];
  char mother[20];
}  my_horse;                           // ...structure variable declaration combined
```

使用这种方法的最大缺点是不能在其他语句中定义这个结构的其他实例。这个结构类型的所有变量必须在一行语句中定义。

11.1.4 结构数组

保存马匹数据的基本方法就是这样，但在处理 50 或 100 匹马如此大量的数据时会比较麻烦，此时需要一个更可靠的方法去处理大量的马匹数据。使用变量也会遇到这个问题。此时解决方法是使用数组，这里也可以声明一个 horse 数组。

试试看：使用结构数组

扩展前一个例子，以处理几匹马的数据。

```
// Program 11.2 Exercising the horses
```

```
#define __STDC_WANT_LIB_EXT1__ 1
#include <stdio.h>
#include <ctype.h>

typedef struct Horse Horse;              // Define Horse as a type name

struct Horse                             // Structure type definition
{
  int age;
  int height;
  char name[20];
  char father[20];
  char mother[20];
};

int main(void)
{
  Horse my_horses[50];                   // Array of Horse elements
  int hcount = 0;                        // Count of the number of horses
  char test = '\0';                      // Test value for ending

  for(hcount = 0 ; hcount < sizeof(my_horses)/ sizeof(Horse) ; ++hcount)
  {
    printf_s("Do you want to enter details of a%s horse (Y or N)? ",
                                          hcount?"nother" : "" );
    scanf_s(" %c", &test, sizeof(test));
    if(tolower(test) == 'n')
       break;

    printf_s("Enter the name of the horse: " );
    scanf_s("%s", my_horses[hcount].name, sizeof(my_horses[hcount].name));

    printf_s("How old is %s? ", my_horses[hcount].name );
    scanf_s("%d", &my_horses[hcount].age);

    printf_s("How high is %s ( in hands )? ", my_horses[hcount].name);
    scanf_s("%d", &my_horses[hcount].height);

    printf_s("Who is %s's father? ", my_horses[hcount].name);
    scanf_s("%s", my_horses[hcount].father, sizeof(my_horses[hcount].father));

    printf_s("Who is %s's mother? ", my_horses[hcount].name);
    scanf_s("%s", my_horses[hcount].mother, sizeof(my_horses[hcount].mother));
  }

  // Now tell them what we know.
  printf_s("\n");
  for (int i = 0 ; i < hcount ; ++i)
  {
    printf_s("%s is %d years old, %d hands high,",
             my_horses[i].name, my_horses[i].age, my_horses[i].height);
```

```
        printf_s(" and has %s and %s as parents.\n", my_horses[i].father,
                                                my_horses[i].mother);
    }
    return 0;
}
```

这个程序的输出和前一个只处理一匹马的例子有点不同。输入每匹马的数据时，都会显示提示。50 匹马的数据输入完后，程序就输出所有数据的小结，每匹马的数据占一行。整个机制是稳定的，运行良好(几乎总是成功)。

代码的说明

在这个马匹数据处理版本中，首先在全局作用域中声明 Horse 结构，再在 main()的声明中使用它，如下。

```
Horse my_horses[50];                    // Array of Horse elements
```

这条语句声明变量 my_horses 是一个有 50 个 Horse 结构的数组。因为使用了 typedef，这个数组声明与其他的数组声明相同。

然后是一个用变量 hcount 控制的 for 循环。

```
for(hcount = 0 ; hcount < sizeof(my_horses)/sizeof(Horse) ; ++hcount)
{
  ...
}
```

这个循环让程序读入 50 匹马的数据。循环控制变量 hcount 用来累加 Horse 结构的总数。循环内的第一个动作是：

```
printf_s("Do you want to enter details of a%s horse (Y or N)? ",
                                        hcount?"nother" : "" );
scanf_s(" %c", &test, sizeof(test));
if(tolower(test) == 'n')
  break;
```

每次迭代都要求用户输入 Y 或 N，指定是否输入另一匹马的数据。在第一次之后的每次迭代中，printf_s()语句都使用条件运算符在输出中插入"nother"。在使用 scanf_s()读完用户输入的字符后，如果用户的响应是否定的，if语句就会执行 break 语句，跳出循环。

接下来的一串 printf_s()和 scanf_s()同以前一样，但有两点需要注意。如下面的语句：

```
scanf_s("%s", my_horses[hcount].name, sizeof(my_horses[hcount].name));
```

从上述语句可以看出，引用结构数组的一个元素成员的方法非常简单。这个结构数组名称将索引放在方括号内，后跟句点和成员名。如果想引用这个结构第 4 个元素的 name 数组的第 3 个元素，可以编写 my_horses[3].name[2]。

注意： 结构数组的索引值与其他类型的数组一样，也是从 0 开始，所以结构数组的第 4 个元素的索引值是 3，而其成员数组的第 3 个元素的索引值是 2。

现在看看下面的语句。

```
scanf_s("%d", &my_horses[hcount].age);
```

注意，如果传给 scanf()的变元是字符串数组变量，如 my_horses[hcount].name，就不需要寻址运算符。但如果变元是整数，如 my_horses[hcount].age 和 my_horses[hcount].height，就必须使用寻址运算符。在读入变量值时很容易忘掉运算符地址，所以要特别注意。

前面介绍的结构不仅适用于马匹数据的应用程序，也适用于猪或驴等的数据处理。

11.1.5   表达式中的结构成员

结构中的成员可以像一般变量那样用于表达式。以 Program 11.2 中的结构为例，可以将它们用在下面的表达式中。

```
my_horses[1].height = (my_horses[2].height + my_horses[3].height)/2;
```

一匹马的高度是另两匹马的平均高度是没什么道理的，但这是一个合法的语句。也可以在赋值语句中使用整个结构元素。

```
my_horses[1] = my_horses[2];
```

这行语句会将结构 my_horses[2]的所有成员复制到结构 my_horses[1]中，使这两个结构完全相同。使用整个结构的另一个操作是使用&运算符提取地址。但是不能对整个结构执行加、比较或其他操作。为此，必须编写定制的函数。使用上述语句，复制 char 数组成员的元素，所以一个结构的 name 成员独立于另一个结构的 name 成员。

11.1.6   结构指针

要获得结构的地址，就需要使用结构的指针。由于需要的是结构的地址，因此需要声明结构的指针。结构指针的声明方式和声明其他类型的指针变量相同。例如：

```
Horse *phorse = NULL;
```

这条语句声明了一个 phorse 指针，它可以存储 Horse 类型的结构地址。需要给 horse 添加 typedef 语句来省略 struct 关键字。没有 typedef，就必须把语句写成：

```
struct Horse *phorse = NULL;
```

现在可以将 phorse 设置为一个特定结构的地址值，使用的方法和其他类型的指针完全相同。例如：

```
Horse ahorse = { 3, 11, "Jimbo", "Trigger", "Nellie"};
phorse = &ahorse;
```

现在 phorse 指向结构 ahorse。

当然，指针也可以存储马匹数组中一个元素的地址。例如：

```
phorse = &my_horses[1];
```

现在 phorse 指向结构 my_horses[1]，它是 my_horses 数组的第二个元素。可以通过 phorse 指针引用这个结构的元素。因此，如果要显示这个结构成员的名字，可以编写如下语句。

```
printf_s("The name is %s.\n", (*phorse).name);
```

取消引用指针的括号是必需的，因为成员选择运算符(句点)的优先级高于取消引用指针运算符*。这个操作还有另一种方法，且更容易理解。将上面的语句改写成：

```
printf_s("The name is %s.\n", phorse->name );
```

这就不需要括号或星号了。->运算符是一个负号后跟一个大于号。这个运算符有时也称为成员指针运算符。这个表示法几乎可用于取代通常的取消引用指针表示法。因为这个运算符使程序更容易理解。

11.1.7　为结构动态分配内存

可以利用前面掌握的各种工具重写 Program 11.2，以更经济的方式使用内存。Program 11.2 的最初版本为包含 50 个 Horse 结构的数组分配了内存，而实际上并不需要这么多内存。

要为结构动态分配内存，可以使用结构指针数组，其声明非常简单，如下所示。

```
Horse *phorses[50];
```

这行语句声明了 50 个指向 Horse 结构的指针数组。该语句只给指针分配了内存。还需要分配一些内存，用来存储每个结构的成员。

试试看：使用结构指针

下面的例子演示了如何为结构动态分配内存。

```
// Program 11.3 Pointing out the horses
#define __STDC_WANT_LIB_EXT1__ 1
#include <stdio.h>
#include <ctype.h>
#include <stdlib.h>                              // For malloc()

typedef struct Horse Horse;                      // Define Horse as a type name

struct Horse                                     // Structure type definition
{
  int age;
  int height;
  char name[20];
  char father[20];
  char mother[20];
};

int main(void)
{
  Horse *phorses[50];                            // Array of pointers to structure
  int hcount = 0;                                // Count of the number of horses
  char test = '\0';                              // Test value for ending input

  for(hcount = 0 ; hcount < sizeof(phorses)/sizeof(Horse*) ; ++hcount)
  {
    printf_s("Do you want to enter details of a%s horse (Y or N)? ",
```

```
                                                hcount?"nother" : "" );
      scanf_s(" %c", &test, sizeof(test));
      if(tolower(test) == 'n')
          break;

      // allocate memory to hold a horse structure
      phorses[hcount] = (Horse*) malloc(sizeof(Horse));

      printf_s("Enter the name of the horse: " );
      scanf_s("%s", phorses[hcount]->name, sizeof(phorses[hcount]->name));

      printf_s("How old is %s? ", phorses[hcount]->name );
      scanf_s("%d", &phorses[hcount]->age);

      printf_s("How high is %s ( in hands )? ", phorses[hcount]->name);
      scanf_s("%d", &phorses[hcount]->height);

      printf_s("Who is %s's father? ", phorses[hcount]->name);
      scanf_s("%s", phorses[hcount]->father, sizeof(phorses[hcount]->father));

      printf_s("Who is %s's mother? ", phorses[hcount]->name);
      scanf_s("%s", phorses[hcount]->mother, sizeof(phorses[hcount]->mother));
  }

  // Now tell them what we know.
  printf_s("\n");
  for (int i = 0 ; i < hcount ; ++i)
  {
    printf_s("%s is %d years old, %d hands high,",
              phorses[i]->name, phorses[i]->age, phorses[i]->height);
    printf_s(" and has %s and %s as parents.\n", phorses[i]->father,
                                                phorses[i]->mother);

    free(phorses[i]);
  }
  return 0;
}
```

输入和 Program 11.2 相同的数据，则输出也相同。

代码的说明

这和前一个版本非常类似，但是其运行并不相同。一开始没有为任何结构分配内存。下面的
声明:

```
Horse *phorses[50];                      // Array of pointers to structure
```

仅定义了 50 个 Horse 类型的结构指针，还要将结构放在指针指向的地址中，这个语句在 for
循环中，如下。

```
phorses[hcount] = (Horse*) malloc(sizeof(Horse));
```

这行语句会给每个结构分配内存空间。malloc()函数会分配变元指定的字节数，并将所分配内
存块的地址返回为 void 类型的指针。这个例子给 Horse 类型使用 sizeof 运算符提供变元值。

使用 sizeof 运算符可以计算出结构所占的字节数，其结果不一定对应于结构中各个成员所占的字节数总和，如果自己计算，就很容易出错。

除了 char 类型的变量之外，2 字节变量的起始地址常常是 2 的倍数，4 字节变量的起始地址常常是 4 的倍数，以此类推。这称为边界调整(boundary alignment)，它和 C 语言无关，而是硬件的要求。以这种方式在内存中存储变量，可以更快地在处理器和内存之间传递数据，但不同类型的成员变量之间会有未使用的字节。这些未使用的字节也必须算在结构的字节数中，如图 11-2 所示。

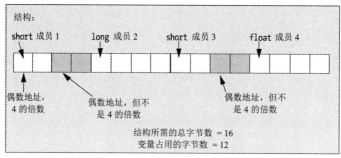

图 11-2　边界调整在内存分配上的影响

注意：C 的 _Alignof 运算符可以用于确定变量的边界调整量。在变量声明中使用 _Alignas(type)，可以强制根据特定类型进行边界调整。

malloc()函数返回的值是一个 void 指针，因此必须用表达式(struct horse*)将它转换成所需要的类型。

```
scanf_s("%s", phorses[hcount]->name, sizeof(phorses[hcount]->name));
```

这行语句使用新的表示法，通过指针选择结构的成员。它比 (*phorse[hcount]).name 清楚得多。以后引用 Horse 结构的成员都使用这种新的表示法。

最后，程序给每匹马的输入数据显示一个总结，然后释放内存。

11.2　再探结构成员

前面说过，所有基本数据类型(包含数组)都可以成为结构的成员。除此之外，还可以把一个结构作为另一个结构的成员，不仅指针可以是结构的成员，结构指针也可以是结构的成员。使用结构组织数据为编程打开了一个全新领域的大门，同时也增加了潜在的危机。下面逐一探讨这些内容，深入了解结构成员的组成。

11.2.1　将一个结构作为另一个结构的成员

本章的开头为满足马饲养员的需要，设计了一个程序，处理每匹马的各种数据，包括名字、身高和生日等，但 Program 11.1 用年龄代替了生日。其部分原因是日期处理起来比较麻烦，要用 3 个数值表示，还要处理闰年的问题。现在准备将一个结构作为另一个结构的成员来处理日期。

可以定义一个用于保存日期的结构类型。下面的语句用标记符名称 Date 定义了这个结构。

```
struct Date
{
    int day;
    int month;
    int year;
};
```

也可以给 Date 和 Horse 包含一个 typedef 语句。

```
typedef struct Horse Horse;        // Define Horse as a type name
typedef struct Date Date;          // Define Date as a type name
```

现在定义结构 Horse，其中包含出生日期变量，如下所示。

```
struct Horse
{
    Date dob;
    int height;
    char name[20];
    char father[20];
    char mother[20];
};
```

现在结构中有一个变量成员，它代表马的出生日期，这个成员本身就是一个结构。不需要使用 struct 关键字，因为 typedef 把 Date 定义为等价于 struct Date。接下来用通常的语句定义一个 horse 结构的实例，如下所示。

```
Horse dobbin;
```

用与前面相同的语句为成员 height 设定值。

```
dobbin.height = 14;
```

要在一系列赋值语句中设定出生日期，可以使用下面的逻辑。

```
dobbin.dob.day = 5;
dobbin.dob.month = 12;
dobbin.dob.year = 1962;
```

这是一匹很老的马，表达式 dobbin.dob.day 引用了 int 类型的变量，所以可以将它用于算术表达式或比较表达式。但如果使用 dobbin.dob，就会引用一个 Date 类型的 struct 变量。Date 不是一个基本类型，而是一个结构，所以只能使用下面的方式赋值。

```
trigger.dob = dobbin.dob;
```

这行语句表示两匹马是双胞胎，但不能保证事实如此。

可以将第一个结构用作第二个结构的成员，再将第二个结构作为第三个结构的成员，以此类推。但 C 编译器只允许结构最多有 15 层。如果结构有这么多层，则引用最底层的成员时，需要输入所有的结构成员名称。

11.2.2　声明结构中的结构

可以在 Horse 结构的定义中声明 Date 结构，如下。

```
struct Horse
{
  struct Date
  {
    int day;
    int month;
    int year;
  } dob;

  int height;
  char name[20];
  char father[20];
  char mother[20];
};
```

这个声明将 Date 结构声明放在 Horse 结构的定义内，因此不能在 Horse 结构的外部声明 Date 变量。当然，每个 horse 类型的变量都包含 Date 类型的成员 dob。但下面的语句：

```
struct Date my_date;
```

会导致编译错误。错误信息会说明 Date 结构类型未定义。如果需要在 horse 结构的外部使用 Date，就必须将它定义在 horse 结构之外。

如前所述，也可以声明未命名(匿名)结构，这可以在另一个结构(或共用体)中，就像前面的 Horse 结构一样。如果包含的结构或共用体也是匿名的，则可以递归地绑定它们。结构成员可以被直接访问，如示例所示。

```
// Program 11.3a Anonymous struct
#define _CRT_SECURE_NO_WARNINGS
#include <stdio.h>
#include <string.h>

struct Horse          // Structure type definition
{
  char owner[9];
  struct            // Anonymous struct
  {
    int age;
    char height;
  };
};

int main(void)
{
  struct Horse rocinante;

  rocinante.age = 55;
  rocinante.height = 13;
  strcpy(rocinante.owner, "Quixote");
```

```
      printf("age: %d, height: %d, owner: %s",
         rocinante.age, rocinante.height, rocinante.owner);
      return 0;
   }
```

11.2.3 将结构指针用作结构成员

任何指针都可以是结构的成员,包含结构指针在内。结构成员指针可以指向相同类型的结构。例如,horse 类型的结构可以含有一个指向 horse 类型结构的指针。这样就可以把马匹链接起来。

修改前一个例子,让结构含有指向同类型结构的指针。

```c
// Program 11.4   Daisy chaining the horses
#define __STDC_WANT_LIB_EXT1__ 1
#include <stdio.h>
#include <ctype.h>
#include <stdlib.h>

typedef struct Horse Horse;              // Define Horse as a type name

struct Horse                             // Structure type definition
{
  int age;
  int height;
  char name[20];
  char father[20];
  char mother[20];
  Horse *next;                           // Pointer to next Horse structure
};

int main(void)
{
  Horse *first = NULL;                   // Pointer to first horse
  Horse *current = NULL;                 // Pointer to current horse
  Horse *previous = NULL;                // Pointer to previous horse

  char test = '\0';                      // Test value for ending input

  for( ; ; )
  {
    printf_s("Do you want to enter details of a%s horse (Y or N)? ",
                               first != NULL?"nother" : "" );
    scanf_s(" %c", &test, sizeof(test));
    if(tolower(test) == 'n')
      break;

    // Allocate memory for a Horse structure
    current = (Horse*) malloc(sizeof(Horse));
    if(first == NULL)                    // If there's no 1st Horse...
      first = current;                   // ...set this as 1st Horse

    if(previous != NULL)                 // If there was a previous...
```

```
            previous->next = current;                // ...set its next to this one

        printf_s("Enter the name of the horse: ");
        scanf_s("%s", current->name, sizeof(current->name));

        printf_s("How old is %s? ", current->name);
        scanf_s("%d", &current->age);

        printf_s("How high is %s ( in hands )? ", current -> name );
        scanf_s("%d", &current->height);

        printf_s("Who is %s's father? ", current->name);
        scanf_s("%s", current->father,sizeof(current->father));

        printf_s("Who is %s's mother? ", current->name);
        scanf_s("%s", current->mother, sizeof(current->mother));

        current->next = NULL;                    // In case it's the last...
        previous = current;                      // ...save its address
    }

    // Now tell them what we know...
    printf_s("\n");
    current = first;                         // Start at the beginning
    while (current != NULL)                  // As long as we have a valid pointer
    { // Output the data
        printf_s("%s is %d years old, %d hands high,",
                            current->name, current->age, current->height);
        printf_s(" and has %s and %s as parents.\n", current->father,
                                                 current->mother);
        previous = current;                  // Save the pointer so we can free memory
        current = current->next;             // Get the pointer to the next
        free(previous);                      // Free memory for the old one
        previous = NULL;
    }
    first = NULL;
    return 0;
}
```

如果输入相同，这个例子会生成和 Program 11.3 相同的输出，但执行了另一组操作。

代码的说明

Horse 结构中新增的 next 成员是指向 Horse 结构的指针。每个 Horse 结构中的 next 都指向下一个 Horse 的地址，以链接所有的 Horse 结构。但最后一个 Horse 结构例外，因为没有后续的 Horse 结构，它的 next 设定成 NULL。这个结构的其他方面与前面相同，如图 11-3 所示。

注意用于 Horse 结构的 typedef。这样就可以仅使用 Horse 指定 Horse 结构的 next 成员了。但在定义结构时，必须总是使用 struct 关键字。

这次不但没有为结构分配空间，而且只定义了 3 个指针。这些指针用下面的语句声明和初始化。

```
Horse *first = NULL;            // Pointer to first horse
Horse *current = NULL;          // Pointer to current horse
Horse *previous = NULL;         // Pointer to previous horse
```

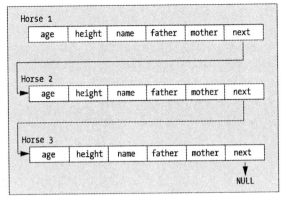

图 11-3 链接起来的 Horse 结构

　　每个指针都定义成 Horse 结构的指针。first 指针仅用于存储第一个结构的地址。第二和第三个指针是工作用的存储器：current 存储了正在处理的 Horse 结构的地址，previous 跟踪前一个处理过的结构的地址。

　　输入循环如下。

```
for( ; ; )
{
    ...
}
```

　　因为没有使用数组，不需要考虑索引，所以输入循环是一个无限循环。也不需要计算读入了多少组数据，所以不需要使用变量 hcount 及循环变量 i。因为给每个 horse 结构分配了内存，所以只需要接收输入的数据。

　　循环中的开始语句如下。

```
printf_s("Do you want to enter details of a%s horse (Y or N)? ",
                            first != NULL?"nother" : "" );
scanf_s(" %c", &test, sizeof(test));
if(tolower(test) == 'n')
    break;
```

　　在提示后，如果回答是 N 或 n，就结束循环。否则，就准备接受另一组结构成员。first 指针只有在第一次迭代时是 NULL，所以在第二次以后的迭代中，其提示信息会和第一次稍有不同。

　　回答了循环开头的问题后，就执行下面的语句。

```
current = (Horse*) malloc(sizeof(Horse));
if(first == NULL)                    // If there's no 1st Horse...
    first = current;                 // ...set this as 1st Horse

if(previous != NULL)                 // If there was a previous...
    previous->next = current;        // ...set its next to this one
```

　　每次迭代时，都为新的 Horse 结构分配必要的内存。为了精简程序，没有检查 malloc()函数是否返回了 NULL，但在实际使用时应检查。

如果指针 first 等于 NULL, 就表示是第一次迭代, 即开始输入第一个结构。因此, 将 first 指针设置为 malloc()函数返回的指针值, 即 current 变量存储的值。first 中的地址也是访问链中第一个 Horse 结构的关键。可以从 first 中的地址开始, 利用成员 next 指针得到下一个结构的地址, 再依序访问下一个结构, 从而到达任何一个 Horse 结构。

如果有下一个结构, 就必须将 next 指针指向这个结构, 但只要有下一个结构, 就可以确定其地址。因此, 在第二次和后续的迭代中, 应将当前结构的地址存储到前一个结构的 next 成员中, 前一个结构的地址存放到 previous 指针中。在第一次迭代中, previous 的指针是 NULL, 所以什么也不做。

在完成了所有的输入语句, 到循环的最后, 有下面两行语句。

```
current->next = NULL;              // In case it's the last...
previous = current;                // ...save its address
```

在 current 指向的结构中, next 指针被设定成 NULL, 表示这是最后一个结构, 没有下一个结构了。如果有下一个结构, 指针 next 会在下一次迭代时修改。指针 previous 设定成 current, 然后进入下一次迭代, 此时 current 指向的结构就是 previous 指向的结构。

这个程序存储无数个马匹信息的策略是生成了 Horse 结构链, 在这个链中, 每个结构的 next 成员都指向下一个结构。最后一个结构例外, 因为再也没有下一个 Horse 结构了, 所以 next 指针包含 NULL, 这称为链表。

horse 数据放在链表中后, 就可以从第一个结构开始, 通过指针成员 next 访问下一个结构。指针 next 是 NULL 时, 就到达链表的末尾。这就是为所有输入生成输出表的方式。

在需要处理数量未知的结构的应用程序中, 链表非常有用。链表的主要优点是内存的使用和便于处理。存储和处理链表所占用的内存量最少。即使所使用的内存比较分散, 也可以从一个结构进入下一个结构。因此, 链表可以用于同时处理几个不同类型的对象, 每个对象都可以用它自己的链表来处理, 以优化内存的使用。但链表也有一个小缺点: 数据处理的速度比较慢, 尤其是要随机访问数据时, 速度更慢。

输出过程说明了如何遍历 horse 对象的链表以访问它, 语句如下。

```
current = first;                   // Start at the beginning
while (current != NULL)            // As long as we have a valid pointer
{ // Output the data
  printf_s("%s is %d years old, %d hands high,",
                      current->name, current->age, current->height);
  printf_s(" and has %s and %s as parents.\n", current->father,
                                             current->mother);
  previous = current;              // Save the pointer so we can free memory
  current = current->next;         // Get the pointer to the next
  free(previous);                  // Free memory for the old one
  previous = NULL;
}
```

输出循环由 current 指针控制, 它开始时设定成 first。而 first 指针包含链表中第一个结构的地址。循环会遍历链表, 显示每个结构的成员, 之后给 current 赋予指向下一个结构的成员 next。

结构显示过后就释放其内存。这是很重要的, 一旦不再需要引用结构, 就释放其内存。但是不能在输出当前结构的所有成员后马上调用 free()函数。必须先引用当前结构的 next 成员, 得到下一个 Horse 结构的指针。在链表的最后一个结构中，next 指针是 NULL，因而结束循环。严格来说，并不需要把指针设置为 NULL，因为程序结束了，但最好在指针包含的地址不再有效时，将它设置为 NULL。

11.2.4 双向链表

前一个例子创建的链表有一个缺点：只能往前走。可以从第一匹马开始访问，直到最后一匹马，但不能反向访问。其实，只需要小小的修改，就可以得到双向链表(doubly linked list)，可以双向遍历链表。方法是除了指向下一个结构的指针外，在每个结构中再添加一个指针，存储前一个结构的地址。

试试看：双向链表

修改 Program 11.4，改成双向链表。

```
// Program 11.5 Daisy chaining the horses both ways
#define __STDC_WANT_LIB_EXT1__ 1
#include <stdio.h>
#include <ctype.h>
#include <stdlib.h>

typedef struct Horse Horse;         // Define Horse as a type name

struct Horse                        // Structure type definition
{
  int age;
  int height;
  char name[20];
  char father[20];
  char mother[20];
  Horse *next;                      // Pointer to next structure
  Horse *previous;                  // Pointer to previous structure
};

int main(void)
{
  Horse *first = NULL;              // Pointer to first horse
  Horse *current = NULL;            // Pointer to current horse
  Horse *last = NULL;               // Pointer to previous horse

  char test = '\0';                 // Test value for ending input

  for( ; ; )
  {
    printf_s("Do you want to enter details of a%s horse (Y or N)? ",
                                    first != NULL?"nother" : "");
    scanf_s(" %c", &test, sizeof(test));
    if(tolower(test) == 'n')
      break;
```

```
      // Allocate memory for each new horse structure
      current = (Horse*) malloc(sizeof(Horse));
      if(first == NULL)
      {
        first = current;                  // Set pointer to first horse
       current->previous = NULL;
      }
      else
      {
        last->next = current;           // Set next address for previous horse
        current->previous = last;       // Previous address for current horse
      }

      printf_s("Enter the name of the horse: ");
      scanf_s("%s", current->name, sizeof(current->name));

      printf_s("How old is %s? ", current->name);
      scanf_s("%d", &current->age);

      printf_s("How high is %s ( in hands )? ", current -> name );
      scanf_s("%d", &current->height);

      printf_s("Who is %s's father? ", current->name);
      scanf_s("%s", current->father,sizeof(current->father));

      printf_s("Who is %s's mother? ", current->name);
      scanf_s("%s", current->mother, sizeof(current->mother));

      current->next = NULL;             // In case it's the last...
      last = current;                   // ...save its address
    }

    // Now tell them what we know.
    printf_s("\n");
    while(current != NULL)              // Output horse data in reverse order
    {
      printf_s("%s is %d years old, %d hands high,",
                  current->name, current->age, current->height);
      printf_s(" and has %s and %s as parents.\n", current->father,
                                            current->mother);
      last = current;                   // Save pointer to enable memory to be freed
      current = current->previous;      // current points to previous in list
      free(last);                       // Free memory for the horse we output
      last = NULL;
    }
    first = NULL;
    return 0;
}
```

如果输入相同的数据,这个程序会生成和前一个例子相同的结果,只是显示的顺序相反。

代码的说明

Horse 结构的声明如下。

```
struct Horse            // Structure type definition
{
    int age;
    int height;
    char name[20];
    char father[20];
    char mother[20];
    Horse *next;          // Pointer to next structure
    Horse *previous;      // Pointer to previous structure
};
```

现在 Horse 结构有两个指针，一个是往前的指针称为 next，另一个是往后的指针称为 previous。这样就可以双向遍历链表，这也是在程序的最后可以反向输出数据的原因。

开始的指针声明如下。

```
Horse *first = NULL;     // Pointer to first horse
Horse *current = NULL;   // Pointer to current horse
Horse *last = NULL;      // Pointer to previous horse
```

把在循环的上一个迭代中输入的 Horse 结构指针名称改成 last。这么做并不是必需的，但有助于避免和 Horse 结构中的成员 previous 混淆。

除了输出之外，程序的唯一变化是在输入循环的开头添加了使用结构成员指针 previous 的语句。

```
if(first == NULL)
{
    first = current;              // Set pointer to first horse
    current->previous = NULL;
}
else
{
    last->next = current;         // Set next address for previous horse
    current->previous = last;     // Previous address for current horse
}
```

first 是 NULL 时，就是第一个循环迭代，所以把当前 Horse 对象的地址存储在 first 中。由于此时没有前一匹马的数据，因此把 first 的 previous 成员设定成 NULL，其后的结构都把 previous 设定成指针 last，last 的值是在前一次迭代中存储的。第一个结构后面的所有结构都把 next 成员设置为当前 Horse 结构的地址。

另一个改变是在输入循环的最后。

```
current->next = NULL;            // In case it's the last...
last = current;                 // ...save its address
```

没有下一个结构了，所以把 current 的 next 成员设置为 NULL。此时 current 包含的是一个结构的地址，所以把它存储在 last 中。

　　输出过程基本上和前一个例子相同，只是从链表中的最后一个结构开始，遍历到第一个结构而已。也可以用类似的循环向前输出 horse，其中 current 从 first 开始，在循环体中使用 current->next 替代 current->previous。

　　可以看到，使用(双)链表(末尾的指针)可以让数据结构更轻松地创建其他方法来插入、删除列表中的项(这在固定数组中是无法完成的)。如果该项位于链表的开头或结尾，则很简单，但如果它不是开头或结尾项，则需要遍历链表直到找到它(在最坏的情况下，必须迭代几乎完整的链表)。另一个缺点是处理这些项需要占用更大的内存，而且，由于没有对这些项的随机(直接)访问，因此速度较慢。

11.2.5　结构中的位字段

　　位字段提供的机制允许定义变量来表示一个整数中的一个或多个位，位字段在引用时可以使用其成员名。位字段是整数中一个或多个相邻的位，该整数常常是 unsigned int 类型。位字段也可以是_Bool 类型或 int 型数据的位。

> **注意：** 位字段常用在必须节省内存的情况下。这种情况目前比较少见。与标准类型的变量相比，位字段会明显降低程序执行的速度。因此，必须在节省内存和程序执行速度之间做出一个抉择。在大多数情况下，不需要使用位字段，使用它甚至是不理想的，但读者应了解它。在嵌入式编程中，由于需要在较低级别的寄存器处理硬件，经常需要使用位字段进行处理。总之，在微控制器存储器使用位字段结构(在那里影响可能很大)更合适，且有利于位各项功能操作和简单的接口。

　　位字段常常在匿名结构中定义。下面是一个包含位字段的匿名结构例子。

```
struct
{
  unsigned int flag1 : 1;
  unsigned int flag2 : 1;
  unsigned int flag3 : 2;
  unsigned int flag4 : 3;
} indicators;
```

　　上述语句定义了 indicators 变量，它是匿名结构的一个实例，包含 4 个位字段，分别是 flag1~flag4。它们全部存储在一个字符组(word)中，如图 11-4 所示。

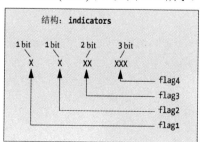

图 11-4　结构中的位字段

前两个位字段在定义中指定为 1，表示它们是一个位，其值是 0 或 1。第三个位字段 flag3 有两个位，其值是 0~3。最后一个 flag4 有三个位，其值是 0~7。引用这些位字段的方式和引用一般结构成员的方式相同。例如：

```
indicators.flag4 = 5;
indicators.flag3 = indicators.flag1 = 1;
```

没有通过命名的位字段占用字符组中所有的位时，就可以指定一个匿名的位字段占满该字符组。例如：

```
struct
{
  unsigned int flag1: 1;
  unsigned int flag2: 1;
  unsigned int flag3: 2;
  unsigned int flag4: 3;
  unsigned int       : 25;
}  indicators;
```

这可以确保占用的内存最多有 4 字节。

常规命名的结构类型可以包含位字段和其他类型的成员。例如：

```
struct Person
{
  char name[20];
  unsigned int sex : 1;           // Male = 1 Female = 0
  unsigned int height : 7 ;       // Height in inches
  unsigned int age : 8;           // Up to 255 years old
  unsigned int married : 1;       // Married = 1
  unsigned int : 15;              // Unused
  char address[100];
};
```

Person 结构的成员记录了某个人的性别、年龄、身高、婚否，它们定义为位字段。几乎没什么机会用到这个功能，这里介绍它只是为了讨论完整性，如果哪天缺乏内存，就可以考虑使用它。

11.3　结构与函数

结构表示 C 语言的一个强大特性，因此它与函数并用非常重要。现在探讨如何把结构当成变元传递给函数，以及如何从函数中返回结构。

11.3.1　结构作为函数的变元

将结构作为变元传给函数和传递一般变量没有什么不同。创建类似于 Horse 的结构，如下。

```
struct Family
{
  char name[20];
```

```
    int age;
    char father[20];
    char mother[20];
};
```

假定用一个 typedef 语句把 family 定义为等价于 struct Family。然后，建立一个函数，检查两个 Family 类型的成员是否为兄弟，如下。

```
bool siblings(Family member1, Family member2)
{
    if(strcmp(member1.mother, member2.mother) == 0)
        return true;
    else
        return false;
}
```

这个函数有两个结构变元，该函数比较这两个结构中的 mother 成员。如果它们相同，就表示是兄弟，返回 true。否则就返回 false。这里忽略了离婚、人工受精和克隆等其他可能性。

11.3.2 结构指针作为函数变元

在调用函数时，传送给函数的是变元值的副本。如果变元是一个非常大的结构，就需要相当多的时间，并占用结构副本所需的内存。在这种情况下，应该使用结构指针作为变元。这可以避免占用内存，节省复制的时间，因为只需要复制指针。函数可以通过指针直接访问原来的结构。另外，使用指针给函数传送结构，也提高了效率。重写 siblings() 函数，如下。

```
bool siblings(Family *pmember1, Family *pmember2)
{
    if(strcmp(pmember1->mother, pmember2->mother) == 0)
        return true;
    else
        return false;
}
```

这有一个缺点。按值传递机制禁止在被调用的函数中意外地更改变元值。如果使用指针，就丧失了这个优点。而如果不需要更改指针变元的值(只是访问并使用它们)，把指针传送给函数还是可以获得某种程度的保护，此时应使用 const 修饰符。

在上一个 siblings() 函数中，不需要修改传给它的结构，它只是比较两个成员而已。因此可以重写它，如下所示。

```
bool siblings(Family const *pmember1, Family const *pmember2)
{
    if(strcmp(pmember1->mother, pmember2->mother) == 0)
        return true;
    else
        return false;
}
```

本书在前面介绍了 const 修饰符，它用于将变量变成常量。这个函数声明将参数的类型指定为 family 结构的常量指针。这意味着，传递给函数的结构指针在函数中被视为常量。试图改变结构，会在编译期间产生错误信息。当然，这不会影响它们在调用程序中的状态，因为 const 关键字仅在执行 siblings()函数时应用于指针值。

注意下面这个函数和前一个函数的差异。

```
bool siblings(Family *const pmember1, Family *const pmember2)
{
    if(strcmp(pmember1->mother, pmember2->mother) == 0)
        return true;
    else
        return false;
}
```

每个参数定义中的间接运算符在关键字 const 的前面，而不是在指针名称的前面。这有什么差别吗？这里的参数是"指向 family 结构类型的常量指针"，而不是"指向常量结构的指针"，因此可以在函数中随意改变结构，但是不能改变存储在指针内的地址。因为这里保护的是指针，而不是指针指向的结构。因为指针是副本，所以修改它没有意义。

11.3.3 作为函数返回值的结构

函数返回结构和返回一般数值一样，只是在函数原型中，要以正常的方式指出函数返回的是结构。例如：

```
Horse my_fun(void);
```

这个函数原型说明，它是一个没有变元的函数，返回 Horse 类型的结构。

可以像这样从函数返回一个结构，但比较方便的做法是返回结构指针。当然，在返回结构指针时，结构应在堆上创建。下面在实例中探讨其细节。

试试看：返回结构指针

为了使函数返回结构指针，可以重写前面的 Horse 结构例子，把马换成人。除了 main()之外，再定义 3 个函数。下面是 main()定义之前的内容。

```
// Program 11.6 Basics of a family tree
#define __STDC_WANT_LIB_EXT1__ 1
#include <stdio.h>
#include <ctype.h>
#include <stdlib.h>
#include <stdbool.h>

typedef struct Date Date;
typedef struct Family Family;

// Function prototypes
Family *get_person(void);                                   // Input function
void show_people(bool forwards, Family *pfirst, Family *plast); // Output function
void release_memory(Family *pfirst);                        // Release heap memory
```

```
struct Date
{
  int day;
  int month;
  int year;
};

struct Family                         // Family structure declaration
{
  Date dob;
  char name[20];
  char father[20];
  char mother[20];
  Family *next;                       // Pointer to next structure
  Family *previous;                   // Pointer to previous structure
};

int main(void)
{
  Family *first = NULL;               // Pointer to first person
  Family *current = NULL;             // Pointer to current person
  Family *last = NULL;                // Pointer to previous person
  char more = '\0';                   // Test value for ending input

  while(true)
  {
    printf_s("\nDo you want to enter details of a%s person (Y or N)? ",
                                    first != NULL?"nother" : "");
    scanf_s(" %c", &more, sizeof(more));
    if(tolower(more) == 'n')
      break;

    current = get_person();

    if(first == NULL)
      first = current;                // Set pointer to first Family
    else
    {
      last->next = current;           // Set next address for previous Family
      current->previous = last;       // Set previous address for current
    }
    last = current;                   // Remember for next iteration
  }

  show_people(true, first, last);     // Tell them what we know
  release_memory(first);
  first = last = NULL;
  return 0;
}
```

以下是 get_person()函数的定义。

```
Family *get_person(void)
{
  Family *temp = (Family*) malloc(sizeof(Family));

  printf_s("\nEnter the name of the person: ");
  scanf_s("%s", temp->name, sizeof(temp->name));

  printf_s("\nEnter %s's date of birth (day month year); ", temp->name);
  scanf_s("%d %d %d", &temp->dob.day, &temp->dob.month, &temp->dob.year);

  printf_s("\nWho is %s's father? ", temp->name);
  scanf_s("%s", temp->father, sizeof(temp->father));

  printf_s("\nWho is %s's mother? ", temp->name);
  scanf_s("%s", temp->mother, sizeof(temp->mother));

  temp->next = temp->previous = NULL;       // Set pointer members to NULL

  return temp;                              // Return address of Family structure
}
```

下面是 show_people()的定义，它输出链表中 Family 元素的细节。

```
void show_people(bool forwards, Family *pfirst, Family *plast)
{
  printf_s("\n");
  for(Family *pcurrent = forwards ? pfirst : plast ;
    pcurrent != NULL ;
    pcurrent = forwards ? pcurrent->next : pcurrent->previous)
  {
    printf_s("%s was born %d/%d/%d and has %s and %s as parents.\n",
              pcurrent->name, pcurrent->dob.day, pcurrent->dob.month,
              pcurrent->dob.year, pcurrent->father, pcurrent->mother);
  }
}
```

最后是释放堆内存的函数定义。

```
void release_memory(Family *pfirst)
{
  Family *pcurrent = pfirst;
  Family *temp = NULL;
  while(pcurrent)
  {
    temp = pcurrent;
    pcurrent = pcurrent->next;
    free(temp);
  }
}
```

输出与前面的例子相同，这里不再列出。

代码的说明

代码很多，但很简单，执行的方式和前一个例子类似，只组织为 4 个函数，而不是一个函数。
第一个结构的声明如下。

```
struct Date
{
  int day;
  int month;
  int year;
};
```

用 3 个整数成员 day、month 和 year 来定义 Date 结构。目前这个结构还没有实例。这个定义
放在源文件的所有函数之前，因此可以在文件的所有函数中访问。

下一个结构的声明如下。

```
struct Family
{
  Date dob;
  char name[20];
  char father[20];
  char mother[20];
  Family *next;                        // Pointer to next structure
  Family *previous;                    // Pointer to previous structure
};
```

上述语句定义了结构类型 Family，它的第一个成员是 Date 类型的结构。然后是 3 个 char 数
组成员。最后两个成员是结构指针，分别指向表中的下一个结构和上一个结构，将该结构变成一
个双向链表。因为使用了 typedef 语句，所以在定义 Family 的成员时，可以使用没有 struct 关键
字的结构类型名。

函数 get_person() 的原型如下。

```
Family *get_person(void);              // Input function
```

它指出这个函数没有变元，但返回一个 Family 结构的指针。
输出函数的原型是:

```
void show_people(bool forwards, Family *pfirst, Family *plast); // Output function
```

第一个参数确定列表成员是正向还是反向输出，该参数为 true 时，就正向输出。其他两个参
数是列表中第一个和最后一个 Family 对象的地址。
释放内存的函数原型是:

```
void release_memory(Family *pfirst);                           // Release heap memory
```

提供列表中第一个 Family 对象的地址，该函数就可以遍历列表的所有元素，释放它们占用的内存。

其过程与 Program 11.5 的操作相同，区别是使用了全局的结构类型声明，并将结构的输入放在一个独立的函数中。

在 main() 的 while 循环中输入并创建链表，直到用户在提示中响应 n 或 N。确认用户要输入数据后，main() 函数在循环中调用 get_person() 函数创建一个新的 Family 结构，并获取初始化它的数据。

函数 get_person() 内的第一个动作是分配一些堆内存。

```
Family *temp = (Family*) malloc(sizeof(Family));
```

temp 是"Family 类型结构的指针"，并且是本地变量，只存在于函数体中。调用 malloc() 函数给 Family 类型的结构分配了足够的内存，并将返回的地址存储到指针变量 temp 中。temp 是本地变量，在 get_person() 函数结束时，temp 就不存在了。但是 malloc() 函数分配的内存是永久的，可以在程序的某个地方释放该内存，或在退出程序时释放它。

函数 get_person() 会读取每个人的所有基本数据，与前面的示例一样，并将它存储到 temp 所指的结构中。这个函数会接受任何数值的日期，但在实际情况下应该检查数据的有效性，例如要确认月份应是 1~12，日期值对于该月也应是有效的。由于输入的是出生日期，因此应验证该日期不是未来的某个日期。

get_person() 函数的最后一行语句是：

```
return temp;                              // Return address of Family structure
```

这行语句会返回结构指针的副本。虽然返回后 temp 就不存在了，但是它所指的内存地址仍然有效。结构指针的副本会引用它。

回到 main() 函数中，返回的指针存储到 current 变量中。如果这是第一次迭代，该指针也会存储到 first 变量中。这么做的原因是必须跟踪链表中的第一个结构。另外也将 current 指针存到 last 变量中，因此下一次迭代时，可以将它填入当前结构的指针成员 previous 中。

读完所有输入的数据后，程序就通过参数 true 调用 show_people()，获得前向顺序的输出，在屏幕上显示其小结。show_people() 函数在 for 循环中输出数据。

```
for(Family *pcurrent = forwards ? pfirst : plast ;
    pcurrent != NULL ;
    pcurrent = forwards ? pcurrent->next : pcurrent->previous)
{
  printf_s("%s was born %d/%d/%d and has %s and %s as parents.\n",
           pcurrent->name, pcurrent->dob.day, pcurrent->dob.month,
           pcurrent->dob.year, pcurrent->father, pcurrent->mother);
}
```

当 forwards 是 true 时，第一个控制表达式把控制变量 pcurrent 初始化为 pfirst，否则 pcurrent 就初始化为 plast。第二个控制表达式确定在 pcurrent 是 NULL 时结束循环。第三个控制表达式在 forwards 是 true 时，把 pcurrent 设置为其 next 成员中的地址；在 forwards 是 false 时，把 pcurrent 设置为其 previous 成员中的地址。这样，在 forwards 是 true 时，循环从 pfirst 开始迭代列表中的所有元素；在 forwards 是 false 时，循环从 plast 开始迭代列表中的所有元素。循环体是一个调用 printf_s() 函数的输出语句。

main()中的最后一个动作是先把 first 和 last 指针设置为 NULL，再调用 release_memory()，释放链表占用的内存。该函数在 while 循环中向前遍历列表，释放内存。

```
while(pcurrent)
  {
    temp = pcurrent;
    pcurrent = pcurrent->next;
    free(temp);
  }
```

本地变量 temp 存储 pcurrent 中当前元素的地址，而 pcurrent 设置为下一个元素的地址。如果当前元素是最后一个元素，就设置为 NULL；接着把 temp 传递给 free()函数，释放当前元素占用的内存。

11.3.4　二叉树

二叉树是组织数据的一种非常有效的方式，因为二叉树中的数据可以有序的方式提取。二叉树也是一种非常简单的机制，可以把前面所学的编程技巧连接起来。实现二叉树涉及递归和动态分配内存，还要使用指针传送树结构。

二叉树包含一系列相互关联的元素，称为节点。起始节点是树的根，称为根节点，如图 11-5 所示。

每个节点一般包含一个数据项，以及两个指向后续节点(左节点和右节点)的指针。如果有一个后续节点不存在，对应的指针就是 NULL。节点还可以包含一个计数器，记录树中何时有重复的数据项。

结构很容易表示二叉树的节点。下面的结构示例就定义了存储 long 类型整数的节点。

```
typedef struct Node Node;
struct Node
{
  long item;              // The data item
  int count;              // Number of copies of item
  Node *pLeft;            // Pointer to left node
  Node *pRight;           // Pointer to right node
};
```

将数据项添加到二叉树中，且该项已存在于二叉树中时，就不创建新节点，而是把已有节点的 count 成员递增 1。本章的 Program 11.7 在创建二叉树时，就利用前面的结构定义表示一个包含 long 整数的节点。

1. 对二叉树中的数据排序

构建二叉树的方式确定了树中数据项的顺序。将一个数据项添加到二叉树中，需要比较要添加的项和树中已有的项。一般在添加数据时，要求使左子节点的数据项小于当前节点的数据项，右子节点的数据项大于当前节点的数据项。如果这两个子节点都不存在，指向它的指针就是 NULL。图 11-6 中的示例二叉树包含随机顺序的整数。

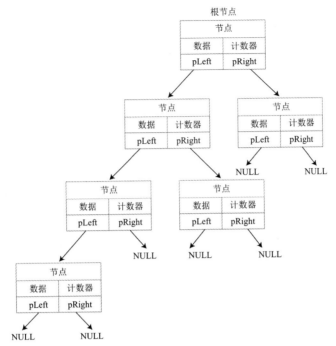

图 11-5　二叉树的结构

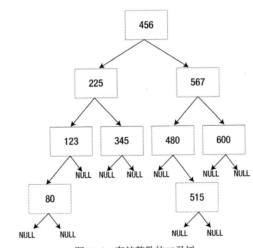

图 11-6　存储整数的二叉树

　　树的结构取决于数据项添加到树中的顺序。添加一个新项时，需要从树中的根节点开始，比较树中节点的值和新项。如果新项比给定的节点小，就查看给定节点的左子节点；反之，如果新项比给定的节点大，就查看给定节点的右子节点。这个过程一直继续下去，直到找到一个与新项的值相同的节点为止，此时就更新这个节点的计数器。如果到达一个左节点指针或右节点指针则为空，就把新节点放在这里。如果数据项小于当前节点，这个新节点就是左节点，否则就是右节点。

2. 构建二叉树

首先是创建根节点。所有节点的创建方式都相同,所以第一步是定义一个函数,从数据项中创建节点。假定创建一个存储 long 整数的二叉树,可以使用前面的结构定义。下面是创建节点的函数定义:

```
Node *create_node(long value)
{
  // Allocate memory for a new node
  Node *pNode = (Node*)malloc(sizeof(Node));

  pNode->item = value;                       // Set the value
  pNode->count = 1;                          // Set the count
  pNode->pLeft = pNode->pRight = NULL;       // No left or right nodes
  return pNode;
}
```

这个函数给新的 Node 结构分配内存,将 item 成员设置为 value。count 成员是节点中值的重复次数,所以对于第一个节点,这个 count 成员是 1。现在还没有后续节点,所以将 pLeft 和 pRight 成员设置为 NULL。这个函数返回指向新建 Node 对象的指针。

要为新的二叉树创建根节点,可以使用这个函数,如下所示:

```
long newvalue;
printf("Enter the node value: ");
scanf_s(" %ld", &newvalue);
Node *pRoot = create_node(newvalue);
```

从键盘上读取了要存储的值后,就调用 create_node()函数,在堆上创建一个新节点。当然,不要忘了使用完毕后释放节点的内存。

二叉树是应用递归的一个领域。插入节点的过程涉及以相同的方式查看一系列节点,这是使用递归的一个强烈的暗示。用下面的函数在树中添加一个已有的节点或创建根节点。

```
// Add a new node to the tree
Node *add_node(long value, Node* pNode)
{
  if(!pNode)                                 // If there's no node...
    return create_node(value);               // ...create one and return it

  if(value == pNode->item)
  {                                          // Value equals current node...
    ++pNode->count;                          // ...so increment count...
    return pNode;                            // ...and return the same node
  }

  if(value < pNode->item)
  {                                          // Less than current node...
    if(!pNode->pLeft)
    {                                        // ...and no left node...
      pNode->pLeft = create_node(value);     // ...so create a left node...
      return pNode->pLeft;                   // ...and return it.
```

```
        }
      else                                 // There is a left node...
        return add_node(value, pNode->pLeft);  // ...so add via the left node
    }
  else
    {                                      // Greater than current node...
      if(!pNode->pRight)
        {                                  // ...but no right node...
          pNode->pRight = create_node(value);  // ...so create one...
          return pNode->pRight;            // ...and return it.
        }
      else                                 // There is a right node...
        return add_node(value, pNode->pRight);  // ...so add to that.
    }
}
```

第一次调用 add_node()函数时，它的变元是存储在树中的值和根节点的地址。如果将 NULL
作为第二个变元传送，该函数就创建并返回一个新节点，所以也可以使用这个函数创建根节点。
把根节点作为第二个变元传送时，有如下三种情况。

(1) 如果 value 等于当前节点的值，就不需要创建新节点，只递增当前节点中的计数器，并返
回该节点。

(2) 如果 value 小于当前节点的值，就需要查看左子节点。如果左节点的指针是 NULL，就创
建一个包含 value 的新节点，使之成为左子节点。如果左节点存在，就递归调用 add_node()函数，
把指向左子节点的指针作为第二个变元。

(3) 如果 value 大于当前节点的值，就以与左节点相同的方式查看右节点。

无论调用递归函数时执行了什么，该函数都返回一个插入值的节点的指针。这可能是一个新
节点，也可以是一个其值已存在于树中的节点。

下面的代码构建了一个完整的二叉树，以存储任意多个整数。

```
long newvalue = 0;
Node *pRoot = NULL;
char answer = 'n';
do
{
  printf_s("Enter the node value: ");
  scanf_s(" %ld", &newvalue);
  if(!pRoot)
    pRoot = create_node(newvalue);
  else
    add_node(newvalue, pRoot);

  printf_s("Do you want to enter another (y or n)? ");
  scanf_s(" %c", &answer, sizeof(answer));
} while(tolower(answer) == 'y');
```

do-while 循环构建了一个包含根节点的完整的二叉树。在第一次迭代中，pRoot 是 NULL，
所以创建根节点。所有后续的迭代给已有的树中添加节点。

3. 遍历二叉树

可以遍历二叉树，用升序或降序的方式提取其内容。下面讨论如何以升序方式提取数据，读者可以类似的方式获得降序排序的数据。从二叉树中提取数据初看上去是一个复杂的问题，因为二叉树的结构是随意的，但使用递归，这个问题就很简单了。

从很明显的地方开始：左子节点的值总是小于当前节点，当前节点的值总是小于右子节点，因此，提取值的顺序就应是左子节点、当前节点、右子节点。当然，如果子节点还有孙节点，也必须按"左子节点、当前节点、右子节点"的顺序处理。下面用一些代码来说明。

在图中搜索有几种方法，树是一种特殊的图形，最常见的是深度优先搜索(DFS)和广度优先搜索(BFS)。从它们的名字可以推断出，DFS 通过不考虑它的同级(当从递归返回时，将转到下一个同级)而尽可能深入；另一方面，BFS 首先经过它的同级，然后经过它的子级(分支)。递归 DFS 实现更自然、更易于理解(因此更优雅)。还有一些和算法相关的书，里面有更多的搜索策略。

在 DFS 中有不同的(递归)遍历，如前序、后序、中序和逆序，最后两种方法分别获取树节点的升序和降序列表。

假定要以升序方式列出二叉树中的整数值。完成该操作的函数如下。

```
// List the node values in ascending sequence
void list_nodes ascending(Node *pNode)
{
  if(pNode->pLeft)                          // If there's a left node...
    list_nodes ascending(pNode->pLeft);      // ...list the left subtree.

  printf_s("%10d x %10ld\n", pNode->count, pNode->item);

  if(pNode->pRight)                         // If there's a right node...
    list_nodes ascending(pNode->pRight);     // ...list the right subtree.
}
```

该函数包含如下三步。

(1) 如果存在左子节点，就为该节点递归调用 list_nodes_ascending()。

(2) 输出当前节点的值。

(3) 如果存在右子节点，就为该节点递归调用 list_nodes_ascending()。

降序的类比是交换步骤(1)和(3)；因此，我们首先通过右分支遍历树，调用 list_nodes_descending()，然后是当前节点，最后是左节点，调用 list_nodes_descending()。

如果根节点存在左子节点，就重复第(1)步，因此，输出左子树的所有信息后，再输出当前节点的值。当前节点的值在输出中重复 count 次，以表示该节点的重复次数。在输出当前节点的值后，输出根节点的整个右子树中的值。树中的每个节点都要进行这样的处理，所以值以升序方式输出。只需要将根节点指针作为变元，调用 list_nodes_ascending()即可，如下所示。

```
list_nodes(pRoot);                    // Output the contents of the tree
```

这个简单的函数可以输出任意二叉树的所有整数值，下面探讨其工作过程。

试试看：用二叉树排序

这个示例将前面的代码合并起来，如下。

```
// Program 11.7 Sorting integers using a binary tree
#define __STDC_WANT_LIB_EXT1__ 1
#include <stdio.h>
#include <stdlib.h>
#include <ctype.h>

typedef struct Node Node;

// Defines a node in a binary tree sotring integers
struct Node
{
  long item;                            // The data item
  int count;                            // Number of copies of item
  Node *pLeft;                          // Pointer to left node
  Node *pRight;                         // Pointer to right node
};

// Function prototypes
Node *create_node(long value);          // Create a tree node
Node *add_node(long value, Node *pNode);  // Insert a new node
void list_nodes_ascending (Node *pNode);  // List all nodes
void list_nodes_descending(Node *pNode);  // List all nodes
void list_nodes(Node *pNode);           // List all nodes
void free_nodes(Node *pNode);           // Release memory

// Function main - execution starts here
int main(void)
{
  long newvalue = 0;
  Node *pRoot = NULL;
  char answer = 'n';
  do
  {
    printf_s("Enter the node value: ");
    scanf_s(" %ld", &newvalue);
    if(!pRoot)
      pRoot = create_node(newvalue);
    else
      add_node(newvalue, pRoot);
    printf_s("Do you want to enter another (y or n)? ");
    scanf_s(" %c", &answer, sizeof(answer));
  } while(tolower(answer) == 'y');

  printf_s("The values in ascending sequence are:\n");
  list_nodes(pRoot);                    // Output the contents of the tree
```

```
    printf_s("The values in descending sequence are:\n");
    list_nodes_descending(pRoot);
    free_nodes(pRoot);                          // Release the heap memory

    return 0;
}

// Create a binary tree node
Node *create_node(long value)
{
    Node *pNode = (Node*)malloc(sizeof(Node));
    pNode->item = value;                        // Set the value
    pNode->count = 1;                           // Set the count
    pNode->pLeft = pNode->pRight = NULL;        // No left or right nodes
    return pNode;
}

// Add a new node to the tree
Node *add_node(long value, Node *pNode)
{
    if(!pNode)                                  // If there's no node
        return create_node(value);              // ...create one and return it

    if(value == pNode->item)
    {                                           // Value equals current node...
        ++pNode->count;                         // ...so increment count ...
        return pNode;                           // ...and return the same node
    }

    if(value < pNode->item)
    {                                           // Less than current node...
        if(!pNode->pLeft)                       // ...and no left node
        {
            pNode->pLeft = create_node(value);  // ... so create a left node...
            return pNode->pLeft;                // ...and return it.
        }
        else                                    // There is a left node...
            return add_node(value, pNode->pLeft); // ...so add value via left node
    }
    else
    {                                           // Greater than current node...
        if(!pNode->pRight)                      // ...but no right node...
        {                                       // ...so create one...
            pNode-> pRight = create_node(value); // ...so create one...
            return pNode-> pRight;              // ...and return it.
        }
        else                                    // There is a right node...
            return add_node(value, pNode->pRight); // ...so add to that.
    }
```

```
}

// List the node values in ascending sequence (In-order)
void list_nodes_ascending (Node *pNode)
{
  if(pNode->pLeft)
    list_nodes_ascending (pNode->pLeft);

  printf_s("%10d x %10ld\n", pNode->count, pNode->item);

  if(pNode->pRight)
    list_nodes(pNode->pRight);
}

// List the node values in descending sequence (Reverse in-order)

void list_nodes_descending(Node *pNode)

{

  if(pNode->pRight)

    list_nodes_descending(pNode->pRight);

  printf_s("%10d x %10ld\n", pNode->count, pNode->item);

  if(pNode->pLeft)

    list_nodes_descending(pNode->pLeft);

}

// Release memory allocated to nodes
void free_nodes(Node *pNode)
{
  if(!pNode)                                // If there's no node...
    return;                                 // ...we are done.

  if(pNode->pLeft)                          // If there's a left sub-tree...
    free_nodes(pNode->pLeft);               // ...free memory for those nodes.

  if(pNode->pRight)                         // If there's a right sub-tree...
    free_nodes(pNode->pRight);              // ...free memory for those nodes.

  free(pNode);                              // Free current node memory
}
```

程序的输出如下。

```
Enter the node value: 56
Do you want to enter another (y or n)? y
Enter the node value: 33
Do you want to enter another (y or n)? y
Enter the node value: 77
```

```
Do you want to enter another (y or n)? y
Enter the node value: -10
Do you want to enter another (y or n)? y
Enter the node value: -5
Do you want to enter another (y or n)? y
Enter the node value: 200
Do you want to enter another (y or n)? y
Enter the node value: -10
Do you want to enter another (y or n)? n
The values in ascending sequence are:
        2 x          -10
        1 x           -5
        1 x           33
        1 x           56
        1 x           77
        1 x          200
The values in descending sequence are:
        1 x          200
        1 x           77
        1 x           56
        1 x           33
        1 x           -5
        2 x          -10
```

代码的说明

main()函数中的 do-while 循环利用前面讨论的方式从输入的值中构建出了二叉树。只要在提示时输入 y 或 Y，该循环就继续。调用 list_nodes_ascending()时，将根节点的地址作为变元，就会以升序方式输出树中的所有值。接着，调用 free_nodes()函数，释放为树中节点分配的内存。

free_nodes()函数是本例中唯一的新内容。这是另一个递归函数，其工作方式类似于list_nodes_ascending()。本例在释放节点的内存之前，先删除每个节点的子节点的内存。因为一旦释放了内存块，其他程序就可以使用它了。也就是说，一旦释放了内存，子节点的地址就无效了。因此，在释放当前节点的内存之前，list_nodes_ascending()总是为非空的子节点指针调用 free_nodes()函数。

可以构建二叉树来存储任意类型的数据，包括结构对象和字符串。如果要在二叉树中组织字符串，就可以在每个节点中使用指针引用字符串，而不必复制树中的字符串。

11.4　共享内存

前面讨论了如何使用位字段节省内存，这一般应用于逻辑变量。C 语言还有另一个功能，可以将几个变量放在相同的内存区。这个功能在内存短缺时比位字段应用得更广，因为实际上，我们常常使用几个变量，但其中只有一个变量在任意给定的时刻都有有效值。

多个变量共享内存的另一种情形是，程序处理许多不同类型的数据，但是一次只能处理一种，要处理的类型在执行期间确定。第三种可能是，要在不同的时间访问相同的数据，但在不同的情况下该数据的类型是不同的。例如对于一组数值类型的变量，要把它们当成 char 类型的数组，以便能将它们作为一块数据来移动。

在 C 语言中允许在多个不同变量共享同一内存区的功能称为联合(union)。声明联合的语法类似于结构,给联合指定标记名称的方式通常也是类似的。定义联合要使用关键字 union。例如下面的语句声明一个联合被 3 个变量共享。

```
union U_example
{
  float decval;
  int *pnum;
  double my_value;
} u1;
```

上述语句用标记名 U_example 声明一个联合,它由浮点值 decval、整数指针 pnum 和双精度浮点变量 my_value 共享。该语句定义了一个联合的实例,即变量 u1。也可以用下面的语句声明这个联合的其他实例。

```
union U_example u2, u3;
```

联合成员的访问方式和结构成员完全相同。例如,要指定 u1 和 u2 成员的值,可以编写:

```
u1.decval = 2.5;
u2.decval = 3.5*u1.decval;
```

联合实例所占的字节数是其最大的成员所占的空间。

匿名联合类似于匿名结构,在匿名结构中,不分配标记名,直接访问成员,它们位于结构或联合内部。如果包含的结构或联合也是匿名的,则可以递归地包装它们。我们可以在下一段代码中看到这一点(源代码存储库中的完整示例:Program11.8a)。

```
struct Horse       // Structure type definition
{
  char owner[9];
  union            // Anonymous union
  {
    int age;
    char height;
  };
};
// main...
  struct Horse rocinante;
  //assigning values to the members
    rocinante.age = 55;
    strcpy(rocinante.owner, "Quixote");
//accessing to the members' values:
rocinante.age, rocinante.owner
```

试试看:使用联合

下面是一个使用联合的例子。

```
// Program 11.8 The operation of a union
```

```
#define __STDC_WANT_LIB_EXT1__  1
#include <stdio.h>

typedef union UDate UDate;
typedef struct Date Date;
typedef struct MixedDate MixedDate;
typedef struct NumericDate NumericDate;

void print_date(const Date* date);                    // Prototype

enum Date_Format{numeric, text, mixed};               // Date formats

// Date in the form "day" "date month" nnnn
struct MixedDate
{
  char *day;
  char *date;
  int year;
};

// Date in the form dd mm yyyy
struct NumericDate
{
  int day;
  int month;
  int year;
};

// Any of 3 possible date forms
union UDate
{
  char *date_str;
  MixedDate day_date;
  NumericDate nDate;
};

// A date in any form
struct Date
{
  enum Date_Format format;
  UDate date;
};

int main(void)
{
  NumericDate yesterday = { 11, 11, 2012};
  MixedDate today = {"Monday", "12th November", 2012};
  char tomorrow[] = "Tues 13th Nov 2012";

  // Create Date object with a numeric date
  UDate udate = {tomorrow};
```

```
    Date the_date;
    the_date.date = udate;
    the_date.format = text;
    print_date(&the_date);

    // Create Date object with a text date
    the_date.date.nDate = yesterday;
    the_date.format = numeric;
    print_date(&the_date);

    // Create Date object with a mixed date
    the_date.date.day_date = today;
    the_date.format = mixed;
    print_date(&the_date);

    return 0;
}

// Outputs a date
void print_date(const Date* date)
{
    switch(date->format)
    {
        case numeric:
            printf_s("The date is %d/%d/%d.\n", date->date.nDate.day,
                                                date->date.nDate.month,
                                                date->date.nDate.year);
            break;
        case text:
            printf_s("The date is %s.\n", date->date.date_str);
            break;
        case mixed:
            printf_s("The date is %s %s %d.\n", date->date.day_date.day,
                                                date->date.day_date.date,
                                                date->date.day_date.year);
            break;
        default:
            printf_s("Invalid date format.\n");
    }
}
```

输出如下。

```
The date is Tues 13th Nov 2012.
The date is 11/11/2012.
The date is Monday 12th November 2012.
```

代码的说明
这个示例演示了如何把联合用作结构的成员，还说明结构可以是联合的一个成员。

Date_Format 枚举类型中的枚举器用 3 种不同的方式表示日期。日期可以是 MixedDate 结构的实例、NumericDate 结构的实例或只是一个字符串。程序假定日期传递为 Date 结构的示例，该结构有两个成员，一个成员是 UDate 类型的联合实例，它可以 3 种不同的形式包含日期。另一个成员是 Date_Format 类型的成员，用于确定在另一个成员中日期的存储形式。

main()函数首先定义并初始化 3 个日期表达方式。

```
NumericDate yesterday = { 11, 11, 2012};
MixedDate today = {"Monday", "12th November", 2012};
char tomorrow[] = "Tues 13th Nov 2012";
```

前两种表达方式是结构，它们以前面的方式初始化。

接下来的 4 个语句建立一个 Date 结构，用来表示日期。

```
UDate udate = {tomorrow};
Date the_date;
the_date.date = udate;
the_date.format = text;
```

联合 udate 用花括号中的值初始化。在定义联合时，只能初始化联合对象的第一个成员，其他成员必须在创建该对象后的其他语句中初始化。创建 the_date 结构，在其成员中存储值。format 成员反映了在 the_date 的 date 成员中存储的日期表达类型。

下一个语句调用 print_date()函数，输出 the_date 表示的日期。其参数是 the_date 的地址。该函数在 switch 语句中确定如何处理日期。

```
switch(date->format)
{
  case numeric:
    printf_s("The date is %d/%d/%d.\n", date->date.nDate.day,
                                        date->date.nDate.month,
                                        date->date.nDate.year);
    break;
  case text:
   printf_s("The date is %s.\n", date->date.date_str);
   break;
  case mixed:
   printf_s("The date is %s %s %d.\n", date->date.day_date.day,
                                       date->date.day_date.date,
                                       date->date.day_date.year);
    break;
  default:
    printf_s("Invalid date format.\n");
}
```

date 指向的结构的 format 成员用作 switch 语句中的选择器。给 numeric 情形调用的 printf_s() 函数显示访问 NumericDate 结构成员的记号，NumericDate 存储在 UDate 联合实例中，而 UDate 是 Date 结构的一个成员。

所有 3 个日期表达方式都有效，main()中的后续语句演示了另外两种可能性。这个示例演示了联合，但这不是个好方法。联合会使代码难以理解，这种日期表达方式很可能出错。一种替代方法是定义一个 Date 结构，它的 3 个成员分别是 3 种日期的表达方式。只需要指出哪个成员非空，就可以确定如何处理日期。在实际使用时，更可能的解决方法是给日期确定一种表达方式，并提供函数，把日期转换为需要的其他表达方式。

■ 注意：定义联合指针的方式与定义结构指针相同。通过指针访问联合成员的方式也与结构相同。

11.5 设计程序

在本章的最后，通过以下的案例实践本章学到的知识。

11.5.1 问题

数值数据用图表表示通常更容易理解。现在要处理的问题是编写一个程序，从一组数值中生成柱状图。每月的平均温度是可以用柱状图表示数据的一个典型例子。选择柱状图的理由有如下三个：实践结构的用法；了解如何在有效的空间中放置并显示柱状图；柱状图在实际应用中很常见。这个程序也涉及几个函数。

11.5.2 分析

不需要对纸张大小、列数甚至图的比例作任何假设。只需要编写一个函数，它将纸张大小作为参数，使柱状图能放在该纸张上。这可以使函数适用于任何情况。我们将数值存放在链表的一系列结构中。这样，就只需要将第一个结构传递给函数，函数就能够从链表中得到所有的结构。这个结构非常简单，但以后可以用自己设计的信息修饰它。

假定柱状图中的竖条显示顺序和数据输入的顺序相同，因此无须排序数据。

显然，main()函数控制操作的顺序，其过程是：

(1) 把要显示的数据显示为柱状图，创建结构链表。

(2) 创建并显示柱状图。

(3) 释放已分配的堆内存，完成清理工作。

这些操作都相当简单，所以似乎 main()函数要调用 3 个函数。在揣摩细节时，会发现这些函数很容易分解为更小的函数。首先写出 main()函数的大纲和源文件的起始代码。

11.5.3 解决方案

本节列出了解决问题的步骤。

1. 步骤 1

很明显，这个程序将使用结构，因为这是本章讨论的主题。第一步是设计程序要使用的结构。这里将使用 typedef，以免在定义对象时重复使用关键字 struct。

```
// Program 11.9 Generating a Bar chart
#define __STDC_WANT_LIB_EXT1__ 1
#include <stdio.h>

#define PAGE_HEIGHT 41
```

```
#define PAGE_WIDTH 75

typedef unsigned int uint;
typedef struct Bar Bar;

struct Bar
{
    double value;                          // Bar value
    Bar *pNext;                            // Pointer to next Bar
}  Bar;

// Function prototypes...

int main(void)
{
    // Code for main...
}

// Definition of the other functions needed...
```

本程序肯定需要标准库中的输入输出函数，这里使用安全版本。页面的宽度和高度定义为符号，以便易于修改。宽度的单位是页面上的字符数，高度的单位是页面上的行数。

Bar 结构把图表中的一个竖条定义为它的值。结构中 Bar*类型的指针可以把竖条存储为链表。其优点是可以动态分配内存，不会浪费任何内存。单向链表适合这种情形，因此竖条仅从第一个向前遍历到最后一个。

需要记录链表中的第一个 Bar 元素，并给图表存储标题。main()函数体中的代码如下：

```
Bar *pFirst = NULL;                    // First Bar structure
char title[80];                        // Chart title

printf_s("Enter the chart title: ");
gets_s(title, sizeof(title));          // Read chart title
```

所有 Bar 对象都在堆上创建，添加到链表中，所以只需要在 main()中存储第一个对象的地址。使用 gets_s()读取标题，可以在其中包含空格。

下面给 main()调用的函数定义原型，它们分别用于创建链表，读取输入并在堆上创建 Bar 对象，创建并输出柱状图，最后释放堆内存。

```
Bar *create_bar_list(void);
Bar *new_bar(void);
void bar_chart(Bar *pFirst, uint page_width, uint page_height, char *title);
void free_barlist_memory(Bar *pFirst);
```

create_bar_list()函数会返回链表中第一个 Bar 对象的地址，它使用 new_bar()函数从键盘上读取一个值，在堆上创建一个 Bar 对象，把值存储在 Bar 结构中，再返回其地址。

bar_chart()函数把链表作为第一个参数，从中创建柱状图。把页面维数和标题传递给函数，可以使函数成为一个自包含的操作。free_barlist_memory()函数仅需要链表中第一个对象的地址，就可以释放已分配的所有内存。

使用这些函数的 main()函数的实现如下。

```
int main(void)
{
  Bar *pFirst = NULL;                                    // First Bar structure
  char title[80];                                        // Chart title

  printf_s("Enter the chart title: ");
  gets_s(title, sizeof(title));                          // Read chart title
  pFirst = create_bar_list();                            // Create Bar list
  bar_chart(pFirst, PAGE_WIDTH, PAGE_HEIGHT, title);     // Create Bar-chart
  free_barlist_memory(pFirst);                           // Free the memory
  return 0;
}
```

这不需要太多的解释。在下面的步骤中，要实现这些函数。

2. 步骤 2

这一步要实现 create_bar_list()函数。显然要在一个循环中创建链表。new_bar()函数应从键盘输入中创建一个新的 Bar 对象，并返回其地址。如果在没有更多的输入时使该函数返回 NULL，就可以使用它控制创建链表的循环。在此基础上，create_bar_list()的实现代码如下。

```
Bar* create_bar_list(void)
{
  Bar *pFirst = NULL;              // Address of the first object
  Bar *pBar = NULL;                // Stores address of new object
  Bar *pCurrent = NULL;            // Address of current object
  while(pBar = new_bar())
  {
    if(pCurrent)
    {  // There is a current object, so this is not the first
      pCurrent->pNext = pBar;      // New address in pNext for current
      pCurrent = pBar;             // Make new one current
    }
    else                           // This is the first...
      pFirst = pCurrent = pBar;    // ...so just save it.
  }
  return pFirst;
}
```

while 循环条件调用 new_bar()，获得新 Bar 对象的地址，并存储在 pBar 中。new_bar()返回 NULL 时，停止循环。在第一次迭代中，pCurrent 和 pFirst 是 NULL，所以可以使用它们确定是否在处理第一个 Bar 对象。处理第一个 Bar 对象时，只需要把地址存储在 pFirst 和 pCurrent 中。处理后续的 Bar 对象时，要把新地址存储在 pCurrent 的 pNext 字段中，它总是指向最新的对象，接着把新对象的地址存储在 pCurrent 中，使其成为当前对象。

new_bar()的实现代码如下。

```
Bar *new_bar(void)
{
  static char value[80];                                // Input buffer
```

```
  printf_s("Enter the value of the Bar, or Enter quit to end: ");
  gets_s(value, sizeof(value));                      // Read a value as a string
  if(strcmp(value, "quit") == 0)                     // quit entered?
    return NULL;                                      // then input finished

  Bar *pBar = malloc(sizeof(Bar));
  if(!pBar)
  {
    printf_s("Oops! Couldn't allocate memory for a bar.\n");
    exit(2);
  }
  pBar->value = atof(value);
  pBar->pNext = NULL;
  return pBar;
}
```

　　用作输入缓冲区的数组声明为 static。这表示它仅创建一次，每次调用函数时都会重用它。如果 value 没有声明为 static，每次调用函数时，就会重建数组。输入读取为字符串，以允许输入"quit"和数值。读取"quit"时，函数返回 NULL，表示没有更多的输入了。对于其他输入，在堆上创建一个 Bar 对象。如果内存分配失败，就终止程序。调用在 stdlib.h 中声明的 atof()函数，把输入字符串转换为数值。输入没有进行有效性验证，为了不使代码出错，读者应考虑如何进行验证。转换后的值存储在结构的 value 成员中，在返回地址之前，pNext 成员设置为 NULL。

　　完成了链表后，下面创建柱状图。

3. 步骤 3

　　创建柱状图的函数需要几个本地变量用作存储区。它还涉及许多代码，因为格式化文本输出常常比较麻烦，所以这里会逐步解释 bar_chart()函数的代码。要在给定的维上绘制柱状图，函数必须确定图表中要绘制的最大最小值，还需要知道列表中显示多少个样例。下面是初始代码：

```
void bar_chart(Bar *pFirst, uint page_width, uint page_height, char *title)
{
  Bar *pLast = pFirst;                          // Pointer to previous Bar
  double max = pFirst->value;                   // Maximum Bar value - 1st to start
  double min = pFirst->value;                   // Minimum Bar value - 1st to start
  uint bar_count = 1;                           // Number of bars - at least 1
  // Plus more local variables...

  // Find maximum and minimum of all Bar values
  while(pLast = pLast->pNext)
  {
    ++bar_count;                                // Increment Bar count
    max = (max < pLast->value) ? pLast->value : max;
    min = (min > pLast->value) ? pLast->value : min;
  }

  // Always draw chart to horizontal axis
  if(max < 0.0) max = 0.0;
  if(min > 0.0) min = 0.0;
```

```
    // Rest of the function definition...
  }
```

把指针作为变元传递给函数时，应总是包含检查指针是否是 NULL 的代码，但这里没有包含它们。pLast 是一个有效存储区，在遍历链表时，它用于保存 Bar 地址。max 和 min 分别存储列表中的最大最小值。这些都在 while 循环中使用，列表中 Bar 对象的个数存储在 bar_count 中。

图表中的每个竖条在创建时，都必须从横轴开始测量其高度，因为 value 可能为正，也可能为负，所以竖条可能显示在横轴的上方或下方。所有的 value 可能都大于 0，所以最小值应是正的。此时把 min 设置为 0，确保竖条采用其全高来显示，同样，所有的 value 可能都小于 0，此时把 max 设置为 0.0，确保横轴下方的竖条采用其全高来显示。

使用 min 和 max 值计算竖条中每一段的长度，以便把所有的竖条都显示在 page_height 行中。使用 bar_count 确定每个竖条的宽度，使所有竖条都显示在 page_width 个字符中。代码如下：

```
void bar_chart(Bar *pFirst, uint page_width, uint page_height, char *title)
{
  double vert_step = 0.0;              // Unit step in vertical direction
  uint bar_count = 1;                  // Number of bars - at least 1
  uint bar_width = 0;                  // Width of a Bar
  uint space = 2;                      // Spaces between bars
  // More local variables...

  // Code as before...

  vert_step = (max - min)/page_height;  // Calculate step length

  // Calculate and check Bar width
  if((bar_width = page_width/bar_count - space) < 1)
  {
    printf_s("\nPage width too narrow.\n");
    exit(1);
  }
  // Rest of the function definition...
}
```

要使 value 从一行变到下一行上，应使用 max 和 min 之差除以 page_height，max 和 min 分别是显示在柱状图中的最大最小值，page_height 是柱状图的高度占用的行数。结果存储在 vert_step 中。每个竖条的总宽度，包括与相邻竖条分隔开的空白，是 page_width 个字符除以存储在 bar_count 中的竖条个数。减去分隔空白的个数 space，就得到了竖条的宽度(单位是字符数)，存储在 bar_width 中。竖条的宽度至少是一个字符，所以如果该宽度小于 1 个字符，就没有足够的空间显示柱状图，所以输出一个消息，结束程序。

竖条从上到下地绘制，因为这是输出的显示方式。在每个输出行的每个竖条位置上，若竖条不显示在该行上，就绘制(space + bar_width)个空格，否则，就显示 space 个空格后跟 bar_width 个竖条字符。可以为每个输出行创建一个字符串，在绘制柱状图时重复使用该字符串。下面在 bar_chart()中添加代码，创建它们。

```
void bar_chart(Bar *pFirst, uint page_width, uint page_height, char *title)
{
```

```
        // Local variables as before...

        char *column = NULL;                    // Pointer to Bar column section
        char *blank = NULL;                     // Blank string for Bar+space
        // More local variables...

        // Code as before...

   // Set up a string that will be used to build the columns
        if(!(column = chart_string(space, bar_width, '#')))
        {
           printf_s("\nFailed to allocate memory in bar_chart()"
                                    " - terminating program.\n");
           exit(1);
        }

        // Set up a string that will be a blank column
        if(!(blank = chart_string(space, bar_width, ' ')))
        {
           printf_s("\nFailed to allocate memory in bar_chart()"
                                    " - terminating program.\n");
           exit(1);
        }

        // Rest of the function definition...
     }
```

用一个新函数 chart_string()创建 column 和 blank 字符串，该函数返回字符串的地址。如果出问题，就返回 NULL。这个函数的代码如下：

```
char *chart_string(uint space, uint bar_width, char ch)
{
   char *str = malloc(bar_width + space + 1);    // Get memory for the string
   if(str)
   {
      uint i = 0;
      for( ; i < space ; ++i)
         str[i] =' ';                            // Blank the space between bars

      for( ; i < space + bar_width ; ++i)
         str[i] = ch;                            // Enter the Bar characters
      str[i] = '\0';                             // Add string terminator
   }
   return str;
}
```

函数给字符串分配空间,该字符串包含(bar_width+space)个字符和结尾的空字符。只有 malloc()调用成功，字符才能存储在字符串中。在字符串中，前 space 个字符存储空格，ch 存储在后面的 bar_width 个字符中。最后，空字符存储在最后一个索引位置上。调用函数创建 column 时，ch 是 '#'。调用函数创建 blank 时，ch 是一个空格，此时所有字符都是空格。

现在有了绘制柱状图的所有代码。下面是 bar_chart() 的代码：

```c
void bar_chart(Bar *pFirst, uint page_width, uint page_height, char *title)
{
  // Local variables as before...

  double position = 0.0;                   // Current vertical position on chart
  bool axis = false;                       // Indicates axis drawn

  // Code as before...

  // Draw the Bar chart. It is drawn line by line starting at the top
  printf_s("\n^ %s\n", title);             // Output the chart title
  position = max;                          // Start at the top
  for(uint i = 0 ; i < page_height ; ++i)  // page_height lines for chart
  {
    // Check if we need to output the horizontal axis
    if(position <= 0.0 && !axis)
    {
      draw_x_axis(bar_count*(bar_width + space));
      axis = true;
    }
    printf_s("|");                         // Output vertical axis
    pLast = pFirst;                        // start with the first Bar

    // For each Bar...
    for(uint bars = 1 ; bars <= bar_count ; ++bars)
    {
      // If position is between axis and value, output column. otherwise blank
      printf_s("%s", position <= pLast->value && position > 0.0 ||
                     position >= pLast->value && position <= 0.0 ? column : blank);
      pLast = pLast->pNext;
    }
    printf_s("\n");                        // End the line of output
    position -= vert_step;                 // Decrement position
  }
  if(!axis)                                // Horizontal axis?
    draw_x_axis(bar_count*(bar_width + space));   // No, so draw it
  else
    printf_s("v\n");                       // -y axis arrow head

  // Rest of the function definition...
}
```

第一个输出语句输出纵轴顶部的箭头，后跟标题。position 变量包含图表上的当前位置，因为图标从上向下地绘制，所以它开始时是 max。图表在 for 循环中绘制，该循环迭代图表的水平行。如果横轴以前没有绘制，只要 position 小于或等于 0，就绘制它，bool 类型的 axis 变量记录横轴是否绘制，这确保横轴只绘制一次。draw_x_axis() 函数绘制轴线。完成当前的循环后，就解释其代码。

每一行的第一个字符都是一个竖杠，表示纵轴。一行的剩余部分由每个竖条的输出组成，这在控制变量为 bars 的 for 循环中完成。因为图标从上向下地绘制，当 position 在横轴的上面，大于当前 Bar 对象的 value 成员时，就输出空白。当 position 在横轴的上面，且小于或等于当前的 value 成员，就输出 column。当 position 在横轴的下面，且 position 大于或等于当前 Bar 对象的 value 成员，就输出 column，否则输出空白。绘制竖条的 for 循环结束时，就输出一个换行符，移动到下一行，position 递减 vert_step。对所有行重复这个过程。

迭代所有输出行的 for 循环结束时，横轴可能还没有绘制。当所有的值都是正的，而 axis 是 false 时，横轴就没有绘制。此时横轴在循环后绘制。如果横轴已经在循环中绘制，就只输出 v，表示纵轴的向下箭头。

最后两个要添加到函数中的语句是：

```c
free(blank);                          // Free blank string memory
free(column);                         // Free column string memory
```

它们释放在堆上给字符串分配的内存。

还需要定义 draw_x_axis()函数：

```c
void draw_x_axis(uint length)
{
  printf_s("+");                      // Start of x-axis
  for(uint x = 0 ; x < length ; ++x)
    printf_s("-");
  printf_s(">\n");                    // End of x-axis
}
```

参数是横轴的长度。第一个字符是'+'，因为在此处与纵轴相交。在一个 for 循环中绘制轴线，最后添加'>'，表示横轴的箭头。

4. 步骤 4

程序的最后一部分是释放 Bar 对象链表的内存。

```c
void free_barlist_memory(Bar *pBar)
{
  Bar* pTemp = NULL;
  while(pBar)
  {
    pTemp = pBar->pNext;              // Save pointer to next
    free(pBar);                       // Free memory for current
    pBar = pTemp;                     // Make next current
  }
}
```

释放内存的过程在 for 循环中完成，循环从第一个 Bar 对象的地址开始，该对象的地址作为变元传递给函数。这个机制把当前 bar 对象的 pNext 成员地址存储在 pTemp 中。接着给当前对象释放内存，使 pTemp 中的地址是当前的新对象。继续下去，直到 pBar 中的地址为 NULL，这表示释放了所有内存。

下面是完整的程序代码，包括函数原型和必需的#include 指令。

```
// Program 11.9 Generating a Bar chart
#define __STDC_WANT_LIB_EXT1__ 1
#include <stdio.h>
#include <string.h>                              // For strcmp()
#include <stdlib.h>                              // For atof()
#include <stdbool.h>

#define PAGE_HEIGHT  41
#define PAGE_WIDTH   75

typedef unsigned int uint;                       // Type definition
typedef struct Bar Bar;                          // Struct type definition

typedef struct Bar
{
  double value;                                  // Bar value
  Bar *pNext;                                     // Pointer to next Bar
};

// Function prototypes
Bar *create_bar_list(void);
Bar *new_bar(void);
void bar_chart(Bar *pFirst, uint page_width, uint page_height, char *title);
void free_barlist_memory(Bar *pFirst);
char *chart_string(uint space, uint bar_width, char ch);
void draw_x_axis(uint length);
int main(void)
{
  Bar *pFirst = NULL;                            // First Bar structure
  char title[80];                                // Chart title

  printf_s("Enter the chart title: ");
  gets_s(title, sizeof(title));                  // Read chart title
  pFirst = create_bar_list();                    // Create Bar list
  bar_chart(pFirst, PAGE_WIDTH, PAGE_HEIGHT, title);  // Create Bar-chart
  free_barlist_memory(pFirst);                   // Free the memory
  return 0;
}

// Create and output the bar chart from the list
void bar_chart(Bar *pFirst, uint page_width, uint page_height, char *title)
{
  Bar *pLast = pFirst;                           // Pointer to previous Bar
  double max = pFirst->value;                    // Maximum Bar value - 1st to start
  double min = pFirst->value;                    // Minimum Bar value - 1st to start
  double vert_step = 0.0;                        // Unit step in vertical direction
  uint bar_count = 1;                            // Number of bars - at least 1
  uint bar_width = 0;                            // Width of a Bar
```

```
    uint space = 2;                              // Spaces between bars
    char *column = NULL;                         // Pointer to Bar column section
    char *blank = NULL;                          // Blank string for Bar+space
    double position = 0.0;                       // Current vertical position on chart
    bool axis = false;                           // Indicates axis drawn

    // Find maximum and minimum of all Bar values
    while(pLast = pLast->pNext)
    {
      ++bar_count;                               // Increment Bar count
      max = (max < pLast->value) ? pLast->value : max;
      min = (min > pLast->value) ? pLast->value : min;
    }

    // Always draw chart to horizontal axis
    if(max < 0.0) max = 0.0;
    if(min > 0.0) min = 0.0;
    vert_step = (max - min)/page_height;         // Calculate step length

    // Calculate and check Bar width
    if((bar_width = page_width/bar_count - space) < 1)
    {
      printf_s("\nPage width too narrow.\n");
        exit(1);
    }

    // Set up a string that will be used to build the columns
    if(!(column = chart_string(space, bar_width, '#')))
    {
      printf_s("\nFailed to allocate memory in bar_chart()"
                             " - terminating program.\n");
      exit(1);
    }

    // Set up a string that will be a blank column
    if(!(blank = chart_string(space, bar_width, ' ')))
    {
      printf_s("\nFailed to allocate memory in bar_chart()"
                             " - terminating program.\n");
      exit(1);
    }

    // Draw the Bar chart. It is drawn line by line starting at the top
    printf_s("\n^ %s\n", title);                 // Output the chart title
    position = max;                              // Start at the top
    for(uint i = 0 ; i < page_height ; ++i)      // page_height lines for chart
    {
      // Check if we need to output the horizontal axis
      if(position <= 0.0 && !axis)
      {
```

```
        draw_x_axis(bar_count*(bar_width + space));
        axis = true;
      }
      printf_s("|");                                  // Output vertical axi
      pLast = pFirst;                                 // start with the first Bar

      // For each Bar...
      for(uint bars = 1 ; bars <= bar_count ; ++bars)
      {
        // If position is between axis and value, output column. otherwise blank
        printf_s("%s", position <= pLast->value && position > 0.0 ||
                       position >= pLast->value && position <= 0.0 ? column : blank);
        pLast = pLast->pNext;
      }
      printf_s("\n");                                 // End the line of output
      position -= vert_step;                          // Decrement position
    }
    if(!axis)                                         // Horizontal axis?
      draw_x_axis(bar_count*(bar_width + space));     // No, so draw it
    else
      printf_s("v\n");                                // -y axis arrow head

    free(blank);                                      // Free blank string memory
    free(column);                                     // Free column string memory
}

// Draw horizontal axis
void draw_x_axis(uint length)
{
  printf_s("+");                                      // Start of x-axis
  for(uint x = 0 ; x < length ; ++x)
    printf_s("-");
  printf_s(">\n");                                    // End of x-axis
}

// Create a bar string of ch characters
char *chart_string(uint space, uint bar_width, char ch)
{
  char *str = malloc(bar_width + space + 1);          // Get memory for the string
  if(str)
  {
    uint i = 0;
    for( ; i < space ; ++i)
      str[i] =' ';                                    // Blank the space between bars

    for( ; i < space + bar_width ; ++i)
      str[i] = ch;                                    // Enter the Bar characters

    str[i] = '\0';                                    // Add string terminator
  }
```

```
      return str;
  }

  // Create list of Bar objects
  Bar* create_bar_list(void)
  {
    Bar *pFirst = NULL;                          // Address of the first object
    Bar *pBar = NULL;                            // Stores address of new object
    Bar *pCurrent = NULL;                        // Address of current object
    while(pBar = new_bar())
    {
      if(pCurrent)
      { // There is a current object, so this is not the first
        pCurrent->pNext = pBar;                  // New address in pNext for current
        pCurrent = pBar;                         // Make new one current
      }
      else                                       // This is the first...
        pFirst = pCurrent = pBar;                // ...so just save it.
    }
    return pFirst;
  }

  // Create a new Bar object from input
  Bar *new_bar(void)
  {
    static char value[80];                       // Input buffer
    printf_s("Enter the value of the Bar, or Enter quit to end: ");
    gets_s(value, sizeof(value));                // Read a value as a string
    if(strcmp(value, "quit") == 0)               // quit entered?
      return NULL;                               // then input finished

    Bar *pBar = malloc(sizeof(Bar));
    if(!pBar)
    {
      printf_s("Oops! Couldn't allocate memory for a bar.\n");
      exit(2);
    }
    pBar->value = atof(value);
    pBar->pNext = NULL;
    return pBar;
  }

  // Free memory for all Bar objects in the list
  void free_barlist_memory(Bar *pBar)
  {
    Bar* pTemp = NULL;
    while(pBar)
    {
      pTemp = pBar->pNext;                            // Save pointer to next
```

```
    free(pBar);                                    // Free memory for current
    pBar = pTemp;                                  // Make next current
  }
}
```

这个示例的输出如下。

```
Enter the chart title: Average Monthly Temperatures - Centigrade
Enter the value of the Bar, or Enter quit to end: -12
Enter the value of the Bar, or Enter quit to end: -15
Enter the value of the Bar, or Enter quit to end: 2
Enter the value of the Bar, or Enter quit to end: 5
Enter the value of the Bar, or Enter quit to end: 13
Enter the value of the Bar, or Enter quit to end: 20
Enter the value of the Bar, or Enter quit to end: 26
Enter the value of the Bar, or Enter quit to end: 32
Enter the value of the Bar, or Enter quit to end: 23
Enter the value of the Bar, or Enter quit to end: 17
Enter the value of the Bar, or Enter quit to end: -1
Enter the value of the Bar, or Enter quit to end: -4
Enter the value of the Bar, or Enter quit to end: quit

^ Average Monthly Temperatures - Centigrade
|                                            ####
|                                            ####
|                                            ####
|                                            ####
|                                            ####
|                                            ####
|                                     ####   ####
|                                     ####   ####
|                                     ####   ####   ####
|                                     ####   ####   ####
|                                     ####   ####   ####
|                              ####   ####   ####   ####
|                              ####   ####   ####   ####
|                              ####   ####   ####   ####
|                              ####   ####   ####   ####   ####
|                              ####   ####   ####   ####   ####
|                              ####   ####   ####   ####   ####
|                       ####   ####   ####   ####   ####   ####
|                       ####   ####   ####   ####   ####   ####
|                       ####   ####   ####   ####   ####   ####
|                       ####   ####   ####   ####   ####   ####
|                       ####   ####   ####   ####   ####   ####
|                       ####   ####   ####   ####   ####   ####
|                       ####   ####   ####   ####   ####   ####
|                ####   ####   ####   ####   ####   ####   ####
```

```
    |           ####  ####  ####  ####  ####  ####  ####
    |           ####  ####  ####  ####  ####  ####  ####
    |     ####  ####  ####  ####  ####  ####  ####  ####
    +---------------------------------------------------------------------------->
    |  ####  ####                                              ####  ####
    |  ####  ####                                                    ####
    |  ####  ####                                                    ####
    |  ####  ####                                                    ####
    |  ####  ####
    |  ####  ####
    |  ####  ####
    |  ####  ####
    |  ####  ####
    |  ####  ####
    |        ####
    |        ####
```

11.6 小结

本章很长，但其主题很重要。如果想高效地使用 C 语言，就必须熟练掌握结构，了解指针与函数的重要性。

许多实际的应用程序主要处理的是人、车或物料，这些都需要用几个不同的值表示。而 C 语言中的结构是处理这类复杂对象的最佳工具。虽然某些操作看起来相当复杂，但用于处理的是复杂的实体，所以复杂的不是编程本身，而是要解决的问题。

第 12 章将介绍如何将数据存储到外部文件中。当然这包括存储到结构中。

11.7 习题

以下的习题可测试读者对本章的掌握情况。如果有不懂的地方，可以翻看本章的内容。还可以从 Apress 网站(www.apress.com)下载答案，但这应是最后一种方法。

习题 11.1   定义一个结构类型 Length，它用码、英尺及英寸表示长度。定义一个 add()函数，它相加两个 Length 变元，返回 Length 类型的总和。定义第二个函数 show()，显示其 Length 变元的值。编写一个程序，从键盘输入任意个单位是码、英尺以及英寸的长度，使用 Length 类型、add()和 show()函数去汇总这些长度，并输出总长。

习题 11.2   定义一个结构类型，它含有一个人的姓名及电话号码。在程序中使用这个结构，输入一个或多个姓名及对应的电话号码，将输入的数据项存储在一个结构数组中。程序允许输入姓氏，输出对应于该姓氏的所有电话号码，可以选择是否要输出所有的姓名及他们的电话号码。

习题 11.3   修改上一题的程序，将数据存储在链表中，按照姓名的字母顺序由小到大排序。

习题 11.4   编写一个程序，从键盘上输入一段文本，然后使用结构计算每个单词的出现次数。

习题 11.5   编写一个程序，读取任意多个姓名。用一个二叉树按升序输出所有的姓名，排序时先排姓氏，后排名字(例如 Ann Choosy 在 Bill Champ 的后面，在 Arthur Choosy 的前面)。

第 12 章

■ ■ ■

处 理 文 件

如果计算机只能处理存储在主内存中的数据，则应用程序的适用范围和多样性就会受到相当大的限制。事实上，所有重要的商业应用程序所需的数据量远远大于主内存所能提供的数据量，常常需要具备处理外部设备(例如固定磁盘)所存储的数据的能力。本章将了解如何处理存储在文件上的数据。

C语言在头文件<stdio.h>中提供了一系列读写外部设备的函数。用于存储和检索数据的外部设备一般是固定磁盘，但不仅仅是固定磁盘。而 C 语言中用于处理文件的库函数都独立于设备，所以它们可以应用到任何外部存储设备上。而本章的例子假定处理的是磁盘文件。

本章的主要内容：
- 文件的概念
- 如何处理文件
- 如何读写格式化文件
- 如何读写二进制文件
- 如何在文件中随机存取数据
- 如何创建和使用临时文件
- 如何更新二进制文件
- 如何编写文件查看器程序

12.1 文件的概念

在前面的所有例子中，用户在执行程序时输入的任何数据，在程序结束后都会消失。此时如果用户要用相同的数据执行程序，就必须重新输入一遍。这种方式不仅不方便，还使编程任务无法完成。

例如，如果程序要维护一组姓名、地址以及电话号码，但每次执行时都必须输入一遍姓名、地址以及电话号码，这个程序就不会有人愿意使用了。解决方法是将这些数据存储到一个即使关掉计算机，数据也不会消失的存储设备中。该存储设备就称为文件，文件通常存储到硬盘上。

如果你对硬盘的基本工作机制略知一二，这些知识将有助于你了解何时适合使用文件，何时不适合使用文件。不过，就算对硬盘的文件机制没有任何概念，也不用担心。因为 C 语言的文件处理概念与物理存储设备的知识完全无关。

文件其实是一系列的字节，如图 12-1 所示。

图 12-1　文件的结构

12.1.1　文件中的位置

文件有开头和结尾，还有一个当前位置，通常定义为从文件头到当前位置有多少字节，如图 12-1 所示。当前位置就是发生文件操作(读写文件的动作)的地方。当前位置可以移动到文件的其他地方去。新的当前位置可以指定为距离文件开头的偏移量，或在某些情况下，指定为从前一个当前位置算起的正或负偏移量。有时还可以把当前位置移到文件尾。

12.1.2　文件流

C 库提供了读写数据流的函数。流是外部数据源或数据目的地的抽象表示，所以键盘、显示器上的命令行和磁盘文件都是流。因此，可以使用输入输出函数读写映射为流的任意外部设备。

将数据写入流(即磁盘文件)有两种方式。首先，可以将数据写入文本文件，此时数据写入为字符，这些字符组织为数据行，每一行都用换行符结束。显然，二进制数据，例如 int 或 double 类型的值，必须先转换为字符，才能写入文本文件。前面介绍了如何使用 printf()和 printf_s()函数完成这个格式化。其次，可以将数据写入二进制文件。写入二进制文件的数据总是写入为一系列字节，与它在内存中的表示形式相同，所以 double 类型的值就写入为 8 字节，与其内存表示形式相同。

当然，可以将任意数据写入文件，但数据一旦写入文件，磁盘上的文件都只包含一系列字节。无论是将数据写入二进制文件还是写入文本文件，不论它们是什么样的数据，这些数据最终都是一系列字节。也就是说，读取文件时，程序必须知道这个文件包含什么种类的数据。一系列字节代表的意义完全取决于我们怎么解释它们。二进制文件中的一串 12 字节可以表示 12 个字符、12 个 8 位有符号的整数、12 个 8 位无符号的整数、6 个 16 位有符号的整数，或 1 个 32 位整数，后跟一个 8 字节的浮点数等。以上这些解释都是正确的，因此程序在读取文件时，必须正确地假设文件是如何写入的。

12.2　文件访问

磁盘上的每个文件都有一个名称，文件命名规则由操作系统确定。本章的示例使用微软的 Windows 文件名。如果使用其他操作系统(例如 UNIX)，就需要适当地调整文件的名称。如果一个处理文件的程序只能处理特殊名字的文件，就不是很方便，需要为每个要处理的文件编写不同的程序。因此，在 C 语言中处理文件时，程序通过文件指针或流指针来引用文件。程序运行时，把流指针关联到特定的文件上，所以程序可以在不同的情况下处理不同的文件。文件指针指向表示流的 FILE 类型结构。

文件指针指向的 FILE 结构包含文件的信息，例如是读取、写入还是更新文件，内存中用于数据的缓冲区地址和指向文件中当前位置的指针，以用于下一个操作。实际上，不需要操心这个结构的内容，它们由输入输出函数负责。然而，如果想了解 FILE 结构，可以浏览库的 stdio.h 头文件。

本章把引用文件的流指针称为文件指针，但注意文件指针进行的所有操作都适用于可看作流的数据源或数据目的地。如果要同时使用几个文件，就需要对每个文件使用不同的文件指针，但使用完一个文件后，可以将文件指针关联到另一个文件上。因此，如果要处理多个文件，但一次只处理一个，一个文件指针就够了。

12.2.1 打开文件

将内部文件指针变量关联到一个特定的外部文件名称上的过程称为打开文件。调用标准库函数 fopen() 就可以打开文件，该函数返回特定外部文件的文件指针。fopen() 函数有一个安全的替换版本 fopen_s()，后面会介绍。fopen() 函数在 <stdio.h> 中定义，它的原型如下。

```
FILE *fopen(const char * restrict name, const char * restrict mode);
```

函数的第一个变元是一个字符串指针，它是要处理的外部文件名称。可以将该文件名明确指定为变元，也可以使用数组或一个 char 类型变量指针，它包含了文件名字符串的地址。文件名的获得一般需要采用一些外部方式，例如程序开始执行时的命令行或从键盘读入。如果程序处理的是同一个文件，也可以在程序的开头将文件名定义成一个常量。

函数 fopen() 的第二个变元也是一个字符串，称为文件模式，它指定对文件进行什么处理。它有相当多的选项，但这里只介绍 3 种文件模式(包含了文件的基本操作)。表 12-1 列出了这 3 种文件模式。

表 12-1 文件模式

模式	说明
"w"	打开一个文本文件，进行写入操作。如果文件存在，就删除其当前内容
"a"	打开一个文本文件，进行追加操作。写入的数据放在文件尾
"r"	打开一个文本文件，进行读取操作

■ **注意**：文件模式说明是一个带双引号的字符串，而不是单引号中的单个字符。

这 3 种模式仅应用于文本文件，即将数据写入为字符的文件。本书将在后面的"文本文件的更开放模式"中讨论使生活更轻松的可选参数。也可以使用写入为一系列字节的二进制文件，详见本章后面的"二进制文件的输入输出"。如果成功地调用 fopen()，它会返回一个 File * 类型的指针，通过该指针可以引用文件，使用其他库函数执行进一步的输入输出操作。如果文件因为某种原因打不开，fopen() 就返回一个空指针。

■ **注意**：fopen() 函数返回的指针称为文件指针(file pointer)，或流指针(stream pointer)。

调用 fopen() 会执行两个操作：一是创建一个文件指针(地址)，指定程序要处理的磁盘文件，而是确定在程序中能对它执行什么操作。如前所述，要同时打开几个文件时，必须为每个文件声明各自的文件指针变量，并分别调用 fopen() 函数。一次能打开的文件数由 <stdio.h> 中定义的常量 FOPEN_MAX 确定。C 语言标准规定，FOPEN_MAX 的值至少是 8，包括 stdin、stdout 和 stderr。因此，我们至少一次可以处理 5 个文件，但这个数字常常大很多，例如 256。

打开文件的更安全的可选备用函数是 fopen_s()，其原型是：

```
errno_t fopen_s(FILE * restrict * restrict pfile, const char * restrict name,
                                            const char * restrict mode);
```

要使用这个函数，需要把__STDC_WANT_LIB_EXT1__符号定义为 1。fopen_s()函数与 fopen()
有点区别，fopen_s()的第一个参数是一个 FILE 结构指针的指针，所以把存储文件指针的 FILE*变
量地址传递为第一个变元。该函数会验证传递的最后两个变元不是 NULL，如果其中一个变元是
NULL，函数就会失败。该函数返回一个 errno_t 类型的值，表示操作如何进行。errno_t 类型是一
个整数，由 stdio.h 中的一个 typedef 定义，常常等价于 int。如果一切正常，函数就返回 0；如果
因某种原因不能打开文件，就返回非 0 整数。在后一种情况下，文件指针会设置为 NULL。

对这个函数可以使用与 fopen()相同的模式字符串，但可以使模式字符串以 u 开头，所以要写
入文件时，模式字符串是"uw"。要追加一个文件时，模式字符串是"ua"。是否允许对文件进行并
发访问，由操作系统控制，程序员可以影响操作系统是否允许并发访问文件。模式字符串的设置
中若没有u，就用独占访问方式打开文件。换言之，在打开文件时，只有一个人能访问文件。在文
件模式字符串中添加u，会使一个新文件具备系统默认的文件权限。后面的示例都使用 fopen_s()。
使用 fopen()的安全问题并不严重，但毫无疑问，最好使用更安全的版本。

1. 写入模式

如果要写入文本文件 myfile.txt，可以使用下列这些语句。

```
FILE *pfile = NULL;
char *filename = "myfile.text";
if(!fopen_s(&pfile, filename, "w")) // Open myfile.txt to write it
  printf_s("Failed to open %s.\n", filename);
```

上述语句打开文件，将文件 myfile.txt 关联到文件指针 pfile 上。因为指定的模式是"w"，所以
只能写入文件，而不能读取。第一个字符串变元的最大字数限制是<stdio.h>中定义的
FILENAME_MAX。这个数值相当大，不会成为真正的限制。

如果文件 myfile.txt 不存在，上一条语句中的 fopen_s()函数就会创建它。因为 fopen_s()函数
的第一个变元只提供文件名，没有在第二个变元中指定路径，所以这个文件在当前目录下，如果
在当前目录下没有找到它，就在这个目录下创建它。也可以指定一个包含完整路径和文件名的字
符串，如果在该路径下没有找到文件，就在该位置上创建文件。注意，如果包含那个文件的目录
不存在，fopen_s()函数就不会创建目录，也不会创建文件，而是失败。如果 fopen_s()函数调用失
败，就返回非 0 整数，pfile 设置为 NULL。而如果试图使用 NULL 文件指针，程序会终止。

注意： 现在可以创建新的文本文件了。只要调用 fopen_s()函数，文件模式指定为"w"，第 2 个
变元指定新文件名即可。

打开文件，以用于执行写入操作时，文件的长度会截短为 0，文件指针会位于已有数据的开
头。也就是说，在开始任何写入操作时，前一次写入文件的数据会被覆盖掉。

2. 追加模式

如果要在已有的文本文件中添加数据，而不是覆盖数据，可以指定模式"a"，它是操作的附加
模式。将文件指针放在前一次写入的数据的末尾。如果文件不存在，就会创建新文件。使用之前

声明的文件指针，打开文件，将数据添加到文件末尾，语句如下。

```
fopen_s(&pfile, "myfile.txt", "a");                 // Open myfile.txt to add to it
```

这里没有测试返回值，但读者不应忘记进行测试。在追加模式中打开文件时，所有的写入操作都在文件的数据末尾执行。换言之，所有的写入操作都会把数据追加到文件中，在这种模式下不能更新已有的内容。

3. 读取模式

如果要读入文件，就可以使用下面的语句打开文件。

```
fopen_s(&pfile, "myfile.txt", "r");
```

模式变元指定为"r"，表示要读取文件，所以不能写入文件。文件位置设定在文件中数据的开头。如果要读入文件，文件就必须存在。如果要读取的文件不存在，fopen_s()会把指针设置为NULL。因此，最好检查 fopen_s()的返回值，以确保可以访问文件。

12.2.2　缓存文件操作

打开了文件后，就可以调用 setvbuf()来控制如何缓存输入操作，该函数的原型如下。

```
int setvbuf(FILE * restrict pfile, char * restrict buffer, int mode, size_t size);
```

第一个参数是打开文件的文件指针。调用 setvbuf()只能确定对第一个变元指向的文件执行任何其他操作之前的缓存。第二个参数指定一个用于缓存的数组，第四个参数是该数组的大小。如果把 NULL 指定为第二个变元，就用第四个变元指定的大小分配一个缓存。除非有很好的原因，否则建议总是把第二个变元指定为 NULL，因为这样就不需要考虑缓存的创建或其生存期了。

第三个变元指定缓存模式，其值可以是：

- _IOFBF 使文件完全缓存。输入和输出完全缓存时，数据块会以任意大小读写。
- _IOLBF 使操作缓存一行。输入和输出缓存一行时，读写的数据用换行符来分块。
- _IONBF 使输入和输出不缓存。对于不缓存的输入和输出，数据会逐个字符地传递。这是非常低效的，所以仅在需要时使用这个模式。

一切正常时，setvbuf()返回 0；否则，返回非 0 整数。下面对 pfile 指向的文件使用 setvbuf()：

```
size_t bufsize = 1024;
if(setvbuf(pfile, NULL, _IOFBF, bufsize))
  printf_s("File buffering failed!\n");
```

如果只希望完全缓存输入或输出，可以调用 setbuf()，它的原型是：

```
void setbuf(FILE * restrict pfile, char * restrict buffer);
```

第一个参数是文件指针，第二个参数是用作缓冲区的数组地址。第二个变元可以是 NULL，此时会自动创建缓冲区。如果指定缓冲区，其长度就必须是 BUFSIZ 字节，BUFSIZ 在 stdio.h 中定义。下面使用自己的缓冲区给 pfile 指针指向的文件缓存操作。

```
char *buf = malloc(BUFSIZ);
setbuf(pfile, buf);
```

注意，一旦打开了文件，就必须确保缓冲区存在。这表示使用自动数组时，要特别小心，因为自动数组会在创建它的代码块结束时过期。如果 setbuf() 的第二个变元是 NULL，文件操作就不会缓存。

12.2.3　文件重命名

在许多情况下都需要对文件进行重命名。例如更新文件的内容，创建一个新的、更新过的文件。这需要在创建新的文件后，给它指定一个临时的文件名，然后删除旧文件，再将这个临时的文件名更改成被删掉的文件名。文件重命名非常简单，只需要使用 rename() 函数，它的原型如下：

```
int rename(const char *oldname, const char *newname);
```

如果文件名更改成功，就返回整数 0；否则返回非零值。调用 rename() 函数时，文件必须关闭，否则操作会失败。

下面是使用 rename() 函数的例子。

```
if(rename( "C:\\temp\\myfile.txt", "C:\\temp\\myfile_copy.txt"))
  printf("Failed to rename file.");
else
  printf("File renamed successfully.");
```

这个例子会将 C 盘 temp 目录下的 myfile.txt 文件改名为 myfile_copy.txt。结果是一条改名是否成功的信息。显然，如果文件的路径有错或文件不存在，重命名操作会失败。

■ **警告：** 注意文件路径字符串中的两个斜杠。如果在指定微软 Windows 文件路径时没有使用斜杠的转义序列，就得不到希望的文件名。

12.2.4　关闭文件

使用完文件后，需要告诉操作系统释放文件指针，使文件可由其他人使用，这称为关闭文件。这个动作通过调用函数 fclose() 来完成。这个函数将文件指针作为变元，返回 int 类型的值。如果成功关闭文件，就返回 0；否则返回 EOF。函数 fclose() 的使用方式如下：

```
fclose(pfile);                          // Close the file associated with pfile
pfile = NULL;
```

调用 fclose() 函数的结果是断开指针 pfile 和物理文件名间的连接，因此 pfile 不能再用于访问它表示的文件。如果文件在执行写入操作，就将输出缓冲区的内容写到文件中，以确保数据不会遗失。在关闭文件时，最好总是把文件指针设置为 NULL。

■ **注意：** EOF 是一个特殊的字符，称为文件结束字符。EOF 符号在 <stdio.h> 中定义，一般等于-1。但并不总是这样，所以应在程序中使用 EOF，而不是-1。EOF 一般表示不能再从流中获得数据了。

使用完文件后，最好马上关闭文件。这可以避免输出数据的遗失。当程序的其他部分出错，会使程序不正常结束，从而遗失数据。这可能是因为文件没有正确地关闭，而遗失了输出缓冲区的数据。在尝试重命名或删除文件时，也必须关闭文件。

▨ **注意:** 另一个使用完马上关闭文件的理由是,操作系统通常会限制一次可以打开的文件数。使用完后马上关闭文件,可以使其与操作系统发生冲突的机会降到最低。

fflush()函数可以迫使留在缓冲区内的数据写入文件。前面的章节用它清除键盘输入缓冲区。假定文件指针是 pfile,用以下语句将输出缓冲区内的数据写入文件。

```
fflush(pfile);
```

fflush()函数会返回一个 int 类型的数值,正常的返回值是 0。如果有错误,则返回 EOF。

12.2.5 删除文件

现在可以在代码中创建文件,有时也要编程删除文件。此时可以使用在<stdio.h>中声明的函数 remove(),其用法如下。

```
remove("myfile.txt");
```

这行语句会从当前目录中删除 myfile.txt 文件。在调用函数 remove()删除文件时,文件不应是打开的;否则,调用函数 remove()的动作取决于具体的 C 实现方式,请参阅库文档说明。文件的任何动作都需要检查两次,尤其是删除文件的动作。否则,系统会出问题。

12.3 写入文本文件

打开一个文件以用于写入数据后,就可以在程序的任何地方给它写入数据,只要可以访问 fopen_s()为文件设置的文件指针即可。如果要在包含多个函数的任意位置访问文件,就需要确保文件指针有全局作用域,或可以作为变元传送给访问文件的函数。

▨ **注意:** 要确保文件指针有全局作用域,应将它的声明放在所有函数的外部,通常在源文件的开头。

最简单的写入操作由函数 fputc()提供,它将一个字符写入文本文件。其原型如下:

```
int fputc(int ch, FILE *pfile);
```

函数fputc()将第一个变元指定的字符写入第二个变元(文件指针)指定的文件中。如果写入操作成功,就返回写入的字符。否则,返回 EOF。

实际上,字符不是一个一个地写入物理文件的,这样做的效率极低。在程序和输出例程的监控下,输出字符写入内存中的缓冲区,缓冲区累积到一定的数量后,就一次将它们写入文件,如图 12-2 所示。

注意,putc()函数等价于 fputc(),它们需要的变元和返回类型都相同。区别是 putc()在标准库中实现为一个宏,而 fputc()定义为一个函数。

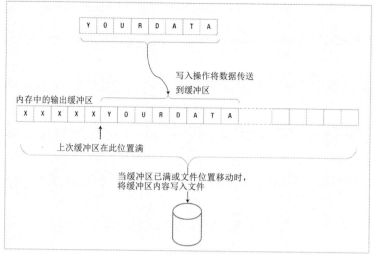

图 12-2　写入文件

12.4　读取文本文件

fgetc()函数与 fputc()函数互补，fgetc()从打开的文本文件中读取一个字符。它将文件指针作为唯一的变元，把读取的字符返回为 int 类型。fgetc()函数的一般用法如下面的语句所示：

```
int mchar = fgetc(pfile);                    // Reads a character into mchar
```

mchar 变量是 int 类型，因为如果到达文件尾，就返回 EOF。EFO 是一个负整数，char 是无符号的类型时，不能把 EOF 返回或存储为 char 类型。在后台，读取文件的机制与写入文件正好相反。在一次操作中将一整块字符写入缓冲区。接着一次将一个字符传送给程序，直到缓冲区空为止，此时再读取另一个块。读取操作非常快，因为大多数 fgetc()操作都不涉及读取磁盘，只是将一个字符从主内存的缓冲区移动到指定存储它的位置上。

注意，getc()函数等价于 fgetc()，getc()需要一个 FILE*类型的参数，将读取的字符返回为 int 类型，所以与 fgetc()完全相同。它们的唯一区别是 getc()实现为一个宏，而 fgetc()是一个函数。这在第 10 章中似曾相识，声明了 getc、getchar 和 ungect()；最后一个声明将字符放回流中，而这次流是一个必须作为参数提供的文件。然后下面的调用将检索该字符。

可以在需要时再次读取文件的内容。rewind()函数把文件指针变元指定的文件定位在开头。其用法如下。

```
rewind(pfile);
```

当然，pfile 必须对应于已打开的文件。

试试看：使用简单的文件

现在已有足够的文件输入输出知识，可以编写一个简单的程序，先写入文件，再读出它。

```
// Program 12.1 Writing a file a character at a time
#define __STDC_WANT_LIB_EXT1__ 1
#include <stdio.h>
```

```c
#include <string.h>
#include <stdlib.h>

#define LENGTH 81                             // Maximum input length

int main(void)
{
  char mystr[LENGTH];                         // Input string
  int mychar = 0;                             // Character for output
  FILE *pfile = NULL;                         // File pointer
  char *filename = "myfile.txt";

  printf("Enter an interesting string of up to %d characters:\n", LENGTH - 1);
  if(!fgets(mystr, LENGTH, stdin))            // Read in a string
  {
    printf_s("Input from keyboard failed.\n");
    exit(1);
  }

  // Create a new file we can write
  if(fopen_s(&pfile, filename, "w"))
  {
    printf_s("Error opening %s for writing. Program terminated.\n", filename);
    exit(1);
  }
  setvbuf(pfile, NULL, _IOFBF, BUFSIZ);       // Buffer the file

  for(int i = strnlen_s(mystr, LENGTH) - 1 ; i >= 0 ; --i)
    fputc(mystr[i], pfile);                   // Write string to file backward

  fclose(pfile);                              // Close the file

  // Open the file for reading
  if(fopen_s(&pfile, filename, "r"))
  {
    printf_s("Error opening %s for reading. Program terminated.", filename);
    exit(1);
  }
  setvbuf(pfile, NULL, _IOFBF, BUFSIZ);       // Buffer the file

  // Read a character from the file and display it
  printf_s("the data read from the file is:\n");
  while((mychar = fgetc(pfile)) != EOF)
    putchar(mychar);                          // Output character from the file
  putchar('\n');                              // Write newline

  fclose(pfile);                              // Close the file
  pfile = NULL;
  remove(filename);                           // Delete the physical file
  return 0;
}
```

程序的输出如下。

```
Enter an interesting string of up to 80 characters:
Too many cooks spoil the broth.
the data read from the file is:

.htorb eht liops skooc ynam ooT
```

代码的说明
要使用的文件名称在下面的语句中定义。

```
char *filename = "myfile.txt";
```

这条语句定义了当前目录下的文件 myfile.txt，如果要在其他地方定位它，就添加文件的路径。如前所述，必须使用转义序列'\\'得到反斜杠字符。如果只使用一个反斜杠，编译器会认为这是转义序列'\m'，这是一个无效的字符。

在执行这个程序之前(以及处理文件的所有例子)，要确保不存在同名、同路径的文件。如果有这么一个文件，就应改变程序中 filename 的初始值，否则已有的文件会被覆盖。

显示提示后，程序使用 fgets()从键盘读入一个字符串。然后，执行下面的语句。

```
if(fopen_s(&pfile, filename, "w"))
{
  printf_s("Error opening %s for writing. Program terminated.\n", filename);
  exit(1);
}
```

这段 if 语句中的条件调用 fopen_s()在当前目录上创建新文件 myfile.txt，并打开它，以备写入数据，然后把文件指针存储在 pfile 中。第 3 个变元指定写入文件。如果 fopen_s()返回非 0 整数，就执行语句块，显示一条信息，调用<stdlib.h>中声明的 exit()函数，使程序非正常结束。

接着调用 setvbuf()，缓存输出操作。

```
setvbuf(pfile, NULL, _IOFBF, BUFSIZ);                    // Buffer the file
```

键盘输入限制为 LENGTH 个字符，所以输出缓冲区的大小是 BUFSIZ，应足够了。

然后是一个 for 循环，如下：

```
for(int i = strlen_s(mystr, LENGTH) - 1 ; i >= 0 ; --i)
  fputc(mystr[i], pfile);                    // Write string to file backward
```

这个循环的索引是从字符串的最后一个字符对应的值往回到 0。因此，循环内的 fputc()函数是以反向顺序将字符逐个写入新文件。要写入的文件由 fputc()函数的第二个指针变元 pfile 指定。这里不希望使用 size_t 类型的控制变量，但可以使用它给数组添加索引。循环释放结束取决于控制变量是否小于 0，size_t 不会小于 0，因为它是无符号的类型。

在调用 fclose()关闭文件后，用下面的语句以读入模式再次打开，并缓存操作。

```
if(fopen_s(&pfile, filename, "r"))
{
  printf_s("Error opening %s for reading. Program terminated.", filename);
```

```
      exit(1);
   }
   SETVBUF(pfile, NULL, _IOFBF, BUFSIZ); // Buffer the file
```

模式说明符"r"指定要读入文件，所以文件的位置设定成文件的开头。这里也检查返回值是否为 NULL，和写入文件一样。

接着在 while 循环条件内使用 fgetc()函数从文件中读入字符。

```
while((mychar = fgetc(pfile)) != EOF)
   putchar(mychar);                     // Output character from the file
```

文件是一个字符一个字符地读入。读入操作发生在循环的继续条件式中。每读入一个字符，就在循环中用 putchar()函数将它显示在屏幕上。fgetc()在文件的结尾返回 EOF 时，就停止这个过程。

在 main()函数的 return 语句之前，最后三行语句如下。

```
fclose(pfile);                          // Close the file
pfile = NULL;
remove(filename);                       // Delete the physical file
```

在处理完文件后，这 3 行语句提供了必要的整理动作。关闭文件，把文件指针重置为 NULL 后，程序调用 remove()函数，删除变元定义的文件。这样可以避免磁盘中有乱七八糟的文件。如果要使用文本编辑器检查编写的文件内容，只需要输出或注释掉 remove()调用。

12.5　在文本文件中读写字符串

用于读取 stdin 的 fgets()也可以读取任意流。其函数原型如下：

```
char *fgets(char * restrict str, int nchars, FILE * restrict pfile);
```

fgets()会从 pfile 所指向的文件将字符串读入 str 所指向的内存。该函数会一直从文件中读取字符串，直到读到了'\n'字符或读入 nchars-1 个字符为止。如果读到换行符，它会保留在字符串中。字符'\0'会附加到字符串的末尾。如果没有错误，fgets()就会返回 str 指针；否则返回 NULL。读取 EOF 会返回 NULL。

要在流中写字符串，可以使用 fgets()的互补函数 fputs()，它的原型如下。

```
int fputs(const char * restrict str, FILE * restrict pfile);
```

第一个变元是要写入文件的字符串指针，第二个变元是文件指针。这个函数的动作有点古怪，它会将字符串写入文件，直到碰到'\0'字符为止，但是'\0'不会写入文件。用 fputs()写入文件的不定长的字符串，可以用 fgets()将它读取出来。这是因为它是一个字符写入操作，不是二进制写入操作，所以它希望写入的一行文本以换行符结束。这个函数不需要换行符，但是使用互补函数 fgets()读取文件时，换行符会非常有用。

如果发生错误，fputs()函数会返回 EOF。如果正常，就返回正整数。其使用方式与 puts()相同，如下。

```
fputs("The higher the fewer.\n", pfile);
```

这会将第一个变元的字符串输出到 pfile 指向的文件中。

试试看：在文本文件中传入传出字符串

下面的练习使用在文本文件中传入传出字符串的函数，用追加模式写入文件。

```
// Program 12.2 As the saying goes...it comes back!
#define __STDC_WANT_LIB_EXT1__ 1
#include <stdio.h>
#include <stdlib.h>
#include <stdbool.h>

#define LENGTH 81                              // Maximum input length
int main(void)
{
  char *proverbs[] =
              { "Many a mickle makes a muckle.\n",
                "Too many cooks spoil the broth.\n",
                "He who laughs last didn't get the joke in"
                                     " the first place.\n"
              };

  char more[LENGTH];                           // Stores a new proverb
  FILE *pfile = NULL;                          // File pointer
  char *filename = "myfile.txt";

  // Create a new file if myfile.txt does not exist
  if(fopen_s(&pfile, filename, "w"))           // Open the file to write it
  {
    printf_s("Error opening %s for writing. Program terminated.\n", filename);
    exit(1);
  }
  setvbuf(pfile, NULL, _IOFBF, BUFSIZ);        // Buffer file output

  // Write our locally stored proverbs to the file.
  for(size_t i = 0 ; i < sizeof proverbs/sizeof proverbs[0] ; ++i)
  {
    if(EOF == fputs(proverbs[i], pfile))
    {
      printf_s("Error writing file.\n");
      exit(1);
    }
  }
  fclose(pfile);                               // Close the file
  pfile = NULL;

  // Open the file to append more proverbs
  if(fopen_s(&pfile, filename, "a"))
  {
    printf_s("Error opening %s for appending. Program terminated.\n", filename);
```

```
      exit(1);
    }
  setvbuf(pfile, NULL, _IOFBF, BUFSIZ);      // Buffer file output

  printf_s("Enter proverbs of up to %d characters or press Enter to end:\n",
                                                            LENGTH - 1);

  while(true)
  {
    fgets(more, LENGTH, stdin);              // Read a proverb
    if(more[0] == '\n')                      // If its empty line
      break;                                 // end input operation
    if(EOF == fputs(more, pfile))            // Write the new proverb
    {
      printf_s("Error writing file.\n");
      exit(1);
    }
  }
  fclose(pfile);                             // Close the file
  pfile = NULL;

  if(fopen_s(&pfile, filename, "r"))         // Open the file to read it
  {
    printf_s("Error opening %s for reading. Program terminated.\n", filename);
    exit(1);
  }
  setvbuf(pfile, NULL, _IOFBF, BUFSIZ);      // Buffer file input

  // Read and output the file contents
  printf_s("The proverbs in the file are:\n");
  while(fgets(more, LENGTH, pfile))          // Read a proverb
   printf_s("%s", more);                     // and display it

  fclose(pfile);                             // Close the file
  remove(filename);                          // and remove it
  pfile = NULL;
  return 0;
}
```

程序的输出如下。

```
Enter proverbs of up to 80 characters or press Enter to end:
Every dog has his day.
Least said, soonest mended.
A stitch in time saves nine.
Waste not, want not.

The proverbs in the file are:
Many a mickle makes a muckle.
Too many cooks spoil the broth.
He who laughs last didn't get the joke in the first place.
```

```
Every dog has his day.
Least said, soonest mended.
A stitch in time saves nine.
Waste not, want not.
```

代码的说明

用下列语句初始化数组指针 proverbs[]。

```
char *proverbs[] =
                { "Many a mickle makes a muckle.\n",
                  "Too many cooks spoil the broth.\n",
                  "He who laughs last didn't get the joke in"
                        " the first place.\n"
                };
```

以 3 个谚语作为数组元素的初始值，会使编译器分配足够的空间来存储这些字符串。每个字符串用一个换行符结束。

再声明一个数组，存储从键盘上读取的谚语。

```
char more[LENGTH];                      // Stores a new proverb
```

创建并打开一个用于写入的文件后，程序就将 3 个谚语写入文件。

```
for(size_t i = 0 ; i < sizeof proverbs/sizeof proverbs[0] ; ++i)
{
  if(EOF == fputs(proverbs[i], pfile))
  {
    printf_s("Error writing file.\n");
    exit(1);
  }
}
```

在 for 循环内使用函数 fputs()将 proverbs[]数组元素所指的内存区的内容写入文件。这个函数非常简单，第一个变元是字符串指针，第二个变元是文件指针。测试返回值 EOF，因为这表示出错。

写入一组谚语后，就关闭文件，然后重新打开文件，如下。

```
if(fopen_s(&pfile, filename, "a"))
{
printf_s("Error opening %s for appending. Program terminated.\n", filename);
exit(1);
}
setvbuf(pfile, NULL, _IOFBF, BUFSIZ);      // Buffer file output
```

调用 setvbuf()，用一个内存缓冲区缓存输出操作。打开模式指定为"a"，所以文件以追加模式打开。注意，在这个模式下，文件的当前位置自动设定在文件的末尾，所以后续的写入动作会追加到文件中已有数据的后面。

输入提示后，从键盘上读取更多的谚语，将它们写入文件，如下面的语句所示。

```
while(true)
```

```
{
    fgets(more, LENGTH, stdin);              // Read a proverb
    if(more[0] == '\n')                      // If its empty line
        break;                               // end input operation
    if(EOF == fputs(more, pfile))            // Write the new proverb
    {
        printf_s("Error writing file.\n");
        exit(1);
    }
}
```

存储在 more 数组中的谚语也使用 fputs()写入文件。文件操作总是可能出错，所以检查返回的 EOF。因为文件使用了追加模式，新的谚语会添加到文件中已有数据的后面。当输入一个空行时，循环结束。空行是只包含'\n'和字符串终止字符的字符串。

写入文件后，关闭文件，再次使用模式说明符"r"打开它，以进行读取。然后，是一个 while 循环。

```
while(fgets(more, LENGTH, pfile))            // Read a proverb
    printf_s("%s", more);                    // and display it
```

在循环继续条件式中将连续的字符串从文件读入 more 数组中。每读完一个字符串，就在循环中调用 printf_s()函数将它显示在屏幕上。因为 more 是 char 数组，所以输出语句编写如下。

```
printf_s(more);
```

more 用作格式字符串，这在大多数情况下都有效，但这不是个好办法。如果用户在 more 要存储的谚语中包含了%，就会出错。

fgets()在读入每个谚语时，只要在字符串尾检测到'\n'字符，就停止读取。遇到 EOF 时，fgets()函数返回 NULL，循环就会结束。最后关闭文件，然后使用函数 remove()删除文件，其方法与上一个例子相同。

12.6　格式化文件的输入输出

将字符及字符串写入文件比较顺利，但是在程序中一般有许多其他的数据类型。例如，要将数值数据写入文件，就需要更多的操作；要使文件中的内容能让人看得懂，还需要数值数据的字符表示。而格式化文件的输入输出函数提供了这样的机制。

12.6.1　格式化文件输出

格式化流输出的标准函数是 fprintf()，它的可选安全版本是 fprintf_s()，其工作方式与 fprintf()类似。fprintf_s()的原型是：

```
int fprintf_s(FILE * restrict pfile, const char * restrict format, ...);
```

fprintf_s()与 printf_s()函数原型的区别是，fprintf_s()的第一个变元是指定输出流。格式字符串的指定原则与 printf_s()相同，包括转换说明符。一切正常时，该函数返回写入流的字符数，否则就返回一个负整数。

下面是一个用法示例。

```
FILE *pfile = NULL;                            // File pointer
int num1 = 1234, num2 = 4567;
float pi = 3.1416f;
if(fopen_s(&pfile, "myfile.txt", "w"))         // Open the file to write it
{
  printf_s("Error opening file for writing. Program terminated.\n");
  exit(1);
}
if(0 > fprintf(pfile, "%12d%12d%14f", num1, num2, pi))
  printf_s("Failed to write the file.\n");
```

这个例子根据第二个变元指定的格式字符串，将 3 个变量 num1、num2 及 pi 的值写入文件指针 pfile 所指定的文件。因此，前两个 int 类型的变量用字段宽度 12 写入文件，第 3 个 float 类型的变量用字段宽度 14 写入文件。于是在 myfile.txt 文件中写入了 38 个字符，覆盖了文件中已有的数据。

12.6.2　格式化文件输入

使用标准的 fscanf()函数可以得到格式化文件输入。但这里讨论它的可选安全版本 fscanf_s()，其原型如下。

```
int fscanf_s(FILE * restrict pfile, const char * restrict format, ...);
```

这个函数的操作和 scanf()对 stdin 的操作完全相同，只是要从第一个变元指定的流中得到输入。scanf()函数的使用规则也适用于这个函数的格式字符串和操作。如果发生错误，或者到达文件尾，函数就会返回 EOF；否则返回读取的值的个数。

例如，从上一个代码段写入的文件 pfile 中读入 3 个变量值，可以使用如下语句。

```
if(fopen_s(&pfile, "myfile.txt", "r"))         // Open the file to read it
{
  printf_s("Error opening file for reading. Program terminated.\n");
  exit(1);
}
if(EOF == fscanf_s(pfile, "%12d%12d%14f", &num1, &num2, &pi))
  printf_s("Failed to read the file.\n");
```

操作成功时，fscanf_s()函数返回 3，因为存储了 3 个值。

试试看：使用格式化输入及输出函数

现在用一个例子演示格式化输入及输出函数，并说明这些操作对数据带来了什么影响。

```
// Program 12.3 Messing about with formatted file I/O
#define __STDC_WANT_LIB_EXT1__ 1
#include <stdio.h>
#include <stdlib.h>

int main(void)
```

```
{
  long num1 = 234567L;                        // Input values...
  long num2 = 345123L;
  long num3 = 789234L;

  long num4 = 0L;                             // Values read from the file...
  long num5 = 0L;
  long num6 = 0L;

  float fnum = 0.0f;                          // Value read from the file
  int ival[6] = { 0 };                        // Values read from the file
  FILE *pfile = NULL;                         // File pointer
  char *filename = "myfile.txt";

  if(fopen_s(&pfile, filename, "w"))
  {
    printf_s("Error opening %s for writing. Program terminated.\n", filename);
    exit(1);
  }
  setbuf(pfile, NULL);

  fprintf_s(pfile, "%6ld%6ld%6ld", num1, num2, num3); // Write file
  fclose(pfile);                              // Close file
  printf_s(" %6ld %6ld %6ld\n", num1, num2, num3);    // Display values written

  if(fopen_s(&pfile, filename, "r"))
  {
    printf_s("Error opening %s for reading. Program terminated.\n", filename);
    exit(EXIT_FAILURE);                       // 1
  }
  setbuf(pfile, NULL);

  fscanf_s(pfile, "%6ld%6ld%6ld", &num4, &num5 ,&num6);  // Read back
  printf_s(" %6ld %6ld %6ld\n", num4, num5, num6);       // Display what we got

  rewind(pfile);                              // Go to the beginning of the file
  fscanf_s(pfile, "%2d%3d%3d%3d%2d%2d%3f", &ival[0], &ival[1], // Read it again
                   &ival[2], &ival[3], &ival[4] , &ival[5], &fnum);
  fclose(pfile);                              // Close the file and
  remove(filename);                           // delete physical file.

  // Output the results
  printf_s("\n");
  for(size_t i = 0 ; i < sizeof(ival)/sizeof(ival[0]) ; ++i)
    printf_s("%sival[%Zd] = %d", i == 4 ? "\n\t" : "\t", i, ival[i]);
  printf_s("\nfnum = %f\n", fnum);
  return 0;
}
```

这个例子的输出如下：

```
234567 345123 789234
  234567 345123 789234
     ival[0] = 23    ival[1] = 456     ival[2] = 734      ival[3] = 512
     ival[4] = 37    ival[5] = 89
fnum = 234.000000
```

代码的说明

这个例子将 3 个变量 num1、num2、num3 的值写入当前目录下的 **myfile.txt** 文件。文件名是通过文件指针 pfile 指定的。这个文件先关闭，然后用模式 r 再次打开，以读取数据。从文件中读取的数据采用写入时的格式，但存储在 num4、num5、num6 中。显然，这些值与 num1、num2、num3 相同。

之后是下面的语句：

```
rewind(pfile);
```

这行语句将当前位置放回到文件的开头，以便再次读取。也可以关闭文件再打开文件来达到相同的目的，但是使用 rewind() 只需要使用一个函数调用，速度也快得多。

文件重新定位后，使用下面的语句再次读取文件。

```
fscanf_s(pfile, "%2d%3d%3d%3d%2d%2d%3f", &ival[0], &ival[1], // Read it again
                       &ival[2], &ival[3], &ival[4] , &ival[5], &fnum);
```

这条语句将相同的数据读入数组 ival[] 和浮点数变量 fnum，但是使用的格式和写入文件时不同。其结果是，这个文件只由字符串组成，和 printf_s() 输出到屏幕上的结果相同。

> **注意：** 如果输出的格式说明符指定的精度小于存储数值的精度，就会丢失信息。

从文本文件读回的值，取决于所使用的格式字符串和在 fscanf_s() 函数中指定的变量列表。

写入文件时，不需要维护内部的源信息。把数据放在文件中，它就只是一串字节，这些字节的意义取决于我们如何解释它们。这种情形在这个例子中可以很清楚地看到，本例将原来的 3 个值转换成 7 个新值。最后程序进行清理工作，关闭文件，用 remove() 函数删除文件。

12.7　错误处理

本书的例子都只包含最起码的错误检查及报告，因为完整的错误检查和报告代码会占用很大的篇幅，使程序看起来相当复杂。然而在实际的程序中，应尽可能地检查及报告错误。

一般来说，应将错误信息写入 stderr，stderr 可自动用于程序，且总是指向显示屏幕。stdout 可以通过一个操作系统语句重定向到文件上，但是 stderr 仍是指向屏幕。在读取文件之前，检查文件是否存在是很重要的。前面的例子就是这么做的，当然还可以做得更多。首先，可以使用 fprintf_s() 将错误信息写入 stderr，而不是 stdin。例如：

```
char *filename = "myfile.txt";
FILE *pfile = NULL;
if(fopen_s(&pfile, filename, "r"))
{
  fprintf_s(stderr, "\nCannot open %s to read it.", filename);
```

```
    exit(1);
  }
```

写入 stderr 的优点是，输出总是要显示出来，且立即写到显示设备上。这就是说，只要没有把 stderr 重新赋予另一个目的地，输出都会写入 stderr。而 stdin 流会缓存，如果程序崩溃，数据就有可能留在缓冲区中，不显示出来。调用 exit() 函数终止程序，可以确保刷新输出流缓冲区，使输出写入最终的目的地。

流 stdin 可以重定向到文件上，但 stderr 不能重定向，以确保总是有输出。

知道会发生某类错误是很有用的，但是还可以做得更多。流错误条件可以设置一个错误指示符，调用 ferror() 函数可以测试该指示符。ferror() 函数的变元是流指针，如果给流设置了错误指示符，ferror() 函数就返回一个非零整数。接着调用 perror() 函数，输出字符串变元，以及与所发生错误对应的系统定义的错误信息。因此，下面的代码测试指针 pfile 对应的流是否出错，并输出一个消息。

```
if(ferror(pfile))
{
  perror("Stream error");
  exit(EXIT_FAILURE);  // 1
}
```

输出如下：

```
Stream error: Message corresponding to the error
```

如第 9 章所示，一个好的实践是使用 stdlib.h 提供的宏，因为不同的操作系统可能期望不同的返回值(大多数是 1 或 0，基于 UNIX 设计)。自从 ANSI C 以来，宏 EXIT_FAILURE 和 EXIT_SUCCESS 都包含在 EXIT()中。

与错误相关的消息字符串会追加到字符串变元上，用一个冒号与其分开。如果只需要错误消息，就给函数传递 NULL。

如果读取文件时发生错误，可以检查是否到达了文件尾。如果到达了文件尾，feof()函数就会返回一个非零整数。因此，可以使用下面的语句来检查。

```
if(feof(pfile))
 printf("End of file reached.");
```

注意，这里没有将信息写入 stderr，因为到达文件尾不算错误。

<errno.h>头文件定义了一个 int 值 errno，它指定发生了哪一种错误。读者应查阅 C 语言的文档说明，了解有关的信息。errno 的值是为错误设定的，而不只是文件操作。

应总是在程序中包含一些基本的错误检查及报告代码。编写一些程序后，会发觉为每种操作错误包含标准的检查代码并不是很辛苦。如果使用标准方法，就可以在程序之间复制大多数错误检查代码。

12.8 再探文本文件操作模式

前面使用的文本模式都是打开文件的默认操作模式。在 C 语言早期的版本中，可以明确指定文件以文本模式打开。为此，只需要在已有的说明符后面加上 t。因此，除了原来的 3 个模式之外，还有 3 个模式说明符"wt"、"rt"和"at"。这里提及它们，因为读者可能在其他 C 程序中遇到它们。尽管一些编译器支持它们，但它们不是当前 C 语言标准的内容，所以最好不要在代码中使用它们。

使用 fopen_s()函数打开文本文件的模式字符串的完整列表如表 12-2 所示。

表 12-2　文本文件操作的模式字符串

模式	说明
"r"	打开文本文件，读取它
"r+"	打开文本文件，读写它
"w"	打开或创建文本文件，写入它。如果文件已存在，就把其长度截短为 0，覆盖其内容
"wx"	创建并打开文本文件，用非共享访问权限写入它
"w+"	把已有文本文件的长度截短为 0，打开它，进行更新。如果文件不存在，就创建并打开它，进行更新
"w+x"	创建文本文件，用非共享访问权限更新它
"a"	打开或创建文本文件，给它追加内容。所有内容都写入文件的末尾
"a+"	创建并打开文本文件，进行更新。所有内容都写入文件的末尾

注意，非共享访问权限只能在创建新文件时指定。用包含"x"的模式字符串打开已有文件会失败。打开文件，给它追加内容(模式字符串包含"a")时，无论当前文件位置在哪里，所有写入操作都将数据添加到文件末尾。

"x"是 C11 的一个新特性，它可以避免删除现有文件并抛出错误，而不是文件是否已存在。这意味着，如果只使用"w"，那么它将创建一个文本文件(截断它)；因此，它是类似的"a"或"w"，但有必要检查其存在，然后决定使用其中一些模式；而"wx"更直接。通过控制对同一文件的并发访问，以及避免忘记文件生命周期的易出错代码，这在许多方面都很有用。

```c
FILE *pfile = NULL;
char *filename = "hello.txt";
pfile = fopen(filename, "wx");

if (pfile == NULL)
{
   printf("file already exists!");
   exit(EXIT_FAILURE);
}
```

打开文件进行更新(模式字符串包含"+")时，可以读写文件。但是，在输入操作后立即执行输出操作，会调用 fflush()或者修改文件位置的函数。这会确保在读取操作之前，清空输出缓冲区。如果希望在读取操作后立即写入文件，就必须在写入操作之前调用一个文件定位函数，除非文件位置在文件的末尾。改变文件位置的函数是 rewind()、fseek()和 fsetpos()，本章后面会介绍。

12.9　freopen_s()函数

freopen_s()函数是 freopen()函数的可选安全版本，它常用于把标准流指针重新赋予一个文件。例如，可以重新赋予 stdout，这样后面写入流中的所有数据都会写入文件。还可以使用 freopen_s()

修改已有流的模式。freopen_s()函数的原型如下。

```
errno_t freopen_s(FILE * restrict * restrict pNew,    // New stream pointer address
                  const char * restrict filename,      // Name of the file
                  const char * restrict mode,          // Open mode
                  FILE * restrict stream);             // Existing stream pointer
```

filename 是 NULL 时，该函数将尝试把第四个变元指定的流 stream 的模式改为 mode。改为哪个模式取决于 C 实现方案。

filename 不是 NULL 时，函数首先尝试关闭 stream 指向的文件，接着打开文件，把传递为第四个变元的已有流 stream 与文件关联起来。操作成功时，流指针存储在 pNew 中。失败时，pNew 就设置为 NULL。与 fopen_s()一样，一切正常时，返回值是 0；出错时，返回一个非 0 整数。

下面是把 stdout 重新赋予文件的示例。

```
FILE *pOut = NULL;                                     // File pointer
char *filename = "myfile.txt";

if(freopen_s(&pOut, filename, "w+", stdout))
{
  printf_s("Error assigning stdout to %s. Program terminated.\n", filename);
  exit(1);
}
printf_s("This output goes to myfile.txt\n");
```

执行这段代码后，pOut 就包含流指针 stdout，它现在与 myfile.txt 关联起来，所有对 stdout 的后续输出都写入 myfile.txt。当希望程序从 stdin 中正常读取，从文件中接受输入时，可以用类似的方式使用 freopen_s()把 stdin 重新赋予文件。显然，此时，文件必须已经存在，且包含合适的输入数据。

12.10 二进制文件的输入输出

文件操作除了文本模式外，还有一个二进制模式。在这个模式下，不转换数据，也不需要用格式字符串控制输入输出，所以它比文本模式简单。二进制模式将内存的数据直接传送到文件中。文本模式下具有特殊意义的字符，如'\n'和'\0'，在二进制模式下就没意义了。

二进制模式的优点是没有数据转换，也没有精度的损失。而文本模式因为有格式化过程，有数据转换和精度损失。另外，二进制模式比文本模式的速度快。图 12-3 是这两种模式的比较。

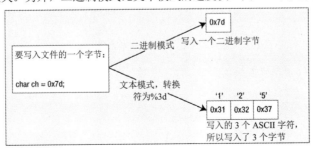

图 12-3　比较二进制模式和文本模式

12.10.1 以二进制模式打开文件

要指定二进制模式，只需要在基本打开模式说明符后附加 b。因此，打开模式说明符"wb"表示写入二进制文件，"rb"表示读取二进制文件，"ab"表示将数据追加到二进制文件的末尾。二进制文件操作的完整模式字符串列表如表 12-3 所示。

表 12-3　二进制文件操作的模式字符串

模式	说明
"rb"	打开二进制文件，读取它
"rb+"或"r+b"	打开二进制文件，读写它
"wb"	打开或创建二进制文件，写入它。如果文件已存在，就把其长度截短为 0，覆盖其内容
"wbx"	创建并打开二进制文件，用非共享访问权限写入它
"wb+"或"w+b"	把已有二进制文件的长度截短为 0，打开它，进行更新。如果文件不存在，就创建并打开它，进行更新。
"wb+x"或"w+bx"	创建二进制文件，用非共享访问权限更新它
"ab"	打开或创建二进制文件，给它追加内容。所有内容都写入文件的末尾
"ab+"或"a+b"	创建并打开二进制文件，进行更新。所有内容都写入文件的末尾

数据在二进制模式下的读写操作与文本模式不同，所以需要一些新的函数执行输入输出。

12.10.2 写入二进制文件

写入二进制文件的函数是 fwrite()。它的原型是：

```
size_t fwrite(const void * restrict pdata, size_t size, size_t nitems,
            FILE * restrict pfile);
```

第一个参数是要写入的数组的地址。参数类型是 void*，表示任何类型的数组都可以传递为该函数的参数。第二个参数是数组元素的字节数。第三个参数是数组元素的个数，最后一个参数是文件流的指针。函数 fwrite()将实际写入的数据项个数返回为一个整数。如果出现写入错误，禁止写入所有的数据，这个整数就小于 nitems。如果 size 或 nitems 是 0，就不给文件写入任何数据。

最好用一个例子解释它。假设用下面的语句打开文件，以执行写入操作。

```
FILE *pfile = NULL;                      // File pointer
char *filename = "myfile.bin";
if(fopen_s(&pfile, filename, "wb"))
{
  printf_s("Error opening %s for writing. Program terminated.\n", filename);
  exit(1);
}
```

写入 myfile.bin 文件的语句如下。

```
long data[] = {2L, 3L, 4L};
size_t num_items = sizeof(data)/sizeof(long);
size_t wcount = fwrite(data, sizeof(long), num_items, pfile);
```

fwrite()函数标准指定数目的二进制数据项写入文件，其中每个数据项有给定的字节数，这会把 data 数组的所有元素写入文件。注意，在调用函数 fwrite()时，没有检查是否在二进制模式下打开文件。写入操作会把二进制数据写入以文本模式打开的文件。当然，也可以把文本数据写入二进制文件。这会使结果很难理解。

函数 fwrite()可以将许多给定长度的二进制对象写入文件。写入自己的结构就像写入 int 值、double 值或一串字节一样简单。但这并不表示，在输出操作中写入的值必须是相同的类型。例如，可以使用 malloc()分配一些内存，将不同类型及长度的一串数据项集合起来，再将整块内存一次性写出为一串字节。当然，读取它们时，必须知道文件中值的顺序及类型，才能使它们有意义。

12.10.3 读取二进制文件

二进制文件以读取模式打开后，就可以使用 fread()函数读取它。fread()的原型如下：

```
size_t fread(void * restrict pdata, size_t size, size_t nitems, FILE * restrict pfile);
```

其参数与 fwrite()相同：pdata 是要读取的数组的地址，size 是每个数据项的字节数，nitems 是要读取的数据项个数，pfile 是文件指针。

使用和写入二进制文件例子中相同的变量读取文件，语句如下。

```
size_t wcount = fread( data, sizeof(long), num_items, pfile);
```

这个操作和写入操作正好相反。函数从 data 指定的地址开始，读取 num_items 个对象，每个对象的字节数由第二个变元指定。这个函数返回读取的项数。如果读取不完全成功，这个项数就小于要求读取的数目。

试试看：读写二进制文件

可以将二进制文件的操作应用于第 7 章中计算质数的 Program 7.11。这次使用磁盘文件作为缓冲区，计算更多的质数。如果存储质数的数组不足以存储所要求的质数数目，可以让程序把质数自动存储在文件中。在这个寻找质数的程序版本中，要改进检查过程。

除了 main()函数(该函数包含寻找质数的循环)之外，再编写一个函数 is_prime()，测试某个值是否是质数，用辅助函数check()比较给定的值和已有的质数，用list_primes()函数从文件中提取质数，并显示它们。再用另一个辅助函数列出数组中的质数。

这个程序有几个函数，使用全局变量，下面一点一点地讨论。首先是函数原型和全局数据。

```
// Program 12.4 A prime example using binary files
#define __STDC_WANT_LIB_EXT1__ 1
#include <stdio.h>
#include <stdlib.h>
#include <stdbool.h>
#include <math.h>                              // For square root function sqrt()

#define PER_LINE    8                          // Primes per line in output
#define MEM_PRIMES 10*PER_LINE                 // Lines of primes in memory

// Function prototypes
bool is_prime(unsigned long long N);          // Check for a prime
void list_primes(void);                        // List all primes
```

```
int check(unsigned long long buffer[], size_t count, unsigned long long N);
void list_array(void);                    // List primes in memory
void write_file(void);                    // Write primes to file

// Anonymous struct type
struct
{
  char *filename;                         // File name for primes
  FILE *pfile;                            // File stream pointer
  unsigned long long primes[MEM_PRIMES];  // Array to store primes
  size_t count;                           // Free location in primes
} global = { .filename = "myfile.bin",    // Physical file name
             .pfile = NULL,               // File pointer value
             .primes = {2ULL, 3ULL, 5ULL}, // Initial seed primes
             .count = 3                   // Number of primes in array
};
int main(void)
{
  // Code for main()...
}

// Definitions for other functions...
```

在使可选函数可访问的符号定义和通常的#include 语句后，定义了几个符号，它们分别指定每行输出有多少个质数，以及在内存中存储的质数个数。使后者是每行显示的质数个数的倍数，就很容易管理如何输出存储在文件中的质数。

接着是在程序中使用的函数原型。函数原型有没有参数名称都没关系，但是必须指定参数的类型。通常最好有参数的名称，因为它们可以提示参数的作用。原型中的参数名可以和函数定义中的参数名不一样，但这只应在有助于理解程序时才这么编写。为了得到数量最多的质数，将质数存储为 unsigned long long 类型。

函数原型的后面是一个匿名 struct 的定义，该结构把全局变量定义为其成员。结构的实例必须在 struct 类型定义的语句中定义，因为这是一个匿名的 struct。把全局变量定义为 global 结构对象的成员，就最小化了与本地变量名的冲突，因为全局变量必须用其所属的结构对象名来限定。初始化 global 结构的成员时，使用的记号标识了成员名，它们的顺序与结构类型定义中的顺序相同，但这不是必须的。

struct 的成员是 filename，它是存储质数的文件名；pfile 是文件流指针；primes 数组，它在内存中存储至多 MEM_PRIMES 个值；count，它记录了 primes 数组中的当前元素数。

下面是 main()函数的定义。

```
int main(void)
{
  unsigned long long trial =
               global.primes[global.count - 1];  // Current prime candidate
  size_t num_primes = 3UL;                        // Current prime count
  size_t total = 0UL;                             // Total number required

  printf_s("How many primes would you like? ");
```

```
    scanf_s("%zd", &total);
    total = total < 4 ? 4 : total;                // Make sure it is at least 4

    // Prime finding and storing loop
    while(num_primes < total)                     // Loop until we get total required
    {
      trial += 2ULL;                              // Next value for checking
      if(is_prime(trial))                         // Is trial prime?
      {
        global.primes[global.count++] = trial;    // Yes, so store it
        ++num_primes;                             // Increment total primes

        if(global.count == MEM_PRIMES)            // If array is full...
          write_file();                           // ...write to file.
      }
    }
    // If there are primes in the array and there is a file, write them to the file.
    if(global.pfile && global.count > 0)
     write_file();

    list_primes();                                // Display the file contents
    if(global.pfile)                              // If we needed a file...
    {
      if(remove(global.filename))                 // ...then delete it.
        printf_s("\nFailed to delete %s\n", global.filename);  // Delete failed
      else
        printf_s("\nFile %s deleted.\n", global.filename);     // Delete OK
    }
    return 0;
}
```

代码的说明

因为已经定义了 3 个质数，所以从键盘上输出的数字至少是 4，所以进行检查。如果需要，就把 total 设置为 4。质数是在 while 循环中查找的。函数 is_prime()在循环的 if 语句中调用，检查 trial 中的当前数字是否是一个质数。如果找到了一个质数，就执行如下语句，把它存储在数组中。

```
global.primes[global.count++] = trial;          // Yes, so store it
++num_primes;                                    // Increment total number of primes
```

第一行语句把找到的质数存储在 global.primes[]数组中。用 num_primes 变量记录找到的质数个数，这个值控制着外层的 while 循环。结构成员变量 global.count 记录在任意给定时刻内存中的质数个数，以确定数组是否已满。

每次找到一个质数，都要检查数组是否已满。

```
if(global.count == MEM_PRIMES)                   // If array is full...
 write_file();                                   // ...write to file.
```

如果 global.primes 数组已满，if 条件就是 true，调用 write_file()，将 global.primes 数组的内容写入文件。这个函数可以使用 global.count 确定必须写入多少个元素。

找到所需数目的质数后，while 循环结束。此时在 global.primes 数组中就存储了质数。只有所需存储的质数数目超出了 global.primes 数组的容量，才需要将质数写入文件。此时，文件应该已经存在，并且数组中仍存储了质数，就调用 write_file() 把它们写入文件。list_primes() 函数实现为输出质数，所以如果文件存在，它就从文件中读取质数，使用 global.primes 数组作为缓冲区，或者仅列出 global.primes 数组中的质数。

如果需要写入文件，global.pfile 就非空，所以使用这个指针确定在程序结束之前，是否要删除一个文件。

函数 is_prime() 的实现代码如下。

```c
bool is_prime(unsigned long long n)
{
  unsigned long long buffer[MEM_PRIMES];      // local buffer for primes from file
  size_t count = 0;                           // Number of primes in buffer
  int k = 0;

  if(global.pfile)                            // If we have written a file...
  {                                           // ...open it
    if(fopen_s(&global.pfile, global.filename, "rb"))
    {
      printf_s("Unable to open %s to read.\n", global.filename);
      exit(1);
    }
    setvbuf(global.pfile, NULL, _IOFBF, BUFSIZ);    // Buffer file input
    while(!feof(global.pfile))
    {  // Check against primes in the file first
      // Read primes
      count = fread(buffer, sizeof(buffer[0]), MEM_PRIMES, global.pfile);
      if((k = check(buffer, count, n)) == 1)        // Prime?
      {
        fclose(global.pfile);                       // Yes, so close the file
        return true;                                // and return
      }
    }
    fclose(global.pfile);                           // Close the file
  }
  return 1 == check(global.primes, global.count, n); // Check primes in memory
}
```

if 语句检查 global.pfile，确定是否有包含质数的文件。此时 global.pfile 非空，所以在 while 循环中打开该文件，从文件中把质数读取到本地数组 buffer 中。while 循环条件是反转 feof() 的返回值。读取到文件尾时，feof() 返回 true，这表示读取了整个文件，循环应结束。循环中调用的 check() 函数测试 n 与 buffer 中的质数。

循环结束后的最后一步是使用 check() 检查 n 能否被内存中的质数整除，最后进行这个检查，因为它们是最新发现的最大质数。

check() 函数的实现代码如下。

```c
int check(unsigned long long buffer[], size_t count, unsigned long long n)
{
  // Upper limit
  unsigned long long root_N = (unsigned long long)(1.0 + sqrt(n));
```

```
  for(size_t i = 0 ; i < count ; ++i)
  {
    if(n % buffer[i] == 0ULL)                    // Exact division?
      return 0;                                  // Then not a prime

    if(buffer[i] > root_N)                       // Divisor exceeds square root?
      return 1;                                  // Then must be a prime
  }
  return -1;                                     // More checks necessary...
}
```

如果 n 是质数，函数就返回 1，否则返回 0。如果需要进一步检查，就返回-1。该函数确定 n
是否是质数时，需要给 n 除以数组中小于 n 的平方根的每个质数，不需要测试比 n 的平方根更大
的数。因为如果 n 能被大于 n 的平方根的数整除，整除的结果就是一个小于 n 的平方根的因子，
这个因子已经测试过了。如果 n 可以整除某个质数，就返回 0，结束这个过程，因为 n 显然不是
质数。如果直到 n 的平方根的所有质数都不能整除 n，n 就一定是质数，所以返回 1。如果数组中
的所有质数都检查过了，结果仍不能确定，需要测试更多的除数，就返回-1。

write_file()的实现代码如下。

```
void write_file(void)
{
  if(fopen_s(&global.pfile, global.filename, "ab"))
  { // Failed, so explain and end the program
    printf_s("Unable to open %s to append\n", global.filename);
    exit(1);
  }
  setvbuf(global.pfile, NULL, _IOFBF, BUFSIZ);   // Buffer file output
  // Write the array to file
  fwrite(global.primes, sizeof(unsigned long long),
                                          global.count, global.pfile);
  fclose(global.pfile);                          // Close the file
  global.count = 0;                              // Reset count of primes in memory
}
```

以二进制模式打开文件，追加数据。第一次打开文件时，会创建一个新文件。以后调用 fopen_s()
时，会打开已有的文件，把当前位置设置在文件中已有数据的末尾，准备写入下一个块。写入一
个块后，就关闭文件，因为在检查质数的 is_prime()函数中，要以读取模式打开它。数组的内容安
全地存储在文件中后，就把内存中的质数个数重置为 0。

列出所有质数的函数代码如下。

```
void list_primes(void)
{
  if(global.pfile)
  {
    if(fopen_s(&global.pfile, global.filename, "rb")) // Open the file
    {
      printf_s("\nUnable to open %s to read primes for output\n", global.filename);
      exit(1);
    }
```

```
        setvbuf(global.pfile, NULL, _IOFBF, BUFSIZ); // Buffer file input
        while(!feof(global.pfile))
        {
          global.count = fread(global.primes,
                          sizeof(unsigned long long), MEM_PRIMES, global.pfile);
          list_array();
        }
        printf_s("\n");
        fclose(global.pfile);
      }
      else
        list_array();
    }
```

这个函数首先检查是否有文件。如果 global.pfile 是 NULL，就没有文件，所有质数都在 global.primes 数组中，所以只需要调用 list_array()，列出它们即可。如果有文件，就以读取模式打开它，接着在 while 循环中把文件中的质数读取到 global.primes 数组中。调用 list_array()，列出其内容。fread()函数返回读取的质数个数，所以 global.count 总是反映了 global.primes 数组中的质数个数。循环一直继续下去，直到设置了文件尾标识符，这使 feof()返回 true。

list_primes()调用的 list_array()函数如下所示。

```
void list_array(void)
{
  for(size_t j = 0 ; j < global.count ; ++j)    // Display the primes
  {
    printf_s("%10llu", global.primes[j]);       // Output a prime
      if(((j + 1) % PER_LINE) == 0)
        printf_s("\n");
  }
}
```

这不需要解释。for 循环列出 global.primes 数组中的所有质数，每个输出行有 PER_ LINE 个质数。

12.11 在文件中移动

在许多应用程序中，需要能随机访问文件中的数据，而不是按顺序访问它们。某些信息存储在文件的中央，因此必须从文件的开头读起，直到找到需要的信息为止。但如果文件包含几百万项，就要花相当多的时间。

当然，要随机访问数据，需要知道要提取的数据存储在文件的什么地方。这一般是一个相当复杂的主题。有许多不同的方法可以建立指针或索引，快速而简易地直接访问文件中的数据。其基本概念类似于书本的目录。用一个键表指出文件中每个记录的内容，每个键都定义了一个关联的位置，记录在文件中存储数据的地方。下面看看库中处理这类输入输出的基本工具。

▧ 注意：不能在追加模式下更新文件。在移动文件位置时，不论涉及什么操作，所有的写入操作都在已有数据的后面发生。

12.11.1　文件定位操作

文件定位有两个方面：找出当前我们在文件中的位置，然后移动到文件中某个特定的位置。前者是后者的基础：如果不知道在文件的什么地方，就不可能知道如何到达要去的地方。

无论文件是以二进制模式还是以文本模式打开，都可以访问文件的随机位置。然而，使用文本模式文件在某些环境下是比较复杂的，尤其是微软的 Windows 环境。事实上，文件记录的字符数比实际写入得多，因为内存中的换行符'\n'在写入文本模式的文件时，会转换成两个字符(回车 CR 和换行 LF)。当然，读取数据的 C 库函数会还原这个字符。问题是假定某个位置距离文件开头有 100 字节，以文本模式在文件中写入 100 个字符，它们是否在文件中就占据 100 字节，取决于数据中是否包含换行符。如果随后将内存中相同长度的不同数据写入文件，则只有该数据含有相同数量的'\n'字符，它们在文件中才会有相同的长度。

因此，最好避免随机写入文本文件。这里不讨论文本文件的随机写入操作，而专注于比较有用且简单的二进制文件的随机访问。

12.11.2　找出文件中的当前位置

有两个函数可以指出文件中的当前位置，它们十分类似，但并不相同。它们是互补的位置函数。第一个函数是 ftell()，它的原型是：

```
long ftell(FILE *pfile);
```

这个函数将一个文件指针作为变元，返回一个 long 整数值，指定文件中的当前位置。这个函数可以使用之前使用的文件指针 pfile 所指向的文件，语句如下。

```
long fpos = ftell(pfile);
```

变量 fpos 包含文件中的当前位置，所以可以在以后的函数调用中使用它返回这个位置。这个值是距离文件开头的字节数。

第二个提供目前文件位置信息的函数复杂一些。它的原型如下。

```
int fgetpos(FILE * restrict pfile, fpos_t * restrict position);
```

第一个参数是文件指针。第二个参数是定义在<stdio.h>中的 fpos_t 指针。fpos_t 是能记录文件中的每个位置的数组类型。在我的系统上它是一个结构。读者可查看<stdio.h>头文件，了解 fpos_t 在自己的系统上的类型。

fgetpos()函数与稍后介绍的位置函数 fsetpos()一起使用。如果操作成功，函数 fgetpos()会在 position 中存储当前位置和文件状态信息，并返回 0，否则返回非零整数。用下面的语句声明一个 fpos_t 类型的变量 here：

```
fpos_t here;
```

现在可以用如下语句记录文件中的当前位置。

```
fgetpos(pfile, &here);
```

这行语句将当前的文件位置记录到变量 here 中，以后可以用它返回这个位置。

■ **警告**：必须声明 fpos_t 类型的变量，而不要声明 fpos_t* 类型的指针，因为它不会分配任何内存来存储位置数据。

12.11.3 在文件中设定位置

ftell()的互补函数是 fseek()函数，它的原型如下。

```
int fseek(FILE *pfile, long offset, int origin);
```

第一个参数是要重新定位的文件指针。第二和第三个参数定义文件中要到达的位置。第二个参数是距离第三个参数指定的参考点的位移。参考点可以是以下 3 种情况：SEEK_SET 指定了文件的开头，SEEK_CUR 指定了文件的当前位置，SEEK_END 指定了文件的末尾。二进制文件不支持 SEEK_END。当然，这 3 个值都在头文件<stdio.h>中定义。

对于文本文件，如果要避免丢失数据，第二个参数必须是 ftell()返回的值。第三个参数对于文本文件必须是 SEEK_SET。因此，对于文本文件模式，fseek()函数的所有操作都以文件的开头作为参考点。

对于二进制文件，offset 参数是一个相对的字节数。因此，参考点指定为 SEEK_CUR 时，可以给 offset 提供正数或负数。

与 fgetpos()函数配对的函数是 fsetpos()。它的原型如下：

```
int fsetpos(FILE *pfile, const fpos_t *position);
```

第一个参数是打开的文件的指针，第二个参数是 fpos_t 类型的指针，它的值是调用 fgetpos()得到的地址。使用 fsetpos()函数的方法如下：

```
fsetpos(pfile, &here);
```

变量 here 是前面调用 fgetpos()设定的。与 fgetpos()函数一样，如果出错，fsetpos()就返回非零值，否则返回 0。这个函数要使用 fgetpos()返回的值，所以只能用它得到之前文件中的某个位置，而 fseek()函数允许到达任何位置。

注意，seek 这个动词用来表示将磁盘的读/写头移动到文件中的特定位置。这就是 fseek()的名字来历。

例如，使用模式"rb+"或"wb+"打开要更新的文件，不论之前对这个文件执行了什么动作，在执行完定位函数 fsetpos()或 fseek()后，都可以安全地执行读写操作。

试试看：随机访问文件

要练习刚学到的文件处理技巧，可以修改前一章的程序，记录家庭成员的信息。因此，要创建一个含有所有家庭成员数据的文件，然后处理这个文件，输出每个成员及其双亲的数据。本例使用的结构仅用于包含家庭中最少的成员。当然还可以扩展它，使之包含亲戚的信息。

首先是要使用的结构。

```
#define NAME_MAX 20

struct
{
  char *filename;                        // Physical file name
```

```
  FILE *pfile;                              // File pointer
} global = {.filename = "myfile.bin", .pfile = NULL};

// Structure types
typedef struct Date                         // Structure for a date
{
  int day;
  int month;
  int year;
} Date;

typedef struct Family                       // Structure for family member
{
  Date dob;
  char name[NAME_MAX];
  char pa_name[NAME_MAX];
  char ma_name[NAME_MAX];
} Family;
```

第一个结构没有类型名称，所以是一个匿名结构。它包含的成员存储了文件名(该文件存储了家庭成员的数据)和用于处理文件的文件指针。

第二个结构把日期表示为日、月、年。该语句合并了类型 struct Date 的定义和类型名 Date 的定义，等价于 struct Date。

第三个结构定义语句也合并了 typedef。它把包含 4 个成员的 struct Family 和 Family 定义为等价的类型名。现在可以把 dob 指定为 Date，因为前面使用了 typedef。

下面看看函数原型和 main()函数。

```
// Program 12.5 Investigating the family.
#define __STDC_WANT_LIB_EXT1__ 1
#include <stdio.h>
#include <ctype.h>
#include <stdlib.h>
#include <stdbool.h>
#include <string.h>

#define NAME_MAX 20

// struct type definitions as before...

// Function prototypes
bool get_person(Family *pfamily);           // Input function for member details
void getname(char *name, size_t size);      // Read a name
void show_person_data(void);                // Output function
void get_parent_dob(Family *pfamily);       // Function to find DOB for pa & ma
void open_file(char *mode);                 // Open the file in the given mode
inline void close_file(void);               // Close the file

int main(void)
{
  Family member;                            // Stores a family structure
```

```
open_file("ab");                              // Open file to append to it
while(get_person(&member))                    // As long as we have input...
  fwrite(&member, sizeof member, 1, global.pfile); // ...write it away

fclose(global.pfile);                         // Close the file now its written

show_person_data();                           // Show what we can find out

if(remove(global.filename))
  printf_s("Unable to delete %s.\n", global.filename);
else
  printf_s("Deleted %s OK.\n", global.filename);
return 0;
}
```

代码的说明

除了 main()之外，还有 6 个函数。getname()函数从 stdin 中读取姓名，并存储在第一个变元数组 name 中。get_person()函数从 stdin 中读取一个家庭成员的数据，存储在通过指针变元访问的 Family 对象中。show_person_data()函数输出文件中所有家庭成员的信息。get_parent_dob()函数在文件中搜索父母的生日。open_file()函数可以用任何模式打开文件。close_file()仅关闭文件，把文件指针设置为 NULL。这个函数非常短，可以设置为 online。

程序的基本理念是读取任意多个家庭成员的数据。对于每个家庭成员，都记录其姓名、生日和父母的姓名。输入完成后，就列出文件中每个家庭成员的信息。对于每个家庭成员，尝试找出其父母的生日。该程序可以搜索文件，使文件位置处于任意状态，再进行搜索，再次进入该位置。显然，除非家庭史非常奇怪，否则数据就不是完整的。因此一些成员的父母不在文件中，因此其父母的生日是未知的。

打开文件，用于给它追加二进制数据后，main()函数就在 while 循环中读取任意多个家庭成员的数据。因为要给文件追加数据，所以如果去掉 main()尾部删除文件的代码，每次运行程序时，就可以给文件添加新的家庭成员。每个亲戚的信息都通过 get_person()函数获得，其实现代码如下。

```
bool get_person(Family *temp)
{
  static char more = '\0';                    // Test value for ending input

  printf_s("\nDo you want to enter details of %s person (Y or N)? ",
                                    more != '\0' ? "another" : "a" );
  scanf_s(" %c", &more, sizeof(more));

  if(tolower(more) == 'n')
          return false;

  printf_s("Enter the name of the person: ");
  getname(temp->name, sizeof(temp->name));    // Get the person's name

  printf_s("Enter %s's date of birth (day month year): ", temp->name);
  scanf_s(" %d %d %d", &temp->dob.day, &temp->dob.month, &temp->dob.year);

  printf_s("Who is %s's father? ", temp->name);
  getname(temp->pa_name, sizeof(temp->pa_name)); // Get the father's name

  printf_s("Who is %s's mother? ", temp->name);
```

```
getname(temp->ma_name, sizeof(temp->ma_name)); // Get the mother's name

return true;
}
```

这从键盘输入中获得需要的数据，并用它填充 Family 对象的成员，Family 对象是通过传递为变元的指针访问的。注意参数名与函数原型中的不同，它们不需要相同。没有更多的输入时，该函数就返回 false，这会终止 main()中的 while 循环。这个函数调用 getname()读取姓名，getname()的代码如下。

```
void getname(char *name, size_t size)
{
  fflush(stdin);                          // Skip whitespace
  //int c;
  //while (((c = getchar()) != '\n') && c != EOF); // for visual studio 2019
  fgets(name, size, stdin);
  int len = strnlen_s(name, size);
  if(name[len-1] == '\n')                 // If last char is newline
    name[len-1] = '\0';                   // overwrite it
}
```

使用 fgets()读取姓名，是因为它允许在输入中包含空格。第一个参数是 char 数组指针，该数组存储了姓名；第二个参数是该数组的大小。如果输入超过了 size 个字符，包括结尾的空字符，就截短姓名。不需要 fgets()存储的换行符，所以用一个终止符覆盖它。

需要考虑 fflush(stdin)根据编译器的不同可能有不同的行为。fflush 函数必须与输出/更新流一起工作，但是对于输入流，没有定义(来自 C11 标准 ISO)。无论如何，Pelles 和 Microsoft 编译器(2015 版之前)都会清除缓冲区。自 Visual Studio 2015 版以来，此编译器不会清除缓冲区。如果需要，可以用以下行替换此缓冲区。

```
int c;
while (((c = getchar()) != '\n') && c != EOF);
```

main()中的输入循环结束时，就关闭文件，调用 show_person_data()。这个函数提取文件中亲戚的信息，并输出它们。其实现代码如下。

```
void show_person_data(void)
{
  Family member;                          // Structure to hold data from file
  open_file("rb");                        // Open file for binary read

  // Read data on a person
  while(fread(&member, sizeof member, 1, global.pfile))
  {
    printf_s("%s's father is %s, and mother is %s.\n",
             member.name, member.pa_name, member.ma_name);
    get_parent_dob(&member);              // Get parent data
  }
  close_file();                           // Close the file
}
```

文件用二进制读取模式打开。亲戚从文件中提取时，按它们在 while 循环中写入的顺序处理。读取最后一个记录后，fread()返回 0，循环结束。此时，关闭文件。在循环中提取亲戚的一个记录后，就调用 get_parent_dob()查找其父母的生日。get_parent_dob()可以实现为：

```c
void get_parent_dob(Family *pmember)
{
  Family relative;                      // Stores a relative
  int num_found = 0;                    // Count of relatives found
  fpos_t current;                       // File position
  fgetpos(global.pfile, &current);      // Save current position
  rewind(global.pfile);                 // Set file to the beginning

  // Get the stuff on a relative
  while(fread(&relative, sizeof(Family), 1, global.pfile))
  {
    if(strcmp(pmember->pa_name, relative.name) == 0)
    { // We have found dear old dad */
      printf_s(" Pa was born on %d/%d/%d.",
             relative.dob.day, relative.dob.month, relative.dob.year);
      ++num_found;                      // Increment parent count
    }
    else if(strcmp(pmember->ma_name, relative.name) == 0)
    { // We have found dear old ma
      printf_s(" Ma was born on %d/%d/%d.",
                 relative.dob.day, relative.dob.month, relative.dob.year);
      ++num_found;                      // Increment parent count
    }
    if(num_found == 2)                  // If we have both...
      break;                            // ...we are done
  }
  if(!num_found)
    printf_s(" No info on parents available.");
  printf_s("\n");
  fsetpos(global.pfile, &current);      // Restore file position file
}
```

参数是要查找父母生日的 Family 对象的地址。要找到一个家庭成员的父母，函数必须从文件头开始读取记录。在返回到文件开头之前，应调用 fgetpos()把当前的文件位置存储在 current 中。这样在返回调用函数之前，就可以调用 fsetpos()恢复文件位置。而调用函数永远都不知道文件位置已经移动了。

在 while 循环中从头开始读取文件。检查每个记录，确定它是否对应 pmember 指向的 Family 对象的父母。如果是，就输出数据。找到父母后，就退出循环。如果至少找到了父母中的一个，或者没有找到父母，循环后调用的 printf_s()就输出一个换行符。调用 fsetpos()把文件位置恢复到文件头。当然，该函数使用 ftell()和 fseek()作为定位函数来编写也很好。

注意，如果成功，fsetpos()和 fgetpos()就返回 0；如果出错，就返回非 0 值。出错时，它们还在 errno 中设置一个值。检查错误的代码如下。

```
if(fsetpos(global.pfile, &current))              // Restore file position file
{
  printf_s("Failed to set file position.\n");
  perror(global.filename);
  exit(1);
}
```

open_file()函数的实现代码如下。

```
void open_file(char *mode)
{
  if(global.pfile)
    close_file();
  if(fopen_s(&global.pfile, global.filename, mode))
  {
    printf_s("Unable to open %s with mode %s.\n", global.filename, mode);
    exit(1);
  }
  setvbuf(global.pfile, NULL, _IOFBF, BUFSIZ);
}
```

这个函数首先检查 global.pfile 是否非空，如果非空，就调用 close_file()关闭文件，把 global.pfile
重置为 NULL。这将确保在程序中再一次调用 open_file()时，不会遗漏文件句柄。

close_file()函数体只有两个语句。

```
inline void close_file(void)
{
  fclose(global.pfile);                         // Close the file
  global.pfile = NULL;                          // Set file pointer
}
```

这就是完整的程序，下面该试用它了。在输入数据之前，需要知道哪些人是亲戚。下面是一
些示例输出。

```
Do you want to enter details of a person (Y or N)? y
Enter the name of the person: Joe Bloggs
Enter Joe Bloggs's date of birth (day month year): 9 9 1950
Who is Joe Bloggs's father? Obadiah Bloggs
Who is Joe Bloggs's mother? Myrtle Muggs

Do you want to enter details of another person (Y or N)? y
Enter the name of the person: Mary Ellen
Enter Mary Ellen's date of birth (day month year): 10 10 1952
Who is Mary Ellen's father? Hank Ellen
Who is Mary Ellen's mother? Gladys Quills

Do you want to enter details of another person (Y or N)? y
Enter the name of the person: Mary Bloggs
Enter Mary Bloggs's date of birth (day month year): 4 4 1975
```

```
Who is Mary Bloggs's father? Joe Bloggs
Who is Mary Bloggs's mother? Mary Ellen

Do you want to enter details of another person (Y or N)? y
Enter the name of the person: Bill Noggs
Enter Bill Noggs's date of birth (day month year): 1 2 1976
Who is Bill Noggs's father? Sam Noggs
Who is Bill Noggs's mother? Belle Biggs

Do you want to enter details of another person (Y or N)? y
Enter the name of the person: Ned Noggs
Enter Ned Noggs's date of birth (day month year): 6 6 1995
Who is Ned Noggs's father? Bill Noggs
Who is Ned Noggs's mother? Mary Bloggs

Do you want to enter details of another person (Y or N)? n
Joe Bloggs's father is Obadiah Bloggs, and mother is Myrtle Muggs.
  No info on parents available.
Mary Ellen's father is Hank Ellen, and mother is Gladys Quills.
  No info on parents available.
Mary Bloggs's father is Joe Bloggs, and mother is Mary Ellen.
 Pa was born on 9/9/1950. Ma was born on 10/10/1952.
Bill Noggs's father is Sam Noggs, and mother is Belle Biggs.
  No info on parents available.
Ned Noggs's father is Bill Noggs, and mother is Mary Bloggs.
 Ma was born on 4/4/1975. Pa was born on 1/2/1976.
Deleted myfile.bin OK.
```

与本章前面的示例一样，程序也使用了特定的文件名，在程序执行的结尾删除文件。

如果仅在程序执行过程中需要文件，就可以创建临时文件，而不需要删除文件了。下面看看临时文件。

12.12 使用临时文件

程序执行时，常需要一个工作文件来存储中间结果，程序结束后，就删除它。本章计算质数的程序就是一个例子，文件仅在计算过程中需要。使用临时文件的标准函数有两个，还有两个可选的改进版本，它们各有优缺点。

12.12.1 创建临时文件

第一个标准函数会自动创建临时文件。它的原型如下：

```
FILE *tmpfile(void);
```

这个函数没有参数，返回临时文件的指针。如果因某种原因不能创建这个文件，例如磁盘满了，这个函数会返回 NULL。这个二进制文件会以更新方式创建并打开，所以可以读写它，但显然需要以相同的顺序读写，因为只有这样才能看懂文件的内容。这个文件在程序结束后会自动删除，所以不需要任何整理操作。我们永远不知道这个文件叫什么，因为这个文件不会存在更长时间，这其实并不重要。

可选函数也可以创建临时的二进制文件，并以更新方式打开，其原型如下。

```
errno_t tmpfile_s(FILE * restrict * restrict pfile);
```

这个函数会在 pfile 中存储临时文件的流指针，如果文件不能创建，就返回 NULL。显然，传递为变元的地址不能是 NULL。如果创建了文件，函数就返回 0；否则返回非 0 整数。可以创建多个临时的二进制文件，对于标准函数，最大文件数是 TMP_MAX。对于可选版本，最大文件数是 TMP_MAX_S，它们都在 stdio.h 中定义。

这两个函数的缺点是文件在关闭时被删除，它是一个二进制文件，所以不能使用格式化的输入输出操作。不能在程序的某个部分写完数据后关闭它，然后在程序的另一部分重新打开它，以读取数据。只要还需要访问数据，就必须使这个文件处于打开状态。以下的语句就创建了一个临时文件：

```
FILE *pfile = NULL;                          // File pointer
if(tmpfile_s(&pfile))                         // Get pointer to temporary file
  printf_s("Failed to create temporary file.\n");
```

12.12.2 创建唯一的文件名

第二个方法是使用一个可以提供唯一文件名的函数，这个临时的文件名由程序员指定。标准函数的原型如下：

```
char *tmpnam(char *filename);
```

如果变元是 NULL，文件名会在内部的静态对象中生成，并返回该对象的指针。如果文件名应存储在自己声明的 char 数组中，它的长度就至少是 L_tmpnam 个字符，L_tmpnam 是一个定义在<stdio.h>中的常量。此时，这个函数的变元就是存储在数组中的文件名，函数返回指向数组的指针。如果函数不能创建唯一的文件名，就返回 NULL。

可以用以下语句创建唯一的文件。

```
FILE *pfile = NULL;
char *filename = tmpnam(NULL);
if(!filename)
{
  printf_s("Failed to create file name.\n");
  exit(1);
}
if(fopen_s(&pfile, filename, "wb+"))
{
  printf_s("Failed to create file %s.\n", filename);
  exit(1);
}
```

由于 tmpnam()的变元是 NULL，因此文件名生成为一个内部静态对象，其地址返回并放在指针 filename 中。只要 filename 不是 NULL，就调用 fopen()，用"wb+"模式创建文件。当然，也可以创建临时文本文件。

千万不能编写如下语句：

```
FILE *pfile = NULL;
if(fopen_s(&pfile, tmpnam(NULL), "wb+"))
{
  printf_s("Failed to create file. \n");
  exit(1);
}
```

tmpnam()函数可能返回 NULL，而且不能再访问该文件名，所以也不能使用 remove()删除这个文件。

可选函数会验证数组变元是否足以存储它生成的名称，其原型如下。

```
errno_t tmpnam_s(char *filename, rsize_t size);
```

第一个变元是存储文件名的 char 数组的地址，它不能是 NULL。第二个变元是文件名数组的大小。这个函数每次调用时都创建不同的文件名。如果因某种原因不能创建文件名，函数就返回非 0 整数；否则返回 0。

使用 tmpnam_s()创建文件名的代码如下。

```
FILE *pfile = NULL;
char filename[20] = {'\0'};
if(tmpnam_s(filename, sizeof(filename)))
{
  printf_s("Failed to create file name.\n");
  ex it(1);
}
if(fopen_s(&pfile, filename, "w+x"))
{
  printf_s("Failed to create file %s.\n", filename);
  exit(1);
}
```

这里选择把准备使用的最大文件名长度设置为 20，这样就可以禁止 tmpnam_s()创建文件名了。如果希望确保数组的大小不是一个限制，就必须用 L_tmpnam_s 元素定义它。这次把文件创建为文本文件，进行更新。

使用 tmpfile_s()创建临时文件会好得多，而不应使用 tmpnam()或 tmpnam_s()，自己创建文件。一个原因是在使用 tmpnam_s()获得唯一的文件名后，在没有使用这个名称创建文件前，并发执行的另一个程序就可能用这个文件名创建一个文件了。创建文件后，还必须在程序末尾删除该文件。当然，如果需要一个临时的文本文件，就必须自己创建并管理它。注意，从标准库中获得的帮助只是提供一个唯一的文件名，必须自己删除已创建的文件。

12.13　更新二进制文件

有 3 个打开模式可用于更新二进制文件。
- 模式"r+b"或"rb+"打开已有的二进制文件，以进行读写。使用这个打开模式，可以读写文件中任意位置的数据。

- 模式"w+b"或"wb+"将已有二进制文件的长度截断为 0，删除其内容。接着可以执行读写操作。但由于文件的长度是 0，因此必须先写入一些数据，才能读取文件。如果文件不存在，在用"w+b"或"wb+"模式调用 fopen_s()时，会创建一个新文件。

- 模式"a+b"或"ab+"打开已有的文件，进行更新。这个模式只允许在文件末尾执行写入操作。

可以用两种方式以更新二进制文件的打开模式写入数据，但最好总是在模式的末尾加上"+"，因为"+"非常重要，它意味着更新。下面的例子使用"wb+"模式创建一个新文件，然后使用其他模式进行更新。

试试看：用更新模式写入二进制文件

文件包含人们的姓名和年龄，这些数据从键盘上读取。姓名存储为一个字符串，其中包含姓氏和名字。

```c
// Program 12.6 Writing a binary file with an update mode
#define __STDC_WANT_LIB_EXT1__ 1
#include <stdio.h>
#include <ctype.h>
#include <string.h>
#include <stdlib.h>

#define MAXLEN 50                          // Size of name buffer

void listfile(const char *filename);       // List the file contents

int main(void)
{
  const char *filename = "mypeople.bin";
  char name[MAXLEN];                       // Stores a name
  size_t length = 0;                       // Length of a name
  int age = 0;                             // Person's age
  char answer = 'y';
  FILE *pfile = NULL;
  if(fopen_s(&pfile, filename, "wb+"))
  {
    printf_s("Failed to create file %s.\n", filename);
    exit(1);
  }

  do
  {
    fflush(stdin);                         // Remove whitespace
    //int c;
    //while (((c = getchar()) != '\n') && c != EOF); // for visual studio 2019
    printf_s("Enter a name less than %d characters: ", MAXLEN);
    gets_s(name, sizeof(name));            // Read the name

    printf_s("Enter the age of %s: ", name);
    scanf_s(" %d", &age);                  // Read the age

    // Write the name & age to file
```

```
      length = strnlen_s(name, sizeof(name));      // Get name length
      fwrite(&length, sizeof(length), 1, pfile);   // Write name length
      fwrite(name, sizeof(char), length, pfile);   // then the name
      fwrite(&age, sizeof(age), 1, pfile);         // then the age

      printf_s("Do you want to enter another(y or n)? " );
      scanf_s("\n%c", &answer, sizeof(answer));
  }  while(tolower(answer) == 'y');

      fclose(pfile);                               // Close the file

      listfile(filename);                          // List the contents
      return 0;
  }

// List the contents of the binary file
void listfile(const char *filename)
{
    size_t length = 0;                           // Name length
    char name[MAXLEN];                           // Stores a name
    int age = 0;
    char format[20];                             // Format string
    FILE *pfile = NULL;

    // Create format string for names up to MAXLEN characters
    sprintf_s(format, sizeof(format), "%%-%ds Age:%%4d\n", MAXLEN);

    if(fopen_s(&pfile, filename, "rb"))          // Open to read
    {
      printf_s("Failed to open file %s to read it.\n", filename);
      exit(1);
    }
  printf_s("\nThe folks recorded in the %s file are:\n", filename);

    // Read records as long as we read a length value
    while(fread(&length, sizeof(length), 1, pfile) == 1)
    {
      if(length + 1 > MAXLEN)
      {
        printf_s("Name too long.\n");
        exit(1);
      }
      fread(name, sizeof(char), length, pfile);  // Read the name
      name[length] = '\0';                       // Append terminator
      fread(&age, sizeof(age), 1, pfile);        // Read the age
      printf_s(format, name, age);               // Output the record
  }
    fclose(pfile);
}
```

480

程序的输出如下：

```
Enter a name less than 50 characters: Emma Chizit
Enter the age of Emma Chizit: 23
Do you want to enter another(y or n)? y
Enter a name less than 50 characters: Fred Bear
Enter the age of Fred Bear: 32
Do you want to enter another(y or n)? y
Enter a name less than 50 characters: Eva Brick
Enter the age of Eva Brick: 18
Do you want to enter another(y or n)? y
Enter a name less than 50 characters: Ella Mentry
Enter the age of Ella Mentry: 28
Do you want to enter another(y or n)? n

The folks recorded in the mypeople.bin file are:
Emma Chizit                             Age:   23
Fred Bear                               Age:   32
Eva Brick                               Age:   18
Ella Mentry                             Age:   28
```

代码的说明

在 do-while 循环中，姓名和年龄从键盘上读取。在提示中输入 n 或 N，该循环就会结束。scanf_s() 的格式字符串中的\n会跳过空白，确保不把空白字符读入 answer。

将模式指定为"wb+"，打开文件，以更新二进制文件。在这个模式下，文件内容会被覆盖，因为文件的长度会被截断为 0。如果该文件不存在，就创建一个。数据从键盘上读取，在 do-while 循环中把数据写入文件。循环中的第一条语句刷新 stdin。

```
fflush(stdin);                                    // Remove whitespace
//int c;
//while (((c = getchar()) != '\n') && c != EOF); // for visual studio 2019
```

这是必需的，因为在循环条件中读取单个字符的操作，会在除第一次迭代之外的所有迭代中将一个换行符留在 stdin 中。如果不删除这个字符，读取姓名的操作就不能正确执行，它会把换行符读取为一个空的姓名字符串。从键盘上读取姓名和年龄后，就使用如下语句将这些信息写入文件，作为二进制数据。

```
length = strnlen_s(name, sizeof(name));      // Get name length
fwrite(&length, sizeof(length), 1, pfile);   // Write name length
fwrite(name, sizeof(char), length, pfile);   // then the name
fwrite(&age, sizeof(age), 1, pfile);         // then the age
```

姓名的长度各不相同，这有两种处理方式。每次可以把整个姓名数组写入文件，不考虑姓名字符串的长度。这种方法的编码很简单，但文件中有许多多余的数据。本例采用另一种方法。在姓名的前面先写入该姓名字符串的长度，这样在读取文件时，首先读取该长度，再从文件中读取该数量的字符，作为姓名。注意，'\0'终止字符串不写入文件，因此在读取文件时，要把它添加到每个姓名字符串的末尾。

这个循环允许在文件中添加任意多个记录，因为只要在提示时输入 Y 或 y，循环就会继续。循环结束时，关闭文件，调用 listfile()函数，在 stdout 上列出文件的内容。listfile()函数用模式"rb"打开文件，以执行二进制读取操作。在这个模式下，文件指针定位在文件的开头，而且只能读取文件。

姓名的最大长度由 MAXLEN 符号指定，因此可以使用%-MAXLENs 格式输出姓名，它会使姓名左对齐，且字符宽度是姓名字符串的最大字符数。这样姓名就会排列整齐，总是能放在字段中。当然，不能把 MAXLEN 放在格式字符串中，因为 MAXLEN 符号中的字母会被解释为一系列字母，而不是一个符号的值。为了获得需要的结果，listfile()函数使用 sprintf_s()函数写入 format 数组，以创建格式字符串。

```
sprintf_s(format, sizeof(format), "%%-%ds Age:%%4d\n", MAXLEN);
```

如第 10 章所述，sprintf_s()函数与 printf_s()类似，但其输出会写入其第一个参数指定的 char 数组中。因此，这个操作会使用如下格式字符串把 MAXLEN 的值写入 format 数组中。

```
"%%-%ds Age:%%4d\n"
```

%%在输出中指定一个%符号。之后是用%d 说明符格式化的 MAXLEN 的值。然后是 s、一个空格和 Age:。最后是%4d 和一个换行符。由于 MAXLEN 符号定义为 50，因此执行了 sprintf_s()函数后，format 数组包含如下字符串。

```
"%-50s Age:%d\n"
```

在 while 循环中读取文件，将其内容列在 stdout 上，该循环用从文件中读取姓名长度的表达式的值控制。

```
while(fread(&length, sizeof(length), 1, pfile) == 1)
{
...
}
```

fread()函数将一个 sizeof(length)字节读入&length 指定的位置。如果该操作成功，fread()函数就返回读取的项数。但如果到达文件末尾，该函数返回的数就小于请求的数，因为不再有要读取的数据了。因此，到达文件末尾时，循环就结束。

确定是否到达文件末尾的另一种方式是编写如下循环。

```
while(true)
{
  fread(&length, sizeof(length), 1, pfile);
  // Now check for end of file
  if(feof(pfile))
    break;
  ...
}
```

feof()函数为变元指定的流测试文件尾指示器，如果设置了该指示器，就返回 true。因此在到达文件尾时，执行 break，结束循环。

从文件中读取了 length 值后，就使用下面的语句检查是否有足够的空间容纳该姓名。

```
if(length + 1 > MAXLEN)
{
  printf_s("Name too long.\n");
  exit(1);
}
```

文件中的姓名没有终止字符'\0'，所以必须在 name 数组中加上它。因此，比较 length+1 和 MAXLEN。

用下面的语句从文件中读取姓名和年龄。

```
fread(name, sizeof(char), length, pfile);          // Read the name
name[length] = '\0';                               // Append terminator
FREAD(&age, sizeof(age), 1, pfile);                // Read the age
```

最后在循环中，使用通过 sprintf()_s 函数创建的格式字符串，将姓名和年龄写入 stdout。

```
printf_s(format, name, age);                        // Output the record
```

12.13.1　修改文件的内容

如果新数据与已有数据的字节数相同，就可以用新数据覆盖文件中的已有数据。如果新数据比旧数据短或长，就不能写入正确的位置，而必须处理它们。扩展上一个例子，以使用另外两个二进制更新模式。本节要添加功能，以更新文件中的已有记录，添加记录或删除文件。文件仍包含姓名记录，这样由姓名和年龄组成的记录的长度就互不相同。在修改文件的内容时，可以看到因此带来的复杂性。可以使用结构在函数之间传递数据，但不把结构对象写入文件。下面是结构的定义：

```
typedef struct Record
{
  char name[MAXLEN];
  int age;
} Record;
```

这个定义把 struct 和 Record 定义为 struct Record 的类型名。Record 对象包含了一个人的姓名和年龄。如果把 Record 对象写入文件，就要写入整个 name 数组，包括无用的元素，文件中就会浪费大量的空间。我们不需要处理文件中长度不同的记录，这是本例要考虑的一个问题。

下列语句把文件名定义为全局作用域。

```
const char *filename = "my-people.bin";                        // File name
```

程序执行时，文件在当前目录下创建。如果希望把文件放在特定的目录下，可以修改字符串，使之包含文件路径。例如：

```
const char *filename = "C:\\Beginning C Files\\my-people.bin";   // File name
```

在运行示例之前，确保目录存在，否则程序会失败。

为了突出本节的主题，先看看程序的大纲。该程序包含如下函数。

- main()：控制程序的整体操作，允许用户从一系列文件操作中选择。
- list_file()：将文件的内容输出到 stdout 中。

- update_file()：更新文件中的已有记录。
- write_file()：在两种模式下操作，将从 stdin 中读取的记录写入新文件，或把记录追加到已有的文件中。
- get_person()：从 stdin 中读取一个人的数据，并存储在 Record 对象中。
- get_name()：从 stdin 中读取姓名。
- write_record()：将记录写入文件的当前位置。
- read_record()：从文件的当前位置读取记录。
- find_record()：在文件中查找姓名与输入匹配的记录。
- duplicate_file()：重新创建文件来包含一个更新的记录。当新记录与原记录的长度不同时，这个函数用于更新记录。

图 12-4 显示了应用程序中调用函数的层次结构。main()调用的 3 个函数实现了程序的基本功能。它们右边的函数有助于简化 3 个主要函数的功能。

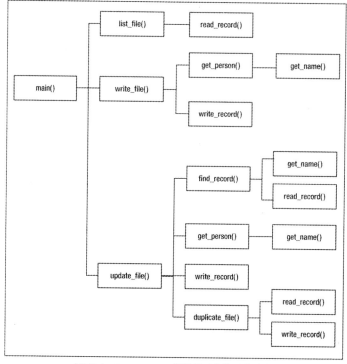

图 12-4　Program 12.7 调用的函数的层次结构

12.13.2　从键盘输入创建记录

编写一个函数，从 stdin 中读取姓名字符串和年龄值，将它们存储在 Record 对象中。该函数的原型如下。

```
Record *get_person(Record *precord);
```

这个函数的参数是指向已有 Record 结构对象的指针，其返回值是该对象的地址。因此，可以把该函数的调用作为 Record *类型的变元传送给另一个函数。

下面是该函数的实现代码。

```
Record *get_person(Record *precord)
{
  printf_s("Enter a name less than %d characters: ", MAXLEN);
  get_name(precord->name, MAXLEN);                    // read the name

  printf_s("Enter the age of %s: ", precord->name);
  scanf_s(" %d", &precord->age);                      // Read the age
  return precord;
}
```

这里没有检查函数的变元是否是 NULL，但在生产代码中应总是进行检查。这个函数实现了一个很简单的操作，从 stdin 中读取姓名和年龄，存储到 precord 指向的 Record 对象的相应成员中。读取姓名的辅助函数 get_name()如下。

```
void get_name(char *pname, size_t size)
{
  fflush(stdin);
  //int c;
  //while (((c = getchar()) != '\n') && c != EOF);  // for visual studio 2019
  fgets(pname, size, stdin);                          // Read the name
  size_t len = strnlen_s(pname, size);
  if(pname[len - 1] == '\n')                           // if there's a newline...
    pname[len - 1] = '\0';                             // overwrite it...
}
```

get_name()中唯一略复杂的部分是需要处理 fgets()函数中存储的'\n'。如果输入的字符数超过了size, '\n'就留在输入缓冲区中，不存储到 pname 指向的数组中，所以必须进行检查。程序需要在多个地方读取姓名，所以把该操作打包到 get_name()函数中比较方便。通过 second 参数指定 pname数组的大小，使 get_name()函数更一般化。

12.13.3 将记录写入文件

现在，定义一个函数，将 Record 对象的成员写入文件指针指向的文件中，该函数的原型如下。

```
void write_record(const Record *precord, FILE *pfile);
```

第一个参数是指向 Record 结构的指针，该结构的姓名和年龄成员要写入文件。第二个参数是文件指针。

这个函数的实现代码如下。

```
void write_record(const Record *precord, FILE *pfile)
{
  // Write the name & age to file
  size_t length = strnlen_s(precord->name, sizeof(precord->name));
  fwrite(&length, sizeof(length), 1, pfile);          // Write name length
  fwrite(precord->name, sizeof(char), length, pfile); // ...then the name
  fwrite(&precord->age, sizeof(precord->age), 1, pfile); // ...then the age
}
```

调用它的函数要确保文件已经以正确的模式打开，且文件位置的设置是正确的。该函数首先将字符串的长度写入文件，之后写入字符串，但要去掉终止字符'\0'。这样读取文件的代码才能先确定姓名字符串有多少个字符。最后将年龄值写入文件中。

12.13.4　从文件中读取记录

下面是从文件中读取一个记录的函数的原型。

```
Record *read_record(Record *precord, FILE *pfile);
```

要读取的文件用第二个参数指定，即文件指针。为了方便，返回值是作为第一个参数传送的地址。

read_record()函数的实现代码如下。

```
Record *read_record(Record *precord, FILE *pfile)
{
  size_t length = 0;                                     // Name length
  fread(&length, sizeof(length), 1, pfile);              // Read the length
  if(feof(pfile))                                        // If it's end file
    return NULL;

  fread(precord->name, sizeof(char), length, pfile);     // Read the name
  precord->name[length] = '\0';                          // Append terminator
  fread(&precord->age, sizeof(precord->age), 1, pfile);  // Read the age

  return precord;
}
```

与 write_record()函数相同，read_record()函数也假定文件已经用正确的模式打开，并尝试从当前位置读取记录。每个记录都以长度值开头。当然，文件位置可以是文件的末尾，所以在读取操作后，要通过文件指针调用 feof()，检查 EOF。如果到达了文件尾，feof()函数就返回一个非零整数，此时应返回 NULL，以告诉调用函数，到达了 EOF。

如果一切正常，就从文件中读取姓名和年龄，并存储在 record 对象的成员中。必须将'\0'添加到姓名字符串的末尾，以避免以后处理字符串时出现灾难性的后果。

12.13.5　写入文件

下面是将任意数目的记录写入文件的函数原型，其中记录是从键盘上输入的。

```
void write_file(const char *mode);
```

参数是要使用的文件打开模式。将模式指定为"wb+"，writefile()函数就会删除文件的原始内容，再将数据写入文件。如果文件不存在，就用指定的名称创建一个文件。如果模式指定为"ab+"，记录就追加到已有的文件中。如果文件不存在，就创建一个新文件。

该函数的实现代码如下。

```
void write_file(const char *mode)
{
  char answer = 'y';
```

```
FILE *pfile = NULL;
if(fopen_s(&pfile, filename, mode))
{
  fprintf_s(stderr, "File open failed.\n");
  exit(1);
}

do
{
  Record record;                                    // Stores a record name & age
  write_record(get_person(&record), pfile);         // Get record & write the file

  printf_s("Do you want to enter another(y or n)? " );
  scanf_s(" %c", &answer, sizeof(answer));
  fflush(stdin);                                     // Remove whitespace
} while(tolower(answer) == 'y');

  fclose(pfile);                                     // Close the file
}
```

用参数指定的模式打开文件后，该函数就会在 do-while 循环中将数据写入文件。从 stdin 中读取数据和写入文件在一个语句中完成，该语句调用了 write_record()，并把 get_ person() 的调用作为第一个实参。get_person() 返回的指向 Record 对象的指针直接作为第一个变元传送给 write_record() 函数。用户没有输入 y 或 Y 时，表示没有要输入的数据了，所以结束操作，关闭文件，退出函数。

12.13.6 列出文件内容

将文件中的记录输出到标准输出流中的函数原型如下。

```
void list_file(void);
```

函数先打开文件，操作完成后关闭它。文件名可以在全局访问，所以不需要参数。下面是其实现代码。

```
void list_file(void)
{
  // Create the format string for names up to MAXLEN long
  // format array length allows up to 5 digits for MAXLEN
  char format[18];                                   // Format string
  sprintf_s(format, sizeof(format), "%%-%ds Age:%%4d\n", MAXLEN);

  FILE *pfile = NULL;
  if(fopen_s(&pfile, filename, "rb"))
  {
    fprintf_s(stderr, "Unable to open %s. Verify it exists.\n", filename);
    return;
  }

  Record record;                                     // Stores a record
  printf_s("The folks recorded in the %s file are:\n", filename);
```

```
    while(read_record(&record, pfile))                // As long as we have records
      printf_s(format, record.name, record.age);      // Output them

    printf_s("\n");                                    // Move to next line
    fclose(pfile);                                     // Close the file
}
```

这个函数生成一个格式字符串，将姓名的字段宽度调整为 MAXLEN 个字符。MAXLEN 是我们定义的一个符号。sprintf_s()函数将格式字符串写入 format 数组。

文件以二进制读取模式打开，所以初始位置在文件的开头。如果文件成功打开，就在 while 循环中调用前面定义的 read_record()函数，从文件中读取记录。read_record()函数的调用放在循环条件中，所以返回 NULL 就表示到达文件尾，结束循环。在循环中，使用前面创建的 format 数组中的字符串，将 read_record()读取的 Record 对象的成员写入 stdout。读取了所有的记录后，就通过文件指针调用 fclose()函数，关闭文件。

12.13.7 更新已有的文件内容

更新文件中的已有记录增加了复杂性，因为文件中的姓名有不同的长度。不能简单地覆盖已有的记录，因为用于替换的记录可能在原来的空间中放不下。如果新记录的长度与原记录相同，就可以覆盖它。如果不同，就只能将数据写入一个新文件。下面是更新文件的函数的原型：

```
void update_file(void);
```

该函数会查找出要更新的记录，并打开和关闭文件。代码如下：

```
void update_file(void)
{
  FILE *pfile = NULL;
  if(fopen_s(&pfile, filename, "rb+"))
  {
    fprintf_s(stderr," File open for updating records failed."
                     " Maybe file does not exist.\n");
    return;
  }

  Record record;                                     // Stores a record
  int index = find_record(&record, pfile);           // Find the record for a name
  if(index < 0)                                       // If the record isn't there
  {
    printf_s("Record not found.\n");                 // Output a message
    fclose(pfile);
    pfile = NULL;
    return;                                           // and we are done.
  }

  printf_s("%s is aged %d.\n", record.name, record.age);
  Record newrecord;                                  // Stores replacement record
  printf_s("You can now enter the new name and age for %s.\n", record.name);
  get_person(&newrecord);                            // Get the new record
```

```
  // Check if we can update in place
  if(strnlen_s(record.name, sizeof(record.name)) ==
    strnlen_s(newrecord.name, sizeof(record.name)))
  { // Name lengths are the same so we can update in place
    fseek(pfile,                               // Move to start of old record
          -(long)(sizeof(size_t) +
              strnlen_s(record.name, sizeof(record.name)) + sizeof(record.age)),
          SEEK_CUR);
    write_record(&newrecord, pfile);           // Write the new record
    fflush(pfile);                             // Force the write
    fclose(pfile);                             // Close the file
    pfile = NULL;
  }
  else
    duplicate_file(&newrecord, index, pfile);
  printf_s("File update complete.\n");
}
```

这个函数包含许多代码，但其步骤非常简单。

(1) 打开要更新的文件。

(2) 找到要更新的记录的索引(第一个记录的索引是 0)。

(3) 获取记录的数据，以替换旧记录。

(4) 检查记录是否可以替换。当姓名的长度相同时，就可以替换记录。此时要将当前位置往回移动旧记录的长度，将新记录写入旧文件。

(5) 如果姓名的长度不同，就复制文件，在复制文件中用新记录替换旧记录。

打开要更新的文件后，函数就调用稍后探讨的 find_record()函数。find_record()为要更新的记录读取姓名，然后返回该记录(假定该记录存在)的索引值。如果记录不存在，find_record()函数就返回-1。

如果新旧姓名的长度相同，就调用 fseek()，将文件位置往回移动旧记录的长度。接着将新记录写入文件，刷新输出缓冲区。调用 fflush()会迫使新记录传送到文件中。

如果新记录和旧记录的长度不同，就调用 duplicate_file()函数复制文件，用新记录替换副本中的旧记录。duplicate_file()函数声明如下：

```
void duplicate_file(const Record *pnewrecord, int index, FILE *pfile);
```

该函数的实现代码如下。

```
void duplicate_file(const Record *pnewrecord, int index, FILE *pfile)
{
  // Create and open a new file
  char tempname[L_tmpnam_s];
  if(tmpnam_s(tempname, sizeof(tempname))
  {
    fprintf_s(stderr, "Temporary file name creation failed.\n");
    exit(1);
  }
  FILE *ptempfile = NULL;
  if(fopen_s(&ptempfile, tempname, "wb+"))
```

```
{
  fprintf_s(stderr, "Temporary file creation failed.\n");
  exit(1);
}

// Copy first index records from old file to new file
rewind(pfile);                                    // Old file back to start
Record record;                                    // Store for a record
for(int i = 0 ; i < index ; ++i)
  write_record(read_record(&record, pfile), ptempfile);

write_record(pnewrecord, ptempfile);              // Write the new record
read_record(&record,pfile);                       // Skip the old record

// Copy the rest of the old file to the new file
while(read_record(&record, pfile))
  write_record(&record, ptempfile);

// close the files
fclose(pfile);
fclose(ptempfile);

if(remove(filename))                              // Delete the old file
{
  fprintf_s(stderr, "Failed to remove the old file.\n");
  exit(1);
}

// Rename the new file same as original
if(rename(tempname, filename))
{
  fprintf_s(stderr, "Renaming the file copy failed.\n");
  exit(1);
}
}
```

这个很长的函数通过以下简单的步骤完成更新。

(1) 创建名称唯一的新文件。

(2) 将要更新的记录之前的所有记录从旧文件复制到新文件中。

(3) 将新记录写入新文件，跳过旧文件中要更新的记录。

(4) 将其他记录从旧文件写入新文件。

(5) 关闭新旧两个文件。

(6) 删除旧文件，把新文件名重命名为旧文件名。

使用 tmpnam_s()生成的名字创建新文件后，就把记录从旧文件复制到新文件中，只有要更新的记录例外，它在新文件中用新记录替换。前 index 个记录的复制在 for 循环中完成，在该循环中，读取旧文件的 read_record()返回一个指针，该指针作为参数传送给写入新记录的 write_record()函数。要更新的记录后面的记录在 while 循环中复制。这个循环继续复制记录，直到到达旧文件的末尾为止。最后关闭两个文件，删除旧文件，将新文件重命名为旧文件名。如果希望操作更安全，可以重命名旧文件，而不是删除它。例如在已有的文件名后面加上"_old"，或者生成另一个临时文件名。之后就可以重命名新文件了。这样，目录中有一个备份文件，如果更新出了问题，就可以使用该备份。

update_file()调用find_record()函数，查找与输入的姓名匹配的记录的索引，find_record()函数的实现代码如下。

```
int find_record(Record* precord, FILE* pfile)
{
  char name[MAXLEN];
  printf_s("Enter the name for the record you wish to find: ");
  get_name(name, MAXLEN);

  rewind(pfile);                         // Make sure we are at the start
  int index = 0;                         // Index of current record

  while(true)
  {
    if(!read_record(precord, pfile))     // If NULL returned
      return -1;                         // record not found

    if(!strcmp(name, precord->name))
      break;
    ++index;
  }
  return index;                          // Return record index
}
```

这个函数为要更新的记录读取姓名，然后读取文件中的记录，从头查找与所输入姓名匹配的姓名。如果read_record()返回NULL，find_record()就返回-1，告诉调用程序，这个记录不在文件中。如果找到了匹配的姓名，函数就返回匹配记录的索引值。

现在可以合并完成整个例子了。

试试看：读取、写入和更新二进制文件

这里不重复前面介绍的函数。把这些函数的代码添加到包含函数代码的源文件开头，放在main()函数的后面。

```
// Program 12.7 Writing, reading and updating a binary file
#define __STDC_WANT_LIB_EXT1__ 1
#include <stdio.h>
#include <ctype.h>
#include <string.h>
#include <stdlib.h>
#include <stdbool.h>

#define MAXLEN 50                              // Size of name buffer
const char *filename = "my-people.bin";        // File name

// Structure encapsulating a name and age
typedef struct Record
```

```
{
  char name[MAXLEN];
  int age;
} Record;

void list_file(void);                    // List the file contents
void update_file(void);                  // Update the file contents
Record *get_person(Record *precord);     // Create a record from keyboard input
void get_name(char *pname, size_t size); // Read a name from stdin
void write_file(const char *mode);       // Write records to a file
void write_record(const Record *precord, FILE *pfile); // Write a file record
Record *read_record(Record *precord, FILE *pfile);     // Read a file record
int find_record(Record *precord, FILE *pfile);
void duplicate_file(const Record *pnewrecord, int index, FILE *pfile);

int main(void)
{
  // Choose activity
  char answer = 'q';
  while(true)
  {
    printf_s("Choose from the following options:\n"
            " To list the file contents enter  L\n"
            " To create a new file enter        C\n"
            " To add new records enter          A\n"
            " To update existing records enter U\n"
            " To delete the file enter          D\n"
            " To end the program enter          Q\n : ");
    scanf_s("\n%c", &answer, sizeof(answer));
    switch(toupper(answer))
    {
      case 'L':                           // List file contents
        list_file();
        break;
      case 'C':                           // Create new file
        write_file("wb+");
        printf_s("\nFile creation complete.\n");
        break;
      case 'A':                           // Append new record
        write_file("ab+");
        printf_s("\nFile append complete.\n");
        break;
      case 'U':                           // Update existing records
        update_file();
        break;
      case 'D':
        printf_s("Are you sure you want to delete %s (y or n)? ", filename);
        scanf_s("\n%c", &answer, sizeof(answer));
```

```
            if(tolower(answer) == 'y')
                remove(filename);
            break;
        case 'Q':        // Quit the program
            printf_s("Ending the program.\n", filename);
            exit(0);
        default:
            printf_s("Invalid selection. Try again.\n");
            break;
    }
}
return 0;
}
```

输入一些数据，用长度不同的姓名更新，得到的输出如下。

```
Choose from the following options:
    To list the file contents enter    L
    To create a new file enter         C
    To add new records enter           A
    To update existing records enter   U
    To delete the file enter           D
    To end the program enter           Q
 : c

Enter a name less than 50 characters: Fred Bear
Enter the age of Fred Bear: 23
Do you want to enter another(y or n)? y
Enter a name less than 50 characters: Mary Christmas
Enter the age of Mary Christmas: 35
Do you want to enter another(y or n)? y
Enter a name less than 50 characters: Ella Mentry
Enter the age of Ella Mentry: 22
Do you want to enter another(y or n)? y
Enter a name less than 50 characters: Neil Down
Enter the age of Neil Down: 44
Do you want to enter another(y or n)? n

File creation complete.
Choose from the following options:
    To list the file contents enter    L
    To create a new file enter         C
    To add new records enter           A
    To update existing records enter   U
    To delete the file enter           D
    To end the program enter           Q
 : L
The folks recorded in the my-people.bin file are:
```

```
Fred Bear                                        Age: 23
Mary Christmas                                   Age: 35
Ella Mentry                                      Age: 22
Neil Down                                        Age: 44

Choose from the following options:
    To list the file contents enter   L
    To create a new file enter        C
    To add new records enter          A
    To update existing records enter  U
    To delete the file enter          D
    To end the program enter          Q
 : u
Enter the name for the record you wish to find: Mary Christmas
Mary Christmas is aged 35.
You can now enter the new name and age for Mary Christmas.
Enter a name less than 50 characters: Mary Noel
Enter the age of Mary Noel: 35
File update complete.

Choose from the following options:
    To list the file contents enter   L
    To create a new file enter        C
    To add new records enter          A
    To update existing records enter  U
    To delete the file enter          D
    To end the program enter          Q
 : l
The folks recorded in the my-people.bin file are:
Fred Bear                                        Age: 23
Mary Noel                                        Age: 35
Ella Mentry                                      Age: 22
Neil Down                                        Age: 44

Choose from the following options:
    To list the file contents enter   L
    To create a new file enter        C
    To add new records enter          A
    To update existing records enter  U
    To delete the file enter          D
    To end the program enter          Q
 : q
Ending the program.
```

代码的说明

　　main()函数的代码非常简单。无限 while 循环提供了一系列选项，输入的选择在 switch 语句中确定。根据输入的字符，调用前面为程序开发的一个函数。输入 Q 或 q，就结束程序。

12.14 文件打开模式小结

掌握文件打开模式字符串需要经过一定的练习。表 12-4 总结了这些字符串，以备参考。

表 12-4 fopen_s()的文件模式

模式	说明
"w"	打开一个文本文件，截断为 0 长度。或创建一个文本文件，以执行写入操作。"uw"与之相同，但带有默认权限
"wx"	创建一个文本文件，以执行写入操作。"uwx"与之相同，但带有默认权限
"a"	打开一个文本文件，以执行追加操作，将数据添加到文件末尾。"ua"与之相同，但带有默认权限
"r"	打开一个文本文件，以执行读取操作
"wb"	打开一个二进制文件，截断为 0 长度。或创建一个二进制文件，以执行写入操作。"uwb"与之相同，但带有默认权限
"wbx"	创建一个二进制文件，以执行写入操作。"uwbx"与之相同，但带有默认权限
"ab"	打开一个二进制文件，以执行追加操作。"uab"与之相同，但带有默认权限
"rb"	打开一个二进制文件，以执行读取操作
"w+"	打开或创建一个文本文件，以执行更新操作。已有的文件内容会被删除。"uw+"与之相同，但带有默认权限
"a+"	打开或创建一个文本文件，以执行更新操作。将数据添加到文件末尾
"r+"	打开一个文本文件，以执行更新操作。可以在任意位置执行读写操作
"w+x"	创建一个文本文件，以执行更新操作。"uw+x"与之相同，但带有默认权限
"w+b" 或 "wb+"	打开或创建一个二进制文件，以执行更新操作。已有的文件内容会被删除。"uw+b" 或 "uwb+"与之相同，但带有默认权限
"w+bx"或"wb+x"	创建一个二进制文件，以执行更新操作。"uw+bx"或"uwb+x"是相同的，但带有默认权限
"a+b"或 "ab+"	打开一个二进制文件，以执行更新操作。将数据添加到文件末尾。"ua+b" 或 "uab+"与之相同，但带有默认权限
"r+b" 或 "rb+"	打开一个二进制文件，以执行更新操作。可以在任意位置执行读写操作

12.15 设计程序

本章的最后将前面所学的内容应用于最后一个程序。这个程序比前面的例子短，但很有趣。

12.15.1 问题

需要解决的问题是编写一个文件查看器程序，它可以将文件显示为十六进制和字符方式。

12.15.2 分析

这个程序以二进制只读模式打开文件，将信息显示在两列中。第一列是文件中表示为十六进制的字节，第二列是显示为字符的字节。文件名作为一个命令行参数提供，如果没有提供文件名，程序就要求输入文件名。

步骤如下：

(1) 如果没有提供文件名，就要求用户输入。

(2) 打开文件。

(3) 读取并显示文件的内容。

12.15.3　解决方案

本节列出解决问题的步骤。

1. 步骤1

检查函数 main()的参数，就可以确定文件名是否出现在命令行中。第 9 章调用 main()函数时，提到可以给它传递两个参数。第一个参数是一个整数，指出命令行上单词的数目；第二个参数是一个字符串指针数组。第一个字符串是在命令行中用于启动程序的名称，其余字符串是.exe 文件名后面的命令行参数。这个机制允许在命令行中输入任意多个值，并传给 main()函数。

如果 main()函数的第一个变元是 1，则命令行上只包含程序名，所以必须提示输入文件名。

```
// Program 12.8 Viewing the contents of a file
#define _CRT_SECURE_NO_WARNINGS
#define __STDC_WANT_LIB_EXT1__ 1
#include <stdio.h>
#include <ctype.h>
#include <string.h>

int main(int argc, char *argv[])
{
  char filename[FILENAME_MAX];                 // Stores the file path
  FILE *pfile = NULL;                          // File pointer
  // More variables...

  if(argc == 1)                    // No file name on command line?
  {
    printf_s("Please enter a filename: ");     // Prompt for input
    fgets(filename, MAXLEN, stdin);            // Get the file name entered

    // Remove the newline if it's there
    int len = strnlen_s(filename, sizeof(filename));
    if(filename[len - 1] == '\n')
      filename[len - 1] = '\0';
  }
  else
    strcpy(filename, argv[1]);                 // Get 2nd command line string
  // Rest of the code for the program...
}
```

FILENAME_MAX 是在 stdio.h 中定义的宏，它扩展为一个整数，指定文件名的最大字符数，确保在当前实现方案中可以打开该文件名，所以使用它指定文件名数组的大小。如果 argv 是 1，就提示用户输入文件名。如果 main()函数的第一个变元不是 1，就至少有一个变元，假设它是文件名。因此，将 argv[1]所指的字符串复制到 filename 数组中。

2. 步骤 2

假设这是一个有效的文件名,可以用二进制读取模式打开它,在获得文件名的代码后面添加如下代码。

```
if(fopen_s(&pfile, filename, "rb"))          // Open for binary read
{
  printf_s("Sorry, can't open %s.\n", filename);
  return -1;
}
setvbuf(pfile, NULL, _IOFBF, BUFSIZ);        // Buffer file input
```

我们不知道文件的内容是什么,也不指定它是否是文本文件,但用二进制模式打开它,就可以读取其内容——文件的内容都是字节。把 NULL 传递为第二个变元,调用 setvbuf(),为文件上的读取操作创建一个内部的缓冲区。

3. 步骤 3

现在可以输出文件的内容了。一次读取 1 字节,将它存储到 char 数组中。当然,并不是一次访问文件中的 1 字节,因为这些数据都缓存了。主机环境会一次读取整个缓冲区的内容,读取操作就从这个文件缓冲区中提取数据。当缓冲区满了或到达文件的末尾时,就以指定的格式输出这个缓冲区。

```
#define DISPLAY 80                           // Length of display line
#define PAGE_LENGTH 20                       // Lines per page
```

可以把从文件中读取的字符放在一个本地缓冲区中,所以在 main() 的 pfile 定义后面添加如下变量定义。

```
unsigned char buffer[DISPLAY/4 - 1];         // File input buffer
size_t count = 0;                            // Count of characters in buffer
int lines = 0;                               // Number of lines displayed
```

文件中一串字节的十六进制值输出为一行,其字符宽度为 2,后跟一个空格。在同一行时输出该十六进制值对应的字符,每个十六进制值对应一个字符。因此从文件中读取的每个字符占用 4 个字符位置。如果输出行的长度是 DISPLAY,缓冲区的大小就必须是 DISPLAY/4 - 1,减去 1 是允许在十六进制输出和对应的字符之间有一个分隔符。

在 while 循环中读取文件,其代码如下。

```
  while(!feof(pfile))                        // Continue until end of file
{
  count = fread(buffer, 1, sizeof(buffer), pfile);
 // Output the buffer contents, first as hexadecimal
  for(size_t i = 0 ; i < sizeof(buffer) ; ++i)
  {
    if(i < count)
      printf_s("%02X ", buffer[i]);
    else
      printf_s("   ");
```

```
      }
      printf_s("| ");                               // Output separator

      // Now display buffer contents as characters
      for(size_t i = 0 ; i < count ; ++i)
        printf_s("%c", isprint(buffer[i]) ? buffer[i]:'.');
      printf_s("\n");                                // End the line

      if(!(++lines % PAGE_LENGTH))                   // End of page?
        if(toupper(getchar())=='E')                  // Wait for Enter
          continue;
  }
```

　　循环条件调用 feof()，测试是否设置了文件的 EOF 指示器。如果设置了，就到达了文件尾，所以终止循环。读取操作试图一次读取整个缓冲区的数据，该缓冲区对应一行输出。但最后一行除外，在那一行中，可能从文件中读取的数据不能填满缓冲区。fread()函数返回读取的字符数，并存储在 count 中。

　　读取了一个块后，就在第一次 for 循环迭代中，先把 buffer 数组的内容写入当前行，作为十六进制值。从文件中读取最后一块数据时，buffer 数组可能没有满，此时就给每个未被读取操作填满的 buffer 元素写入 3 个空格。这会确保在最后一行输出中，右边的文本能对齐。接着写入一个竖杠，作为分隔符，再在第二个 for 循环迭代中把缓冲区的内容写入为字符。

　　数据输出为字符时，首先必须检查字符是否可以打印，否则屏幕会显示乱码。为此使用在 <ctype.h> 中声明的 isprint() 函数。如果这是不可打印的字符，就输出一个句点。输出 buffer 后，就写入一个换行符，移动到下一行。循环末尾的 if 语句在每次输出 PAGE_LENGTH 行后，测试是否输入了'e'或'E'。如果在输出一页后按下了回车键，就显示下一页输出。如果输入了'e'或'E'，就终止输出，退出程序。这是可行的，因为可能要列出一个非常长的文件，我们不需要查看全部 1000 万行输出。读取最后一块数据后，会设置 EOF 指示器，结束程序。

　　下面是程序的完整代码。

```
// Program 12.8 Viewing the contents of a file
#define __STDC_WANT_LIB_EXT1__ 1
#include <stdio.h>
#include <ctype.h>
#include <string.h>

#define DISPLAY      80                    // Length of display line
#define PAGE_LENGTH  20                    // Lines per page

int main(int argc, char *argv[])
{
  char filename[FILENAME_MAX];            // Stores the file path
  FILE *pfile = NULL;                     // File pointer
  unsigned char buffer[DISPLAY/4 - 1];    // File input buffer
  size_t count = 0;                       // Count of characters in buffer
  int lines = 0;                          // Number of lines displayed

  if(argc == 1)                           // No file name on command line?
  {
```

```
      printf_s("Please enter a filename: ");     // Prompt for input
      fgets(filename, FILENAME_MAX, stdin);      // Get the file name entered

      // Remove the newline if it's there
      int len = strnlen_s(filename, sizeof(filename));
      if(filename[len - 1] == '\n')
        filename[len - 1] = '\0';
    }
    else
      strcpy(filename, argv[1]);                // Get 2nd command line string

    if(fopen_s(&pfile, filename, "rb"))        // Open for binary read
    {
      printf_s("Sorry, can't open %s.\n", filename);
      return -1;
    }
    setvbuf(pfile, NULL, _IOFBF, BUFSIZ);      // Buffer file input

    while(!feof(pfile))                         // Continue until end of file
    {
      count = fread(buffer, 1, sizeof(buffer), pfile);
     // Output the buffer contents, first as hexadecimal
      for(size_t i = 0 ; i < sizeof(buffer) ; ++i)
      {
        if(i < count)
          printf_s("%02X ", buffer[i]);
        else
          printf_s("   ");
      }
      printf_s("| ");                           // Output separator

      // Now display buffer contents as characters
      for(size_t i = 0 ; i < count ; ++i)
        printf_s("%c", isprint(buffer[i]) ? buffer[i]:'.');

      printf_s("\n");                           // End the line

      if(!(++lines % PAGE_LENGTH))              // End of page?
        if(toupper(getchar())=='E')            // Wait for Enter
           break;
    }

    fclose(pfile);                              // Close the file
    pfile = NULL;
    return 0;
}
```

这个输出的最后部分如下。

```
Please enter a filename: program12_08.c
2F 2F 20 50 72 6F 67 72 61 6D 20 31 32 2E 38 20 56 69 65 | // Program 12.8 Viewing
77 69 6E 67 20 74 68 65 20 63 6F 6E 74 65 6E 74 73 20 6F | the contents of
66 20 61 20 66 69 6C 65 0D 0A 23 64 65 66 69 6E 65 20 5F | a file..#define _
5F 53 54 44 43 5F 57 41 4E 54 5F 4C 49 42 5F 45 58 54 31 | _STDC_WANT_LIB_EXT1
5F 5F 20 31 0D 0A 23 69 6E 63 6C 75 64 65 20 3C 73 74 64 | __ 1..#include <std
69 6F 2E 68 3E 0D 0A 23 69 6E 63 6C 75 64 65 20 3C 63 74 | io.h>..#include <ct
79 70 65 2E 68 3E 0D 0A 23 69 6E 63 6C 75 64 65 20 3C 73 | ype.h>..#include <s
74 72 69 6E 67 2E 68 3E 0D 0A 0D 0A 23 64 65 66 69 6E 65 | tring.h>....#define
20 44 49 53 50 4C 41 59 20 20 20 20 20 38 30 20 20 20 20 | DISPLAY      80
20 20 20 20 20 20 20 20 20 20 20 20 20 20 20 20 20 20 20 |
20 20 20 20 20 20 20 20 2F 2F 20 4C 65 6E 67 74 68 20 6F |         // Length of
66 20 64 69 73 70 6C 61 79 20 6C 69 6E 65 0D 0A 23 64 65 | display line..#de
66 69 6E 65 20 50 41 47 45 5F 4C 45 4E 47 54 48 20 32 30 | fine PAGE_LENGTH 20
20 20 20 20 20 20 20 20 20 20 20 20 20 20 20 20 20 20 20 |
20 20 20 20 20 20 20 20 20 20 2F 2F 20 4C 69 6E 65 | // Lines
73 20 70 65 72 20 70 61 67 65 0D 0A 0D 0A 69 6E 74 20 6D | per page....int m
61 69 6E 28 69 6E 74 20 61 72 67 63 2C 20 63 68 61 72 20 | main(int argc, char
2A 61 72 67 76 5B 5D 29 0D 0A 7B 0D 0A 20 20 63 68 61 72 | *argv[])..{.. char
20 66 69 6C 65 6E 61 6D 65 5B 46 49 4C 45 4E 41 4D 45 5F | filename[FILENAME_
4D 41 58 5D 3B 20 20 20 20 20 20 20 20 20 20 20 20 20 20 | MAX];

20 20 20 20 20 20 20 20 20 20 2F 2F 20 53 74 6F 72 65 73 |         // Stores
20 74 68 65 20 66 69 6C 65 20 70 61 74 68 0D 0A 20 20 46 | the file path.. F
49 4C 45 20 2A 70 66 69 6C 65 20 3D 20 4E 55 4C 4C 3B 20 | ILE *pfile = NULL;
20 20 20 20 20 20 20 20 20 20 20 20 20 20 20 20 20 20 20 |
20 20 20 20 20 20 20 20 20 20 20 20 2F 2F 20 46 69 6C | // File
65 20 70 6F 69 6E 74 65 72 0D 0A 20 20 75 6E 73 69 67 6E | pointer.. unsign
65 64 20 63 68 61 72 20 62 75 66 66 65 72 5B 44 49 53 50 | ed char buffer[DISP
4C 41 59 2F 34 20 2D 20 31 5D 3B 20 20 20 20 20 20 20 20 | LAY/4 - 1];
20 20 20 20 20 20 20 20 2F 2F 20 46 69 6C 65 20 69 6E 70 |         // File input
75 74 20 62 75 66 66 65 72 0D 0A 20 20 73 69 7A 65 5F 74 | ut buffer.. size_t
20 63 6F 75 6E 74 20 3D 20 30 3B 20 20 20 20 20 20 20 20 | count = 0;
20 20 20 20 20 20 20 20 20 20 20 20 20 20 20 20 20 20 20 |
20 20 20 20 20 20 20 20 2F 2F 20 43 6F 75 6E 74 20 6F 66 |         // Count of
20 63 68 61 72 61 63 74 65 72 73 20 69 6E 20 62 75 66 66 | characters in buff
65 72 0D 0A 20 20 69 6E 74 20 6C 69 6E 65 73 20 3D 20 30 | er.. int lines = 0
3B 20 20 20 20 20 20 20 20 20 20 20 20 20 20 20 20 20 20 | ;
20 20 20 20 20 20 20 20 20 20 20 20 20 20 20 20 20 20 20 |
20 2F 2F 20 4E 75 6D 62 65 72 20 6F 66 20 6C 69 6E 65 73 | // Number of lines
20 64 69 73 70 6C 61 79 65 64 0D 0A 0D 0A 20 20 69 66 28 | displayed.... if(
61 72 67 63 20 3D 3D 20 31 29 20 20 20 20 20 20 20 20 20 | argc == 1)
```

这里没有显示整个文件，而是在前两个块后输入了'e'。

12.16　小结

　　本章介绍了编写各种文件函数所需的所有基本工具。例子示范的函数相当有限，还有很多应用这些工具的方式，提供了管理及提取文件信息的更复杂的方法。例如，可将索引信息写入文件，该索引可以放在文件中已知的地方，通常是文件的开头。也可以是数据块中的位置指针，例如链表中的指针。读者应练习文件操作，以理解其机制。

　　本章讨论的函数包含了大部分技巧，另外编译器提供的输入输出库还有许多函数，为文件处理提供了更多的选择。例如 C 库没有提供创建或删除文件夹或目录的函数，但读者使用的编译器可能提供了完成这些操作的函数。

12.17　习题

　　以下的习题可测试读者对本章内容的掌握情况。如果有不懂的地方，可以翻看本章的内容。还可以从 Apress 网站(www.apress.com)下载答案，但这应是最后一种方法。

　　习题 12.1　编写一个程序，将任意数目的字符串写入文件。字符串由键盘输入，程序不能删除这个文件，因为下一题还要使用这个文件。

　　习题 12.2　编写一个程序，读取上一题创建的文件。每次都以反向的顺序读取一个字符串，然后按照读取顺序将它们写入一个新文件。例如，程序读取最后一个字符串，将它写入新文件，再读取倒数第二个字符串，将它写入新文件，以此类推。

　　习题 12.3　编写一个程序，从键盘读入姓名和电话号码，将它们写入一个文件。如果这个文件不存在，就写入一个新文件。如果文件已存在，就将它们写入该文件。这个程序需要提供列出所有数据的选项。

　　习题 12.4　扩展上一题的程序，提取对应指定的姓的所有电话号码。这个程序允许进一步查询，添加新的姓名和电话号码，删除已有的项。

第 13 章

■ ■ ■

预处理器和调试

本章深入讨论预处理器的功能，解释如何使用它查找代码中的错误，并研究一些库函数。它们补足了预处理器的一些标准功能。

本章的主要内容：

- 预处理器及其操作
- 如何编写预处理器宏
- 可用的标准预处理器宏
- 逻辑预处理器指令的概念及用法
- 条件编译的概念及用法
- 可用的调试方法
- 如何在运行期间获取当前的日期和时间

13.1 预处理

源代码在编译成机器指令之前，要进行预处理。预处理阶段可以根据预处理指令(它的第一个字符是#符号)执行一系列服务操作。预处理阶段可以在编译之前处理及修改 C 源代码。完成预处理阶段，并分析及执行了所有预处理指令后，这些指令就不再出现在源代码中。编译器开始编译阶段，生成与程序对应的机器码。

到目前为止，所有的例子都使用了预处理指令，包括#include 和#define 指令。还有许多其他指令，为编写程序的方式增加了相当灵活的方法。注意，这些预处理操作发生在编译程序之前。它们会修改程序的语句，但完全不会干涉程序的执行。

13.1.1 在程序中包含头文件

下面的语句你会很熟悉。

```
#include <stdio.h>
```

这会将支持输入输出操作的标准库头文件的内容放在程序中。将标准库头文件包含到程序中的一般语句如下。

```
#include <standard_library_file_name>
```

尖括号中可以包含任何库头文件名称。如果包含了未使用的头文件，除了使读程序的人感到困惑外，唯一的作用是增加编译的时间。

> **注意：** #include指令引入程序的文件可能也含有其他#include指令。预处理器处理第二个#include的方式和第一个完全相同，也是用对应文件的内容取代该指令，直到程序中没有#include指令为止。

13.1.2 定义自己的头文件

可以定义自己的头文件，通常其扩展名是.h，可以使用操作系统允许的任何文件名。理论上，不一定要对头文件使用扩展名.h，但它是大多数 C 程序员惯用的扩展名，所以最好使用它。

头文件不能包含实现代码，即可执行代码。头文件可以包含声明，但不能包含函数定义或初始化的全局数据。函数定义和初始化的全局数据应放在扩展名为.c 的源文件中。可以在头文件中放置函数原型、struct 类型定义、符号定义、extern 语句和 typedef。一个常用的技巧是创建一个头文件，它含有程序中所有函数的原型以及类型声明。然后，将这些作为一个独立的单元来管理，并放在程序源文件的开头。如果源文件包含多个头文件，必须避免信息的重复。重复的代码会造成编译错误。本章后面将介绍如果不小心将任意给定的代码块包含了多次，如何使它们只在程序中出现一次。

也可以将自己的源文件用略微不同的#include 语句包含到程序中。下面是一个典型的例子。

```
#include "myfile.h"
```

这行语句会将双引号内的文件内容引入程序，替代#include 指令。任何文件的内容都可以通过这个方法包含到程序中，只要在引号中指定文件名即可，如上面的例子所示。

使用这种形式和尖括号的区别是查找源文件的过程不同。具体的操作与编译器相关，在编译器的文档说明中有详细解释。但通常第一种形式是在默认的头文件目录(这是标准头文件的储存库)中搜索需要的文件，而第二种形式是先在当前源文件的目录下搜索，如果没有找到，就搜索默认的头文件目录。

13.1.3 管理多个源文件

复杂程序总是包含多个源文件和头文件。理论上，可以使用一个#include 指令把另一个.c 源文件的内容包含在当前的.c 文件中，但通常这是不必要的，甚至不合理。在.c 文件中应只使用#include 指令包含头文件。当然，头文件常常包含#include 指令，以包含其他头文件。

复杂程序中的每个.c 文件一般包含一组相关的函数。在编译开始前，预处理器会插入#include指令指定的每个头文件的内容。编译器从每个.c 源文件中创建一个对象文件。所有的.c 文件都编译好后，链接器就把对象文件合并到一个可执行的模块中。

如果 C 编译器带有交互式开发环境，则通常会提供项目功能，即一个项目包含并管理组成程序的所有源文件和头文件。这通常意味着，不必考虑在创建可执行文件的过程中把文件存储在什么地方，开发环境会处理。但对于大型应用程序，最好自己创建一个适当的文件夹结构，而不是让 IDE 把所有文件都放在同一个文件夹中。

13.1.4 外部变量

一个由几个源文件组成的程序通常需要使用在其他文件内定义的全局变量。为此，可以使用关键字 extern 将它们声明为外部变量。例如，使用如下语句在其他文件内定义了一个全局变量(是在任何函数之外)。

```
int number = 0;
double in_to_mm = 2.54;
```

然后，要在一个函数中访问它们，可以使用以下语句指定这些变量名是外部的。

```
extern int number;
extern double in_to_mm;
```

这些语句不会创建这些变量，只是告诉编译器，这些名称在文件外定义，但可以应用于源文件的其他地方。指定为 extern 的变量在程序的外部声明和定义，通常是在另一个源文件中。如果要让当前文件中的所有函数都可访问这些外部变量，必须在文件的开头，在任何函数的定义之前将它们声明为外部变量。程序是由几个文件组成的，可以把所有已初始化的全局变量放在一个文件的开头，将所有的 extern 语句放在另一个头文件中。使用 include 语句包含该头文件，所有的 extern 语句就合并到需要访问这些变量的程序文件中。

▓ **注意**：每个全局变量在一个文件中只允许定义一次。当然，全局变量可以根据需要在许多文件中声明为外部变量。

13.1.5 静态函数

源文件中的所有函数都默认为隐式的extern，即链接器处理对象文件时，它们在所有对象文件中都可见。这对于链接器把几个对象文件中的所有代码绑定到一个可执行模块中是很重要的。但是，有时不希望这样做。把函数声明为静态，就可以确保该函数仅在定义它的源文件中可见。例如：

```
static double average(double x, double y) { return (x + y) / 2.0; }
```

这个函数只能在定义它的.c 文件中调用。没有 static 关键字，该函数就可以从构成程序的所有源文件中的任意函数进行调用。

▓ **注意**：可以在函数原型中使用 static 关键字，其作用相同。

13.1.6 替换程序源代码

程序在编译之前，预处理器指令会替换源代码中的符号。前面已介绍过最简单的符号替换。例如，使用预处理器指令将字符串 PI 替换为特定数值。

```
#define PI 3.14159265
```

标识符 PI 看起来像是变量，但它不是变量，与变量一点关系也没有。PI 是一个标志，有点像凭证，在预处理阶段用来替换在#define 指令中指定的一串字符。当预处理完成后，准备编译程序时，PI 字符串在源文件中已经被它的定义取代，不再出现了。这类预处理器指令的一般形式如下。

```
#define identifier sequence_of_characters
```

这里的 identifier 符合 C 语言中标识符的一般定义:一串字母和数字,但第一个字符必须是字母或下画线。注意,取代 identifier 的是 sequence_of_characters,即一串字符,不一定是数字。很容易犯如下输入错误。

```
#define PI 3,14159265
```

这是正确的预处理器指令,但肯定会产生编译错误。

#define 指令的一个常见用法是定义数组的维度,允许用一个标志确定多个数组的维度。只要修改程序中的一个指令,就可以改变多个数组的维度。这有助于在需要进行这类修改时减少错误,如下面的例子所示。

```
#define MAXLEN 256
char *buffer[MAXLEN];
char *str[MAXLEN];
```

这两个数组的维度可以通过修改#define 指令而改变,当然受影响的数组声明可以放在程序文件的任何地方。当程序涉及几十个甚至上百个函数时,这个方法的优点非常明显。它不仅便于修改,还可以确保程序中只使用同一个值。当几个程序员合作开发大型项目时,这一点特别重要。

当然,也可以将 MAXLEN 定义为 const 常量。

```
const size_t MAXLEN = 256;
```

这种方法与使用#define 指令的区别是,MAXLEN 不再是一个标志,而是一个指定类型的变量,其名称是 MAXLEN。源文件完成了预处理后,#define 指令中的 MAXLEN 就不再存在,因为代码中的 MAXLEN 都替换为 256。#define 预处理器指令是指定数组维度的较好方法,因为数组的维度用一个变量指定,甚至用一个 const 变量指定,很可能被编译器解释为可变长度的数组。

前面两个例子使用了数值替换,但这个用法是没有限制的。例如可以编写:

```
#define Black White
```

这行语句使程序中的所有 Black 被 White 取代。用来取代标志的字符串可以是任何内容。但预处理器不会替代字符串字面量。

13.2 宏

宏是基于前面#define 指令示例中所隐含理念的另一个预处理器功能,但它的适用范围比较大,允许进行多个参数化替换。不仅可以用固定的字符串替换标志符,还允许指定一些参数,而这些参数可以被变元的值取代。下面是一个例子。

```
#define Print(My_var) printf_s("%d", My_var)
```

My_var 是一个参数名,可以给它指定一个字符串。这个指令提供了两层替换。一个是用其后的字符串替换代码中的 Print(My_var);另一个是对 My_var 指定的变元的替换。例如下面的语句:

```
Print(ival);
```

这行语句在预处理时会转换成:

```
printf_s("%d", ival);
```

可以使用这个指令在程序的不同地方给 printf_s()函数调用指定不同的整数值。这种宏的一般作用是用比较简单的方式表示复杂的函数调用，以提高程序的可读性。

13.2.1　看起来像函数的宏

这类替换指令的一般形式是：

```
#define macro_name( list_of_identifiers ) substitution_string
```

括号中用逗号分隔的标识符列表跟在 macro_name 的后面，每个标识符都可以在替换字符串中出现一次或多次，因此可定义比较复杂的替换。为了说明如何使用，下面定义一个宏，使用下面的指令找出两个值中的较大值。

```
#define max(x, y) x>y ? x : y
```

然后，将下面的语句放在程序中。

```
int result = max(myval, 99);
```

在预处理期间，该语句会展开为以下代码。

```
int result = myval>99 ? myval : 99;
```

注意，这里执行的是替换，不要把它看作函数。否则会得到奇怪的结果，特别是替换标志符中使用显式或隐式的赋值时。例如，将前一个例子稍稍修改一下，就会得到错误的结果。

```
int result = max(++myval, 99);
```

替换过程会产生以下语句：

```
int result = ++myval>99 ? ++myval : 99;
```

这条语句的结果是，如果 myval 的值大于或等于 99，myval 会递增两次。注意，在此情况下使用括号也是没用的。如果改写成：

```
int result = max((++myval), 99);
```

预处理的结果是：

```
int result = (++myval)>99 ? (++myval) : 99;
```

result 获得正确结果的方式是编写：

```
++myval;
int result = max(myval, 99);
```

在编写生成表达式的宏时，要特别小心。除了刚才看到的多重替换的陷阱外，优先级规则也会使代码出错。例如，编写一个宏，获得两个参数的积。

```
#define product(m, n) m*n
```

然后，在下面的语句中使用这个宏。

```
int result = product(x, y + 1);
```

当然，宏替换过程是正常的，只是得不到所要的结果，因为这个宏展开为：

```
int result = x*y + 1;
```

这可能要花很长时间才会发现。没有得到这两个参数的积，因为光从外观根本看不出发生了什么事，只知道程序就是有点小错误。解决方案非常简单。如果使用宏生成表达式，则将每个参数和整个替换字符串加上括号。因此，可以将这个例子重写为：

```
#define product(m, n) ((m)*(n))
```

现在一切都正常了。外层的括号看起来似乎是多余的，但由于不知道宏会展开为什么样子，因此最好加上括号。如果编写一个宏来计算其参数的总和，就会很容易看出，没有外层的括号，在许多情况下就得不到预期的结果。甚至有了括号，在展开的表达式中重复使用一个参数时，例如前面使用条件运算符的表达式，如果这个参数使用了递增或递减运算符，宏也不能正常操作。

13.2.2 字符串作为宏参数

使用宏时，字符串常量是一个潜在的混乱根源。最简单的字符串替换是单层的定义。例如：

```
#define MYSTR "This string"
```

假设编写了下面的语句：

```
printf_s("%s", MYSTR);
```

在预处理期间，这行语句会转换成：

```
printf_s("%s", "This string");
```

结果正确无误。但在#define 指令中定义替换字符串时没有加上双引号，在程序文本中它就不会加上双引号。例如，假设编写：

```
#define MYSTR This string
    ...
printf_s("%s", "MYSTR");
```

在本例中，printf_s()函数内的 MYSTR 参数不会被替换。程序中双引号里的内容都被假设成文本字符串，所以在预处理期间不会分析它。

有一个特殊的方法可以指定替换宏的字符串参数。例如，可以指定一个宏，使用 printf_s()函数显示字符串，如下所示。

```
#define PrintStr(arg) printf_s("%s", #arg)
```

出现在宏展开式中的 arg 参数前的#字符指出，这个变元放在双引号中就会被替换。因此，如果在程序中编写了如下语句：

```
PrintStr(Output);
```

在预处理期间，它会转换成：

```
printf_s("%s", "Output");
```

为什么将这个看起来很复杂的机制引入预处理阶段？其实，没有这个功能，就不能在宏定义中使用可变的字符串。如果希望将宏的参数放在双引号中，它就不会被解读为变量，而只是一个带双引号的字符串。另一方面，如果宏展开式放在双引号中，双引号中的字符串就不解读为参数的标识符，而只是一个字符串常量。因此，乍看之下不必要的复杂机制其实是允许在宏中创建带双引号的字符串的重要工具。

这个机制的常见用法是将变量名称转换成字符串，如下所示。

```
#define show(var) printf_s(#var" = %d\n", var);
```

如果这么编写：

```
show(number);
```

就会生成如下语句：

```
printf_s("number"" = %d\n", number);
```

编译器会把字符串"number"和" =%d\n "连接起来，构成格式字符串，用于输出。

```
"number = %d\n"
```

也可以显示带双引号的字符串。假设定义了之前显示的宏 PrintStr，然后编写如下语句：

```
PrintStr("Output");
```

它会预处理成：

```
printf_s("%s", "\"Output\"");
```

这是可能的，因为预处理阶段知道需要在两端放置\"，以获得正确显示双引号的字符串。

13.2.3 在宏展开式中结合两个变元

有时希望在一个宏展开式中结合两个或更多的宏变元，其间没有空格。假设定义如下的宏：

```
#define join(a, b) ab
```

这不能正常工作。这个展开式的定义会解释成 ab，而不是参数 a 后跟参数 b。如果用空格将它们分开，结果也会有一个空格，这不是希望的结果。预处理器提供了一个运算符来解决这个问题。解决方法是按如下所示指定宏。

```
#define join(a, b) a##b
```

这个运算符由两个字符##组成，用来分隔参数，表示要连接的两个参数的变元。例如，下面的语句：

```
strnlen_s(join(var, 123), sizeof(join(var,123)));
```

会替换成如下语句：

```
strnlen_s(var123, sizeof(var123));
```

这可以用于合成变量名称，或是从两个或多个宏参数中生成一个格式控制字符串。

13.3　多行上的预处理器指令

预处理器指令必须在一个逻辑行中，但可以使用续行符\将它分成许多行。为了把一个指令放在多个物理行上，需要使用续行符表示这些物理行是一个完整的逻辑行。

可以编写如下语句。

```
#define min(x, y) \
                ((x)<(y) ? (x) : (y))
```

这里，指令定义在第二个物理行的第一个非空白字符处继续，因此只要觉得这样的安排比较好，就可以将文本放在第二行。注意，\必须是这一行的最后一个字符，其后是回车符。编译器把结果看作一个逻辑行。

13.3.1　预处理器逻辑指令

上一个例子看起来好像相当有限，实在很难想象在什么情形下需要把 var 和 123 连接起来。毕竟，总是可以使用一个参数，将变元编写成 var123。但是预处理的一个作用是，允许前一个例子进行多个宏的替换，即一个宏中的变元派生于另一个宏中定义的替换。在上一个例子中，join()宏的两个变元都可以由其他#define 替换或宏生成。预处理也支持提供逻辑 if 功能的指令，它极大地扩展了预处理阶段所能处理的范围。

13.3.2　条件编译

第一个要讨论的逻辑指令测试前一个#define 指令创建的标识符是否存在。它的形式如下。

```
#if defined identifier
// Statements...
#endif
```

如果之前的#define 指令定义了指定的 identifier，则#if 和 #endif 之间的语句就包含到程序代码中，直至到达#endif 指令处。如果没有定义该标识符，就跳过#if 和#endif 之间的语句。这和 C 编程中使用的逻辑过程相同，只是这里将程序语句包含或不包含在源文件中。

也可以测试标识符是否不存在。事实上，这个机制的使用率比上一个高得多。它的一般形式如下。

```
#if !defined identifier
// Statements...
#endif
```

如果没有定义 identifier，#if 和#endif 间的所有语句就包含到程序中。这可以避免在包含多个文件的程序中重复定义函数、其他代码块和指令；或当程序处理了#include 语句后，确保不重复可能在不同库中重复出现的代码。避免重复代码块的机制如下。

```
#if !defined block1
  #define block1
  /* Statements you do not        */
  /* want to occur more than once. */
#endif
```

如果没有定义标识符 block1，就包含并处理#define 指令后面的语句，定义标识符 block1。#define 后面的代码块也会包含在程序中。以后出现的相同语句块不会包含，因为标识符 block1已经存在。

这里的#define 指令不需要指定替换值。要执行条件编译，将 block1 放在#define 指令中就足够了，而不需要替换字符串。现在可以将这块代码包含到需要它们的任何地方，并保证在程序中绝不会有重复。预处理指令确保不会有重复。

采用这种方式，也可以确保头文件的内容不会多次出现在源文件中。只需要将所有的头文件放在如下结构中。

```
// MyHeader.h
#if !defined MYHEADER_H
  #define MYHEADER_H
  // All the statements in the file...
#endif
```

有了这种结构，MyHeader.h 的内容就不会多次出现在源文件中了。

⬛ **注意**：最好总是以这种方式保护自己的头文件。

13.3.3　测试多个条件

使用#if 预处理器指令不仅能测试一个标识符是否存在，还可使用逻辑运算符测试是否定义了多个标识符。例如，对于下面的语句：

```
#if defined block1 && defined block2
 // Statements...
#endif
```

如果之前定义了 block1 和 block2，该表达式就等于 true，因此这个指令后的代码不会包含进来。如果要测试更多的条件，可以使用||、!和&&运算符。

13.3.4　取消定义的标识符

条件预处理器指令的另一个应用是取消前面定义的标识符，这需要使用指令：

```
#undef block1
```

如果已经定义了 block1，在执行这个指令后它就不再被定义。这两个指令组合起来使用可以取得很好的效果。

这些指令有另外一个比较简洁的写法。选用哪种形式取决于个人的喜好。指令#ifdef block 和#if defined block 等效，指令#ifndef block 和#if !defined block 等效。

13.3.5　测试标识符的指定值的指令

也可以使用#if 指令的一种形式测试常量表达式的值。如果常量表达式的结果不是 0，这条语句和下一个#endif 之间的所有语句就都包含到程序代码中。如果常量表达式的结果是 0，就跳过这条语句和下一个#endif 之间的所有语句。#if 指令的一般形式如下：

```
#if constant_expression
```

它经常用于测试前面的预处理器语句赋予标识符的指定值。例如，对于下面的语句：

```
#if CPU == Intel_i7
  printf_s("Performance should be good.\n" );
#endif
```

如果标识符 CPU 在之前的#define 指令中定义为 Intel_i7，printf_s()语句就包含到程序中。

13.3.6　多项选择

为了补足#if 指令，可以使用#else 指令。它的作用和 else 语句完全相同：当#if 条件失败时，就执行一组指令或包含一些语句。例如：

```
#if CPU == Intel_i7
  printf_s("Performance should be good.\n" );
#else
  printf_s("Performance may not be so good.\n" );
#endif
```

在这个例子中，将哪一个 printf_s()语句包含到程序中取决于 CPU 是否定义成 Intel_i7。

预处理阶段也为多项选择提供了一个特殊的#if 形式，只将几个语句中的一个包含到程序中。这个指令是#elif，它的一般形式是：

```
#elif constant_expression
```

使用这个指令的例子如下。

```
#define US 0
#define UK 1
#define France 2
#define Germany 3
#define Country US
#if Country == US || Country == UK
  #define Greeting "Hello."
#elif Country == France
  #define Greeting "Bonjour."
#elif Country == Germany
  #define Greeting "Guten Tag."
#endif
printf_s("%s\n", Greeting );

      #if Country == US
        #define Currency "Dollar."
      #elif Country =WrongExpression= UK
        #define Currency "Pound."
      #elif Country == France
        #define Currency "Euro."
      #elif Country == Germany
```

```
    #define Currency "Euro."
  #endif
printf_s("%s\n", Currency);
```

在这串指令中，printf_s()语句的输出取决于赋予标识符 Country 的值，在这个例子中是 US。

需要小心这些计算，如果第一个表达式的计算结果为 true，那么其余的表达式将根本不会被计算；因此，源代码中可能有无效的表达式，但会成功编译。这种行为在 C17 中得到了澄清。可以在前面的例子中看到，第二个表达式是故意错误的，货币将被打印为美元。

13.3.7　标准预处理宏

在编译器的文档说明中，通常定义了大量的标准预处理宏。这里只介绍其中两个比较常用的宏。

使用__func__标识符总是可以获得代码中表示函数体的函数名。例如：

```
#include <stdio.h>
void print_the_name(void)
{
  printf("%s was called.\n", __func__);
}
```

这个函数在格式字符串中输出它的名称，所以输出是：

```
print_the_name was called.
```

宏__DATE__生成日期的字符串表示法，在程序中调用它时，它的格式是 Mmm dd yyyy。其中 Mmm 是月份字符，如 Jan、Feb 等；dd 是日期，即 1~31 的数字。如果是一个数字，就在该数字前面加上空白；yyyy 是 4 位数字的年份，例如 2012。

宏__TIME__提供了包含时间值的字符串，在程序中调用它时，它的格式是 hh:mm:ss，代表时、分、秒。每个部分都有两位数字，用冒号隔开。注意这是编译器执行的时间，不是程序运行的时间。

可以使用这个宏记录程序最后一次的编译时间，如下所示。

```
printf_s("Program last compiled at %s on %s\n", __TIME__, __DATE__ );
```

执行这个语句会输出如下结果：

```
Program last compiled at 13:47:02 on Nov 24 2012
```

注意，__DATE__和__TIME__的下画线在开头和末尾。编译含有这条语句的程序时，printf_s()输出的值会固定不变，直到下次编译程序为止。以后程序执行时，会输出最后一次编译的时间和日期。不要把这两个宏和本章后面的 13.4 节讨论的 time()函数混淆。

__FILE__宏把当前源文件的名称表示为一个字符串字面量，这一般是包含整个文件路径的字符串字面量，例如"C:\\Projects\\Test\\MyFile.c"。

__LINE__宏得到一个对应当前行号的整数常量。可以使用它和__FILE__宏来标识在源代码中的什么地方发生了某个事件或错误。例如：

```
if(fopen_s(&pfile, filename, "rb"))                    // Open for binary read
{
```

```
fprintf_s(stderr, "Failed to open file in %s line %d\n", __FILE__, __LINE__);
    return -1;
}
```

如果 fopen_s()失败，就显示一条消息，指出源文件名和其中出错的行号。

13.3.8 通用宏

由于添加了 C11，因此它可以在编译时具有动态类型宏。因此，它被引入了一种更灵活的宏类型(这在 C 中是新的)。这个新功能的行为就像一个函数。这里有另一个关于宏和函数的观点，以及两种方法之间的权衡。

在签名中，可以找到表达式，然后找到几个逗号分隔的与相应值的关联，最后找到一个默认值。可以在下面的例子中更清楚地看到：

```
// Program 13.1b _Generic macro example
#include <stdio.h>
#include <math.h>

#define custom_exp(x) _Generic((x), \
    double: exp, \
    float: expf, \
    long double: expl, \
    default: clone \
) (x)

//for default type:
int clone(int a) {
    return a;
}

int main(void)
{
    int i = 2;
    double d = 1;
    float f = 1;
    long double ld = 1;

    printf("double %f\n", custom_exp(d));
    printf("float %f\n", custom_exp(f));
    printf("long double %Lf\n", custom_exp(ld));
    printf("default %d\n", custom_exp(i));

    return 0;
}
```

从上面的例子可以看到，宏可以从代码或标准库(math.h)返回函数。
Visual Studio 2019 尚不支持泛型；请使用 GCC 或 Pelles 作为此示例。

输出为：

```
double 2.718282
float 2.718282
long double 2.718282
default 2
```

13.4　调试方法

第一次编写完程序时，程序大多有一些错误。从程序中删除这些错误大致和编写程序所花的时间成正比。程序越大、越复杂，包含的错误就越多，使程序正常运行所需的时间也就越多。一些非常大的程序(如操作系统)或复杂的应用程序(如字处理系统甚至 C 程序开发系统)都因为过于复杂，不可能将错误完全消除。读者也许对此有一些经验。通常这类残余的错误非常轻微，能与系统一起运行。

编写程序的方法对将来测试程序的难度有显著的影响。结构优秀的程序由简洁的函数组成，每个函数的目的都定义得很明确，所以比没有这些特性的函数更容易测试。给程序的操作和组成函数的作用加上详细的注释，使用恰当的变量及函数名称，也可以使错误的查找变得比较容易。使用缩排语句的布局也对测试及查找错误有帮助。调试虽不在本书所讨论的范围内，但是本节将介绍必须注意的基本理念。

13.4.1　集成的调试器

许多编译器都在程序开发环境中嵌入了大量的调试工具。这些工具的功能很强大，可以显著减少程序正常运行所需的时间。它们一般提供了各种帮助测试程序的工具，具体如下。

- 追踪程序流：这个功能可以一次执行一行程序语句。每执行完一行语句，就暂停，用户按下指定的键后，就继续执行下一行语句。调试环境中的其他工具通常能显示信息，暂时终止执行，以便了解程序中的数据发生了什么变化。
- 设定断点：在执行很大、很复杂的程序时，一次执行一行语句是很痛苦的。有时这是不可能的，例如一个循环需要执行 10 000 次。断点提供了绝佳的替代方案。使用断点，可以在程序中选择一些特定的语句，程序执行到该处时就暂停，以便检查当时的状况。按下指定的键后，继续执行到下一个断点。
- 设定观看窗口：这个功能可以在执行过程中跟踪变量的值。所选变量的值在程序的每个暂停处显示出来。如果一步步地执行程序，就可以看到变量值变化的情形，或者没有像期望的那样变化。
- 检查程序元素：有时也要检查许多程序组成部分的情况。例如，在断点处显示函数的细节，如返回类型以及它的变元。还可以根据指针的地址查看指针的细节、它含有的地址以及指针地址所存储的数据。也可以查看表达式的值，修改变量。修改变量可以绕过问题区域，让其他的区域使用正确的数据执行，即使之前的程序部分不能正常工作。

13.4.2　调试阶段的预处理器

使用条件预处理器指令，可以将代码块包含到程序中，以帮助测试。许多 C 语言开发系统的调试功能非常强大，但添加自己的跟踪代码仍然非常有用。可以完全控制所显示的数据的格式，甚至根据程序中的条件或关系，输出各种不同的数据以用于调试。

试试看：使用预处理器指令

为了说明如何使用预处理器指令控制程序的执行，打开或关闭调试功能。下面编写一个程序，通过函数指针数组随机调用函数。

```c
// Program 13.1 Debugging using preprocessing directives
#define __STDC_WANT_LIB_EXT1__ 1
#include <stdio.h>
#include <stdlib.h>
#include <time.h>

// Macro to generate pseudo-random number from 0 to NumValues */
#define random(NumValues) ((int)(((double)(rand())*(NumValues))/(RAND_MAX+1.0)))

#define iterations 6
#define test                        // Select testing output
#define testf                       // Select function call trace
#define repeatable                  // Select repeatable execution

// Function prototypes
int sum(int, int);
int product(int, int);
int difference(int, int);

int main(void)
{
  int funsel = 0;                   // Index for function selection
  int a = 10, b = 5;                // Starting values
  int result = 0;                   // Storage for results

  // Function pointer array declaration
  int (*pfun[])(int, int) = {sum, product, difference};

#ifdef repeatable                   // Conditional code for repeatable execution
  srand(1);
#else
  srand((unsigned int)time(NULL));  // Seed random number generation
#endif

  // Execute random function selections
  int element_count = sizeof(pfun)/sizeof(pfun[0]);
  for(int i = 0 ; i < iterations ; ++i)
  {
    funsel = random(element_count);  // Generate random index to pfun array
    if( funsel > element_count - 1 )
    {
      printf_s("Invalid array index = %d\n", funsel);
      exit(1);
    }

      #ifdef test
```

```
      printf_s("Random index = %d\n", funsel);
   #endif
      result = pfun[funsel](a , b);  // Call random function
   printf_s("result = %d\n", result );
  }
  return 0;
}

// Definition of the function sum
int sum(int x, int y)
{
#ifdef testf
  printf_s("Function sum called args %d and %d.\n", x, y);
#endif

  return x + y;
}

// Definition of the function product
int product( int x, int y )
{
  #ifdef testf
  printf_s("Function product called args %d and %d.\n", x, y);
  #endif

  return x * y;
}

// Definition of the function difference
int difference(int x, int y)
{
  #ifdef testf
  printf_s("Function difference called args %d and %d.\n", x, y);
  #endif

  return x - y;
}
```

代码的说明
程序一开始定义了一个宏。

```
#define random(NumValues) ((int)(((double)(rand())*(NumValues))/(RAND_MAX+1.0)))
```

上述语句定义了宏 random()，其中的函数 rand() 在 <stdlib.h> 中声明，它会生成 0~RAND_ MAX 之间的随机数。RAND_MAX 是一个在 <stdlib.h> 中定义的常量。这个宏会映射这个范围的值，产生 0~NumValues−1 的值。将 rand() 函数产生的值转换成 double，确保使用 double 类型进行计算，最后因为程序的需要，再将计算的结果转换成 int 类型。

将 random() 定义为宏是为了显示如何定义它，但最好把它定义为一个函数，因为这可以避免宏的变元值带来的问题。

接着是定义符号的 4 个指令。

```
#define iterations 6
#define test                      // Select testing output
#define testf                     // Select function call trace
#define repeatable                // Select repeatable execution
```

第一个指令定义的符号指定了循环的迭代次数，该循环会随机执行 3 个函数中的一个。后 3 个符号都用于控制包含在程序中的代码。定义 test 符号，所包含的代码会输出用于选择函数的索引值。定义 testf 会把跟踪函数调用的代码包含在函数定义中。定义 repeatable 时，用一个固定的种子值调用 srand()函数，所以 rand()函数总是生成相同的伪随机序列，在随后运行程序时会得到相同的结果。在程序的测试过程中有可重复的结果，会使测试过程更容易。如果删除了定义 repeatable 符号的代码，就用当前的时间值作为变元来调用 srand()函数，因此每次执行程序时种子值都是不同的，得到的结果也不同。

建立了在 main()函数中使用的初始变量后，用下面的语句声明和初始化 pfun 数组。

```
int (*pfun[])(int, int) = {sum, product, difference};
```

这条语句定义了一个函数指针数组，该指针指向的函数有两个 int 类型的参数，返回值的类型是 int。数组用 3 个函数名初始化，所以数组包含 3 个元素。

接着根据是否定义了 repeatable 符号，用一个指令包含两个可选语句中的一个。

```
#ifdef repeatable                 // Conditional code for repeatable execution
  srand(1);
#else
  srand((unsigned int)time(NULL)); // Seed random number generation
#endif
```

如果定义了 repeatable，用变元值 1 调用 srand()的语句就包含在源代码中，进行编译。这样，每次执行程序时，都会得到相同的结果；否则，就包含把 time()函数作为变元的语句。每次执行程序时，结果都不同。

main()函数中的循环如下：迭代次数由 iterations 符号的值确定，这里它是 6。循环中的第一个操作如下。

```
funsel = random(element_count);   // Generate random index to pfun array
if( funsel > element_count - 1 )
{
  printf_s("Invalid array index = %d\n", funsel);
  exit(1);
}
```

这段代码将 element_count 作为变元调用 random()宏。element_count 是 pfun 数组的元素个数，在循环执行之前计算。预处理器会在编译代码之前替换宏展开式中的 element_count。为了安全起见，检查 pfun 数组是否有有效的索引值。

之后的 3 个语句如下。

```
#ifdef test
    printf_s("Random index = %d\n", funsel);
 #endif
```

定义了 text 符号后，就把 printf_s()语句包含在代码中。如果删除了定义 text 的指令，printf_s()
语句在编译时就不包含在程序中。

循环中的最后两条语句通过 pfun 数组中的一个指针调用函数，输出调用的结果。

```
result = pfun[funsel](a , b);        // Call random function
printf_s("result = %d\n", result );
```

下面看看一个被调用的函数 product()。

```
int product( int x, int y )
{
  #ifdef testf
  printf_s("Function product called args %d and %d.\n", x, y);
  #endif

  return x * y;
}
```

如果定义了 testf 符号，函数定义就包含一个输出语句。因此，可以控制#ifdef 块中的语句是
否包含进来，它与 main()中由 test 控制的输出块相互独立。在程序中定义了 test 和 testf 后，可以
得到生成的随机索引值，以及每个函数调用时的信息，以了解程序中调用的顺序。

可以定义任意多个不同的符号常量，也可以使用条件指令的#ifdef形式将它们组合到逻辑表达
式中。

13.4.3 断言

断言是一条错误消息，在满足某个条件时输出该消息。有两种断言：编译期断言和运行期断
言。编译期断言在后面讨论，因为它们使用得较广泛。

1. 运行期断言

assert()宏在标准库的头文件<assert.h>中定义。这个宏能在程序中插入测试用的任意表达式，
如果表达式是 false(等于 0)，程序就终止，并输出一条诊断消息。assert()宏的变元是一个结果为标
量值的表达式。例如：

```
assert(a == b);
```

如果 a 等于 b，表达式的结果就是 true(非零)。如果 a 不等于 b，宏的变元就是 false，程序就
输出一条相关的断言消息，然后终止。断言消息包含宏变元的文本、源文件名、行号和包含 assert()
的函数名。程序的终止是调用 abort()实现的，所以是不正常结束。调用 abort()时，程序会立即终
止。流输出缓冲区是否刷新，打开的流是否关闭，临时文件是否删除，都取决于 C 的实现方式，
所以应参阅编译器的文档说明。

在 Program 13.1 中，可以使用断言验证 funsel 是否有效。

```
assert(funsel < element_count);
```

如果 funsel 不小于 element_count，表达式就是 false，所以程序终止。断言的一般输出如下：

```
Assertion failed: file d:\examples\program13_01.c, func main line 44, funsel<element_count
abort -- terminating
```

可以看到函数名、标识的代码行号和不满足的条件。

此外，还有一个#line 指令，其中包含两个可能的参数，它们将重置行号并更改文件名，当然，这是出于调试目的。以下行将添加到集合编号，并且该编号必须大于 0 且小于或等于 2 147 483 647。

```
#line linenumber "filename"

// Program 13.1c Debugging using preprocessing directives
#include <stdio.h>
#include <assert.h>

int main(void)
{
#line 314 "qux.c"
assert( 3 < 2 );
printf("Hello World!");
return 0;
}
```

输出结果是：

```
qux.c(315): warning #2154: Unreachable code.
```

2. 关闭断言功能

在#include <assert.h>语句之前定义 NDEBUG 符号，就可以关闭运行期断言功能。

```
#define NDEBUG                    // Switch off runtime assertions
#include <assert.h>
```

这段代码会忽略代码中所有的 assert()宏。

在某些非标准的系统中，assert 功能默认为禁用，此时可以取消 NDEBUG 符号的定义，启用该功能。

```
#undef NDEBUG                     // Switch on assertions
#include <assert.h>
```

包含取消 NDEBUG 定义的指令，可以保证为源文件启用断言功能。#undef 指令必须放在#include <assert.h>语句之前。

3. 编译期断言

static_assert()宏可以在编译过程中输出错误消息。该消息包括指定的字符串字面量，并根据一个表达式的值确定是否生成输出，该表达式是一个编译时间常量。该宏的形式是：

```
static_assert(constant_expression, string_literal);
```

常量表达式等于 0 时，编译停止，输出错误消息。

static_assert()可以对实现代码进行检查。例如，代码假定 char 是一个无符号的类型，就可以在源文件中包含这个静态断言。

```
static_assert(CHAR_MIN == 0, "Type char is a signed type. Code won't work.");
```

CHAR_MIN 在 limits.h 中定义，是 char 类型的最小值。char 是无符号的类型时，CHAR_MIN 是 0；char 是有符号的类型时，CHAR_MIN 是一个负数。因此 char 是有符号的类型时，编译会暂停，生成一条包含字符串的错误消息。

▓ 注意：static_assert 在 assert.h 中定义为_Static_assert，这是一个关键字。可以用_Static_assert 替代 static_assert，而不必在源文件中包含 assert.h。

下面用一个简单例子示范运行期断言。

试试看：示范 assert()宏

下面是使用 assert()宏的程序代码。

```
// Program 13.2 Demonstrating assertions
#define __STDC_WANT_LIB_EXT1__ 1
#include <stdio.h>
#include <assert.h>

int main(void)
{
  int y = 5;
  for(int x = 0 ; x < 20 ; ++x)
  {
    printf("x = %d y = %d\n", x, y);
    assert(x < y);
  }
  return 0;
}
```

使用编译器编译并执行这个程序的结果如下。

```
x = 0   y = 5
x = 1   y = 5
x = 2   y = 5
x = 3   y = 5
x = 4   y = 5
x = 5   y = 5
Assertion failed: file C:\Projects\program13_02.c, func main, line 13, x < y
abort -- terminating
*** Process returned 1 ***
```

代码的说明

除了 assert()语句外，这个程序不必多做解释，它只是在 for 循环中显示 x 和 y 的值。条件 x<y 是 false 时，assert()宏就马上终止程序。从输出中可以看出，此时 x 的值是 5。这个宏将输出显示到 stderr 上，即屏幕。不仅会得到失败的条件，还会得到文件名和该文件中失败的行号。这对由许多文件组成的程序特别有用，因为它可以确切地指出错误的来源。

断言通常用于程序中的重要条件，如果不满足某个条件，就会出现灾难性后果。如果发生这类错误，程序就不应继续执行。

可以添加如下指令，关闭例子中的断言机制。

```
#define NDEBUG
```

该指令必须放在#include <assert.h>指令之前。Program 13.2 的开头由于有这个#define，因此会得到 x 值为0~19 的所有输出，不会出现诊断消息。

13.5　日期和时间函数

日期和时间的预处理器宏会生成在编译期间固定的值。time.h 头文件声明的函数会在调用时生成时间和日期，它们可以根据计算机的硬件计时器提供各种不同格式的输出。使用它们可以得到当前的时间和日期，计算两个事件的时间间隔，衡量处理器执行一个计算所花费的时间。

13.5.1　获取时间值

返回时间值的最简单函数原型如下:

```
clock_t clock(void);
```

这个函数返回程序自某个实现代码定义的参考点(常常是开始执行时)后的处理器时间(不是消逝的时间)，其类型是 clock_t。clock()函数常常在程序中某个过程的开始和结尾处调用，其时间差就是该过程消耗的处理器时间。返回值是类型 clock_t，这是在<time.h>中定义的整数类型。计算机一般在任意给定的时刻执行多个过程，处理器时间是处理器执行调用 clock()函数的过程所用的总时间。clock()函数返回值的单位是时钟周期。为了将它转换成秒，需要将这个值除以<time.h>中定义的宏 CLOCKS_PER_SEC 生成的值。执行 CLOCKS_PER_SEC 的结果是一秒内的时钟周期数。如果有错误，clock()函数就返回-1。在 C17 中，澄清并补充。如果值不能被表示，函数将返回一个未指定的值;这可能是由于时钟类型溢出造成的。

要确定执行过程所用的处理器时间，需要记录过程开始执行的时间，从中减去过程结束时返回的时间。例如:

```
clock_t start = 0, end = 0;
double cpu_time = 0.0;
start = clock();

// Execute the process for which you want the processor time...

end = clock();
cpu_time = (double)(end-start)/CLOCKS_PER_SEC;    // Processor time in seconds
```

这段代码将过程所使用的总处理器时间存储在 cpu_time 中。在最后一条语句中需要把它的类型转换为 double，以获得正确的结果。

time()函数可把日历时间返回为 time_t 类型的值。目前的日历时间是从一个固定的时间及日期算起的秒数。这个固定的时间及日期是 1970 年 1 月 1 日格林威治时间 0 点 0 分 0 秒。这也是一般的时间值定义。但参考点是由实现代码定义的，所以应查看编译器和库文档，进行验证。

time()函数的原型如下:

```
time_t time(time_t *timer);
```

如果变元不是 NULL，目前的日历时间就存储在 timer 中。类型 time_t 在<time.h>头文件中定义，等价于 long。

要以秒为单位计算连续调用两次 time()函数的时间差，可以使用函数 difftime()，它的原型是：

```
double difftime(time_t T2, time_t T1);
```

这个函数会返回 T2-T1 的值，其类型是 double，单位是秒。这是两个 time()函数调用的时间差，这两个函数分别生成了 time_t 类型的值 T1 和 T2。

试试看：使用时间函数

可以使用<time.h>中的函数，记录连续调用的时间差和用于计算的处理器时间，如下。

```
// Program 13.3 Test our timer function
#define __STDC_WANT_LIB_EXT1__ 1
#include <stdio.h>
#include <time.h>
#include <math.h>
#include <ctype.h>

int main(void)
{
  time_t calendar_start = time(NULL);          // Initial calendar time
  clock_t cpu_start = clock();                 // Initial processor time
  int count = 0;                               // Count of number of loops
  co nst long long iterations = 1000000000LL;  // Loop iterations
  char answer = 'y';
  double x = 0.0;
  printf_s("Initial clock time = %lld Initial calendar time = %lld\n",
                             (long long)cpu_start, (long long)calendar_start);

  while(tolower(answer) == 'y')
  {
    for(long long i = 0LL ; i < iterations ; ++i)
      x = sqrt(3.14159265);

    printf_s("%lld square roots completed.\n", iterations*(++count));
    printf_s("Do you want to run some more(y or n)? \n");
    scanf_s("\n%c", &answer, sizeof(answer));
  }

  clock_t cpu_end = clock();                    // Final cpu time
  time_t calendar_end = time(NULL);             // Final calendar time

  printf_s("Final clock time = %lld Final calendar time = %lld\n",
                             (long long)cpu_end, (long long)calendar_end);
  printf_s("CPU time for %lld iterations is %.2lf seconds\n",
              count*iterations, ((double)(cpu_end-cpu_start))/CLOCKS_PER_SEC);
  printf_s("Elapsed calendar time to execute the program is %8.2lf seconds.\n",
                                  difftime(calendar_end, calendar_start));
```

```
    return 0;
}
```

得到如下的输出。

```
Initial clock time = 0 Initial calendar time = 1354017916
1000000000 square roots completed.
Do you want to run some more(y or n)?
y
2000000000 square roots completed.
Do you want to run some more(y or n)?
y
3000000000 square roots completed.
Do you want to run some more(y or n)?
n
Final clock time = 24772 Final calendar time = 1354017941
CPU time for 3000000000 iterations is 24.77 seconds
Elapsed calendar time to execute the program is 25.00 seconds.
```

代码的说明

这个程序演示了函数clock()、time()和difftime()的用法。time()函数返回当前时间(单位是秒)，因此不会得到比1小的值。根据计算机的速度，可以调整循环的迭代次数，以减少或增加执行这个程序所需的时间。注意，函数clock()不能精确地确定程序所用的处理器时间。然而，可以使用time()函数确定消逝的时间。

使用下列语句记录并显示处理器时间及日历时间的初始值，并设置循环的控制变量。

```
time_t calendar_start = time(NULL);        // Initial calendar time
clock_t cpu_start = clock();               // Initial processor time
int count = 0;                             // Count of number of loops
const long long iterations = 1000000000LL; // Loop iterations
char answer = 'y';
double x = 0.0;
printf_s("Initial clock time = %lld Initial calendar time = %lld\n",
                            (long long)cpu_start, (long long)calendar_start);
```

将cpu_start和calendar_start的值转换为long long类型，可以避免因类型time_t和clock_t由实现代码确定而带来的格式化问题。

接下来的循环用answer中存储的字符控制，只要希望循环继续，它就会继续执行。

```
while(tolower(answer) == 'y')
{
  for(long long i = 0LL ; i < iterations ; ++i)
    x = sqrt(3.14159265);

  printf_s("%lld square roots completed.\n", iterations*(++count));
  printf_s("Do you want to run some more(y or n)? \n");
  scanf_s("\n%c", &answer, sizeof(answer));
}
```

内层循环调用在<math.h>头文件中定义的 sqrt()函数 iterations 次,因此这会占用一些处理器时间。如果对提示输入的响应不是 y,就会延长执行的时间。注意 scanf_s()中第一个变元开头的换行符转义序列。如果遗漏了它,程序就会无限循环下去,因为 scanf_s()不会忽略输入流缓冲区中的空白字符。

最后,输出 clock()及 time()返回的最终值,并计算处理器及日历时间的间隔。C 编译器包含的库可能有其他非标准的函数来获得处理器时间,它比 clock()准确。

警告:处理器时钟可能会重置为 0,所测量的处理器时间的精度随硬件平台的不同而改变。例如,如果处理器时钟是 32 位值,其精度为 1 毫秒,该时钟就会每隔 72 分钟重置为 0。

13.5.2　获取日期

有一个自 25 年前开始算起的时间(秒)是很有趣的,但使今天的日期显示为字符串更方便。为此,可以使用函数 ctime(),它的原型如下。

```
char *ctime(const time_t *timer);
```

这个函数接收一个 time_t 变量的指针作为变元,它含有 time()函数返回的日历时间值。它返回一个指向 26 个字符的字符串的指针,其中有日期、时间以及年,最后用一个换行符和'\0'终止符。

返回的典型字符串如下:

```
"Mon Aug 25 10:45:56 2003\n\0"
```

ctime()函数不知道为存储结果所分配的字符串长度,因此这是一个不安全的操作。该函数有一个可选的安全版本,其原型如下。

```
errno_t ctime_s(char * str, rsize_t size, const time_t *timer);
```

第一个参数是存储结果的数组的地址,第二个参数是 str 数组的大小。如果转换成功,该函数就返回 0,否则返回非 0 值。str 数组至少应有 26 个元素,但不超过 RSIZE_MAX 个元素。记住 RSIZE_MAX 是数据类型 size_t,它受多个函数的约束。例如,如果在处理无符号 unsigned int 时出现大的数字(错误为负数),这是一种很好的做法。它将取决于所使用的机器(例如 9223372036854775807)。

```
#define __STDC_WANT_LIB_EXT1__ 1
#include <stdio.h>
#include <stdint.h>
int main(void)
{
    printf("rsize_max=%zu\n", RSIZE_MAX);
    return 0;
}
```

按如下所示使用 ctime()函数。

```
char time_str[30] = {'\0'};
time_t calendar = time(NULL);
```

```
if(!ctime_s(time_str, sizeof(time_str), &calendar))
  printf_s("%s", time_str);                // Output calendar time as date string
else
  fprintf_s(stderr, "Error converting time_t value\n");
```

也可使用函数 localtime()得到日历时间中的时间和日期的各个组成部分。这个函数的原型
如下。

```
struct tm *localtime(const time_t *timer);
```

这个函数接收一个 time_t 值的指针，并返回结构类型 tm 的指针，结构类型 tm 在<time.h>头
文件中定义。如果不能转换 timer，该函数就返回 NULL。可选版本的原型是：

```
struct tm *localtime_s(const time_t * restrict timer, struct tm * restrict result);
```

两个变元都不是 NULL。这个结构至少包含表 13-1 中的成员。

需要强调一下，这个函数来自标准的 C17(自 C11 以来)。同时，Microsoft 编译器有一个非常
不同的签名(这些差异可以在 Program 13.4 中看到，其中参数是相反的，函数的返回是相反的)。

```
errno_t localtime_s(
    struct tm* const tmDest,
    time_t const* const sourceTime
);
```

表 13-1 tm 结构的成员

成员	说明
tm_sec	24 小时制，分钟后的秒数(0~60)。这个值最大为 60，以支持正闰秒
tm_min	24 小时制，小时后的分钟(0~59)
tm_hour	24 小时制中的小时(0~23)
tm_mday	月份中的日(1~31)
tm_mon	月份(0~11)
tm_year	年份(当前年份减去 1900)
tm_wday	星期(星期天是 0，星期六是 6)
tm_yday	年份中的日(0~365)
tm_isdst	白天存储标记，正数表示白天存储时间，0 表示非白天存储时间，负数表示未知

结构的所有成员都是 int 类型。每次调用 localtime()函数，都会返回一个指向该结构的指针。
在每次调用中，所有的结构成员都会被覆盖。如果要保留它们的值，必须在下次调用 localtime()
之前，将它们复制到别的地方，或者创建自己的 tm 结构，然后存储所有成员的值。把这个结构
提供为 localtime_s()函数的变元，从而控制是否重用结构对象，这样操作就比较简单，也不容易
出错。

localtime()和 localtime_s()函数生成的时间是本地时间。如果要使 tm 结构的时间反映 UTC(世
界调整时间)，就可以使用 gmtime()函数或可选的 gmtime_s()函数，它们的变元与 localtime()和
localtime_s()相同，返回一个 tm 结构指针。

TIME_UTC 和 timespec_get 在 C11 中是新的；TIME_UTC 可以作为函数的参数
timespec_get(&ts，TIME_UTC)。

timespec_get 函数根据指定的基准时间设置 ts 指向的间隔，以保存当前日历时间。

以下是输出 tm 结构成员的日期及时间的代码片段。

```
time_t calendar = time(NULL);                   // Current calendar time
struct tm time_data;
const char *days[]  = {"Sunday", "Monday", "Tuesday", "Wednesday",
                         "Thursday", "Friday", "Saturday"           };
const char *months[]  = {"January", "February", "March",
                           "April", "May", "June",
                           "July", "August", "September",
                           "October", "November", "December" };

if(localtime_s(&calendar, &time_data))
  printf_s("Today is %s %s %d %d\n",
                      days[time_data.tm_wday], months[time_data.tm_mon],
                      time_data.tm_mday, time_data.tm_year+1900);
```

这段代码定义了字符串数组来存储星期以及月份。然后，调用 localtime()函数，设置适当的
tm 结构成员。可以直接使用该结构的月份和年份中的日期，也可以扩展程序，输出时间。

执行这段代码的输出是：

```
Today is Tuesday November 27 2012
```

asctime()及其可选的安全版本 asctime_s()会生成 tm 结构的字符串表示，其原型是：

```
char *asctime(const struct tm *time_data);
errno_t asctime_s(char *str, rsize_t size, const struct tm *time_data);
```

asctime_s()在 str 中存储字符串，str 必须是至少包含 26 个且小于 RSIZE_MAX 元素的数组，
size 是 str 中的元素个数。一切运作正常时，该函数返回 0，否则返回非 0 整数。该函数可用于年
份在 1000~9999 的 tm 结构，所以应可以用于现在的程序。该函数得到的字符串形式与 ctime()生
成的字符串相同。

试试看：获取日期

从 localtime_s()函数返回的 tm 结构中输出成员是很容易的。以下是一个示例。

```
// Program 13.4          Getting date data with ease
#define __STDC_WANT_LIB_EXT1__ 1
#include <stdio.h>
#include <time.h>

int main(void)
{
  const char *day[7] = {
                        "Sunday" , "Monday", "Tuesday", "Wednesday",
                        "Thursday", "Friday", "Saturday"
                           };
  const char *month[12] = {
                         "January", "February", "March", "April",
```

```
                            "May", "June", "July", "August",
                            "September", "October", "November", "December"
                                    };
        const char *suffix[] = { "st", "nd", "rd", "th" };
        enum sufindex { st, nd, rd, th } sufsel = th;      // Suffix selector

        struct tm ourT;                                    // The time structure
        time_t tVal = time(NULL);                          // Calendar time

        //if(localtime_s(&ourT , &tVal))     // VS 2019 - Populate time structure
        if(!localtime_s(&tVal, &ourT))                     // Populate time structure
        {
          fprintf_s(stderr, "Failed to populate tm struct.\n");
          return -1;
        }

        switch(ourT.tm_mday)
        {
          case 1: case 21: case 31:
            sufsel= st;
            break;
          case 2: case 22:
            sufsel= nd;
            break;
          case 3: case 23:
            sufsel= rd;
            break;
          default:
            sufsel= th;
            break;
        }

        printf_s("Today is %s the %d%s %s %d. ", day[ourT.tm_wday],
          ourT.tm_mday, suffix[sufsel], month[ourT.tm_mon], 1900 + ourT.tm_year);
        printf_s("The time is %d : %d : %d.\n",
          ourT.tm_hour, ourT.tm_min, ourT.tm_sec );
        return 0;
}
```

下面是程序的输出。

```
Today is Tuesday the 27th November 2012. The time is 15 : 42 : 44.
```

代码的说明

main()中定义的字符串数组包含了星期的天、年的月份，以及表示日期值时的尾字符。每个语句都把指针数组定义为 char。前两个数组的维度本来可以留给编译器计算，但这个例子可以保证这些数字不会有问题，所以填入这些数字，以避免错误。const 修饰符指定，指针指向的字符串是常量，不能在代码中修改。

枚举提供了从 suffix 数组中选择一个元素的机制。

```
enum sufindex { st, nd, rd, th } sufsel = th;   // Suffix selector
```

枚举常量 st、nd、rd 和 th 默认赋予 0~3 的值，所以可以将 sufsel 变量用作索引，以访问 suffix 数组中的元素。枚举常量的名称使代码更容易阅读。

还声明了一个结构变量，具体如下。

```
struct tm ourT;                              // The time structure
```

这个结构的成员值由函数 localtime_s() 设置。

首先，使用函数 time() 得到当前时间，存储到 tVal 中。然后，把 tVal 的地址传送为 localtime_s() 的第一个变元，把 ourT 结构的地址作为第二个变元，给 ourT 结构生成成员的值。如果调用 localtime_s() 成功，就执行以下的 switch 语句。

```
switch(ourT.tm_mday)
{
  case 1: case 21: case 31:
    sufsel= st;
    break;
  case 2: case 22:
    sufsel= nd;
    break;
  case 3: case 23:
    sufsel= rd;
    break;
  default:
    sufsel= th;
    break;
}
```

这里唯一的目的是选择哪个尾字符添加到日期值的后面。输出日期时，会根据 tm_mday 成员，将 sufsel 变量设置为对应的枚举常量值，在 switch 中选择 suffix 数组的一个索引。

根据对应结构成员的值索引适当的数组，就得到了日及月的字符串，然后显示星期、日期以及时间。给成员 tm_year 加 1900，因为这个值是相对 1900 年估算出来的。

13.5.3　确定某一天是星期几

还可以使用 mktime() 函数确定给定日期是星期几。该函数的原型如下。

```
time_t mktime(struct tm *ptime);
```

给该函数传送 tm 结构对象的地址，并将 tm_mon、tm_mday 和 tm_year 值设置为需要的日期。忽略结构中 tm_wday 和 tm_yday 成员的值，如果操作成功，就用所提供日期的正确值替代这些值。如果操作成功，该函数就把日历时间返回为 time_t 类型的值；如果日期不能表示为 time_t 值，使操作失败，该函数就返回-1。下面看一个例子。

下面的例子演示了 mktime()函数。

```
// Program 13.5     Getting the day for a given date
#define  __STDC_WANT_LIB_EXT1__ 1
#include <stdio.h>
#include <time.h>

int main(void)
{
  const char *day[7] = {
                    "Sunday" , "Monday", "Tuesday", "Wednesday",
                    "Thursday", "Friday", "Saturday"
                        };
  const char *month[12] = {
                    "January", "February", "March", "April",
                    "May", "June", "July", "August",
                    "September", "October", "November", "December"
                        };
  const char *suffix[] = { "st", "nd", "rd", "th" };
  enum sufindex { st, nd, rd, th } sufsel = th;   // Suffix selector

  struct tm birthday = {0};                       // A birthday time structure
  char name[30] = {'\0'};

  printf_s("Enter a name: ");
  gets_s(name, sizeof(name));

  printf_s("Enter the birthday for %s as day month year integers separated by spaces."
          "\ne.g. Enter 1st February 1985 as 1 2 1985 : ", name);
  scanf_s(" %d %d %d", &birthday.tm_mday, &birthday.tm_mon, &birthday.tm_year);

  birthday.tm_mon -= 1;                            // Month zero-based
  birthday.tm_year -= 1900;                        // Year relative to 1900

  if(mktime(&birthday) == - 1)
  {
    fprintf_s(stderr, "Operation failed.\n");
    return -1;
  }

  switch(birthday.tm_mday)
  {
    case 1: case 21: case 31:
      sufsel= st;
      break;
    case 2: case 22:
      sufsel= nd;
      break;
```

```
  case 3: case 23:
    sufsel= rd;
    break;
  default:
    sufsel= th;
    break;
}
printf_s("%s was born on the %d%s %s %d, which was a %s.\n", name,
            birthday.tm_mday, suffix[sufsel], month[birthday.tm_mon],
                    1900 + birthday.tm_year, day[birthday.tm_wday]);

return 0;
}
```

程序的输出如下。

```
Enter a name: Kate Middleton
Enter the birthday for Kate Middleton as day month year integers separated by spaces.
e.g. Enter 1st February 1985 as 1 2 1985 : 9 1 1982
Kate Middleton was born on the 9th January 1982, which was a Saturday.
```

代码的说明

这个例子为月份中的日和日期的尾字符创建常量字符串数组，与 Program 13.4 相同。接着创建一个 tm 结构和一个存储姓名的数组。

```
struct tm birthday = {0};              // A birthday time structure
char name[30] = {'\0'};
```

输出提示后，从键盘上读取一个人的姓名及其生日的日、月和年。

```
printf_s("Enter a name: ");
gets_s(name, sizeof(name));

printf_s("Enter the birthday for %s as day month year integers separated by spaces."
         "\ne.g. Enter 1st February 1985 as 1 2 1985 : ", name);
scanf_s(" %d %d %d", &birthday.tm_mday, &birthday.tm_mon, &birthday.tm_year);
```

日期值直接读入 birthday 结构的成员，月份应从 0 开始，年份则相对 1900 年来计算，所以相应地调整所存储的值。

设置日期后，就可以调用 mktime()函数，得到设置的 tm_wday 和 tm_yday 成员。

```
if(mktime(&birthday) == - 1)
{
  fprintf_s(stderr, "Operation failed.\n");
  return -1;
}
```

if 语句检查函数是否返回-1，这表示操作失败。此时输出一条消息，终止程序。最后，显示所输入的生日日期是星期几，方法与上一个例子相同。

13.6　小结

本章讨论的预处理器指令可以在编译之前处理和转换源文件中的代码。因为本章主要讨论预处理，所以没有设计程序的相关部分。标准库的头文件是编写预处理指令的绝佳例子。可以用任何文本编辑器浏览这些例子。预处理器的所有功能都在库里使用了，还有许多 C 源代码。这也有助于熟悉库的内容，因为库的文档说明没有许多必要的描述。例如，如果不知道 clock_t 类型是什么，可以查看<time.h>头文件中的定义。

预处理器提供的调试功能很有用，但许多 C 编程系统提供的调试工具更强大。对于大型程序开发，调试工具与编译器的性能一样重要。第 14 章介绍编程的高级专用领域。

13.7　习题

以下的习题可测试读者对本章的掌握情况。如果有不懂的地方，可以翻看本章的内容。还可以从 Apress 网站(www.apress.com)下载答案，但这应是最后一种方法。

习题 13.1　定义一个 COMPARE(x, y)宏。如果 x < y，就返回-1；如果 x == y，就返回 0；如果 x > y，就返回 1。编写一个例子，说明这个宏可以正常工作。这个宏会优于完成相同任务的函数吗？

习题 13.2　定义一个函数，返回含有当前时间的字符串。如果变元是 0，它的格式就是 12 小时制(a.m./p.m.)；如果变元是 1，它的格式就是 24 小时制。编写一个程序，说明这个函数可以正常工作。

习题 13.3　定义一个 print_value(expr)宏，在新的一行上输出 exp = result，其中 result 的值由 expr 算出。编写一个程序，说明这个宏可以正常工作。

第 14 章

■ ■ ■ ■

高级专用主题

最后一章将总结 C 语言中的高级功能。前面的章节介绍了大多数编程任务所需的知识，是否需要本章的内容取决于所开发的应用程序类型。

本章的主要内容：

- 国际字符集支持的功能，使用几种国家的语言
- Unicode 的概念和编码的表达方式
- 本地化的概念，它们如何帮助表达国际数据
- 存储 Unicode 字符的 C 数据类型
- 用于确保代码可移植的整型数据类型
- 复数的处理
- 线程的概念、创建方式，连接线程的作用
- 互斥元的概念及用法

14.1 使用国际字符集

Unicode 是为世界上大多数语言编码字符的标准字符表达方式。Unicode 还为许多特殊的字符集定义了代码，例如标点符号、数学符号等。Unicode 是编写在国际之间使用的应用程序的基础。这类程序必须用它所在国家或地区的语言和惯例来显示用户界面和输出。

14.1.1 理解 Unicode

Unicode 字符用 0~0x10ffff 的代码值表示。这个范围的代码值可以表示一百多万个字符，足以容纳世界上所有语言的字符集。这些代码分为 17 个代码区，每个代码区都包含 65 536 个代码值。0 代码区包含 0~0ffff 的代码值，1 代码区包含 0x10000~0x1ffff 的代码值，2 代码区包含 0x20000~0x2ffff 的代码值，以此类推，17 代码区包含 0x100000~ 0x10ffff 的代码值。大多数国家语言的字符集都包含在 0 代码区中，该代码区包含 0~0xffff 的代码值，所以大多数语言的字符串都可以表示为一串 16 位 Unicode 字符。

初看起来，Unicode 容易令人困惑的一个方面是，它提供了多个字符编码方法。最常用的编码称为 Universal Character Set Transformation Format(UTF)-8 和 UTF-16，它们都可以表示 Unicode 集中的所有字符。UTF-8 和 UTF-16 之间的区别仅在于，给定的字符代码值如何表示。在这两种

编码方式中，任意给定字符的数字代码值都是相同的。这些编码方法表示字符的方式如下：

- UTF-8 字符编码方法把字符表示为 1~4 字节的变长序列。本章后面将解释它们的区别。UTF-8 中的 ASCII 字符集是单字节码，其代码值与 ASCII 相同(ASCII 代码值参见附录 B)。大多数网页都使用 UTF-8 编码其中包含的文本。0 代码区覆盖了 UTF-8 中的单字节和双字节码。

- UTF-16 把 Unicode 字符表示为一个或两个 16 位值。UTF-16 包含 UTF-8。因为一个 16 位值包含了 0 代码区中的所有代码值，所以 UTF-16 可以处理在多语言环境中编程的大多数情形。

有 3 个整数类型可以存储 Unicode 字符。wchar_t 类型已在 C 标准库中存在一段时间了，现在又通过类型 char16_t 和 char32_t 进行了扩展。wchar_t 类型的问题是，它的大小是由实现代码定义的，当代码需要在不同的系统之间移植时，这种不确定性和可变性降低了其可用性。类型 char16_t 和 char32_t 的大小是固定的 2 和 4 字节，去除了这种不确定性。下面介绍这 3 种数据类型，以了解完整的集合。但首先讨论本地化。

14.1.2 设置区域

区域表示一个国家或地区。给程序选择一个区域，就是选择一种国家的语言，因此就选择了字符集，并确定格式化的数据如何显示。要给应用程序设置区域，可以调用在 locale.h 中声明的 setlocale()函数。这个函数的原型如下。

```
char *setlocale(int category, const char *locale);
```

区域由传递为第二个变元的字符串指定，它通常是 ISO 3166 标准中表示国家的一个名称。这个标准包含的代码有 2 个字母、3 个字母和 3 个数字，但 2 字母代码用得最多。例如，代码"US" "USA"和"840"都表示美国，代码"GB" "GBR"和"826"都表示英国，代码"FR" "FRA"和"250"都表示法国。字符串"C"表示编译 C 代码的最低环境，空字符串""指定本机环境。所设置的区域可以确定许多内容的表达方式，包括字符集、数值和货币符号。setlocale()的第一个变元可以控制受该调用影响的值的表达方式。可以把如下内容用作第一个变元，以选择应受 locale 字符串值影响的内容。

- LC_ALL 会设置所有内容。
- LC_COLLATE 影响 string.h 中 strcoll()和 strxfrm()函数的执行方式。
- LC_CTYPE 影响 ctype.h 中的字符分类函数，以及 wchar.h 和 wctype.h 中的多字节和宽字符函数。
- LC_MONETARY 影响所用货币值和货币符号的表达方式。
- LC_NUMERIC 影响数值数据中小数点和千分符的表达方式。
- LC_TIME 影响 time.h 中 strftime()和 wcsftime()的执行方式。

如果没有调用 setlocale()，则程序的默认区域就与调用 setlocale(LC_ALL, "C")的情形相同。

如果在 setlocale()调用中把 NULL 传递为第二个变元，该函数就返回一个指针，指向当前使用的区域字符串。这样就可以检查当前的区域，程序在处理多个区域时，这是很有用的。

能访问格式化符号常常很有用，例如当前区域使用的货币符号。locale.h中声明的 localeconv() 函数就可以访问格式化符号。其原型如下。

```
struct lconv *localeconv(void);
```

该函数返回 lconv 类型的结构地址，它包含的成员指定了在格式化数字值和货币值时使用的组成部分。下面介绍几个有趣的成员，它们都是 char*类型。

- decimal_point 是一个指针，指向非货币值的数值中的小数点。
- thousands_sep 是一个指针，指向非货币值的数值中的千分符，它应用于小数点左边的数字。
- mon_decimal_point 是一个指针，指向货币值中的小数点字符。
- mon_thousands_sep 是一个指针，指向货币值中的千分符，它用于给小数点左边的数字分组。
- currency_symbol 是一个指向货币符号的指针。

下面的代码访问其中一个成员。

```
setlocale(LC_ALL, "US");
struct lconv *pconventions = localeconv();
printf_s(" The currency symbol in use is %c.\n", *(pconventions->currency_symbol));
```

执行这些代码，会得到一个输出，指出$是所使用的货币符号。

14.1.3　宽字符类型 wchar_t

wchar_t 是 stddef.h 头文件中定义的一个整数类型，用于存储多字节的字符码。wchar_t 的大小一般是 2 字节，但其大小是通过实现代码定义的，可以在不同的编译器中变化。这是因为 wchar_t 定义为一个整数类型，可以容纳任意区域支持的最大的扩展字符集。如果定义了宏 __STDC_ISO_10646__，wchar_t 类型就可以存储所需的 Unicode 集(也称为 Universal Character Set 或 UCS，由标准 ISO/IEC 10646 定义)中的所有字符。在 Microsoft Windows 中，wchar_t 有 2 字节，存储用 UTF-16 编码表示的字符。

与存储 Unicode 字符的固定大小的类型相比，wchar_t 类型的优点是，在标准库中有支持它的专用格式化输入/输出(I/O)。但在实际的手机或 PC 应用程序中，这个优点并不明显，因为与用户的交流是通过图形用户界面实现的，而标准库函数不支持图形用户界面。缺乏格式化文件 I/O 的标准例程并不是什么问题，因为总是可以把数据存储在二进制形式的文件中。其优点是，把数值写入文件时，没有丢失信息的危险。

1. 存储宽字符

要定义一个宽字符常量，应在该常量的前面加上修饰符 L 作为前缀，否则它就是一个 char 类型的字符常量。例如，下面声明一个 wchar_t 类型的变量，用大写字母 A 的码值初始化它。

```
wchar_t w_ch = L'A';
```

wchar_t 类型的操作与 char 类型的操作相同。wchar_t 是一个整数类型，所以可以对这种类型的值执行算术操作。

为了从键盘上将一个字符读入 wchar_t 类型的变量，可以使用%lc 格式说明符。使用这个格式说明符也可以输出一个值。下面的代码从键盘上读入一个字符，再在下一行上显示它。

```
wchar_t wch = 0;
scanf_s("%lc", &wch, sizeof(wch));
printf_s("You entered %lc", wch);
```

当然，为了使这段代码正确编译，需要对 stdio.h 和 stddef.h 使用#include 指令。

wchar.h 头文件包含用于宽字符数据格式化 I/O 的特定函数。用于宽字符的 fwscanf_s()和 fwprintf_s()函数对应于第 12 章中介绍的 fscanf_s()和 fprintf_s()函数，它们的工作方式完全相同。在这些函数中，作为第二个变元的格式化字符串必须是宽字符串。还有旧标准的不安全版本，它们的名称末尾没有_s。

2. 宽字符的操作

wctype.h 中的 towlower()和 towupper()是 tolower()和 toupper()的宽字符版本，此外 wctype.h 还声明了一组宽字符分类函数，它们对应于 ctype.h 中用于单字节 ASCII 字符的函数。宽字符分类函数的名称派生于 ctype.h 中的函数名，但插入了 w。例如，wctype.h 中的 iswdigit()和 iswalpha()函数对应于 ctype.h 中的 isdigit()和 isalpha()函数。下面的例子介绍它们的执行情况。

试试看：处理宽字符

下面的基本示例使用了一些宽字符分类函数。

```
// Program 14.1 Classifying wide characters
#define __STDC_WANT_LIB_EXT1__ 1
#include <stdio.h>
#include <wchar.h>
#include <wctype.h>

int main(void)
{
  wchar_t ch = 0;                              // Stores a character

  fwprintf_s(stdout, L"Enter a character: ");
  fwscanf_s(stdin, L" %lc", &ch, sizeof(ch));  // Read a non-whitespace character

  if(iswalnum(ch))                             // Is it a letter or a digit?
  {
    if(iswdigit(ch))                           // Is it a digit?
      fwprintf_s(stdout, L"You entered the digit %lc\n", ch);
    else if(iswlower(ch))                      // Is a lowercase letter?
      fwprintf_s(stdout, L"You entered a lowercase %lc\n", towupper(ch));
    else
      fwprintf_s(stdout, L"You entered an uppercase %lc\n", towlower(ch));
  }
  else if(iswpunct(ch))                        // Is it punctuation?
    fwprintf_s(stdout, L"You entered the punctuation character %lc.\n", ch);
  else
    fwprintf_s(stdout, L"You entered %lc, but I don't know what it is!\n", ch);
  return 0;
}
```

代码的说明

这个示例不需要什么解释。变量 ch 的类型是 wchar_t，所以它存储了一个宽字符。如果变元是一个宽字母或数字，iswalnum()函数就返回 true。fwprintf_s()函数调用写入 stdout，即标准输出流；fwscanf_s()读取 stdin，即标准输入流。宽字符输入输出的格式说明符是%lc，而不是%c，%c

应用于 char 值。

当然，本例中的宽字符输入输出函数也可以处理文件。示例使用wscanf_s()从键盘上读取宽字符，使用 wprintf_s()写入stdout。

3. 处理宽字符串

处理宽字符串与处理前面一直在使用的字符串一样简单。在一个 wchar_t 类型的数组元素中存储宽字符串，宽字符串常量只需要在其前面加上 L 修饰符。因此，宽字符串的声明和初始化如下所示。

```
wchar_t proverb[] = L"A nod is as good as a wink to a blind horse.";
```

proverb 字符串包含 44 个字符，再加上结尾空字符。如果一个 wchar_t 字符占用 2 字节的空间，该字符串就占用 90 字节的空间。

为了使用 printf_s()把 proverb 字符串写入命令行，应使用%ls 格式说明符，而不是用于 ASCII 字符串的%s 说明符。下面的语句会正确输出宽字符串。

```
printf_s("The proverb is:\n %ls\n", proverb);
```

如果给宽字符串使用%s，printf_s()函数就假定该字符串包含单字节的字符，输出就不正确。

14.1.4　宽字符串的操作

wchar.h 头文件声明一组操作宽字符串的函数，它们对应于操作普通字符串的函数。表 14-1 列出了一些用于宽字符的函数，它们对应于 ASCII 字符串函数。标准函数的可选界限检查版本的名称以 _s 结尾，它们放在表 14-1 中对应的标准函数之后。

表 14-1　操作宽字符串的函数

函数	说明
wcslen(const wchar_t *ws)	返回一个 size_t 类型的值，它是传递为变元的宽字符串中的字符数，但去掉了结尾的 L\'0'字符
wcsnlen_s(const wchar_t *ws, size_t max_size)	可选的安全版本，与 wcslen()相同，但它不引用超过数组末尾的数据。第二个变元是 ws 数组的大小。如果在 ws 的末尾没有找到空字符，就返回 max_size
wcscpy(wchar_t *dest, const wchar_t *source)	把宽字符串 source 复制到宽字符串 dest 中，该函数返回 dest
wcscpy_s(wchar_t *dest, rsize_t dest_max, const wchar_t *source)	可选的安全版本，与 wcscpy()相同，但它不引用超过 dest 数组末尾的数据。如果一切运作正常，它就返回 0；否则返回非 0 值
wcsncpy(wchar_t* dest, const wchar_t *source, size_t n)	把宽字符串 source 中的 n 个字符复制到宽字符串 dest 中。如果 source 包含的字符少于 n 个，dest 就用 L\'0'字符填充。该函数返回 dest
wcsncpy_s(wchar_t* dest, rsize_t dest_max, const wchar_t *source, rsize_t n)	与 wcsncpy()相同，但它不复制超过 dest 数组末尾的位置。如果一切运作正常，它就返回 0；否则返回非 0 值

(续表)

函数	说明
wcscat(wchar_t* ws1, wchar_t* ws2)	把 ws2 的副本追加到 ws1 上。ws2 的第一个字符覆盖 ws1 尾部的结尾空字符。该函数返回 ws1
wcscat_s(whar_t* ws1, rsize_t ws1_max, const whar_t* ws2)	把 ws2 的副本追加到 ws1 上,它不复制超过 ws1 数组末尾的数据。如果 ws1 和 ws2 重叠在一起,它就不执行复制操作。ws2 的第一个字符覆盖 ws1 尾部的结尾空字符。如果一切运作正常,它就返回 0;否则返回非 0 值
wmemmove(wchar_t *dest, const wchar_t *source, size_t n)	把 source 中的 n 个字符复制到 dest 中,返回 dest。该复制操作先把 source 复制到有 n 个宽字符的一个临时数组中,再把这个数组的内容复制到 dest 中。这样可以有效地把 source 的内容移动到 dest 中,并允许在 source 和 dest 重叠时执行复制操作
wcscmp(const wchar_t* ws1, const wchar_t* ws2)	比较 ws1 指向的宽字符串和 ws2 指向的宽字符串。如果字符串 ws1 小于、等于、大于字符串 ws2,就返回表示小于、等于、大于 0 的 int 值
wcsncmp(const wchar_t* ws1, const wchar_t* ws2, size_t n)	比较 ws1 指向的宽字符串中的至多 n 个字符和 ws2 指向的宽字符串,如果字符串 ws1 中的至多 n 个字符小于、等于、大于字符串 ws2 中的至多 n 个字符,就返回表示小于、等于、大于 0 的 int 值
wcscoll(const wchar_t* ws1, const wchar_t* ws2)	比较 ws1 指向的宽字符串和 ws2 指向的宽字符串。如果字符串 ws1 小于、等于、大于字符串 ws2,就返回表示小于、等于、大于 0 的 int 值。这个比较考虑了当前区域的 LC_COLLATE 类别
wcschr(const wchar_t* ws, wchar_t wc)	返回一个指针,它指向宽字符串 wc 在宽字符串 ws 中第一次出现的地址。如果在 ws 中没有找到 wc,就返回 NULL
wcsstr(const wchar_t* ws1, const wchar_t* ws2)	返回一个指针,它指向宽字符串 ws2 在宽字符串 ws1 中第一次出现的地址。如果在 ws1 中没有找到 ws2,就返回 NULL 指针值
wcstod(const wchar_t * restrict nptr, wchar_t ** restrict endptr)	把字符串 nptr 的开始部分转换为 double 类型的值。在组成值的字符串表示中,最后一个字符后面的字符存储在 endptr 中。函数名末尾的 d 用 f 和 ld 替代,就可以分别转换为 float 和 long double 类型

所有这些函数的工作方式都与前面介绍的字符串函数相同。wchar.h 头文件还声明了 fgetws() 函数,它可以从流(例如 stdin,它默认对应于键盘)中读取宽字符串。必须给 fgetws() 函数提供 3 个变元,读取单字节字符串的 fgets() 函数也是这样。

- 第一个变元是一个指向 wchar_t 元素数组的指针,它存储字符串。
- 第二个变元是 int 类型的值 n,它是可以在数组中存储的最大字符数。
- 第三个变元是从中读取数据的流,从键盘中读取字符串时,它是 stdin。

该函数从流中至多读取 n-1 个字符,把它们存储在数组中,并追加 L'\0'。从流中读取少于 n-1 个字符,且读取了一个换行符,就表示到达输入的末尾。函数会返回一个指针,指向包含字符串的数组。下面的简单示例将演示一些宽字符函数的运行。

C17 中做了必要的澄清:RSIZE_MAX 被假定为对象的实现允许的最大大小(以字节为单位);但是,允许的大小其实更小,因为 wchar_t 的大小更大。rsize_t 参数的最大大小的所有约束必须小于 RSIZE_MAX/sizeof(wchar_t)。

本示例使用了 fgets()、toupper() 和 strstr() 的宽字符版本。

```
// Program 14.2 Finding occurrences of one wide character string in another
#define __STDC_WANT_LIB_EXT1__ 1
#include <stdio.h>
#include <wchar.h>
#include <wctype.h>

#define TEXT_SIZE 100
#define SUBSTR_SIZE 40

wchar_t *wstr_towupper(wchar_t *wstr, size_t size); // Wide string to uppercase

int main(void)
{
  wchar_t text[TEXT_SIZE];                 // Input buffer for string to be searched
  wchar_t substr[SUBSTR_SIZE];             // Input buffer for string sought

  wprintf_s(L"Enter the string to be searched (less than %d characters):\n", TEXT_SIZE);
  fgetws(text, TEXT_SIZE, stdin);
  wprintf_s(L"\nEnter the string sought (less than %d characters):\n", SUBSTR_SIZE);
  fgetws(substr, SUBSTR_SIZE, stdin);

  // Overwrite the newline character in each string
  int textlen = wcsnlen_s(text, sizeof(text)/sizeof(wchar_t));
  int substrlen = wcsnlen_s(substr, sizeof(substr)/sizeof(wchar_t));
  text[--textlen] = L'\0';
  substr[--substrlen] = L'\0';

  fwprintf_s(stdout, L"\nFirst string entered:\n%ls\n", text);
  fwprintf_s(stdout, L"Second string entered:\n%ls\n", substr);

  // Convert both strings to uppercase
  wstr_towupper(text, sizeof(text)/sizeof(wchar_t));
  wstr_towupper(substr, sizeof(substr)/sizeof(wchar_t));

  // Count the appearances of substr in text
  wchar_t *pstr = text;
  int count = 0;
  while((pstr < text + textlen - substrlen) && (pstr = wcsstr(pstr, substr)))
  {
    ++count;
    pstr += substrlen;
  }

  wprintf_s(L"The second string %ls found in the first%ls",
            count ? L"was" : L"was not", count ? L" " : L".\n");
  if(count)
    wprintf_s(L"%d times.\n",count);
  return 0;
```

```
}

// Convert a wide string to uppercase
wchar_t *wstr_towupper(wchar_t *wstr, size_t size)
{
    for(size_t i = 0 ; i < wcsnlen_s(wstr, size) ; ++i)
        wstr[i] = towupper(wstr[i]);
    return wstr;
}
```

示例输出如下。

```
Enter the string to be searched (less than 100 characters):
Smith, where Jones had had, "had", had had "had had".

Enter the string sought (less than 40 characters):

Had
First string entered:
Smith, where Jones had had, "had", had had "had had".
Second string entered:
Had
The second string was found in the first 7 times.
```

代码的说明

本示例定义了一个辅助函数,使用 towupper()函数(用于转换宽字符)把一个宽字符串转换为大写形式。使用fgetws()输入两个字符串,把它们读入为宽字符串。本例中的所有字符串都是宽字符串,包括传递给wprintf_s()输出函数的格式化字符串。该程序的目的是确定第二个字符串在第一个字符串中出现多少次。

字符串搜索在 while 循环中进行。

```
while((pwstr < text + textlen - substrlen) && (pwstr = wcsstr(pwstr, substr)))
{
    ++count;
    pwstr += substrlen;
}
```

作为第二个变元的字符串没有在第一个字符串中找到时,wcsstr()函数就返回 NULL。所以在 pwstr 中没有找到 substr 时,循环结束; pwstr 开始时是 text,即字符串中第一个字符的地址,所以 wcsstr()搜索从这里开始。wcsstr()返回的指针要么是 NULL,要么是在 pwstr 中找到 substr 的地址,它存储在 pwstr 中。在循环体中,它递增 substr 的长度,所以下一次搜索从上一次出现 substr 的位置后面的字符开始。如果 pwstr 中的地址表示从该位置到字符串结尾的字符不足以容纳 substr 的另一个实例,循环条件中的第一个逻辑表达式就确保循环结束。这样就可以确保不在 text 结尾的后面搜索。循环体还递增 count,累积 substr 在 text 中的出现次数。

14.1.5 宽字符的文件流操作

把宽字符写入流中与写入普通的字节字符一样简单,但不应把用于宽字符的文件流操作与用于普通字符的操作混合在一起。第一次打开流时，它是没有方向的，即它可以用于宽字符，或者用于普通字符。但是，第一个 I/O 操作设置了流的方向。如果在打开流后，立即使用普通字符的 I/O 函数，该流就是带有字节方向的普通流，不能使用宽字符 I/O 函数。如果这么做，是没有错误提示的，但结果不是我们希望的那样。

同样，在打开流后，立即使用宽字符 I/O 函数，该流就具有宽字符方向，之后使用普通的 I/O 函数(例如 fread() 和 fwrite())会出问题。调用 wchar.h 中声明的 fwide() 函数，可以测试打开的流是否具有宽字符方向。该函数有两个参数：流指针和 int 类型的值。第二个变元是 0 时，它会查询第一个变元指向的流的方向。下面的示例使用流指针 pstream。

```
int mode = fwide(pstream, 0);
if(mode > 0)
{
  printf_s("We have a wide stream.\n");
  ...
} else if(mode < 0)
{
  printf_s("We have a byte-oriented stream.\n");
  ...
} else
  printf_s("The stream has no orientation.\n");
```

如果流具有宽字符方向，返回的整数就为正；如果流具有字节方向，返回的整数就为负；如果方向没有设置，就返回 0。还可以调用 fwide() 设置流的方向，但只有以前没有设置过方向，才能调用该函数。如果调用 fwide() 时，其第二个变元为正，函数就试图把第一个变元标识的流设置为具有宽字符方向。例如：

```
fwide(pstream, +1);                    // Set wide orientation
```

第二个变元为负时，该函数试图把流设置为具有字节方向。如果流的方向已经设置，调用 fwide() 不会改变该方向。

14.1.6　存储 Unicode 字符的固定大小类型

char16_t 和 char32_t 类型将放在一起讨论。它们都是 uchar.h 头文件中定义的无符号类型，分别是 16 位和 32 位。char16_t 类型通常用 UTF-16 编码存储字符，而 char32_t 通常用 UTF-32 编码存储字符。当 char16_t 字符是 UTF-16 编码时，__STDC_UTF_16__ 符号定义为 1；当 char32_t 字符是 UTF-32 编码时，__STDC_UTF_32__ 符号定义为 1。所有的 Unicode 编码都用相同的代码值存储所有的 Unicode 字符，UTF-16 中的一些字符占用两个 16 位字的空间。

定义 Unicode 字符字面量时，要把单个字符放在单引号中，并加上前缀 u 或 U，其中 u 表示 UTF-16，U 表示 UTF-32，如下所示。

```
char16_t ch16 = u'Z';
char32_t ch32 = U'!';
```

一些字符不能从键盘上输入。如果使用美国英语键盘，就很难输入斯拉夫字母、带重音的法语字符或者带元音变音的德语。解决方法是，如果知道 Unicode 码，就可以用统一字符名来指定该字符。统一字符名有两种形式：\u 后跟一个字符码(由 4 个 16 进制数组成)，或者 \U 后跟字符码的 8 个 16 进制数，但很少需要使用后者。下面是两个示例。

```
char16_t ch1 = u'\u00e9';        // French 'e' with acute accent é
char32_t ch2 = U'\u20ac';        // Euro currency symbol €
```

可以看出，使用带\u 前缀的统一字符名就可以指定一个 UTF-32 字符。

定义 UTF-16 字符串字面量时，要在字符串前面加上 u，在 UTF-32 字符串字面量前面加上 U。因此，可以用下面的方式声明并初始化变量来存储 Unicode 字符串。

```
char16_t *str16 = u"This is a Unicode string using UTF-16 encoding.";
char32_t *str32 = U"This is a Unicode string using UTF-32 encoding.";
```

Unicode 数组类似于 char 数组。下面定义了两个数组，一个包含 char16_t 元素，另一个包含 char32_t 元素。注意，给定字符的 Unicode 码值在任何编码中都相同。区别是存储给定字符所需的数组元素个数。大多数国家语言的字符集都可以放在 16 位的类型中，所以对于 char16_t 数组，只需要把每个字符放在一个数组元素中，char32_t 数组也是如此。

在字符串字面量中，也可以使用统一字符名。

```
char16_t *str16 = u"Un charact\u00e8re agr\u00e9able.";  // Un charactère agréable.
```

char 元素的数组可以用 UTF-8 编码存储多字节字符。用 UTF-8 编码定义字符串字面量时，要给字符串加上前缀 u8。下面是一个示例。

```
char *str8 = u8"This is a Unicode string using UTF-8 encoding.";
```

每个 Unicode 码都需要 1~6 字节来存储。ASCII 字符的 Unicode 码存储在 1 字节中，所以 ASCII 字符串占用的空间与常规的 char 数组相同。那么，当 Unicode 字符串中每个字符所需的字节数不同时，如何解释 Unicode 字符串？这很简单，如下所示。

- 单字节的 UTF-8 字符码把 0 作为字节中的第一位，所以字符码的形式是 0xxxxxxx，其中 x 是码值中的位。因此，码值的范围是 0~0x7F。
- 对于 2 字节的 UTF-8 字符码，第一个字节把 110 作为前三位，第二个字节把 10 作为前两位，所以 2 字节码值的形式是 110xxxxx 10xxxxxx。于是，这些码值是 11 位的，其范围是 0x080~0x7FF。
- 对于 3 字节的 UTF-8 字符码，第一个字节把 1110 作为前四位，后面的两个字节把 10 作为前两位，所以 3 字节码值的形式是 1110xxxxx 10xxxxxx 10xxxxxx。于是，这些码值是 16 位的，其范围是 0x800~0xFFFF。
- 对于 4 字节的 UTF-8 字符码，第一个字节把 11110 作为前五位，后面的 3 个字节把 10 作为前两位，所以 4 字节码值的形式是 111110xx 10xxxxxx 10xxxxxx 10 xxxxxx。于是，这些码值是 21 位的，其范围是 0x10000~0x1FFFFF。
- 对于 5 字节的 UTF-8 字符码，第一个字节把 111110 作为前六位，后面的 4 个字节把 10 作为前两位，所以 5 字节码值的形式是 111110xxx 10xxxxxx 10xxxxxx 10 xxxxxx 10xxxxxx。于是，这些码值是 26 位的，其范围是 0x200000~0x3FFFFFF。
- 对于 6 字节的 UTF-8 字符码，第一个字节把 1111110 作为前七位，后面的 5 个字节把 10 作为前两位，所以 6 字节码值的形式是 1111110x 10xxxxxx 10xxxxxx 10xxxxxx 10xxxxxx 10xxxxxx。于是，这些码值是 31 位的，其范围是 0x4000000~ 0x7FFFFFFF。

如前所述，x 是 Unicode 码中的位。明确指定的前导位是解释多字节 UTF-8 字符串的标记。

可以看出，在每个多字节码的第一个字节中，前几位确定码值表示的字节数。

　　uchar.h 头文件提供的函数可以在多字节 Unicode 字符和 char16_t 或 char32_t 类型之间转换。它提供了 4 个函数，两个用于转换为 char16_t 字符和从 char16_t 字符转换，另外两个用于转换为 char32_t 字符和从 char32_t 字符转换。这些函数描述为可重启(用函数名中的 r 表示)，因为尽管每个函数调用都只处理单个字符，但它们记录了转换前的内容，所以可以使用它们转换字符串。下面的函数把存储在 char 元素数组中的一个多字节字符转换为 char16_t 字符，其原型如下。

```
size_t mbrtoc16(char16_t * restrict pch16, const char * restrict pchmb, size_t n,
                                            mbstate_t * restrict pstate)
```

　　它将从 pchmb 地址开始的多字节字符转换为一个 char16_t 字符，存储在 pch16 指向的位置上。该函数可以检查第一个字节中的最左位，以确定多字节字符定义多少个字节。该函数会处理 pchmb 中的最大 n 字节。函数使用 pstate 参数记录移位状态，mbstate_t 是 uchar.h 中定义的一个结构类型，需要它是因为 Unicode 允许在字符串中出现一个锁定移位字符，在重置移位状态之前，这会影响其后字符的解释。如果把 NULL 传递为第四个变元，函数就使用一个内部变量来记录转换状态。mbrtoc16()返回的整数值的意义如下。

- 0 表示存储一个宽空字符，标记所存储字符串的结尾。此时，状态会重置为初始状态。
- 1~n 之间的值(第三个变元值)是 pchmb 中的字节数，多字节字符转换并存储在这些字节中。在重复调用 mbrtoc16()以转换多字节字符串中的连续字符时，可以使用这个值递增 pchmb。
- (size_t)-1 表示发生一个编码错误，在 pch16 中不存储任何内容。
- (size_t)-2 表示后面的 n 个字节不是一个完整的多字节字符，在 pch16 中不存储任何内容。
- (size_t)-3 表示存储上一次调用函数后的下一个字符。当多字节字符需要两个 char16_t 字符来存储时，就会出现这种情形。此时没有任何字节的输入。

　　注意 size_t 是一个无符号的整型，所以返回值不能为负。把-1、-2 和-3 值转换为 size_t，会生成非常大的正值。例如，在某个系统上，(size_t)-3 是 18446744073709551613。

　　使用这个函数可以把多字节字符串 str 转换为 char16_t 字符串 str16，如下所示。

```
char *str = u8"This is a multibyte string.";
char *pstr = str;                          // Pointer to multibyte string
size_t n = 0;                              // Return value from conversion
char16_t str16[100];
char16_t *pstr16 = str16;                  // Pointer to char16_t string
mbstate_t state;                           // Struct that records conversion state

while((pstr < str + sizeof(str)) &&        // Before source string end
      (pstr16 < str16 + sizeof(str16)/sizeof(char16_t)) &&
                                           // and before destination string end
      (n = mbrtoc16(pstr16, pstr, MB_CUR_MAX, &state)))
{
  if(n == (size_t)-1)
  {
    printf_s("Encoding error.\n");
    break;
  }
  else if(n == (size_t)-2)
  {
```

```
      printf_s("Incomplete multibyte character.\n");
      break;
    }
  else if(n == (size_t)-3)
  { // Second character so no new conversion
    printf_s("Second UTF-16 stored.\n");
    ++pstr16;                                // Increment destination pointer
  }
  else
  { //Increment source and destination string pointers
    ++pstr16;
    pstr += n;
  }
}
```

stdlib.h 头文件定义了 MBR_CUR_MAX 宏, 它计算在当前区域中多字节字符的最大字节数。其返回值随区域的不同而改变。

c16rtomb()函数按相反的方向转换字符, 其原型如下。

```
size_t c16rtomb(char * restrict pchmb, char16_t ch16, mbstate * restrict pstate);
```

它把存储在 ch16 中的字符转换为多字节字符, 并存储在从 pchmb 位置开始的 char 数组中。该函数返回存储在 pchmb 中的字节数, 所以转换 char16_t 字符串中的连续字符时, 可以使用它递增数组。如果 char16_t 字符无效, 函数就返回(size_t)-1。处理占用两个 char16_t 元素的 Unicode 码时, 若把第一个元素作为第二个变元传递给函数, 就不存储任何字节, 而返回 0。此时可以使用该返回值进行检查, 然后把下一个 char16_t 字符传递为第二个变元, 再次调用函数。

下面使用 c16rtomb()把 char16_t 字符串转换为多字节字符串。

```
char16_t str16[] = u"This is a UTF-16 string.";
char strmb[100];
char *pstrmb = strmb;
size_t n = 0;                            // Return value from conversion
size_t i = 0;                            // char16_t array index
while(true)
{
  n = c16rtomb(pstrmb, str16[i++], NULL);
  if(n == (size_t)-1)
  {
    printf_s("Encoding error.\n");
    break;
  }
  else if(n == 0)
    continue;                            // 1st of two elements for code processed
  else if(str16[i-1] == u'\0')
    break;                               // Null string terminator so we are done
  else
    pstrmb += n;                         // n bytes stored
}
```

c16rtomb()返回 0 时，就直接进入循环的下一次迭代，处理第二个 char16_t 元素。当前迭代中处理的元素是字符串的空终止符时，循环就停止。

在多字节字符和 char32_t 字符之间转换的对应函数是 mbrtoc32()和 c32rtomb()，它们的工作方式与上述两个函数相同。

14.2　用于可移植性的专用整数类型

编译器作者可以确定每个基本的整数类型有多少位。如果希望在安装不同 C 编译器的系统上运行程序，这就会出现一个问题，因为可以存储的值范围在不同的系统上是不同的。C 提供了许多整数类型，用于解决这个问题。

14.2.1　固定宽度的整型

stdint.h 头文件定义了有符号和无符号的整型，其位数是固定的，给负值使用 2 的补码表示。这些类型为整数表示方式不同的计算机提供了可移植性。显然，16 位的整数在任何计算机上都是相同的。

固定宽度的有符号整型名称采用 intN_t 形式，其中 N 是表示位数的整数。因此，int8_t 是 8 位有符号整型，int32_t 是 32 位有符号整型，下面是一个示例。

```
int8_t b = 8;               // 8-bit signed integer variable
int16_t a = 5;              // 16-bit signed integer variable
int32_t product = a*b;      // 32-bit signed integer variable
```

对应的无符号整型名称在有符号整型的前面加上前缀 u，所以可以编写如下代码。

```
uint8_t b = 8u;             // 8-bit unsigned integer variable
uint16_t a = 5u;            // 16-bit unsigned integer variable
uint32_t product = a*b;     // 32-bit unsigned integer variable
```

这些类型在 C11 标准中是可选的，但如果编译器支持宽度为 8、16、32、64 位的整型，且遵循 C11 标准，就必须支持 stdint.h 中对应这些位长度的固定宽度整型。因此，任何遵循 C11 标准的编译器都应支持其中一些类型。

14.2.2　最小宽度的整型

最小宽度的整型是可移植性的另一种助益，它们也在 stdint.h 中定义。int_leastN_t 形式的类型是一个至少有 N 位的有符号整型。因此如果编译器支持 16 位整型，int_least16_t 类型就会得到一个 16 位整型，否则就对应更多位数的整型，例如 32 位整型。其要点是，如果知道代码使用的值范围，就可以选择一种保证至少支持该值范围的类型。这样就去除了基本整型(如 short 和 int，由编译器作者确定它们表示多少位)中的不确定性。也可以使用 uint_leastN_t 形式的整型，表示至少 N 位的无符号整型。下面是一个示例。

```
uint_least8_t a = 5u;
uint_least16_t b = 330u;
int_least32_t product = a*b;
```

a 的值可以放在 8 位中，所以类型声明至少为 8 位。b 的值需要多于 8 位，所以这里指定至少要 16 位。a 和 b 相乘的结果存储在至少 32 位的变量中。

在进行计算密集型的整数操作时，应确保用于存储整数的操作类型比较快。stdint.h 头文件定义了最小位数的整型，对应于可存储最小位数的类型，提供了最快的整数操作。int_fastN_t 形式的类型是容纳 N 位的最快的有符号整型，uint_fastN_t 是容纳 N 位的最快的无符号整型。至少 8、16、32、64 位的快速类型由遵循 C11 标准的编译器支持。N 为其他值的类型则是可选的。下面是一些示例。

```
uint_fast8_t a = 5;
uint_fast16_t b = 130;
int_fast32_t product = a*b;
```

对于 uint_least8_t 类型，如果有 8 位，它就是 8 位。对于 uint_fast8_t 类型，如果使用该类型的操作比使用 8 位类型的操作快，它就是无符号的 16 位类型。

14.2.3 最大宽度的整型

我们希望确保在任何给定的环境下都用最大可能的值范围来存储整数时，就可以使用 intmax_t 类型存储有符号的整型变量，使用 uintmax_t 类型存储无符号的整型变量。如果考虑可以存储的整数范围，就可能对该范围有多大感兴趣。INTMAX_MIN 和 INTMAX_MAX 分别为 intmax_t 类型的变量提供了最小值和最大值。uintmax_t 类型的变量存储的值范围是 0~UINTMAX_MAX。

14.3 复数类型

本节假定读者学过复数。这里仅简介存储复数的类型，因为它们的应用很有限。为了不使读者觉得生疏，下面先介绍复数的基本特性。

14.3.1 复数基础

复数的形式是 a + bi(在电子学中是 a + bj)，其中 i 是-1 的平方根，a 和 b 是实数。A 是实数部分，bi 是复数的虚数部分。复数可以看作实数(a, b)的有序对。

复数可以在复数面板中表示，如图 14-1 所示。

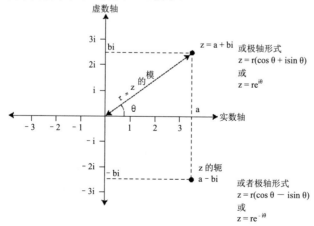

图 14-1　在复数面板中表示复数

对复数可以执行如下操作。

- 模：$a+bi$ 复数的模是　$(a^2+b^2)^{1/2}$。
- 相等：如果 a 等于 c，b 等于 d，则复数 $a+bi$ 和 $c+di$ 相等。
- 加：复数 $a+bi$ 与 $c+di$ 的和是$(a+c)+(b+d)i$。
- 减：复数 $a+bi$ 和 $c+di$ 的减法是$(a-c)+(b-d)i$。
- 乘：复数 $a+bi$ 与 $c+di$ 的积是$(ac-bd)+(ad+bc)i$。
- 除：复数 $a+bi$ 与 $c+di$ 的商是$(ac-bd)/(c^2+d^2)+((bc-ad)(c^2+d^2))i$。
- 轭：复数 $a+bi$ 的轭是 a-bi。注意，复数与其轭的积是 a^2+b^2。

复数也有极轴表示方式：$r(\cos\theta+i\sin\theta)$，还可以写成实数的有序对$(r,\theta)$，其中 r 和θ如图 14-1 所示。在欧拉公式中，复数还可以表示为 $re^{i\theta}$。

14.3.2　复数类型和操作

遵循 C11 标准的编译器不一定实现了复数的算术操作。如果没有实现，它就必须实现宏 __STDC_NO_COMPLEX__。

不是所有的编译器都支持_Imaginary(imaginary)函数；大多数情况只用它实现复数。可以确定的是，大多数流行的编译器中也没有使用_STDC_IEC_559_COMPLEX_宏，包括本书用到的编译器。

这表示可以使用预处理器指令来测试编译器是否支持复数的算术操作。

```
#ifdef __STDC_NO_COMPLEX__
printf_s("Complex arithmetic is not supported.\n");
#else
printf_s("Complex arithmetic is supported.\n");
#endif
#ifdef __STDC_IEC_559_COMPLEX__
   printf("Complex and Imaginary arithmetic is supported with IEC 60559.\n");
#else
   printf("Complex and Imaginary arithmetic is NOT supported with IEC 60559.\n");
#endif
```

如果定义了__STDC_NO_COMPLEX__，就在代码中包含第一个 printf_s()语句，否则就包含第二个 printf_s()语句。因此，代码执行时，输出会指出是否支持复数的算术操作。存储复数数据的类型如表 14-2 所示。

表 14-2　复数的类型

类型	说明
float _Complex	存储复数，其实部和虚部是 float 类型
double _Complex	存储复数，其实部和虚部是 double 类型
long double _Complex	存储复数，其实部和虚部是 long double 类型
float _Imaginary	把虚数存储为 float 类型
double _Imaginary	把虚数存储为 double 类型
long double _Imaginary	把虚数存储为 long double 类型

complex.h 头文件把复数和虚数定义为关键字_Complex 和_Imaginary 的替代选择,将 I 定义为表示 i,即-1 的平方根。可以声明一个变量来存储复数,如下。

```
double _Complex z1;                 // Real and imaginary parts are type double
```

为复数类型选择使用有点烦琐的_Complex 关键字,其原因与_Bool 类型相同:避免与已有的代码冲突。但<complex.h>头文件把 complex 定义为等价于_Complex,这个头文件还定义了处理复数的其他许多函数和宏。把<complex.h>头文件包含到源文件中,就可以把 z1 变量声明为:

```
double complex z1;                  // Real and imaginary parts are type double
```

虚数单位 i 是-1 的平方根,用_Complex_I 关键字表示,在概念上是一个 float 类型的值。因此可以编写一个复数 2.0 + 3.0 * _Complex_I,其实数部分是 2.0,虚数部分是 3.0。<complex.h>头文件把 I 定义为等价于_Complex_I,所以只要在源文件中包含了这个头文件,就可以使用这个简单得多的表示方式。因此前面的复数可以表示为 2.0 + 3.0 * I。下面的语句声明并初始化变量 z1。

```
double complex z1 = 2.0 + 3.0*I; // Real and imaginary parts are type double
```

creal()函数返回 double complex 类型的值(该函数的变元)的实数部分,cimag()返回虚数部分。例如:

```
double real_part = creal(z1);       // Get the real part of z1
double imag_part = cimag(z1);       // Get the imaginary part of z1
```

在处理 float 类型的复数时,给这些函数名的末尾添加一个 f,即(crealf()和 cimagf())。处理 long double 类型的复数时,则添加小写的 l,即(creall()和 cimagl())。conj()函数返回其 double 参数的轭,处理其他两种复数类型的对应函数是 conjf()和 conjl()。

_Imaginary 关键字用于定义存储纯虚数的变量,换言之,该复数没有实数部分。虚数有 3 种类型,分别使用 float、double 和 long double 关键字,对应于 3 个复数类型。<complex.h>头文件把 imaginary 定义为_Imaginary 的可读性更高的形式,所以可以声明一个存储虚数的变量,如下所示。

```
double imaginary ix = 2.4*I;
```

把虚数值转换为复数,会生成一个实数部分为 0、虚数部分与已有的虚数相同的复数。把虚数类型的值转换为实数类型,而不是_Bool 类型,会得到 0。把虚数类型的值转换为_Bool 类型,若虚数值为 0,就会得到 0;否则就得到 1。

需要记住(正如已经确定的),大多数编译器不实现虚数类型,只实现实数类型。含复数和虚数值的算术表达式可以使用运算符+、*和/。下面举例说明。

自 C11 以来,也有一些宏可用于创建复数:CMPLX、CMPLXF、CMPLXL。它们分别用于 double、float 和 long double 参数:double complex

```
CMPLX(double x, double y);
float complex CMPLXF(float x, float y);
long double complex CMPLXL(long double x, long double y);
```

试试看:操作复数

下面的简单例子会创建两个复数变量,对其执行一些简单的算术运算。

```
// Program 14.3 Working with complex numbers
```

```
#define __STDC_WANT_LIB_EXT1__ 1
#include <complex.h>
#include <stdio.h>

int main(void)
{
#ifdef __STDC_NO_COMPLEX__
  printf_s("Complex numbers are not supported.\n");
  exit(1);
#else
  printf_s("Complex numbers are supported.\n");
#endif
#ifdef _STDC_IEC_559_COMPLEX__
    printf("Complex and Imaginary arithmetic is supported with IEC 60559.\n");
#else
    printf("Complex and Imaginary arithmetic is NOT supported with IEC 60559.\n");
#endif
  double complex cx = 1.0 + 3.0*I;
  double complex cy = 1.0 - 4.0*I;
  printf_s("Working with complex numbers:\n");
  printf_s("Starting values: cx = %.2f%+.2fi cy = %.2f%+.2fi\n",
                               creal(cx), cimag(cx), creal(cy), cimag(cy));

  double complex sum = cx+cy;
  printf_s("\nThe sum cx + cy = %.2f%+.2fi\n",
                               creal(sum),cimag(sum));

  double complex difference = cx-cy;
  printf_s("The difference cx - cy = %.2f%+.2fi\n", creal(difference),
                               cimag(difference));

  double complex product = cx*cy;
  printf_s("The product cx * cy = %.2f%+.2fi\n",
                               creal(product),cimag(product));

  double complex quotient = cx/cy;
  printf_s("The quotient cx / cy = %.2f%+.2fi\n",
                               creal(quotient),cimag(quotient));

  double complex conjugate = conj(cx);
  printf_s("\nThe conjugate of cx = %.2f%+.2fi\n",
                               creal(conjugate) ,cimag(conjugate));

    return 0;
}
```

如果你使用的编译器和库支持复数，则运行上面程序可以看到如下输出。

```
Complex numbers are supported.
Working with complex numbers:
Starting values: cx = 1.00+3.00i  cy = 1.00-4.00i
The sum cx + cy = 2.00-1.00i
```

```
The difference  cx - cy = 0.00+7.00i
The product     cx * cy = 13.00-1.00i
The quotient    cx / cy = -0.65+0.41i
The conjugate of cx = 1.00-3.00i
```

代码的说明

代码非常简单。定义并初始化了变量 cx 和 cy 后，对它们使用 4 个算术运算符，并输出所有运算的结果。可以用_Complex 关键字替代 complex。

每个复数值的虚数部分都使用%+.2f 输出说明符，%后面的+指定总是输出符号。如果省略了+，就只有值为负时才输出符号。小数点后面的 2 指定输出时小数点后有两位。

在编译器提供的<complex.h>头文件中，包含许多处理复数值的其他函数。

14.4 用线程编程

用线程编程可以编写出同时执行几个计算的应用程序。每个独立执行的过程称为执行线程。前面的所有示例都只有一个执行线程，它就是 main()执行的线程。线程编程为许多应用程序提供了极大提高执行性能的可能性，尤其是计算机有多个处理器核心时。但是，线程编程领域也有许多困难。

线程编程比较困难，因为很容易忽略同时执行的线程之间交互操作的结果。代码中很可能有非常模糊的错误。必须处理的一个明显问题是，两个或多个线程尝试同时访问同一数据的可能性。这个问题很容易观察到。假定带有多个线程的程序可能访问包含工资数据的变量。再假定两个独立的线程可以修改其值。如果一个线程访问该值，修改了它，在这个线程未存储修改的值之前，第二个线程又修改了该值。此时就可能得到完全不正确的值。这只是使用线程导致的许多复杂问题中的一个示例。

threads.h 标准头文件为创建多个执行线程、管理它们可能带来的复杂问题提供了类型和工具，下面几节将介绍 threads.h 提供的一些工具，但如果希望更多地使用线程，建议购买专门探讨线程的图书。在这个领域中有许多陷阱和编程技巧，所以需要一本书的篇幅探讨。

threads.h 在微软 C/C++编译器中没有实现；它们的方法非常不同。有一些类似的库可以用 Microsoft 编译器处理线程，但它们不在本书的范围内，本书将继续使用 C17 标准。Pelles 编译器实现了 threads.h。

14.4.1 创建线程

要在新线程中执行的代码包含一个自定义的函数。当然，该函数在执行时可以调用其他函数。表示线程的函数必须采用特定的形式：必须有一个 void*类型的参数，且必须返回 int 类型的值。单个指针变元初看起来似乎是限制，但其实不是。可以传递任何类型的指针，所以如果函数可以包含不同类型的许多成员，就可以给它传递一个结构，包括其他结构。

假定定义一个函数，它执行特定的线程任务，如下所示。

```
int get_data(void *data)
{
  // code to be executed in a thread...
}
```

调用带有如下原型的 thrd_create()函数，就可以在新线程中启动这个函数的执行。

```
int thrd_create(thrd_t *thr, thrd_start_t func, void *arg);
```

thrd_t 类型存储线程的标识符。该函数的第一个变元是所创建变量的地址，函数要在该变量中存储线程的标识符。函数的第二个变元是指向函数的指针，该函数会在线程中执行。thrd_start_t 是一个函数指针类型，定义为 int(*)(void*)，所以函数定义必须与它相一致。第三个变元是调用函数时传递的变元地址。如果一切运作正常，thrd_create()返回的值就是 thrd_success；如果没有为线程分配内存，就返回 thrd_nomem；如果出了问题，就返回 thrd_error。

下面的代码启动一个线程，执行 get_data()函数。

```
thrd_t id;                     // Stores thread identifier
struct MyData mydata;          // Data for the function executing in the thread
switch(thrd_create(&id, get_data, &mydata))
{
  case thrd_success:
    printf_s("Thread started.\n");
    break;
  case thrd_nomem:
    fprintf_s(stderr, "Failed to allocate thread memory.\n");
  case thrd_error:
    fprintf_s(stderr, "Failed to start thread.\n");
    exit(1);
}
// Join the current thread to id...
```

代码段末尾的注释指出，应把当前线程连接到新线程 id 上。本章稍后会解释原因。把 mydata 的地址传递为 thrd_create()的第三个变元，就会在调用 get_data()时把相同的指针传递给它。然后，get_data()函数通过指针访问 mydata 的成员，并设置其值。调用成功时，就创建新线程，在 thrd_create()返回时，get_data()开始执行。最重要的是，传递给线程的数据在线程结束之前不会销毁。这意味着在示例代码中，只要线程标识符在执行，mydata 对象就必须继续存在。

线程总是可以调用 thrd_current()，获得其自己的标识符，该函数不需要变元，返回唯一标识线程的 thrd_t 值。例如：

```
thrd_t this_thrd = thrd_current();      // Store the ID for the current thread
```

14.4.2 退出线程

在执行线程的代码的任意位置，都可以调用 thrd_exit()，退出线程。传递给该函数的 int 型变元表示线程的结果代码，然后可以用希望的方式使用这个值，例如指出是否出了问题。下面是调用该函数的方式。

```
int get_data(void *data)
{
  // code to be executed in a thread...
  thrd_exit(0);        // Success!
}
```

可以在任何执行的线程中调用 thrd_exit()，退出线程，包括执行 main()的线程。

14.4.3 把一个线程连接到另一个线程上

thrd_join()函数在调用函数的线程和另一个线程之间创建依赖关系，其原型是：

```
int thrd_join(thrd_t thr, int *res);
```

调用该函数，会把 thr 标识的线程与当前线程连接起来，这会阻塞当前线程，直到 thr 标识的线程终止为止。阻塞仅表示当前线程的执行不再继续，因此 thrd_join()提供了一种方式，让当前线程等待另一个线程执行完毕。这么做很重要，尤其是从主线程中启动另一个线程时。如果不这么做，主线程会结束，这样就会终止所有辅助线程。

如果 thrd_join()的第二个变元不是 NULL，thrd_join()就在 res 中存储另一个线程的结果代码。操作成功时，thrd_join()返回 thrd_success；否则返回 thrd_error。

假定创建一个线程来执行 get_data()函数，并调用 thrd_create()启动这个线程，如上一节所述。再假定有一个 process_data()函数，处理 get_data()获得的数据。process_data()可以实现为：

```
int process_data(void * pdata)
{
  int result = 0;
  if(thrd_error == thrd_join(id, &result))
  {
    fprintf_s(stderr, "Thread join failed.\n");
    thrd_exit(-1);              // Terminate this thread with error results code
  }
  if(result == -1)
  {
    fprintf_s(stderr, "Thread reading data failed.\n");
    thrd_exit(-2);              // Terminate this thread with error results code
  }
   // Code to process the data passed as the argument...

  thrd_exit(0);                 // Terminate with success results code
}
```

把执行 get_data()的线程 id 作为第一个变元来调用 thrd_join()函数，所以这个线程会阻塞，直到 get_data()线程结束为止。在这里，id 变量必须是可访问的，它也许定义在全局作用域，或者可以是传递给 process_data()的结构对象的一个成员。get_data()线程结束时，其结果代码存储在 result 中，所以可以使用它确定是否获得了数据。结果代码为-1，表示有问题，所以输出一条错误消息，终止这个线程，把-2 作为结果代码。所有的结果代码都是随机的，可以使用任何整数值。

下面用一个示例说明如何连接线程。

试试看：连接线程

这个程序从主线程中启动两个线程。一个线程获得一些数据，之后，另一个线程处理这些数据。

```
// Program 14.4 Joining threads
#define __STDC_WANT_LIB_EXT1__ 1
```

```c
#include <stdio.h>
#include <stdlib.h>
#include <threads.h>
// please use Pelles C compiler for this example.

typedef struct MyData
{
  thrd_t id;                    // get_data thread ID
  int a;
  int b;
}MyData;

// Get data function
int get_data(void *pdata)
{
  MyData* pd = (MyData*)pdata;
  printf_s("The get_data thread received: data.a=%d and data.b=%d\n", pd->a, pd->b);

  int mult = 0;
  printf_s("Enter an integer multiplier:\n");
  scanf_s("%d", &mult);
  pd->a *= mult;

  printf_s("The get_data thread makes it: data.a=%d and data.b=%d\n", pd->a, pd->b);

  return 0;
}

// Process data function
int process_data(void * pdata)
{
  MyData* pd = (MyData*)pdata;
  int result = 0;
  if(thrd_error == thrd_join(pd->id, &result))
  {
    fprintf_s(stderr, "get_data thread join by process_data failed.\n");
    thrd_exit(-1);        // Terminate this thread with error results code
  }
  if(result == -1)
  {
    fprintf_s(stderr, "process_data thread reading data failed.\n");
    thrd_exit(-2);        // Terminate this thread with error results code
  }
  printf_s("The process_data thread received: data.a=%d and data.b=%d\n", pd->a, pd->b);

  thrd_exit(0);           // Terminate with success results code
}

int main(void)
{
```

```
      thrd_t process_id;
      MyData mydata = { .a = 123, .b = 345};
      printf_s("Before starting the get_data thread: mydata.a=%d and mydata. b=%d\n",
                                                    mydata.a, mydata.b);
      switch(thrd_create(&mydata.id, get_data, &mydata))
      {
       case thrd_success:
         printf_s("get_data thread started.\n");
         break;
       case thrd_nomem:
         fprintf_s(stderr, "Failed to allocate get_data thread memory.\n");
       case thrd_error:
         fprintf_s(stderr, "Failed to start get_data thread.\n");
         exit(1);
      }
      switch(thrd_create(&process_id, process_data, &mydata))
      {
       case thrd_success:
         printf_s("process_data thread started.\n");
         break;
       case thrd_nomem:
         fprintf_s(stderr, "Failed to allocate process_data thread memory.\n");
       case thrd_error:
         fprintf_s(stderr, "Failed to start process_data thread.\n");
        exit(1);
      }

      thrd_join(process_id, NULL);

      printf_s("After both threads finish executing: mydata.a=%d and mydata. b=%d\n",
                                                  mydata.a, mydata.b);
      return 0;
    }
```

下面是示例的输出。

```
Before starting the get_data thread: mydata.a=123 and mydata. b=345
get_data thread started.
The get_data thread received: data.a=123 and data.b=345
Enter an integer multiplier:
process_data thread started.
3
The get_data thread makes it: data.a=369 and data.b=345
The process_data thread received: data.a=369 and data.b=345
After both threads finish executing: mydata.a=369 and mydata. b=345
```

代码的说明

main()函数在一个新线程中启动 get_data(),再在另一个新线程中启动 process_data()。get_data()

的线程 ID 记录在 mydata 结构的一个成员中。在 get_data()线程完成之前，process_ data()线程就开始执行了，所以此时有 3 个线程同时执行。process_data()线程使用存储在 struct 中的 ID 调用 thrd_join()，以连接 get_data()线程，这样它就可以通过传递过来的指针访问数据。此时，process_data() 线程会阻塞，直到 get_data()线程完成，从 get_data()线程中获得一个结果代码为止。连接线程会确保 process_data()线程不尝试在 get_data()完成其工作之前就处理数据。

main()函数连接了 process_data()线程，但没有连接 get_data()线程，因为 process_data()是最后一个执行完毕的。输出显示，数据得到了正确处理，而且 get_data()和 process_data()是同时执行的，因为 process_data()的输出显示在 get_data()输出中。

14.4.4　挂起线程

调用 thrd_sleep()函数，可以把线程挂起一段时间。该函数的一个用途是仅在特定的时间间隔检查数据的线程，例如检查是否有邮件的线程。其原型是：

```
int thrd_sleep(const struct timespec *period, struct timespec *remaining);
```

调用该函数，可以把当前线程挂起第一个变元指定的时间。当线程恢复的时间少于 period 指定的时间时，函数就用第二个变元存储睡眠阶段的剩余时间。后面将解释它们。这两个变元可以使用相同的指针，第二个变元可以是 NULL。timespec 类型在 time.h 中指定，如下所示。

```
struct timespec
{
  time_t tv_sec;          // Whole seconds
long tv_nsec;             // nanoseconds
};
```

因此，可以把任意时间段定义为 tv_sec (秒)或 tv_nsec (纳秒)。tv_nsec 值必须是一个小于 10 亿的非负整数。注意，尽管可以用纳秒为单位指定时间间隔，但实际的单位取决于系统。threads.h 头文件包含 time.h，所以在源文件中不必显式地包含 time.h，就可以使用 timespec 类型。如果请求的时间段已经过去，thrd_sleep()就返回 0；如果睡眠阶段被打断，则返回-1；如果操作失败，就返回其他负整数。

使用下面的语句可以把线程挂起 4.5 分钟。

```
struct timespec interval = { .tv_sec = 270, .tv_nsec = 0};
thrd_sleep(&interval, NULL);
```

要定义睡眠时间段，可以把 interval 的 tv_sec 成员设置为 270。这里不希望打断睡眠阶段，所以 thrd_sleep()的第二个变元是 NULL。

14.4.5　管理线程对数据的访问

互斥元(mutex，来自于 mutual exclusion)提供了一个发信号机制，可以锁定线程中的数据，在更新这些数据时，防止其他线程访问它们。互斥元是 mtx_t 类型的对象，一次只能由一个线程拥有。每个需要禁止并发更新或访问的数据元素或数据块都有自己的互斥对象。每个线程成功获得对应互斥元的拥有权后，都只能访问给定的受保护的数据元素。

1. 创建互斥元

创建互斥元的代码如下：

```
mtx_t mutex1;
if(thrd_error == mtx_init(&mutex1, mtx_plain))
{
  fprintf_s(stderr, "Mutex creation failed.\n");
  thrd_exit(-3);                              // Terminate this thread
}
```

第一个变元是存储互斥元的地址，所以如果一切运作正常，mtx_init()就会在 mutex1 中存储互斥对象，并返回 thrd_success。如果操作失败，就返回 thrd_error。所创建的互斥元是唯一的。第二个变元是一个整型常量，指定互斥元的类型，它可以是：

- mtx_plain 指定简单的非递归互斥元。
- mtx_timed 指定支持超时的非递归互斥元。
- mtx_plain | mtx_recursive 指定简单的递归互斥元。
- mtx_timed | mtx_recursive 指定支持超时的递归互斥元。

创建互斥元不会获得互斥元的拥有权。

2. 获得互斥元

创建了互斥元后，线程就可以获得互斥元的拥有权，或者把所需的互斥元地址作为变元来调用mtx_lock()函数，以锁定互斥元。对于非递归互斥元，函数会阻塞，直到获得互斥元。在递归互斥元上，线程可以重复调用mtx_lock()。显然，一个可能需要的情形是在给定的线程上直接或间接地递归调用函数。在这种情形下，多次使用 mtx_lock()尝试获得非递归互斥元会造成死锁，即执行权被锁定，且不能解锁。支持超时的互斥元允许在请求拥有权时指定一个时间，此时需要使用mtx_timedlock()来替代 mtx_lock()。没有超时，如果请求没有获得许可，请求就会无限期地被阻塞，所以支持超时的互斥元可以避免无限期的阻塞。若获得了拥有权，mtx_lock()函数就返回 thrd_success；如果有错误，就返回 thrd_error。

为了获得支持超时的互斥元，可以使用 mtx_timedlock()指定超时时间。在不能获得互斥元时，这可以避免线程被无限期地阻塞。创建支持超时的互斥元如下所示。

```
mtx_t mtx;
if(thrd_error == mtx_init(&mtx, mtx_timed))
{
  fprintf_s(stderr, "Mutex creation failed.\n");
  thrd_exit(-3);                              // Terminate this thread
}
```

这会把 mtx 创建为支持超时的非递归互斥元。对于支持超时的递归互斥元，mtx_init()的第二个变元是 mtx_timed | mtx_recursive。

获得支持超时的互斥元的函数原型如下。

```
int mtx_timedlock(mtx_t * restrict mtx, const struct timespec * restrict period);
```

超时时间段用第二个变元指定。如果不能获得互斥元，这个函数就阻塞最大的超时时间段，并返回 thrd_timedout。如果互斥元可以在超时时间段内获得，函数就返回 thrd_success。如果出错，就返回 thrd_error。

线程中可能有处理几个数据块的代码，每个数据块都由它自己的互斥元控制。在处理一个自由的数据块时，并不希望阻塞正在为另一个数据块请求互斥元的线程。mtx_ trylock()函数可以处理这种情形，其原型如下。

```
int mtx_trylock(mtx_t *mtx);
```

如果可以获得互斥元，该函数就返回 thrd_success。如果互斥元由另一个线程拥有且因此不能获取，该函数不会阻塞，但返回 thrd_busy。此外，如果它可能会错误地锁定一个未使用的资源(从 C17 开始)，那么它会返回 thrd_busy。如果出错，就返回 thrd_error。函数不会被阻塞，所以可以尝试几个互斥元，直到找到一个可用的互斥元，如下所示。

```
struct timespec interval = { .tv_sec = 1, .tv_nsec = 0};
while(...)
{
  if(thrd_success == mtx_trylock(&mutex1))
  {
    // Deal with data corresponding to mutex1...
  }
  else if(thrd_success == mtx_trylock(&mutex2))
  {
    // Deal with data corresponding to mutex2...
  }
  else
    thrd_sleep(&interval, NULL);        // Nothing available so wait a while...
}
```

3. 释放互斥元

要释放已获得的互斥元，可以把互斥元对象的地址作为变元来调用 mtx_unlock()。这会释放并解锁互斥元，使之可用于其他线程。其可能的返回值与mtx_lock()相同。获得和释放已创建互斥元的一种典型模式是：

```
// Create a mutex object to manage access to specific data, possibly at global scope...
...
mtx_lock(&mutex1);                 // Request the mutex - blocks until we get it
// Process and update the data...
mtx_unlock(&mutex1);               // Release the mutex
```

在获得了对应的互斥元后，只要所有的线程只访问数据，就不会因为并发访问数据而出问题。下面的简单示例使用了前面介绍的一些线程功能。

试试看：使用线程

这个简单示例创建并启动一些线程。注意初始版本不能正常工作，但我们最后会修正它。

```
// Program 14.5 Thread operations
#define __STDC_WANT_LIB_EXT1__ 1
#include <stdio.h>
```

```
#include <threads.h>
#include <math.h>
// please use Pelles C compiler for this example.

#define thread_count 5                      // Number of task threads

thrd_t thread_id[thread_count];             // Array of thread identifiers
size_t task = 0;                            // Integer identifying a task
struct timespec duration = {.tv_sec = 1, .tv_nsec = 0}; // Task work period

// Function to carry out a task
int execute_task(void *arg)
{
  printf_s("Task %zd started.\n", ++task);

  thrd_sleep(&duration, NULL);              // Just to make things take longer...
  double x = 0;
  for(int i = 0 ; i< 1000000000 ; ++i)
    x = sqrt(3.1415926);

  printf_s(" Task %zd finished\n", task);
  return 0;
}

int main(void)
{
  // Create the threads to carry out the tasks concurrently
  for(size_t i = 0 ; i<thread_count ; ++i)
  {
     if(thrd_error == thrd_create(&(thread_id[i]), execute_task, NULL))
     {
        fprintf_s(stderr, "Thread creation failed.\n");
        thrd_exit(-1);
     }
  }

  // Join the additional threads to the main thread
  for(size_t j = 0 ; j <thread_count ; ++j)
    thrd_join(thread_id[j], NULL);
  return 0;
}
```

下面是输出。

```
Task 1 started.
Task 2 started.
Task 3 started.
Task 4 started.
   Task 5 started.
   Task 5 finished
```

```
Task 5 finished
Task 5 finished
Task 5 finished
Task 5 finished
```

代码的说明

输出显示，有些地方不正确，但我们后面会讨论它。thread_id 数组存储在 main()中创建的 thread_count 线程的标识符。全局变量 task 表示线程任务的标识符。每次执行新任务时，都会递增标识符。timespec 变量 duration 在全局作用域中定义，是任务的睡眠时间段。调用 sleep()是不必要的，这里包含它只是说明它在工作。它还使线程的执行时间更长一些。

execute_task()函数执行一个费时的任务：计算 10 亿个平方根。它开始执行时，会输出一条消息，指出任务已开始。任务从 1 开始编号，所以每个新任务都会递增 task 的值，唯一地标识它。因为这是一个重量级的任务，所以线程在开始任务前调用 thrd_sleep()，暂停 1 秒钟。任务完成后，它输出一条消息。

main()函数创建 thread_count 线程，每个 thread_count 线程都执行类似的任务。每个任务都由 execute_task()执行，因为指向该函数的指针传递为 thrd_create()的第二个变元。main()中的第二个 for 循环使用 thrd_join()，把所有的新线程都连接到主线程上，使 main()等待它创建的所有线程结束，主线程才会结束。如果没有这么做，main()就会立即结束，它创建的线程也会结束，这样就得不到需要的结果了。如果希望查看这种情形，可以注释掉第二个 for 循环。

输出显示，开始了 5 个任务，而任务结束消息显示，任务 5 结束了 5 次，其他任务则根本没有结束。显然，任务 1~4 输出的值都标识了最后一个任务，很容易看出其原因。所有的任务都是一个接一个启动的，在任务输出完整的消息之前，任务标识符就递增到 5。这是因为它们都访问相同的数据项 task。使用互斥元可以禁止对 task 的并发访问。在全局作用域中添加如下语句：

```
mtx_t task_mtx;                              // Mutex for access to task
```

在 main()的开头添加如下代码，创建互斥元。

```
if(thrd_error == mtx_init(&task_mtx, mtx_plain))
{
  fprintf_s(stderr, "Mutex creation failed.\n");
  thrd_exit(-2);
}
```

execute_task()函数可以使用互斥元，获得对 task 变量的独占访问。

```
int execute_task(void *arg)
{
  mtx_lock(&task_mtx);                  // mutex lock - blocks until acquired
  printf_s("Task %zd started.\n", ++task);

  thrd_sleep(&duration, NULL);
  double x = 0;
  for(int i = 0 ; i< 1000000000 ; ++i)
    x = sqrt(3.1415926);

  printf_s(" Task %zd finished\n", task);
  mtx_unlock(&task_mtx);                      // mutex unlock - for use by other threads
```

```
    return 0;
}
```

如果保存了这些修改,重新编译并运行示例,就会看到如下输出。

```
Task 1 started.
    Task 1 finished
Task 2 started.
    Task 2 finished
Task 3 started.
    Task 3 finished
Task 4 started.
    Task 4 finished
Task 5 started.
    Task 5 finished
```

示例工作得很好,但仍有一个问题。注意它运行得很慢。原因是任何任务都不能并发执行。互斥元锁定应用于任务的整个运行期间,所以只能有一个线程在运行。它运行完后,再运行下一个任务。这种情形有一个明显的解决方法。在execute_task()中,可以把任务标识符存储在一个本地自动变量中。接着就不需要使用互斥元了。

```
int execute_task(void *arg)
{
  size_t local_task = ++task;
// mtx_lock(&task_mtx);                     // mutex lock - blocks until acquired
  printf_s("Task %zd started.\n", local_task);

  thrd_sleep(&duration, NULL);             // Just to make things take longer...

  double x = 0;
  for(int i = 0 ; i< 1000000000 ; ++i)
    x = sqrt(3.1415926);

  printf_s(" Task %zd finished\n", local_task);
// mtx_unlock(&task_mtx);                   // mutex unlock - for use by other threads
  return 0;
}
```

现在线程的执行就重叠了,输出如下所示。

```
Task 1 started.
Task 2 started.
Task 3 started.
Task 4 started.
Task 5 started.
    Task 3 finished
    Task 2 finished
    Task 1 finished
    Task 5 finished
    Task 4 finished
```

结果显示，示例是在并发执行，每个线程在execute_task()中都有自己的 local_task 副本。任务完成的顺序取决于操作系统实现的调度模型和处理器拥有的核心个数。我们不再使用互斥元。尽管一切似乎运作正常，但代码仍有一个问题。看看 execute_task()开头的这个语句。

```
size_t local_task = ++task;
```

这不是线程安全的，因为它引入了一个数据竞争。执行++tasks 需要如下步骤。

(1) 检索当前值。

(2) 递增该值。

(3) 存储该值。

另一个线程可以在这个操作的中间启动，访问和修改 task。一种处理方式是使用互斥元。

```
mtx_lock(&task_mtx);
size_t local_task = ++task;
mtx_unlock(&task_mtx);
```

这给线程提供了对任务的独占访问，直到调用 mtx_unlock()，因此 task 会安全地递增。

多线程的另一个有趣方法是使用 fork()函数；正如第 1 章所描述的，POSIX 是一个基于 UNIX 平台的标准，这个标准的一些库是为了专门能在 UNIX 系统上使用开发的，而在 C 语言中没有这些特性。

这些库中的许多库已经在 C 标准中了，或者有一个类似的解决方案。当然，它包括像 threads.h 中的特性这样的库(其他的仍然存在)。

操作系统有进程(其中一个进程可以有多个线程)。通过 unistd.h API，可以使用 fork()函数创建子进程。fork()通过克隆父进程和共享资源(特别是内存)来生成一个新的进程(子进程)。这样，子进程的数量就可以达到指数级。

需要强调的是，如果是 UNIX 平台，它在 Windows 原生 API 中不起作用。不过，可以使用 MinGW GCC 在 Windows 中模拟 fork()创建过程函数。(Windows API 使用 CreateProcess())。

```c
//Example 14.6 simple fork

// it does not work in Windows, unless MinGW gcc is used
#include <stdio.h>
#include <unistd.h>
int main(void)
{
  printf("parent-getpid: %d\n", getpid());

  for (int j = 0; j < 4; j++)
  {
    int c = fork();
    if(c==0) // if fork() return 0 then it is a child
          // 1, 4, 7, 15,... children processes
      printf("%d* child spawned - child-getpid():%d\n", j,
      getpid());
    else
      printf("%d. child created-fork(): %d parent-getpid():%d\n",
      j, c, getpid());
```

```
    }
    return 0;
}
```

14.5 小结

    如果读者此时对所学的内容很有自信，可以理解及应用它们，说明现在你应该是一名训练有素的C程序设计师了。还应勤加练习。练习是把程序写好的不二法门，所编写的程序类型越多越好。我们可以提高技巧，但永远也不可能到达完美的境界，因为不可能一开始就能写出任意大小、没有任何错误的程序。然而，每当完成一小部分新程序时，它所带来的兴奋与满足是很值得期待的。好好享受编程吧！

附录 A

计算机中的数学知识

在本书中，作者已经对计算机中的数学知识做了简单的讨论。不过，它对于理解本书是很重要的，所以本附录将快速地浏览一遍这个主题。如果你对自己的数学知识信心十足，可以略过此附录。如果你觉得数学很难，那么本附录会向你展示它实际上是多么容易。

A.1　二进制数

首先，思考一个常见的、每天都在使用的十进制数，如 324 或 911。很明显，它是"三百二十四"或"九百一十一"。更精确地说，它是：

324 是指 $3×10^2+2×10^1+4×10^0$，也可以是 $3×10×10+2×10+4$

911 是指 $9×10^2+1×10^1+1×10^0$，也可以是 $9×10×10+1×10+1$

我们称之为十进制符号，因为它构建在 10 的幂上。这是从中世纪拉丁语 decimalis 演变而来的，表示"十分之一的"，即税收的 10%。我们也可以说以基数 10 表示数字，因为每个数字位都是 10 的幂。

用这种方式表示数字，对于 10 个手指、10 个脚趾或其他任何 10 种附属肢体的人来说，非常方便。但是，对于主要由开关(用 on 和 off 表示)来实现操作的计算机，就没那么方便了。让计算机累积计算到 2 还没有问题，但让它累积计算到 10 就不那么容易了。这就是计算机采用 2 为基数表示数字，而不是以 10 为基数的主要原因。以 2 为基数表示数字，称之为二进制计数系统。如果是以 10 为基数表示数字，阿拉伯数字是 0~9。一般地，如果采用任意的 n 为基数来表示数字，则数字中每个位置上的数就是 0~n-1。二进制数中的数字只能是 0 或 1，对于只有开/关状态的开关来说，表示其开关状态是非常方便的。按照十进制数的计数方式，二进制数 1101 可以分割为下面的形式。

$1×2^3+1×2^2+0×2^1+1×2^0$ 即 $1×2×2×2+1×2×2+0×2+1$

在十进制系统中，它等于 13。在表 A-1 中，可以看到用 8 位二进制数字(每个二进制数字通常称为一位)能表示的所有十进制数。

表 A-1　8 位二进制数对应的十进制数

二进制数	十进制数	二进制数	十进制数
0000 0000	0	1000 0000	128
0000 0001	1	1000 0001	129
0000 0010	2	1000 0010	130
…	…	…	…
0001 0000	16	1001 0000	144
0001 0001	17	1001 0001	145
…	…	…	…
0111 1100	124	1111 1100	252
0111 1101	125	1111 1101	253
0111 1110	126	1111 1110	254
0111 1111	127	1111 1111	255

注意，用前 7 位可以表示 0~127 的数，共 2^7 个或 128 个数，用 8 位可以得到 256 个或 2^8 个数。一般说来，如果有 n 位，就能表示 2^n 个整数，值为 $0 \sim 2^n - 1$。

在计算机中对二进制数执行加法非常容易。因为对相应的位执行加法生成的借位只能是 0 或 1，用一个很简单的电路就能处理这个过程。图 A-1 展示了两个 8 位二进制值的加法操作是如何执行的。

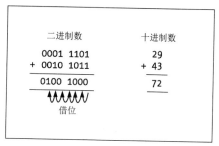

图 A-1　二进制值的加法

加法操作从数字的最右位开始。图 A-1 显示，前 6 位相加都要在下一位上进 1，因为二进制数的每个数字都只能是 0 或 1。计算 1+1 时，结果不能存储在当前位中，而等价于在左边的一位上进 1。

A.2　十六进制数

在处理较大的二进制数时，会出现一些小问题。看看下面这个数字：

```
1111 0101 1011 1001 1110 0001
```

在实际应用中，二进制符号显得有些累赘，尤其是当你考虑要用这个二进制数的十进制数时，它只是 16 103 905，只有 8 个十进制数字。显然，我们需要一种更经济的方法来书写这样的数，但十进制并不总是适用的。有时(如你在第 3 章中所见)你可能需要把从右边算起的第 10 位和第 24 位数字设置为 1，而不需要大费周折地用二进制符号写出所有的数字。用十进制整数完成这种要求也非常困难，而且很可能会出错。一种容易得多的方法是使用十六进制符号，其中的数字是以 16 为基数表示的。

以 16 为基数的算术方法是相当方便的选择，比二进制更加适合。每个十六进制数的值可以是 0~15(10~15 的数字由字母 A~F 或 a~f 表示，如表 A-2 所示)的任一个数字，0~15 这个范围中的值恰好对应于 4 位二进制数表示的值范围。

表 A-2　十六进制数及其对应的二进制和十进制数

十六进制数	十进制数	二进制数
0	0	0000
1	1	0001
2	2	0010
3	3	0011
4	4	0100
5	5	0101
6	6	0110
7	7	0111
8	8	1000
9	9	1001
A	10	1010
B	11	1011
C	12	1100
D	13	1101
E	14	1110
F	15	1111

由于一个十六进制数对应于 4 位二进制数，因此只需要把一个二进制数从右边开始分为 4 位一组，然后用对应的十六进制数代替每组二进制数，就可以用十六进制数表示一个较大的二进制数。例如下面的二进制数：

```
1111 0101 1011 1001 1110 0001
```

依次每 4 位一组，把每一组替换为表 A-2 中对应的十六进制数，这个数用十六进制符号表示的形式如下所示。

```
F 5 B 9 E 1
```

此时得到 6 个十六进制数，对应于 6 组 4 位二进制数。为了证明这种做法没有欺骗性，可以把这个数字直接转换成十进制。下面对这个十六进制数进行几次转换。

F5B9E1 的十进制值是通过下面的表达式得来的。

```
15 × 16⁵ + 5 × 16⁴ + 11 × 16³ + 9 × 16² + 14 × 16¹ + 1 × 16⁰
```

它可以转换为：

```
15 728 640 + 327 680 + 45 056 + 2 304 + 224 + 1
```

这个表达式的结果与对应的二进制数转换成十进制数所得的结果相同，都是 16 103 905。

使用十六进制数的另一个方便之处是，现代计算机在字符组中存储整数，字符组的字节数是偶数 2、4、8 或 16。1 字节是 8 位，正好是两个十六进制数，所以内存中任何二进制整数字符组总是对应于一个十六进制数。

A.3 二进制负数

关于二进制算术，还有一点需要了解，即负数。到现在为止，我们都是假定所有事物都是正面的；乐观主义者认为，只要你愿意，杯子总是半满的。但生活的负面是无法避免的；悲观主义者认为，杯子已经空了一半。那么在计算机中如何表示负数呢？在计算机中，只能使用二进制数字，因此解决方案也只能用一位二进制数字表示一个数是正的还是负的。

如果允许有负值的数(称之为有符号数)，首先必须决定它的长度(简而言之，就是它的二进制位数)，然后指派最左边的二进制数作为符号位。必须指定这种数字长度，以免搞不清楚哪一位是符号位。

由于计算机内存是由 8 位的字节构成的，因此二进制数要存储在多个(通常是 2 的幂)8 位的字节中。因此，有的数字是 8 位的，有的数字是 16 位的，而有的数字是 32 位(或更多位)的，只要你知道每种情况下采用的位数，就能找到符号位，就是最左边的位。如果符号位是 0，这个数字是正数；如果符号位是 1，该数字就为负数。

这种方法看起来解决了问题，在某些计算机上也确实解决了问题。每个数字由符号位和其他数位构成，符号位为 0，就是正数值；符号位为 1，就是负数值。其他数位指定了这个数字的绝对值，换句话说，就是无符号的值。将+6 改成-6 只需要把符号位从 0 改成 1。但是，要执行用这种数值表示法构成的算术运算，需要复杂的电路才能解决。因此，大多数计算机采用的都是另外一种方法。考虑计算机如何处理正数和负数的算术运算，使该操作尽可能简单，就能明白这种方法的工作原理了。

在理想情况下，要对两个整数执行加法运算，计算机不必关心某个或两个操作数是正数还是负数。只要使用简单的"加法"电路，无论操作数的符号是什么，加法运算将把对应的二进制数字加在一起，生成正确的数字位作为结果。如果有进位，就与下一个数位进行运算。如果把二进制数-8 加到+12 上，那么你一定想用计算+3 加+8 的电路来得到答案+4。

如果用你所想的最简单的解决方法，即把正数的符号位设置为 1，使它成为负数，然后用传统的进位法执行算术运算，结果就不正确了。

以二进制表示+12 是 0000 1100；

以二进制表示-8(你的假设)是 1000 1000；

如果将它们相加，结果是 1001 0100。

这意味着结果是-20，根本不是你想要的结果。它绝对不是+4，+4 对应的二进制值是 0000 0100。这时，你一定会说，"你不能把符号位也作为数字处理。"但是，上面的所为正是你想做的。

让我们看看计算机是如何用+4 减去+12 来表示-8 的，它应该能给你正确答案了。

以二进制表示+4 是 0000 0100；

以二进制表示+12 是 0000 1100；

前者减去后者的结果是 1111 1000。

从右边第 4 位数字开始，就需要通过借位来执行减法，就像执行普通的十进制算术运算一样。结果应该是-8，即使看起来不像，但它的确是-8。试试看，用它与二进制的+12 或+15 相加，就能看到结果正确。当然，如果你想生成-8，用 0 减+8 就可以办到。

那么用+4 减去+12 或者用 0 减去+8，得到的结果是什么呢？结果是，这里你所得到的是 2 的补码形式，它表示二进制负数；用简单的心算就可以从二进制正数生成这种补码形式。这里，我需要你相信我所讲的，以避免解释这种方法为什么有效。我只能向你展示如果从一个正数值构成一个负数的二进制补码形式，你可以自己证明这种方法是可行的。让我们再看看上一个例子，其中需要-8 的二进制补码表示法。

从+8 的二进制形式着手：

```
0000 1000
```

现在对每个二进制数求反，将 0 变成 1，1 变成 0。

```
1111 0111
```

这称为 1 的二进制的补码形式，如果给这个数加 1，就能得到 2 的二进制补码形式。

```
1111 1000
```

这与用+4 减去+12 得到的-8 的表示完全相同。为了确保万无一失，让我们看看把-8 加到+12 上的普通运算。

以二进制表示+12 是 0000 1100；

以二进制表示-8 是 1111 1000；

如果将它们加在一起，结果为 0000 0100。

神奇吧！答案是 4。这种方法是有效的。进位会传递到最左边的所有 1 上，把它们都设置回 0。有一位会超过界限，不过不用担心，它可能弥补了在做减法得到-8 时末尾所借的数位。事实上，这里有一个假设，即符号位 1 或 0 会重复出现，直到最左边的数位。试做一些练习，你会发现这种方法总是有效的。使用负数的二进制补码形式的真正伟大之处在于大大简化(并加快)了计算机的算术运算。

A.4　大尾数和小尾数系统

前面提到过，整数通常以二进制值的形式存储在内存中连续的字节序列里，以 2 个、4 个、8 个或 16 个字节为一组。字节出现的顺序非常重要，这看似无关紧要，但其实很重要。

看看以 4 字节的二进制值存储的十进制值 262 657。之所以选择这个值，是因为它的二进制值恰好是：

```
0000 0000 0000 0100 0000 0010 0000 0001
```

这样每个字节都有一种位模式，区分起来较为容易。

如果使用的是带有 Intel 处理器的 PC 机，这个数字就存储为：

字节地址：	00	01	02	03
数据位：	0000 0001	0000 0010	0000 0100	0000 0000

可以看出，最有效的 8 位值全都是 0，存储在地址最高的字节(也就是最后的字节)中。最低效的 8 位值存储在地址最低的字节中，即最左边的字节。这种摆放方法称为小尾数法(little-endian)。

如果使用的是大型机、工作站或基于 Motorola 处理器的 Mac 机，(尽管如此，当前的 Mac 机器是 Intel)或网络协议(ICMP/TCP/UDP 通常使用 big-endian),同样的数据在内存中摆放的顺序如下:

字节地址:	00	01	02	03
数据位:	0000 0000	0000 0100	0000 0010	0000 0001

现在,字节是按照逆序摆放的,最有效的 8 位存储在最左边的字节中,即地址最低的字节。这种摆放方法称为大尾数法(big-endian)。

> **注意:** 在每个字节中,无论字节顺序是大尾数还是小尾数,最有效的位摆放在左边,最低效的位摆放在右边。

这一点非常有趣,但为什么它会造成麻烦呢?大多数时候,它并不构成问题。通常,在编写 C 语言程序时,不需要知道执行这些代码的计算机是大尾数的,还是小尾数的。不过,在处理来自另一台计算机的二进制数据时,这一点就很重要。二进制数据会被写入一个文件,然后通过网络以字节序列的形式传递。至于如何解释它,则由你决定。如果数据源所用的计算机采用的字节摆放方式与运行代码的计算机所采用的不同,那么必须对每个二进制值执行逆序操作。如果不这样做,所得到的数据则都是垃圾数。

有些人对背景信息非常好奇。术语大尾数和小尾数来自于 Jonathan Swift 所写的 *Gulliver's Travels* 一书。在这本书的故事中,小人国的国王命令他所有的随从在吃蛋时都先打破蛋的小端。这是因为国王的儿子在以传统的方式先打破蛋的大端时割破了手指。遵纪守法的小人国居民都从较小的一端打破蛋,称为 Little Endian。Big Endian 则是小人国王国的叛军,他们坚持从大端打破蛋。他们中的许多人最后都被判了死刑。

继续使用 262657 这个数字,可以用下面的代码测试它。可以预见,它检查数字本身。此外,还有一个简单的整数(int e)来表示体系结构的终结点(根据顺序,如果是小终结点,它将返回 1;如果是大终结点,它将返回 0)。

```c
// Program a.1 Checking endianness
#include <stdio.h>

int main(void)
{
    int n = 0x40201; // 0x40201 = 262657
    char* p = (char*) &n;
    int e = 0x1;
    char *q = (char*)&e;

//4 bytes an integer:
    for (int i = 0; i < 4; i++)
    {
        printf("memory address: %p: value: %d\n", p, *p++);
    }
    if(q[0] == 1) // checking endianness
    {
        printf("\nIt's Little-Endian.\n");
    }
    else
```

```
    {
        printf("\nIt's Big-Endian.\n");
    }
    return 0;
}
```

下面是本书作者的机器上该程序的一些输出示例。

```
memory address: 00000000002df785: value: 1
memory address: 00000000002df786: value: 2
memory address: 00000000002df787: value: 4
memory address: 00000000002df788: value: 0

It's Little-Endian..
```

A.5　浮点数

我们经常需要处理非常大的数，例如，宇宙的质子数大概需要 79 位十进制数字。显然，在很多情况下，需要的十进制数位都超过了 10 个，而 4 字节的二进制数只能表示 10 位以内的十进制。同样，还有一些非常小的数。例如汽车销售人员接受您对 2001 年本田车(行程只有 480 000 英里)的出价所需的时间(以分钟为单位)，处理这两种情况采用的是同一种机制，即浮点数。

用十进制符号表示数的浮点形式是具有固定位数的小数值(称为尾数，它大于或等于 0.0，小于 1.0)乘以 10 的幂，生成你想要的值。这个 10 的幂称为指数。用例子解释更容易理解，所以让我们来看一些示例。用普通的十进制符号表示的 365 可以写成如下的浮点形式：

```
0.3650000E03
```

E 表示指数，它位于 10 的幂之前，0.3650000(尾数)乘以 10 的幂，可以得到需要的值。即：

```
0.3650000×10×10×10
```

显然，它等于 365。

这个数字中的尾数有 7 位十进制数。浮点数中数字的精度是由分配给它的内存决定的。单精度浮点值占用 4 字节，其中 32 位的分配如下：

位 0：符号位

位 1~8：二进制的指数

位 9~31：二进制的尾数

因此，单精度浮点值基本上可以提供 7 位十进制数字的精度。之所以说"基本上"，是因为一个 23 位的二进制小数并不能完全对应于一个 7 位数字的十进制小数。

■ **注意**：精确地说，单精度二进制浮点数的尾数是 24 位，因为常规值的前导位是 1，是隐含的，但它仍旧提供 7 位十进制数字的精度。

双精度浮点值占用 8 字节，在符号位后，指数使用了 11 位，尾数占用后面的 52 位，隐含的前导二进制位是 1。

现在看一个比较小的数字：

```
0.3650000E-04
```

它等于 0.365×10^{-4}，即 0.0000365，正是汽车销售人员接受现金付费所需的分钟数。

假设有一个像 2 134 311 179 这样大的数字，那么用浮点数表示是什么样的呢？如下所示：

```
0.2134311E10
```

它们并不完全一样。这里丢失了最低的 3 位数字，把原始值变成了 2 134 311 000。这是处理这么大的数时需要付出的小代价，通常可以表示的数字的范围是 $10^{-38} \sim 10^{+38}$，可以是正数也可以是负数。还有扩展的表示法，可以表示的范围是 10^{-308} 到 10^{+308}。它们之所以会称为"浮点数"，一个显而易见的原因在于小数点是浮动的，它的位置由指数值决定。

除了固定的精度限制外，还有一点需要注意。在对两个大小差别很大的数字执行加法或减法运算时，要格外小心。用一个简单的例子就能说明这个问题。一个简单的例子将说明这个问题。首先考虑 0.365E-3 加 0.365E+7，下面用十进制和的形式写这个算式：

```
0.000365+3,650,000.0
```

这个算式生成的结果如下：

```
3,650,000.000365
```

把它转换成具有 7 位精度的浮点数，将变为：

```
0.3650000E+7
```

也许这对你并不构成问题。这个问题是直接由仅能保留 6 或 7 位精度引起的。较大数的 7 位数字不会受到影响，因为舍去的都是右边的数位。当数字几乎相等时，必须格外小心。如果计算两个几乎相等的数字的差，那么得到的结果可能只有 1 位或 2 位的精度。在这种情况下，计算得到的数字很可能都是垃圾数。

没有浮点数，就不能执行某些计算。如果要确保结果有效，就必须注意浮点数的限制。这意味着，应考虑要处理的值的范围及其相关的值。

附录 B

ASCII 字符代码定义

美国国家信息交换标准代码(ASCII)的前 32 个字符为外围设备(如打印机)提供了控制功能,它们没有特定的可打印表示方式。有许多字符在本书里没有提及,下面将它们汇总,以供参考。表 B-1 只包含前 128 个字符。其余的 128 个字符包含特殊符号及公共通用字符集。

表 B-1　ASCII 字符代码值

十进制	十六进制	字符	控制符
000	00		NUL:NULL 字符
001	01		SOH:标题开头
002	02		STX:文本开头
003	03		ETX:文本结尾
004	04		EOT:传输结束
005	05		ENQ:询问
006	06		ACK:确认
007	07		BEL:发出哔声
008	08		BS:退格
009	09		HT:水平制表符
010	0A		LF:换行
011	0B		VT:垂直跳位
012	0C		FF:进纸
013	0D		CR:回车
014	0E		SO:Shift Out/X 打开
015	0F		S1:Shift In/X 关闭
016	10		DLE:数据行退出
017	11		DC:设备控制 1
018	12		DC2:设备控制 2
019	13		DC3:设备控制 3
020	14		DC4:设备控制 4
021	15		NAK:否定确认

(续表)

十进制	十六进制	字符	控制符
022	16		SYN：同步空闲
023	17		ETB：传输块结束
024	18		CAN：取消
025	19		EM：中介结束
026	1A		SUB：替代
027	1B		ESC：回退
028	1C		FS：文件分隔符
029	1D		GS：组分隔符
030	1E		RS：记录分隔符
031	1F		US：单位分隔符
032	20		空格
033	21	!	—
034	22	"	—
035	23	#	—
036	24	$	—
037	25	%	—
038	26	&	—
039	27	'	—
040	28	(	—
041	29	)	—
042	2A	*	—
043	2B	+	—
044	2C	,	—
045	2D	–	—
046	2E	.	—
047	2F	/	—
048	30	0	—
049	31	1	—
050	32	2	—
051	33	3	—
052	34	4	—
053	35	5	—
054	36	6	—
055	37	7	—
056	38	8	—
057	39	9	—
058	3A	:	—
059	3B	;	

十进制	十六进制	字符	控制符
060	3C	<	—
061	3D	=	—
062	3E	>	—
063	3F	?	—
064	40	@	—
065	41	A	—
066	42	B	—
067	43	C	—
068	44	D	—
069	45	E	—
070	46	F	—
071	47	G	—
072	48	H	—
073	49	I	—
074	4A	J	—
075	4B	K	—
076	4C	L	—
077	4D	M	—
078	4E	N	—
079	4F	O	—
080	50	P	—
081	51	Q	—
082	52	R	—
083	53	S	—
084	54	T	—
085	55	U	—
086	56	V	—
087	57	W	—
088	58	X	—
089	59	Y	—
090	5A	Z	—
091	5B	[	—
092	5C	\	—
093	5D	]	—
094	5E	^	—
095	5F	_	—
096	60	`	—
097	61	a	—

十进制	十六进制	字符	控制符
098	62	b	—
099	63	c	—
100	64	d	—
101	65	e	—
102	66	f	—
103	67	g	—
104	68	h	—
105	69	i	—
106	6A	j	—
107	6B	k	—
108	6C	l	—
109	6D	m	—
110	6E	n	—
111	6F	o	—
112	70	p	—
113	71	q	—
114	72	r	—
115	73	s	—
116	74	t	—
117	75	u	—
118	76	v	—
119	77	w	—
120	78	x	—
121	79	y	—
122	7A	z	—
123	7B	{	—
124	7C	|	—
125	7D	}	—
126	7E	~	—
127	7F		删除

附录 C

■■■

C 语言中的保留字

下列单词都是 C 语言中的保留字，绝不可以使用它们作为变量名或函数名。

auto	break	case	char
const	continue	default	do
double	else	enum	extern
float	for	goto	if
inline	int	long	register
restrict	return	short	signed
sizeof	static	struct	switch
typedef	union	unsigned	void
volatile	while	_Alignas	_Alignof
_Atomic	_Bool	_Complex	_Generic
_Imaginary	_Noreturn	_Static_assert	_Thread_local

附录 D

输入输出格式说明符

D.1 输出格式说明符

格式化输出有 16 个标准库函数，其原型如下。

```
int printf(const char* restrict format, ...);
int printf_s(const char* restrict format, ...);
int sprintf(char* restrict str, const char* restrict format,...);
int sprintf_s(char* restrict str, rsize_t n, const char* restrict format, ...);
int snprintf(char * restrict, size_t, const char * restrict, ...);
int snprintf_s(char* restrict str, rsize_t n, const char* restrict format, ...);
int fprintf(FILE* restrict stream, const char* restrict format, ...);
int fprintf_s(FILE* restrict stream, const char* restrict format, ...);
int vfprintf(FILE * restrict, const char * restrict, va_list);
int vsprintf(char * restrict, const char * restrict, va_list);
int vprintf(const char * restrict, va_list);
int vsnprintf(char * restrict, size_t, const char * restrict, va_list);
int vfprintf_s(FILE * restrict, const char * restrict, va_list);
int vprintf_s(const char * restrict, va_list);
int vsnprintf_s(char * restrict, rsize_t, const char * restrict, va_list);
int vsprintf_s(char * restrict, rsize_t, const char * restrict, va_list);
```

名称以 _s 结尾的函数是可选的，需要把 __STDC_WANT_LIB_EXT1__ 定义为 1。参数列表末尾的省略号表示，可以提供 0 个或多个变元。这些函数返回写出的字节数，如果出现错误，就返回一个负值。格式字符串可以包含写入输出的原始字符(包括转义序列)和用于输出后续变元值的格式说明符。

输出格式说明符总是以%字符开头，其一般形式如下。

```
%[flags][width][.precision][size_flag]type
```

方括号中的项都是可选的，唯一的必选项是开头的%字符和指定转换类型的 type 说明符。
每个可选部分的作用如下。

- [flags]是 0 个或多个转换标志，控制输出的显示方式。可以使用的标志如下：

- ♦ +：在输出中包含符号，如+和-。例如，%+d 会输出带正负符号的十进制整数。
- ♦ 空格：符号用空格或-表示，即正值的前面有一个空格。当一列输出中包含正值和负值时，使用空格可以使输出排列整齐。例如，% d 会输出带符号的十进制整数，正值的前面有一个空格。
- ♦ -：输出在字段宽度中左对齐，如果需要，在右边添加空格。例如，%-10d 会输出十进制整数，其字符宽度为 10 个字符，且左对齐。%-+10d 说明符会输出带正负符号的十进制整数，其字符宽度为 10 个字符，且左对齐。
- ♦ #：十六进制的输出值用 0X 或 0x 作为前缀(分别对应转换类型说明符 X 和 x)，八进制的输出值用 0 作为前缀。在浮点数中总是包含小数点。若指定了 g 或 G 说明符，就不要删除末尾的 0。
- ♦ 0：在右对齐的输出中，用 0 作为左边的填充字符。例如%012d 会输出十进制整数，其字符宽度为 12 个字符，且右对齐，左边用 0 填充。如果整数输出指定了 precision，就忽略 0 标志。

- [width]指定输出值的最小字符宽度。如果值在指定的最小宽度中放不下，就扩展指定的宽度。例如，%15u 输出无符号的整数值，其字符宽度为 15 个字符，且右对齐，左边用空格填充。
- [.precision]指定浮点数输出中小数点后的位数。例如，%15.6f 输出一个浮点数，其最小字符宽度为 15 个字符，小数点后有 6 位数。对于整数转换，它指定最小位数。
- [size_flag]是值的大小说明符，它改变了类型说明符的含义。大小说明符有：
  - ♦ l(L 的小写)：指定 a、d、i、u、o、x 或 X 转换类型应用于 long 或 unsigned long 类型的变元。在应用于类型 n 转换时，变元是 long*类型。在应用于类型 c 转换时，变元是 wint_t 类型。在应用于类型 s 转换时，变元是 wchar_t 类型。
  - ♦ L：指定把其后的浮点转换说明符应用于 long double 变元。
  - ♦ ll(两个 L 的小写)：指定 a、d、i、u、o、x 或 X 转换类型应用于 long long 或 unsigned long long 类型的变元。在应用于类型 n 转换时，变元是 long long*类型。
  - ♦ h：指定 a、d、i、u、o、x 或 X 转换类型应用于 short 或 unsigned short 类型的变元。在应用于类型 n 转换时，变元是 short*类型。
  - ♦ hh：指定 a、d、i、u、o、x 或 X 转换类型应用于 signed char 或 unsigned char 类型的变元。在应用于类型 n 转换时，变元是 signed char*类型。
  - ♦ j：指定 a 后跟 d、i、u、o、x 或 X 转换类型应用于 intmax_t 或 uintmax_t 类型。在应用于类型 n 转换时，变元是 intmax_t*类型。
  - ♦ z：指定 a 后跟 d、i、u、o、x 或 X 转换类型应用于 size_t 类型。在应用于类型 n 转换时，变元是 size_t*类型。
  - ♦ t：指定 a 后跟 d、i、u、o、x 或 X 转换类型应用于 ptrdiff_t 类型。在应用于类型 n 转换时，变元是 ptrdiff_t*类型。
- type 是一个字符，指定了应用于输出值的转换类型。
  - ♦ d, i：值假定是 int 类型，输出一个有符号的十进制整数。
  - ♦ u：值假定是 unsigned int 类型，输出一个无符号的十进制整数。
  - ♦ o：值假定是 unsigned int 类型，输出一个无符号的八进制整数。
  - ♦ x 或 X：值假定是 unsigned int 类型，输出一个无符号的十六进制整数。如果使用小写形式的类型转换说明符，就使用十六进制数 a~f；否则，就使用十六进制数 A~F。

♦ c：值假定是 char 类型，输出一个字符。

♦ a 或 A：值假定是 double 类型，输出一个十六进制科学记数法表示的浮点数(带有指数)。
如果使用小写形式的类型转换说明符，输出中的指数值就用 p 作为前缀；否则，就使
用 P 作为前缀。大写的十六进制数用 A 输出，小写的十六进制数用 a 输出。

♦ e 或 E：值假定是 double 类型，输出一个用科学记数法表示的浮点数(带指数)。使用小
写形式的类型转换 e 时，输出中的指数值跟在 e 的后面；否则跟在 E 的后面。

♦ f 或 F：值假定是 double 类型，输出一个一般形式的浮点数(不带指数)。

♦ g 或 G：值假定是 double 类型，输出一个一般形式的浮点数(不带指数)。如果指数值
大于精度(默认为6)或小于-4，输出就用科学记数法表示。

♦ s：变元假定是 char 类型的字符串，用终止字符\0 结尾，输出该字符串，直到终止字
符为止。如果有精度说明符，就输出到精度说明符指定的字符为止。可选的精度说明
符表示可以输出的最大字符数。

♦ p：变元假定是一个指针，因为输出的是地址，所以它是一个十六进制值。

♦ n：变元假定是一个 int*类型的指针(指向 int)，输出中的字符数存储在由该变元指向的
地址中。它不能用于格式化输出的可选库函数。

♦ %：没有变元，输出%字符。

D.2 输入格式说明符

C 支持许多输入说明符，如本节所述，它们适用于带如下原型的输入函数。

```
int scanf(const char* restrict format, ...);
int scanf_s(const char* restrict format, ...);
int vscanf(const char* restrict format, va_list arg);
int vscanf_s(const char* restrict format, va_list arg);
int sscanf(const char* restrict source, const char* restrict format, ...);
int sscanf_s(const char* restrict source, const char* restrict format, ...);
int vsscanf(const char* restrict source, const char* restrict format, va_list arg);
int vsscanf_s(const char* restrict source, const char* restrict format, va_list arg);
int fscanf(FILE* restrict stream, const char* restrict format, ...);
int fscanf_s(FILE* restrict stream, const char* restrict format, ...);
int vfscanf(FILE* restrict stream, const char* restrict format, va_list arg);
int vfscanf_s(FILE* restrict stream, const char* restrict format, va_list arg);
```

前 8 个函数读取 stdin，后 4 个函数读取流。名称以_s 结尾的函数是标准函数的可选安全版本，
它们会检查边界，需要把_STDC_WANT_LIB_EXT1_定义为1。上述每个函数都返回读取的数据
项的个数。参数列表末尾的省略号表示这里可以有 0 个或多个变元。格式字符串后面的变元(对应
格式说明符)必须是指针。将不是指针的变量作为这些输入函数的一个变元是一个常见错误。安全
函数需要给 c、s 和[类型说明符提供两个变元，第一个是指针，第二个是 size_t 类型的值。

控制输入处理过程的格式字符串可以包含空格、其他字符和数据项的格式说明符，且以%字
符开头。

格式字符串如果只有一个空白，函数就会忽略输入中的后续空白，将第一个非空白字符解释
为下一个数据项的第一个字符。输入中的换行符后跟一个要读取的值时，例如使用%c 格式说明
符从键盘上读取一个字符时，输入的换行符、制表符或空格字符都会被当作输入字符。在重复读

取一个字符时，这一点尤为明显，其中将按下回车键所产生的换行符留在缓冲区中。如果希望函数在这种情形下忽略空白，就可以在格式字符串的%c 前面加上至少一个空白字符，迫使函数跳过空白。

还可以在输入格式字符串中包含非空白字符，但该非空白字符不是格式说明符的一部分。这些非空白字符必须与输入中的字符完全匹配，否则输入操作就会结束。

数据项的格式说明符使用如下形式：

```
%[*][width][size_flag]type
```

方括号中的项是可选的。格式说明符中的必选部分是表示格式说明符开头的%字符和末尾的 type 转换类型说明符。可选部分的含义如下：

- [*]表示对应这个格式说明符的输入数据项应被读取，但不存储。例如，%*d 会读取一个整数值，然后删除它。
- [width]指定从输入值中读取的最大字符数。如果在达到这个字符数之前遇到了空白字符，就结束当前数据项的读取。例如，%2d 读取 2 个字符，作为一个整数值。宽度说明符可用于读取多个没有用空白字符分隔开的输入。把"%2d%2d%2d%2d"作为格式字符串，12131415 可以读取为值 12、13、14 和 15。
- [size_flag]修改说明符中 type 部分指定的输入类型。该说明符可以是：
  - l(L 的小写)：指定 a、d、i、u、o、x 或 X 转换类型应用于 long*或 unsigned long*类型的变元。在应用于类型 a、A、e、E、f、F、g 或 G 转换时，变元是 long*类型。在应用于类型 c、s 或[转换时，变元是 wchar_t*类型。
  - L：指定把其后的浮点转换说明符应用于 long double*变元。
  - ll(两个 L 的小写)：指定 a、d、i、u、o、x 或 X 转换类型应用于 long long*或 unsigned long long*类型的变元。
  - h：指定 a、d、i、u、o、x 或 X 转换类型应用于 short*或 unsigned short*类型的变元。
  - hh：指定 a、d、i、u、o、x 或 X 转换类型应用于 signed char*或 unsigned char*类型的变元。
  - j：指定 a 后跟 d、i、u、o、x 或 X 转换类型应用于 intmax_t*或 uintmax_t*类型。
  - z：指定 a 后跟 d、i、u、o、x 或 X 转换类型应用于 size_t*类型。
  - t：指定 a 后跟 d、i、u、o、x 或 X 转换类型应用于 ptrdiff_t*类型。
- type 指定数据转换的类型，可以是
  - c：将一个字符读取为 char 类型。
  - d 或 i：将连续的十进制数读取为 int 类型的值。
  - u：将连续的十进制数读取为 unsigned int 类型的值。
  - o：将连续的八进制数读取为 unsigned int 类型的值。
  - x 或 X：将连续的十六进制数读取为 unsigned int 类型的值。
  - a、A、e、E、f、F、g 或 G：把可选的有符号浮点值读取为 float 类型的值。
  - s：读取连续的字符，直到遇到空白为止，将所得到用终止符结束的字符串的地址存储在对应的变元中。
  - p：把输入读取为指针值，对应的变元必须是 void*类型。
  - %：匹配输入中的一个%字符，且不存储。
  - n：不读取输入，但把到目前为止读取的字符数存储为一个整数，放在对应变元指定的地址中，变元的类型是 int*。

　　注意，如果要读取包含空白字符的字符串，应使用%[set_of_characters]形式的说明符。使用这个说明符，只要把需要的字符放在方括号中，就可以从输入源中读取这些字符。因此，说明符%[abcdefghijklmnopqrstuvwxyz]可以读取任意序列的小写字母和空格，作为一个字符串。该说明符更有用的一种变体是在字符集的前面加上字符^。例如，%[^set_ of_characters]字符集表示，遇到方括号中的字符会结束字符串输入。例如，说明符%[^,!]会读取一系列字符，遇到逗号或感叹号时，就结束字符串输入。

附录 E

标准库头文件

下表列出了遵循 C11 语言标准的编译器可能实现的标准头文件。其中一些是可选的，所以遵循该标准的编译器可能没有提供它们。

头文件名	内容
assert.h	定义 assert 和 static_assert 宏
complex.h	C11 标准中的可选头文件，它定义的函数和宏支持复数运算
ctype.h	它定义的函数可以分类和映射字符：isalpha()、isalnum()、isupper()、islower()、isblank()、isspace()、iscntrl()、isdigit()、ispunct()、isgraph()、isprint()、isxdigit()、tolower()、toupper()
errno.h	定义报告错误的宏：errno、EDOM、ERANGE、EILSEQ
fenv.h	它定义的类型、函数和宏建立了浮点环境
float.h	它定义的宏设置了浮点数的限值和属性
inttypes.h	扩展了 stdint.h，它提供的宏使用 fprintf() 和 fscanf() 格式化输入和输出的说明符。每个宏都扩展了一个包含格式化说明符的字符串字面量。这个头文件还包含处理最大宽度整数类型的函数
iso646.h	定义了 bitand、and 以及 bitor、or 等宏，它们扩展了表示逻辑操作的标记，例如 &、&&、| 和 ||，它们用于不能从键盘上输入按位和逻辑运算符的情形
limits.h	它定义的宏扩展了一些值，以定义标准整数类型的限值
locale.h	它定义的函数和宏帮助格式化数据，例如不同国家的货币单位
math.h	定义了用于常见数学操作的函数
setjmp.h	它定义的功能可以绕过通常的函数调用和返回机制
signal.h	它定义的功能可以处理在程序执行过程中出现的条件，包括错误条件
stdalign.h	它定义的宏确定并设置变量在内存中的对齐方式。对齐方式对计算密集型操作的高效执行非常重要
stdarg.h	它定义的功能可以将个数可变的变元传送给函数
stdatomic.h	一个可选的头文件，它定义的功能可以管理多线程程序的执行
stdbool.h	定义了宏 bool、true 和 false：bool 扩展了 _Bool，true 和 false 分别扩展了 1 和 0。它们给正式的语言表示提供了可读性更好的替代方案，选择它们不会中断已有代码

(续表)

头文件名	内容
stddef.h	声明了标准类型 size_t、max_align_t、ptrdiff_t 和 wchar_t：size_t 是一个无符号整型，用于 sizeof 操作符返回的值；max_align_t 类型的对齐方式与其他得到支持的标量类型相同；wchar_t 是一个整型，它为任何支持的区域包含一整套字符代码；ptrdiff_t 是一个有符号的整型，用于从一个指针减去另一个指针所得的值。这个头文件还定义了宏 NULL 和 offsetof(type, member)。NULL 是一个常量，对应于不指向任何对象的指针值。offsetof(type, member)扩展了 size_t 类型的值，它是 type 结构的 member 字节数偏移量
stdint.h	定义了指定宽度的整型和宏，指定了这些类型的限值
stdio.h	定义了用于输入输出的宏和函数，从键盘上读取数据，将输出写入命令行上时，需要包含这个头文件
stdlib.h	定义了许多一般用途的函数和宏。它包含了将字符串转换为数值的函数，生成伪随机数的 rand() 函数，给数据动态分配和释放内存的函数，搜索和排序例程，整数算术函数，以及转换多字节和宽字符串的函数
stdnoreturn.h	定义了 noreturn 宏，它扩展了_Noreturn。把返回类型指定为_Noreturn 就告诉编译器，该函数没有返回值。这就允许编译器在执行代码优化时考虑这一点
string.h	定义处理字符串的函数
tgmath.h	该头文件包含 math.h 和 complex.h，定义了用于一般数学操作的宏
threads.h	一个可选的头文件，它定义的宏、类型和函数支持编写执行多个线程的程序
time.h	它定义的宏和函数支持日期和时间操作，包括在程序执行过程中确定过去了多长时间
uchar.h	定义了处理 Unicode 字符的类型和函数
wchar.h	定义了处理宽字符数据的类型和函数
wctype.h	定义了分类和映射宽字符的函数，包括分别转换为大小写形式的 towupper()和 towlower()，以及测试宽字符的 iswupper()和 iswlower()函数